JN235004

物理学の構築

カール・フリードリヒ・フォン・ワイツゼッカー 著

西山敏之／森 匡史 訳

法政大学出版局

Carl Friedrich von Weizsäcker
AUFBAU DER PHYSIK

© 1985, Carl Hanser Verlag

This book is published in Japan by arrangement
with Carl Hanser Verlag
through The Sakai Agency, Tokyo

序　言

　本書は物理学の統一を理解しようとする試みについて報告するものである．この統一は20世紀になって思いがけない形で明らかになり始めた．そこに向かう最も重要な歩みは量子論の成立であった．したがって本書の重心は量子論を理解しようと努力することにある．ここで「理解する」とは，ただ量子論を実際に応用できるということだけを意味するのではない．この意味では量子論はつとに理解されているのである．「理解する」とは，量子論を適用しているときに何をしているかを言うことができる，という意味である．このような意味での量子論の理解に努めることによって私は，一方で遡行的に，確率論と時間命題の論理学との基礎に導かれ，他方で前進的に，量子論をさらに練り上げて，そこからまた相対性理論と素粒子論のための基本的思想とが導き出されるようにするという，私見では有望な試みに導かれた．この試みが成功するならば，理解された理論としての物理学の真の統一に一歩近づくことになるであろう．物理学の統一を理解することはさらに，物理学の哲学的意味を洞察するための，それゆえ実在の統一を明らかにしようと努めるときに物理学が果たす役割を洞察するための，前提条件であろう．その統一の理解は最後に，自然科学が現代文化の発展に対してどんな意味を持っているかを理解しようとするとき，深くて有効で緊要な知見を得る鍵として必要であろう．

　私は本書の冒頭にアルバート・アインシュタイン，ニールス・ボーア，ヴェルナー・ハイゼンベルクという3人の名前を掲げた．アインシュタインは世紀の天才であった．相対性理論は彼の手で作られ，量子論は彼によって軌道に乗せられた．彼よりも若い世代はすべて彼の見識に呪縛されている．ボーアは原子論における問いの達人であった．彼はアインシュタインの敬遠した領域に踏み込んだ．量子論の完成は彼の弟子たちの仕事である．ハイゼンベルクは量子力学によって堅固な基盤に第一歩を踏み出した．彼は量子論を完成した世代のなかで第一人者であった．彼に並ぶものとしてはおそらくデ

ィラック，パウリ，フェルミの名が挙げられるであろう．現代物理学を成立させたのは集団の仕事である．不可欠であったのは，量子論の扉を開いたプランクの仕事，原子の実験的研究において名人であり教師であったラザフォード——のちにその弟子ボーアが理論においてそうであった——による仕事，ゾンマーフェルトの仕事，ド・ブロイとシュレーディンガーの仕事，ボルンとヨルダンの仕事，そして，いちいち名を挙げないが多くの実験物理学者の仕事であった．

　3人の名を挙げたことは私にとって，敬愛の念に満ちた思い出という個人的な意味をも持っている．残念ながら私はアインシュタインに会ったことはない．しかし私はすでに学生のころからその名をよく知っており，10年20年と経つにつれ彼の偉大さがますますよくわかるようになった．ボーアは私が19歳のときに物理学の哲学的次元に眼を開かせた．こうして彼によって私は物理学のなかに求めていたものを与えられた．私は彼に接してみて，ソクラテスが弟子たちにどんなふうに働きかけたのかがわかるようになった．ハイゼンベルクに出会ったことは私が15歳のときに思いがけず得た幸運であった．彼は私を物理学に導き，私に手仕事としての物理学と物理学の美しさを教えて，生涯の友となった*1．

　切りのよい数についてささやかな喜びを述べてもよいだろう．本書は計画したわけではないのに，ボーアの生誕100年にあたる日の1985年10月7日ごろに出版される．60年前の1925年の聖霊降臨祭に，ハイゼンベルクはヘルゴラントで量子力学の基礎を発見した．50年前の1935年に，アインシュタインはポドルスキーおよびローゼンとともに量子論に関する思考実験を発表した．

　本書の成立について記しておこう．本書で述べる思索を始めたとき，開拓者たちの仕事はつとに終わっていた．ハイゼンベルクは最初に出会ってから2カ月後の1927年4月に早くも，まだ発表していなかった不確定性関係について私に語った．そのときから私は，量子論を理解するために物理学を研究したいと思ったのである．しかし物理学を研究すればするほど，私はまだ量子論を理解していないということがますます明らかになった．1954年に私は，思考の古典的地平をすでに論理学の領域において越えなければならないという結論に達し，1963年ごろ，その場合に重要なのは時間の論理学であることを知った．どちらの歩みもすでに準備ができていた．時間の中心的

役割は熱力学の第2法則に関する仕事（1939年）のときに明らかになった．これについては本書の第4章で述べる．量子論について私は1931年以来，多くの哲学的試論を書いてきたが，そのうち安定したほうの見解を述べたものを『物理学の世界像』(1943年，最終版は1957年の第7版）という著作に収めて公刊した．論理的解釈に至る道は本書の7.7で述べられる．この道を見いだして初めて私は確かな足どりで歩くことができたような気がする．けれども道は非常に遠かった．1971年に私は中間報告を『自然の統一』という書物にして発表したが，それは相変わらず論文を寄せ集めた著作にすぎなかった．それ以来，私は絶えず仕事を進めてきたのである．

　道が遠かったのは問題の難しさにもよるが，私の数学的能力が狭い範囲に限られていたからでもあった．多くの同僚たちが私の問題に関心を示したならば，数学的問題はずっと早く解決されていたであろう．しかし私は彼らの好奇心を呼び起こすことができなかった．この反省という道は，物理学の対象的研究が歩んでいる，成果の多い進路から離れていたのである．私の研究の成果と問題について絶えず報告させていたハイゼンベルクでさえ，こう言った．「君はいい研究をしている．しかし私は君を助けることができない．私はそんなに抽象的に思考することができないのだ」．成果のみが科学者の生産的な好奇心を呼び起こすのに，私は成果を得る前にこの好奇心の助けを必要としていたことになる．それに反し，私の人生で哲学と政治によって引き起こされたかに見える，仕事からの逸脱は，この仕事のテンポをおそらくほんのわずかしか遅らせなかった．哲学は物理学の哲学的分析に不可欠であった．プラトン，アリストテレス，デカルト，カント，フレーゲ，あるいはハイデガーを理解しようとすることは，決して問題そのものからの逸脱ではなく，したがって時間の浪費ではなかった．政治は問題から逸脱していた．しかし，物理学を研究しながら，物理学的認識の政治的帰結で，おそらくは破滅的な帰結をそのままにしておくということは，私には道徳的にまず不可能であった．私が政治に費やした期間はたぶん丸10年，あるいはそれ以上であった．しかし，政治と並行して仕事も絶えず進んでいたのであり，他の内容がときに意識を占めるにしても，そのとき無意識的思考は止まないものである．それより悪いのは，支配し抑圧する危機に立ち向かう政治的活動の不成功という，不可避の体験のほうである．

　仕事はまだ完了していない．今この報告を書くのは，私の年齢を考えると，

また不確実な時勢のために，おそらく私にはもうこれ以上の時間は残されていないであろうという気がするからである．本書は『自然の統一』と異なり，一貫して統一的な思想の順序をふむという構想のもとに書かれている．1つの弱点はその分量である．みたところ私は細かいことを数多く述べ，同じことでもいろいろ違った述べ方をしたが，それは，全体にわたって明瞭さを得るためであった．それが得られていたならば，最終的にはおそらく今の分量の一部分ですべてを語ることができたかも知れない．けれども，新しい思想を述べるときには，細部にわたる叙述が読者の理解を助けることもあろう．いずれにしても私は，数学にひろくみられるような，門外漢を拒む厳密さを決して求めなかった．

　書くことが多いので報告を2書に分かつことになった．最初に出版される本書は，私が果たそうと努めている物理学の構築を，一貫して直接的な形で述べている．題名としても「物理学の構築」を選んだ．「物理学の統一」としたほうが内容をもっとはっきりと表わしていたであろう．この題名を避けたのはただ『自然の統一』との混同を排除するためにすぎない．「時間と知識」と題される第2書は哲学的反省を含むはずである．この書も再び分冊になるかどうかは今のところ未定としておかなければならない[訳注1]．

　本書は研究報告であって教科書ではない．したがって本書は，扱われている専門領域の予備知識が読者にあることを前提しなければならない．しかし私は物理学思想と哲学思想との歩みのほうを多く述べるように努め，数学的な詳細に立ち入ることをできるかぎり避けるように努力した．数学的な仕上げは，専門家なら自分の手でできるであろうし，専門家でない人にとっては理解できないままでもかまわないであろう．もっとも私は，言葉による記述という方法——私はその方法しか採ることができなかったのであるが——によっては，私自身が十分にはっきりとは気づいていなかった数学的に不明瞭な問題が隠れてしまうおそれがある，ということを否定するのではない．第1章から第6章までと第12章および第14章は，物理学に多少とも通じている自然科学者や哲学者ならすぐに読めるであろう．第7章から第11章までと第13章は量子論の知識を前提とする．

　本書の材料は約20年前から準備されてきた．私はすべてを新たに書き下ろそうとはせず，この材料の多くをそのまま利用した．したがって不揃いなところや，異なった脈絡で述べられた同じ思想の繰り返しがいくつか残って

いる．用いた論考のなかには，どちらかといえば教育的な色彩を強く出して書いたものもあれば，専門家向けのものもあり，またプログラム的なものもある．読者がこれらの由来を識別できるならば，そのほうが容易に読んでいけるであろう．そこで私は以前に書いた部分にはそのつど成立時期と最初の用途を記した．それについてここで概観しておくと，第2章と第4章は1965年に講義の形で立てた本書の最初の構想に由来する．第3章には1970年ごろに由来する論考がそれ以前の定式化に代わって収められている．第5章から第7章までと第12章は70年代の論考や研究報告をいくつか含んでいる．まったく新たに書いたのは第1章，第8章から第10章まで，第13章，および第14章である．書いた当時すでに整合的であった第2章から第4章までを除き，もとの論考の全体構成を一貫した思想の歩みに合うように変えたのもまた新しいことである．

　数十年にわたる共同作業がなかったら研究は不可能であっただろう．1958年に発表した最初の比較的詳細な論文はE. シャイベおよびG. ズースマンと共同で執筆したものである．当時R. エーバートは定期的に行なわれていた議論に参加した．H. クンゼミュラーの学位論文は量子論理学の理解に寄与した．K. M. マイヤー゠アービッヒはボーアの基礎概念の成立と意味を明らかにした．1965年から1978年までM. ドリーシュナーは確率，不可逆性，量子論の公理的構築に関する仕事の本質的部分を担当した．F. J. ツッカーはドイツにいたあいだ，哲学的反省とならんで情報概念の理解に本質的な寄与をした．ハイデルベルクの対話グループ「開放系」のE. v. ワイツゼッカーとC. v. ワイツゼッカーもそうである．アメリカではその後F. J. ツッカーが，とりわけ『自然の統一』の模範的な翻訳をすることによって，研究者との繋がりを作った．L. カステルが1968年に群論的な考え方を導入したことは，それ以後の仕事全体を決定する一要因となった．彼は1970年から1984年まで，シュターンベルクの研究グループで指導的役割を演じた．第9章と第10章の本質的部分は彼とその弟子たちの仕事の報告である．外部との接触には数十年にわたるH. P. デュルとの対話が不可欠であった．1971年に私はD. フィンケルシュタインが，量子論と時空連続体の関係について，同じ思想をわれわれと独立に展開している唯一の物理学者であることを知った．続いて対話による定期的な接触があった．P. ロマーンは幾度か客として数カ月間シュターンベルクに滞在して，ウア理論を宇宙論に適用するのに

寄与した最初の人となり，その後も寄与を続けた．進化の問題について私は近年，H. ハーケンおよび B. O. キュッパースとの議論に本質的なところを負う．残念ながら私は K. コーンヴァックスの新しい本をもはや顧慮することができなかった．シュターンベルクで研究を担当したのは K. ドリュール，J. ベッカー，P. ヤーコプ，F. ベルディス，P. タタール＝ミハイ，W. ハイデンライヒ，Th. キューネムントであった．1979 年には Th. ゲルニッツが研究グループに加わった．第 9 章と第 10 章が，特に空間の問題と一般相対性理論に関して重要な新しい思想を容れて今の形になったのは彼のおかげである．ケーテ・ヒューゲル，エリカ・ハイン，ルート・グロッセ，トラウドル・レーマイヤーの御婦人方は，もっぱら抽象的で不可解な領域で活動した一グループの事務局の報われない仕事を模範的に果たされた．ルート・グロッセの献身的な仕事がなかったならば，本書は今ここに日の目を見ることはなかったであろう．

　　　1985 年の聖霊降臨祭に

C. F. v. ワイツゼッカー

目　次

序　言 …………………………………………………………………… iii
凡　例 …………………………………………………………………… xxi

第1章　序　論

　1．問い ………………………………………………………………… 1
　2．構成 ………………………………………………………………… 2
　3．思想の歩み ………………………………………………………… 5
　　　a．方法上のこと ………………………………………………… 6
　　　b．時間の論理学 ………………………………………………… 7
　　　c．確率 …………………………………………………………… 7
　　　d．不可逆性，進化，情報の流れ ……………………………… 8
　　　e．理論の組織 …………………………………………………… 9
　　　f．抽象的量子論 ………………………………………………… 10
　　　g．具体的量子論 ………………………………………………… 12
　　　h．解釈の問題 …………………………………………………… 14
　4．本書を通る近道の提示 …………………………………………… 16

第Ⅰ部　時間と確率

第2章　時間命題の論理学
  1．時間命題の論理学の要請 …………………………… 23
  2．論理学をどのように基礎づけるか …………………… 28
  3．現在命題と完了命題 ………………………………… 38
  4．未来命題 ……………………………………………… 51
  5．古典的命題束 ………………………………………… 60

第3章　確　　率
  1．確率と経験 …………………………………………… 71
  2．古典的確率概念 ……………………………………… 75
  3．確率の経験的規定 …………………………………… 80
  4．予測に確率値を与えることについて ………………… 84

第4章　不可逆性とエントロピー
  1．不可逆性の問題 ……………………………………… 87
  2．不可逆過程のモデル ………………………………… 95
  3．記録 …………………………………………………… 105
  4．宇宙論と相対性理論 ………………………………… 113

第5章　情報と進化
  1．本章の体系上の位置 ………………………………… 125
  2．情報とは何か ………………………………………… 127

3．進化とは何か …………………………………………………… *130*
4．情報と確率 ……………………………………………………… *131*
5．潜在的情報の増加としての進化 ……………………………… *134*
  a．基本思想 …………………………………………………… *134*
  b．凝縮モデル ………………………………………………… *140*
  c．結語 ………………………………………………………… *144*
6．効用としての情報 ……………………………………………… *146*
  a．テーゼ ……………………………………………………… *146*
  b．主観的確率の効用関数としての情報 …………………… *149*
  c．主観的確率と客観的確率，および情報概念 …………… *151*
  d．効用と情報の等置の意味 ………………………………… *153*
7．実用論的情報――初回性と確証 ……………………………… *155*
  a．実用論的情報 ……………………………………………… *155*
  b．初回性と確証 ……………………………………………… *157*
  c．1つのモデル ……………………………………………… *159*
8．論理学の生物学的予備段階 …………………………………… *161*
  a．方法上のこと ……………………………………………… *161*
  b．生命の認識形態性 ………………………………………… *162*
  c．実用論的真理概念への道 ………………………………… *164*
  d．論理学の2値性 …………………………………………… *166*

第 II 部　物理学の統一

第 6 章　理論の組織

1. まえおき …………………………………………… 171
2. 古典質点力学 ……………………………………… 174
    a．基礎方程式の意味の最初の分析 ……………… 174
    b．物体，質点，質点系 …………………………… 180
    c．力，慣性，相互作用 …………………………… 184
    d．空間 ……………………………………………… 186
    e．時間 ……………………………………………… 189
3. 自然法則の数学的形式 …………………………… 190
4. 化学 ………………………………………………… 194
5. 熱力学 ……………………………………………… 197
6. 場の理論 …………………………………………… 198
7. 非ユークリッド幾何学と意味論的整合性 ……… 199
8. 相対性の問題 ……………………………………… 201
9. 特殊相対性理論 …………………………………… 205
10. 一般相対性理論 …………………………………… 209
    a．アインシュタインの理論 ……………………… 209
    b．哲学的論争についての覚え書き ……………… 211
    c．さまざまな物理学的議論 ……………………… 212
    d．宇宙論 …………………………………………… 216
11. 量子論——歴史的なこと ………………………… 218
    a．1900-1925．プランク，アインシュタイン，ボーア … 218

        b．量子力学 ……………………………… *220*
        c．素粒子 ………………………………… *221*
    12．量子論——再構成のプラン ……………………… *222*

第7章　量子論の予備的考察

    1．基礎的古典物理学の不成立 ……………………… *227*
        a．原理的なこと ………………………… *227*
        b．古典物理学の要請 …………………… *230*
    2．過程の個別性に関するボーアの概念 …………… *234*
    3．確率の要請と量子論 ……………………………… *237*
    4．第2量子化法 ……………………………………… *241*
    5．量子論のファインマン形式 ……………………… *244*
    6．量子論理学 ………………………………………… *247*
        a．量子論の命題束 ……………………… *247*
        b．完備量子論理学 ……………………… *251*
    7．回顧 ………………………………………………… *252*

第8章　抽象的量子論の再構成

    1．方法論的成り立ち ………………………………… *261*
        a．再構成の概念 ………………………… *261*
        b．抽象的量子論 ………………………… *262*
        c．再構成の4つの道 …………………… *263*
    2．第1の道：確率と命題束とに関する再構成 …… *265*
        A．選立と確率 …………………………… *265*

B．対象 ………………………………………………………… 266

　　　C．対象についての最終の命題 ……………………………… 266

　　　D．有限性 ……………………………………………………… 267

　　　E．選立と対象との複合 ……………………………………… 267

　　　F．確率関数 …………………………………………………… 268

　　　G．客観性 ……………………………………………………… 269

　　　H．非決定性 …………………………………………………… 270

　　　I．量子論の構築の概要 ……………………………………… 271

　　歴史的注釈 ………………………………………………………… 271

3．第2の道：確率を超えて直接ベクトル空間に
　　向かう再構成 ………………………………………………………… 272

　　a．2つの方法論的まえおき ……………………………………… 272

　　　　1．経験的に決定可能な選立の定義 ……………………… 272

　　　　2．害のない普遍化 ………………………………………… 273

　　b．選立に関する3つの要請 ……………………………………… 273

　　　　1．分離可能性 ……………………………………………… 273

　　　　2．拡張 ……………………………………………………… 274

　　　　3．運動学 …………………………………………………… 275

　　c．3つの結論 ……………………………………………………… 276

　　　　1．状態空間 ………………………………………………… 276

　　　　2．対称性 …………………………………………………… 276

　　　　3．動力学 …………………………………………………… 277

　　d．結語 …………………………………………………………… 279

4．第3の道：振幅を超えてベクトル空間に至る再構成 …… 279

　　抽象的量子論　1974年9月の草稿 ………………………… 281

5．第3の道についての解説 …………………………………294

第9章　特殊相対性理論

1．具体的量子論 …………………………………………………303
　　a．空間 ……………………………………………………303
　　b．粒子 ……………………………………………………307
　　c．相互作用 ………………………………………………307
2．第4の道：変化する選立に関する量子論の再構成 ………308
　　a．変化する選立 …………………………………………308
　　　　α．3つの要請 ………………………………………308
　　　　　　1．可能性の基礎づけ ……………………………308
　　　　　　2．開かれた有限性 ………………………………309
　　　　　　3．実際の選立 ……………………………………310
　　　　β．3つの結論 ………………………………………310
　　　　　　1．可能性の決定論 ………………………………310
　　　　　　2．変化する選立 …………………………………311
　　　　　　3．可能性の増加 …………………………………312
　　b．ウア選立 ………………………………………………312
　　　　1．選立の論理的分解の定理 …………………………312
　　　　2．状態空間の数学的分解の定理 ……………………312
　　　　3．相互作用の要請 ……………………………………314
　　　　4．ウアの区別不可能性に関する要請 ………………314
　　c．ウアのテンソル空間 …………………………………315
3．空間と時間 ……………………………………………………317

a．現実的な仮説 …………………………………… 317
　　　b．アインシュタイン宇宙：空間のあるモデル ……… 319
　　　c．慣性 ……………………………………………… 320
　　　d．バイナリーのテンソル空間における
　　　　　特殊相対性理論 ………………………………… 321
　　　e．共形特殊相対性理論 …………………………… 323
　　　f．ウアの相対性 …………………………………… 328

第10章　粒子，場，相互作用

　1．未解決の問題 ………………………………………… 331
　　　a．要約 ……………………………………………… 331
　　　b．プログラム ……………………………………… 334
　2．テンソル空間における表現 ………………………… 335
　　　a．T_n における基本演算 ………………………… 335
　　　b．T の基本演算 ………………………………… 337
　　　c．ボース表示 ……………………………………… 339
　　　d．パラボース表示 ………………………………… 340
　　　e．ウア理論における多重量子化 ………………… 344
　3．テンソル空間における相互作用 …………………… 345
　　　a．表現の積 ………………………………………… 345
　　　b．相互作用 ………………………………………… 348
　　　c．エネルギー ……………………………………… 350
　4．固定された位置空間における準粒子 ……………… 354
　　　a．アインシュタイン空間 ………………………… 354
　　　b．広域的ミンコフスキー空間 …………………… 355

  c．局所的ミンコフスキー空間 ……………………… 358
5．量子電磁力学のモデル ……………………………………… 361
  a．古い構想と新しいプログラム ……………………… 362
  b．質量のないレプトン ………………………………… 362
  c．相対論的不変性 ……………………………………… 365
  d．マクスウェル場 ……………………………………… 367
  e．電磁気的相互作用 …………………………………… 369
    α）方程式の形 ……………………………………… 369
    β）分離可能性 ……………………………………… 370
    γ）定数 ………………………………………………… 371
6．素粒子 ………………………………………………………… 372
  a．前史：原子論または統一場理論 …………………… 372
  b．ウア理論の提案 ……………………………………… 374
  c．組織系統論とゲージ群 ……………………………… 377
  d．静止質量 ……………………………………………… 379
7．一般相対性理論 ……………………………………………… 384
  a．空間構造の問題 ……………………………………… 384
  b．古典的計量場 ………………………………………… 386
  c．重力の量子論 ………………………………………… 389
  d．宇宙論 ………………………………………………… 391

第 III 部　物理学の解釈

第11章　量子論の解釈問題

1. 解釈問題の歴史のために …………………………………… 395
    - a．課題 …………………………………………………… 395
    - b．解釈論争の前史 ……………………………………… 396
    - c．シュレーディンガー ………………………………… 399
    - d．ボルン ………………………………………………… 400
    - e．ド・ブロイ …………………………………………… 402
    - f．ハイゼンベルク ……………………………………… 403
        - α) 量子力学 ………………………………………… 403
        - β) 不確定性関係 …………………………………… 404
        - γ) 粒子像と波動像 ………………………………… 406
    - g．ボーア ………………………………………………… 409
    - h．ノイマン ……………………………………………… 412
    - i．アインシュタイン …………………………………… 414
2. 量子論の意味論的整合性 …………………………………… 415
    - a．意味論的整合性の4段階 …………………………… 415
    - b．情報収集としての測定 ……………………………… 416
    - c．測定理論（古典的） ………………………………… 419
        - α) 測定の量子論の理念 …………………………… 419
        - β) 測定の不可逆性 ………………………………… 422
        - γ) コペンハーゲン学派の解釈における観測者の役割 …………………………………… 424
    - d．測定理論（量子力学的） …………………………… 428

e．主体の量子論 …………………………………… 431
　3．パラドクスと選立 …………………………………… 434
　　　a．まえがき ………………………………………… 434
　　　b．シュレーディンガーの猫：波動関数の意味 …… 437
　　　c．ウィグナーの友人：意識の関係 ……………… 438
　　　d．アインシュタイン—ポドルスキー—ローゼン：
　　　　　遅延選択と実在概念 …………………………… 439
　　　　　α）思考実験 …………………………………… 439
　　　　　β）遅延選択のある古い思考実験 …………… 442
　　　　　γ）EPR モデルを手がかりとした確率解釈の
　　　　　　　意味論的整合性 …………………………… 444
　　　　　δ）アインシュタインの実在性概念 ………… 446
　　　　　ε）空間と対象 ………………………………… 450
　　　e．隠れたパラメター ……………………………… 452
　　　f．量子論の知識増加 ……………………………… 454
　　　g．ポパーの実在論 ………………………………… 455
　　　h．エヴェレットの多世界論，
　　　　　すなわち可能性と事実性 …………………… 455

第12章　情報の流れ

　1．実体の探求 …………………………………………… 459
　2．量子論における情報の流れ ………………………… 463
　3．精神と形相 …………………………………………… 470

第13章　量子論の彼岸

1. 限界を超えて …………………………………………477
    a．量子論の彼岸にある物理学 …………………478
    b．物理学の彼岸にある人間の知識 ……………480
    c．人間の知識の彼岸にある存在 ………………481
2. 未来の事実性 …………………………………………484
3. 過去の可能性 …………………………………………490
4. 包括的な現在 …………………………………………498
5. 物理学の彼岸 …………………………………………502

第14章　哲学者の言葉で

1. 概要 ……………………………………………………507
2. 科学論 …………………………………………………508
3. 物理学 …………………………………………………512
4. 形而上学 ………………………………………………518

注 ……………………………………………………………525
解　　説 ……………………………………………………541
参考文献 ……………………………………………………553
人名索引 ……………………………………………………559
事項索引 ……………………………………………………563

凡　例

　計画中の著書『時間と知識』のなかの箇所を示すときには，章の番号または章と節の番号をもって行なう〔例，『時間と知識』5.2.6〕．

　本書のなかの箇所を示すときには，章と節の番号をもって行なう〔例，3.1，または8.3 b 3〕．同じ章内の箇所を示すときには，誤りの恐れがなければ，節の番号のみを挙げることもしばしばある〔例，3 b 3〕．方程式は節ごとに通し番号がつけられている．同じ節のなかの式は括弧でくくった番号だけで示す〔例，(4)〕．別の節の式を示すときには，その節の番号を付け加える〔例，10.5, 式 (4)〕．

　著者名に添えた刊行年の数字は参考文献中の著作を示す〔例，Castell (1975)〕．本書の著者の著作はたいてい刊行年の数字だけで示すが，場合によってはそれに数字を添えて示すことがある〔例，(1939) または (1973[1])〕．著者の著作はこのような表わし方で参考文献のなかに見いだすことができる．

　著者が自分自身のことを言う場合，読者を一緒に議論に引き込みたいときには「われわれ」と言い，述べた意見に対して個人的な責任を強調しようとするときには「私」，本書の著者としてのみずからの機能を指すときには「著者」と言う．

*

訳者による補足　この訳書の全体を通じ，引用箇所と参照箇所のページ表示は，特に断らないかぎり，すべて原著のもである．

第1章

序　　論

1. 問　い

あえて知れ*1

　物理学の真理とは何か.
　物理学は経験に基づいている．理論は経験において妥当する法則を定式化する．ここ数世紀のあいだに成立した物理学理論の成す組織は統一的で包括的な理論をめざして進んでいる．今日われわれの知っている理論で，そのような普遍的な物理学理論に最も近いものは量子論である．この理論は自然の全体に妥当すると思われ，今ではおそらく多数の研究者が信じているように，有機的生命の領域でも妥当するように思われる．
　われわれが然るべきことに驚異の念を抱くようになるならば有益である．往々にしてわれわれは，かえって最も驚くべきことに対して驚異の念を抱かない．なぜかといえば，それが長らく周知のこととされ，わかりきったことのように見えるからである．そもそもなぜ包括的な理論は妥当することができるのか．量子論の基礎仮定は，数学の素養のある読者に対してなら1ページで言い表わすことができる．今日知られているおそらく10億の個別的な経験的事実が量子論を満足し，量子論に矛盾するという印象を納得のいく形で与えるような経験は1つとして知られていないのである．われわれはこのような成果を理解できるであろうか．
　そのような疑問は哲学的な問いと呼ばれる．したがってそれは普段の科学から押しのけられる．確定した「パラダイム」(Th. Kuhn 1962) によってみずからの問題を解く通常科学は実際上，哲学の登山家的な技能を必要としない「平面」である．しかし「科学革命」(Kuhn)，すなわち新たな「完結し

た理論」(Heisenberg 1948)への移行は，哲学的な問いを必要とする．ここに上梓する書は，そもそも包括的な理論はいかにして可能であるかという哲学的な問いから出発して物理学の構築を研究する．そこから出発するのは，それによって物理学そのものにおいてもまた理論的研究の新たな平面に達するであろうと期待してのことである．

理論はいかにして可能であるのか．理論は経験から論理的必然性をもって帰結するのではない．過去に確証された法則から未来に起こるであろうことが論理的必然性をもって帰結しはしない．しかし，われわれが今なお信じている理論から行なった予測はこれまで確証されてきた．予言されたことは，その予言がなされたときにはまだ未来のことであったのだから，そうであるかぎり，そのような理論的予測はどんな根拠に基づいていたのか．このヒュームの問いに対してカントは，物理学のいくつかの基礎的な普遍的知見が経験においてつねに確証されるのは，それらが経験の必要条件を述べているからである，と答える．われわれはこのカントの思想を，確実なものとしてではなく，発見法的な推測として採用する．それによってわれわれがどこまで進めるのか試してみる．

経験は時間のなかで生じる．したがってわれわれが時間のなかの事象について語るときの論理形式が，最初の研究対象である．そこからわれわれは確率の概念に移り，それを予測的なものと理解する．われわれは量子論を，個別的に経験的決定が可能な選立 (Alternative) についての確率的予測を扱う普遍的理論，と解釈し，そのように解釈された量子論から空間の3次元性と相対性理論が導き出される，という主張を掲げる．

そうすると物理学は選立の分離可能性と同じ程度に普遍妥当的であり，したがって，そのつどそれ自体で決定可能な正否質問 (Ja-Nein-Frage) にわれわれの知識が分解可能であるのと同じ程度に普遍妥当的であることになるだろう．同時に，物理学の成果の基礎がこのようなものであるという点，つまり物理学の「力能形態性 (Machtförmigkeit)」という点に，物理学の真理の限界が存するであろう．

2. 構　　　成

この序論の以下の3節は，詳しい内容目次とあわせて，読者に本書を読む

手引きを与えようとするものである．

　この節「構成」は図表1とともに，譬えてみればある有機体の手短な機能的解剖図であり，内容目次のほうはその器官の包括的な解剖学的リストであるとみなすことができよう．すると次の節「思想の歩み」は，すべての器官

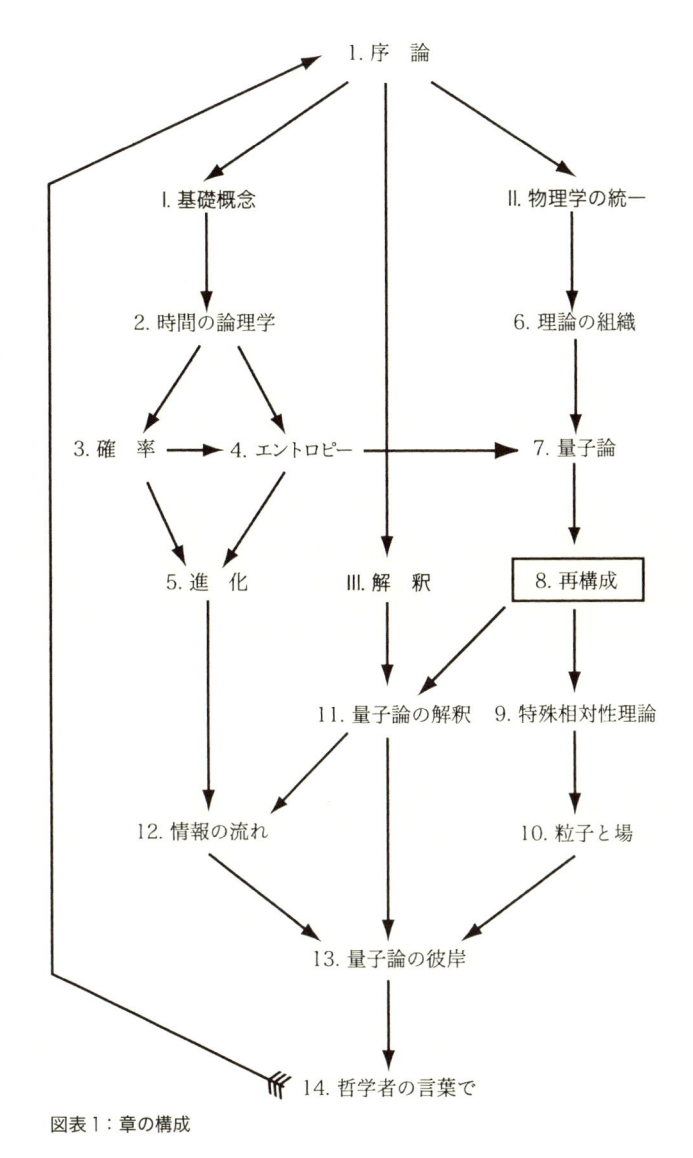

```
                        1. 序　論
                       ↙    ↓    ↘
              I. 基礎概念          II. 物理学の統一
                  ↓                    ↓
              2. 時間の論理学        6. 理論の組織
                 ↓   ↓                 ↓
        3. 確　率 → 4. エントロピー → 7. 量子論
              ↓   ↓                    ↓
           5. 進　化    III. 解　釈    8. 再構成
                           ↓         ↙   ↓
                   11. 量子論の解釈  9. 特殊相対性理論
                       ↓                  ↓
              12. 情報の流れ           10. 粒子と場
                       ↘    ↓    ↙
                       13. 量子論の彼岸
                             ↓
                       14. 哲学者の言葉で
```

図表1：章の構成

第1章　序　論　　3

をめぐる血液循環の働きをたどろうとする生理学的試みとなろう．最後の節「近道」は学習の手引きにあたるであろう．

本書は序論のあと，本論を構成する 13 の章に分かれ，これらの章はそれぞれ 4 章，5 章，4 章から成る 3 部に分かれる．第Ⅰ部は時間と確率という基礎概念を導入する．第Ⅱ部は物理学の構築をまず歴史的に，次いで再構成という形で展開する．第Ⅲ部はこのようにして叙述された物理学を解釈しようとする．解釈によって，われわれが出発点とした概念が解明される．

Ⅰ．**基礎概念**　物理学は経験に基づいている．経験とは未来について過去から学ぶことである．物理学を研究する者はすでに実際の研究には十分な形で，過去，現在，未来という「時間様態」を理解している．彼は生活しながらそれらとかかわりあっているのである．第 2 章「時間命題の論理学」は，われわれがすでに現在，過去，未来についてつねに語っているときに用いている言語を精密化しようとする．第 3 章は確率を事象の相対頻度として，したがってそのつどの未来を考えに入れたものとして定義する．

第 4 章は確率のこの未来的理解が熱力学の第 2 法則，したがって不可逆性という基本的現象を矛盾なく基礎づけるために必要であることを示す．

第 5 章は物理学の構築にただちに必要な章ではない．この章が示すのは，有機的生命の歴史において進化とエントロピーの増大とは同じ意味の概念だということである．この章はのちに解釈の部の第 12 章「情報の流れ」につながる．

Ⅱ．**物理学の統一**　この統一が歴史的にどのようにして形成されてきたかは，第 6 章「理論の組織」で示される．

今日の物理学の中心分野は量子論である．第 7 章はまず，ある基礎的な古典物理学の放棄が熱力学において避けられないものであったことを示す．そのことは図表 1 のなかで第 3 章，第 4 章，第 7 章を結ぶ横の矢印で示される．第 7 章は次に，量子論の非古典的確率概念を論究する．

第 8 章は物理学の構築の中心となる章である（図表では枠で囲まれている）．この章は本論を構成する 13 の章のなかで，形式のうえで中心的な章である．先行する 6 つの章はこの章の準備であり，6 つの章がこの章から帰結を導くために後に続くからである．この章は内容的にも中心的である．それは量子

論という歴史的に成立した中心的分野を，経験的に決定可能な選立についての，したがって最後には時間と確率についての，単純な要請から再構成しようとする章だからである．

　第9章では前に再構成された抽象的量子論，つまり考えうる任意の対象に妥当する量子論から，現実に存在する対象を扱う具体的量子論に移行する．この章はウア選立（Uralternative）の仮説という，ほとんど自明な仮定を付け加え，そこから特殊相対性理論を導き出す．このように理解するならば，特殊相対性理論は量子論の1つの帰結である．したがってわれわれが物理学の対象を記述するのに用いる3次元の位置空間の存在もまた，量子論の帰結である．

　第10章は実在する粒子と場についての帰結をここから引き出す．とはいえ，この章はこれまでのところ理論のプログラムにすぎない．

III．**解釈**　　ほぼ60年このかた続いている量子論の解釈論争が第11章でまず歴史的に，次に体系的に述べられる．

　第12章は現象の経過を情報の流れとみなす．この章は現象の流れにおける不変なものについての哲学的問い，および意識と物質の統一についての哲学的問いを，あらためて形相という概念によって取り上げる．

　第13章は量子論を人間の悟性的知識の理論とみる．この章は3つの問いを立て，量子論を超えた物理学，物理学を超えた人間的知識，人間的知識を超えた存在を問う．

　第14章はこれらの問いの要点を哲学者の言葉で述べ直す．

　図表1は最終章から序論に戻る矢印によって閉じられている．われわれが出発点としなければならなかった概念が最後に反省される．われわれの哲学は円環行程（Kreisgang）である．

3．思想の歩み

　この詳細な節は本書全体の思想の歩みを一挙に通覧するものである．この節はもともと要約的な最終章として計画されたが，概観としてはじめにおくほうがよいであろう．読者がこの節を全体への序論として前もって読まれるか，本書を読む際に「道標」として読まれるか，回顧として最後に読まれる

かは，読者の意向に委ねたい．

a． **方法上のこと** 　本書のテーマは物理学の統一においてわれわれに示されるような自然の統一である．物理学の統一は歴史的には，いくつかの完結した理論の系列ないし組織の一元性 (6) という形態をとっている．われわれがハイゼンベルクに従って完結した理論 (6.1, 14.2) と呼ぶのは，小さな変更によってはもはや改良されえない理論のことである．系列のなかで後に来る理論は，一般に先行理論とは根本的に異なる基礎概念をいくつか持っているにもかかわらず，ある妥当領域における先行理論の成功を説明する．今日，最も包括的な完結した理論は量子論である．本書は今日知られている物理学の全体を量子論に還元することができるという作業仮説を追究する．

われわれが試みるのは，この物理学の統一を述べること，そしてできるかぎりこれを基礎づけることである．

近代物理学の理論は数学的形式によって表わされる (6.2a)．そこで用いられる数学の概念は，通常言語がわれわれの自然との交渉を記述することを通じて物理学的意味（意味論）を得る．近代の理論では，通常言語とはたいてい古いほうの理論にあって利用可能となっている言語である．理論のある種の基礎的命題は自然法則と呼ばれる．自然法則の数学的形態は歴史的に発展してきた．われわれはそのような形態を形態論，微分方程式，極値原理，対称群の 4 つに分ける (6.3)．それぞれの形態は先行する形態を何らかの点で正当化する．われわれの推測では，対称群という最も新しい形態は選立の分離可能性に還元されるであろう (8.3 c 2)．

自然法則をこのように言い表わすことには説明が要る．われわれは物理学が経験に基づくと言う．自然法則は論理的にみれば普遍命題である．自然法則は，その論理形式によって課せられる普遍性という条件のもとでは，経験において実証されることはできない．それは個別的事例の，実際には無限な集合に妥当しなければならず，そこには今から見てなお未来に存する事例のすべてが含まれる．カントによれば，ある命題が経験において普遍的に妥当するのは，それがあらゆる可能的経験の前提条件を言い表わしている場合である．われわれが自然法則を経験の前提条件に還元したとするならば，われわれは自然法則を説明したことになるであろう．

経験とは未来について過去から学ぶことである．したがって現在，過去，

未来を様態とする時間が経験の1つの前提条件である (2.1). われわれは時間様態から出発して物理学の全体を構築しようとするのである.

b. **時間の論理学**　あらゆる科学のある種の前提条件となり, したがってまた物理学の前提条件ともなる科学は論理学である. われわれが経験を, 科学的に集められて判定された経験と理解するならば, 経験もまた論理学の法則を満足するはずであろう. しかし, 伝統的な論理学は時間様態, とりわけ現在と未来を扱う命題を十全には記述していないことがわかる (2). 特に, われわれは未来命題には基本的に真理値「真」と「偽」ではなく,「可能, 必然, 不可能」のような様相を付与することを提案する (2.4). この時間命題の論理学と, 普遍学としての論理学との連関は『時間と知識』6で詳しく論じられる.

　古典的確率論 (3) およびその量子論的一般化 (7.3) のなかでわれわれは形式的に可能な時間命題の集録 (Katalog) を示す. そのような命題は, 古典的確率論では決定可能性 (Entscheidbarkeit), 反復可能性, 同時決定可能性という3つの条件 (2.5) を満たさなければならない. 量子論では第3の条件が落ちる. 時間命題の集録は束という数学的構造を持つ.

c. **確率**　われわれは形式的に可能な時間命題の確率, あるいはこのような命題によって表わされる形式的に可能な事象の確率を, 量化未来様相として, すなわち当該の種類に属する事象の相対頻度の予言として定義する. ここから確率の古典的法則をコルモゴロフの公理によって導き出せる. この確率の定義と, 伝統的な論理的定義, 経験的定義, および主観的定義との関係は,『時間と知識』第4章のテーマとなる.

　われわれの確率の定義は「遡行的」である (3.2). 数学的に精密化すれば, 相対頻度の予言はその期待値として表わすことができる. 可能なケースのアンサンブルのなかの相対頻度の予言は, この相対頻度が現われる確率により定義され, したがって諸アンサンブルの「メタアンサンブル」における, この相対頻度の相対頻度の期待値によって定義される. 遡行的な段階をふむこの定義が弱点を持つ定義ではなく, 総じてある経験的な量 (したがってまた経験的に解釈された確率) の予言を厳密に解釈できる唯一の方法であることが示される (3.1).

ヒルベルト空間による抽象的量子論は一般化された確率論として構築することができる（7.3, 8.2, 8.3）．このことが抽象的量子論の包括的な妥当性の根拠であろう．

d. 不可逆性，進化，情報の流れ　　時間とそれに結びつく物理学の構築全体とについてここで述べる見解の出発点は，ボルツマンが統計力学によって行なった熱力学の第2法則の基礎づけの分析であった（4）．この基礎づけが整合的になるのは，そこにおいて確率の概念がもっぱら未来の事象にのみ適用される場合にかぎられる．その場合には，整合性を考慮して，過去の事実性と未来の開放性（過去の記録は存在するが未来の記録は存在しないという形での）とが事象の不可逆性から熱力学の第2法則によって帰結することを，事後的に示すことができる．しかし，今と過去および未来の時間点との区別は，その形式上あらゆる時間点に対して妥当する自然法則によって再構成されることはできない．その区別は普遍的自然法則の前提であるが帰結ではない．奇妙なことに，この結論に対してはほとんどすべての物理学者の強い感情的反発がある（これについては11.3 dδ，および『時間と知識』3.6を参照）．

　情報を（正の）エントロピーとするシャノンの定義が正しいのは，情報とエントロピーが潜在的知識であると理解される場合である（5.4）．その場合には，進化と熱力学的不可逆性とが同一の時間構造——まさに完了的事実性と未来的可能性との区別——の必然的な統計的帰結であることを示すことができる．進化の場合，エントロピーの増大はまさしく形態の集合の増大，したがって潜在的知識の増加を意味する（5.5）．

　認識もまたエントロピーの増大と解釈できるから，進化は「認識形態的（erkenntnisförmig）」である（5.8 b）．動物の行動の構造は論理学の生物学的予備段階と見なされる（5.8）．このことに対応して，効用という「主観的」概念と情報という「客観的」概念とが等価であることが正当化される（5.6）．階層的でない科学の構築においては，われわれが物理学の構築の出発点にとった論理構造が，生物としての人間の行動の指標として再発見される，ということは正当である．それは円環行程である．

　哲学の伝統においては，時間的な出来事のなかで不変なものは実体と呼ばれる．上の考察，およびまったく同様にして量子論の整合的な解釈（11.2 e）は，「延長する」実体と「思惟する」実体（「物質」と「意識」）のデカルト的

区別が放棄されるべきことを示している．古典ギリシャ哲学によれば不変なものはエイドス（Eidos）つまり形相である．ところで情報は形相の集合として定義できる．そうすると時間のなかの出来事は情報の流れとして理解することができるのである（12）．

　もちろんこの抽象的な考察は，実際に形を成した物理学理論に基づいて初めて論じる価値のある内容を獲得する．

e．**理論の組織**　　古典力学を見ると，そこには物体，力，空間，時間という4つの存在が示されている（6.2）．17世紀の力学的世界像においては，不可入性という，物体の典型的な特性に力を還元しようとする試みがなされた．物理学の歴史的発展は別の方途をとった．この方途の詳細なところはたいていは新たな経験によって，またときには考え方の変遷によって規定された．しかし，あとからみると，概念の構造そのものによって規定されたこの方途の内的論理を認識しようとすることができるのである．

　理論の長期にわたる発展の最終段階で，連続体の動力学が決定的な概念的問題であることがわかった．延長した物体の占める空間体積は，数学的にはかぎりなく小さくなっていく体積に分割できる．どんな力がこれらの部分体積を占める物体の部分を結合しているのか．化学は，空間を占める同種の安定した原子を各元素について考えるという像に至った（6.4）．物理学はそのような原子の整合的なモデルを提示することができなかった．それに代わり，天体力学の成功と連続体の動力学の問題とによって，遠隔力を持つ質点というモデルがもたらされた．このようにして自立的な存在と解された力は場，すなわちそれ自身が動力学的連続体であるということになった（6.6）．逃れられない問題の難しさは，統計的に基礎づけられた熱力学という，まさに最も抽象的であるがゆえに最も揺るぎない物理学の古典的分野のなかに示されている（6.5）．量子論に至りついた発展からわれわれが事後的に読みとるのは，基礎的な古典物理学，すなわち物体と場の古典的な連続体の動力学が不可能だということである（7.1）．連続体の無限の自由度は古典的には熱力学的平衡を許容しないのである．

　古典物理学の概念的問題が意識されていると，量子論は，新たな経験によってわれわれに押しつけられた概念的困惑としてではなく，まったく反対に，量子論なしには解きえない概念的困惑の解決として，物理学に登場する．量

子論は連続体の熱力学的平衡を可能にし，1つの元素の原子の安定性と同等性を説明して，物理学の普遍的な枠組みを提供するのである．

20世紀の物理学はまた，時間と空間という，古典物理学の他の2つの基礎を融合して新たに統一し始めた．運動の相対性という古来の問題 (6.8) は特殊相対性理論のなかで群論的な解決を見いだした (6.9)．問題の核心は，古典的な因果性の概念によっては説明不可能な慣性法則であった (6.2 c)．特殊相対性理論は空間と時間の測定を対象の運動状態に依存させるが，しかし——広くなされている言い方に反して——空間と時間の区別を廃してはいない．空間的距離と時間的距離との区別はローレンツ変換に関して不変だからである．相対性理論はまた，われわれの行なっている時間様態の記述もやめてはいない．過去と未来の区別もまたローレンツ不変だからである．数学での非ユークリッド幾何学の発見，および重力場と加速された座標系との局所的等価というアインシュタインの考えによって，時空計量の記述は一般相対性理論 (6.10) のなかで場の理論を模範にして行なわれるようになった．一般相対性理論はアインシュタインのもとの意図に反して依然として二元論的であった．物質と計量場とは相互に還元可能ではなかったからである．それ自体がそれぞれ複雑なこれら2つの存在は，古典力学に由来する4つの存在のうちで，なお残存しているものである．両者の一体性を理解することは物理学の統一というプログラムの一部であろう．

f. 抽象的量子論　　われわれが抽象的量子論と呼ぶのは，例えばJ. v. ノイマンが形成した量子論に与えているような数学的形態を持つ量子論の普遍法則のことである (8.1 b)．任意の対象の状態は，ヒルベルト空間の線形部分空間によって記述される．このヒルベルト空間の計量は，状態 x が存在するときに状態 y を見いだす条件付き確率 $p(x, y)$ を決める．ある複合的対象の状態は，その対象の諸部分のヒルベルト空間のテンソル積のなかにある．ある対象の動力学は，そのヒルベルト空間の自己自身への写像が成す，時間パラメター t に依存する1次元ユニタリ群によって与えられる．

われわれがこの量子論を抽象的と名づけるのは，それが任意の対象のすべてに普遍的に妥当するからである．抽象的量子論は（経験的には3次元の）位置空間の存在については，また，物体ないし質点の存在については，そして，対象のあいだに作用する特殊な力については（すなわち，動力学を生み出

すハミルトン演算子の選択については）何も語らない．抽象的量子論はこのように普遍妥当的であるから，われわれはそれを，基礎に存する命題束の選択によってのみ古典的確率論から区別される確率の理論，と理解するのである (7.3)．いわゆる量子論理学はこの束を示す (7.6)．確率の遡行的定義は第2あるいはそれ以上の多重量子化という手続きに対応する (7.4)．ファインマンはディラックに続いて，古典力学のハミルトンの原理を波動力学のホイヘンスの原理と解釈した．同様にわれわれも波動力学の極値原理を次階の量子化段階のホイヘンスの原理と解釈する (7.5)．

歴史的には量子論は物理学の具体的な問題から生まれた．しかしその最終形態は抽象的な普遍性を持っているから，可能的経験の確実な前提条件だけを述べる要請によってこの形態を再構成すべく試みるように促される (8)．そのために4つの道がたどられた．これらの道は，後に来るほど要請が歴史的前提からの独立性を増すような順序にあらためて配列される．

4つの道に共通の論理的な出発点は，ちょうど n 個の相互に排他的な回答を許容する n 項の選立，すなわち経験的に決定可能な質問，という概念である．最初の3つの道はその概念とは独立に，対象という概念を用いる (8.2 B)．この概念はほぼ物理的な物 (Ding) の数学的様式化と解釈することができる．そうすると1つの選立が1つの対象に属し，その回答は対象の可能的特性（状態）を表わすことになる．対象という概念はおそらく量子論の公理的定式化のすべてにおいて用いられるであろう．けれども量子論そのものは，その概念の表わしているのが単なる近似にすぎないことを示している (8.2 E)．確かに，あらゆる対象はその環境世界の諸対象といっしょになって1つの総体的対象となることができる．しかし，その総体的対象のヒルベルト空間のなかでは，部分対象そのものがはっきりと定まった状態を持つような状態は測度がゼロの集合にすぎないのである．量子論（したがってなおさら，その極限的ケースである古典物理学）が成功した理由は，対象あるいはそれに対置される選立の，事実上十分な分離可能性になければならない．

再構成に役立つのは「有限主義」の適切な適用である (8.2 D, 9.2 a α2)．経験的には有限な選立のみが決定可能であるのに，歴史的に成立した量子論は可算無限の次元数を持つヒルベルト空間を用いている．われわれの歩む最初の3つの道（第8章）は事実上ただ有限の選立だけに関するものである．その問題は第4の道において「開かれた有限性」という題目のもとに 9.2 a で

主題的に扱われる．そこでは有限だが任意の大きさ n までの選立のみが用いられ，共通の状態空間のなかで扱われる．したがってその空間は可算無限の次元である．定まった有限次元の選立にとっての「対象」はそこでは下位対象と呼ばれる．そうすると対象は無限に多くの下位対象の空間のベクトル和を状態空間として持つ．

4つの道のすべてにおいて，量子論の決定的な仮定は拡張，あるいはまた非決定性という名前で導入される（8.2 H; 8.3 b 2; 8.4）．この仮定が述べるのは，ある選立の互いに排他的な2つの状態 x と y のそれぞれに対して，そのいずれをも排除しない状態 z が少なくとも1つ存在する，ということである．最初の2つの道は確率の概念を前提して，条件付き確率 $p(z, x)$ と $p(z, y)$ によって z を定義する．ここから第1の道はまず量子論理学の命題束を再構成し，この束が1つの射影幾何であることを証明して，この射影幾何を定義できるベクトル空間としてヒルベルト空間を導入する（8.2）．第2の道は対称性の仮定を経て直ちに，適当な対称群の記述空間としてのヒルベルト空間に至る（8.3）．いずれの道においても確率の計量の不変群として動力学が最後に導入される．

第3と第4の道はもっと明確に時間を構築の頂点に置く．第3の道（8.4および8.5）が出発するのは，計数可能な状態からではなく，また，意図からすれば計数可能な対象からでもなくて，流れからである．このことに対応して，出発点は確率つまり相対頻度ではなくて，「未来様相」である．未来様相は時間間隔の加法性に由来する加法群を持つ（8.4, Nr. 18）．このようにしてヒルベルト空間がまず線形空間として定義され，そのなかで初めて事後的に計数可能性，およびそれとともに計量が，静止状態によって導入される．この道はさしあたり，どちらかといえば1つのプログラムである．

第4の道は有限な選立に対して最初の2つの道で得られた成果を前提する．この道の出発点は時間における選立の発生と消滅である．この道は具体的量子論につながっていく．

g. 具体的量子論　われわれが具体的量子論と呼ぶのは現実に存在する対象についての理論のことである．それは，本書で述べられている形では，1つの閉じていない，意図からすれば包括的なプログラムである．その詳細については第9章と第10章を見ていただきたい．ここでは基本的な問題設定

のみを述べる．

　自然法則を普遍法則と特殊法則に区別することは古くから行なわれている．しかしその区別が根本的な性格のものかどうかは問題である．特殊法則は特殊な経験領域を記述する．ところが，物理学が融合して統一に向かっていくにつれ，普遍法則は例えば普遍方程式の特殊解として，そこに含まれる特殊領域そのものを規定する形態をとるようになる．こうしてボーアの原子構造の量子論は，それ以前に経験的に見いだされていた元素の周期的システムを説明した．同様な期待が今日，素粒子のシステムに対して抱かれている．したがってすでに普遍法則自身が，どのような特殊解が可能であるか，特にどのような素粒子が可能であるかを確定している，と考えることもできるであろう．

　そのためには抽象的量子論を動力学の特殊法則で補わなければならないということが今日，一般に想定されている．本書第10章は，ただ1つの仮説を除いてこの補完は必要ないという推測を考究する．その仮説——われわれはまだその完全な自明性を示すことができないでいる——とはすなわち，現実の選立はすべて，それらに属する動力学を含めて，2項のウア選立から構築されうる，という仮説（「ウア仮説（Ur-Hypothese）」）である．

　今日の素粒子物理学は素粒子のシステムを対称群に基づかせようとしている．基本的な群は特殊相対性理論を定義するポアンカレ群であり，それには「内部」対称のコンパクト群が属する．ところで，ウア仮説から3次元の現実の位置空間の存在と特殊相対性理論の妥当性とが帰結する（9.3）．こうして位置空間と特殊相対性理論が純粋に量子論的に導き出されるのである．いずれもウア仮説以外に，抽象的量子論への付加的仮定を何ひとつ必要としないからである．粒子の存在は特殊相対性理論から直接に帰結する．粒子はポアンカレ群の原初的表現だからである．

　これ以上のことについては，具体的量子論はこれまでのところプログラムにすぎず，その完成は数学的困難の克服にかかっている．確かに，一定の静止質量と一定のスピンを持つ粒子間の相互作用は，われわれが帰結を正しく引き出すならば，具体的量子論によって恣意的でない仕方で規定される（10.3）．したがって具体的量子論はポパーの意味で経験的に反証可能であろう．粒子の存在，それゆえ場の理論による粒子の記述は，大きな距離に対する近似にすぎない．したがって相互作用は非局所的であり，ほぼ間違いなく，

繰り込みがなくてもすでに非特異的であろう．しかしながら，経験的テストが可能になるまで具体的量子論を形式的に仕上げることは，これまでのところ解決されていない数学的課題である．われわれは量子電磁力学のモデルを示し（10.5），粒子の組織系統論でゲージ群を基礎づけるための提案をする（10.6）．シャープな静止質量の説明は1つの統計的問題の解決にかかっているであろう（10.6 d）．

一般相対性理論はこの枠組みではまさに，時空連続体の量子論的再構成では未確定の，局所的ミンコフスキー空間の結合を表わしている（10.7）．

h. 解釈の問題　　長いこと続いている量子論の解釈論争はその歴史的前提によってのみ理解することができる．量子論は古典物理学から生まれた．量子論の圧倒的な経験的成功にもかかわらず，その古典的世界像からの逸脱は1つの犠牲と感じられた．ボーアとアインシュタインのあいだの問題は，利得はその犠牲を正当化するかということであった（11.1，11.3 a-e）．両者とも古典物理学の重要性をあくまでも認めた．ボーアは経験的現象の記述におけるその重要性を強調し（11.1 g），アインシュタインは古典物理学の実在概念を堅持した（11.1 i，11.3 d）．

われわれの立場からみると，この論争はどちらかといえば量子論の真の未解決の問題を覆い隠すようにみえる．その論争に用いられた諸概念はいずれも，時間における出来事と行為について，すなわち事実的過去と可能的未来のあいだの今について，すでに得られている了解なくしては理解されないであろう．実験はつねに古典的概念によって記述されなければならないというボーアのテーゼは，事実的で不可逆的な結果の強調に基づいている．そのかぎりその主張は時間の理論のなかで説明されることができ，またそこで説明されるのが正しいのである．アインシュタインの実在概念は過去に属する事実性という指標を未来の出来事すなわち可能的な出来事にも付与するものである．

われわれの理解するところでは，この論争は歴史的な理由から，「抽象的」物理学ではなく「具体的」物理学——出来事の具体的な像——にあまりにも関心を向けすぎている．出来事の具体的な像は当然，歴史的には普遍法則から説明されるよりも前に作り上げられることのできたものである．われわれにとって，古典物理学は具体的量子論の極限的ケースであり，具体的量子論

はおそらく抽象的量子論の帰結であり，抽象的量子論は確率的予測の一般理論である，と思われる．これら3つの段階はいずれも未解決の諸問題を含んでいるが，そういった問題は解釈論争においてまだまったく議論されていないので，ここで締め括りとして列挙しておこう．

古典物理学は具体的量子論の極限的ケースである．——極限値は，それを極限値とする数列よりも情報量がはるかに乏しい．われわれはこのことを「量子論の知識増加（Mehrwissen）」として強調した（11.3 f）．これはハイゼンベルクの不確定性関係の核心である．つまり，測り知れないほど豊かさが増したシュレーディンガー波の情報が存在しうるためには，古典的軌道は存在してはならないのである．

具体的量子論は抽象的量子論の帰結である．——私は，抽象的量子論をすぐに相互作用の要請に従って構築する（9.2 b 3）ならばウア仮説は自明である，すなわちそれは抽象的量子論の必然的帰結である，という推測を捨てない．それはともかくとしても，位置空間が2項選立の量子論の表現空間として，その選立の対称群SU(2)に基づいて鮮やかに導き出されるということは，量子論の知識増加のみごとな実例である．量子論を知る者はそれぞれの正否決定（Ja-Nein-Entscheidung）に対して直ちに可能性の3次元計量空間を有するのである．

抽象的量子論は普遍化された確率論である．——確かにこの定式化は量子論の抽象度を，したがっておそらく量子論の普遍妥当性の根拠を，十分に示している．ここからとりわけ，心的過程への量子論の適用を排除する理由はないということが帰結する（11.2 e）．われわれは情報の流れという概念のなかですでにこの帰結を用いた（12）．しかしながら，この段階ではおそらく確率という概念は不十分な表現手段であり，非決定性という概念も同様であろう．ここでわれわれはこれまで克服されていない量子論の限界につき当たる（13）．経験的に決定可能な選立という論理的概念とともにすでにわれわれは，決定後の測定結果の事実性を前提し，したがって不可逆性につきまとう情報の損失を前提している（11.2 c β）．こうして，量子論を考えつめるとわれわれは，それを構築しうるために不可欠であった前提の批判に行き着くのである．どうしてそのように不確かな基礎のうえに立ってそれほど成果の多い理論が獲得されえたのであろうか．

われわれは量子論の自己批判と限定的な自己正当化を定式化する（13）．

古典論理学は「真と偽の数学」(『時間と知識』6)として，正否決定の理論である．われわれは拡張の要請によって量子力学の知識増加をそこに導入したが，その要請は最初の2つの道では確率の概念を用い，それゆえ有利なケースと不利なケースの数え上げ，したがって再び正否決定を用いている．第3の道はこの概念を基礎概念としては避けるためにとられた．しかし，数学的な精密化が可能な理論を得るために，われわれは群論の適用を可能にする対称性の要求をしなければならなかった．われわれはただ選立の近似的分離可能性，したがってあらためて無知によってのみ，この要求を正当化することができた．具体的量子論によってわれわれはこの近似のよさを量的に評価することができる (13.4)．事実，宇宙空間が「ほとんど空虚である」ことが示される．粒子は互いにきわめて遠く隔たっていることができるのである．したがって量子論の自己正当化の語るところによれば，われわれは「知識増加」を対称群の表現によって，それゆえヒルベルトベクトル（シュレーディンガー関数）によって，たいてい非常によい近似で記述することができる．しかし量子論の自己批判はこのよい近似の背後に，われわれのこれまでの式が把握していない干渉的連関が隠れている可能性があると主張している．この連関がわれわれの行なった物理学全体の再構成の方法的出発点，すなわち今，過去，未来の区別そのものをも越えている，ということを排除することはできないのである (13.4-5)．

　われわれは哲学者の言葉で (14) 論理学，自然学（物理学），形而上学というアリストテレスの3分法によって解釈を述べる．ここでは現代的に，科学論に属する方法論が論理学にとって代わる．方法論はわれわれを円環行程の始点に戻す．形而上学はわれわれに物理学の真理の限界を見ることを教える．

4. 本書を通る近道の提示

　残念ながら私は読者に本書の全体を読む気にさせることができるほど，本書を短くするのに成功していない．その理由は本書が従っている二重の要求にある．一方で本書は一連の新しい思想――本書が含む章の数とほぼ同じ数の――を述べようとしている．これらの思想は，テーゼの形で表わすならば，おそらく本書のほぼ10分の1の分量を占めるであろう．他方ではしかし，本書はこれらの思想のそれぞれを，今日の知識と対比して正当化するに足る

だけの紙幅を費やして述べようとしている．各章の紙幅をさらに切り詰めてこれを行なうことはほとんど不可能である．

　読みやすくするために私は各章のはじめで，その章の問題とそれを解決する思想とを通常言語で述べた．このためにおそらく本書の分量がさらに増え

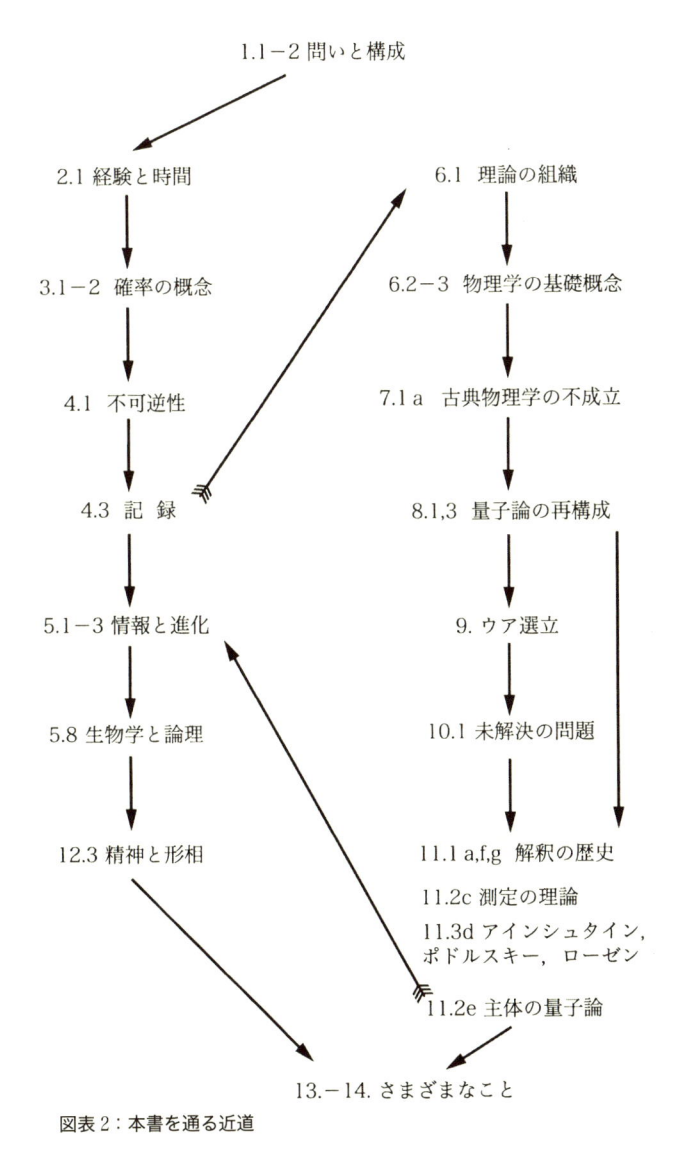

```
                    1.1-2 問いと構成
                         │
           ┌─────────────┘
           ▼
    2.1 経験と時間              6.1 理論の組織
           │                        │
           ▼                        ▼
    3.1-2 確率の概念          6.2-3 物理学の基礎概念
           │                        │
           ▼                        ▼
    4.1 不可逆性              7.1a 古典物理学の不成立
           │                        │
           ▼                        ▼
    4.3 記　録                8.1,3 量子論の再構成
           │                        │
           ▼                        ▼
    5.1-3 情報と進化          9. ウア選立
           │                        │
           ▼                        ▼
    5.8 生物学と論理          10.1 未解決の問題
           │                        │
           ▼                        ▼
    12.3 精神と形相           11.1 a,f,g 解釈の歴史
                              11.2c 測定の理論
                              11.3d アインシュタイン，
                                    ポドルスキー，ローゼン
                              11.2e 主体の量子論
                         │
                         ▼
                    13.-14. さまざまなこと
```

図表2：本書を通る近道

たであろうが，いわば締まりのない土地である本書を通っている近道がうまく見つかることにもなる．

　図表2は考えられるそういった通路の1つを描いた見取り図である．それは巡行路であり，読者はそれぞれその巡行路として，脇道と近道のうちいずれを選ぶこともできる．テーマの配列は図表1と同じである．見通しの利く地点を簡単に述べよう．

　第1章では「問い」と「構成」だけで足りる．2.1は経験が時間様態に依存することを素描する．3.1-2は確率概念を未来的に定義する．4.1と4.3は熱力学の第2法則が確率の未来的性格に依存することを示す．ここで道が分かれる．

　物理学の構築を辿ろうと思う人は理論の組織についての概観6.1を見ることができ，6.2で力学の基礎概念について，6.3では自然法則の数学的形式について，広範だが自由な議論を見ることができよう．それから道は量子論の再構成に至る．7.1aで1つの基礎的な古典物理学の成立不可能性を思い起こしうるのは有益かもしれない．再構成の章では導入部8.1と「第2の道」8.3が綿密に読まれるべきであろう．

　これ以降，構築の道（第9章と第10章）はわずかに理論物理学の専門家のみが辿りうる道である．第9章は本書で唯一の新しい実質的な物理学仮説，すなわち「ウア仮説」を含んでいる．この仮説を理解するにはこの章の全体が必要であろう．第10章はその仮説からさまざまな帰結を導き出す試みを含み，それらの帰結は10.1bに列挙されている．この章は献立表である．

　再構成からすぐに第11章の量子論の解釈に移ることも可能である．11.1aは問題への手引きである．11.1fはハイゼンベルクの見解，11.1gと11.2cはボーアの見解，11.3dはアインシュタインの見解を述べる．11.2eはなぜ私が大胆にも量子論を観測者の意識にも適用するのか，その理由を述べる．

　これによってわれわれは物理学の解釈についての基本的問題に導かれる．認識する人間は，彼が認識しようとしている自然の子である．そうすると主体の量子論から進化の問題に戻ることになる．熱力学的不可逆性から出発するまっすぐな道を通っても，進化の問題に至っていたであろう．5.1-3は情報の増加としての進化がなぜ第2法則と結合しうるのか，その理由を示唆する．5.8は生命の認識形態性から，人間の論理のもとになっている前提に至る．このことが，近代の哲学と自然科学によって生まれた「心身問題」にと

ってどのような意味を持ちうるかということは，第12章，特に12.3で論じられる．さらに，読者が最後の2つの章からなお何を読みとろうとされるかは，読者の意向に委ねよう．

第 I 部

時間と確率

第2章[*1]

時間命題の論理学

1. 時間命題の論理学の要請

　物理学は経験科学である．経験とは何か．ある人が過去をもとにして未来について学んでいるならば，われわれは彼を経験のある人と呼ぶ．確かに，彼が過去の時間に経験したさまざまな事象は，すべての事象がそうであるように，厳密に言えば一回かぎりのものであった．厳密に言えばこの世界では何ひとつとして繰り返されはしない．しかし，そのような人はそうした事象のなかに，繰り返される傾向を認識することができている．彼はこの傾向を知っているので，彼にきょう起こることがまったく予期されなかったわけではないこととして起こるのである．彼はまた，さらに遠い未来に彼を待っていることをもなんらかの仕方で予想することができる．彼の予想がまったくの誤りではなかったということは，きょうのところではまだ未来であることが現在となったときに示されるであろう．こうして彼の経験は絶えず確証される．そのつどの現在は，彼が過去をもとにして，そのときには未来であったことについて実際に学んだということを示すのである．こうして，彼の経験はきょうのところではなお未来である時間においてもまた確証されるであろう，という推測が正当化されるのである．
　経験科学もまたこのような特徴をすべて示しているのであって，ただ系統的な形で示すという点が違うだけである．経験科学ではさらに長い時間間隔において観察を行ない，そこから，ある現象から別の現象がつねに生じると述べる法則を推論する．法則が立てられたならば，法則を導くもとになった観察は過去のものとなる．ところでわれわれは未来に起こるであろうことを法則に基づいて予言する．その後，予言の対象とした時間が現在になると，

予言が正しかったかどうかを知ることができる．それによってわれわれは，仮定した法則を新たな経験に照らして確証するか改良し，新たな予測に用いることができるのである．

　現在はすぐに過去となる．未来はついには現在となる．過去は現在として繰り返されることはないが現在の事実のなかに——記憶または経験として主観的に——保存される．われわれはこのような現在，未来，過去の複雑な構造を，時間という名で指し示している．あらゆる人間はある意味で時間とは何であるかを知っている．そうでなければどうして彼は「今」，「まもなく」，「当時」，「為す」，「経験」，「予言」といった語を有意味に用いることができようか．しかし彼はある意味では，すなわち彼がすでに持っているこの「知識」を概念的に述べなければならない場合には，時間とは何かを知らない．「時間とは何かと問われなければ私はそれを知っている．しかしそれを問われるならば私は答えることができない」(アウグスティヌス『告白』)．

　時間についてのわれわれの知識を何らかの形で明確にしないかぎり，物理学は概念的に明晰に表わされることはできない．いま見たように，物理学が経験科学であるからこそ時間が方法的にすでにその基礎に存するのである．しかし物理学の命題の内容もまたつねに時間を扱っている．個々の観測はそのつど一定の時間に行なわれ，正しい実験記録は実験時間の報告を含んでいる．上に大ざっぱに述べたように，物理学の法則はどんな現象がどんな現象に続いて生じるかを述べている．物理学の法則は数学的にはたいてい時間による（双曲型の）微分方程式として定式化される．その際，そのつどの状態ないし出来事のいわゆる「時間点」は実数のパラメター t の値によって表わされる．さまざまな極値原理（Extremalprinzip）は微分方程式と同じ数学的事態の別の定式化であり，その場合，微分方程式はその原理のオイラー方程式として現われ，t を積分変数として含んでいる．最後に，さまざまな保存則は，ある種の量は時間とともに変化しないと述べる．保存則はそういった量の時間による微分係数がゼロに等しいとするのである．

　そうすると，時間を概念的に明確に把握するという問題は時間パラメターの導入によって解決されると思われるかもしれない．本書はこれが事実でないから書かれたのである．まず明らかに，時間パラメターははじめに言葉で述べた現在，未来，過去の構造を書き込んでいない．物理学の方程式からは，どの時間点がそのつど現在の時間点と考えられるのかをみてとることができ

ない．その方程式は過去の消し去れない事実性と未来の開かれた可能性との質的な区別を反映していない．まさにそれゆえに多くの物理学者は現在，未来，過去という概念を「単に主観的な」ものとして，「客観的な」自然記述から排除することに傾いている．この排除が実行可能とはみえないかぎり，そのような概念の表わす構造の残滓が「時間の向き」とか「時間の矢」という比喩的な名称（ともに時間を1つの空間座標のように扱う比喩である）で導入される．すると，「時間の矢」によって考えられているものを概念的に明晰に記述するのは非常に困難となる．

　私見によれば，この困難は定義または基礎づけの自然な方向を逆にしていることに由来する．経験とは何かを知っている者は，上に示唆したような十分な意味での時間とは何であるかをもすでに不明確な形で知っている．物理学を研究する者は経験とは何かを知っている．定義とは物理学の内容的概念（例えばエントロピー）への還元であると理解するならば，物理学の成果を用いて時間とは何かを後から定義することはできない．それは循環であろう．しかし物理学の成果を用いると，あらゆる物理学に先だってわれわれがすでに知っていたことを明らかにすることはできる．したがってわれわれは時間について今後語ろうとするときに用いる，制御可能な語り方を取り決めることができ，この語り方が時間についてのわれわれの以前の理解に対応するかどうかを吟味することができる．そうすると，この語り方の助けを借りてわれわれは，解明を要する他の物理学の概念を定義することができるか，あるいは少なくとも，そういった概念に対してもまた，これまで感じられていたある種の困難を取り除く制御された語り方を導入することができる．そのための鍵となる概念が確率の概念であり，これは熱力学と量子論との解釈にとって基本的な概念である．

　時間についての制御された語り方の導入はわれわれをまず論理学の分野に導く．他のこととともになんらかの点で時間的な関係を述べるすべての命題を「時間命題」と呼ぶことにしよう．最も簡単な例は，何ごとかがある時間に起こっていると述べる命題であり，例えば次のような命題である．「雨が降っている」，「雨が降った」，「ナポレオンは1821年に死んだ」，「1999年に日食があるだろう」．さらに複雑なのは，そのような命題の結合であり，「雨が降ったならば道路が濡れる」，「孤立系のエントロピーは減少しない」のような命題である．われわれのいう制御された語り方に対する最初の要求は，

時間命題を満足する論理学を確定することである．

　この要求を満たすのは簡単だと思われるかもしれない．すなわち，時間命題が「ど'の」論理学を満足するかを問う必要はなく，時間命題は命題であるかぎりすべての命題と同じく「既定の」論理学，つまりわれわれのすべてによく知られている1つの論理学を満足する，と思われるかもしれない．ごく少数の明敏な論理学者と哲学者が，時間命題の特殊な論理学（特に「量子論理学」）の探究のなかに，問題の本質に存する基礎づけの順序が誤って理解されているのを見てとって，以下のように言う．「量子論理学」は量子論に基づき，量子論は経験に基づく．しかし科学によって定式化された経験はすでに既定の論理学を前提している．それゆえ「量子論理学」はその論理学に基づく．量子論理学は，その論理学に一致するならばつまらないし，その論理学に矛盾するならば偽である．実際にはしかし，「量子論理学」と呼ばれる数学的構造は物理学の無害な一部分であることがわかるであろう．不当にもこれに「論理学」の名が与えられているのである，と．

　私は量子論との関連で初めて量子論理学の問題にもっと立ち入ることができる．私がここでこの問題に言及しているのは，時間命題の論理学への問いがどのような基礎づけの連関のなかにあるかを明らかにするためにすぎない．もしも科学によって定式化された経験が，われわれによく知られている1つの決まった論理学つまり他でもない「既定の論理学」を実際に前提しているということが真であるならば，この論理学から逸脱する論理学をそういった経験から導き出すことはできないという結論も当然，真であろう．そうであれば私はさらに進んで，経験からはどんな論理学も導き出すことはできないとさえ考えるであろう．実際，この導出そのものにおいて既定の論理学がすでに用いられていることになるであろう．ところが私は，科学的経験が「既定の論理学」を前提しているという前提は正確に見ると2つの点で根拠のないものであることがわかると主張する．第1に，まさに要素的な時間命題が論理学的にどのように理解されるべきかについての考察は，今日まで決して成果を上げていない．第2に，今日，論理学者自身が，「真なる論理学」のようなものが存在するかどうかについて意見が一致しておらず，しかも私見によればその理由は他でもなく，われわれが時間的関係の論理学的記述をまだ理解していないということに関係するのである．このように解釈すると，量子論は物理学の論理学的基礎づけに存するこの不明瞭さが物理学者の意識

に初めて入り込んできた場であるにすぎない．同じことはすでに熱力学の統計的基礎づけにおいても露見しえたであろうが，当時は伝統的な論理学に対する不信が起きていなかったし，困難の根拠があまりにも深いところに隠れていたので，論理学との関連が気づかれるに至らなかったのである．

　時間命題を論理学的に解釈することが難しくなるのは他でもなく，時間パラメーターが時間的関係の記述に十分でない場合であり，したがって現在，未来，過去が本来の意味にとられなければならない場合である．例えば，物理学的に確率概念に容認される1つの意義（そしてそれがその第1の意義でさえあることを私は示したいと思う）は，確率によって予言を行ないうるということである．予言はその対象であった時間点が現在となり，すぐに過去となった瞬間にその直接的な意味を失う．過去の事実をいま予言すると言うことは無意味である．したがって確率概念の論理学的解釈は未来に関する命題の論理学的解釈を前提する．しかしそういった命題には深刻な論理学的問題が現われるであろうということを，すでにアリストテレスがはっきりと見てとっていた．彼は自分自身が普遍的だと主張した排中律（『形而上学』Γ, 7）が未来についての命題に妥当するかどうかを疑っている（『命題論』9）（これについては，Frede 1970 参照）．「あす海戦が起こるであろう」という命題はきょう必然的にそれ自体において真か偽のいずれかであろうか．もしそうであるなら，あす海戦が起こるかどうかはきょう必然的にそれ自体において決定されていることになるであろう．したがって排中律から決定論が導き出されたことになるであろう．ところで，決定論は真であるかもしれない．しかし，積極的な形而上学的主張である決定論を論理学の一法則から導き出すのは不当な横領だと思われる．けれども，未来に関する上の命題は現在において真か偽のいずれかであるという前提が偽でないのなら，この導出のどこを誤りとすればよいのかを知るのは難しい．事実われわれは第4節で未来命題の論理学を導入し，そこでは未来命題に真と偽という真理値ではなく，必然，偶然，不可能という様相を付与する．それによってアリストテレスの懸念は，私の思うところでは彼の望み通りに，取り除かれるであろう．

　体系的な構築が要求するのは，まず時間命題の完全な論理学を展開し，その後で初めて物理学理論をそれに基づけるということであろう．本書はそのような目標に至る長い道の中間地点である．本書の研究は物理学に由来し，物理学の状況の解明，とりわけエントロピーの法則と量子論との解明を直接

の目標としている．もちろんこの状況もまた，基礎づけられた時間命題の論理学なくしては決定的に解明されることはできない．しかし私の信じるところでは，この論理学は，普遍的論理学を基礎づける際の時間の役割の論究を合わせた統一的な研究行程のなかでのみ，基礎づけられうるのである．私はこの非常に包括的な仕事を後世の別の研究者に委ねなければならない（『時間と知識』6を参照）．私はここでは1つの可能な時間命題の論理学の基礎法則のいくつかを，大ざっぱな理由を付けて仮説的に提示する．これらの基礎法則からすぐに私は確率計算と物理学に移り，この2つの分野の基礎を一応満足できる程度に明瞭にするにはそのような基礎法則で足りることを示す．それによって同時に，後に行なう論理学のもっと厳密な基礎づけにとって，物理学が応用例の集まりとして得られるのである．

2. 論理学をどのように基礎づけるか

どんな意味であの論理学，あるいはある1つの論理学の，基礎づけということを語ることができるのか，最初から疑わしいと思われるに違いない．実際，基礎づけとはあるものを他のものに還元することであろうが，論理学をさらに何に還元すればよいのか．そして例えば存在論への，そのような還元が行なわれるとするならば，その還元は，すでにその論理学に従うように要求しなければならない推論によって行なわれるはずではなかろうか．すなわち，論理学の基礎づけとは本質的に循環的な企てではないのか．事実，論理学は基礎づけができないし，またその必要もない，という立場に立つこともできる．この見方によれば，実に論理学という名の学問が建設されるよりもはるか以前から存在してきた正しい思考は一般に，自発的に（「直観的に」）論理に依拠していて，その後ギリシャ人において，外見上のパラドクスの構成が，それまで表立たずに用いられていた論理的推論の術についての反省に至らせ，その結果，論理学が発見されたのである．論理学の基礎はその明証性に存する．いま時間命題を扱う際に困難に出会うならば，われわれはギリシャ人がその時代に行なったのと同じことをするだけでよい．つまり，われわれが時間的関係について語るとき実際に従っている規則を意識するだけでよいのである．

このように述べると，哲学的問題，したがってまたギリシャ人における歴

史的事実が，不当に単純化されるけれども，最初の実際的な導きの糸が得られるのである．事実，私が以下で行なうのは，われわれが時間的関係について判断する際にすでにつねに用いている手続きを意識させようと試みることと，それほど違ったことではない．しかし私はその際，論理学の基礎づけをめぐる 20 世紀の議論に負う問いの技法で，おそらく論理学を基礎づける手段という名に値する技法を，精密化して用いるつもりである．

論理学の基礎づけという問題が 20 世紀に重大化したのは，論理学をめぐるいくつかの論争点において，言われている論理学の明証性が，なんらかの決定を下すのに実際に十分なものではなかったからである．とりわけ問題になるのは排中律であって，これを無限の全体に適用する可能性がブラウワーとその学派によって否定されるのである．論理学のドグマ主義，すなわち論理学の明証性をあからさまに引き合いに出す主義は，その支持者たちが互いに対立するものを明証的とみなす 2 派に分裂するならば，方法論的立場としては維持し難い．相手と議論を始めるものはその際，論理学の（少なくとも個別的な論理法則の）基礎づけへの寄与であると理解されうる論法を用いている．基礎づけの論争から抜け出す唯一の出口は，任意の論理学が許されると考える規約主義だと思われるかもしれない．しかし規約主義者もまた，解決を果たそうとするなら，議論をしなければならない．一方で彼は，なぜ提出された基礎づけを確実なものとみなさないかを基礎づけなければならない．他方でまた彼は少なくとも，なお論理学とみなす用意のある領域を画定しなければならないであろうし（例えば幾何学や鉱物学はおそらく論理学ではあるまい），この領域画定をも基礎づけなければならないであろう．

私がここで用いようと思う基礎づけの方法は反省的と呼ぶことができ，次の問いをもってその特徴とすることができる．つまり「そもそも了解のうえで論理学の基礎づけをめぐる論争に参加できる者がすでに知っていることは何か」という問いである．この意味で反省的であるのは例えば，真の論理学はメタ論理学であるというボヘンスキーのテーゼ（1956）である．すなわち，どんな公理系でも論理学の名を与えられればもうそれで「真の」論理学である，というわけではない．真の論理学とはむしろ，さまざまな公理系で何が一般に導出可能かを決定させるような理論の一部分である．反省的基礎づけを遂行する技法において私は，ローレンツェン（1959）がベート（1955）をもとにして発展させた対話論理的基礎づけに従う．しかしその際，研究対象

はローレンツェンにおけるように数学的命題，あるいは一般に無時間的に妥当する命題ではなく，時間命題に他ならない．

まず，われわれがここで用いるかぎりでのローレンツェンの方法を，たいてい無時間命題に属する簡単な例をいくつか挙げて解説しよう．次のような命題論理学の4つの「関手」を考える．ここでAとBには任意の命題を代入してよい．

1. 否定：¬A は「A でない」を意味する
2. 連言：A∧B は「A かつ B」を意味する
3. 選言：A∨B は「A または B」を意味する
4. 含意：A→B は「A ならば，そのときには B」を意味する

「または」は通常と異なり，排他的と考えられてはならない．したがってA∨B は A と B がともに真であるときにも真である．われわれは「でない」，「かつ」，「または」，「ならば」，「そのときには」が日常言語でどんな意味であるかを，通常の使用に足りる程度によく知っている．しかしときおり不明瞭さが現われる．形式化すればこれらの論理詞の使用が満たすべき規則を一義的に確定できるはずである．このような規則をここで完全に数え上げるつもりはない．これらの論理詞によって定式化される命題形式をいくつか例として考察するだけで足りる．それらは古典論理学ではすべてつねに真であると，すなわちあらゆる代入に対して真なる命題となる命題形式であると，みなされる．恒真であるということは，論理学の定理あるいは法則としての，それらの命題形式の各々について言えることであり，その名前を式に添え，次の4つの定理を考察する．

1. 含意の同一律：A→A（A ならば A）
2. 矛盾律：¬.A∧¬A（A であって A でない，ということはない）
3. 排中律：A∨¬A（A または A でない）
4. 前提挿入律：A$\dot{\to}$B→A（A のとき，B ならば A）

表記法で，括弧に替えて点を用いた．記号列中の点は切り離す働きをする．そこで¬.A∧¬A は¬(A∧¬A) と理解される．上に点のある結合子は点のないものよりも切り離す働きが強い．そこでA$\dot{\to}$B→A は A→(B→A) と理解される．もう一度強調しておきたいのは，A と B に何を代入しても上の式は真でなければならないということである．つまり，どんな A も自分自身を含意する．どんな A についても，A と非 A とがともに真になることはな

い，ということは妥当である．どんなAについても，Aまたは非Aが真である，ということは妥当である．どんなAについても，Aが真のときには，どんなBについてもBが真ならばAも真である，ということは妥当である．4つの定理のうち，最初の2つは論理学的に議論の余地なく成り立つ．他の2つは古典論理学の基礎とされるが，第3の定理は直観主義論理学ではそうでなく，第4の定理は量子論理学の時間命題についてそうでない．

　さて，われわれはどのようにしてそのような定理が真であると確信することができるのか．最も簡単な例A→Aを考えよう．これはすなわち，Aにどんな命題を代入してもAならばAということは妥当でなくてはならない，ということである．雨が降るならば雨が降る．2×2=4ならば2×2=4である．2×2=5ならば2×2=5である．さしあたりわれわれはAに代入される個々の命題がどのようにして検証されるかを問わない．今の3つの例は，その時その時に観察によって決定される時間命題と，真なる無時間命題および偽なる無時間命題を含んでいる．これらの命題およびそれ以外の命題のすべてについて，A→Aは妥当でなければならない．普遍判断は，それに属する個別的事例が個々に決定可能であるとともに数が有限である場合にはつねに，その事例の数え上げによって決定されることができる．しかし今の定理は無限に多数の命題，すなわちおよそ可能なすべての命題について妥当しなければならない．われわれがそのことを知りうるのは，その普遍判断が正しいことを個々のあらゆる事例において決定させうるような規則をわれわれが洞察している場合だけである．そのような規則は判断の形式から，したがってここではその判断が含意であるということから，導かれる．私が例えば，申し立てられた2つの個別的命題aとbに対して，a→bが普遍的に真であると確信できるのはどのような場合であろうか．明らかにそれは，aの真なることが，bが必然的に真であるための条件を現実化していること，例えば「雨が降るならば地面が濡れる」ということを，私が洞察できる場合である．地面に落ちた水がそれを濡らすことを私は知っており，雨はまさにそのような水である．したがって私は雨が降るときにはいつでも，濡れた地面をも示す義務を引き受けることができる．しかしこれは経験的な，おそらく非常に粗雑に定式化された自然法則的連関であって，そういった連関にありがちなあらゆる不正確さや不確実さを伴っている．事実，暑い日には，通り過ぎていく霧雨は乾いた地面の上ですぐに蒸発するので地面を濡らさないことを観察

できる．しかし，A→A は例外なく妥当でなければならず，しかも漠然として決して全面的には明瞭にならない経験的基礎からではなく，端的に理解できる論理的基礎からして妥当でなければならない．この基礎はわれわれの同一性の理解である．

これからわれわれはローレンツェンに従い，この基礎を議論ゲームのなかに示そう（Kapp [1942] が立証したように，ギリシャの論理学もまた議論ゲームへの反省から生まれた）．A→A は任意のあらゆる代入に対して妥当でなければならないという要求を，議論を 2 人の参加者に分かつことによって例示する．参加者の 1 人は「弁護者」（P と略記する）と呼ばれ，当の命題形式，したがって例えば A→B という形式の含意を，つねに真であるとして主張しなければならない．その命題形式が任意の代入について真であるという言い方を説明すると，それは，別の参加者である「反論者」（O と略記する）は含意の前件つまり A に代入すべき命題を選んでよい，ということである．この前件に応じて B にある決まった b が代入される．例えば A→B を「雨が降るならば地面が濡れる」とし，a を「いま雨が降る」，b を「いま地面が濡れる」とする．A→B の主張によって弁護者は，反論者が A に代入可能な命題 a を真として立証したときには，つねに b をも真として立証する義務を負う．A→B という形式の主張が「論理的に真」と呼ばれなければならないのは，弁護者がつねにこの立証に成功しなければならないということを，その主張の形式だけから洞察できる場合である．A→A についての 1 つの可能な対話を例にとって，それが論理的に真であることの証明を示そう．

O	P
	1. A→A
2. そうは思わない	2. 反例を選べ！
3. A に 2×2＝4 を代入する	3. この命題を証明されたい
4.（A は例えばペアノの公理からその証明を与える）	4. この証明を認める
5. こんどはあなたが証明する義務を負うものを証明せよ	5. 私はあなたと同じ命題，したがって 2×2＝4, を証明する義務を負う
6. 証明していただきたい	6.（P は 4 で与えられた O の証明を繰り返す）

7. この証明を認める	7. したがってあなたは私に反論しなかった

Aに代入された証明可能な命題についてのあらゆる対話が同じように進行するということを，われわれはア・プリオリに洞察することができる．なぜなら，第4手でOが与えたのと同一の証明をPは第6手で行なうということは，明らかに必然的だからである．これが上で私が，A→Aが論理的に真であることの基礎はわれわれの同一性の理解にあると言ったときに考えていたことである．同一の命題，同一の証明を，繰り返すと言うことには意味がある．ついでに言えば，証明不可能な命題，例えば偽なる命題を，Aに代入しても事情は変わらないであろう．その場合，対話は次のようにして進むであろう．

O	P
	1. A→A
2. そうは思わない	2. 反例を挙げよ
3. Aに $2\times2=5$ を代入する	3. この命題を証明されたい
4. それはできない	4. すると私も証明の義務はない
5. それを認める	5. したがってあなたは私に反論しなかった

対話ゲームの考え方に習熟し，その際に浮上する問題を明らかにするために，これから上に挙げたこれ以外の論理法則について述べよう．その際われわれはローレンツェンに比較的忠実に従うが，手続きの個別的なあらゆる点にわたって従うわけではない．対話ゲームは一般に次のようにして行なわれよう．Pがある命題形式を主張する．Oはこの命題形式に現われる変項への代入例を選ぶ．Oは代入した命題を実際に証明しなければならない[*2]．そうするとPはこの代入によって自分の命題形式からできる命題を証明しなければならない．Oが選んだ代入例のそれぞれについて「明白に」この証明を果たすことを許す「勝ちの戦略」をPが持つならば，Pの主張した命題形式は論理法則となる．われわれは代入の選択を当該の命題形式に対する「攻撃」とも呼び，代入された命題の証明可能性を前提したうえでの，その命題形式の証明可能性の立証を「弁護」と呼ぶ．その際，4つの結合子∧，∨，¬，→は次

のように扱われる．

A∧Bが弁護されるのは，AとBが弁護されるときである．

A∨Bが弁護されるのは，AまたはBが弁護されるときである．

¬Aが攻撃されるのは，反論者がAを主張するときである．そのとき弁護者はAを攻撃しなければならず，反論者がAの弁護に成功しないならば弁護者はAを弁護したことになる．

A→Bが弁護されるのは，Oの選んだAへの代入のそれぞれに対して，同じくOの選んだBへの代入によってできる命題をPが弁護するときである．

以上の規定を簡単に説明しよう．

「A∧B」とは言葉で読むと「AかつB」である．Aが弁護され，かつBが弁護されることによって，「AかつB」が弁護される．すなわちその規定は「かつ」という概念の定義ではなく，われわれが日常言語においてすでに持っている「かつ」の意味の理解からの帰結である．しかしまさにそれゆえにその規定は，論理学的に規制された言語において「かつ」を持つ表現，したがってまさにA∧Bという形式の表現が，どのように用いられるべきかの確認，それゆえ特に対話のなかでその表現がどのように弁護されるべきかの確認である．この意味でその規定は論理関手「連言」の定義である．他の3つの規定についても同様のことがあてはまる．

さてA→Aに関する対話の本質的なことは簡潔に次のように書ける．

	O	P
1.		A→A
2.	a	a

言葉ではこうである．OはAにaを代入してPを攻撃する．Oがaを証明できる場合，Pもまたそうすることができる．

矛盾律は次の対話になる．

	O	P
1.		¬.A∧¬A
2.	a∧¬a	?1
3.	a	?2

	O	P
4.	¬a	a

言葉ではこうである．Pは矛盾律という普遍法則を主張する．Oはこの法則がaにあてはまらないと考える．そこで彼はa∧¬aを弁護しなければならない．Pはまず第1の連言肢の弁護を要求する．われわれはOがaを証明できると仮定する．Pはこんどは第2の連言肢の弁護を要求する．したがってOは今や¬aを主張しなければならない．Pはaでもってこれを攻撃する．Pは前にOが用いたのと同じ証明を使ってaを証明するのである．

排中律はこれまでに挙げた規則によって確実には証明することができない．対話はさしあたり次のようになると思われよう．

	O	P
1.		A∨¬A
2.	a?	a ｜ ¬a
3.	¬a｜a	

言葉ではこうである．Pは排中律を普遍的な形式で主張する．Oはaの場合の弁護を要求する．aと¬aのいずれについてもPが証明を持たないようなaをOが見いだす，ということがありうる．Pはaと¬aのうち，どちらを主張するほうがよいかを推測することはできる．どちらの場合でも，Oが反対のテーゼを証明できるということがPに起こりうるのである（OはPよりもよく知っている領域からaを選ぶであろう）．したがってPに勝ちの戦略はない．これをローレンツェンは口語的に「固い」ゲーム方式と名づける．しかし柔らかいゲーム，すなわち撤回を伴ったゲームをすることもできる．その場合の図式は次のようになると思われる．

	O	P
1.		A∨¬A
2.	a?	a ｜ ¬a
3.	¬a｜a	¬a｜a

言葉ではこうである．OがPの主張しなかった選言肢を証明（あるいは，反論せずに主張）した場合，Pは次のように言うことができる．私は撤回して，あなたがいま主張したことを主張する．あなたはもうこれに反論してはなら

ず，こうして a∨¬a が弁護されるのだ，と．

　固いゲーム方式と柔らかいゲーム方式のあいだの選択の背後に隠れている数学の原理の問題に決着をつけることは，この章の目的ではない．固いゲーム方式は，何らかの数学的命題の主張は「a は証明可能である」という主張に等しいとする解釈の表現であると直ちに考えられる．これは数学の構成的解釈にとって自然な見方である．この解釈にとって，証明可能でない命題は一般に数学の定理ではない．a も ¬a も実際に証明されていないということはよくあることである．2つの命題のうち1つが証明可能でなければならないということ自身は，少なくとも決して明証的な主張でない．証明可能性が，ある形式体系のなかでの導出可能性に等しいとされるならば，ゲーデルの定理がすでに証明しているように，数学の重要な形式体系のすべてのなかに（この形式的な意味で）証明可能でも反駁可能でもない命題が存在する．ところが他方では，このような命題はまさにゲーデルの例ではしばしば「内容的推論」によって証明可能であるか反駁可能である．したがって，形式的に可能なあらゆる数学的命題はそれ自体で真か偽であるという思想はつねに説得力を持つ．この解釈に対応するのが柔らかいゲーム方式である．構成主義者はこのような解釈を，数学的にはつまらない「信仰箇条」として片づけるであろう．ヒルベルトの打開策は，それ自身は構成的数学に属する手段を用いて，問題になっている仮定の無矛盾性，したがって安全性を証明する，ということであった．たとえこの証明がうまくいっても，そのようにしてのみ正当化される命題が内容的に何を意味するのかという問いが残る．ヒルベルトがみずからの姿勢を弁護するために訴えたのは，そのような命題の美しさ（「われわれは解析の楽園から逃げてはならない」．アダムはそう大天使に返答するだけではたして満足したかどうか．）であり，またそういった命題が物理学に不可欠であるということであった．どちらの議論も未解決の問いを指し示す．すなわち「数学的美とは何か」という問い（非常に意味のある問い）と「物理学において無限および連続体とは何か」という問いである．第2の問いを遡れば時間命題というわれわれのテーマに至る．それに対して直観主義者の答えは，数学の基本的直観として数を，したがって再び時間を引き合いに出す．時間と数は連関するものだからである．

　物理学の問題に直接に属するのは第4の定理の例が含む問題である．古典的理解によれば対話は次のようになる．

	O	P
1.		A→B→A
2.	a	B→a
3.	b	a

言葉ではこうである．Pは「何らかのAを弁護できる者は，任意のBを弁護できるならば，Aをもまた弁護できる」と主張する．OはAの例としてaを示す．PはB→aを主張する．OはBの例としてbを示す．PはOによってすでに主張されたaを主張する．

この前提挿入律は論理学に通じていない者にとってときに困難を引き起こす．どうして命題Aから，まさにこのAが他のいかなる命題からも帰結する，ということが帰結しうるのか．ここで2つの違った帰結の概念を区別することが重要である．論理的含意は，そこで結びつけられている命題の内容的な連関，例えば自然法則的連関を，述べていない．今の定理に対して挙げられそうな反例を考えてみると，それは，Aに「雨が降る」，Bに「空に雲がない」を代入するとき出てくる．するとA→B→Aは「雨が降るならば，空に雲がないならば雨が降る」となるだろう．これは次の意味ではない．「いままさに雨が降るならば，そのことにより，空に雲がないときにはつねに雨が降るという自然科学のテーゼが真になる」．すなわち，そのような自然科学のテーゼが真であれば，それは，時間に依存するその前提がたまたま満たされていないときでも真であり，この場合，適切には言葉によって反事実命題として次のように定式化される．「仮にいま空に雲がないとするならば，雨が降るだろう」．われわれはそのような自然科学的連関を 2.4 で表立って考察しなければならないであろうが，そのような連関を論理的含意から明確に区別しなければならない．論理的含意は「Bを弁護できる者はAをも弁護できる」と述べるのみである．さてAを弁護できる者は，なおそれに加えてどんなBを弁護できようとも，まったく同じ調子でAを弁護できるのである．私が雨が降っていることを明示できるならば，たとえ私がさらに空が青いことを明示できるとしても，私はやはり雨が降っていることを明示できる．そのために私は，空が青いことを明示できるかどうか，あるいはそのことが自然法則によって排除されるかどうかを，まったく知る必要がないのである．

それにもかかわらず前提挿入律はミッテルシュテット（1978）が述べているように，ある種の時間命題に対して，しかも量子論のなかで，1つの問題を生み出す．AとBに「たったいま考察した物理的対象は位置 x を持つ」と「この同じ対象は運動量 p を持つ」を代入し，これらの命題をxおよびpと略記する．さらに，Oは自分の主張した命題を実験的に証明するように求められるとする．最後に，不確定性関係が用いられるとする．そうすると対話はおそらく次のようになるであろう．

	O	P
1.		A→B→A
2.	x	B→x
3.	p	x
4.	¬x	

すなわち，Oによって第2手で実験的に証明されたxをPが第3手で新たに繰り返すとき，Oは第3手で行なわれた運動量の測定がもとで変化した位置を確認し，それによって¬xを証明するのである．
　もちろんこの困難は，測定が行なわれた時間点をそれぞれの命題に精確に指定することによって，少なくとも形式的には取り除くことができる．そうすると，第2手のxと第3手および第4手のxとは異なる2つの時間（つまり運動量測定の前と後）に関するものとなり，前者が真で後者が偽であると示されうることは少しも不思議ではない．この解決は形式的には正しいが，ある時間点を「今」として示すことなしに妥当とされる時間命題があり，その解決はまさにそのような命題の意味に存する固有の問題を見過ごしている．われわれはまずそのような命題に目を向けなければならない．

3. 現在命題と完了命題[*3]

　われわれが「現在命題」と呼ぼうと思うのは，現在の事態あるいは現在の出来事を表わすような命題である．例を挙げれば「月が輝いている」，「門前に馬がいる」のような命題である．比較するため，これらを例とする現在命題と並べて，無時間命題「2かける2は4である」と完了命題「ナポレオンは1821年に死んだ」を考える．後者の2種類のいずれかに属するあらゆる

命題は，もしそれが真または偽であるならば，確定的に真または偽である．そういった命題は，例えばフェルマーの大定理や確認できない歴史上の主張のように，真偽が具体的に決定されず，おそらくは決定不可能な場合でさえ，確定的に真または偽であると考えられる(訳注1)．仮にその真偽が決定されるとするならば，それは確定的に決定されるであろう．

　現在命題はそうでないと考えられる．その言語形式に固執する場合かつその場合にかぎり，それは真になったり偽になったりする．月は輝くこともあれば輝かないこともある．そこで「月が輝いている」はあるときには真なる命題，あるときには偽の命題である．「月がいま輝いている」と言っても同じであろう．なぜなら「今」は絶えず別の時間であり，まさにそのつどの現在だからである．これら2つの命題において，述べられている内容を同一にできるのは，せいぜいその形式を変えることによってのみである．そこで前に私が「月が輝いている」と言ったとき考えていた特定の事態をいま表現しようとするならば，「前に月が輝いていた」と言ってそうするのである．

　このような現在に関する命題に対して論理学がとっている態度は2つに分裂している．真偽は確定的な形式で述べられた命題に確定的な特性として帰属しなければならないという用語上の規約から出発するならば，現在命題はまったく命題と認めようとされなくなる．それは「客観的な」(すなわち，そのつどの現在に関係しない)時間規定によって補充されるべき不完全な命題形式のようなものと解釈される．にもかかわらず現在命題は，簡単な例を用いなければならない場合には実際上すべての論理学の教科書に現れるであろう．現在命題はまさしくわれわれのすべてにとって，日常生活から周知のものである．私の信じるところでは，絶えず新しくなっていく現在という現象を見過ごすならばわれわれは時間の構造を理解できないのである．それゆえに私は，私見では十分な根拠から，言語的に最も簡単な時間命題，つまりそのつどの現在に関する命題を，時間命題の論理学の頂点におくのである．

　第2節の方法に従って現在命題の論理学を構築しようと思うならばわれわれはまず，どのようにして個々の現在命題を正当化(弁護)することができるのかを問わなければならない．直接的正当化とは主張されている事態の現象的所与を指し示すということである．「月が輝いている．あなたはそれを信じないのか．窓から見ればあなた自身に月が見えるだろう」．われわれは現在命題について，現象的正当化以外の正当化を認めようとは思わない．時

間命題と無時間命題のそれ以外の正当化もすべて最終的には現象的所与の承認に帰着する．例えば等式の計算は「ご覧のようにいま右辺は左辺と同じ数だ」という確認に帰着する．もちろん現在命題が主張される根拠は，必ずしもつねにそれに固有の現象的所与であるとはかぎらず，他の現象的所与との法則的連関の認識であることもしばしばある．例えば「月が輝いているにちがいない．なぜなら暦ではそうなっているし天気がよいから」というように．しかしそのような根拠に基づいて現在命題を主張する者でも原則的にはやはり，反論されれば事態を現象的に指し示すことができなくてはならないと主張するのである．その場合われわれはこのような現象的指示の2つの制限をはっきりと知っておかなければならない．第1に，疑う人に対して現象を実際に示すことができない，ということがありうる（彼は病室に閉じ込められていたり目が見えなかったりして月が見えないかもしれない）．この制限は論理学を論じるときには無関係なものとして扱ってよい．なぜなら，論理学においては，あらゆる科学においてと同様に，重要なのは命題を正当化する原理的可能性であって，そのつどの実際的可能性ではないからである．しかし第2に，命題がそのうちに偽になってしまう（月がそのうちに沈んでしまったり雲に隠れてしまう）ということがありうる．この制限は原理的な性格のものである．なぜなら偽になりうるということは現在命題にとって本質的なことだからである．この制限を論じることがこの節の主な目標である．しかしそれに先だってわれわれはまず実物教育の教材として，現在命題の論理学に関手を導入する際に現われる問題について一瞥しておこうと思う．

　p, q, r,...を現在命題の変数とする．$p \wedge q$, $p \vee q$ などはどのようにして正当化されるのか．

$p \wedge q$．例「月が輝き，門前に馬がいる」．連言の定義によれば $p \wedge q$ が弁護されるのは p が弁護され q が弁護されるときである．この解釈によると，今の命題例を弁護できるのは，月が輝いていることを現象的に示し，門前に馬のいることを現象的に示すときである．しばしばただ一度見るだけで2つを同時に行なうことができる．そうすると直ちに，$p \wedge q$ そのものが現象的に示されたと言うことができる．直接に知覚できるあらゆる事態は確かに複雑であって，同時に知覚される多くの事態に分解できる．しかし例えば「この硬貨の両面は光沢がある」のように，2つの命題が交互にしか正当化でき

ないことも多い．そのさい順序が問題にならなければ問題は生じない．pとqが交互に正当化されるならばp∧qもまた間接的な意味で正当化される．しかし現在命題は偽になりうるので，順序が問題となりうる．このことが物理学に関係してくるということを，量子論が示したのである．まずxを，次いでpを現象的に正当化する（第2節の例の意味で）人は，まずpを次いでxを正当化する人とは，量子論の意味ではまったく別の命題を正当化したことになる．この問題は量子論を論じるとき（7.6）まで考えないでおく．

$p \vee q$．例「月が輝いているか，または門前に馬がいる」．これの正当化とはpかqのうち少なくとも1つが現象的に与えられるということである．ここで，ある命題の正当化と，そう主張する根拠との区別について，いくらか考えさせられる．確かに現在命題の連言p∧qの根拠はしばしば，2つの命題で述べられている事態が，おそらく唯一の複合的事態としてさえ，現象的に与えられているということに存する．しかし，現在命題の選言p∨qの根拠が，pまたはqのうち少なくとも一方の，いわんやp∨qの，直接の現象的所与性に存することは稀であろう．私がpであることを見るとき，第1に，現象的に与えられているのはまさにpであってp∨qではなく，第2に，そのときふつう私の主張するのはpであってp∨qではない．月が輝いていることをすでに知っているとき私は「月が輝いているか，または門前に馬がいる」のような仰々しい主張をしない．「または」が実際に使われるのは，ちょうど命題の根拠が現象的所与でないときである．例えば「主人は店にいるか就寝中である」と言うのは，彼が呼び鈴に答えず，彼の生活習慣についての私の認識からすれば他の可能性が排除される，ということが現象的に与えられているときである．現象的所与を根拠にする命題を「存在的基礎を持つ」命題とも呼ぶことができる．実際，私がその命題を主張しうる根拠は，事態がその命題の述べるとおりであるという私の直接的確信である．それに対し，命題内容そのものを現象的に与えるのではない知識を根拠とする命題は「認識的基礎を持つ」と呼ばれよう．そうすると，p∨qという形式の命題は原則的には認識的基礎を持つ命題であるが，p∧qのほうは存在的基礎を持ちうる，と言うことができる．

$\neg p$．例「月が輝いていない」．選言命題の内容が直接に現象的に与えられて

いないことがはっきりと知られたならば，否定命題はこの点でどうなのかと，非常にいぶかしく思われるかもしれない．月が輝いていて外を見るならば，月が輝いているのが見える．月が輝いていないことはもともと見えないのである．曇った空，星あるいは雲が見え，「月は輝いているか」と問われて初めて，いわば驚愕して「いや，月は輝いていない．輝いているなら月が見えるはずだ」と答えるのである．「世界は象でないもので満ちている」（ボヘンスキー）が，もちろん世界がまさに象でないものに他ならないとみなされるのではない．そのかぎり否定命題は認識的基礎を持つとみることができよう．

　他方，「……であるかの確認」はすべて「……であるか否かの確認」である．それゆえ現在命題 p について，これに関する事態を現象的に示すことによってその真偽を決定することは，同時に p の真偽を決定することである．それは p と ¬p の選言の決定である．直観主義の排中律批判の出発点は，ある種の命題について，どんな現象がその証明となるかは明らかであるが，どんな現象がその反証となるかは明らかでなく，またある種の命題ではそれが逆になる，ということである．例えばある無限の全体に関する存在命題（「特性 E を持つ自然数が存在する」）はただ１つの実例によって証明できるが，反例の有限集合によっては反証できないし，全称命題（「すべての自然数は特性 E を持つ」）は１つの反例によって反証できるが，実例の有限集合によっては証明できない．単純な現在命題についてはそのようなことは生じない．同一の手続きがその証明にも反証にもなるのである．

$p \to q$．ここでは言葉の落とし穴を避けなければならない．$p \to q$ とは「p ならば q」，例えば「月が輝くならば山が仄かに光る」ということであると，素朴に取り決められるかもしれない．ところがわれわれは，現在の事態だけでなく，「月は輝く」，「月は地球より小さい」，「２かける２は４である」のように，通時的事態や無時間的事態をも文法的な現在形で表現する．「月が輝くならば山が仄かに光る」は通時的命題「月が輝くときにはつねに山が仄かに光る」であると考えられる．これは現在命題ではない．現在の含意命題なら「月がいま輝いているならば，いま山が仄かに光っている」となろう．細かいところまで明瞭にしようとして，この命題の冒頭にさらに「いま次のことが成り立つ」が付けられることもあろう．こうすれば単純な現在命題「月がいま輝いている」のなかの「いま」とまったく同様に，誤解される危

険を取り除くことができる．それゆえ p→q とは「いま p であればいま q である」と取り決められよう．この命題は対話論理学で通常のように扱うことができる．「p→q」が弁護されうるのは，反論者がいま p を弁護できるならば弁護者がいま q を弁護できる場合かつその場合にかぎる．

　現在命題の論理学の構築をさらに進めることについては，その輪郭を 2 つの段階で，そのつど異なる前提をおいて述べる．その前提とは 2.5 での古典物理学の存在論の前提と，7.6 での量子論の前提である．今は現在命題の中心問題に向かう．それはすなわち，現在命題が同一の形式であっても真になったり偽になったりすることがあるという問題である．

　そのためにわれわれは現在命題 p に関する含意の同一律 p→q を分析する．われわれはすぐ前に述べた含意の解釈と代入規則によってこの式を解釈する．代入規則とは，ある式の異なる場所に現われる同一の変数にはつねに同一の命題を代入することだけが許される，というものである．代入規則には同一性についてわれわれが前もって持っている了解が用いられている．矢印の前と後の p は，異なる形（微視的に分析すればわかるように）の 2 つの異なった印刷インクの塊ではあるが，同一の変数である．われわれは活字 p をまさしく同一のものとして再認する．それから同一の命題，例えば「月がいま輝いている」をそれに代入する．この命題もまた，代入でできた命題「月がいま輝いているならば，いま月が輝いている」のなかに，単語の配列は違っているが通常言語の規則に従って 2 度現われている．しかしわれわれはこれを同一のものとして再認する．論理的明証性の体験が生じるのは，その命題が 2 つの場所で同一のものであるからに他ならない．しかしこれに関する対話はどんなふうになるのか．言葉で述べ直せば次のようになるであろう．

O	P
	1. いま p であればいま p である
2. p を「月が輝いている」としてもそのことは成り立つか	2. 私の言うことを試してほしい
3. 月が輝いている	3. それを私に証明できるか
4. 窓から外を見てほしい	4. そのとおり．月が輝いている
5. ではあなたが主張する義務を負	5. 月が輝いている

っていたことを主張してほしい	
6. それを私に証明できるか	6. 窓から外を見てほしい
7. そのとおり．月が輝いている	7. したがって私は義務を果たした
8. 私はそれを認めなければならない	

これが対話の通常の経過である．しかし次のような続き方になることもありえよう．

O	P
7. 私には月が見えない	7. あなたは見るのが遅すぎた．そのあいだに月は沈んでしまった
8. あなたのいう理由は私にはどうでもよい．あなたは義務を果たさなかった	8. 私はそれを認めなければならない

　第2の対話のような結末が可能であることからわかるのは，弁護者が勝利に終わった第1の対話では，ふつう論理学的事態ではなく「存在論的事態」と呼ばれる事態を使用したということである．私はそれを「自然の恒常性」と呼ぼうと思う．現在命題は一般にしばらくのあいだ真である．原理的にそうでないとしたら，現在命題は原理的に確認ができないであろう．しかしそうすると，われわれは現実の世界の現象について一般に現在命題によって理解するのだから，およそどのようにして概念形成や経験が存在しうるのかわからない．自然の恒常性は経験の可能性の1つの条件である．現在について語るすべての場合に置かれている，この隠れた前提はまた，ここで述べた意味での現在命題の論理学を展開する可能性の基礎にも存する．それは含意の同一律のなかで言い表わされるのである．

　自然の恒常性はしかし，無時間的に成り立つのではない．現在命題はつねにではないがたいてい確認が可能である．そこで「現在命題の論理学」は単に不正確な，あるいは概略的なだけの妥当性という，論理学を従来のように理解する者には耐えられない抵当を負っているようにみえる．われわれはこの異論に対して3つの答えを述べる．それらは互いに排除し合うのではなく補い合うものである．

第1に，含意の同一律は論理学一般のまさに前提を表わし，したがってその妥当性の限界を表わす，と言うことができる．同一律を前提してよければ論理学は可能であり，そうでなければ論理学は可能でない．現在命題の論理学を研究することはできるが，それが現実の関係を理想化したものであることを知らなければならない．この答えは，論理学が存在論的事態の表現であると理解し，さらに，時間の存在論がまだ解決されていない課題であるとみなす人にとっては，最も重要なものに見えるであろう．しかしそのような人でも次の2つの答えを詳しく検討せねばなるまい．2つの答えは彼にとって時間の存在論に対する寄与となるであろう．われわれはまずそれらの答えを定式化するけれども，それは，存在論的前提を置かない厳密な時間命題の論理学を得る試みとしてである．

　第2の答えは，自然の恒常性のテーゼを厳密化して出来事の連続性のテーゼにできるということを指摘する．そうすると，十分に正確な定式化の際にはつねに現在的となる命題 $p(x)$ が存在し，これは絶えず時間とともに変化する連続的パラメター x に依存する．したがって，t のあいだの x の変化が（変化法則を十分に知ったうえで）前もって選びうる限界よりも小さいような時間間隔 t をつねに見いだすことができる．それゆえこの答えは存在論的前提を棄て去るのではなく，これを厳密化しさえするのであるが，その際，現在命題の論理学が厳密に妥当する極限的ケースを定義できるようするのである．

　第3の答えは別の形式の時間命題を導入する．この答えを擁護する人は，p→q に関する対話の第2の結末で弁護者が負けたのは，p に代入されたのがなんら本物の命題ではなく，不完全な命題形式であったからにすぎない，と言うであろう．その人はほぼ次のようにして[*4]，本物の命題でもってつねに対話に勝つことを提案するであろう．

O	P
	1. 時間 t に p であれば時間 t に p である
2. いま10時1分前だ．その命題は「1963年6月28日夜10時に月が明るく輝いている」について	2. 私の言うことを試してほしい

成り立つか
3. 私は上の命題を主張した
4. 10時だ．窓から見てほしい

5. ではあなたが主張する義務を負っていたことを主張してほしい
6. 私にそれを証明することができるか
7. そのとおり．そこには「私は1963年6月28日夜10時に月が明るく輝いているのを見た」とある
8. 信じる
9. 私はそれを認めなければならない

3. それを私に証明してほしい
4. 私は記録帳に「1963年6月28日夜10時に月が明るく輝いているのを見た」と書く
5. 1963年6月28日夜10時に月が明るく輝いていた
6. 記録帳を見てほしい
7. 記録帳を信じるか

8. したがって私は義務を果たした

　この対話で「本物の命題」とは記録帳に記されている命題のことである．その命題は，それが成り立たなければならない時間点と位置を明示的に述べている．位置規定およびそれに結びつく諸問題（「今」の問題に類似する「ここ」の問題）についてわれわれはここで論じるつもりはない．これからの考察では終始，命題がつねに暗黙のうちに位置に関して十分に規定されている，とみなすことにする．表現をもっと単純にするため，例にとった命題を短く「10時に月が輝いていた」という形で引用しようと思う．位置のほか暦の日付も周知のものとして前提し，書かない．
　この新たな型の命題は新たな種類の正当化を要求する．10時は対話のあいだにたかだか一度かぎり「今」である．10時に月が輝いていたことを10時5分に証明しようとする者は，もはやこの事実を現象的に指し示すことができない．現象とは，これまでその語を用いてきた意味では，つねに現在の現象であって，過去の現象はただ記憶としてのみ手にしうるものである．記憶の誤りや悪意ある否認から身を守るため，命題はそれによる現象的指示ができた瞬間に記録，ここでは上に引用した記録帳，によって確定される．対

話で勝つ戦略に本質的なことは，弁護者は反論者が以前に提出したものと同一の証明を用いることができるということである．このように定式化すると，どんなふうにして同一性と時間性が論理学の対話的基礎づけのなかに，その可能性の議論の余地なき条件として入り込むのかが，はっきりとわかる．ここで証明の同一性は，2人の参加者が同一の事実，すなわち10時に月が輝いていたこと，を自由に使えるということに基づいている．2人の参加者による証明を形式的同一性をも保って行なわせようと思うならば，2人は同一の記録文によって証明しなければならない．すなわち，後で証明する者は記録によってのみ証明することができるのだから，先に証明する者もまた記録でもって証明しなければならない．現象的指示を記録に転換すること（記録帳に書き込むこと）は厳密に言えば対話の一部ではない．

　さて明らかにこの証明の技法は，ある時間点に関する命題で，それについて対話すれば実際に勝てるような命題を，まずもって過去についての命題に限定するものである．われわれはそのような命題を「完了命題」と呼ぼうと思う．実際，未来の事象は現象的に与えられないし，われわれはその記憶や記録を持たない．そういった事象はわれわれにとって事実ではない．物理学でふつうに行なわれている，実パラメター t による時間点の特徴づけは，この区別を消し去るものである．通常言語は，非常にしばしばそうであるようにこの点でもまた，これまでに存在する数学的科学言語よりも精確である．それはなんら不思議なことではない．実際，通常言語は科学の言語のようにわれわれの生活の個別的な側面について規定されているのではなく，その方向づけ全体について規定されているのである．インド－ゲルマン語の通常言語においては，ある決まった時間点に関する命題が，この時間点が未来の時間点から過去の時間点となるときにも不変の形式を保つ，ということは可能でない．10時前には「10時に月が輝くだろう」と言い，10時を過ぎると「10時に月が輝いていた」と言う（その際，未完了と完了の区別のような，さらに細かい区別を無視しても，このように形式が相違するのである．今日ではすでに，ドイツ語で書く多くの人々はもはやこの区別を確実に行なうことができなくなっている）．私は上の対話で，反論者に命題を10時以後も弁護できる形式のままですでに10時前に引用させることによって，この相違が表に出ないようにした．さてわれわれは未来の問題を当分はまだ無視して，完了命題の論理学の基礎を論じる．

完了命題の変数として，p_t, q_t, ... を用いる．p, q, ... にはそれぞれ，仮に t が現在であるとすれば現在命題として言表しうるような命題が代入されるとする．t にはある過去の時間点が代入されるとする．この定義において現在との関連は一貫したものである．なぜならば，あるときに現在の事態であったことだけが，後に過去の事実となるからである．通常言語ではこの現在から過去への移行に際して命題はその形式を変えなければならず，上の定義ではこの形式転換の必然性も込みにして理解されるものとする．通常言語から切り離され，形式的な正確さをもって確定された時間命題の形態を作り上げることは，本書の計画の範囲を越えているし，さしあたり努力している物理学の内容的理解にはまだ必要でない．

　完了命題の関手の問題を少しだけ見ておこう．$p_t \wedge q_t$ が記録によって正当化されるのは p_t と q_t が記録によって正当化されうるときである．$p_t \vee q_t$ は選言肢のうち少なくとも1つが記録により正当化されるとき正当化される．p_t を証明または反証する記録は同時に，$\neg p_t$ を反証または証明する記録でもある．ここで排中律の容認について疑念が抱かれるかもしれない．普遍的なものとして主張された命題形式 $p_t \vee \neg p_t$ に関する対話において，弁護者がある決まった代入（考えうる，ある決まった過去の事象）について記録を用いることができず，反論者がそれを所有しているかどうかも知らない，ということが生じうるであろう．その場合，固い対話方式では弁護者にとって勝ちの戦略はない．数学の場合とまったく同様にここでもまた，提出された（それゆえここでは完了的な）命題の意味を問う必要が生じる．通常われわれの確信しているところでは，過去はわれわれの認識と独立にそれ自体において確定しており，過去の考えうるあらゆる事象はそれ自体において起こったか起こらなかったかのいずれかである．そのように考えるものは軟らかい対話方式を受け入れ，完了命題に関して古典命題論理学に至るであろう．この点に関して疑う理由があると考えるものは固い対話方式にとどまることができ，それゆえ完了命題について直観主義論理学にとどまることができる．ここではこの点を決定しない．最後に，$p_t \rightarrow q_t$ においてわれわれは，$p \rightarrow q$ のなかに明示的に導入した唯一の時間点への関連を，すでに書き方に込めて表現したのである．

　ここでその輪郭を述べた完了命題の論理学が得られたと考えるならば，そのことによって，現在命題を「本物の命題」に置き換えるという上の第3の

答えのプログラムが，一定の範囲内で，すなわち未来をまだ扱わないで，実行されたことになるであろう．それによってまたこの完了命題の論理学は，上に挙げた存在論的前提から独立なものとなるだろうか．ある意味ではそうであり，別の意味ではそうでない．

　事態が変化しても完了命題の妥当性に限界は生じないという意味で，存在論的前提はこの論理学で何の役割も演じていない．t から $t+\Delta t$ に至るあいだに事態が変化したならばそのことは，p_t と $p_{t+\Delta t}$ の p に2つの違った命題を真として代入することによって表現される．これにより，さしあたり知られうるかぎり，いったん正当化された命題の厳密な反論不可能性が得られる．この反論不可能性は，上の第2の答えが，命題の意味を任意に短い時間間隔に制限することによって現在命題について任意によい近似で得られると約束したものである．実際すでにこの第2の答えは命題にちょうど1つの時間点を振り当てる傾向を持っている（その際，厳密な意味の時間点が一般に存在するということが暗黙のうちに前提されていた）．完全な厳密性への移行を今や保証するように見える技巧は，命題の証明を現象的所与から切り離し，記憶ないし記録による証明に移ることである．

　しかしそのようにしても，論理学を確立する対話技法の，自然の恒常性という基本的事実への依存がなくなったのではないし，弱まってさえいない．反論者がある記録を提出し，後に弁護者がこの記録を再利用した場合，この再利用が成功するのは第1に，その記録が物質的になお存続している（あるいは少なくともまだ2人の記憶のなかにある——記憶の恒常性）からであり，第2に，それが依然として同一の過去の事実の記録だからである．「10時に月が輝いていたと，この記録帳に書かれている」という命題そのものは現在命題である．記録による証明の際に現象の再利用という意味で用いられるこの命題は必然的に現在命題である．記録の存在は現象的に示されねばならないからである．弁護者がその命題でなく「10時5分にあなたは記録帳を読み上げ『10時に月が輝いていた』と言った」という命題を述べるならば，まさにこの命題は，証明に用いられるためにはちょうどいま2人の参加者にとって記憶の現象的明証を持たねばならないという意味で，現在命題である．

　ついでに述べておくと，適当な変更を加えれば無時間命題の論理学の基礎づけも同一の基本的事実に基づくのである．反論者の証明しうる数学の命題がA→AのAに代入される場合，弁護者が後に「同一の」証明を引き受け

ることができるのもやはり，依然として証明過程を記憶のなかで用いることができるから，そしてそれが依然として同一の命題の証明であるからに他ならない．以上述べたことはここでは論究しない．

　対話技法（そしてもちろんまったく同様に，計算などによるすべての操作）が存在論的な基本的事実に依存することは論理学者にどんな関係があるのかと問うことができる．論理学の操作的あるいは対話的基礎づけは，論理学の存在論的解釈に真っ向から対立して展開されてきた．しかしここで「存在論」，「解釈」，「前提」のような語の，容易には回避できない多義性を問題にしてよかろう．すでにみたように，数学の命題についても完了命題についても，そのような命題はその証明可能性を顧慮しなくても真または偽であるという前提が，排中律の導出に必要であった．この前提は次のようにして非常にたやすく存在論的に定式化することができる．つまり「考えうる過去のある事象はそれ自体において起こったか起こらなかったかのいずれかである」，「ある考えうる数学的事態はそれ自体において存立しているか存立していないかである」というふうにである．そのような命題を「存在論的仮説」と呼ぶことができる．そういった仮説は，非常によくわかるものであるとはいえ，数学と物理学の大きな部分がその2種類の命題に関する直観主義論理学によって作り上げられるという単なる可能性を見るだけで，科学に不可欠なものではないことがわかる．そういった仮説は，カントなら言うであろうように，超越論的基礎づけをすることができないのである．存在論的仮説から独立に論理学を基礎づけようとするのは意味のあることである．

　自然の恒常性という前提については事情が異なる．この前提が絶対に満たされないと仮想するならば，対話ゲームがもはや成功裡に終わらないような場合を仮想することになる．おそらくもっと想像しにくいのは，ふつうの意味で時間的でない世界，したがって例えば「まず」，「次いで」という語や行為を表わすすべての動詞が意味をもたないような世界を仮想して，そこで論理学を基礎づけることであろう．もちろんわれわれの時間的な在り方であるこれらの構造のすべてが，例えば公理がその帰結となる定理の前提であるというような意味で，論理学の「前提」であるわけではない．含意の同一律は，たとえそれが現在命題について述べられる場合でも，これらの「前提」を内容として持つのではなく，単に前提条件として持つだけである．他方では，これらの前提がその全範囲にわたって次のような命題，つまりそれ自身が論

理学的制御可能性の原理の基礎に存在する命題のなかで述べられうることは，おそらくまったくありえないだろうと考えることができる．いずれにせよ，そのような前提が偽であるという仮想は，仮にその仮想が正しいとすればまったく語られえないような言語によってのみ，定式化することができるのである．少なくとも，論理学の存在論的前提条件は論理学の原理のなかで「込みになって明らかになる」と言ってよいだろう．ちなみに言うと，知られるようにこの存在論は，それ自体において存在する観念的あるいは実在的な対象についての，実際には仮説的な存在論（これは歴史上の名前についてふつうになされる誤用によって，今日の論理学でしばしばプラトニズムと名づけられる）ではまったくなくて，時間の存在論である．

　このような考察が論理学に内的に関連してくるのは，われわれがこのような前提条件の総体を疑う——これは不可能なことである——のではなく，その限られた一部を疑う——これは可能なことである——理由を持つときである（『時間と知識』2を参照）．こうしてブラウアーは数学の命題について排中律の仮説的性格を発見した（同じようにすでにアリストテレスが未来命題についてそれを発見していた）．ここで行なった分析は，いま物理学でもあらわになっているようなそういった特殊な疑念をまさに処理するための道具を供給するはずである．

4. 未来命題

　未来の事態を述べる命題を「未来命題」と呼ぶことにしよう．例えば「あすの朝は天気がよいだろう」という命題である．この定式化は現在に関連するものである．その命題は「あす」という時間規定によって，考えられていることをきょうに限って正しく言い表わしているからである．われわれがこれから扱うのは一般にそのような命題ではなく，客観的な時間目盛りに関する時間表示を持つ未来命題であり，例えば「63年6月29日の朝は非常によい天気であろう」という命題である．この種の命題は完了命題と共通の時間規定の形式を持つので，これを「形式的に完了的な命題」と呼ぶことにする．そういった命題が出来事の時間を規定する方式は，いま予言されたことが過去のことになった場合にその時間が規定される方式と同じである，と言うこともできる．にもかかわらず，すでに述べたように，高度の精確さを持つ通

常言語は，形式的に完了的な未来命題であって，そこで表示された時間点が過去のものとなっても正しい定式化を保つような命題をもまた，許容していない．そこでそのような命題は例えば「63年6月29日の朝は非常によい天気であった」に代えなければならない．

　通常言語はここで1つの問題を提起する．それは未来命題の可能な正当化を問うときに現われる問題である．「あすはよい天気であろう」や「63年6月29日はよい天気であろう」という命題は，考えていることをもはやこの形式ではまったく語ることができない場合，すなわち予言した事態が起こった（または起こらなかった）場合に初めて現象的所与により正当化（または反駁）されうるのである．未来命題は未来命題としては，現象的正当化がまったくできないのである．同様にそれは記録や記憶によっても正当化されえない．未来については記録も記憶も存在しないからである．ところがわれわれは絶えず未来に関してさまざまな命題を述べている．またわれわれはそのような命題について，それらを正当性をもって述べたかどうかをつねに検討することができる．なぜなら未来は実際にいつかは現在となるからである．そして事実，未来がそうであることは確証される．物理学は行なった予言の成功によって正当化されるのである．経験判断がそのつどの未来に適用されえないとするならば，経験という概念は無意味であろう．この章のはじめで経験とは過去をもとにして未来について学ぶことであると定義したのはこの意味においてである．しかし私が今日述べる個別的な未来命題はつねに，まさにまだ現象的に正当化されていないものに他ならない．したがって未来命題は上に導入した用語の意味でつねに認識的基礎を持つ．そういった命題は二重の知識を前提する．すなわち自然法則と呼ばれる普遍法則の知識と，予言された事態を自然法則に従って帰結するか帰結しうる現在または過去の事態についての知識である．

　われわれはそのことを顧慮したいと思うが，それは，直接的な形で主張される未来命題がすべて，ある種の様相命題を短縮して表現する様式であると理解するからである．そうすると「あすの朝はよい天気であろう」は，われわれの確信の程度に応じて「あすの朝は天気がよいだろうということは必然である─確からしい─可能である」ということになる．われわれは未来命題を，様相化された形式的に完了的な命題として，形式的記法で次のように書こうと思う．すなわち，「Np_t＝時間 t に p である，ということが必然であ

る」および「Mp_t＝時間 t に p である，ということが可能である」と書く．しかしこう書いたからといってわれわれは内容的にも形式的規則のうえでも，すでに存在する様相論理学を吟味せずに借用するつもりはない．内容的にはわれわれは「必然」および「可能」を，他のところですでに解明された概念として未来に「適用」するつもりはない．これらの概念が未来に適用されるときどんな意味を持つかについてはむしろ，通常言語でも科学でもすでに部分的にはっきりした形をとっているわれわれの時間了解を反省することによってつきとめなければならない．そうしてからわれわれは形式的規則をこの了解に合わせなければならない．

　この了解およびそれに属する規則を十分に検討することは，再び本書の範囲を越えている．われわれに特に関係するのは，ここで導入した可能性の概念の一定の明確化であり，確率の概念であろう．われわれは確率の古典的概念と量子論的概念という連続する 2 段階で確率法則を詳論する．その 2 段階は必然性と可能性という単純な様相についての暫定的な決定によって区別されるであろう．ここではこの暫定的な決定の際に考慮しなければならなくなる観点をいくつか論じるだけにとどめる．

　まず言うべきことは，様相関手 N と M は明らかに現在についてのものと理解されねばならないということである．つまり「63 年 6 月 29 日はよい天気であろうということはいま必然（可能）である」というふうにである．したがってわれわれの形式記法は，主張された完了命題と未来命題に共通する形式をまったく持っていないという，ちょうどその点でもまた，通常言語を映している．フレーゲの主張記号（ふつうはこれを省略する）を用いるならば，この点はいっそうはっきりするだろう．こうして ⊢p_t は主張された完了命題，⊢Np_t と ⊢Mp_t は主張された未来命題であり，⊢p はそれらに対応する主張された現在命題となるだろう．以上の例のすべてに等しく現われる成分 p は「形式的に可能な命題」と呼ばれよう．この命題自体を主張することはできない．これを通常言語で述べようとすればたいてい現在形にする．そこで今の例では p＝「天気がよい」となる．時間表示をつける場合にこれから作られる形式的に現在的な命題 p_t についても同様であり，今の例では，p_t＝「63 年 6 月 29 日は天気がよい」である．3 つの時間様態を無視すれば，時間命題はたいていこの形で述べられることがわかる（例えば Scheibe 1964 におけるように）．この文法的現在形は，ちょうどいま天気がよいとか，きょ

うは63年6月29日であるということを含意するのではない．われわれはそれを「中性的現在形」と名づける．われわれは以下で形式的に可能な命題を述べるのにこれを用いる．形式的に可能な（時間）命題それ自体を主張することはできない．それが主張されるならばそれは現在的，完了的，あるいは未来的な様相命題として主張されなければならず，しかも，時間表示を付して述べられる場合には，あらゆるときにたかだかこれら3つのうちのいずれか1つの形で主張されなければならない．

望むならば様相関手のなかでも現在的主張から完了的および未来的主張への移行を行なうことができる．そうすると $N_t p_{t'}$ と $M_t p_{t'}$ は「（後の）時間 t' においてpであるということが，時間 t において必然（可能）であった」となろう．「後の時間 t' においてpであるということが，時間 t において必然（可能）となるだろう」と言おうと思えば，われわれの解釈によるとこれは様相化されなければならず，したがって必然または可能なものとして現在形で表わさなければならない．そこで4つの重積様相 $NN_t p_{t'}$, $NM_t p_{t'}$, $MN_t p_{t'}$, $MM_t p_{t'}$ ができ，さらに重ねることもできる．同様に過去完了という意味での完了命題も重積化することができる．$p_{t't}=$「時間 t' においてpであるということが，時間 t においてすでに生じていた」などのようにである．

それに反し，NMp_t などのような簡素な重積は今の場合，無意味である．通常言語でそのような重積様相は，過去や現在，あるいは無時間的な事態に関する様相命題と同じく，例えば無知に結びつく様相のような，なお別の意味の様相が用いられる場合に容易に生じる．「きのう雨が降ったということは可能である」とは「それ自体においてきのう雨が降ったか降らなかったかのいずれかであるが，私はそのいずれであるかを知らない」ということである．決定論は未来様相もまた無知に還元できるはずだと考える．つまり，未来はそれ自体において決定されているが，未来はわれわれにまさに知られていないのだ，と考えるのである．しかしこれは証明されていない仮説であって，われわれはそれを時間命題の分析の頂点におくことができない．したがってわれわれは未来のことがらの可能性と，知られていないことがらの可能性を峻別する．後者の可能性を導入する場合には，それを表わすのにM以外の記号を用いる．

われわれは未来命題を正当化する方法をさらに立ち入って考察しなければならない．まず完了命題の正当化との相違を明らかにしよう．未来命題と完

了命題のいずれにおいても，述べられた事態を直接に現象的に示すことはできない．しかし完了命題では，証明となる記録を（しかも，例えば「……ということをあなたはもはや知っていないのか」とか「だが私は今また思い出す」のような，証明となる記憶も，別の何らかの意味で）現象的に示すことができる．なるほど，記録が記録として示され存続するということは，自然の安定性あるいは法則性が前提条件とするところであり，その際，安定性と法則性との連関はそれ以上の説明なしに周知のこととして前提してよく，記憶についても同様のことがあてはまる．しかし，ある記録をある決まった事象の記録とする，そのつどの特殊法則を明示的に挙げる必要が生じるのは，稀な困難な場合だけである．ところが未来の予言のほうは徹頭徹尾，特殊法則の知識に基づいている．この区別の根拠については第4章でなおいくらか考察する．ここでは次のことを事実として確認するだけで足りる．つまり，一般に完了命題はなるほど特定の記録により，しかし自然の特殊法則に基づくことなく，正当化されるが，未来命題のほうは，その命題に特に対応する法則の知識に基づいてのみ正当化できるということである．われわれはハレー彗星が1910年に出現したことをさまざまな書物で読むことができ，天文学ができなくてもこれらの書物の信頼性をおおむね判定することができる．それが1986年に再び現われるであろうということは，天体力学に基づいてのみ予言できるのである．

　自然法則に訴える必要性は，われわれが未来命題に与えている様相的形態からも読みとることができる．単純な（それゆえ様相的でない）形で主張された未来命題（「あす雨が降るだろう」）はそれ自体において現象的正当化の機会を持つが，これは，対応する完了命題（「きのう雨が降った」）が持たないものである．待ちさえすれば未来は現在となるであろう．そこで未来は言語的には正しくも，われわれにやって来るもの（到来（Zu-kunft））として表わされるのである．しかし過去はもはや決して現在となることはない．それは消え去り，過ぎ去っている．しかし，後に確証されるかされないかのいずれかであるような，単純な形で主張される未来命題だけに限定することは，単に推測することにすぎないであろう．しかるにわれわれは科学を探究しているのである．実際，出来事の合法則性の，少なくとも非体系的な認識，という導きの糸がなければ，その推測すら不可能であろう．それゆえにわれわれは様相的な形態によって，未来的なものであるかぎり，未来命題に含まれ

ている知り方をもいっしょに表現するのである．ところが，上の単純な命題については，それが現在についてのものとなるや否や，現象的指示による正否決定が可能であるのに，まさにその様相命題は同じような決定がまったくできないのである．「63年6月29日は天気がよい」という命題は当日，見ることによって決定される．それが真であるか偽であるかは見ればわかる（その際，ある種の天候の場合には，それをよいと言おうか言うまいかを決定できないという，論理学に無関係な可能性を無視してよい）．ところが「63年6月29日は天気がよいだろうということは必然である」という命題は，なるほど悪い天気の指示によって反証することはできるが，よい天気の指示によっては証明しえないのである．ともかくそれは，必然性と可能性のあいだに実在的な区別を仮定する場合には証明できず，したがって偶然的命題，すなわち可能ではあるが必然でない命題が存在する．それに対応して「63年6月29日は天気がよいだろうということは可能である」は，この日に現象的に証明可能であるが反証可能ではない．しかし物理学者は，論理学の全称および存在命題についての論理学者と同じく，物理学の未来様相命題について，これを成功裡に弁護するに足る洞察を所有することができる．物理学者はこの洞察を自然法則の認識と呼ぶ．ある決まった命題に関連する法則を認識している者は確信をもって予言することができ，予言した事象の発生後は，この命題をめぐる対話にいつでも勝つことができる．もちろんこの確信は自然法則の経験的性格と出来事の複雑さという2つの制限を持っており，これらを論じなければならない．

　経験的性格について言えば，論理法則は明証性の体験を呼び起こすが，自然法則は一般にそうでない．論理法則を対話的に基礎づける場合われわれは，規則に従う対話ゲームを，しばしばその意味を確実に把握するに足る程度に行なった後で，特定の経験に基づく必要なしに，ある勝ちの戦略の無謬性を理解する．それに反し，自然法則を正当化するには，何千回にも及ぶその確証を引証しなければならない．物理学が成熟期に達し，この明証性の相違を小さくするであろうということは，考えうることではあるが，今このことを扱う必要はない．時間命題の論理学でわれわれの問題は，個別的な自然法則の妥当性を基礎づけることではなく，一般に自然法則から未来を推論する場合に存立する時間命題の構造を分析することである．それまで仮定されていたある種の自然法則を棄てなければならないことがわかると，以前のそうい

った法則の使用は誤謬という範疇に分類されるが，誤謬は論理学の主題ではない．つねに何らかの法則が仮定されていて，われわれはここでその使用を分析するのであり，その際そういった法則が個別的にどんなものであるのかは問題にしないのである*5.

　出来事の複雑さのほうを見ると，これを契機にしてわれわれは対象の概念と質問の概念という，以下で重要な2つの概念を初めて導入する．厳密に言えば世界ではすべてのことがすべてのことと関連している．しかし，ある決まった予言 Np_t または Mp_t の真偽を決定しようと思えば，事象に作用するすべての要因を考慮することはできない．実際にはある種の影響を無視し，その結果でてくる予言の不確実性に目をつむる．上に挙げた2つの概念はこの問いかけの制限を図式化したものである．われわれが考察するのは「時間 t に一般に何が起こるであろうか」というような普遍度を持つ問いではなく，可能な回答の集録がすでに存在するような問いだけである．われわれはこれを語の狭い意味で「質問」と呼ぼうと思う．そのような集録の具体的な作成については，古典論の場合と量子論の場合に分けて，それぞれ2.5と7.6で論じる．特にわれわれの関心を引くのは通時的な質問である．通時的な質問とは，さまざまな時間に関するその回答集録が同じ可能な回答を含む質問のことであるとする．そうするとそのようなある通時的な回答の集録とはしばしば一つの量のことであり，可能な回答とはこの量の可能な値のことである．通時的質問の一例は，このさいころのどの面が上を向くかという質問である．どんなときでもその可能な回答の集録は，ふつう6つの目の数によって表わされる6つの形式的に可能な回答を含んでいる．量の例は質点の位置である．われわれの視線が向けられ，通時的質問によって表わされうる世界のある切片を，われわれは「対象」と呼ぶ．われわれはこれらの概念のすべてを後にもっと正確に把握する．

　さてどのようにしてわれわれの論理学の記号法に自然法則を導入すべきか．われわれは数学により普遍性をもって表現される法則から成る道の全体を個別的事例に至るまで辿るつもりはない．そういった道の大きな部分は通常の無時間命題の論理学でもって扱うことができる．われわれは最後の歩みだけに限定する．最後には，われわれの自然法則の知識から，ある命題 p_t が真であれば後の時間に関する別の命題 $p_{t'}$ が必然または可能である，と推論することができなくてはならない．これら2つの主張を

$$p_t) \rightarrow Nq_{t'} \qquad p_t) \rightarrow Mq_{t'} \qquad (4.1)$$

という形に書き，「自然法則的含意」と呼ぼうと思う．t が未来であればこれと違って p_t の必然性から同じ結論が引き出される．つまり

$$Np_t) \rightarrow Nq_{t'} \qquad Np_t) \rightarrow Mq_{t'} \qquad (4.2)$$

である．

　Mp_t を前件とする含意もまた現われうる．こういった含意の形式的規則をここで研究する必要はない．なぜならわれわれは後の章でそのような含意を明確化して確率含意とし，次いでそういった含意について必然的規則を挙げるからである．それに反し，自然法則的含意の意味についてはなお論究が必要である．

　ともかくその論究は推論規則で使われて役に立つはずである．その規則は

$$\begin{array}{ll} p_t) \rightarrow Nq_{t'} & p_t) \rightarrow Mq_{t'} \\ \underline{p_t} & \underline{p_t} \\ Nq_{t'} & Mq_{t'} \end{array} \qquad (4.3)$$

と書け，Np_t が前件のときも同様である．これを言葉で表わせば，p_t が $Nq_{t'}$ を自然法則的に含意し p_t が真であれば，$Nq_{t'}$ は真である，となり，他の場合についても同様である．これらの推論規則は，命題論理学で周知のモドゥス・ポーネーンス「$p \rightarrow q$ かつ p ならば，q」という形をしている．しかし自然法則的含意は論理的含意に等しいとみなされてはならない．論理的含意が例えば第2節におけるようにそれを弁護する対話によって解釈されるならば，$A \rightarrow B$ は A が偽のときはつねに反論を受けないで主張されてよいことになろう．なぜならそのとき反論者は主張 $A \rightarrow B$ をまったく攻撃できないからである．「虚偽はいかなる命題をも含意する」という古来の論理的原理はまさにこのことを表現している．しかし，例えば「いま雨が降っているならばいま地面が濡れている」という命題はちょうど雨が降っていないときにはつねに正しい，と言うことは物理学者には不合理に聞こえる．もちろんこの命題は，それが論理的含意であると理解されるならばいま挙げた理由によってまったく正しい．雨が降っていないのだから反論者はこの命題を攻撃できないのである．言い換えると，前提が満たされえず，それゆえ推論規則が適用

できないのだから，この命題から偽なることは何も帰結しえないのである．物理学者はしかし，みずからの含意が自然法則の表現であると「考えている」．彼はそれが反事実命題によっても述べられうるようなものだと考えている．つまり「p_t は事実上は偽であるが，仮に p_t が真だとすれば Nq_t は真であろう」，「いま雨が降っていないが，仮にいま雨が降っているとすればいま地面は濡れているであろう」と考えている．これが全称命題で表現されることは明らかである．例えば $t' = t + \Delta t$ とおいて，$\Lambda_t \cdot p_t \to Nq_{t+\Delta t}$ という主張，言葉で言えば「p_t ならば $Nq_{t+\Delta t}$ が，すべての時間について成り立つ」という主張をすればよい*6．しかしこれでもまだ物理学者の考えていることを表現していない．次のような対象を思い浮かべることができるのである．つまり，その本性によればある決まった自然法則的含意 $p_t \to Nq_{t+\Delta t}$ は必然的に偽であるが，p が真なる命題となる状態にはたまたま決してないような対象である．そのとき p_t（または Np_t）はあらゆる時間について偽となるので上の全称命題は正しいであろう．決して熱い暖炉に落ちない水滴についても，「この水滴が熱い暖炉に落ちるならばそれは凍結する」とは言わないであろう．この物理学者（そして論理学者でないあらゆる人）の反論は，未来が原理的に決定されていないということと密接に関連している．t を未来に限定すると，Np_t があらゆる時間について偽であることは決して確実に知ることができない．まさにそれゆえに，Np_t がすべての時間 t について偽であることにより $\Lambda_t \cdot Np_t \to Nq_{t+\Delta t}$ が真になる，という場合は実際には起こりえない．そこで，未来に関する全称命題によって自然法則的含意を定義することは，ことによると実行可能かもしれない．だがこれは人工的に見えるので，自然法則的含意を自立した概念として導入し，その用法を規則によって定めるほうがより目的にかなうであろう．

　最後に述べたいのはふつうの様相論理学の 2 つの基本的規則がここでは使えないということである．その規則とはすなわち，$Np \to p$ と $p \to Mp$ であり，言葉で言えば，必然的なことはすべて現実的であり，現実的なことはすべて可能である，というものである．そこで用いられている現実性の概念に相関するものは，われわれの場合には存在しない．われわれの場合，様相関手をもたない未来命題は真と偽という真理値をまったくもちえず，必然と可能という値（および「不可能」や「偶然」のような，否定によってそこから作られる値——ここではこれらの値について論じなかったが）をもちうるだけである．

しかし現在命題および完了命題は他ならぬこれらの様相を値として持たない．その代わりに成り立つ命題があり，ここではそれらを形式化しないで言葉で述べるだけにすると，「Np_tであれば，時間 t において p であるという命題が真なる現在命題となる」と「時間 t において p であるという命題が真なる現在命題であれば，それ以前に Mp_t であった」という命題である．

5. 古典的命題束

以下においてわれわれは未来様相の概念を数学的に正確化したものとして確率の概念を構築する．この構築は，(1)確率の値を与えるべき命題のタイプの定義，(2)そのような命題の定量的な様相として確率を定義すること，という2段階で行なわれる．第1の段階はこの節で扱い，第2のそれは次章で扱う．

確率概念を正確化しようとするとき，われわれはまず通常言語におけるその概念の使用を導きとすることができる．「あす雨が降るだろうということは確からしい」という命題で「確からしい」は副文「あす雨が降るだろうということ」で表わされる主語の述語として現われている．あす雨が降るだろうということは「可能的事象」と呼ばれ，したがって確率はしばしば事象の述語（すなわち「付値」）として定式化される．事象を述べる命題を主語にして，それから確率をこの主語の述語として解釈することもできる．この後者の語り方のほうが，2.4で未来命題のために選ばれた語り方といっそう密接に結びついている．われわれは一般にこの語り方を用いるが，便利さが勝る場合には前者も使う．そもそも事象（また事態などのそれに類するもの）は文（あるいは命題など）によってしか表わすことができないから，2つの語り方は実際には密接に関連している．確率を事象の述語とする前者の語り方が不正確であるのはなぜかといえば，確率を直接的に，つまり未来的なものとして解釈すると，問題の事象は確率を与えられるそのつどの時間にはまだまったく生じていないからである．そういった事象はせいぜい可能な事象と呼びうるだけである．このこともまた，われわれが「可能」を未来様相として導入したときの意味で考えられているのではない．なぜなら，ある「事象」を不可能だと言うことには意味がなければならず，その場合その事象にはゼロの確率が付与されるからである．われわれが念頭においているのは形式的に

可̇能̇な̇事̇象̇である．そのような事象は，考察されている対象の本性によって起こりうる事象とでも定義されよう．そういった事象は 2.4 の意味での形式的に可能な命題によって記述される．その命題の 1 例は「雨が降る」（中性的現在形の）である．われわれは確率が未来様相「可能性」の明確化であり，またそのかぎりにおいて，形式的に可能な命題の述語であると解釈する．

　われわれが構築しようと思う確率論は，どのような確率命題が，すなわち与えられた形式的に可能な時間命題に関する確率 p を述べるどのような命題が，形式的に可能であり，どのような法則を満たすのか，ということについての理論である．この文に「形式的に可能な」という概念が 2 度現われている．それは第 1 に，確率命題の主語となる時間命題を表わし，第 2 に確率命題そのものを，それゆえ形式的に可能な時間命題に付与されうる述語を表わしている．後者の命題についての規則は，前者の命題が知られているときに初めて定式化されうる．この節では，形̇式̇的̇に̇可̇能̇な̇時̇間̇命̇題̇の集録の体系的構築を考察する．

　この試みは，ブール束の理論の既存の簡単な叙述を援用すれば容易に実行できるかもしれない．互いに排他的な「要素的」命題 p_k （$k=1...n$）の数 n をあらかじめ決める．すると何らかの数 ν のそういった命題 p_k の選言から成る命題をすべて集めた束が存在する．それぞれの命題は $p_{k_1}\vee p_{k_2}\vee...\vee p_{k_\nu}$ という形をしている．そのような命題を結合する形式的規則は容易に述べることができる．しかしながらわれわれは量子論（「量子論理学」）においてこれらの規則のいくつかを改定し，それによって非ブール束に移行するように促されるので，構築の徹底的な基礎づけのほうを選ぶのである．

　2.4 で述べたように，われわれが得ようとしているのは，およそ可能な時間命題のすべてから成る，獲得不可能でおそらく決して有意味には定義できない集録ではなく，扱いが可能な形で確率を関係づけることのできる限られた集録である．一般にそのような集録はある決まった対象，あるいはまた，その対象に関する質問または量にのみ振り当てられるであろう．その集録は論理結合子によってあらかじめ与えられた，ある数の命題から作られる．確率値を与えることの基礎となりうるような，それ自身で完結した集録が，まさにこの手続きによって得られるということは，決してア・プリオリに自明ではない．われわれはこの手続きが実際上何度も確証されているのでこれを用いるのであるが，第 7 章では時間命題の本質にもっと深く入り込む別の道

を辿る．事実，今の道では，ふつうは自明なものとみなされる前提であるが，量子論の結果からすれば自明でないこと，実はそれどころか，普遍的に主張されるならば偽であることさえ示される前提を置かなければならないのである．こういう前提はこの章で選ばれた手続きに従って得られる集録を「古典的」なものとして特徴づける．量子論をもとにして初めてこの概念の正確な意味を論じることができるであろうが，以下においてそれに暫定的定義を与えておこう．

そこでいくつかの形式的に可能な時間命題 p, q, r, ... があるとし，単純化するためこれらはすべて同一の対象に関するものであると考える．それらは形式的に可能な命題としては，中性的現在形で述べられると考える．それらが主張されるとするならば，それらは現在的様相命題，完了的様相命題，あるいは未来的様相命題として述べられなくてはならない．その際それらは，現在に関する命題として定式化されるにせよ，形式的に完了的な命題として定式化されるにせよ，ある決まった時間に関する命題となる．われわれは以下において，そうでないことを明示しないかぎり，すべて同一の時間に関する命題で「同時的」と呼ぶ命題だけを考える．命題集録の作成に特徴的な問題はすべて，新たな命題を同時的命題から作ることに関連している．これを前提すると，1つの集録にまとめられたすべての命題を同時に現在形で主張することが可能である．もちろんそのことが意味するのは，1人の人間が集録中のそうした命題のすべてを物理的に一気に述べうるということではなく，そういった命題の意味がその瞬間に現在に関するものとなるということである．その場合われわれは直ちに，この「瞬間」がどれくらいの長さで持続するとしてよいのかということについて，より正確な取り決めをするであろう．われわれはその集録全体のこの現在的定式化を「標準的定式化」として選ぶ．その定式化は，日常言語のうえでは本物の現在と中性的現在のあいだの行き来を容易にし，内容的には現象的指示による直接の正当化を議論することのできる定式化である．完了命題について別の問題が現われるかぎり，われわれは然るべき個所でそういった問題を論じる．未来的な形態での正当化は次の章の主題である．

さてわれわれは，作成されうる集録に属するすべての命題が満たすべき3つの要請を立てる．

I．決定可能性　あらゆる命題は現象的指示によって決定（すなわち真

または偽として立証)されうる.

　II．**反復可能性**　真として立証された命題は決定の直接的反復の際に新たに真として立証され，偽として立証された命題はそのような反復の際に新たに偽として立証される．

　III．**同時決定可能性**　任意の2つの同時的な命題は同時に決定されうる．

以上の要請を説明しよう．

I について　決定可能性は決して任意の命題が持つ特性ではない．周知のように無時間命題の論理学と数学の基礎とにまつわる大きな問題はまさに，どんな決定手続きも使えない命題がそこに現われるということに由来する．現在命題についても決定可能性はしばしば問題化する．第1に，決定がひとりでに現われず，一定の手続きによりもたらされねばならない，ということがしばしばある．第2に，そのような手続きは，つねに使えるとはかぎらないし，何か別の決定条件が満たされる(その場合は別の一定の命題の決定が断念される)ことを前提しているともかぎらない(量子論における要請IIIの拒否を参照)．いうまでもなく，科学に現われる有意味なあらゆる現在命題が実際に決定可能であると前提することはできない．今の要請はむしろ，形式的に可能な命題の集録に収められるあらゆる命題が理論的に決定可能であるという意味で考えられているのである．すなわち，そういった命題が実際にも決定可能だとするならば，理論は実際に構築されているより他の仕方では構築されないことになってしまうだろう．理論的に決定可能な1つの命題については，論理学的ならびに確率論的探究において，1つの決定手続きが使えるとつねに想定することができる．しかし集録の命題のすべてが決定可能であるということをア・プリオリに明らかにすることはできない．それは証明さるべき仮説である．例えば，ある種の決定可能な究極的命題がなければ科学はまったく不可能であろうというようなことについては，おそらくその認識論的根拠を挙げることができるかもしれない．だがそのような議論の際にはきわめて容易に偽りの明証に巻き込まれる可能性がある．そこでわれわれは要請Iの根拠づけを断念し，量子論もまたこれを揺るがす理由を示していないということを強調するだけにとどめる．

　要請Iは上に提示された形では現在命題について成り立つ．完了命題についてはこれを次のものに代えるべきであろう．

Ⅰa．**過去の決定可能性**：あらゆる完了命題はそれが表示する時間において現象的に決定されえた．これ自身は完了命題である．この要請を現在について用いることができるのは，それが例えば次のものによって補われる場合のみである．

　Ⅰb．**記録の存在**：完了命題が現象的に決定されたのであれば，この決定は記録によって証明されうる．

これは再び理論的にのみ成り立つことができ，実際上は証明のないことがよくあろう．以下では，ⅠaとⅠbを疑う理由はない．はるかに多くのことが主張されるであろう．すなわち

　Ⅰc．**記録による決定可能性**：あらゆる完了命題は事後的に記録によって決定可能である．

　Ⅰcを満たす命題を「それ自体において決定された命題」と呼びうるであろう．実際，決定の決心がなされたときよりも前に，記録ができていなくてはならないのである．われわれはさしあたりⅠcもまた真であると仮定しておくが，第13章で，この要請を疑う（「理論的」妥当性という意味でも）理由を知るに至るであろう．

Ⅱについて　　決定可能性を前提するならば反復可能性はほとんど自明であるようにみえる．実際，反復とは単に2度目の決定である．私がある命題を「真」と呼ぶとき，必ずしも私はそれが決定可能だと考えているわけではないけれども，決定に際してそれが真であるとわかると考えている，とも言える．しかし，いずれにせよ反復可能性の要請においては，2.3で述べた意味での自然の恒常性が前提されている．もちろんこの前提がなければ決定という概念に明白な意味を与えることは難しいであろうと推測することができる．ともかくわれわれは以下において反復可能性をつねに（理論的な意味で）前提する．とはいえわれわれは量子論がその主張の明確化を要求することを知るであろう．

Ⅲについて　　量子論を知らない人は，考察されている命題の同時決定可能性が特別な前提であるという考えに至るのは難しいであろう．その自明性という外観に潜む論点先取の誤謬が「同時」という語のなかにあるということは事後的にわかる．厳密に言えば2つの命題はしばしば同時にではなく交互

にのみ決定されうるのである．このことは，p の決定が q の真理性をまったく変えない場合には理論的に瑣末なことである．まさにこの前提が普遍妥当的でないということが，量子論において示されるのである．しかしこの章では要請Ⅲを仮定する．「古典的」と呼ばれる前提がその要請のなかに潜むのである．

こんどは命題結合に目を向け，最初に含意を考察する．第 1 節に従ってp→q が，p を弁護できるものは q をも弁護できるという意味であるとする．含意についていくつかの法則が成り立つ．すなわち，

1. **反射性**：p→p
　すでにこの法則は含意の同一律として詳しく論じた．それは関係の理論では関係 p→q の反射性を述べている．

2. **推移性**：p→q かつ q→r ならば，p→r
　p が弁護されているとする．r を弁護するためにはまず q を弁護する．これは前提により，可能である．q が弁護されると前提により r を弁護できる．この際，相変わらず自然の恒常性が前提されている．対話ゲームが実効的に完結する場合には反復可能性の要請が用いられる．

さてこんどは定義によって 3 番目の規則を取り決める．

3. **等値**：p→q かつ q→p ならば，p と q を等値な命題と呼び，p↔q と書く．
　論理学で慣行になっているこの定義は，通常言語の内容的な意味からすれば決して自明なものではない．p と q はさまざまに理解され指示されうるので「同一の」命題ではない[*7]．両者の等値が成り立つのは，両者が互いに他を含意するための根拠となる事態（例えば自然法則）を知っている者にとってのみである．このように述べると，含意の意味をさらに正確に述べることが必要になる．

われわれは作成されるべき集録に属する命題を「集録命題」と名づけ，集録についての命題から区別する．集録命題はあらゆる時間において現象的指

第 2 章　時間命題の論理学　　65

示によって（理論的に）決定可能でなければならない．集録命題に属するのはまず，あらかじめ与えられた命題 p, q, r, ... である．さらに，AとBに任意の集録命題が代入されるかぎり，A∧B，A∨B，¬A も集録命題に属する．しかしAとBに集録命題が代入されても A→B は集録命題ではない．ある決まった代入について A→B が自然法則的に真であることを知っている者は，この命題をあらゆる個別的な場合に弁護することができる．しかし，ある個別的な場合にまずAを，次にBを現象的に指示した者は決して A→B を指示したのではなく，（「古典的」前提のもとで——下記を参照）A∧B を指示したのである．また，個別的な場合に A→B の現象的指示としてこれ以外のものは存在しない．含意は概して自然法則の知識が存在するときにかぎって主張されうる．この例外の1つは，純粋に論理的な根拠から，あるいは論理的根拠と合わさった現象的指示から真であるような含意である．A→A および（「古典的」前提のもとで）A$\dot{\to}$B→A は純粋に論理的に真である．後者の式からは，さらに p が現象的に真であれば，任意のBについて B→p である，ということが帰結する．この最後の例は，論理的含意はそれが結合する2つの命題の内的連関を断じて必要としないということを非常に明らかに示している．確かに

$$A)\to B \dot{\to} A\to B \tag{6.1}$$

は成り立つ（　）→が 2.4 のように自然法則的含意を表わすとすれば）．けれども，逆の含意は成り立たないのである．

　集録を作成する際にわれわれの関心を引くのは，後件が偶然に現象的に真であるから真なのではなく，すべての状況のもとで真であるような含意である．そのような含意をわれわれは自然法則的と呼ぶのであり，その場合，純粋に論理的な根拠から真である含意をも自然法則的と呼ぶことをはっきり拒否したい．それゆえ，例えばあらゆるAに対して，A)→A が成り立つ．さらに，自然法則的含意のうちわれわれは，その前件と後件がそれぞれ集録命題である含意を特別に扱う．われわれはそのような含意を「集録含意」あるいは（それは集合論の包含を模写して表わされうるであろうから）「包含」と呼ぶ．これを AcB と書き，「AはBを自然法則的に含意する」と読むか（AとBが集録命題として認識可能である場合，これは十分に明らかなことである），それと

も以下で与える束論的解釈につなげて、「AはBの下にある」または「AはBに含まれる」、「BはAを含む」と読む。

　上記3つの規則は集録含意のうえに転写される．反射性についてこの転写は，反射性が純粋に論理的な根拠から真となる含意であることから出てくる．推移性については内容的な考慮が必要である（A→B$\dot{\wedge}$B→C$\dot{\rightarrow}$A→Cが純粋に論理的に真であることから帰結するのはA→B$\dot{\wedge}$B→C)$\dot{\rightarrow}$A→Cにすぎないが，いま必要なのはA)→B$\dot{\wedge}$B)→C)$\dot{\rightarrow}$A)→Cである）．そのためには上で推移性を根拠づける際に用いた議論を繰り返して，次の点に注意するだけでよい．すなわち，Aを指示するときBをも指示でき，Bを指示するときCをも指示できることを自然法則的根拠から知っている者は，そのことにより，自然法則的根拠から許されるところの，Aを指示するときCをも指示できる手続きを所有する，ということである．ところでわれわれは，後に集録を作成する際には，ひとたび要請Ⅰ，ⅡおよびⅢが認められるならば純粋に論理的に真であるような含意のみを用いる．にもかかわらず，ここでわれわれが基礎にある知識を自然法則的と呼ぶことを重視するのは，量子論の場合には要請の1つ（Ⅲ）を放棄し，したがって本質的に別の構造の集録を得なければらなくなるからである．

　等値もまた集録含意を用いて定義によって定められ，それをA＝Bと書く．これによってわれわれは，自然法則的に互いに他を含意する2つの集録命題は「客観的に同一の」命題であると定める．集録の内部で表現できる手続きによってそれら2つの命題を区別する方法は存在しない．とはいえ，それらは知り方のうえで違ったものでありうる．

　3つの規則を集録含意の規則としてもう一度まとめておく．その際，簡単にするため論理記号を使う．

　　1a．AcA
　　1b．AcB$\wedge$BcC→AcC
　　1c．AcB$\wedge$BcA↔A＝B．

例として通常のさいころと次の4つの命題を考える．

　　　p：さいころに2の目がでる
　　　q：さいころに2か4か6の目がでる
　　　r：さいころに偶数の目がでる
　　　s：さいころが鈴を鳴らす

次の関係が確実に成り立つ．

$$\text{pcq, pcr, q}=\text{r} \tag{6.2}$$

これらの関係のうち，pcq は「または」を通常のように定義すればすでに論理的根拠から成り立ち，pcr と q＝r はすでに数学的根拠から成り立つ．さらにさいころが，偶数の目が出るときかつそのときにかぎり鈴を鳴らすように作られている場合には，このさいころに関する命題の集録において，

$$\text{pcs, q}=\text{s, r}=\text{s} \tag{6.3}$$

も成り立つ．さてこれは自然法則的根拠によってのみ成り立つ．しかし集録の内部では関係（6.2）と（6.3）のあいだにこのような区別はなされない．もしもそのような区別を認めようとするならば，いったいどこから命題 p, q および r が真と知られるのかを問うこともできるし，また例えば聴覚的告知 s とならんで，目の数の視覚的確認，および目の見えない人にも可能な触覚的確認，あるいは異なる観察者による確認を区別しなければならないであろう．物理学は，命題を得る手段ではなく，そのつどの対象について自然法則により確かめうる情報だけを考察するという意味で，みずからの命題を客観化するのであり，物理学は本質的にこのことに基づくのである．われわれはこのことが量子論においても依然として真であるのはどんな意味においてであるかを知るであろう．

他の結合子を詳しく論じることは断念する[*8]．集録命題がブール束を成すことがわかる．集録は，現在において真または偽となりうるある種の形式的に可能な命題以外に，集録において考察される決定の範囲内でつねに真である命題と，同じ意味でつねに偽である命題を含み，これらの命題はそれぞれ集録の単位元 I，零元 0 と呼ばれる．1つの束は，各々が零元と自分自身によってのみ含意される元，いわゆる原子がそこに存在するならば，「原子的」と呼ばれる．以下では主として原子束を，しかもたいてい有限数あるいはたかだか可算無限数の原子を含む束を扱う．原子を次の命題とする．

$$p_k \ (k=1, 2\ldots n) \tag{6.24}$$

束はこれらの命題と，3つの演算 $\cap$，$\cup$，$\neg$ によってこれらの命題から作られうるすべての命題のみから成る．

$$p_i \cap p_k = \begin{cases} p_i & (i=k \text{ に対して}) \\ 0 & (i \neq k \text{ に対して}) \end{cases} \tag{6.25}$$

が成り立つ．

　添字 $k=1, 2…n$ の部分集合を1つ選び，その部分集合に属する添字を持つ p_k のすべて，そしてそれだけを $\cup$ によって互いに結合すると，束の元がそれぞれ得られる．すなわち，束はその原子の集合の部分集合の束と同型である．ここから，原子が次の2つの規則を満たすことが容易にわかる．

　　a. 1つの p_k が真なら，他の原子はすべて偽である．
　　b. ある原子までのすべての p_k が偽であれば，この原子が真である．
この2条件を満たす p_k のリストをわれわれは「選立的質問」または「n 項選立」，あるいはまた，短く「質問」と呼ぼうと思う．

　簡単な例は再びさいころである．さいころに振り当てられる命題束は6つの原子 $p_1 \cdots p_6$ をもち，ここで添字は目の数を示す．「さいころには k_1 あるいは k_2 あるいは…の目が出る」という形のあらゆる可能な命題がその束に属する．つねに偽であるのは，さいころにはどんな目の数も出ないという命題であり，つねに真なのは，さいころには1と6を含むそのあいだのいずれかの目の数が出るという命題である．

第3章

確　率

イムレ・ラカトシュの思い出に

　この章の最初の2節は私の論文「確率と量子力学」(1973) のドイツ語訳に由来する．イムレ・ラカトシュは晩年の数年間，シュターンベルクの「科学技術世界の生存条件研究のためのマックス・プランク研究所」の科学者委員会で同僚だったとき，この論文を読んだ．彼はこの論文のなかに，科学史における「合理的再構成」の実例をみとめ，これを *British Journal for the Philosophy of Science*, 24, 321-337 に掲載した．そこで私はこの章を彼の思い出に捧げる．

　続く2節は1971年の未発表の覚え書きである．

1. 確率と経験

　確率論の起源はある経験的な問題，すなわちシュヴァリエ・ド・メレのさいころ賭博の問題であった．まったく同様に今日の物理学者も，ある事象が生じる相対頻度を計算して，理論的に予言された確率を経験的にテストするのに何の困難も覚えない．ところが，いわゆる数学的確率概念を経験的現実に適用する意味に関する認識論上の議論は決して終わっていない．確率概念の「主観主義的解釈」，「客観主義的解釈」，さらにそれ以外の解釈のあいだの戦いがいまだに荒れ狂っている．確率概念は，われわれが基礎的な概念を実際には理解していないのに首尾よく用いることができるという「認識論的パラドクス」の顕著な例の1つである．ところで，哲学でパラドクスの外観を呈する多くのものを解決する第一歩は，パラドクスと見える状況を現象として，そしてそのかぎり事実として，受け入れることである．そこでわれわれは，分析によって解明されなくても，あるいは少なくとも解明される前に，

使用可能であるということが，まさに基礎概念の本質であることを理解するに至らなくてはならない．実際この解明は再び他の概念を分析しないままで用いなければならないのである．そのような分析に際しては，ある種の基礎概念を実際に使用する際に序列が存在するのか，また序列が存在するならどんな概念が実際上どんな他の概念の使用可能性に依存するのか，あるいはまた逆に，問題になっている概念が序列的でない仕方で相互に結びついているのか，といったことについて知るならば，それは1つの進歩を意味することができる．以下で示そうとするように，確率概念の経験的解釈に存する伝統的な困難の1つは，経験が与えられた概念として扱われえて，確率はこのように理解された経験の領域に適用しさえすればよい概念として扱われうる，という考えに由来するのである．これは私が誤った概念序列と呼びたいものの1例である．われわれが示そうとするのは逆に，経験と確率は互いに結びついているから，われわれが確率の概念のようなものをすでに用いているのでなければ，経験ということでわれわれの理解しているのが何であるのかがわからなくなる，ということである．われわれは確率概念をいくつかの段階を踏んで導入する独特な方法を提示する．

このためにわれわれは確率概念を厳密に経験的な意味に解釈する．われわれは確率が測定可能な量であり，その値が例えばエネルギーや温度の値とまったく同様に，経験的にテストできる量であるとみなす．確率の定義に必要なのは実験状況であり，そこではさまざまな「事象」E_1, E_2, ...が同一の実験の可能なさまざまな結果となっている．さらに，同種の実験状況（簡単には「同じ状況」）がさまざまな場合に（「さまざまに実現されて」，「さまざまな時間に」，「さまざまな個別的対象に対して」など）存在し，この状況があればそれぞれの場合に同種の実験（簡単に「同じ実験」，「同じ試行」）が実施されるであろう，ということが有意味に言えなければならない．実験がN回の場合に行なわれ，そのとき事象E_kがn_k回生じたとする．われわれはこの試行系列において，分数

$$f_k = \frac{n_k}{N}$$

を，その系列でE_kが生じる相対頻度と呼ぼうと思う．

さて，同じ試行が実施される未来の1系列を考える．この試行における事象E_kの確率p_kを（理論的および実験的な）知識によって示すことができると

仮定する．そのときわれわれは，この数 p_k の意味とは，それが未来の試行系列に関する相対頻度 f_k の予言になっているということである，と仮定しようと思う*1．この予言 p_k は，いま考えている試行のこの系列およびそれ以外の系列に見いだされる f_k の値と比べることによって経験的にテストされるであろう．

　これは通常の実験家の考え方を単純化したものである．私は，その考え方は本質的に正しいのであって，ただそれを認識論者の反論に対して弁護しさえすればよいと考える．もちろんわれわれは弁護することによってそれをもっとよく理解するようになると思うのである．

　簡単な例を用いて主要な反論を定式化したい．ここで試行とはさいころを1回投げることである．6つの可能な事象がある．われわれが特に関心を持つ事象として5の目が出るという事象を選ぶ．さいころが「できがよい」場合，その確率 p_5 は 1/6 の値を持つであろう．さてさいころを N 回投げようと思う．たとえ N が 6 で割り切れても，分数 f_5 がちょうど 1/6 になるのは稀な場合だけであろうし，さらに重要なことに，確率論は f_5 が 1/6 に等しくなるとはまったく期待しないのである．確率論はいくつかの系列のさいころ投げが行なわれる場合に，理論的な確率 p_5 を中心とする f_5 の測定値の分布を予言する．その確率は相対頻度の期待値にすぎない．しかし「期待値」という概念は通常，すでに「確率」という概念を用いて定義される．したがって確率そのものを測定可能な相対頻度に関係づけて定義することは原理的にできないようにみえる．というのはこの定義は厳密に定式化すれば，確率概念そのものを必ず用いなければなるまいからである．つまり循環的定義が生じる——と思われる——であろう．

　われわれは長い試行系列に関する相対頻度の極限値として確率を定義してこの困難を回避するつもりはない．なぜなら，経験的系列は実際，本質的に有限なので，そこでの極限値に厳密な意味は存在しないからである．こういう困難ゆえ，ある人々は確率の「客観主義的」解釈をまったく捨て，「主観主義的」解釈に味方している．これによると例えば等式 $p_5=1/6$ は「私は1対5の比で，次に5の目が出ることに賭けよう」という意味である．そうすると確率論は賭けの体系の整合性についての理論になる．しかしそれは物理学者にとっての問題ではない．物理学者は自分の賭けの体系によって豊かな人になれるかどうかを経験的に明らかにしたいと思うかもしれない．私はこ

こではまだこのような提案を議論しない*²．むしろ直ちに私自身の提案を示そう．

　困難の源泉は特定の確率概念にあるのではなく，一般に何らかの理論的予言の経験的テストという考えにある．ある決まった時間点におけるある惑星の位置座標 x を測定するという例を考える．その座標について理論の予言する値が ξ だとする．ある個別的な実験が ξ と違う値 ξ_1 を示すとしよう．おそらくその個別的な実験は，この測定結果を理論的予言の確証と反証のいずれとみなすべきかを，納得のいく形で決めるには足りないであろう．そこでわれわれは実験を N 回繰り返し，誤差論を適用するであろう．$\bar{\xi}$ を測定値の平均とする．そうするとわれわれは距離 $|\xi - \bar{\xi}|$ を測定値の平均分散と比較して，x の予測値が「実際の」値 ξ_r（ξ の実測値）と $d = |\xi - \xi_r|$ だけ異なる「確率」を形式的に計算することができる．この確率はそれ自身，試行系列が何度も繰り返される場合，測定される距離 $|\xi - \bar{\xi}|$ が値 d をとる相対頻度の予言なのである．理論的予言を経験的にテストするこの構造はいささか複雑であるが，よく知られたものである．この構造をまとめて圧縮し，次の簡略化された主張にすることができる．「理論的予言の経験的確証あるいは反証は決して確実に可能であるのではなく，ただ高低の程度を持つ確率でもってのみ可能である」．これはすべての経験の基本的特質である．私はこの論文ではこの特質を述べて容認するだけで満足する．その特質の哲学的意味は他の脈絡で議論されるべきである*³．一般に経験科学に携わっている者は，みずからの実践によってすでに暗黙のうちにその特質を容認している．この意味において科学的経験という概念は，実際に用いられるときには，たとえ確率概念が明示的に定式化されていなくとも，絶えず何らかの確率概念の適用可能性を前提している．したがって，前もって与えられた経験概念に立ち返って確率を完全に定義しようという試みそのものが，はじめから必ず循環的定義に陥るようになっているに違いない．もちろん，前もって与えられた確率概念に立ち返って経験的テストの概念を定義することもまた同じく不可能であろう．経験と確率という2つの概念は序列的な従属関係にあるのではない．

　実際上，誤差論を適用するときにはつねに，われわれが事象の相対頻度を予言可能な量と考えていることが含意されている．この意味で確率は測定可能な量である．したがって上の「簡略化された主張」は確率概念そのものに

もあてはまることになる．すなわち，理論的確率の経験的テストはただ何らかの程度の確率でもってのみ可能である．そこで確率の「定義」に期待値という確率的概念が現われることはパラドクスではなく，確率概念の経験的意味からの必然的帰結である．あるいはそれは経験の概念そのものに内在する「パラドクス」である．もちろんその場合，確率概念は他のすべての概念と同一の方法論的水準にあるのではない．他のあらゆる量をできるだけ正確に測定するためには，相対頻度の測定が必要であり，それゆえ確率のできるだけ正確な測定が必要である．確率をできるだけ正確に測定するためには，誤差論を経由してあらためて他の確率のできるだけ正確な測定が必要である．このようなより高次の抽象水準によって確率論の予言はより正確に決められている．ある任意の量について，その平均値のまわりの測定値の分散は測定器具の性格に依存する．その期待値のまわりの相対頻度の分散は確率論自身によって示されうるのである．

2. 古典的確率概念

これまでのところわれわれは循環的であるという反論を免れる確率論の定義をまだ得ていない．われわれはこれから確率を経験的概念として，すなわち経験的に測定可能な量の概念として理解する体系的な確率論を素描する．述べるのは厳密に仕上げられた古典的確率論ではなく，古典的確率論における確率概念の分析の概要であり，しかも，ふつう認識論的困難が現われるような確率論の性格を際立たせる概要である．われわれの期待するところでは，この分析は整合的な古典的確率論で，数学的に細かな点で優れたいかなる教科書にも比肩しうるような確率論を構築するに足るであろう．ここで「古典的」という語は「まだ量子論的でない」という意味にすぎない．

この構築は3段階で行なわれる．まずわれわれは確率の暫定的な概念を定式化する．この概念が要求するのは正確であることではなく，実際の研究での確率的概念の使われ方を，理解できる日常言語で記述することである．第2にわれわれは確率の数学的理論の公理系を定式化する．この節ではコルモゴロフの体系を借用することができる．第3にわれわれは数学的理論の諸概念に対して，それらのいくつかを暫定的確率概念に結びつく概念と同定することによって経験的意味，いわば物理学の意味論，を与える．この三重の手

続きは暫定的概念に対して，はじめには欠けていた数学的正確さを与える思考過程であると述べることもできる．第3段階で最も重要な部分はその手続き全体の整合性の研究である．第3段階の解釈された理論は，暫定的な概念のなかで不正確に述べられていた構造の数学的モデルを提示する．私は，ある理論が経験的意味を得るために不可欠であった暫定的概念の使用を認め，しかもその使用がその理論自身のなかに提示されている数学的モデルによって正しく記述されるというふうにしてなされる場合，その理論を「意味論的に整合的」と呼ぶよう提案する[*4]．

暫定的概念は次の3つの要請によって記述される．

A. 確率とはある形式的に可能な未来の事象の述語，あるいはさらに正確には，この事象が生じるであろうと主張する命題の様相である．
B. ある事象（あるいはそれに対応する命題）が1または0に非常に近い確率を持つならば，その事象（あるいは命題）は実際上必然的なもの，または実際上不可能なものとして扱うことができる．0にあまり近くない確率を持つ事象（命題）は可能的と呼ばれる．
C. われわれがある事象（命題）に確率 p ($0 \leq p \leq 1$) を付与するとき，それによってわれわれが表現しているのは次の期待である．すなわち，この確率が事象（命題）に正しく付与されるような，ある大きい数 N の場合のうち，ほぼ $n = pN$ の場合にその事象が生じる（その命題が真になる）という期待である．

これらの要請を定式化した言語はさらに説明を必要とする．まず「実際上」，「ほぼ」，「期待を表現する」といった，慎重を期すための概念が用いられていることがわかる．こういう概念で示唆しようとしているのは，暫定的概念が正確なものではなく，正確化を必要とするものであるということである．この手続きにおいて暫定的概念が棄て去られるのではなく，いっそう正確になりさえすることがわかるであろう．Cの語「正しく」が示唆するのは，われわれはある事象への確率の付与を恣意的な行為とみなすのではなく，テストを要求し受け入れる科学的主張とみなすということである．

上の要請の言語は時間命題の論理学に言及している．この論理学は未来に関する命題には伝統的な真理値「真」と「偽」をまったく用いないで，代わ

りに「可能」,「必然」,「不可能」という「未来様相」だけを用いるよう提言する．要請は未来様相のより正確な形として確率を用いようという提言を含んでいる．「確率」という語のふつうの用法と対比すると，この提言は用語上の規約，つまり，今後われわれはこの語を未来に関する命題だけに限定して用いることにする，という規約とみなされるかもしれない．けれどもこの規約の背後には，これが確率の原初的な意味であって，この語の他の用法はすべてこれに還元されうるという確信がある．例えば「きのう雨が降ったことは確からしい」「おととい雨が降ったということは，きのう確からしかった」と言うときわれわれはその語を過去に適用している．しかし第2の例では，確率はそのときには未来であったことに関係づけられている．ここでは「確からしかった」と言われているからである．第1の例でわれわれはまず，過去のある種の事実に関する無知を認めている．その命題に実効的な意味を与えるためには，それを再び未来に関係づけ，「さらに詳しく調べると，きのう雨が降ったことがわかるであろう，ということは確からしい」という意味にしなければならない．

数学的理論については，コルモゴロフの書物を遂語的に引用することができる．ただ記号をいくつか変えるだけである．

「M を,『根元事象』と呼ぶ元 $\xi, \eta, \zeta, ...$ の集合とし，F を M の部分集合から成る集合とする．F の元を『事象』と言う．

 I．F は集合束である．
 II．F は集合 M を含む．
 III．F の各集合 A に負でない数 $p(A)$ を振り当てる．この数 $p(A)$ を事象 A の確率と言う．
 IV．$p(M) = 1$
 V．A_1 と A_2 が互いに素であるとき

$$p(A_1 + A_2) = p(A_1) + p(A_2)$$

が成り立つ」．

ここでは連続性の条件を定式化している公理VIを無視する．なぜならその公理が持つ問題をここで論じようと思わないからである．しかし，期待値の定義が必要である．

「もとの集合 M の分割

$$M = A_1 + A_2 + \ldots + A_r$$

が与えられているとし，x を各集合 A_q のなかで定数 a_q に等しいような，根元事象 ξ の実関数とする．そのとき，x を『確率量』と呼び，和

$$E(x) = \sum_q a_q p(A_q)$$

を量 x の数学的期待値とみなす」．

　これから物理学の意味論を見よう．表現を単純にして本質的なことに集中するために，根元事象の集合 M を有限と仮定する．相異なる根元事象の数を K とする．さいころの場合，$K=6$ である．さらに，N 通りの等しい場合，例えばさいころを振る場合，の有限なアンサンブルを考える．各根元事象 E_k (ここではコルモゴロフの ξ に代え E_k と書く．$1 \leq k \leq K$ とする) に対して，自然数 $n(k)$ を振り当てる．この自然数は，この事象 (さいころの例では5の目) が，今のアンサンブルとなっている N 回の特定の試行系列に，実際にどれくらいの頻度で現われたかを示すものである．それに対応して，各事象 A に自然数 $n(A)$ を振り当てる．量

$$f(A) = \frac{n(A)}{N}$$

が $p(A)$ に代入されるならばコルモゴロフの公理の I から V を満たすことは容易にわかる．とはいえ，公理のこのモデルは確率論において考えられているものではない．しかし，暫定的概念に第4の要請を加えてわれわれの目的を果たそう．

D. 事象（命題）の確率はそれが生じる（それが真になる）相対頻度の期待値である．

Dで言う期待値はもとの事象の束 F のうえで定義されているのではない．それは「メタ事象」の束 G のうえで定義されうるのである．われわれが「メタ事象」と呼ぶのは，F に属し，同じ条件のもとで生じる N 個の事象のアンサンブルである．ここでは「同じ」事象が複数回起こりうるという言い

方を用いる（「雨が降ったし，再び降るだろう」）．G は M や F の部分集合ではなく，繰り返しを伴った F の元の集合である．さて確率関数 $p(A)$ を F に振り当てることができる．その関数は暫定的概念によって事象 A に対するわれわれの期待を表現しうるであろう．そうすると，数学的確率論の規則により，G の元に対する確率関数を計算することができる．そのためには，集まってメタ事象になる N 個の事象を独立なものとして扱ってよいと仮定するだけでよい．コルモゴロフの5つの公理が F に対して成り立つことを前提すると，それらが G に対して成り立つこと，および次の式が成り立つことを証明することができる．

$$p(A) = E\left(\frac{n_A}{N}\right) \qquad (2.1)$$

さて F における $p(A)$ についての暫定的な解釈は忘れてよい．それに代え3つの要請 A，B，C をメタ事象の束 G に適用することができる．こうして G のなかの p に解釈（暫定的な意味の）を与えたのであるから，(2.1) を用いて F のなかの p の解釈が導き出される．それはまさに要請 D の命題が述べることである．すなわち，$p(A)$ は A の相対頻度の期待値であるということである．さてこんなふうに構成しなくても F のなかの p は解釈されたであろうということを思い起こすと，その場合は A，B，C だけが用いられたであろう．この暫定的な概念は今や D のより弱い定式化として正当化される．今や「実際上」「ほぼ」「期待」という概念はより正確に，確からしい誤差の推定によって解釈することができる．数学の「大数の法則」は，この誤差の期待値が N が増えるにつれゼロに向かうことを証明する．

われわれは認識論的に何を得たであろうか．われわれは不正確な暫定的概念を取り除いておらず，それを事象からメタ事象すなわち事象の大きなアンサンブルに移しただけである．確率の物理学的意味論はメタ確率の暫定的意味論に基づいている．このことは，確率が何らかの程度の確率をもってのみテストされうるという，われわれの以前の主張をより正確に表現したものである．そのパラドクスの解決はそれを現象として受け入れることに存する．すなわち，経験的確率についてのどんな理論も，少なくともその整合性をいっそう明瞭にする，まさにこの正当化以上のものを望むことは許されないのである．

その気になればわれわれはその過程を積み重ねることができ，このメタ確

率の梯子を確率の「遡行的定義」と呼ぶことができる．通常の帰納的定義は，ある決まった出発点（$n=1$）と $n+1$ から n への帰納の規則を挙げるが，ここでは遡行は任意の高さに上っていく．梯子のどこかの段で立ち止まり，その段では暫定的概念に信を置かなければならない．「大数の法則」があるため，この最高の段では要請 A と B をもってくるだけで足りる．こうすると，次に低い段に対して A，B，および C が帰結し，さらにそれより低いすべての段に対して D が帰結する．

3. 確率の経験的規定

われわれは事象の確率を規則の確率から区別するが，（中期のカルナップとは反対に*5）2 つの量はまったく同じ性格のものであって適用段階を異にするとみなすのである．事象 x の確率とは相対頻度 $f(x)$ の予言（期待値）であって，そこでは，まさに x が生じうるような試行を頻繁に繰り返す場合，この種の事象 x がその相対頻度で生じるであろうとされる．規則（「経験的自然法則」）の内容は事象の確率の言表である．規則はつねに「もし y であれば他ならぬ x が確率 $p(x)$ で生じる」という条件付き確率を述べる．しかし事象の確率もまたまったく同様に条件付き確率であると考えられる．そもそも条件付き確率を測ることができるのは，つねに「同じ」試行がなされる場合，すなわち同種の条件が確立される場合のみである．経験的にテスト可能な確率は本質的に条件付き確率であると言うことができる．ところである規則の確率とはこの規則が「真」である確率だと考えられる．ある経験的規則が真であるのはそれが経験において確証されるときである．そうするとその規則の確率とは，規則を見いだすための同じ経験的状況が頻繁に繰り返される際に，まさにこの規則 R が確証される相対頻度の予言である．われわれは，さしあたり形式的に行なったこの定義を個別的に解釈するだけでよく，そのさい自然にベイズの問題の 1 つの解釈に思い至る．われわれの求めているものは簡単には重積確率 $P(p(x))$ と名づけることができる．『時間と知識』4.5b で，「高階の確率」$P(f(x))$ と言うほうがよいことがわかるであろう．今の考察にこの微妙な区別は何の役割も演じない．

確率の経験的規定を，予知を表現する 1 つの仮定から始めることができる（また一般にそうされるであろう）．経験的にテスト可能な客観的確率は，同時

にその意味からして，主体の予知に関係づけられるということを方法上ここで思い起こすことにしよう．例えば2つのさいころを順にそれぞれ1回ずつ振るとする．観察者AとBが目の総数が12になる確率を述べるとし，Aは2回1組で振る前に，Bは最初に1回振った後でそれを述べるとする．Aは $p(12) = 1/36$ とするが，Bは平均して6分の1の場合に $p(12) = 1/6$ とし，平均して6分の5の場合に $p(12) = 0$ とする．さいころに欠陥がなければどちらの人も経験的に正しいことを述べている．なぜなら両者は異なる予知を条件とする異なる統計的全体を引き合いに出しているからである．

　規則を見いだすためのこの仮定は，試行系列の前にすでに知られていることを言い表わしている．単純化するためわれわれはまず，配列を概念的に述べることはできるけれども，これらの概念のうち特定の1つが実現されているのかどうかについては，まだ実験していないと仮定する．例えば硬貨を投げると「表」か「裏」が出，さいころを振れば「1…6」のうちいずれか1つの目が出るし，w 個の白い玉と s 個の黒い玉が入っている壺からは1つの玉が取り出せる．ここには等可能性というラプラスの概念，すなわち対称性の仮定が正しく適用されている．どのような「場合」が可能であるかは知られる．すなわち可能な事象の集録は知られる．だが要素的事象（事象の束の原子）のうち特にどの1つが起こるとしてよいのかは知られない．この意味でそれらはすべて等しく可能である．それゆえに，それらはすべて等しい確率を持つと前提される．すなわちそれらが起こる相対頻度は等しいと予測されるのである．経験的に考えられた対称性の仮定は，確率を理解する試行のこの段階では，本質的に無知の表現である．これがラプラスの仮定の正しい意味であり，この試行をさらに追究すればそのことがわかるであろう．

　その試行ではともかく何らかの相対頻度が見いだされるであろう．まず大まかに言って次の3つの場合を区別することができる．
　　(a)　上の仮定に対応する相対頻度が示される場合，
　　(b)　別の仮定に法則的に対応する相対頻度が示される場合，
　　(c)　統一的な統計的分布に対応しない相対頻度が示される場合．

「ある仮定に法則的に対応する」とは，観察者が確率計算を知ったうえで設定した誤差の限界内で，期待された分布と一致する，ということである．ここで観察者にとって存在するのは本質的に確実性ではなく，選ぶべき仮定のそれぞれに彼が与えうる確率だけである．どのようにして彼がこれを行な

うのかということは，まもなくベイズの問題に関連してもう少し正確に論じる．一般に頻度が統一性を持った1つの仮定に対応するということは，決して自明ではない．そのことは上に挙げた (c) の場合によって示唆されている．この場合では，事象の集録が，統計的にではなく系統的に変化する条件が明らかになるように拡張されなければならない，と推測される．これらの可能性を見ると (a) と (b) の場合が自明なものではないので，いったいどんな権利でそれらの場合がいつか生じることを期待するのか，と問うことができる．認識論的反省の現段階でこの困難に際してわれわれにできるのは，ヒュームの問題を再認識して，これまでの知見によれば少なくとも法則的に統計的な分布が生じることが経験の可能性の1つの条件であると答えることだけである．後の段階（第7—9章）でわれわれはラプラスの対称性のなかに世界の基本的対称性を再認識するであろう．すなわち，一様な硬貨あるいは一様なさいころの面の等可能性のなかに，環境世界と大して相互作用をしない対象に実現されている空間の回転群の記述を再認識し，壺のなかの玉のそれぞれをつかむ等可能性のなかに，対象の置換群の記述を再認識するであろう．その段階でわれわれは相互作用の議論によって次のことを根拠づけなければならないであろう．すなわち，新たな対象を引き入れてもこれらの群に対する世界の対称性そのものはなくなりえず，したがって個々の対象の対称性からの逸脱はいずれもそれらの対象の他の対象との個別的な相互作用に由来する，ということをである．

　ベイズの問題の古典的なモデルは，異なる混合比で白玉と黒玉の入った複数の壺である（例えば壺の数を11とし，0番目の壺には0個の白玉と10個の黒玉，k番目の壺にはk個の白玉と$10-k$個の黒玉が入っているとする）．それぞれの壺からの玉の取り出しについてラプラスの等確率の仮定が成り立つとされる．それゆえ各々の壺には，白玉を取り出す確率p_1，黒玉を取り出す確率p_2が与えられている．上のさまざまな仮定により，k番目の壺について

$$p_1(k) = \frac{k}{10} \tag{1}$$

であり，つねに

$$p_1 + p_2 = 1 \tag{2}$$

である．さて，どれかわからないが壺を1つ取り，ある数n回についてそ

れぞれ 1 個ずつ玉を取り出し，すぐにそれを戻すとする．白玉が n_1 回，黒玉が n_2 回出た場合（$n_1+n_2=n$），それが k 番目の壺であったということはどの程度確からしいか．つまり確率 P_k を決めるのである．P_k を相対頻度の予言として解釈するのに 2 つの方式がありうる．一方で P_k は，壺を取ることに適用されたラプラスの仮定に従って予言されうる相対頻度であり，もしちょうど白玉が n_1 回，黒玉が n_2 回，当の壺から取り出されたならば，その壺を調べてそれが k 番目の壺であることがわかる相対頻度である．他方で P_k は，同じ壺からさらに玉を取り出す際に，新たな確率 p_1' と p_2' を次の式によって予言できるようにするものである．

$$p_1' = \sum_k P_k p_1(k) \tag{3}$$

$$p_1' + p_2' = 1 \tag{4}$$

試行を始める前に，ある壺を取ることに関するラプラスの仮定に従って各 P_k を 1/11 に等しいとき，そこから「事前確率」$p_1^{(0)}$ と $p_2^{(0)}$ を計算する——今の場合はともに 1/2 に等しくなる——こともあろう．そうすると n 個の玉を取り出す試行系列は新たな確率すなわち「事後確率」の経験的規定となる．それゆえベイズ的手続きは 11 の可能な規則 (1) のそれぞれにその規則の確率 P_k を与え，その規則に従う確率（$p_1(n)$）と，その規則そのものの確率 P_k とから (3) によって，実際の使用のために提案された確率 p_1' を規定する．

それゆえベイズの手続きはさまざまな規則に至る可能な場合を見分けることによって，はじめの等分布の仮定を修正するが，こんどはそれらの規則に対して再び等分布の仮定が立てられるのである．もちろんこちらの仮定もまた修正することができる．壺を取る等しくない事前確率を導入しうるのである．この確率もまた，それぞれの型の壺に異なる数を前提することによって等分布に還元することができる．その手続きの実際的効用は，設定された事前確率の影響が，数 n が大きいとき徐々に消えるということに基づく．それゆえ，すべての現象は等しく可能な根元事象から作り上げられているという存在論的仮定をもってすれば，確率の経験的規定を正当化することさえできるのである．そのような仮定がなくてもなお，「あたかも」それが正当化されている「かのように」この経験的規定を記述することができる．その仮定は，場合を数えることができ，それゆえ絶対頻度を，したがって相対頻度

を定義することができるために必要である．

4. 予測に確率値を与えることについて

　古くから知られたパラドクスがある．教師が生徒たちに「来週，試験をするが，どの日にするかは，君たちは前もって知らないだろう」と言う．問いを正確にすれば「試験の日は当日の朝でもわからないであろうか」であり，答えは「その日の朝でもわからない」である．パラドクスとは，この命題が
　　1. 矛盾を含意し，
　　2. 経験的に容易に確証できる，
ということに他ならない．
　1．矛盾　　教師は土曜日に試験をすることができない．なぜならば，金曜日も試験がなかったら，土曜日の朝，生徒たちはきょう試験があることを知るからである*6．それゆえ彼らは月曜から金曜までの5日のいずれかの日に試験を受けなければならない．したがって，前と同じ議論によって彼らは金曜日に試験を受けることができない．それゆえ彼らは月曜から木曜までの4日間のどれかの日に試験を受けなければならず，それゆえ木曜日に試験を受けることができず，以下同様である．ゆえに彼らはまったく試験を受けられない．
　矛盾を分析するため，教師の主張を2つの成分に分ける．
　　A．来週，試験をする．
　　B．試験前のどの日の朝も，君たちはその日に試験があるかどうか知らないだろう．
その週にただ1日だけ試験日があるとすれば矛盾はすぐに生じるであろう．その場合，AとBは次に還元される．
　　A′．X日に試験をする．
　　B′．X日の朝，君たちはその日に試験があるかどうか知らないだろう．
AとBは，それゆえA′とB′も，生徒たちがそれ以後真と信じるべき予言であると教師は考えている．こう解釈すると，A′とB′は次を含意する．
　　A″．X日の朝，君たちは試験があることを知るだろう．
　　B″．X日の朝，君たちは試験があるかどうか知らないだろう．
その週に複数の試験日があるとすればA″とB″は，それ以前に試験がなか

った場合には最後の日にあてはまる．上の考察は次の図式による完全帰納法である．すなわち，A'' と B'' が n 番目の日にあてはまるならば $(n-1)$ 番目の日にもあてはまる，という図式である．

2. **経験的確証**　教師が例えば水曜日に試験を行なうならば，A と B は正しかった．彼はこの週に試験を行なったのであり，生徒たちはちょうど水曜日に試験があることを前もって知ることができなかったのである．

3. **このパラドクスの解決**　それ自体において真または偽である予測はない．それはある確率を持つだけであり，その確率が実際上しばしば，確実性に等しいと置かれうるのである．この実際上の等置を原理的なものと理解するとパラドクスが生じるのである．

このパラドクスは主観的確率とベイズの理論を用いて，例えば次のようにして解決することができる．

A を確実だとして受け入れる．B に代えラプラスの意味で C「まだ残っている日はすべて同一の，試験日である確率 p を持つ」を主張する．月曜日の朝，$p = 1/6$ である．月曜日に試験があれば A は経験的に確証されている．B も経験的に真であった．なぜなら，B は $p \neq 1$ とだけ述べているからである．月曜日に試験がなかったなら，残りの日について値 p は変わって，$p = 1/5$ となり，以下同様である．金曜日まで，そしてその日も試験がなかったならば，今や土曜日に対して $p = 1$ となる．この場合 B は偽となる．それゆえ A と B から，月曜日の朝，B は確率 5/6 を持つ，と結論されよう．金曜日まで試験がなかったならば B はゼロの確率を得る．今やこのパラドクスは，「A かつ B」という予測はたかだか 5/6 の確率を持つことができるという主張に還元される．

A には確率 $1-q$ だけを与えることもできる．そうすると月曜日の朝は $p = (1-q)/6$，土曜日の朝は $p = 1-q$ である．この場合，B は決してゼロの確率を持つことはない．

4. **原理的な注意**　この「パラドクス」はアリストテレスの「海戦」の議論に似た機能を持っている．すなわち，未来に関する命題がそれ自体において真か偽であるとみなす者は，そのとき出てくる論理的帰結をこの命題の常識的な意味に一致させることができない，という議論である．結論は，常識的な意味を本来の意味として承認し，また必要ならばこれを定式化する，ということであろう．この後者を行なうのが未来様相を扱う時間の論理学で

あり，また，量子化されると，確率論である．

第4章*¹
不可逆性とエントロピー

1. 不可逆性の問題

　過去と未来のあいだには第2章で論じたような紛れもない相違があらゆる瞬間に存在する．正気なとき私は，体験した事実的事象Aを，期待するか恐れていた可能的事象Bと混同しはしない．しかしその場合でも，もしBが後で実際に起こったならば，それ以後BはAと同じく事実的なものである．両者のあいだにはその後もなお質的な相違が存在しているのか．答えるのは容易なように思われる．つまり，AはBより前のことであり，そうであり続ける，と．ところがこれ自身は完了命題であって，それを記録で裏づけることができるのかと問われる．AとBが生じた客観的時間が記録によって，例えば実験記録帳の日時の表示によって，定まっているならば，記録による証明は容易である．しかしこのこと，つまり過去のすべての事象が記録によって裏づけられうる時間目盛りのうえに並んでいることは，2つの事象に前後を区別する唯一の手段であろうか．この場合には，前の事象と後の事象の質的相違は語られないであろう．

　事実，時間系列にはこのように目印がないということは，互いに直接の因果関係にない事象を見ればわかる．今朝ハンブルクのフリッツとミュンヘンのペーターという2人の兄弟のうちどちらが早くひげを剃ったのかは，2人がその時間を覚えていないならば，後で記録や自然法則によって決めることはほとんどできない．そして，観察者がいて，彼にはある時間点で，フリッツのひげ剃りが過去の事象として，ペーターのひげ剃りがまだ起こっていない事象として知られていた，ということもまた，一般にほとんどないだろう．けれどもフリッツがまず石鹸を塗り次にひげを剃ったのかそれとも逆にしたのかは，後で大きな信頼性をもって知られる．なぜなら自然法則により，石

鹸を塗ることがうまくひげを剃ることの前提条件であって逆ではないからである．非常に多くの場合，因果性が，事象のどんな順序が可能であり，どんな順序が不可能であるのかを明確に決めるのである．この順序が逆転した世界がわれわれにとってどれほどひどく不条理に見えるかを知るためには，フィルムを逆に回さなければならない．事実，可能な因果的過程に沿う過去の事象のこのような順序づけは，未来の事象と過去の事象の質的相違の名残りであって，その相違は当該の過程の事象がすべて過ぎ去った場合に計算に入れなければならないものである．ある現在の出来事について，すぐ先の未来に起こりうるか起こるに違いないことは一般に，すぐ前の過去に起こったこととは別のことである．自動車はたったいま走っていた方向に走っていくし，割れた屋根瓦は地面に落ちるのであって，上昇するのではなく，食卓のコーヒーポットは冷えるのであって，暖まるのではなく，以下同様である．それゆえ，本書でとっている立場からすれば，ここにはさしあたり何の問題も存在しない．過去の事象の前後という客観的な順序は客観的な因果的順序の自然な帰結であり，この因果的順序に従い，そのつどの現在において未来の事象が過去の事象に続いていくのである．われわれは同じ順序をさらに先の未来に対しても同じように自然に期待する．

　しかし古典物理学で1つの問題が生じる．それは，この物理学の基礎方程式には日常的にはそのように自明な，出来事の不可逆性がもはや見られないということに起因する．古典物理学を見ると，それが要素的過程の可逆性という，素朴な心情の持ち主をまったく啞然とさせる事実に直面していることがわかる．これからさらに行なう考察全体のために，われわれはこの事実を非常に綿密に吟味しなくてはならない．可逆性を分析する準備としてまずわれわれは因果的に規定された時間系列を上に挙げた例のように3つに分類する．というのは，各々の例はその問題のそれぞれ違った側面を示しているからである．

　走っていく車の例は慣性法則を示している．その法則に即して可逆性の現象が歴史的に初めて明らかになったのである．ガリレイ以前の考え方によれば，物体が位置を変えるには原因が必要であり，そのような原因は力と呼ばれる．運動は力の作用する方向に生じるのであって，逆方向の運動が起こりうるのは，環境世界あるいは物体固有の本性のなかに何か別のものがあって，その結果ある力が逆方向に作用する場合だけである．しかし慣性法則による

と，物体はちょうど力がはたらかない場合に速度が一定の状態を保つ．同一の物体が同一の外部環境のもとで反対の方向に運動するのは，それがはじめから反対の速度を持っていたときである．ただ1つの位置座標 x という最も簡単な場合，力が作用しない運動の方程式，それゆえ次の方程式

$$\ddot{x} = 0 \tag{1}$$

は，あらゆる解 $x(t)$ に対して別の解 $x'(t) = x(-t)$ が存在するという意味で，可逆性を許す法則，簡単には「可逆法則」である．いささかぞんざいに，この方程式は時間反転を許す，と表現されることがある．実際にはもちろん解 $x'(t)$ のなかで時間が反転されているのではなく（そのことに明白な経験的意味はない），運動方向が反転されているのである．すなわち

$$\dot{x}'(t) = -\dot{x}(-t) \tag{2}$$

である．もちろんある意味ではこの「可逆的な」法則の場合でも，いましがた主張した因果性と事象の時間的順序との関連は依然として維持されている．慣性法則は「決定論的」法則であり，ある時間の対象の状態は後の時間のその状態を決定する．そのように語りうるためには2つの条件が満たされなければならない．第1に，考察される時間間隔において，対象の環境が方程式で考慮されていない影響を対象に及ぼさないことが保証されなくてはならない．実際このことこそ，まさにこの方程式が運動を支配しているということで考えられているのである．第2に，対象の「状態」は，その対象が，考慮されている偶然的特性の変化が依存する偶然的特性をすべて含むように定義されなければならない．考慮されたのはさしあたり対象の位置 x だけであった．しかし位置の変化はそれ自身つまり位置だけに依存するのではなく，速度 $\dot{x}$ にも依存する．したがって状態は位置および速度によって特徴づけられなくてはならない．するとその法則は，速度の変化が起きていないからこれで足りると述べる．それゆえ決定論の原理を満足する状態は位相である．ここで位相というのは，可能な位置と速度（または運動量）の総体が位相空間として表わされるときにその語が使われる意味においてである．対象の質量 m（これは対象が慣性運動をするときには余分なものであるが，後の例に必要である）を導入し，その運動量 p を

$$p = m\dot{x} \tag{3}$$

で定義すると，位相は2つの成分 x と p を持つベクトルであり，次の方程式の対を満足する．

$$\dot{x} = p/m$$
$$\dot{p} = 0 \tag{4}$$

この方程式は「時間反転」を許さない．すなわちベクトル

$$x'(t) = x(-t)$$
$$p'(t) = p(-t) \tag{5}$$

は方程式(4)の解ではなく，次の方程式の解である．

$$\dot{x}'(t) = -\dot{x}(-t) = -p(-t)/m = -p'(t)/m$$
$$\dot{p}' = 0 \tag{6}$$

方程式(4)の解は

$$x'(t) = x(-t), \quad p'(t) = -p(-t) \tag{7}$$

にすぎない．したがって状態が完全に，すなわち位相によって，特徴づけられる場合には，どの状態が先でどの状態が後であるのかは自然法則によって確定するという，上記の主張は依然として正しい．このことは，自動車は同じ方向に走っていくという，直観的に明らかな文に含まれている．

それにもかかわらず，慣性運動を可逆的と呼ぶことには十分な意味がある．このことが意味するのは，その運動の位相の継起ではなく位置の継起だけが逆の順序で進行することもできるであろうということである．ここでわれわれは第9章で初めてもっと詳しく扱う次のような現象に出会う．それは，位置概念が他のすべての物理概念に先だって表示されるということ，言い換えると，すべての物理的対象は，他の点でその特性がどんなものであっても，時間だけでなく空間をも共通に持つという事実である．われわれの今の概念装置はこの事実を論じるには不十分である．そこでわれわれは抽象的な述べ方にとどめ，状態パラメターは2種類に分かれるが，自然法則が1階でなく2階の微分方程式で述べられることを甘受するならば，自然法則を定式化す

るにはそのうちの1種類で足りると言う．今の場合，可逆性は方程式(1)の特性であって，そこでは x だけが従属変数として現われている． x だけを見れば自然法則は前後の状態の客観的継起を表わすのではない．物体は慣性法則に従ってあらゆる直線距離を2つの方向のいずれにも進みうるのである．しかしまさにそのゆえに，以後の発展を決定するには位置の表示だけでは足りず，位置に対して「発展傾向」として表わされうる速度も示さなければならない[*2]．そこでもっと複雑な場合でも一般に，第1種の状態パラメーターの時間的順序の反転が第2種のパラメーターの符号を反転して得られるならば，また，第2種のパラメーターの両方の符号の値がつねに第1種のパラメーターのあらゆる値のシステムと一致するならば，第2種のパラメーターを第1種のパラメーターの発展傾向の表現と解釈することができる．

　こうして今の可逆性の定義は，熱力学で通例の，形式的にはさしあたりまったく逸脱した定義に結びつくことができる．熱力学で対象の状態Pからその対象の状態Qに至る過程が可逆的と呼ばれるのは，QからPに戻る過程が存在して，しかも，PからQを経てPに戻る循環過程において，対象の状態の定義に入っていない特性あるいは環境のなかに持続的な変化が起きていなかった場合である．ここで熱力学において一般的な過程，つまり，平衡状態，したがってまったく自発的に変化しない状態の時間的継起を示す過程を考察するかぎり，さしあたり別の問題が存在する．対象の状態変化は環境の状態変化（熱の出入り，あるいは仕事）によって引き起こされる．そこで熱力学の場合，発展傾向は対象の偶然的状態のなかではなく，（たいてい任意の影響を受けうるとみなされる）環境のなかにある．もっと大きな違いは，上述の定義が，QからPへの戻り道が往きとは違う対象の状態の系列をたどる場合を許容していることである．けれども，PからQに至る過程のあらゆる部分が可逆的であるなら，その過程はちょうど逆に進むことができるのである．そこでわれわれの2つの定義は同一となりうる．すなわち，ある過程が可逆的であるのは，一定の種類の状態の特徴が存在して，その時間的継起が，ある別の量（いわゆる「発展傾向」）がどの値を取るかに応じて正逆いずれかの方向に進行し，しかもその際，対象の考慮されていない特徴の持続的変化あるいは環境の持続的変化が残存していない場合である．ところで，この定義はもちろん非常に抽象的になされているから，「対象」，「環境」，「状態」，「量」，「変化」がそれぞれどんなものと理解されるべきかを正確に

述べることにより，初めて厳密な意味を持つであろう．

可逆性の十分な数学的条件は，いくつかの実数量 q_k $(k=1, 2,\ldots f)$ が第1種の状態パラメターとして現われ，その変化が極値原理

$$\delta \int_{t_1}^{t_2} L(q_k, \dot{q}_k) \,\mathrm{d}t = 0 \tag{8}$$

に支配されるということである．極値原理はオイラー方程式

$$\frac{\partial L}{\partial q_k} - \frac{\mathrm{d}}{\mathrm{d}t}\frac{\partial L}{\partial \dot{q}_k} = 0 \tag{9}$$

を持ち，オイラー方程式は変換

$$\begin{aligned} q'_k(t) &= q_k(-t) \\ \dot{q}'_k(t) &= -\dot{q}_k(-t) \end{aligned} \tag{10}$$

に対して不変である．

こうして上に挙げた自動車以外の2つの例に目を向けることができる．屋根瓦の自由落下は外力のもとでの運動の例になる．われわれが力学から知っているのは，力学は(8)ないし(9)の形の法則を満たすので可逆的であるということである．逆転運動とは瓦が地面から上昇し，屋根の上で速度がゼロになるという運動であり，その結果，瓦は適当に支えられればそこに留まり続けることができるであろう．ここで見かけのパラドクスが現われる．それは，われわれがまさにこの逆転運動の起こらないことを，前後の状態の自然法則的順序の例として上で挙げたということである．これが起こらないことは，「可逆性」という語のさきに定義した意味での不可逆性とは明らかに別のことである．屋根瓦は可逆的に落下する．可逆運動にも見られるような，自然法則による時間系列の決定が，慣性運動の場合と同じく屋根瓦でも見いだされる．自動車が進行方向に進んでいくように，屋根瓦はいったん落下すると落下し続け，ひとたび上昇すると上昇し続ける（放物線の頂点を唯一の例外として）．それゆえ，事実上しばしば観察されるのは落下する屋根瓦であって上昇する瓦でないということは，これまで考察したのとはまったく別の，前後関係の表示である．

力学の言語を使えばその理由を容易に示すことができる．それは，ある初

期状態は他のそれよりも非常に高い頻度で現われるということである．屋根瓦がちょうどいま軒下で支えられずに空中にあることを私が知るならば，そのことから，それは落下しているのであって人間とか装置によって投げ上げられているのではないと私が推論することができるというのは，きわめて納得のいくことである．なぜならわれわれは屋根瓦が屋根の上に置かれそこに留まるようにされているのを見慣れているが，屋根瓦が下から屋根に投げられることは見慣れていないからである（ちょうど屋根葺き職人が仕事中で，瓦を下から投げ上げているときには，それを知り，そうだからこそいま挙げた例とは逆になると推論する）．日常生活でこのようによく知られた例を引き合いに出すことで満足する人は，ここにはもはや問題はないと思うであろう．しかし，なぜ日常生活では可逆的過程のうちある進行方向が優先的に生じるようになっているのかと問うことができる．人間生活の複雑なことがらを取り上げないとすれば，例えば高くそびえる断崖の上にある氷河の終端から氷片が剥がれることを考えてもよい．ここでもまた，氷片が完全に剥がれて地面にぶつかるまでの自由落下運動は可逆的である．その氷片の落下はある規則に従って起こるが，地面から上昇して再び氷河にくっつくことはそうでない．明らかにこの場合，初期条件は，それ自身は可逆的である過程によって生み出される．したがって不可逆過程の出現をも理解したときに初めて，ある種の初期条件の表示を理解することができるのである．

　こうして，食卓で冷えていくコーヒーポットという第3の例に至り着く．熱力学によればこの過程は実際に不可逆的である．ある座標について

$$\dot{T} = a\frac{\partial^2 T}{\partial x^2} \tag{11}$$

という熱伝導の方程式は時間に関して1階であるから，$\dot{T}$ の値，および特にその符号を確定する．発展傾向はここでは独立の状態変数ではなく，また他方で，熱力学の第2法則によれば，温度の均一化は対象および環境を他の点で変化させないようなどんな過程によっても逆方向にすることはできない．それゆえ不可逆過程は存在するのであり，これこそ事象の発展傾向を自然法則によって決定すること，および事象の前後を後からでも客観的に区別することを許すものである．

　ところがここで初めて，19世紀以来の伝統となっている物理学の記述方

式で不可逆性の問題と呼ばれる問題が現われる．物理学では熱力学にのみ不可逆過程が見いだされている．熱の運動学的理論が説いたところによれば，熱は原子の隠れた運動として理解される．この運動はあらゆる運動と同様に，力学の法則を満足すると仮定してよい．しかしすでに知ったように，力学運動は可逆的である．それゆえ熱過程も可逆的でなくてはならないであろう．それが不可逆であるという事実あるいは外観はどこに由来するのか．

　統計力学によれば，現象論的熱力学が不可逆的として記述する過程の逆転が実際に起こりうるのである．例えばブラウン運動のようなゆらぎ現象の記述の成功は統計力学の考え方を十分に立証する．したがってこの考え方によれば，不可逆過程のほうが圧倒的に高い頻度あるいは確率で存在する過程であり，その逆は稀な，あるいはありそうにない過程である．

　しかしなぜ，ある過程はその逆よりも高い頻度で生じるのか．統計力学の答えは，その過程に必要な原子の初期状態のほうが，その逆に必要な初期状態よりも高い頻度で生じるから，というものである．しかし，なぜある初期状態が他のそれよりも高い頻度で生じるのか．すでにわれわれは第2の例で一度この問いに出会った．そこでは，必要な初期状態を優先的に生み出す，純粋に不可逆的な過程を，詳しい議論なしに引き合いに出した．今や，不可逆過程の相対頻度をその逆過程と対比して，ある初期状態が生じる頻度に還元するならば，論理的な循環に陥るようにみえる．われわれが経験するものとは逆の順序の事象もまた原子の力学方程式の解であることはほとんど疑えないのに，なぜそのすべてが起こるとはかぎらないのか．

　確かにこの困難は過去において大いに論じられた．ボルツマンとギブズは十分にそれを意識していたし，P. エーレンフェストとT. エーレンフェストの古典的な論文はそれを扱ったものである．しかし私の知るかぎり，満足のいく答えはその当時も，それ以後の教科書にも与えられていない（教科書はどちらかというとその問題を無視している）．ボルツマンは解決の試みを提示したが，それは私見では反駁できるものであり，ギブズは的を射ているが理解し難い発言をしているだけであるし，P. およびT. エーレンフェストはこの問題を解いていないことに気づいていた．最近の試み（例えばライヘンバッハ）はたいていボルツマンの誤った解決の試みを変形して再び採用している．以下ではこの問題を連続する3つの段階で，すなわち人間による実験の問題，客観的記録の問題，および宇宙の過程の問題として論じる．

2. 不可逆過程のモデル

不可逆過程の理論はすべて次のような部分を含んでいる.
    a. 要素的過程（例えば自由運動や球状の気体分子の衝突過程）のモデル,
    b. これらの要素的過程が満たすべき基礎法則の体系（例えば質点または弾性球に関する古典力学の法則),
    c. 考察している過程を統計的に扱うための仮設,
    d. この仮設から熱力学的量およびそれに関する法則の導出, したがって特にそれらの法則を不可逆的な形に変形したものの導出.

われわれはしかし, 不可逆性という今の根本問題に関係のない込み入ったことから, とりわけ, 運動法則 b の特殊な形に結びついた問題を扱わないでおきたい. したがってできるだけ簡単なモデル a を探究する. これは, 可逆的な基礎法則 b から統計的な仮設 c を経て不可逆的な熱力学の法則 d に至る移行を説明し, 議論の見通しをよくするのにまったくふさわしいモデルである. そのためにわれわれは, P. および T. エーレンフェストによって最初に論じられた玉のゲームを選び, これを「エントロピーゲーム」と呼ぼうと思う.

2つの壺にそれぞれ N 個の玉が入っているとし, 直観的にするために $N=100$ と仮定する. ゲームの初めには, A には白玉だけ, B には黒玉だけが入っているとする. このゲームの「手」というのは, 2つの壺からそれぞれ1個の玉をでたらめにつかみ, 他方の壺に入れることである. 各々の手の後で2つの壺各々の玉をよく混ぜて, 次の手でそこから決まった1つの玉を取り出す確率が, そこに入っている N 個の玉のすべてについて等しくなるようにする. k 回目の手の後で壺 A に入っている白玉の数 n_k が問われる. n_k によって k 回目の手の後での他の数はすべて確定する. B の黒玉の数は同じく n_k であり, A の黒玉と B の白玉の数は $N-n_k$ である.

今のモデルはすでに基本的な法則 b を統計的なもの（取り出す確率は各玉について等しい）と仮定している. したがって, そもそも決定論的な基礎法則から統計的な法則を導き出すことができるのかという問題を論じるのは不適当である. この問題は今後も扱わない. なぜならわれわれは第7章で量子論, したがって統計的基礎法則を持った理論に移っていくからである. ここ

では，確率論の頻度予測の厳密な妥当性という仮定が決定論的な基礎法則に結びつけられるとするならば（エルゴード問題など），ことによると困難が現われるかもしれない，とだけ述べておく．とはいえ私は，確率的予測を第3章で解説した意味にとるならば，とりわけ，その予測が主張Bで言われているすべての予測の近似的妥当性と必然的に結びつくとされるならば，そういった困難は根拠のないことがわかるであろう，と推測したい．いずれにせよここで扱うのは決定論的な基礎法則と統計的な基礎法則の結合可能性ではなく，可逆的な基礎法則の不可逆的な熱力学との結びつきである．

さて，今のモデルの統計的な基礎法則は実際に可逆的である．状態Pが存在して，それは，個々の玉のどれがAに入っていて，どれがBに入っているかを述べることによって特徴づけられるとする（玉は，例えば白玉には$w1$から$w100$まで，黒玉には$s1$から$s100$までの番号をつけることによって個々に特定できると考えてよい）．2つの決まった玉——その番号を文字αとβで示す——を交換して，Pが他の状態Qに移行するとする．すると，βとαを交換する（例えばAからBに移る玉をつねに先に挙げ，他方の玉を後で挙げる）ことにより，QはPに移る．状態PにおいてAで玉αをつかみBで玉βをつかむ確率は$P^{PQ}_{\alpha\beta}=1/N^2$であり，状態QにおいてAで玉$\beta$をつかみBで玉$\alpha$をつかむ確率も同じく$P^{QP}_{\beta\alpha}=1/N^2$である．それゆえ

$$P^{PQ}_{\alpha\beta}=P^{QP}_{\beta\alpha} \tag{1}$$

である．これが，基礎法則は可逆的である，すなわち2過程間のどんな移行の確率もその逆過程間の移行の確率に等しい，と言うときにわれわれの言おうとしていることである．このことは，PからQがただ1回の交換によってではなく複数の中間項を通じてのみ得られるときにも成り立つ．その場合は，ある決まった数Δkの手のあいだの移行がなされる確率を別個に計算しなければならない．また，決まったKについて状態の系列$P_1P_2...P_k...P_K$のそれぞれに対し，$P'_{K-k}=P_k$である可能な系列$P'_1P'_2...P'_k...P'_K$が存在して，$P'_1(=P_K)$が定まっているときのP'の系列は，$P_1(=P'_K)$が定まっているときのPの系列と等しい発生確率を持つ．このことは方程式（4.1.2）に類似する．もちろん，決定論的な場合と違って，2つの系列P_kとP'_kがいったん上述の鏡像的関係にあったならば，1よりも小さくKよりも大きい添字になるまで進んでもこの関係を保たなければならないということは帰結しない．

鏡像性は 2 系列の消し難い性格ではないのである．

さて，統計的な仮説 c が基づいているのは，われわれが着目するのは玉が個々にどう分配されているかを述べることによって特徴づけられる状態ではなくて，決まった色の玉がいくつ壺の 1 つに入っているかということだけであり，それゆえ数 n_k だけである，ということである．そこで同じ数に属するすべての状態を 1 つのクラスにまとめる．個別的に特徴づけられる状態を「微視的状態」とも名づけ，クラスのほうを「巨視的状態」とも名づけることにする．巨視的状態 n_k に属する微視的状態の数は

$$W(n_k) = \left(\frac{N!}{(N-n_k)! n_k!} \right)^2 \tag{2}$$

である．スターリングの公式により，大きな n_k と N に対して周知の方法で W の対数についての近似式

$$H = \ln \frac{W}{(N!)^2} = -2[n_k \ln n_k + (N-n_k) \ln (N-n_k)] \tag{3}$$

を導くことができる．内容的に $-H$ は，情報理論の言葉で言うと，微視的状態について前もって何も知られていない場合に，微視的状態がクラス n_k にあると言明することによって得られる情報である．この言明そのものを n_k と呼ぶ．そうすると，n_k の情報は，n_k が既知のときに n_k が見いだされる確率を，n_k が未知のときに n_k が見いだされる確率で割ったものの対数である．前者の確率は 1 で，後者の確率は $W/(N!)^2$ である．

$$w(n_k) = \frac{W(n_k)}{(N!)^2} \tag{4}$$

もまた巨視的状態の「熱力学的確率」と呼ぶことができる．それは n_k の確定した目印であって，具体的な状況のもとで，例えば一定の予備知識があるときに，n_k がある決まった時刻に存在すると予言することができる確率とは，厳しく区別されなければならない．

こんどは巨視的状態に対する時間的発展の法則 d を調べる．k 回目の手で $n_k = n$ に達すると，n_{k+1} は 3 つの値 $n+1$, n, $n-1$ のうち 1 つだけをとることができる．A からとった決まった玉 α が B からとった決まった玉 β と

交換される確率はすべての微視的状態について等しく，これを

$$P = \frac{1}{N^2} \tag{5}$$

と名づけることにすると，これによって上の3つの確率が計算され，

$$\begin{aligned} w_+ &= w(n_{k+1} = n+1) = \frac{(N-n_k)^2}{N^2} \\ w_c &= w(n_{k+1} = n) = \frac{2n_k(N-n_k)}{N^2} \\ w_- &= w(n_{k+1} = n-1) = \frac{n_k^2}{N^2} \end{aligned} \tag{6}$$

となる．

したがって

$$\frac{w_+}{w_-} = \frac{(N-n_k)^2}{n_k^2} \tag{7}$$

である．

そこで，$n < N/2$ のとき，w_+ は w_- よりも大きく，$n > N/2$ のとき，w_+ は w_- よりも小さい．すなわち，n の値が1歩ずつ $N/2$ に近づくことが確からしいのである．H と $w(n)$ は $n = N/2$ のとき最大値をとるのだから，このことは次のようにも言い表わすことができる．すなわち，エントロピー（熱力学的確率）はその可能な最大値に達しないかぎり，手を重ねるにつれて確率的に増大する，と．これが今の場合に合わせて解釈されたボルツマンの H 定理である．それは巨視的状態の発展法則の不可逆性を示している．

この結果は，置いた前提から証明できるものであるが，パラドクスにみえるにちがいない．基礎法則は可逆的であり，微視的状態をクラスにまとめても時間系列は現われないのに，このクラスについて不可逆的な発展法則が結果するのである．どこから不可逆性が証明過程に密輸入されたのか．

まず，クラスを形成しても発展方向は事実上現われないことを，P. および T. エーレンフェストとともに示すことができる．この目的のために，任意の，それどころか偶然にさえ選び出された微視的状態から出発する多数の状態系列を考える．ほぼすべての微視的状態は $N/2$ からほとんど逸脱しない n を持ったクラスに属するのだから，出発するのはたいてい「平衡の値」

$N/2$ に近い n からであろう．それゆえ一般にエントロピーはまったく増大せず，小さなゆらぎをともないながら一定値にとどまるのである．それは最大値から逸脱する値をとるときにかぎり増大することができる．一般にエントロピーがこの値をとるのは，それが以前に平衡の値から出てこの最大でない値をとるように減少していたときだけであろう．定量的には，この関係は上に挙げた公式から容易に導くことができる．系列の任意に選び出した状態が数 n に属する確率は

$$w(n) = \left(\frac{1}{(N-n)!n!}\right)^2 \tag{8}$$

である．

述べ方を簡単にするために $n < N/2$ と仮定する．$n > N/2$ についても適当な変更を加えれば同じ結果が出るであろう．この状態は──$n_k = n$ であるような，じかに接して次々と生じる状態の1系列を，比較的長く持続する1つの状態ととるならば──次の4つの仕方で現われることができる．

- α. 前後とも $n_k = n - 1$（n の最大値）．
- β. 前では $n_k = n - 1$ で，後では $n_k = n + 1$（上昇）．
- γ. 前では $n_k = n + 1$ で，後では $n_k = n - 1$（下降）．
- δ. 前後とも $n_k = n + 1$（n の最小値）．

後に $n_k = n + 1$ となる確率は (6) によって（w_0 の廃棄のゆえに規格化が変化している）

$$w'_+ = \frac{(N-n)^2}{N^2 - 2n(N-n)} \tag{9}$$

となる．前に $n_k = n + 1$ である確率は，平均して下降とちょうど同じ上昇が生じているゆえに，w'_+ に等しい．前ないし後に $n_k = n - 1$ となる確率は，

$$w'_- = \frac{n^2}{N^2 - 2n(N-n)} \tag{10}$$

である．ここから，列挙した4つのケースの確率は積になることがわかり，分母を N' と略記すると，次のようになる．

$$w_\alpha = w'_- w'_- = \frac{n^4}{N'^2} \qquad w_\delta = w'_+ w'_+ = \frac{(N-n)^4}{N'^2}$$

$$w_\beta = w_\gamma = w'_- w'_+ = \frac{n^2(N-n)^2}{N'^2} \tag{11}$$

さて，仮定により $n < N/2$ であるから，

$$N - n > n \tag{12}$$

であり，したがって

$$w_\delta > w_\beta \tag{13}$$

となる．その上，

$$\frac{w_\delta}{w_\beta + w_\gamma} = \frac{(N-n)^2}{2n^2} \tag{14}$$

は > 1 であり，また

$$n < \frac{N}{1 + \sqrt{2}} \tag{15}$$

である．

言葉で言えば，$n < N/2$ である状態は最大の相対頻度で n が最小になり，したがってゆらぎが極大となる状態である．そこで，われわれの H 定理証明の基礎である，(6)で w_+ が w_- を上回るということは端的に，$w_\delta > w_\alpha$ だから $w_\beta + w_\delta > w_\gamma + w_\alpha$ であるということからの帰結，すなわち，$n < N/2$ である状態は n の最大値よりも大きな頻度で最小値を示すということからの帰結である．すなわち，n_k はそのような状態の後ではたいてい n よりも大きいということは真であるが，n_k がその状態の前でも同様にたいてい n より大きかったということもまた真である．

そこで H 定理は時間の方向における出来事の非対称性を証明するものではまったくなく，反対に，これまでに置いた諸前提のもとでは，完全な対称性を証明するのである．不可逆性という誤った外観が生じたのは，われわれが，通常は自発的に行なわれているように，n_k から n_{k+1} への移行の確率と

いう概念を，現在から未来へのステップに適用して，現在から過去へのステップには適用してこなかったからにすぎない．H 定理から不可逆性が出てくるのは，(6)の確率を用い̇て̇未̇来̇への推論は許されるが過̇去̇への推論は禁̇じ̇ら̇れ̇る̇，という場合のみである．まさにこのことを示唆するのがギブズの一文「ところがわれわれが確率の概念を，未来に適用する場合に比べるとはるかに稀であるが，過去に適用する場合がある」であり，P. および T. エーレンフェストはこれを引用しつつ，その言うところを理解しようとしたがうまくいかなかったと述べている．本書の基本思想は，まさにこの一文を理解できるものにしようという試みから発展したのである．

まず未来への適用を考察する．第3章では初めから確率概念を，未来についての命題に関するものとして展開した．この適用はわれわれのモデルでは何の障害にもならない．私がいま壺のなかに n 個の白玉を見いだすならば，以後のゲームの経過を確率的に予測できるだけである．自然法則によるこの確率の計算は，いま述べた仮定と計算のみに基づくことができる．したがって私は n が増大することは確からしいと予言する．その気になって実際に試行をする人は，壺の球をつねによく混ぜることができるならば，十分に多数の試行をすると，この節の頻度予測が実際に確実に確認されることを知るであろう．

今度は過去への適用である．第2章第3節によれば完了命題は事実を表わす．事実について重要なのは，われわれがそれを知っているか，それとも知らないのかということだけである．この2つの場合を分けて扱おう．

われわれがこれまでのゲームの経過に関する事実を正確に知っているならば，すなわちゲームの開始から今までの n_k をすべて知っているならば，確率を用いて事実を推論する根拠は実際，微塵もない．今の理論的分析で考察するのは，典型的で極端な2つのケースだけである．すなわち，

ケース 1 は過去の n_k に「平衡の値」$N/2$ がすでに一度現われている場合である（この場合が起こりうるのは，上で置いた特殊な仮定に反して $n_1 = N/2$ で始まっていたからか，ゲームの持続時間がすでに一度，平衡の値が得られる長さに達していたからである）．この場合 n_k はその値 $N/2$ から今の値 $n < N/2$ にまで，ときどきそのあいだをゆらぎながら減̇少̇し̇て̇い̇た̇ことが知られる．したがってエントロピーはこの進行部分では平均して減少していたことが知̇ら̇れ̇る̇．実際，これは統計的な理論に従えばときおり起こりうるのであり，わ

われわれはまさにこの場合にそれが実際に起こったことを知るのである．それゆえわれわれは過去に関し，現在に関するよりも高いエントロピーを正しく「遡知する（epignostizieren）」（「予知する（prognostizieren）」に対する鏡像的な造語）のである．われわれが知るのはすべての n_k ではなく，一度 $n_k = N/2$ であったということだけであるなら，確率の式(6)を用いて正しく遡知するのである．

ケース2はゲームが $n_1 = 0$ から始まり，まだ $N/2$ の手にまで達していない場合である．この場合，ゲームにはまだ $N/2$ にまで増大する機会がなかったから，いま $n < N/2$ である．われわれはいま過去について，現在についてよりも低いエントロピーを正しく遡知する．われわれが $n_1 = 0$ と今の $n_k = n$ のあいだにある n_k の値を知らないなら，今度は相対的な未来に適用される，それらの値のうち最初の値を，$n_1 = 0$ と(6)から「遡–予知する（epi-prognostizieren）」（後からそのときの未来として予言する）であろう．今の状況に適合させる際には，$n_1 = 0$ の知識と n_k（今）$= n$ の知識を用い，さらに複雑な確率の式が必要である．

これらの例から次のことが見て取れる．すなわち，われわれが過去の事実について実際に知識を持っている場合，当該の事実に関するこの知識こそ，完全に確率命題に取って代わるとともに，知られてはいないが知られた事実に因果的または統計的に結びついた事実にも，確率的な推論をどのように適用すべきかを決定する，ということである．したがって確かにわれわれは，H 定理で用いられている確率から過去を推論する普遍的な権利を，未来に関するようには持っていないのである．

しかしこれでもまだ十分ではない．事実，熱力学の第2法則は・経・験・的・に見いだされたのである．すなわち，今日われわれは，人間による信頼できる確認が行なわれた過去のあらゆる場合に，孤立系のエントロピーは時間的な統計的平均をとると増大していたか，せいぜい一定であったことを・知・っ・て・い・る．したがって H 定理で用いられている確率からの遡知は（ゆらぎの現象に至るまで）つねに偽であり，この同じ確率からの遡–予知はつねに正しいのである．十分に注意して前進するためにわれわれはこの知識をもまた2つのケースに分けて考察する．すなわち，第1に今日，事実上，記憶か記録によってよく知られているケース，第2に，実際の経過がこのようにわれわれに記録されておらず，推論されるだけのケースである．

よく知られているケースが教えるのは，過去において（例えばブラウン運動のような「確からしい」ゆらぎの観測を例外として）実際には決してゆらぎではなくつねにエントロピーの増大が観測されたこと，すなわちわれわれによく知られている過去は実際上はつねに上のケース2のタイプであってケース1のタイプではないということである．実際に観測された事象の経過は熱力学的平衡にない初期状態から始まるのが常であった．これは人間自身が行なってきた実験については意外なことではない．実験では平衡から逸脱する初期状態を作り出し（例えば壺のなかに同じ色の玉が100個入っているといった），それから何が起こるのかを見るのが常である．実際，およそ一般に，このようにすることによってのみわれわれの関心を引くことが生じるであろう．しかし，われわれ自身が準備しないのに観測されたケースもまたこの種のものである．このことは単に，このようなケースだけがわれわれの関心を引くのだからというような，われわれの選択の結果であるだけではない．物理的に判定できるケースにおいて自然は決してエントロピーの減少を呈示せず，エントロピーの増大を結果として伴う，ありそうもない初期状態を絶えず呈示する．われわれはしばしばエントロピーが一定のケース（例えば作られた温度平衡）だけを興味のないものとして観測から除外するのである．

　さてここから，実際に観測されなかったケースへの移行が自然に生じる．われわれは経験的に見いだされた他のあらゆる自然法則の場合と同じく熱力学の第2法則をもまた，観測されなかったきわめて多くの過去の過程に無意識に適用している．観測されなかった温度差も，それを生み出した原因がもはや作用しなくなった等々の後では，時間とともになくなる．第2法則はまさに過去の事象を時間系列に配列する手段そのものである．それはわれわれの観測方法の結果であるだけではなく，経験から結論を引き出してみるということが一般に許されるかぎり，すべての自然の事象の客観的法則である．

　これよりも単純な，またはより明白な前提から，第2法則のこの普遍妥当性を理解可能なものとすることができるだろうか．まさにこれができるなら，第2法則は統計力学から基礎づけられることになる．しかしこれまでにわかったのは，統計力学は今はまだ未来であるすべての事象に関して第2法則を基礎づけうるということだけである．今では過去である事象については，過去の事実性は，過去においてエントロピーは平均して絶えず減少するというH定理からの経験的に偽なる帰結を，理論的にも根拠のないものとして確

認するに足るだけである．しかし，時間の完全な構造，すなわち，あらゆる過去の事実はかつてあるときには現在であったということを，十分に用いるならば，完全な第2法則が得られるのである．確率論の法則に従う未来への推論がそのときに正当であったのなら，そのときに未来であった事象について，エントロピーの平均的な増大を予言することは，そのときには正当であった．このエントロピーの増大がその後，平均しても生じなかったとするならば，確率論の未来への適用が正当化されないことが経験的に証明されることになったであろう．すなわち，そのつどの未来についてなされる確率的予言が，今では過去となった時間において経験的に確証されたということが同時に，実際には観測されなかった事象に対して経験的な結果を普遍化することが絶えず行なわれているという意味で，まさにその時間における第2法則の普遍妥当性を基礎づけるのである．

　これを要約して，第2章で述べた時間の構造は，第2法則を基礎づけるのに必要かつ十分である，としてよい．もちろん，必要かつ十分であるというのは，それ以外に，例えば対象の概念やおそらくまた基礎法則の可逆性のような，ここで用いられるがまだ十分に分析されていない物理学の周知の前提が成り立つかぎりでのことである．そこでわれわれの主張はさらに考察を進めることによって厳密化されるであろう．いずれにせよ，いま「必要」とは，事実的な過去と可能的な未来との区別を顧慮せずに時間パラメターをただ適用するだけでは，エントロピーは過去において減少したという偽なる結論が生じるということである．そして「十分」とは，過去を過去となった未来として記述するだけで，エントロピーが過去においても増大したと推論するのに十分だということである．

　この結論はしかし，整合性の考察によって補われなければならない．示さなければならないのは，第2法則が普遍的な自然法則として成り立つならば，時間はわれわれが述べた構造を実際に持つことができるということである．これが自明の理でないということを記録の概念の例を挙げて以下で説明する．この整合性の考察はこれまで述べたことがらの説明にも寄与するであろう．まさに物理学者たちがしばしば，ここで述べた時間の構造を「単に主観的な」ものとみなしがちである．こうして彼らはしばしば「時間の方向の表示」の「客観的根拠」を求めるに至る．そのように客観的な根拠と言われる現象は本質的に，次の2つの節でわれわれがみずからの考察の整合性の条件

として挙げる現象に他ならない．そこでそのような現象を検討したときに初めてわれわれはこの「客観的条件」の可能性と希求可能性について語ることができるのである．

3. 記　　録

　前節の終わりで挙げた整合性の問題は次のような形で立てられる．すなわち，第2法則は時間の構造から導き出すことができる．この構造はとりわけ，未来の可能性と対立する過去の事実性を含んでいる．個々のあらゆる場合にわれわれが過去の事実を確信することができるのは，このような事実の現在の記録が存在するからに他ならない．しかし未来の出来事の現在の記録は存在しない．時間様態に関する記録概念のこの非対称性がないとすれば，「事実的」と「可能的」という概念による2つの現在的でない様態の区別に関するわれわれの記述は，あらゆる実証可能性を失うであろう．その非対称性がなければ，第2章でわれわれの出発点となった「経験」の概念は意味を持ちえないであろう．さて，過去についての記録は客体的に存在するが未来についての記録はそうでないということは物理学的事実であり，その1つの根拠は物理学の法則に求められる，と思われる．この根拠がまさに第2法則に求められるというのは自然なことであるとともに，後で示すつもりであるが，適当な解釈をすれば正しいのである．そうするとわれわれの議論は，時間構造によって第2法則を基礎づけ，第2法則によって時間構造を基礎づけるという循環に陥るように見える．われわれはこれが誤った循環ではなく，われわれの仮定の整合性の確証に他ならないことを立証しようとする．論理学から，2つの命題AとBが論理的に同値であるならば，AからBを導くこともBからAを導くこともできるという，明らかにあまりにも単純な例を引いてもよいだろう．この確証は悪循環ではない．悪循環となるのは，Aが主張されているとき，そこからBを導出し，BからまたAを導出して，よってAの真なることが証明されたと主張する場合だけであろう．ここで証明されるのは，AとBは同時にのみ真または偽でありうるということだけである．今の場合，時間構造と第2法則はもちろん論理的に同値ではない．われわれは時間構造を論理的に厳密な命題で定式化していないということからしてすでに，そのような同値を主張することはできないであろう．事実，時

間構造そのものが論理学の前提条件であるというわれわれの推測が正しいとすれば，この定式化は非常に難しいであろう．実際われわれが理解可能な形にしたいのは，時間構造が第2法則からは導き出しえないということであって，われわれの時間構造の記述の仕方では，第2法則は時間構造の必要条件であるが十分条件ではないのである．

　これから，いま素描した基本思想を1歩1歩辿っていこう．

　まず，過去についての記録は存在するが未来についての記録は存在しないというのは真なのか．あるいはむしろ，そのような文によってわれわれは何を言おうとしているのか．18世紀には因果的推論の例としてときおり次のような例が挙げられることがあった．1人の旅行者が南海の無人島にやってきて，渚の砂にピタゴラスの定理の図形が描かれているのを発見する．彼はこの島に最近，遡ってもせいぜい1カ月前に，人間（それもたぶんヨーロッパ人）がいたと推論するに違いない．さて私は，彼はこの図形から，同じほど近い未来に人間（それもヨーロッパ人）がこの島に来るというようなたぐいのことを推論することができるのかと問う．答えは明らかに，否である．原因と結果は交換可能ではない．幾何学に通じた人間の存在は砂に描かれた図形の原因でありうるが，砂に描かれた図形は幾何学に通じた人間の存在の原因ではない．

　生じうる異論についてここで論じるのが有益である．砂に描かれた図形が，幾何学に通じた人間の存在の原因となることもあるかもしれない．例えば，その図形を発見した調査旅行者が，図形を描いた人々が再びやってくると推測して，彼らに出会うために計画より長く島に滞在するかもしれない．そうであっても，砂に描かれた図形は人間の過去の存在の記録であるが未来の存在の記録ではないと言われるであろう．記録というものでわれわれが理解するのは，そこに記録されていることがらの結果のみである．この表示の非対称性は構造の相違に関連している．

　この相違はすでに過去と未来に関してなされる推論の信頼性のなかに見て取れる．砂に描かれた図形が調査旅行者の滞在延長の誘因であり，彼の最初の上陸がその（実際，そのとき彼にはまだ知られていなかった）図形を原因とせずに行なわれたものであってみれば，この因果的関連が非常にゆるいことがわかるであろう．島にこの図形があることを知る者は，後にそこに人間が来ることを，ただ非常に低い確率で予測するであろう．しかし逆に彼は，確

実性に近い確率で，近い過去にそこに人間がいたと推論し，それは「ここに人間がいなかったとすれば悪魔の仕業であろう」といった形をとる．ここで悪魔というものが表わしているのは明らかに，われわれに周知の自然法則が，目の届かない仕方で破られたり補われたりするかもしれないという可能性にすぎない．理論の帰結（ありうる欠陥ではなく）を検査するときに絶えず行なわれているように，誤った推論の，つねに許されるべきこの可能性を議論から排除するならば*3，記録というものはしばしば過去の事実についての確実性をわれわれに与えるのに適している，と言うことができる．

　この記録からの確実性はまず，可逆的な自然法則がわれわれに与える確実性とは厳しく区別されなければならない．後者の確実性は過去に対しても未来に対してもまったく同種の推論を許すものである．今日の天体の位置と速度から，2500年前（タレスの時代）に起きたに違いない日食を，2500年経って起きるはずの日食と同じ正確さでもって計算することができる．いずれの場合も推論の信頼性は次の3つにかかっている．

　すなわち，1. われわれが今日のデータを知る正確さ，2. われわれの仮定している自然法則が成り立つ正確さ，3. 日食に関与する天体系を閉じた系として扱える正確さ，つまり，計算で考慮されない外的な擾乱を無視できる正確さである．条件1と2が完全に満たされると仮定しても，3からの不確実性がつねに残るのである．ある暗い天体が2500年後に太陽系の軌道を横切り，その重力によって月を弧度にして数分その軌道からそれさせるかもしれず，その場合，日食は計算された時刻に起きないだろう．そのようなことが起こるかどうかを今日われわれは知ることができない．同じことが2500年前に起きたかどうかも，われわれは今日の天文学的データからは知らない．しかしタレスが紀元前585年の日食を予言したという歴史家の報告があるとともに，この日食が計算と一致しもするならば，われわれは即座にかなり確実に，紀元前585年以来，問題の大きさの月の軌道の摂動が起きなかったことを知る．記録はそれほど大きな確実性をわれわれに与えるのである．

　さらに，記録からの確実性と自然法則からの確実性の相違は可逆的な自然法則にかぎられない．私が例えば熱伝導の法則のような不可逆的な自然法則を閉じた系に適用するならば，私は近い過去への推論と近い未来への推論とに対して，少なくとも比肩できる信頼性を持っている．コーヒーポットが擾乱されずに食卓の上に置かれていたあいだは冷えていたに違いないし，擾乱

第4章　不可逆性とエントロピー

されることなくさらにそこにあるならばさらに冷えるであろう．ただ，ここで過程の他ならぬ不可逆的な性格のために，有意味な遡知と予知は時間的な範囲を持っている．コーヒーの温度が室温であれば，以後の擾乱がなければ新たなことはもはや起きないだろう．その場合，詳しい予知は以前には無視された環境の影響にのみ依存する．他方，コーヒーが擾乱されずにそこにあったという仮定は無制限に過去に外挿することはできない．なぜならば，擾乱されないコーヒーはあらゆる時刻でそれ以後の時刻よりも熱かったはずであり，コーヒーがその前に沸点を越えていた時間点，したがって，すでにそのときにもまたそれ以後にもつねに擾乱されずにあったとすれば液体のコーヒーでなかったはずの時間点を挙げることができるからである．すなわち，そこにあるコーヒーポットはまさに過程の不可逆性のゆえに，再び記録であることがわかるのであり，そこから確実に，早くともある挙げられた時刻以前に（例えば15分前に）初めてそのポットが熱いコーヒーを入れてこの場所に置かれた（あるいは場合によっては，熱を遮断する覆いを取られた）と推論できるのである．

　最後に，ある物または過程が記録であるためには，それが人間によって作られたものである必要はないということを述べておきたい．シュヴァーベン高地のイクチオサウルスの骨はここで（今日見積りうるところでは約1億年前に）イクチオサウルスが生きていたことの記録であるが，確かに，同じような年数の後にここでイクチオサウルスが生きていることの記録ではない．ウラン鉱石の鉛含有量はこの鉱石が例えば$2\cdot 10^9$年のあいだ化学的に分解されずに地中に埋まっていたことの記録であるが，確かに，それが今後同じ年数のあいだそこに埋まっていることの記録ではない．アンドロメダ星雲の1つの新しい星の光は$2\cdot 10^6$年前にそこで1つの星が光を放ったことを記録として示すが，もちろん，今後$2\cdot 10^6$年経ってその星がそこで光を放つことを記録として示しはしない．そこで記録という現象で重要なのは，それが物理学的に客観的に示しうる1つの事態だということであって，その事態は人間の記憶という事実から完全に独立に成り立つものである．記憶の事実については後で初めて検討したい（112ページを参照）．

　こうしてわれわれは，過去についての記録は存在するが未来についての記録は存在しないという事実の基礎にはどんな物理学的法則があるのかという第2の問いに到達する．われわれが直ちに推測するのは，可逆的な法則はそ

のような相違を生み出すことができないということであろう．するとわれわれはそれを果たすのは第2法則であろうと推測する．しかしわれわれはもっとゆっくり進んで，まずこの現象そのものをいくぶん抽象的な言葉で分析しようと思う．

これまでに得られた結果として，例えば南海の島に描かれたピタゴラスの図形のような記録は過去について多くの情報を提供するが未来についてはほとんど情報を提供しない，と言うことができる．したがって記録の概念は情報の概念と結びつきうるのである．言語的には情報の概念を次のようにして導入することができる．すなわち，ある命題（事象）A のなかに存する情報とは，A が知られている場合にある種の命題B, C,...を述べうる確率の，A が知られていない場合と比較した増大であり，その増大は適当な方法で測定可能なものである．命題B だけを考え，慣例になっている情報の単位として，2つの確率の比の，2を底とする対数を導入するならば，B に関するA の情報は

$$H_A(B) = \log_2 \frac{w_A(B)}{w(B)} \tag{1}$$

となるであろう．ここで$w(B)$は前もって成り立っているB の確率であり，$w_A(B)$は前提A のもとでのB の条件付き確率である．$w(B)$を条件付き確率 $w_{A \cup \bar{A}}(B)$ と書くこともできるだろう．A の全情報内容を挙げようとするならば，可能な命題B のすべてについて和をとり，

$$H_A = \sum_B H_A(B) \tag{2}$$

としなければならない．A と独立なすべてのB について$w_A(B) = w(B)$であるから，対数はゼロであり，したがってそのようなB は和のなかで何の役割も果たさない．とはいえ，われわれの関心を引くのはまさに相対的な情報 $H_A(B)$，すなわち，過去の事象B または未来の事象C に関して記録A によって推論できることがらである．これまでに見いだした結果は

$$H_A(B) \gg H_A(C) \quad \begin{array}{l}(A \text{ は現在}) \\ (B \text{ は過去}) \\ (C \text{ は未来})\end{array} \tag{3}$$

である．今この結果を第2法則と比較できるようにするために，B, A, お

よび C は，考察している全時間間隔にわたって環境から孤立している対象の形式的に可能な巨視的状態であると仮定してみる．そうすると，無条件の確率 $w(B)$ と $w(C)$ に対して，そしてまったく同様に $w(A)$ に対しても，これらがそれ以上何の情報も持たない確率であると考えられるからこそ，式 (4.2.4) に従う熱力学的確率が適用されるであろう．そこでわれわれは未来の事象とまったく同様に過去と現在の事象にも確率を与えるのである．ここで考えられているのは 3.1 で説明した意味の確率である．それは，さらに探究をする際に，当該の事象が事実として生じたことを認識する確率である．

まず

$$w(A) < 1 \tag{4}$$

であり，しかも，A が適切な記録であるはずだとすれば，$w(A)$ は 1 より非常に小さくなければならないことがわかる．すなわち，$w(A)=1$ であるとすれば，条件付き確率 $W_A(B)$ と $W_A(C)$ は無条件的確率に等しくなってしまう．前もって確実な事象の発生はわれわれの認識を増さないのである．ところで，前提 (4) のもとで条件付き確率をどのように計算すべきかが問題である．A と B，または A と C の個別的な因果的連関が知られているならば，そこから帰結を引き出すことができる．その場合そういった帰結は，自然法則がふつうに含意することがらであって，そういったことがらは過去の事象については，事例を平均すると，未来の事象についてとまったく同じだけしか教えないであろう．それらはわれわれの理論の対象ではない．実際われわれは記録からの推論を，まさにそのような（特殊的な）自然法則からの推論から区別しているのである．したがってわれわれは A，B，C のあいだの個別的な自然法則的連関は知られていないと仮定する．しかしわれわれがちょうどいま扱っている 1 つの普遍的な自然法則，つまり第 2 法則は知られていると仮定する．この法則が述べているのは，状態の熱力学的確率は，平衡に達していないかぎり，絶えず増大するということである．われわれの関心を引くケースについては，ゆらぎの現象は無視することができる．したがって状態の熱力学的確率は B から A をへて C に至るまで絶えず増大し，平衡のケースは (4) のため A 以後に初めて生じうる，と言ってよい．したがって A が知られているとき B は

$$w(B) < w(A) \tag{5}$$

である状態の1つでなければならない．個別的な因果的知識なしに推論できるのは，B が条件(5)を満たす諸状態の1つであるということだけである．しかしこれらの状態は形式的に可能なすべての状態の一部分にすぎないし，形式的に可能なすべての状態にわたる熱力学的確率の和は1に等しいから，今まだ許される B に対して確実に

$$\sum_B w(B) \ll 1 \tag{6}$$

であり，しかも左辺は一般に1に比べて非常に小さい．反対に，許されるすべての B に対して，これらの確率に A という条件のついた確率の和は当然1でなければならない．実際，B の1つが生じていなければならないのである．つまり

$$\sum_B w_A(B) = 1 \tag{7}$$

である．

したがってまた

$$\sum_B H_A(B) > 1 \tag{8}$$

であろう．A は B に関する多くの情報を含むのである．未来の事象 C については，

$$w(A) < w(C) \tag{9}$$

から帰結するのは，はるかに弱い条件である．なぜなら大数の法則によって分配のばらつきがごくわずかであろうからである．すなわち

$$1 - \sum_C w(C) \ll 1 \tag{10}$$

であろう．したがって

$$\sum_C H_A(C) \approx 0 \tag{11}$$

である．言い換えると，状態 A が平衡から著しく離れているならば，ほとんどすべての形式的に可能な微視的状態は，A よりも平衡に近い巨視的状態

のなかにある．それゆえ B は A よりも平衡から遠いという命題は非常に情報内容が多く，C は A よりも平衡に近いという命題はほとんど何も語っていないのである．

　こうしてわれわれは第2法則から，記録からは過去にしか推論できないということを導き出した．もちろんわれわれは孤立系およびあらゆる個別的因果的知識の欠如という，一般には満たされていない限定条件を設定した．しかしこれらの条件から逸脱すると，時間様態は平均すれば特定されないのである．系に対する外的影響は記録から行なう過去への推論をより不確実なものとしうるし，個別的な因果的連関の知識はそういった推論をより正確なものとしうる．しかしそのことは，すべてのケースを平均してわれわれが得た結果の正しさに抵触しないであろう．さらに正確なことが言えるのは，どんな種類の外的影響と因果の連鎖があるのかが示される場合だけである．次のことを指摘するだけで十分であろう．すなわち，先ほど論じた例のすべてにおいて，ある種の無擾乱が保証され，ある種の因果的知識が存在していたこと，しかし過去への推論は，示しうる不可逆過程に基づくことである．砂に描かれた図形，食卓に置かれたコーヒーポット，骨の化石，鉛を含有するウラン鉱石はことごとく相対的に不変な対象であって，不可逆過程のみによって生まれえたものである．反例として対比されるのは，例えばゴム膜や海水のような弾性的な表面にピタゴラスの図形を描く試みである．アンドロメダ星雲から放射される新星の光は固定化した対象ではなくて，エントロピーがまだ絶えず増大する過程である．逆転すれば，星の中心に入っていく集中的な球面波となろうが，「そんなことは起こらない」のである．

　人間の思考には，物理学の法則を満たす物質的な構造が対応すると信じられるのであれば，こんどは，われわれは過去についての記憶能力を持っているが未来については記憶能力を持っていないという事実もまた，難なくわれわれの考察に組み入れられる．サイバネティクスの意味でのメモリは記録の貯蔵庫であり，記録が物質的なものでなければならないとすれば，それは過去に関する情報を含まなければならないが未来に関する情報を含んでいてはならない．その場合，物理学のすべての法則が物質的なものであるとか，それらが思考に対置または帰属せしめられる構造に妥当するといった前提は決して必要ではない．第2法則の導出に十分な前提だけを置けばよいのである．そのために必要なことは，通時的な別の諸法則が思考一般に成り立っていて，

それらが形式的に可能な状態を，微視的状態と巨視的状態の区別に従って有意味にクラス分けすることを許す，ということだけである．

要請された整合性の証明はこれで完成した．時間構造の帰結が第2法則であり，第2法則の帰結が記録の存在による過去の特定である．しかし第2法則は，そこにパラメターとしての時間だけが導入されるならば，完全な時間構造を帰結するのではないということが容易にみてとれるであろう．第2法則からは，1つの時間点をそのつど現在として特定することはまったく帰結しないし，過去の既存在や未来の未存在も帰結しない．まったく同様にその法則は事実性と可能性の何らかの区別を含んでいない．熱力学的確率はパラメターとしての時間において，もっぱらある種のクラスに属する微視的状態の力能を測る1つの単位にすぎないのである．第3章で論じた確率の意味は，時間構造の先行了解があって初めて理論のなかに持ち込まれる．それは数学的なフォーマリズムにではなく意味論に属するのである．

4. 宇宙論と相対性理論

われわれが頂点に据える時間構造を「単に主観的な」ものとみなす（「単に」と「主観的な」という語がどんな意味であるにせよ）物理学者たちは一般に，ここで行なった分析に対して，2つの逃げ道あるいは異論を考えている．彼らは一方で，出来事の不可逆性を宇宙論的仮定に還元することが可能だとみなし，他方で，相対性理論は空間と時間の区別を廃棄したので，ここで提出したような理論を根拠のないものとしたと考える．われわれは一方で，この逃げ道は成り立たず，この異論は偽である，ということを示さなければならず，他方で，時間構造と結びついた，宇宙論と時空連続体に関する語り方について，少なくともその基本的な特質を示さなければならない．

われわれは不可逆性を宇宙論的に基礎づけようとする2つの試みを考察する．第1の試みはボルツマンに由来し，第2のそれは今日の物理学者のあいだに流布しているものである．第1の試みを「ゆらぎ仮説」，第2のそれを「始まり仮説」と名づけることができる．私は他に見いだせるそのような基礎づけの試みはことごとく，これら2つの仮説に対して提出しなければならない議論を適当に結合して検討できるものであると仮定したい．

ボルツマンが『気体論講義』の最終章で導入したゆらぎ仮説の述べると

ろによれば，宇宙は時間空間的に無限であり，十分に大きな空間と時間を平均すると宇宙はいたるところでつねに熱力学的に平衡している．ゆらぎは平衡に属し，ときおり非常に大きなゆらぎが生じる．何十億光年の距離と永劫とによって互いに切り離されながら，1つの宇宙全体の出現と言わねばならないほど時間空間的に広がったゆらぎがあちこちでときどき生じる．われわれが生きている宇宙はそのようなゆらぎの1つである．そんなに途方もないゆらぎは極度に確からしくないとはいえ，空間と時間の無限の範囲内では実際上，確実に一度（厳密に考えれば無限の頻度でさえ）生じるのである．われわれがまさにそのゆらぎのなかに生きているというのは決してありえぬことではない．なぜならこの場合，1人の人間がもし生きているならば彼がそのような宇宙の1つに生きている，ということの条件付き確率が問われるからである．そのような宇宙だけが彼に生存できる条件を与えるから，この条件付き確率は大きい．次のような異論がなお出るかもしれない．すなわち，それでもまだ第2法則は実際には説明されないのであって，なぜかと言えば，エントロピーの増大が疑いなく極値（エントロピーの最小値）を持ち，そこからエントロピーはどちらの時間方向にも増大するからであり，したがってわれわれがエントロピーの減少する段階に生きている確率はそれが増大する段階に生きている確率と，少なくともちょうど等しく，こうしてふつうなされている H 定理適用が正しいのはせいぜい1つの偶然にすぎない，と．これに対してゆらぎ仮説の支持者は，客観的に特定される時間方向は存在せず，むしろ人間は2つの分岐のいずれにおいても時間を「エントロピーが増大する方向に測る」（ボルツマンの言葉）であろうと反論する．

　それに対して始まり仮説は，宇宙はほぼいつであったのかが言える時間に始まりを持った1回かぎりの過程であるという，今日の天文学により近い見解に適合する．この仮説により，人間についての実験に関する前の段落の考察を宇宙全体に移すことが許される．人間についての実験は対象の特別に選ばれた状態から始まるのが常であり，その状態は一般に，まさに特別に選ばれているがゆえに，平衡のエントロピーよりも小さなエントロピーを含意するような特徴を持っている．そうすると，上で論じたように，この始まりの状態の後では平衡のエントロピーが増大することは明らかである．まったく同様に，宇宙を時間における始まりを持った一回かぎりの過程として描くあらゆる宇宙モデルは，始まりの状態に関するいくつかの決まった特徴の表示

を含んでいる．これらの特徴は，決まった特徴（例えば純粋な水素の一様な分布など）であるということによってすでに，平衡から逸脱するエントロピーの値を必然的に伴う．そこからすでに帰結するのは，宇宙のエントロピー（あるいはこの概念を避けようと思うならば，宇宙の十分に隔離された有限な各部分のエントロピー）は始まりの状態から平衡に達するまで増大するだろうということである．さてボルツマンのようにさらに推論を進め，人間は宇宙のなかで時間を「エントロピーが増大する方向に測る」だろう，とすることができる．そうすると，論点先取の誤りを犯しているとの非難，つまり，宇宙の時間的な始まりに単純な状態を勝手に設けてしまい，単純な状態は宇宙の終わりにあって，見たところエントロピーの増大が時間の方向と反対方向に進むであろうという，まったく同様に可能な仮定を選んでいないとの非難も避けられるのである．時間の方向をエントロピーが増大する方向と定義すると，こんどは，選ばれた宇宙モデルを，例えば時間的な周期性や鏡像的な対称性を有するさらに大きな思弁的モデルに組み込むこともできる．そうすると，いま論じている2つの仮説は互いに接近してくるであろう．

　われわれはこれから，高い確率でもってゆらぎ仮説が偽であることが証明されること，および，始まり仮説が直前のパラグラフでの整合性の考察を越えないことを示そうと思う．

　われわれはゆらぎ仮説の証明目標を精密化する．その仮説が出発する仮定は実際，ボルツマンの第2法則の説明にとって基本的なものであり，彼が巨視的状態の「熱力学的確率」と呼ぶ計数を，この巨視的状態の発生を見積るのに用いてよいという仮定である．さて，われわれが存在する宇宙の状態は，熱力学的には極度に確からしくないものであり，したがってこの仮定によればその状態が発生することは極度に確からしくないのである．ボルツマンはまったく正当にも，そもそもそれほど確からしくないことが起きるのであれば，そしてまた，この確からしくないことがわれわれの存在全体の基礎的事実であるのなら，いったい自分の仮定を信頼してよいのかと問う．そこで彼が示さなければならないのは，今の宇宙の状態の確率を熱力学的確率から見積ることは，宇宙の個別的な物理系についての，それに対応する見積りが呈示するのとは別の問題を呈示するということである．彼の考えでは，このことを示すには，個別的な物理系では観測する人間の存在をすでに前提してよいが宇宙全体についてはそれは許されない，と言えばよい．「1人の人間が

今われわれの見いだすような仕方で宇宙を見いだす確率はどの程度か」という問いが意味を持つためには必ず，1人の人間はそもそもどのような条件で存在しうるのかと問わなければならない．われわれの見いだす宇宙がこのような条件に合っているとする場合，われわれの宇宙のような1つの宇宙について，その確率を問いうる1人の人間がそこにいるならばその宇宙が存在する，という条件付き確率は1に等しいのである．

　ところが，ボルツマン自身の前提からは，なぜわれわれの宇宙のような1つの宇宙全体が，1人の人間が存在する条件でなければならないのか，まったくわからないのである．われわれがこの身体的形態では当然もっていない生理についての因果的知識なしには，ボルツマンの仮定について厳密な擁護論も反論もできない，という理由だけからして，厳密な反証はできないのである．われわれはボルツマンも用いているただ1つのもの，すなわち熱力学的確率の見積もりに，考察を限定する．するとボルツマンの仮説的な無限の宇宙のなかで思考可能な状態で，そのゆらぎがボルツマンが要請するように最小のときに，われわれに知られている宇宙よりも確かに本質的に高いエントロピーを持つ状態を2つ容易に挙げることができる．第1は環境世界なしにゆらぎによってまったく単独に発生した1人の人間である．彼はほぼ平衡の環境世界に囲まれ，その世界の次元は，われわれの宇宙の既知の部分と同数の形式的に可能な微視的状態をその世界が持つようにわれわれが選ぶのである*4．もちろん，1人の人間がゆらぎによってひとりでに発生すると仮定することはわれわれの意識にとって不合理である．しかしボルツマン自身の出発点の仮定によればそのことは，われわれの宇宙のような宇宙全体がゆらぎによってひとりでに発生することよりもはるかに確からしいのである．ボルツマンがこの仮定を放棄するなら彼の問題は消滅するが，もちろん彼の第2法則の統計的解釈もまた見たところそっくり消滅するし，彼がその仮定に固執するなら，われわれの異論が示すところにより，彼はみずからの問題を解いていなかったことになる．第2の例はわれわれが知っている今の宇宙であって，ちょうど今，あるいは少なくともいま生きている人間の最年長者の子供時代のすぐ前に，エントロピーが最小であるという仮定が結びついた宇宙である．まさに第2法則により，宇宙のうちわれわれに知られている部分はいま確かに1000年前よりも高いエントロピーを持つことになる．したがってボルツマン自身の仮定によれば，今の宇宙が直接にゆらぎによって発生

したということのほうが，われわれ物理学者がその1000年前の状態であると仮定している状態がその前史に属するということよりも，はるかに確からしくなければならないであろう．もちろん今の宇宙は1000年前の事象の記録を数多く含んでいる．しかし（第3節を参照）これらの記録は，第2法則を過去に対して前提してよければ，過去の事象の記録にすぎない．ボルツマンの仮定から，起きなかった事象の「記録」を無数に含む宇宙は，まずこれらの事象がすべて起こり，その結果，記録を生み出すような宇宙よりもはるかに高い確率でゆらぎによって生じる，と結論しなければならない．

　気づかれるように，これらの議論は個別的な事象の因果的結合を無視しているから十分な厳密性を欠いている．しかしそのような因果的結合を，エントロピー増大のあらゆる統計的基礎づけが無視している程度を越えて無視する必要はないのである．例えば砂に描かれた図形を風が消すことがそもそも力学的に可能であるならば，力学の可逆的な法則のもとでは，風が前もって滑らかになっている砂に図形を描くこともまた確実に可能である．実際，風と砂のすべての原子の運動が正確に逆転するだけでよい．したがって，隔離された人間が熱力学的に平衡の環境世界において，死と遺骸の腐敗および分散とによって時間とともに消滅することが可能であるならば，まさにそれゆえに可逆的な基礎法則のもとでは，逆転した過程によって彼が生まれることもまた可能である．同様のことが第2の反例にあてはまる．われわれの反例が示す不合理さがこれによって減るわけではない．それはわれわれの宇宙のような宇宙がゆらぎによって生まれうるというボルツマンの考えの不合理さをあらわにするだけである．「熱力学的確率」とふつうの意味の確率との関連に関するボルツマンの仮定を，われわれのようにそのつどの未来に制限するならば，この不合理さは避けられ，しかも第2法則の統計的解釈が救われるであろう．

　さてこの制限は始まり仮説によって課されるように見える．実際その仮説からは，始まりから平衡状態に至る時間方向に沿うエントロピーの増大が帰結するように見えるのである．そこでその仮説から，第3節におけるように，エントロピーの最大値から逸脱する1つの対象の今の状態は，過去に対しては強い帰納的推論を許すけれども，未来に対しては弱い帰納的推論しか許さない，ということが帰結する．したがってそのつどの過去は事実的とみなされてよいが未来はそうでないということになり，これはわれわれが用いてい

る時間構造であるように見えるのである．第3節の終わりですでに述べたように，これはもちろん1つの時間点を現在として特定することを含んではいない．時間の「流れ」は時間構造の構成要素の1つであるが，この要素はいずれにしてもまだ説明されていないのである．この意味で，始まり仮説はわれわれの整合性の考察を宇宙論的仮定の特殊化によって明確化したものにすぎないであろう．しかしそれに加えて，先ほど批判なしに言及した始まり仮説の要素のなかにも時間構造の適用が潜んでいるのである．時間構造を認識することは重要である．なぜなら時間構造は古典論的には未解決の統計力学の問題に関連するからである．

　古典統計力学によると対象の本来の状態は微視的状態である．巨視的状態は微視的状態の1つのクラスであり，したがって巨視的状態の表示は本来の状態の不完全な特徴づけである．対象について事実上知られるのは一般に決してこれまで考察した意味での巨視的状態ではなく，対象が属するギブズの・・・・・・・カノニカル集団である．実際，正確に観測できるのは平衡に十分に近似する状態だけである．まさにこの近似において状態は一定の温度を持ち，したがって例えばエネルギーのような他の量については決まった値を持たない．そうするとカノニカル集団について現象論的な熱力学の法則，特に第2法則が基礎づけられうるのであり，その場合，エントロピーの増大は確からしい過程であるが確実な過程ではない．本書で述べている方途を採るならば，そのように言って正しいであろう．しかし始まり仮説によると，この確率概念の適用は理論の基礎から消去されるべきであり，近似として初めて2次的に正当化されるべきである．そこで，確率の概念をさしあたりまったく避けるのならその過程をどのように記述するのかと問わなければならない．

　しかしそれを避けるなら，すなわち微視的状態の因果的発展についてしか語らないのなら，「時間方向の特定」を導こうとしたときに使われた概念がすべて理論から失われるのである．可逆的な原子の力学は，実際にいかなる時間方向をも特定しない．宇宙の始まりの状態が一定の微視的状態として一意的に特徴づけられると考えるならば，そこから一意的に帰結するのは以後の各時間点についての微視的状態にすぎず，したがって決して時間に伴う情報の減少ではない．微視的状態の同じ系列は力学の法則によれば逆転した順序で経過することもできるであろう（ポアンカレの逆転の反論）．さらにそれは時間の周期的な，あるいはほとんど周期的な関数でありうる（ポアンカレ

の再帰の反論）ので，ある物理量のそのような経過についての時間平均が統計力学で仮定されている平均値（「集団平均」）に等しいことの証明は困難か不可能である（エルゴード問題）．半分しか，あるいはまったく解決されていないこれらの統計力学の問題はすべて，確率概念をわれわれが行なったように導入するならばまったく現われないのである．そうすると統計的命題の経験的にテストできる唯一の意味は，多数の同種の系でのみ調査しうる意味であるということ，すなわち，およそ考察される唯一の平均値は集団平均であるということになり，逆転と再帰の反論は第2節で示したようにして処理される．そのために容認するのは，確率命題自身は確率的にのみ経験的にテストできるということである（第3章を参照）．3つの問題は確率計算の十分な経験的確証をなお原子の力学的な考察によって基礎づけるという野心を持つ理論にとってのみ存在する．この野心に対するわれわれの今の反論は，厳密に力学的な（古典的な）原子の理論は確率概念をまったく含んでおらず，それゆえその確証も基礎づけることができないという点で，すでにこの野心は挫折するということである．もちろん微視的状態のそれぞれについて，それがどの巨視的状態に属するのかを述べることはできる．しかしミクロ力学では結局のところ，1つの微視的状態には，より大きなエントロピーの巨視的状態に属する別の微視的状態が続かなければならないということは帰結しない．このことが多数のケースにおいて生じるということもまた，「ケースの数」をどのように測るべきかが言われていないかぎり帰結しないのである．これが言えるのは個々のケースについての事前確率に関する仮定によってのみであり，この事前確率が経験的に要求される意味を持つのはただ，それが事象の生じる確率として理解される場合，すなわち確率概念がすでに使える場合だけである．

　このような状況で始まり仮説が果たそうと試みうることといえば，人間は身体が原子からできているとすれば「時間をエントロピーが増大する方向にのみ測る」ことができる，ということを理解させることだけであろう．生理的過程が経過しうるのはただその方向が熱力学的に決定されている場合だけである，とも言えるであろう．ゆらぎは確かに生じるが，あまりに大きすぎると，ゆらぎが生じている身体を持つ人間そのものを死なせてしまう．生きている人間は脳に記憶痕跡を持ち，第2法則によれば記憶痕跡は過去の記録であるが未来の記録ではない．そこで第2法則は人間の時間了解を保証し，

第2法則自身は宇宙の始まりの状態によって保証される．しかしここには（何度も強調したように，それによってそのつどの現在の特定が説明されるのではない，ということを別にすれば），宇宙の始まりの状態が第2法則を保証するのは他でもなく，エントロピー概念をすでに使えて始まりの状態を巨視的状態あるいはギブズ集団として記述するような物理学者たちにとってのみである，という循環がある．始まりの状態が微視物理学的に確定しているのであれば，後の状態のエントロピーに関して，厳密には何も帰結せず，エントロピーの増大は「確率的に」のみ帰結する．始まり仮説を，整合性の考察という意味でのわれわれの出発点の確認にすぎないものと理解するならば，これは悪循環ではない．始まり仮説が時間方向の特定を޴礎づけるというのなら，それは悪循環である．

したがって存在するのは，時間構造を宇宙論的に基礎づけるという，それとわかる見込みではなく，時間構造と両立しうる宇宙論的仮説を打ち立てる可能性のみである．

さて相対性理論から当然1つの反論が出るように見える．ミンコフスキーの有名な講演[*5]以来，「空間自体と時間自体はまったく影の部分に」落ちぶれ，その結果「両者の一種の結合体だけがなお」自立性を保っているのか．この文には科学者の修辞的才能が持つ欠点が見られる．ミンコフスキーが正確に知っていたように，2つの事象の間隔の時間的なものと空間的なものの区別はローレンツ不変である．同一の物質的対象に生じる2つの事象について，いずれが先でいずれが後かを言うことは相対論的に不変な意味を持っている．したがって，つとに知られているように第2法則は特殊相対性理論と両立しうるのである．ある時間点をそのつどの現在として特定することもまた，まったく同様に特殊相対性理論と両立しうるのであり，したがってこれまでのわれわれの議論全体もそうである．

とはいえ，その反論をもっと緻密に言い表わすことができるかもしれない．時間構造において多くの物理学者にとりわけ「単に主観的」と見えるのは他でもなく，ある時間点をそのつどの現在として特定することである．そこで彼らは，この特定が客観的であるとすれば宇宙全体に対して，どの時間点がそのつど「今」であるのかが定義されなければならなくなると言うかもしれない．そのようなことはしかし，空間的に互いに隔たった事象の同時性はそのつどの基準系に相対的にのみ定義されるというアインシュタインの知見に

矛盾し，基準系を客観的に特定することになるであろう，と言われるのである．しかしこれに対しても答えは簡単であって，われわれの時間構造の分析では，現在の概念を大きな空間に，いわんや宇宙全体に，及ぼす必要はないと言えばよい．言語の用法がすでにこのことを示している．例えば1人の現在の人間について語られるとき，今ここにいる誰かのことが言われているのである．相前後して生じる事象について「ここ」(同位置)の概念が基準系に依存することはつとに明らかである．アインシュタインは相並んで生じる事象についても「今」(同時性)の概念が基準系に依存することを認識したのである．今日の場の量子論で非常に大きな役割を演じている相対論的因果性の概念は，まさに時間構造のローレンツ不変性に関するある種の必要条件を定式化しているのである．ここで事象 A に対する未来と呼ばれるのは A からいずれ1つの結果を及ぼしうる事象であり，A に対する過去と呼ばれるのは A に結果を及ぼしうる事象である．この結果という概念には事実的なものと可能的なものとの区別が暗黙のうちに前提されていて，それは第2節で2つの事象の時間的な順序を原因と結果の区別に還元したのとまったく同様である．A に対する過去とは，A が現在であれば事実として知られうる事象であり，A に対する未来とは，A が現在であればいずれそこに影響が及ぼされうる事象である．

　もちろん，アインシュタインの発見は現象論的にはほとんど予見されなかった時間構造の拡張を実際に意味している．彼は空間的間隔を持つ事象において，第3章で区別した現在，完了，未来という3種類の事象あるいは命題に，第4のグループを付け加える．相対性理論以前の考え方ならこのグループを躊躇なく現在の事象に含めるであろう．その考え方は現在の事象を述べる命題を現在命題に包摂するからである．しかし相対性理論によればそのような命題は，その内容をいま現象的に指示できないから現在的ではなく，その内容が事実として与えられないから完了的ではなく，その内容が不確実性だけを意味し影響可能性を意味しないから十分な意味で未来的ではない．時間命題の十全な論理学ははじめからこの第4種の命題を許容するように作られなければならない．とはいえ，ここではこのテーマを追究しない (これについては P. Mittelstaedt 1979 を参照)．

　ミンコフスキーの時空連続体でも4次元空間と同じようにできるのはなぜかというと，特殊相対性理論によれば4つの事象クラス全部の事象について

第4章　不可逆性とエントロピー　　121

一様に，それらの事象に関して他に何かが知られているといないとにかかわらず，1つのものが確定しているからである．それはすなわち，任意のローレンツ系に関係づけられた，それらの事象の形式的に可能な空間座標と時間座標の値である．時空連続体は形式的に可能な位置と時間の総体として，アインシュタインの言い方をすれば事象が入居する出来上がったアパートである．位置 x, y, z で時間 t にあることが生じているか，生じたか，生じるであろう（われわれの言語は第4のクラスを表わす固有の表現を持たない）ということは，あらかじめ確定しているのであり，何が生じているか，生じたか，生じるであろうということだけが偶然的なのである．われわれがそのようなことをア・プリオリに（あらゆる個別的経験に先だって）知りうるということは決して自明ではない．『時間と知識』4.4 で述べるように，過去的なものと現在的なものに関するわれわれの知識からは，そもそも未来が存在しなければならないということは決して論理的に帰結するのではない．しかしすべての物理学がこれを前提しているのである．まったく同様に相対性理論以前の物理学はすべての事象に対し，そういった事象の可能的な位置の総体としてニュートン的な空間を前もって指定していた．特殊相対性理論（これはヒュームの影響なくしては成立しなかった）は空間と時間の古い計量を新しいものに置き換えることによって，考えうるすべての事象の時間空間的整序に関するこの先入見の素朴さを初めてたしなめたのである．

　一般相対性理論はさらに先に進む．それは物差しと時計で測られる位置と時間の形式的に可能な測定値でさえア・プリオリに確定されず，偶然的な物質分布に依存することを示す．それがア・プリオリに設定するのはもはや微視的スケールでのトポロジーと計量の一般法則（リーマン幾何学）しかない．計量的な基本テンソルの偶然性はまた巨視的スケールでのトポロジーの偶然性をも帰結として持ち，その結果，以前には知られていなかった宇宙論的な可能性が生じる．私には一般相対性理論もまた形式的に可能な空間と時間の構造の分析を進める途上の一歩にすぎず，そのさまざまな宇宙モデルについて十全な判定を下すのは特に今日ではまだ早すぎると思われる．しかしこれらのモデルはさまざまな機会に時間構造に関連づけられてきたから，最後に宇宙モデルについていくらか述べておきたい．

　これらの宇宙モデルではたいてい不可逆過程が無視される．その結果，多くのモデルではここで述べている時間構造とほとんど両立しない構造が生じ

るのである．例えば厳密に周期的な振動宇宙のモデルが存在しうるのであって，そこからは，宇宙の出来事は一般に厳密に周期的であり，したがって第2法則は例えば振動の1つの位相だけに限定されるのではないかと推測されるかもしれない．もっと奇妙なのは，多くのモデル，例えばゲーデルのモデルにおいて，宇宙の基体に相対的な一物体の速い運動を意味し，かつ時間に関して閉じている世界線が存在することである．そういった世界線の1つに沿って地球を飛びたつ宇宙飛行士が連続的に飛行して空間的かつ時間的な出発点に戻り，その結果，無限の頻度で同一の世界線を通る，ということがありえよう．彼は，われわれにとっては宇宙空間からやってきて再びそこに飛び去っていく人であり，彼自身にとっては未来において過去の自分になる人であろう．ゲーデルはみずからのモデルにおいて数学的に導き出せるこの結果から，時間の「観念性」(＝非実在性) を結論した．

　しかしこれらの結果はすべて容認できない無視からの帰結に他ならないと，安んじて主張できるであろう．宇宙の過程の不可逆性をもはや無視しない場合にこれらの結果のうちで何が変わるのかは，計算しないで定性的にみてとることができる．周期的に脈動する宇宙モデルは，気体の入った脈動する球と形式上類比的に扱うことができる．そのような球の全エネルギーは（外部空間への放射という，宇宙モデルでは実際にないものを無視する場合）一定である．全エネルギーを構成する運動エネルギー，重力のポテンシャルエネルギー，気体と放射の圧力は，それぞれ周期的に変化する．ここで不可逆過程，したがって摩擦を導入すると，その過程はもはや周期的ではなく最後に平衡になるように進んでいく．まさにこのことが脈動する宇宙に起きるであろう．投入しないものは出てくることができないから，不可逆過程の存在の仮定と両立しない結果が摩擦なしに得られても不思議でない．ゲーデルのモデルでもまったく同じである．宇宙飛行士が飛行中に生きているならば，あるいはまた時間の経過を記録（パンチカード，日めくり）にとどめる時計が積まれてさえいるならば，飛行中に不可逆的なことが生じているのである．そうすると2度目の飛行は最初の飛行と同一でありえず，3度目の飛行は2度目の飛行と同一ではありえない，等々である．宇宙飛行士が例えば100万回飛行してから飛行をやめるとすれば，われわれにとっては100万人の宇宙飛行士がほとんど同時に宇宙からやってきて再び飛び去るのでなければならない．これによってまず宇宙飛行士たち自身にとって時間的順序の実在性が確かなも

第4章　不可逆性とエントロピー　123

のとなる．しかしわれわれにとってはパラドクスがなお残る．例えば「中間の」宇宙飛行士の1人を射殺するのは不可能でなければならないであろう．なぜならそうすると「以後の」宇宙飛行士全員が遡及的に消滅してしまうからである．そうでなければ過去の事実性が傷つけられるであろう．私はそのような飛行と結びついた不可逆過程の正確な分析は，その過程全体がありえないことを証明するであろうという推測を表明したいと思う．

　ホーキングとエリス（1973）の定理によれば，宇宙項がなくいたるところで正のエネルギー密度を持ついかなる宇宙モデルでも，世界線は時間において循環的に閉じていないかぎり，ある有限の範囲内の時間で切れているのである．われわれの立場からすればこの結果の自然な解釈は，世界線は過去において切れていたということ，すなわち宇宙は時間的な始まりを持つということであり，おそらくこのケースだけが第2法則と両立するであろう．宇宙論的な問題設定と熱力学的な問題設定の統一に由来する課題は明らかにまだ解決にはほど遠いのである．

第5章
情報と進化

1. 本章の体系上の位置

　物理学をさまざまな自然科学の1つとして定義するならば，本章は物理学の構築に属するものではない．情報はあらゆる科学に関係する反省概念であるし，進化は有機的生命の基本的現象であるから概念的には生物学に属するようにみえる．しかしながら本書は，理論物理学をあらゆる自然科学の中心となる理論として，情報概念とほぼ同じ普遍性の水準で構築するものである．われわれはこの情報概念を統計熱力学と量子論の構築の際に実際に用いる．したがって情報概念の意味についての反省は，いずれにせよこうして構築された物理学の解釈に属することになる．さらにわれわれの構築は物理学がまさに生物学の基礎理論としても正当化されることを要求する．それゆえ情報と進化の関係はこの要求の実現に対して最も重要な試金石の1つを提供するのである．

　本章は「近道」（第1章第4節）という意味では建設的な構築に属するものではないが，物理学の解釈には属するであろう．それは確率とエントロピーを扱う第3章と第4章につながり，第12章で行なう情報の流れとしての自然の解釈に対して概念の素材を用意する．

　本章の題名は前章の題名といわば交差している．不可逆性と進化は自然の2つの基本的現象である．エントロピーと情報はこの2つの現象を定量的に記述し最後に説明しようとするときに用いる2つの概念である．前章では不可逆性の現象から始め，その記述と説明にエントロピーの概念を導入した．その際，エントロピーは歴史的にはまず現象論的熱力学の記述的基礎概念であったが，その確率論的解釈によって，不可逆性を説明する手段となった．

不可逆性は現象論的にエントロピーの増大として記述され，この増大は統計的に主として確率的な現象として説明される．そのかぎりここで言及されているのは19世紀末と20世紀初めの古典論だけである．前章の叙述で新しいことと言えば，その当時は素朴な見方では正しく用いられていた確率概念の意味を，未来の開放性の表現として，あるいは「未来様相」と言いうるものとして，明らかにしただけである．

　本章では逆に，情報という本質的な概念の導入から始める．この概念は20世紀の中頃に確率論に基づいて作り出された（Shannon 1949）．われわれはこのたびもまたこれを時間的な概念であると解釈する．その後で進化という基本的現象に移る．進化を情報の増加として記述し，再びこの増加が主として確率的な現象であることを示す．熱力学第2法則の統計的説明とは異なり，進化傾向のこの統計的説明はいまだ今日の科学で認められた信条とみなすことはできない．なるほど，進化の過程の具体的モデルではカント-ラプラスとダーウィン以来，確率的考察が「素朴な見方では正しく」用いられてはいる．けれども，このモデルの成果をエントロピー増大の法則に類似した抽象的法則に還元しようとする試みはさまざまな概念的困難に逢着したのであり，そういった困難はいずれにせよ科学者の一般的な意識のなかに不明瞭さの感覚を残している．ここで述べる考察が行なおうとするのは，うまくいったモデルをさらに1つ加えてそのようなモデルの数を増やすことではなく，残されている抽象的な概念的問題を十分に解明することである．

　出発点はエントロピーの定義と統語論的な情報の定義との同一性である．通常の言い方に見受けられる情報の符号に関する不明瞭さは，時間的に解釈することによって簡単に解消できる．すなわち，エントロピーは潜在的情報であり，負のエントロピーは現実的情報である．そうすると進化は適当に定義された潜在的情報として，それゆえ実際にエントロピーの増大として，説明されうるということを示すことができる．エントロピーの増大と進化を両立させるという，大いに論究されてきた難問は，不明確に規定された概念の帰結にすぎないことがわかる．無秩序の尺度という，エントロピーの一般的な解釈は，言語的および論理的な無節操に他ならないのである．

　以下の考察の基本思想は『自然の歴史』（1948）の第6講の結論に由来し，その詳説のほうは論文「進化とエントロピーの増大」（1972）に由来する．情報概念に関するさらに2つの論考をこれに付け加える．第1の論考（第6

節)は主観的確率の概念に続き情報概念を効用の概念に等しいものとして扱う．第2の論考(第7節)はE. v. ワイツゼッカーおよびC. v. ワイツゼッカーに由来する実用論的な情報概念を素描する．その概念は生物学的および一般システム理論的な考察の基礎となるであろう．最後の第8節は論理学から物理学と進化論を経由して論理学の生物学的前提に至る哲学の「円環行程」の端緒を示唆する．

2. 情報とは何か

「情報とは何か」という問いはどんな意味であろうか．それにはどんな答えを期待することができるであろうか．

「情報」は今日の科学の基礎概念の1つである．形式的にはこの概念の明示的定義が問われ，したがって内容的にはそこに共通に含まれる事柄の本質が問われるであろう．基礎的な概念に正確な定義を与えるのは容易にできることではない．これを行なえばその概念はさらに基礎的な概念に還元されなければならないであろう．この問い直しは定義しえないものに終わるのである．例えば「物質とは何か」と問うと，答えはまずほとんど次のようなものでしかありえないであろう．「あなたがどんな哲学を信奉されているのかを言ってほしい．そうすればあなたが物質をどう定義しなければならないかを言おう」．そのような問いには本書の第Ⅲ部で立ち返る．

もちろん，情報概念の場合のほうが問題は単純だと思われるかも知れない．その概念はわずか数十年前に明示的定義によって科学に導入されたものである．本章の第4節でこの定義についてより立ち入って論じる．ここではその基本思想をいくつか思い起こすだけにとどめておきたい．それらは確率の概念によって情報の概念を説明するものである．ある事象の情報という概念は，それが起こりそうにないことの定量的(対数的)尺度として表わすことができる．しかしこの説明からはさらに2つの問いが生じる．すなわち

1. この定義の意味での確率とは何か．
2. その定義はわれわれが情報の概念を実際に用いているときの用法に合っているのか．

1について 「確率とは何か」という問いは第3章で扱った．哲学的論争

の教えるところによれば，確率には論理的確率，経験的確率，主観的確率という，少なくとも3つの本質的に異なる解釈がある．われわれは時間の論理学から出発して確率を相対頻度の予言と定義した．われわれはこの定義がいま言った3つの理解とどのように関連するのかという問いを後の著書で扱うとした．いま言いうるのは，確率が事象のあるタイプの相対頻度を計るのであれば，そのタイプの事象の情報量が多いということはその事象がめったに起こらないことを意味する，ということだけである．その事象に出会う者は自明でないこと，すなわち，まさに「多くの情報」を経験するのである．そこでわれわれは4.3で記録という概念を解明するために情報の概念を用いたのである．

2について　確率の概念は哲学的には解明されなかったのだから，当然，情報の概念に関する決着のつかない哲学的論争も生じたのである．まず，情報とは何でないかは比較的容易に言うことができるであろう．明らかに情報の集合は物質の集合でも事象の集合でもない．さもないとコンピュータの小さなチップは非常に多量の情報の担い手ではありえないことになるであろう．しかし情報はまた，単にわれわれが主観的に知っているだけのものでもない．コンピュータのチップ，染色体のDNAは，1人の人間がまさにそれについて何を知っているかにかかわりなく，みずからの情報を客観的に含んでいる．自然科学に広まっていたデカルト的二元論の枠組みのなかで，情報は物質なのか意識なのかと問われ，そのいずれでもないという適切な答えが得られた．そこで多くの人々は情報を「第3種の実在」と言い表わしたのである．

　われわれは肯定的な答えを選び，情報とは形相（*Form*）の集合の尺度であるとする．また，情報とは形態集積（*Gestaltenfülle*）の尺度であるとも言う．形相は物質でも意識でも「ない」が，物質的な物体の特性であり，意識にとって知られうるものである．物質は形相を持ち，意識は形相を知る，と言うことができる．この短い表現が実際にどんな意味であるかは，本章で一連の問題を扱っていくうちに論じる．われわれは読者が最初から，情報を形相の集合とするわれわれの解釈を「哲学的真理」の意味に解してこれに同意されるのを望むのではなく，さしあたりは，安易な表現に対する読者の理解を求めるだけである．ある対象について行ないうる決定の数が増えるにつれ，そ

の対象に認めることのできる「形相」——その語の必ずしも空間的でない一般的な意味での——の数も増す．この形相集合が，さきに述べたように対象の特性であり，われわれに知られうるものである．形相とは哲学的にどんな意味であるかは第12章でまた論じる．

　この章ではとりわけ，情報がエントロピー，意味，効用，進化という他の4つの概念に対して持つ関係を明らかにしなければならないであろう．

　エントロピーに対する関係は第4節で論じる．後に「情報」と呼ばれる概念はもともとシャノンが「エントロピー」の名で定義したものである．もう一度この等置を正当化し，エントロピーと情報の符号との関係を明らかにしよう．正のエントロピーは潜在的な（あるいは伏在的な）情報である．巨視的状態のエントロピーは形態集積を計測する．その形態集積は，それに属する微視的状態を述べようとする人なら知らなければならない集合である．したがって，エントロピーを形態集積の尺度としようとするのかそれとも無秩序の尺度としようとするのかということは，もっぱら知識の程度の違いによって決まることである．私の机の上に積まれた書かれた紙と印刷された紙から成る集合は，どんなことがどの紙に書かれているのかを私が知っているならば尋常ならざる形態集積であり，私（あるいは家事手伝いの女性）がそれを知らなければ無秩序である．

　意味との関係を明らかにするには，適用領域，特に生物学において盛んに論じられている問題を扱わなければならない．情報概念の歴史的源泉であるコミュニケーション理論から始めよう．電文があり，例えば英語で書かれているとする．それは情報の集合を含んでいて，その集合は，英語の書き言葉の文字のうち，その電文に現われるすべての文字の統計的な相対頻度によって決まる．これらの文字によってその電文は，例えば «coming tomorrow» という送り手のメッセージを受け手に伝えるのである．その電文は，ふつう言われているように，何らかの意味を持っている．同じ文字の配列を，例えば «cgimmn oooorrtw» のように変えると，シャノンに従って計算した情報は文字の確率だけに依存するので前と同じであるが，意味のほうは失われてしまう．統語論的な情報は保存され，意味論的な情報はなくなっている．しかし明らかに，意味論的な情報が情報のコミュニケーション的な意義なのである．われわれはこの情報を定義することができるだろうか．

　これに答えるには効用に対する情報の関係（第6節）と実用論な情報に対

第5章　情報と進化　　129

する情報の関係（第7節）を見なければならない．情報はそれがどんな働きをするかによって評価される．意味論的な情報は実用論的な情報としてのみ計測できる．

情報概念の生物学への適用，特にそれの・進・化に対する関係は，このような観点から見られなければならない（第5節）．

3. 進化とは何か

進化と言われるのは特に，地球の歴史過程における有機的生命の形態集合の形成である．もちろん形態集合の形成は生物学の対象領域に限られるものではない．一方では非有機物のなかに豊かな自発的形態形成があり，それは今日，シナジェティクス（Haken 1978）という普遍的なカテゴリーのなかに含められる．他方では人間の文化も絶えず新しい形態を作り出している．過程としての進化はわれわれが知っている現実の全体を包括するものである．したがって進化は同様に包括的な説明を必要とする．

進化の発見とダーウィンによるその因果的統計的説明の開始は，19世紀に，伝統的な科学的世界像をきわめて大きく揺るがすことになった．実際にはわれわれはすでに日常経験によって生物の形態と行動の合目的性を知っている．「有機的（organisch）」という語はまさにこのことを表わしているのであって，「オルガノン（organon）」とは道具という意味である．アリストテレスの生物学はこの合目的性を経験的に正確に記述した．キリスト教神学はその合目的性のなかに計画的な創造主の作品を見た．しかしダーウィンはこれらの形態と行動様式はすべて「自発的に」，偶然と選択によって成立したと主張した．今日では，進化論の勝利はつとに確定しているから，この形態と行動形式を記述する際には，計画的な意識という考えを喚起する「合目的」という語は避けられる．そのような形態と行動形式は「機能的」と呼ばれている．しかし2つの語の意味は客観的にはまったく同じである．形式は生命の維持と発達を可能にするのである．

しかし多くの科学者は機能的な形式の因果的説明の可能性についてまだ不快感を持っている．不可逆性と進化を対立させることは広く行なわれているが，われわれはこの対立のなかにある不快感を検討する．上で言ったように，エントロピーを無秩序の尺度として，したがって熱力学的不可逆性を無秩序

の増大として解釈することが習わしとなっている．それに対して進化は形態集積の増大，そしてそのかぎり秩序の増大として理解される．こういった前提のもとでは，進化は熱力学的不可逆性に対立する過程であると受け取られなければならないであろう．ところがここではちょうど正反対のテーゼを主張する．適当な前提のもとでは，エントロピーの増大は形態集積の増大と同一であり，進化は事象の不可逆性の特殊なケースなのである．

　第5節は最も単純な概念である統語論的な情報の概念についてこの問題を論じる．第7節は実用論的な情報の観点からこの問題を取り上げる．最後に第8節は情報の蓄積という観点から人間の認識を進化の枠組みのなかに組み入れる．

4. 情報と確率

　さしあたりわれわれは確率を用いる通常の情報の定義に従う．実験における K 項の選立，すなわち互いに排反の可能な事象 x_k ($k=1, 2...K$) があるとする．選立を決定する場合，われわれは x_k の発生を確率 p_k で期待する．ちょうど決定を行なう際に他ならぬ x_k が生じるかぎり，「個別情報」I_k は事象 x_k の「斬新値 (Neuigkeitswert)」を測るものとする．生じた事象が含む斬新値は，その事象が事前に持っていた確からしさが大きいほど小さくなり，その事象が事前に確実であったならば，その斬新値はゼロとみなされる．したがって I_k は p_k の単調減少関数になるであろう．さて通常，2つの独立な事象が結びついた事象の斬新値はそれぞれの斬新値の和に等しい，と要請される．そうすると式 $I_k = -\log p_k$ が得られる．通常の定義によると，確率 1/2 の事象には斬新値 1 (1ビット) が与えられる．そのためには

$$I_k = -\mathrm{ld}\, p_k \tag{1}$$

としなければならない (ld=2を底とする対数)．さて関心が向けられるのは I_k の期待値，したがって多数の試行を平均して得られ，1回の選立の決定が持つ斬新性の期待値である．それは，

$$H = \sum_k p_k I_k = -\sum_k p_k \mathrm{ld}\, p_k \tag{2}$$

である．これはシャノンにより情報の尺度として導入され，正しくもエント

ロピーと呼ばれた量である．

まずこの量の符号について一言する．情報は知識と，エントロピーは無知と相関関係にあるとされるので，情報は負のエントロピーと呼ばれてきた．しかしこれは概念的ないし言語的に不明瞭である．シャノンの H は符号のうえでもエントロピーに等しい．H はいまだ生じていない事象が持つ斬新性の内容の期待値であるから，私が知りうるであろうが目下のところ知っていないことの尺度である．H は潜在的知識の尺度であり，そのかぎり，限定された種類の無知が持つ尺度である．まさにこのことが熱力学のエントロピーにもあてはまる．それは巨視的状態における微視的状態の数の尺度である．したがってそれは，巨視的状態を知っている者が微視的状態をも知るに至るならばさらにどれだけのことを知りうるかを測るのである．事実，ある系の可能な微視的状態の数が一定であれば，エントロピーの増大は，巨視的状態だけを知る者は持ってはいないが，微視的状態が確定すればそのつど原理的には得ることのできる知識の量の増大を意味するのである．

「情報」からエントロピーへの移行が生じるのは，ある巨視的状態について，それと両立しうるすべての微視的状態の確率が互いに等しいとされ，それ以外のすべての微視的状態の確率がゼロに等しいとされるときである．

モデルとして例えば 4.2 のエーレンフェストの壺のゲームを考察する．そうすると

$$H = K \cdot \frac{1}{K} \mathrm{ld} K = \mathrm{ld} K \tag{3}$$

である．巨視的状態のエントロピーはそこに含まれる可能な微視的状態の数 K の対数である．われわれはこれを，その巨視的状態に含まれる潜在的情報と名づける．それは熱力学的な平衡状態に対して最大になる．この状態が $K_{\max}$ の微視的状態を含むとする．そこでは，微視的状態に関する現実的情報は最小になる．その値を勝手にゼロに等しいとするならば，それ以外のあらゆる巨視的状態に対し，現実的情報は

$$I = \mathrm{ld} K_{\max} - H = \mathrm{ld}(K_{\max}/K) \tag{4}$$

となるであろう．それゆえ加数 $\mathrm{ld} K_{\max}$ に至るまで，現実的情報は負のエントロピーに等しい．それは微視的状態についての情報であり，巨視的状態が知られているということだけですでに所有されている情報である．

われわれは他ならぬ巨視的状態と微視的状態という2つの状態のクラスを引き合いに出して熱力学的エントロピーを定義した．一般に論理学の語法では1つのクラスには1つの概念が対応する．したがってエントロピーは2つの概念のあいだの関係として定義される．同じことは一般に情報にもあてはまる．ここでは2つの概念は事象のクラスを表わす．巨視的状態には「K項の選立」$x_k (k=1...K)$「の決定」という事象が対応し，微視的状態には事象 x_k が対応する．以下では2つの概念と言わずに2つの意味論的次元と言うこともある．

　そのように言うことによってわれわれが前提しているのは，具体的な場合に「微視的状態」および「巨視的状態」という概念がどのように定義されるかがすでにわかっているということである．われわれはエーレンフェストのゲームに関して2種類の状態を明示的に定義した（「壺1のなかにどれだけの玉があるか」と「壺1のなかに個々のどの玉があるか」）．コミュニケーションの経路（例えば電文の受け手）について巨視的状態は例えば「この装置はまもなくラテンアルファベットの1字を送るだろう」であり，微視的状態は「装置は文字Xを送るだろう」となろう．原子に関する古典統計力学では，巨視的状態は系の熱力学的状態量（圧力，体積，温度）の記述により定義され，微視的状態は系の各原子の位相空間上の点（位置と運動量）の記述によって定義される．以上の例は，巨視的状態と微視的状態がそのつど1つの概念あるいは「意味論的次元」によって決められるというときにどんなことが考えられているかを説明する．

　したがって情報の尺度となる数は他でもなくその基礎に存する巨視的状態の次元と微視的状態の次元という，2つの意味論的次元に相対的に定義されることになる．情報の「絶対的な」概念というものは何の意味も持たず，情報はつねにただ「1つの概念のもとで」のみ，より正確には「2つの意味論的次元に相対的に」のみ存在する．例えばショウジョウバエの染色体文がどの程度の情報量を持っているかは絶対的に定義されるのではない．意味を持つのは例えば，分子遺伝学者にとっては巨視的状態として「染色体文」，微視的状態として DNA 連鎖の文字の配列であろうし，化学者にとっては巨視的状態として「分子連鎖」，微視的状態としては分子連鎖に固有の条件を持って現われる各原子の記述であり，素粒子物理学者にとっては巨視的状態として「物質系」，微視的状態としてはそこに現われるすべての素粒子の記述

であろう．このような言い方でわれわれは，「私はある生物の染色体文をこれから読みとる」と言う分子遺伝学者の予知量を最大とし，まさにそのゆえに，その後に観察される巨視的状態「ショウジョウバエの染色体文」に含まれる潜在的情報を最小とみなすのである．

情報は（2）に従って「確率ベクトル」p_kにより一義的に定義されるのであるから，確率の概念もまた事象の2つのクラス間の関係を規定するものだということが思い起こされるであろう．通常この2つのクラスは可能的事象および好都合な事象と呼ばれる（前者はあらゆるkに対しx_kのすべてから成るクラスであり，後者はk'を決まったやり方で選んだときのタイプ$x_{k'}$のすべての事象から成るクラスであって，その確率$p_{k'}$は，現われるすべてのx_kのもとでの$x_{k'}$の相対頻度の期待値である）．これに関連するのは，法則によって指定できるあらゆる確率がもともと条件付き確率$p(y, x_k)$だということである．そのとき条件yとは，法則によりちょうどすべてのx_kそしてこれらだけを可能的事象として持つ試行，しかもそのとき各x_kがちょうど$p_k = p(y, x_k)$の確率で期待されうるような試行が行なわれる，という事象に他ならない．前もって知られているのが可能的事象x_kだけであって関数p_kではないときには，ベイズの手続きがその近似的な規定となり，したがってどのyが試行の条件を最もよく記述しているのかを統計的に確かめるものとなる．

5. 潜在的情報の増加としての進化[*1]

a. 基本思想 有機体の進化とは機能的な形態の形成である．これを導くメカニズムは進化生物学者によって多方面から研究されてきた．このメカニズムを考察することは物理学の構築を扱う書物の枠をはるかに越えることである．この節はもっと控えめな目標を設定して，もっぱら統語論的な潜在的情報の増加を研究し，したがって特に機能的な形態の増大ではなく数値化できる形態一般の増大を研究する．この増大はモデルを使えば比較的容易に数学的に記述できる．そうすると，いくつかの適当な前提をおけばより豊かな形態を持った状態が同時により確率の高い状態であるということをそのモデルで証明できる．このような前提のもとでは，形態集積の増大は熱力学的不可逆性に対立するものではなく，その特殊なケースとなる．

まずグランスドルフとプリゴジンの著書（1971）からいくつか引用をする

ことから始めて，その問題をある範囲内で論じてみる．プリゴジンは不可逆過程の熱力学から出発してその問題を広範に論じている．私はもちろん無条件に彼の特殊なモデルに従うが，以下でもう一度述べる私の考察方法によって不可逆性と進化に関する原理がもっと単純に記述されると信じる．その際，現象的にはすでにつねに与えられている過去と未来という時間様態を出発点に選ぶことがここでも単純化の原理になる．

グランスドルフとプリゴジンは書いている．

「発展の思想が，対立する2つの観点に結びついて19世紀に現われたことは，真に注目すべき出会いである．すなわち，熱力学において第2法則がカルノーとクラウジウスによって原理として定式化される．それは本質的に，進行する脱組織化の，言い換えると初期条件によって導入された構造の消滅の，発展法則であるように見える．

生物学や社会学において発展の思想は正反対に，絶えず複雑さを増す構造の形成の誘因となる組織化の増大と密接に結びついている」（287ページ）．

「それゆえ，相異なり還元不可能な2種類の物理法則が存在するのであろうか」（288ページ）．

2人の著者はこの帰結ではなく，これに対立する解決を選ぶ．「このモノグラフで検討している見地によれば，物理法則にはただ1種類しかないが，熱力学的な状態に違いがあって，平衡に近いものと遠いものがある，ということになる．一般的に言えば，熱力学的平衡の近傍に現われる状態は構造の分解である．これと反対に構造の生成は，熱力学的分岐の安定性の限界を超えた非線型的な運動学的特殊法則［すなわちエントロピー産出の関数——C. F. ワイツゼッカー］によって起こりうる．この所見は『発展は物質の統合であり，それに伴う運動の散逸である』とするスペンサーの見解（1862）を正当化する．熱力学の第2法則はこれらの相異なる状態のすべてに変わりなく妥当する」（288ページ）．

科学史的および科学論的に見ると，この問題は事後的な反省の1つであると言うことができる．科学者たちが経験的に見いだされたか推測された新しい構造の生成を因果的に説明しようとしたとき，彼らは当該のメカニズムについて，新たな形態が生成しうること，あるいは生成しなければならないことをも，多少とも納得させる，直截な仮説を提案するのが常であった．古典的な例はダーウィンの選択説である．しかし非有機的な形態の生成（例えば

結晶の成長，惑星系の生成など）についても，多かれ少なかれ信憑性のある直截な仮説が提案された．けれどもそのような発展モデルの案出者たちは後になって，そういったモデルによる形態の準非可逆的な発展傾向の説明が，形態の崩壊と無秩序の増大を主張する第2法則と，いったいどんな形で両立しうるのか，と自問したり人に問われたりしなければならなかった．この問い直しに対して種類の違った4つ（私に見落としがなければ）の答えが出されている．いずれもいま挙げた例で説明できる答えであり，次のようなものである．

 1. 考察されている現象においてエントロピーは実際に減少しており，したがってその現象は第2法則に従わないことになる．例えば生気論者は一般に生命の発展についてそのように考えた．ダーウィンの選択説には第2法則と両立させようという意図がある，と前提されていたから，選択説は第2法則と同時に捨てられた．この見解は今日の生物学的経験によって論駁されていると主張することはできないだろう．とはいえ私はこれ以上その見解を考察するつもりはない．ここでの私の問題は，選択説の概念的構造を分析すること，したがってその説が真であるかぎり第2法則とどのように関係するのかを吟味することである．私は選択説にとって第2法則からは何の困難も生じないということに信憑性を持たせたいと思う．

 2. 考察されている現象にエントロピーの概念，それゆえ第2法則は適用できない，あるいは，問題が生じるほど包括的には適用できない．生体系のエントロピーを定量的に評価することは事実上困難であるから，進化とエントロピー増大とのディレンマから逃れるこの方策が時として提案された．私がここでこの方策を挙げるのは，私がそれに気づいていないわけではないことを示すためにだけである．その方策は，私見では熱力学的な考察方式の意味をより正確に調べると擁護し難いのであるが，そのことをまったく度外視しても，それは余計なものであることを示したいと思う．

 3. 考察されている現象において，形態発展によりエントロピーの被加数は1つ減少するが，これは他の被加数が付加されることによって過剰補償され，その結果，第2法則は決して損なわれない．これがおそらく生物の形態発展の問題に関する支配的な見解であろう．太陽エネルギーの絶えざる処理のもとでなされる有機体の物質代謝によるエントロピーの産出は，形態発展によってひき起こされるエントロピーの変化を量的にはるかに上回るのであ

る．グランスドルフとプリゴジンの定式化はこの意味にも解釈されなければならないであろう[*2]．

4．考察されている現象において形態の発展自身はエントロピーの増大を意味し，したがってそのかぎりにおいてそれは第2法則の直接的帰結である．これは例えば，上に挙げた例のうち，熱力学で計算し尽くすことのできる唯一の例，すなわち結晶の成長の例にみられるケースである．溶解過程の熱力学によれば，十分に低い温度で熱力学的平衡が起きるのは結晶のほうであって溶液ではない[*3]．他方，結晶のほうが溶液よりも高次の構造を示すということは容易には否定されないであろうから，この例を契機にして，エントロピーの増大は必然的に構造の解体を意味するというテーゼが疑いにかけられることにもなる[*4]．今の叙述では，問題の解決をおそらく終始，第4の答えのなかに求めてよかろうという考えを表明することになる．もちろんそれによって，ふつう第3の答えの意味に解釈される過程が実際に生じているということをまったく否定するつもりはない．グランスドルフとプリゴジンによれば，平衡から遠いエントロピー産出過程の不安定化およびその際に生じるエントロピー産出割合の低下によって構造発生の積極的な記述が与えられ，この記述は説得的なものとして受け入れられる．アイゲン(1971)の進化モデルは，エントロピーは本来そこでどのように定義されるかという問いによって与えられた，その記述に対する刺激でさえあった．今のテーゼはただ，形態の発展が実際に生じるところでは，そこに属するエントロピーを正確に定義すると，形態の多数性と複雑性の増大に対応するのは，形態の形成に振り当てられるようなエントロピーの被加数の増大であって減少ではない，ということに尽きる．このテーゼが正しいとすれば，形態発展と第2法則が撞着するという印象は，エントロピーと形態に乏しい同形性の尺度との同一視という，少数の例から一般化され，一般には不適切な同一視の帰結にすぎない．十分に低い温度を前提すると，熱死は粥ではなく，複雑になった骨格の集まりであろう[*5]．

このテーゼは以前の考え[*6]を修正して練りあげたものである．私は宇宙の形態，特に惑星系の発展から出発して，それが第2法則に対して持つ関係の問題を論じた．たとえわれわれが惑星の発展の正しいモデルについて確信が持てないにしても，今日の天体物理学者はその過程が第2法則と両立しうることを疑っていない．しかし惑星系の形態は非常に特殊で「精巧」であるか

ら，かつてニュートンにとって，それはおそらく力学的に説明できないであろうということが，神の存在証明——計画を持って働く技術者としての神の存在証明——の基礎となった．さて私はその当時，ごく一般的に，分化した形態の発展は第2法則の場合とちょうど同じ「時間構造」の帰結であるという意見を表明した．きわめて単純化すれば，いずれの発展法則も確からしいことが生じるであろうと述べている，と言うことができる．こういった事態が時間構造（「時間の歴史性」）であるといってよいのは，確からしいことは未来について期待されるが，過去については主張されないからである．第2法則について，確からしいことの発生はエントロピーの増大であるという解釈が一般に行なわれている．形態発展について，形態の数多性はア・プリオリに確からしいが，まったく形態のない状態はその反対にア・プリオリに確からしくない，ということをよく考えなければならない．当時はこのことを定性的に論じただけであったので，ここでモデルによって概念的にもっと詳しく展開する．

しかしその当時の考察で私は第3の答えの立場に立っていた．私は当時，形態の形成は実際にエントロピーの減少を意味するが，その減少はそれに伴う不可逆過程のエントロピー産出により過大補償される，という支配的な意見に従っていた．しかし今から見ると，それは不整合であった．エントロピーの概念は非常に一般的で抽象的であるから，構造に富む状態に高いア・プリオリな確率を与えることもまた，それに高いエントロピーを付与する結果となるのである．当時シャノンの情報概念はまだよく知られていなかった．次にその概念を使って問題を述べる．

これまでの例で行なったように，2つの意味論的次元と，それらによって定義される1つの情報概念に限定すれば，時間構造から帰結するのは第2法則のみである．すなわち，時間の経過に伴い圧倒的な確率で，この時間点に存在する巨視的状態の現実的情報は減少し，その潜在的情報（エントロピー）は増加するであろう，ということが帰結する．形態発展一般を確率の概念を用いて表わそうと思うならば，（少なくとも）3つの意味論的次元を導入しなければならない．その場合，3つの異なる情報の尺度がそれらの次元のあいだで定義されている．3つの次元を例えば文字A，B，Cで表わし，Aは微視的状態としてのみ，Cは巨視的状態としてのみ生じ，BはCに対しては微視的状態として生じるがAに対しては巨視的状態として生じるとする．

次元 C の 1 つの状態に含まれる次元 B の状態の数を j_{BC} とする．これは一般に C からとった特殊な状態の関数である．j_{AC} と j_{AB} も同様に定義できる．

さて C を形態論的次元，B を分子の次元，A を原子の次元と呼んで，考えたモデルを明確化する．状態を考察している系の全体は「原子」から成り，原子の状態は次元 A で完全に記述される．したがって A 状態の表示は（今のモデルによれば）その系について最大限に可能な知識である．──原子は集まって，決まった形態，すなわちさまざまな種類の分子になることができるとする．B 状態はどんな分子が存在するのか，すなわちどんな種類の分子がそれぞれの種類についてどれだけ存在するのかを表示する．各分子に対しても，その位置と運動量を表示すべきか否かは，次元の定義にかかっており，それについては後にまた述べる．少なくとも原子に対して古典的統計を適用するかぎり，あるいはまた，B 状態の分子の位置と運動量を記述しないかぎり，それぞれの B 状態はもちろん多くの異なる A 状態を含んでいる．C 状態はどんな種類の分子が存在するかについての「形態論的」情報だけを与え，各種類の分子がどれだけ存在するかについての情報を与えない．各 C 状態は一般に再び多くの B 状態を含んでいる．言い換えると，j_{AB}，j_{BC} および j_{AC} は一般に大きな数である．

ところで第 2 法則は，形態論的状態が時間とともに発展し，j_{AC} の値が絶えず増大していくであろうと述べている．そのとき一般に，j_{AB} と j_{BC} も同時に増大するであろう．さて ldj_{BC} は，ある状態で各種類につきどれだけの分子が存在するのかと問うときに得ることのできる情報である．したがって j_{BC} はさまざまな形で実現可能な形態論的状態を測り，そのかぎり，潜在的にそこに含まれる形態集積を測るのである．それゆえ j_{BC} の増大はまた形態集積の増大でもあると解釈することができる．j_{AC} と j_{BC} が同時に増大するかぎり，形態集積の増大はこの意味でエントロピーの増大と直接に結びついている．両方が同時に増大するということの証明は，一般的にはできないが，平衡から遠く隔たったある種の状態についてはおそらくできるであろう（グランスドルフとプリゴジンが主張するように）．モデルのなかにその例が見いだせるであろう．

形態集積の別の可能な尺度は，C 状態に現われる分子のさまざまな種類の数である．この数は C 状態の 1 つの目印であり，それは例えば，初期状態では孤立した原子だけが存在するが，平衡状態は分子のさまざまな種類を有

限の相対的凝縮度で含んでいるような場合には，圧倒的な確率で増大するであろう．

b. 凝縮モデル　このような状況を説明するため，以下で非常に単純化したモデルを計算する．その際，離散的に計算できる数だけしか必要ないようにするために，原子の位置座標をまったく無視する．しかし他方では，原子が結びついて分子になる自由以外になお別の自由度を持つことが示されるべきであろう．それは量子化された「励起エネルギー」の導入によって行なわれる．そうすると，どんなふうに励起エネルギーを考慮するかによって4つの「意味論的次元」が生まれる．しかしながら，原子と分子の位置と運動量との自由度を含めるような化学反応の運動学によっても，まったく同じように考えていくことができるであろう．今のモデルは，ただ1つの種類の原子だけを導入し，「分子」に含まれる原子の数 k だけで分子の種類を区別しているから，「分子の種類」を液滴に対応させる，単純化した凝縮モデルの記述に変わるであろう．そこでこれを凝縮モデルと呼ぶのである．

　n 個の原子の孤立系を考察する．原子は集まって分子になり，1個の分子はそれを構成する原子の数 k によって特徴づけられる．数 k は何でもよい（ただし $1 \leq k \leq n$）．1個の自由原子を $k=1$ の分子とも呼ぶ．k の大きい分子を液滴と呼ぶこともできるであろう．「凝縮モデル」という名前はここに由来する．さらに，どんな分子もさまざまなエネルギー集合を含むことができる．計算を簡単にするため，私はエネルギーが量子化されていると仮定する．普遍的なエネルギー量子 E が存在して，どんな分子もそのようなエネルギー量子の何らかの数 q を持つ．その際 q は「結合エネルギー」q_B の部分と「励起エネルギー」q_A（そうしたければ「運動エネルギー」と解釈してもよい）の部分から構成されている．分子の励起エネルギーは任意の負でない整数でありうる（$q_A=0, 1, 2, \ldots$）．結合エネルギーは負であり，絶対値は分子のなかで第1の原子に結びついている原子の数に等しい．すなわち $q_B=1-k$ である．したがって自由原子は $q_B=0$ を持ち，2原子の分子は $q_B=-1$ を持つ等々である．

　さてわれわれは「微視的状態」と「巨視的状態」を区別するだけでなく，4つの「意味論的次元」において状態を4種類に区別する．すなわち

　　1. 原子の状態　原子が個別的に知られていると考えられ，それゆえ

例えば番号がついていると考えられている．原子の状態の指定とは，それぞれの原子に対して，それがどんな原子と結合して1個の分子を作っており，この分子がどんなエネルギーを持っているかを述べることである．

2. **分子の状態**　分子がその数，種類，およびエネルギーによって知られている．各分子に対して，その原子の数 k とエネルギー q が指定されている．

3. **集団の状態**　分子の集団が個別的に知られている．言い換えると，分子の各種類 k に対して，この種類に属するどれだけの数（場合によってはゼロ）の分子が存在するのかが知られている．それゆえ集団の状態と分子の状態との相違点は，分子の状態においては各分子のエネルギーもまた知られているということだけである．とはいえわれわれは，ある集団の状態において系全体の全エネルギーが知られていると取り決めたい．それは整数 Q で表わされるとする．

4. **形態論的状態**　どんな種類の分子が存在するのかということだけが知られている．しかしここでも全エネルギー Q は知られているものとする．

4つの意味論的次元を1から4までのその番号で表わし，次元 y の各状態あたりの次元 x の状態の数 j_{xy} を決める．この数は次元 y の状態の関数であ

表1：j_{13} の値

K	j_{12}	$Q=-5$	-4	-3	-2	-1	0	1	2	3
6	1	1	1	1	1	1	1	1	1	1
5,1	6	—	6	12	18	24	30	36	42	48
4,2	15	—	15	30	45	60	75	90	105	140
3,3	20	—	20	40	60	80	100	120	140	160
4,1,1	15	—	—	15	45	90	150	225	315	420
3,2,1	60	—	—	60	180	360	600	900	1260	1440
2,2,2	15	—	—	15	45	90	150	225	315	420
3,1,1,1	20	—	—	—	20	80	200	400	700	1120
2,2,1,1	45	—	—	—	45	180	450	900	1575	2520
2,1,1,1,1	15	—	—	—	—	15	75	225	525	1050
1,1,1,1,1,1	1	—	—	—	—	—	1	6	21	56

り,「巨視的状態ごとの微視的状態の数」という概念の一般化である.

ここでは計算の概略を示すだけである. 分子の状態は, 種類 k, エネルギー q の分子がそこにどれだけ存在するかを述べる関数 (k, q) により完全に特徴づけられ, 集団の状態は種類 k の分子がどれだけ存在するかを述べる個数関数 (k) および Q によって完全に特徴づけられる. 表1では全体として6個の原子が存在する場合に対して, 集団の可能なあらゆる状態が第1列 (K の下) に記号的に示されている. K はその状態に存在するすべての分子の一覧である. 例えば $K=3,1,1,1$ は, $k=3$ の, それゆえ3個の原子から成る分子と, それぞれ1原子の3個の分子が存在する状態を表わしている.

表の第2列は最低の分子状態, すなわちどんな励起エネルギーも持たない分子状態に存在しうる原子状態の数 j_{12} を表わしている. そのような状態では $q_A=0$ で, $q=q_B=1-k$ である. 例えば $K=5,1$ では, 6個の原子はいずれも分子 $k=1$ のなかにありうるから, ちょうど6つの原子状態がある. そうすると, 全励起エネルギー Q_A を定めることにより, エネルギー $Q=Q_A+Q_B$ の集団状態が決まる. Q_B は各 K に対して容易に計算できる. さてエネルギー Q_A の分子への分配のされ方はさまざまでありうる. そこで各 K に対して, 同じ集団状態に属する分子状態の数 j_{23} が生じる. こうして各集団状態あたりの原子状態の数として $j_{13}=j_{12}\cdot j_{23}$ が出てくる. この j_{13} は表の残りの列に示されている. 列は全エネルギー Q の定められた可能な値によって区別されている.

次にその j_{13} の値, つまり同じ集団状態の可能な実現の数を論じる. 結合エネルギーのため, 6原子から成る「液滴」のなかにのみ実現されうる最低の可能な全エネルギーは $Q=-5$ である. Q の低い値には大きな分子が, Q の高い値には小さな分子が寄与を受ける. 例えば $Q=0$ の列を考えると, ただの自由原子 (1,1,1,1,1,1) は, すべての原子を含む「液滴」(6) とまったく同様に1通りにしか作れない. 3,2,1 は 600 通りに, 2,2,1,1 は 450 通りに作れる. どんな原子状態も直接あるいは間接に他のどんな原子状態にも移行することができ, かつこの移行の確率が対称的である (すなわちAからBへの移行確率がBからAへのそれに等しい) と仮定すると, 統計的に平衡の場合には, 一定の集団状態を見いだす確率はそこに含まれる原子の状態の数に比例し, 平衡でない場合には, この数で決まるエントロピーの統計的平均は増大するであろう. 今の例で3種類の分子 3,2,1 が存在する状態のように複雑

な形態を持つ状態は，単なる塊 6 やただの自由電子 1,1,1,1,1,1 のような単純な形態に比べ，統計的に大きな寄与を受けることがすぐにわかる．エネルギーが十分に低ければ，エントロピーが最大の状態は形態に富むのである．

　第 3 節で述べた 3 つの次元 A，B，C の関係は，今のモデルで「集団の」次元（C=3），「分子の」次元（B=2），および「原子の」次元（A=1）のあいだで最も簡単に再現できる．$n=6$ に対する表から Q の 3 つの値に対して j_{12} および j_{23} の値を抜き出してみる．

表 2：$n=6$ に対する j_{12} と j_{23} の値

K	j_{12}	j_{23}		
		$Q=-3$	$=0$	$=+3$
6	1	1	1	1
5,1	6	2	5	8
4,2	15	2	5	8
3,3	20	2	5	8
4,1,1	15	1	10	28
3,2,1	60	1	10	28
2,2,2	15	1	10	28
3,1,1,1	20	0	10	56
2,2,1,1	45	0	10	56
2,1,1,1,1	15	0	5	70
1,1,1,1,1,1	1	0	1	56

この 2 つの量はつねに平行するとはかぎらないが，$Q=0$ に対してはかなり平行していることがわかる．平行性がもっともよく成り立つのは，ここでは形態の尺度として現われている j_{23} と，熱力学的な確率の尺度である j_{13} のあいだである．実際，ここでは Q と独立に j_{12} が比例因数となっている．

　しかしこの比較はかなり形式的である．なぜなら通常，分子へのエネルギー分配をじかに測ることはできないからである．形態集積の簡単な尺度は，1 つの形態論的状態におけるさまざまな種類の数 ϕ であろう．$n=6$ に対して，$\phi=1$ のとき $Q=0$ の場合に総計 252 の原子状態を含む 4 つの形態論的状態が存在し，さらに $\phi=2$ のとき 5 つの形態論的状態（6 つの集団状態）と 980 の原子状態，最後に $\phi=3$ のとき 1 つの形態論的状態と 600 の原子状態

が存在する．確率 $p(\phi)$ の集団状態への統計的分配において，「ϕ についての情報」は

$$H\phi = -\sum_\phi p(\phi)\log_2 p(\phi) \qquad (5.1)$$

となる．一定の集団状態，例えば 1,1,1,1,1,1 から出発すると $H=0$ である．次に状態を統計的に発展させておくと H は等分配に対応する値にまで上昇する．それはほぼ 1.32 であるが，可能な最大値は $\log_2 3 \approx 1.55$ であろう．

形態に関係する別の情報は，偶然に取り出した分子がどの種類に属するかという問いによって定義されるであろう．ここではそれを H_k と名づけたい．$\phi=1$ である集団状態において $H_k=0$ であり，$\phi=2$ のとき H_k の最大値 $=1$，$\phi=3$ のときその最大値 $=\log_2 3$ となりうる．H_k もまた，統計的に発展する際には，1,1,1,1,1,1 から始まって，その可能な最大値に近い値にまで増大するであろう．

c. 結語 このモデルから定性的に知られたのはどんなことか．「ただの自由原子」や「ただ一滴の液滴」のような，きわめて形態に乏しい状態では，原子の微視的状態に関する実際の情報は非常に多く，したがって潜在的情報あるいはエントロピーは非常に小さいのである．この定性的な議論がすでに，形態がより豊かな状態がエントロピーのより大きな状態，したがって確率のより高い状態でなければならないということを示している．

定性的な分配，それゆえ平衡の状態は，今のモデルでは系の全エネルギー Q に依存する．Q が大きければ自由原子と小さな分子が寄与を受け，Q が小さければ大きいほうの分子が寄与を受ける．われわれが結合エネルギーをまったく導入しなかったならば，平衡はつねに自由電子の側にあるだろう．ここでは位置座標も運動量座標も導入していない．反応の平衡に関する実際の化学理論では同一の事態がさらに鋭い形で現われる．エントロピーに対する体積の寄与は，運動する個々の分子がより多く存在するにつれて大きくなるから，自由原子の場合に最大になる．しかしそれとならんで運動量空間における体積の寄与も現われる．この寄与は，結合エネルギーが存在し，全エネルギーが一定の場合には，原子が多くの結合エネルギーを放出する分子にとってのほうがより大きい．

したがって形態の豊かさへの統計的な寄与は結合エネルギーの存在と十分

に低い全エネルギー（あるいは温度）という2つの条件による．この2つが満たされると，グランスドルフとプリゴジンが示しているように，平衡から大きく隔たっている場合には形態の集合が増大するであろうが，そればかりでなく，支配的な見解に反して，平衡状態では形態が豊かになっているのである．そうすると，いったいどのようにしてこの支配的な見解が生じ，それほど多くの実例において確証されえたのかという問いが出てくる．そのためには，平衡状態が形態に富むとはどんな意味なのかを，さらに立ち入って考察しなければならない．

　モデルで計算したのはエントロピーだけで，移行の速度ではなかった．例えば単位時間あたりつねに$\overset{..}{1}$つの原子がその結合状態か励起状態を変えると仮定すれば，原子の状態はつねに等しい速度で隣の状態に移行する．そうすると平衡においてはつねに分子の諸形態が存在するが，それらは絶えず変動している．そのような平衡は「変動する形態の群がり」である．反転不可能な発展だけに関心を持つ観測者にとっては，これらの個別的な形態をもはやまったく認識しないような記述方法を選ぶのは当然である．そこで彼は記述方法をこのように選んだ結果として，平衡をカオス的と呼ぶのである．しかしその理由は言うならば，平衡の状態においては当然，歴史的に思考する人間として彼が関心を持つもの，すなわちまさに反転不可能な発展が，彼にとってはもはや存在しえないということにすぎない．それはしかし，平衡においてはどんな形態も存在しないという主張とはまったく別のことである．

　発展過程の終わりの平衡において移行の速度がゼロに向かって減少すると仮定すれば，別の局面が現われる．その場合には骨格の集まりとしての平衡という，第5小節で挙げた平衡の像が生じる．すなわち，「偶然に」発展した形態がそれ以上変化することなくずっと同じままで存続する．例えば惑星系の発展はそのように解釈できる．最初の「カント－ラプラスの」星雲では流体力学的過程と化学的過程が進行し，そこからついに散在する惑星が生まれ，惑星はもはや重力によってしか相互作用をしない．天体力学の安定性定理によれば，この「骨格」は実際上かぎりなく存続しうるのである．

　エントロピーの増大による形態の消滅に対して通常さがし出される熱力学の実例は一面的なものである．そういった実例は，その本質あるいは特殊な条件によって結合力による形態形成をまったくなしえない量が均等化する場合に関するものである．例えば熱伝導の場合のエネルギー輸送のときがそう

であって，運動エネルギー（スペンサーからの引用の意味では「運動」）が結合力によってまとめられるということはありえないのである．拡散過程では物質の分配は均等化するが，それは，その物質が自由に運動する原子あるいは分子の形態で存在するからにすぎない．溶液中の結晶の成長という，まったく同様に適切な熱力学からの反例はたいてい忘れられる．実際ここでは秩序を持った形象が形成され，エントロピーの体積分に対するその形象の寄与は，それが分解するとした場合よりも小さいが，自由になった結合の熱は，運動量分に対する寄与を増すことによって，これを過剰補償するのである．なお，「過剰補償」という語が現われることから，第5節の答え3と4のあいだには厳しい対立のないことがわかる．孤立した形態に低いエントロピーを与えることができ，それは意味のあることである．その形態が生じる際に増大するのは，系全体のエントロピーのみである．2つの答えの違いから明らかになるかもしれないのは，形態形成の過程もまた，第2法則で表現されているのとまったく同一の事象構造の帰結である，ということにすぎない．

　最後に記録の概念についてなお一言述べておきたい．第2法則に関する以前の仕事において私は以下のような整合性の考察を繰り返し行なった[*7]．「第2法則は一方において，過去は事実的であり，未来は開かれている（『可能的である』）ということから帰結する．これに対応するのは，過去の記録は存在するが未来の記録は存在しないということである．ところでこのことは逆にまた第2法則から帰結しなければならない．エントロピーの増大に対応するのが情報の損失であることを考えるならば，それが帰結するのである．記録とは確からしくない事実であり，したがって多くの情報を含むものである．それゆえ，情報の損失が進むため，過去に関する情報は多いが未来に関する情報は少ないということになる」．さて，第2法則が実際に情報の増加を主張するのであれば，この考察は一見すると問題を含むようにみえる．しかしここで問題となるのはまたもや，現実的情報と潜在的情報の混同から生じる符号の不明瞭さだけである．潜在的情報は増加し，現実的情報は減少するのであり，記録に際して問題になるのは現実的情報である．

6. 効用としての情報[*8]

a. テーゼ　　この節のテーゼは，情報と効用の概念について，この両概念

が本質的に同一となるような操作的定義を与えることができるということである．したがって，問い方に応じて，定量的に定義された情報を，内容的に理解された効用の尺度と解釈することもでき，定量的に定義された効用を，内容的に理解された情報の尺度と解釈することもできるであろう．

文献には効用概念の確率概念への還元と，確率概念の効用概念への還元という，互いに鏡像的な還元が見られる．ここで2つの例を挙げよう．

J. v. ノイマンとO. モルゲンシュテルン（1943）は線形の効用尺度の存在を選好順位と確率という2つの概念に基づける．A, B, C を3つの選立的事象とし，ある人が事象 B よりも事象 A を，事象 C よりも事象 B を選好する，というふうに評価して主観的な選好順位をつけているとする．選好順序の推移性が前提されているので，A が C よりも選好される．選好尺度上で距離を測れるようにするために，事象 pAC が導入される．これは，A か C が生じ，しかも A は p の確率で，C は $1-p$ の確率で生じる，ということである．さて，A を効用1，C を効用0と勝手に評価するならば，pAC と B が選好順位のうえで等しく好ましいとみえるような実数 p（$0 \leq p \leq 1$）が見いだされる．そうすると p は B の効用の計測数になる．

効用 N は線形変換 $N' = aN + b$ が成り立つ程度にのみ定義されている．これに合う例は例えば勝手な選択 $N(A) = 1, N(C) = 0$ である．本質的なことは，これ以上に一般的な変換が許されていないということ，すなわちさまざまな事象の効用値のあいだの線形関係が不変であるということ，例えば $N(B) = pN(A) + (1-p)N(C)$ であるということである．こういった線形関係は実数の加法群に基づき，この加法群はここでは確率概念によって導入される．その際，確率概念そのものは既知のものとして，そして操作的に適用可能なものとして，前提される．すなわち，試行者は，ある事象に確率 p を与える場合にどんなことを考えているのかがわかっているものとされるのである．

B. デ・フィネッティ（1972, Savage 1954をも参照）は逆に，確率概念の操作的意味を効用概念に基づける．これは確率のいわゆる主観説である[*9]．例えば A と C を2つの選立的事象とすると，試行者はこれらの事象の確率の見積もりを知らせるように要請される．試行者が A の確率の値を x，C の確率の値を $1-x$ と見積もるとする．試行者は A が生じたとき罰金 $(1-x)^2$ を支払い，C が起こった後では罰金 x^2 を支払わなければならないことを知

らされる．したがって，正しい見積もりであったと，事象が起こった後でわかった値1または0からの，見積もりの偏差の2乗を，そのつど支払わなければならない．試行者が決まった数を知らせた後，試行は頻繁に繰り返されるものとし，毎回，支払うべき罰金が徴収されるものとする．このゲームを現実的なものにするために仮定してよいのは，罰金の期待値を上回る報酬が参加者に支払われるということ，あるいは，そのゲームがゼロサム・ゲームとして，さまざまなxの値を申し出るさまざまな参加者のあいだで行なわれるということである．デ・フィネッティは実際に学生たちとそのゲームを行なったのであり，その際，予言すべき事象となったのはイタリアのサッカーリーグの結果であった．罰金というやり方の意味は，そうすると試行者が本当の主観的見積もりを申し出るようになる，と確信させるところにある．こうして主観的意見という概念は相互主観的に操作されるのである．

このやり方は数学的には，試行者は自分の見積もりが正しかった場合に損害を最小にするということに基づいている．数学的な状況については下記（第2小節）を参照されたい．ノイマンとモルゲンシュテルンにおいては前提とされていたことがここでは基礎づけられる．すなわち，理論家は今や，試行者がある事象に一定の確率を与えるということがどんな意味であるかを知るのである．ノイマンとモルゲンシュテルンにおいては基礎づけられるべきことがここでは前提とされている．すなわち，貨幣価値という形態での，効用の相互主観的な尺度が利用可能とされている．この尺度の存在の基礎づけは経済学理論のかなりの部分を前提にしている．しかしデ・フィネッティはさらに歩を進めて，主観的な確率の定義を主観的な効用概念のうえに厳密に基礎づけるために，貨幣価値を効用から方法的に区別する．ここでこの区別を論究する必要はない．とはいえ，デ・フィネッティのやり方にはなお1つ恣意的なところがある．それはすなわち，偏差の2乗を効用関数として選んでいるという点である．

こうして今の論考のテーゼは次の2つのテーゼに分かれる．
1) 主観的確率概念を基礎づけるための整合的な効用関数は情報である．
2) 主観的確率概念と客観的確率概念の関連の解明は同時に，効用と情報の等置の一般化を許す．

テーゼ1)は小節bで扱い，テーゼ2)はそれ以後の小節で扱う．

b．主観的確率の効用関数としての情報　n 項の選立 A_n，すなわち n 個の互いに排反的な可能的事象 E_k $(k=1...n)$ を考える．これは，その選立決定の試行において $n-1$ 個の事象が生じなければ最後の事象が生じる，という条件を満たす．次の 2 つの条件を満たす n 個の実数 x_k $(k=1...n)$ を A_n に対する「確率ベクトル」x と呼ぶ．

α) $x_k \geq 0$（各々の k に対して）

β) $\sum_k x_k = 1$ \hfill (2.1)

添字 $j=1...n$ とベクトル x との実関数 $N_j(x)$ を確率ベクトルに対する「効用関数」と呼ぶ．

内容的には，これらの定義に対応するのはデ・フィネッティ・ゲームの以下のような経過である．試行のリーダーが効用関数 $N_j(x)$ を公表する．その後で試行者が一定の確率ベクトル $x=x'$ を選ぶ．選立決定の試行がなされる．特定の事象 $E_{j'}$ が生じるとする．すると試行者は金額 $N_{j'}(x')$ を支払われる．試行は頻繁に繰り返され，その際，いったん選ばれたベクトル x' は固定されている．最初の x' の選択は，試行者が決まった効用関数においてみずからの効用を最大にするように行なわれるものとする．われわれの解決したい理論的な問題は，選ばれた x_k が事象 E_k の実際に生じる相対頻度となるちょうどそのときに試行者がその効用を最大にする，というように効用関数を決めることである．

そのために，m 回の試行で事象 E_k がちょうど m_k 回生じる，すなわち，$\sum_k m_k = m$，と仮定する．この試行系列における E_k の事実上の相対頻度を

$$q_k = \frac{m_k}{m} \tag{2.2}$$

と定義する．この系列の試行に，添字 $\lambda=1...m$ で番号をつけておく．λ 回目の試行で生じる効用を N^λ とする．λ 回目の試行で事象 $E_{j\lambda}$ が生じたならば

$$N^\lambda = N_{j\lambda}(x) \tag{2.3}$$

である．N^λ の和，すなわち

$$N = \sum_\lambda N^\lambda \tag{2.4}$$

を，考察している試行系列における「総効用」と呼ぶ．ちょうど $x_k = q_k$ が選ばれたとき，つねに総効用 N が最大になる効用関数を「特出 (ausgezeichnet) 効用関数」と呼ぶ．そのような関数は以下のステップで構成される．

添字 j の値 j' に対する関数 $N_j(x)$ の値はベクトル x の成分 $x_{j'}$ だけに従属する．すなわち

$$N_j(x) = N_j(x_j) = f(x_j) \tag{2.5}$$

である．この従属が普遍的である，すなわちすべての j，すべての選立や試行系列などに対して同一である，とする．すると

$$N = \sum_j q_j f(x_j) \tag{2.6}$$

である．N は n 変数 $x_j (j=1\ldots n)$ の関数として，次の付帯条件を付けて最大になるものとする．

$$g = \sum_j x_j - 1 = 0 \tag{2.7}$$

ラグランジュの乗数法により，次の式が成り立つ．

$$F = N + \lambda g \tag{2.8}$$

$$\left. \begin{aligned} \frac{\partial F}{\partial x_j} &= q_j f'(x_j) + \lambda = 0 \\ \frac{\partial F}{\partial \lambda} &= g = 0 \end{aligned} \right\} \tag{2.9}$$

これらの条件は次の選択によってみたされうる．

$$f'(x_j) = -\lambda/x_j \tag{2.10}$$
$$f(x_j) = -\lambda \ln x_j \tag{2.11}$$
$$x_j = q_j \tag{2.12}$$

この選択により，

$$N = -\lambda \sum_j q_j \ln q_j \tag{2.13}$$

となる．すなわち，総効用は相対頻度 q_j に属する情報である．

M. ドリーシュナーは1977年に，一般の場合にこれが唯一の特出効用関数であることを示した．

c. 主観的確率と客観的確率，および情報概念　　確率ベクトル x は各事象 E_k の相対頻度に関する試行者の見積もりを述べ，成分 q_k によって定義されるベクトル q は具体的な試行系列のなかでのこの相対頻度の実際の値を示す．

「混合情報」

$$I^{qx} = -\sum_k q_k \mathrm{ld} x_k \tag{3.1}$$

によって定義される情報は $x=q$ のとき，すなわち見積もりが正しかったときに，最適となる．I^{qx} は概念的にどんな意味か．

まず主観的な個別情報

$$I_k^x = -\mathrm{ld} x_k \tag{3.2}$$

を考える．これは特定の事象 E_k に，その確率の見積もり x_k によって振り当てられるものである．それは客観的な個別情報

$$I_k^q = -\mathrm{ld} q_k \tag{3.3}$$

の主観的な見積もりである．客観的な個別情報は事象 E_k が生じることを確かめるためになされる支出の尺度であるとも解釈することができる．このことをまず簡単な例で説明する．

4つの可能な事象から成る選立を考える．1つの試行系列においてそれらの事象の相対頻度が

$$q_1 = \frac{1}{2}, \quad q_2 = \frac{1}{4}, \quad q_3 = q_4 = \frac{1}{8} \tag{3.4}$$

となっているとする．どの事象が生じるのかをそれぞれの試行において確かめなければならない．そのために必要な手続きが個別的な正否決定から構成されていると想定する．例えば4つの基本的な正否決定が可能だとして，そのそれぞれが，4つの可能な事象の1つに対し，それが生じたか否かを確かめるとする．さて，どのようにしてそれぞれの試行の際にできるだけ少ない決定で済ませるのかと問われる．上の q_k の値が前もって知られていると仮定する（例えば，別の人が事象をすでに吟味していて，いま実行される試行系列が，すでに記録された事象を調べるだけのことであると仮定するか，さもなければ，客観的確率を予言する可能性が信じられていると仮定する）．そうすると明

第5章　情報と進化

らかに，E_1 が生じているか否かをまず確かめるのが最も経済的である．答えがイエスであれば試行は完了する．これは半分の場合で起こる．答えがノーであれば E_2 が生じているか否かを確かめる．これは残りの場合の半分で起こる．答えが再びノーであれば E_3 が生じているか否かを確かめる．今やこれで決定には十分である．E_k を見いだすのに必要な決定の数はこの試行の場合には $-\mathrm{ld}q_k$ である．この数の一試行あたりの平均値は $-\sum_k q_k \mathrm{ld}q_k$ である．私が q に対して主観的な見積もり x を持っていて，その見積もりによれば試行系列を実行するのに必要なだけの数の試行に支払う用意ができている場合，私の支払いの実際の平均，すなわち他ならぬ I^{qx} が，実際のコストの実際の平均値

$$I^{qq} = -\sum_k q_k \mathrm{ld}q_k \tag{3.5}$$

に等しいならば，私は客観的に最も安く切り抜けるのである．われわれは前に戻ってこの考察を情報概念のコミュニケーション論的源泉に適用する．情報とはある知識を獲得する（あるいは伝達する）コストの期待値である．そのかぎり情報はこの知識の効用である．

　この考察は「情報はある概念のもとでのみ存在する」という命題を説明する．ある試行系列のすべての事象はそれ自体において互いに異なっている．そうでないとそれらの事象を数えることができないであろう．けれども選立 A_n によって表わされる概念のもとで 2 つの事象は，同一の下位概念 E_k がその両方にあてはまるならば（両者がクラス E_k に属するならば），等しいとみなすことができる．個別情報 I_k^q は，ある事象が概念 E_k に含まれるか否かを確かめるのに必要な支出を述べている．

　「主観的」確率は「客観的」確率とどんなふうに関係するのか．x_k は主観が相対頻度について持っている値であり，q_k はこの相対頻度が個別的な試行系列において実際に持っている値である．x_k は期待が抱かれるか述べられる時間点では未来に存在する事象に関するものであり，q_k は過去の事象に関するものである．期待は事象の法則が（少なくとも非反省的に）前提されているときにのみ抱かれる．法則が述べるのはつねに条件付き確率である．ある法則が真であるかどうかということ自身は確率の見積もりに服することができる．確率を見積もる人はそれを客観的なものと考える．デ・フィネッティの罰金というやり方は試行者の本当の考えを見いだす試みに他ならない．

3.3 で私はどんな意味で期待を経験的にテストすることができるかを述べようとした．理論家が導入した「客観的確率」p_k を反省の次の段階で「理論家の主観的見積もり」と呼んで差し支えない．反省を実行する人はそのとき再び，客観的と考えるみずからの見積もりを用いる．この反省の理論はまだ本書の対象ではない[*10]．それはむしろこの小節の結果を前提にするものである．けれども，われわれがこれまでの考察の結果として次のように定式化するのに用いる言い方を，自明なものとみなしてよかろう．すなわち，情報と呼ばれる支出は，客観的確率に等しい主観的確率が選ばれるときに最小となる，と．

d. 効用と情報の等置の意味　この2つの概念はいずれも非常に多くの意味で用いられるので，効用が情報と違った意味で用いられる実例を言語使用から見いだすのは容易である．主張できるのはたかだか，同一の語のさまざまな用法のあいだの関連を概念的に理解している理論家は「効用」の意味のそれぞれに対して，それと同義な，「情報」の理にかなった意味を挙げることができ，逆のこともできる，ということだけである．その際に用いられるべき原理を以下で略述したい．

　効用概念は主体の行動のなかの法則を述べようとする．効用概念は，主観にとってさまざまな善のあいだに恒常的な選好順位が存在するということから出発する．効用概念と，「価値」という客観的な概念との違いは，効用概念がこの選好順位を，社会の相互主観的な選好順位，あるいは理論家自身が正しいと考えている選好順位と，同一視しない，ということだけである．ところで，ある人が1つの選好順位を維持しうるためには，その人は問題の善を相互に区別する拠り所となる概念を持っていなければならない．その人にとってのある善の効用は，この善の概念に含まれる対象を作り出すために（この概念に含まれる事象を生み出すために）その人がする用意のある支出であると定義することができる．このことは，情報概念はある事象がある概念に含まれることを決定するのに必要な支出であるとする解釈に形式的に類似している．ここには認識が主要な関心事として前提されている．そのゆえにここでは理論的決定自身が，追求される善である．人がする用意のある支出は，善自体が求められるかぎり，人がしなければならない支出と同じ大きさを持つ（湿った地域の水は乾燥した地域の水に比べて，生活への必要性が少ないわけ

ではないが，要する支出が少ないから，その「効用」は少ない）．したがってある決定の情報内容は，前提されている理論的関心のもとでの，この決定の効用である．

実用論的な真理論ではこの関係を逆にすることもできる．そうすると長い思想の連鎖になるから，ここではそのはじめだけしか示すことができない．重要なのは理論的関心の実用論的効用，およびそれを用いての，効用としての理論的情報の定量的規定である．

生物が選好順位を，したがって語の実用論的な非反省的な意味で概念を持っていることは，生存の条件に関係している．選好順位を持つものとしての人間個体は非常に複雑な例である．動物の生得的または学習された行動は，それよりも単純な例になる．動物の行動の型を記述するときに，経験的に高まりうる効用の尺度を確率の尺度に変えるならば，こうして高まった，一定の事象に関する「動物にとっての主観的確率」は，おそらく客観的確率に対するよい近似であろう．なぜなら，そうでなければその動物またはその種は生き延びなかったであろうから．これらの情報を定義する「概念」は，当該の動物にとって生存に重要なものである．行動図式はルーマンの意味で「複雑性の縮減」の1例である．主観的確率が客観的確率に近似することは，複雑性の縮減（支出の最少化）という課題の最適の解決を意味する．

人間の行動は，行動を行なうだけでなく行動を表象する，という能力に基づく．これには，ほとんど無制限に情報を貯蔵する能力が関連している．蓄積された情報は力能（Macht）である．この反省が初めて，概念を概念として，したがって情報を情報として，主題化する．力能は人間的なものである．

ここで概念的認識の，したがって特に，認識された法則の，情報の量はどれだけかという問いが生じる．その量は無限であると推測することができるであろう．というのはそれは，普遍性という論理的形式のゆえに，かぎりなく多くの個別的なケースを含んでいるからである．ところが，ポパーによれば普遍法則は経験的に実証されえない．あらゆる普遍法則はハイゼンベルクの意味でそれぞれの妥当領域を持っている．クーンのパラダイムは大きな，しかし無限ではない情報の担い手であろう．抽象的に表現された普遍法則はあらゆる「確証」の根拠を包括し，そこに包摂される個別的なケースのなかにあらゆる「初回性」を移す（第7節を参照）．クーンのいう危機は初回性が法則の意味論的次元に帰還することである．危機の可能性は法則の情報集合

の有限性を示している.

　これらの問いによってわれわれはここで用いている理論的仮設の自己批判を始める.物理学が量子論を通じて確率概念に基づくのであれば,この概念の適用可能性に何が必要なのかが問題になる.この概念は,つねに同一な概念(例えば 》E_k《)のもとに包摂される多数の独立した個別的事象を必要とする.厳密に言えば事象は独立していない.定量化する確率論は事象を独立したものとして扱う.情報は,それがまさに事象を独立なものとして様式化する人間あるいはそのような人間の共同体にとって,累積可能な効用,したがって力能であるかぎり,測定可能である.そのかぎり情報は古典経済学の経済人という意味で効用である.近代科学についての理論はこの様式化の可能性を,その形而上学的真理を前提とすることなく説明しなければならない.

7. 実用論的情報——初回性と確証

a. **実用論的情報**[*11]　　情報の概念がコミュニケーション理論に由来することが思い出される.人間のコミュニケーションにおいて情報というもので日常言語的に理解されるのは,統語論的に定義できるメッセージの形態集積ではなく,能力のある聞き手がそのメッセージのなかで理解できるものである.これをわれわれはテーゼ1「情報とは理解されるものに他ならない」(MEI,351ページ)に凝縮する.なお,このテーゼは,ちょうどさまざまな「意味論的次元」のみにおいて,統語論的情報の概念にも意味論的情報の概念にもあてはまる.統語論的情報は文字を区別でき,文字に関心を持つ送り手または受け手にとって存在し,意味論的情報は言語によって伝達される内容に関心を持つ送り手または受け手にとって存在する.

　この区別に結びつくのが,エルンスト・フォン・ワイツゼッカーとクリスティーネ・フォン・ワイツゼッカー〔夫妻〕による,情報概念の生物学的および社会システム論的な定義と適用についての考察である(1971, 72, 83, 84).夫妻はまず,すべての生物システムがかなり厳格に階層的に組織化されていることを指摘する.ここでは電報によるメッセージという,上の言語的な例だけを用いてこのことを解説する.電報は言語の次元で重要な新事実を伝え(高い斬新値),そのために文字の次元を用いる.文字に要求されるのは再認可能性だけである.人間にとって意味のある情報はこの場合,言語的な情報

であり，まさにそれゆえにそれは「意味論的」（意味のある）と呼ばれるのである．文字と言語は互いに階層的に秩序づけられ，関係づけられた2つの「意味論的な次元」である．書き言葉は，再認可能であるが，その他の点では関心を引かない文字が存在する場合にだけ存在し，文字は，書き言葉が存在しうるようにするためにのみ存在するのである．

　記号の理解はまず意識の働きである．この狭い意味で意味論は人間にとってのみ存在する．しかしわれわれは生物学でも情報の概念を用いる．情報と進化に関する理論の全体がこれに基づくのである．ここで，すでに人間の領域において重要な実用論という概念を引き合いに出すことができる．実用論的情報とは作用するものである．私が電報の送り手が明日来るかどうかということに関心を持たず，反応しないならば，その電報は作用せず，その実用論的情報は私にとって価値がなかったのである．人間の領域において実用論は言語よりもさらに高次の意味論的次元，すなわち人間的な関係と行為の組織を表わす．この次元に属するのは生存にとって重要な決定であり，この決定にとって言語という単なる手段は，文字が言語に対するのと同じく，奉仕的な従属的な次元である．言語の奉仕的な機能に属するのは，こんどはその信頼できる理解可能性であり，それは，本来の新しさ，すなわちそのつどの行為が，成功裡に生じるために保証されなければならないものである（談話としての行為的語りは，形式的に分析できる言語から区別されるのであるから，ここで述べている機能的理論では，例えば詩的言語のような言語自身が高い地位の行為でありうるということが顧慮される．この区別全体に関する問題については『時間と知識』6. 8. 2を参照のこと．ここでめざしている生物学的な観点では，まだこの問題を気にかける必要はない）．

　有機体の機能においては，進化においてと同じく，統語論的次元を越えて存在するのでもともと指向的である情報は，はじめから実用論的に定義されなければならない．私はMIE, 350ページにおいてこれは「意味論の客観化」であると述べた．

　今はMIE, 352ページの「情報とは情報を生み出すものに他ならない」というテーゼ2をさらに基礎づけるだけにとどめたい．これは，実用論的情報とは作用するものに他ならないという上の命題を鮮明にしたものである．生の連関においてその作用とは，再び作用するときにのみ，したがって再び実用論的情報となるときにのみ，実用論的に重要となるような状態または過程

を生み出すということである．それゆえ「情報を生み出すこと」は「理解されること」の実用論的な表現である．このテーゼは情報の定義ではなく——そうであればそれは循環するであろう——，情報は情報を生み出すときにかぎり実用論的な意味において情報であるという制限条件であると言おうとしているのである．第12章ではこのテーゼを引き合いに出す．

b. 初回性と確証　　E. および C. v. ワイツゼッカーは実用論的情報の計測単位を，それよりも容易に測定可能と考えてよい別の2つの量から定義しようとし，一方を初回性（Erstmaligkeit）（または驚き，新しさ），他方を確証と名づけている．夫妻は実用論的情報を上のテーゼ2に従って情報を生み出すものと理解し，したがってそれを「伝染的」情報とも呼んでいる（「伝染的

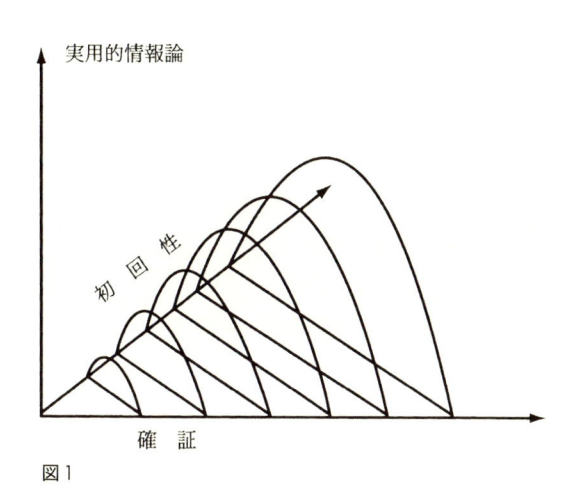

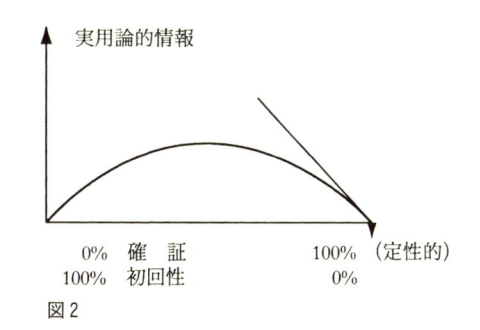

図1

図2

知識（Contagious Knowledge, 1985）」という講義題目を参照）．図1に従い3つの量の関連は，3次元空間の平面として把握される．確証 B と初回性 E の和が一定である平面の1つでこの図を切った断面図が図2である．

　この描出の意味は，大ざっぱに言えばこうである．つまり，作用する情報（「情報とは情報を生み出すものである」）が可能であるのは，何ごとかが法則に従って生起し（確証）つつも何か新しいことも生じる（初回性）ときにかぎるということである．確証なき単なる初回性はカオスであって，そこではなにごとも理解されえないし，純然たる確証は情報ではない（何の驚きをももたらさない）．

　あらゆる新しいことが，100パーセントの確証という極限的なケースに近い状況で記録されることがある．ワイツゼッカー夫妻はこれをシャノンの情報理論が前提する状況であるとみなしている．夫妻は，この極限的なケースにおいて新しさをシャノンの意味での情報によって直接に測定することを提案する．するとその場合 $I=E$ となる．つまりそれは曲線に引いた接線となる．しかし確証の部分を取り去ると，もはやあらゆる新しいことが実用論的に実効的に記録されうるとはかぎらなくなる．曲線はシャノン直線の下にとどまり，$B=0$ に対して $I=0$ に戻る．夫妻は，歴史的に成功したシステム，したがって例えば生物は，曲線の最大値の近くで行動していると推測する．純然たる確証は，すべてを知っている分野はないというスペシャリストの戯画に対応し，純然たる初回性は，すべての分野について何も知らないというジェネラリストの戯画に対応する．

　これに繋ぐことができるのが，E. および C. v. ワイツゼッカーの「誤り許容性（Fehlerfreundlichkeit）」という別の基礎概念である．生物は無謬的に機能する装置ではない．生物はそうでありえないし，そうであるべきでもない．生物がそうでありえないのは，外的影響も内的機能も完全には支配的でありえないからである．そこで生物が生き延びるのは誤りをも克服できる態勢にあるときにかぎられるであろう．これはシステム論で弾力性の能力とも呼ばれる．それはすなわち起き上がり小法師の性質である．生物が無謬的に機能する装置であるべきでもないということの1例は選択における変異の役割である．専門的にみれば変異は装置の誤りであって，それはしばしば有害であり，致命的でさえあるが，新たな生命の可能性を開くこともできるのである．完全に機能している装置のなかに存在するのはほとんど初回性ではなく，た

だ熟知されたもの，計画に組み込まれたものだけであり，確証だけである．逆に純然たる初回性は生命を破壊するカオスである．誤り許容性は初回性と確証の結合の最適値に近いものである．

c．1つのモデル　かつて私はあの考察（1970）のはじめで実用論的情報の構造を明確に理解するために非常に単純なそのモデルを考えた．その記述を以下に転載する．

　ワイツゼッカー夫妻の考察は，いくつかの「意味論的次元」を同時に考察することに本質的に依存している．私は3つの次元を同時に扱う．それらは，
　　a）記号の流れ
　　b）受け手
　　c）理論家
である．この場合，受け手はさらに
　　b_1）機械
　　b_2）観測者
に分けて考えることができる．

　a）記号の流れは時間点 t_1 に始まる記号の系列の1つから成り，記号は K 個の異なる記号のタイプから選ばれたものである（例えば文字）．私は定量的に $K=2$ と $K=3$ のケースだけを考察する．時間点の1系列 $t_n(n=1, 2, 3...)$ のそれぞれの時間点で1つの記号が受け手に入ってくる．その系列が途切れるかどうか，また，いつ途切れるのかということは，今の考察にとって本質的でない．数字 k $(k=1, 2, ...K)$ によって表わされるそれぞれの記号のタイプは記号の流れのなかで出現確率 p_k を持ち，$\sum_k p_k =1$ である．p_k は関与者の誰にも前もっては知られていないものとする．

　b_1）機械はそこに入ってくる記号を記録するものとする．機械が記号のタイプを前もって識別できるとするならば，通信技術の受信機という通常のケースが得られ，シャノン的な考察に導かれることであろう．われわれは今は，確証が情報に必要であるという観点をとる．というのは，機械が確証することができるのは，時刻 t_n に入ってくる記号が前の時刻 t_m に入ってきた記号とタイプのうえで等しいということだけであるとするからである．そうであれば機械は「n 番目の記号は m 番目の記号とタイプが等しい」という信号

を出す．その場合，機械はつねに，例えば最初の m 番目の記号——機械にはこのタイプが到着しているので——を通知するものとする．その他の場合に機械は何も通知しない．そこで機械は，それぞれのタイプがすでに一度現われているならば，K 個の異なる通知の貯えを持つことになり，機械が入ってくる1つの信号に「適合している」ということが前もって起こりうるのである．

b_2) 観測者は機械の通知だけを知る．I を通知（または非通知）の各時間点 t_n で観測者が機械に負う情報とする．明らかに I はつねに平均して時間とともに増加する．なぜなら機械が何も通知しないときでも観測者は情報ゼロを受け取るからである．実際，機械はまず信号を「認識」しなければならず，そのためには機械は信号が2度目に現われるということの「確認」を必要とするのである．観測者はみずからの情報を批判的に測定するであろう．すなわち彼は機械の通知から確率 p_k を見積もり，そこからシャノンの式に従って I を算出するであろう（こういった複雑なことは基本思想には必要でなく，既知のア・プリオリな確率でやっていくこともできるであろう．しかしその場合には図1と2の構成に必要な E と I の値の変化が得られなくなるであろう）．

c) 理論家は各時間点 t_n で，それまでに客観的に経過した記号の流れ（したがって各 $t_m \leq t_n$ で，それまでに現われている記号のタイプ）を知る．そこで彼は機械の通知をも知る．また彼は p_k をも経験的に確定する．そこから彼は各時間点に現われる記号の情報を算出し，それを初回性と名づける．それゆえ初回性は理論家にとってシャノンの意味での情報である．彼は信号の流れの読み取りに対する任意の「確証度」を所有していると考えられる．さらに彼は機械の確証度を次の主張によって定義する．すなわち，機械がすでに一度受け取った記号のタイプを新たに受け取るならば，この時間点に対する確証度は1であり，機械が記号を初めて受け取るならば，確証度はゼロであるという主張である．系列のはじめでは，観測者の「情報」は理論家の「初回性」から下方にそれる．「確証度ゼロ」が生じている K 個の時間点（それらは隙間なく次々と継起する必要はない）が塗りつぶされるならば，情報は初回性に等しくなり，そのとき「シャノンの極限的ケース」が得られる．

I，E，および B はそれぞれそのつど特定の手続きに従って計算されるのであるから，I が E と B の一意的な関数であるかどうかはア・プリオリにはまったく確実でない．私はこの問いを理論的に吟味することはしないで，

ただ $K=2$ と $K=3$ の2つの場合にこの仮定が事実にあてはまることを計算によって確かめただけである.

ここで初歩的な計算をしてみせても価値がない. 仮設そのものは主観的確率と客観的確率および情報についての論究の解説として役立つかもしれない（上の節6cの結論）. 情報と効用の等置という意味では次のように言うことができよう. すなわち, ワイツゼッカー夫妻の意味での実用論的情報は傍観する理論家にとっての情報であり, それは観測者が観測を同定可能な事象として確証するためにしなければならない支出の分だけ減少する, と.

夫妻の最近の仕事は, こういった定性的な概念によって記述できる生物学的現象と社会的現象の領域がいかに広いものであるかを示している.

8. 論理学の生物学的予備段階

a. 方法上のこと　この節は物理学の構築に向かってまっすぐに進むのに必要ではない. この節はむしろ, 時間と確率に関する部分の締めくくりとして, 哲学的反省を初めて導入する. 哲学的反省は, 物理学の構築の終わりで立ち返り, 準備中の著書『時間と知識』で完遂するものである. この反省の方法的な形象は円環行程である. すなわち, 時間の論理学は物理学の基礎, 物理学は生物学の基礎であり, 生物学はそこから生まれる行動研究から動物と人間の行動の構造を見ることをわれわれに教え, 最後にその構造は, 論理そのものを行動の制御システムと解釈することを可能にする. もう一度強調しておきたいことであるが, 階層的に構築されるのではない哲学, それゆえ上から下へと演繹されるのではない哲学においては, そのような円環行程は要求された「証明」の悪循環ではなく, むしろ整合性の立証（「意味論的整合性」),「庭園の回廊」である.

この節は反省の準備にすぎない. 以前の2冊の著書から取りたいくつかの部分をこの節で簡潔に報告するが, その部分自身がすでにその2著で, 本来の哲学的問いに対する「予備学」とされていたものである.『自然の統一』第3章「サイバネティクスの意味」から, 論文3.4「病気と健康, 善と悪, 真と偽のモデル」を選び, 以下では「モデル」として引用する.『人間的なるものの庭』から第2章「主体の生物学」のいくつかの論文を選び, 論文と節の番号をつけて「GM II」として引用する.

b. 生命の認識形態性　　GMⅡ.2「鏡の背面を写す」は第2節「進化の認識形態性」で，進化，いや生命そのものが，認識との構造的類似性を持つという，コンラート・ローレンツとカール・ポパーのテーゼを報告している．このテーゼにおいては，実在に最もよく適応する生物がつねに生き延びるというダーウィンの思想が，真理を行動の成功と定義するプラグマティズムの認識論と突き合わされている．ローレンツとポパーはダーウィンとともに古典物理学の実在概念を受け継ぐが，厳密なプラグマティズムにとって「実在」もまた行動の成功を短縮した言い方にすぎず，そうであるかぎりもちろん，ローレンツとポパーは例えばウィリアム・ジェイムズのプラグマティズムによりもダーウィンに近い．私はGMⅡ.2.1（「自然科学の存在論」）でこのような見解に対する同意と批判を慎重に吟味しようとした．ローレンツの著書『鏡の背面』の題名が言っているのは，自然を認識する認識器官はそれ自身が自然の一部であり，世界を映す鏡は世界のなかの物体として，映すのではない背面を持つ，ということである．この見解には私は難なく同意する．しかし私は上に論文GMⅡ.2「鏡の背面を写す」を引いた．この題名が言っているのは，われわれは鏡の背面をやはり鏡のなかでのみ見るということ，言い換えると，われわれの語ることができる実在はわれわれにとっての実在であるということである．こうしてわれわれは本書の円環行程のなかにいることになる．

　進化が認識形態的（「知形態的（gnoseomorph）」）であるということは，これまでの諸節から形式的に導き出すことができる．進化は情報の増加であり，認識についても同じことが言える．問題はただ，情報というものでわれわれの理解しているものが両方の場合で同じなのか，また情報の増加が進化と認識との特徴づけにどれほど本質的か，ということだけである．進化は客観的な情報の増加であるが，認識は主観的な情報の増加である，と言われるであろう．ここで，「客観的」および「主観的」という概念の定義の仕方がまずいのである（『時間と知識』5.6，第3の変奏を参照）．GMⅡ.2.3節（「情報，適応，真理」）は次のような言い方を提案する（GMⅡ，201以下）．

　情報はまず人間にとって存在する．電信によるコミュニケーションの理論から情報の概念が生まれた．しかしそれによってすでに情報の量は相互主観的（すなわちコミュニケーション的！）なものと考えられ，客体化されうる．なぜなら器官ないし装置は送り手および受け手とみなされるからである．そ

うすると情報は送り手―受け手の対にとって存在する.「この言い方において『にとって』とはどんな意味か.受け手によってわれわれが理解するのは意識ではない,あるいは少なくとも反省ではない.そのかぎり受け手は,情報は『みずからにとって』存在するということを,みずからに,あるいはわれわれに言いうる者ではない.なぜ情報が彼にとって存在するとわれわれが言うのかということの科学的に正当な理由は,情報は1つの概念のもとにのみ存在するという命題のなかに示唆されうる.このことはすでに人間にとっての情報にあてはまる」(202ページ).ここでわれわれは先の諸節を引き合いに出すことができる.情報は一般に2つの意味論的次元のあいだでのみ定義される.「1つの器官にとっての情報についても同様である.この情報は,われわれがその器官の機能を示し,それによってこの機能に関連する正否決定の総数を確定できるときに初めて定義される.われわれがこの機能を理解したとき,われわれはその器官が,その構造とそれが生み出す成果とによって客観的に,われわれの判断から独立に,まさにこの機能の概念を表現している,と言うことができる.器官は,こう言ってよければ客観的な概念である」(203ページ).

　ポパー(1973, GM Ⅱ. 2. 2を参照)は3つの異なる「適応の次元,すなわち遺伝的適応,適応的な行動学習,および科学的発見」(GM, 197)のあいだの構造的な類似性に特別な価値をおいていて,私にはそれはまったく正しいと思われる.これら3つの場合のすべてにおいて内的教化と淘汰が重要である.内的教化は,遺伝子の構造であるか,試行錯誤を通じて学習される行動の構造であるか,理論的確信の構造であるかを問わず,1つの構造(その情報内容をわれわれが測定する構造そのもの)の転送である.ポパーは言う,「実際,私は,構造の外部からの教化のようなもの,あるいは感覚器官にみずからを刻印する情報の流れの受動的な受容のようなものは,存在しないと主張する.すべての観察は理論刻印的である.すなわち,純粋な,関心を欠いた,理論を持たない観察は存在しない」「新たな革命的な理論はちょうど強力な新しい感覚器官のように機能する」(GM, 199).この認識論と本書が主張する認識論との類似性は明白であるが,それもまた『時間と知識』のテーマである.ここでは概念と器官の親近性を指摘するだけにとどめなければならないであろう.

c. 実用論的真理概念への道　　以下は論文「モデル」（『自然の統一』Ⅲ. 4）の報告である．

　真と偽は論理学の反省的な基礎概念，すなわち論理学を定義することのできる概念である．アリストテレスによれば言明とは真か偽でありうる発話である．論理学は真と偽の数学であると定義することができる（『時間と知識』第6章）．論文「モデル」はサイバネティクスに関する章の枠内で「真理のサイバネティクス」を問う．「人間が自然の一部であるならば，真理は自然のなかに存在しなければならない」（320 ページ）．その論文は「方法的に人間を生物として，生物を制御システムとして，そしてこの制御システムを変異と選択によって成立したものとして……」考察し，「こういった考察は，人間と生物と制御システムの成立とに関する真理を言い尽くしているという主張を掲げるのではないから，ただモデルと呼ばれる．そのような考察の背後にあるのは，人間，生命，および歴史において客観化されうるだけのことがそういったモデルで言えるという推測である．『客観化する』という語が何を意味すべきかということは，このような考察ではもはや問題にならない」（321 ページ）．本書はこの最後の問いをさらに追究する．

　その論文は健康と病気のモデル，善と悪のモデル，真と偽のモデルという3通りのモデルを考察している．

　「健康」という題目で論究されるのは規範の概念である．「健康であるかぎりわれわれは健康であることに気づかない」（322 ページ）．それは生活において通常の，「疑問の余地のないこと」である．われわれは『時間と知識』第2章において「純然たる認識」という題目で再びそのことに出会うであろう．規範の概念はサイバネティクスでは制御範囲の「実際値」がその回りをめぐる規範値のシステムとして把握できる．その論文は規範の概念が形相（*Eidos*）に，プラトン的なイデアに，近いことを指摘する．規範は「1つの『真なる表象』である．規範について語るとき本来われわれが意味しているのは，われわれのこの表象ではなく，その表象のなかで把握される事態である」（326 ページ）．再び概念と器官の機能との類似性が見いだされるのである．

　しかしもともと興味ある問いは，病気とは何かということである．病気は規範の回りをめぐる通常の働きではない．ある病気が1つの概念によって表わされうるならば，その病気自身が1つの規範である．「病気は有機体と呼

ばれるより大きな制御システムの内部の寄生的な制御システムであるように見える」(328ページ).「高次のシステム自身が秩序だって攪乱に反応することができるのは,それが一般にまだ反応しうるかぎりにおいてのみである」.「病気は偽なる健康であると定義しうるであろう.『偽』という概念はこの場合ダーウィン的に,劣化した保存能力,したがって適応の喪失を表わす.プラトン的に言えば,イデアによって規定される世界では,劣悪なものもまたイデアに従ってのみ姿を表わすことができるのである」[*12](329ページ).

　進歩,したがって例えば進化は「健康と病気の区別をある程度,相対化する」(330ページ).ある環境または制御システムで「偽なる」基準であったものは,変化した環境または変化した制御システムのもとでは「正しい」基準となりうる.「進化は原理的に規範のなかで十分に表現されうるものではないと推測できる.イデア論は開いた時間にではなく循環的時間に属するのである」(334ページ).

　善と悪に関する短い節は主題のうえで本書にではなく,『近代の知覚』の「概念」の章に属する.今はただ,カントの定言命法はここでは「可能な規範を欲せ」(335ページ)と解釈されるとだけ述べておきたい.進歩はこれらの規範をも相対化する.「ここには,愛の現実性が正義の原理を凌駕するということの構造的な根拠がある」(335ページ).

　真理は伝統的に「事物と知性の一致」であると定義される.私は今は「一致」の意味を解釈し直して「適応」と翻訳する.動物の正しい行動については「正しさとは行動の環境への適応性である」(338ページ)と言うことができる.ここで一致とは写真と対象との類似性ではなく,鍵の錠への適合である.私は「様式化して」(339ページ)真理という術語をすでに動物行動の正しさを表わすために用いている.それによってわれわれは,成功する行動の規範という,真理の実用論的概念に近づくのである.

　真理とは一種の誤謬であって,それなくしてはある種の生物は生きることができないものである,というニーチェの挑発的な文章が思い出されよう(339ページ).厳密に考えようとすれば,それはどんな意味でありうるのか.「もし……真理が健康と同列に並ぶのであれば,虚偽は病気と同列に並ぶ」(339ページ).そうすると虚偽は「偽なる真理」であると述べることができるでもあろう.すでにプラトンは誤謬の可能性をそんなふうに論じている[*13].しかし,真理は全体であるというヘーゲルが正しいならば,あるいは,プラ

第5章　情報と進化　　165

グマティズム的に言って，計り知れないほど多くの出来事のなかではいかなる適応も完全ではありえないのであれば，われわれが言表しうるあらゆる個別的真理もまた誤謬であるが，しかしそれなくしてわれわれはほとんど生きられそうにない誤謬に他ならない．

ここで現われる哲学的諸問題は，『時間と知識』第6章で初めて検討する．ここではただ，実用論的な真理概念は，示唆した枠組みのなかで，どのようにして形式的に正確に把握できるのか，ということだけを問う．その際，真と偽は通常，行動の規範にではなく，言明（命題）に帰せられるということを知ることが本質的である．

d. **論理学の2値性**　言明は真か偽でありうる発話であると説明される．そこで言明はいずれにせよ言語行為であり，したがって人間行動の1つの方式である．論文 GM II. 6（「論理学の生物学的予備段階」），第3節「論理学の2値性の実用論的解釈」はまず動物の最も単純な行動図式に遡る（301ページ）．そのような図式は，外的または内的刺激によって誘発されうる活動の進行である．その図式は，生じるか生じないかのいずれかであるという悉無原理を持っている．複雑な行動図式は部分的に，または強まったり弱まったりしながら，進行しうるが，要素的な進行は生じるかまったく生じないかのいずれかである．それにはコンピュータモデルを作ることができる．「通常は反応しないで，関連する環境の変化にだけ……反応するメカニズムが……働かなければならない．さて有機体のような有限の存在は，信頼できる機能を果たし，比較的複雑な作用をする，誘発可能な行動図式を有限個だけ，それも少数だけ，持つことができる」（304-5ページ）．ここでは肯定的なものが優勢である．「誘発が起きると，行動の進行が生じる．誘発が起きなければ『何ごとも』生じず，起きなかったことは何であるかを知るために，そのつどの観察者の失われた関心に対する問い直しが必要である」．

行為図式はまだ言明ではない．「行動を研究するわれわれは，『動物にとっての事態』を，誘発という結果をもたらす状況と定義することができる……そうすると人間の思考は，言語によるものであれ，例えば視覚的想像によるものであれ，結果を伴う可能的行為の表象（前に‐立てること）に基づく」（301ページ）．「表象される可能的行為の表象される誘発者は『人間にとっての事態』であろう」（302ページ）．発話はまず，別の発話を意味する行為で

ある（これについては，GMⅡ.3「知覚と運動の統一」，第 5 節「記号的運動」218 ページの，知覚，表象，および思考を，言語形式からなお独立に「記号的運動」，つまりそれらを呈示する運動とは別の「体験された運動」とみなす解釈を参照）．そうすると言明とは「人間にとっての事態」を意味する発話である．「事態は人間の寸法に合った行動様式によって定義される」（302 ページ）．この最後の文には実用論的な真理論がこめられている．その文は，事態がまさに「自体的に」存在するという，素朴実在論的仮定から出発するのではない．事態は情報と同じく，1 つの概念のもとに存在し，概念の客観的な形態は，動物の行動にあっては器官の機能であり，人間の行為にあっては可能な行動様式の複合体に他ならない．「事態とは言明が述べることのできるものである」（ストローソン）．

　要素的な行動の進行に関する悉無原理から，「人間にとっての事態」の存在に関する悉無原理を簡単に推論することはできない．例えばショウジョウバエのような動物の複雑な行動についてすでに，「環境のなかでの方向性」，つまり行動を操る一種の複雑で可能的な「動物にとっての事態」の連続体が存在している*14．再び悉無原理を持っているのはまさにある一定の言明文の言表（または思考）である．単に言明が言表されるだけで，それは再び肯定的なものの優越性を持ち，「真として理解される」．すなわち単なる言明から可能的行動のスペクトルが 2 つの側に枝分かれする．明示的でないものの側にはさまざまな形の方向性があり，それらはまったく言語的形式をとらない．明示的なものの側には，反省される文という形を取るものに至るまで，強弱の疑念がある．反省される文，それゆえ疑われている文については，それが真か偽でありうるということ，およびそれがこれから受容されるか捨てられるかするということが確定している．

　このスペクトルのなかには，疑われている言明（「厳密にはおそらくそうでないであろう」）の単なる廃棄と，それが偽であることの確信との区別が存続している．論理学の独断的な出発点となっている真と偽の完全な対称性はまず，真か偽のいずれかでなければならないという，完全に反省された言明に対する要請として成立する．論理学の 2 値性は自明ではない．それは 1 つの要求である．この要求の実用論的な効用は明白である．否定可能な言明はかぎりなく蓄積でき，呼び出しができる知識であり，したがって力能である（GMⅡ.5「力能について」，Ⅱ.4 節「力能とは何か」265-9 ページを参照）．私は

論理的な意味で言明に依存しない方向性を GM II.4 において「感動の理性」という題目で述べている．

　ここで，生物学的予備段階が論理学を正当化するためだけでなく，論理学の独断論を相対化するためにも使えることがわかる．われわれは量子論を論理学的に考察する機会に，この独断論の背景を問うことにする．

第Ⅱ部
物理学の統一

第6章

理論の組織

1. まえおき

「物理学の統一」という題名は，基礎法則を立てるかぎりでの物理学を唯一の理論に統合することができるであろうという推測を表わしている．われわれはこのような物理学を構築する企てを2部に分けた．第Ⅰ部は時間，詳しく言えば現在，過去，未来の結合体が，物理学に対してどんな意味を持っているかを示した．第Ⅰ部では時間だけがテーマであって物理学の統一はまだテーマでなかった．

この第Ⅱ部でわれわれはもう一度，いわばゼロから出発する．まずこの第1節で，物理学の大理論の歴史的発展を，創始者たちによって理解されたとおりに考察する．われわれはこの歴史的継起を事実に即して1つの「組織」とみる．すなわち，さまざまな理論は相互に関係しあっていて，歴史的に発展するにつれ，古いほうの理論にもまた，新たな理論によってそのつど新たな光があてられるのである．

この歴史的運動はクーン（1962）によって，またすでにそれ以前にハイゼンベルク（1948）によって，その内的力動性およびその事実上の必然性に照らして判定されている．クーンはそのつど支配的なパラダイムのもとでの通常科学と，パラダイム交替ということを語り，後者を革命と呼ぶ．1つのパラダイムはそのつどある限られた射程のみを持つ．さまざまな困難が現われ，それらが結局，支配的なパラダイムでは解けないことがわかると，革命が準備される．もちろんこの解決不可能性はたいてい，新たなパラダイムがそれらの困難を解いた場合に初めて認識される．なぜ古いパラダイムを捨てなければならなかったかが，その場合にわかるのである．物理学の大理論が次々と形成されていく歴史的過程——これがここでわれわれの関心を引くのであ

るが——は，ハイゼンベルクによってさらに特殊なものに限定され，したがってさらに精確に，「完結した理論」の継起と呼ばれた．完結した理論，すなわち小さな変更を加えることではもはや改良されえない理論は，それぞれある妥当領域を持っているが，後続の理論が初めてその妥当領域の限界を示すことができるのである．

しかしわれわれはここで方法論的構想から出発するつもりはなく，クーンとハイゼンベルクもまたもちろん本来そうしたように，実際の物理学史の考察から教訓を引き出そうと思うのである．言うまでもなく本書は物理学史の書物ではない．著者はそれぞれの理論について上述の観点から最も重要と思われる点をごく簡潔に際立たせることしかできない．さまざまな「完結した理論」は直線的に継起しているのではなく，幾重にも枝分かれしている．また「完結した」という述語は，それどころか理論という性格も，必ずしも終始同じふうにそれらの理論にあてはまるわけではない．この叙述のもとになっている歴史的な事柄への関心から私が限られた力の範囲内で扱ったのはつねに，各理論がそれぞれの場面で追究した事実問題である．私は特殊なものから一般的なものを学ぼうとしたのである．この章はそれらの理論を通覧して行き，方法論的反省によって2度，すなわち自然法則の数学的形態（第3節）と意味論的整合性（第7節）のところで，その歩みを中断する．記述方式が12の節全体にわたって一様であるわけではない．その理由は，1つに

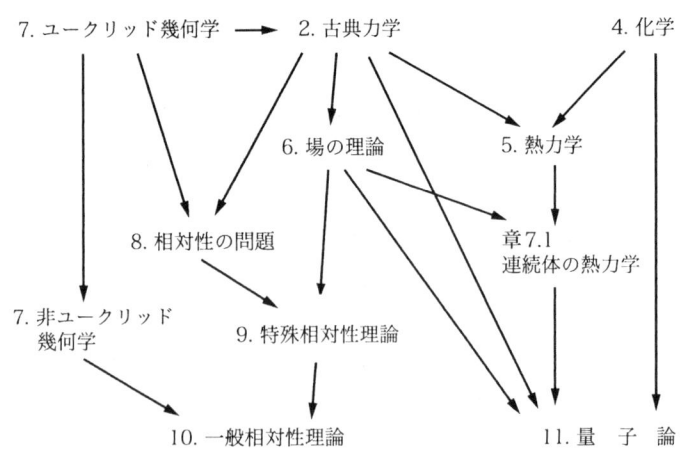

図表3：理論の組織

は各節がそれぞれそのつど本書の他の部分に関連すること，また1つには各節の書かれた時期が異なることにあるとしなければならない．

　理論の連関を図表で示そう．図表では該当する節の数字を前に付けた．

　本章を概説するために図表を説明しよう．
　第1行目の中心に「古典力学」がある．それは近代物理学の出発点である．古典力学の歴史的由来をさらに明らかにしようと思うならば，ユークリッド幾何学からそこに来ている矢印に加え，図表には記入されていない天文学と技術という2つの分野からそこにもう2本の矢印を引かなければならないであろう．古典力学は方法を幾何学に，事実問題を天文学と技術に負う．次の第2節は古典力学のモデルに即して，理論の組織のなかで生じる問題をも挙げようとする．
　古典力学からは4本の矢印が出ている．相対性の問題，場の理論，熱力学に伸びる矢印と，量子論に直行する矢印である．古典力学の横に独立して幾何学と化学という2つの科学があり，ともにすでに古代に起源を持つ．ユークリッド幾何学から2本の矢印が出て，すでに近世初期に知られていた相対性の問題と19世紀の非ユークリッド幾何学に達している．化学から2本の矢印が出て，19世紀の熱力学と20世紀の量子論に達している．
　まず図表の中央と左側を考察する．
　「場の理論」は1つには連続体力学として古典力学からの直接の帰結であり，また1つには光，電気，磁気についての経験科学に由来する．それは19世紀後期に，それ以来物理学で支配的となっている近接作用の考え方を完成した．
　「相対性の問題」には2本の矢印が幾何学と力学から来ている．第8節は17世紀に成立した力学における運動学の基準系に関する不可避の問題を論じる．
　「特殊相対性理論」はこの問題を場の理論からの教訓と結びつけて解決するものである．
　「非ユークリッド幾何学」は，すでにギリシャ幾何学にあってその創始者たちに意識されていた問題が，近代になってさらに考えられた結果出てきた1つの帰結である．今や複数の幾何学理論が選択肢として示されることになり，その結果，幾何学の経験的意味の問題が生じるのである．

「一般相対性理論」には本来，3本の矢印が届くべきであろう．つまり特殊相対性理論と非ユークリッド幾何学からの矢印に加えて，歴史的には古典力学の一部である重力理論からの矢印である．第10節は一般相対性理論が含む未解決の問題をある範囲内で扱う．

図表の右側に目を向けよう．

「熱力学」は独立した基礎分野である．熱力学は熱という経験的現象から出発し，化学反応についてのさまざまな経験を自らのなかに組み込んだ．その第1法則はもともと力学で定義されたエネルギーの保存を自然全体に広げた．その第2法則は不可逆性という普遍的現象を規定する．その統計的解釈は確率を基礎概念として物理学に導入する．

「連続体の熱力学」という題目で第7章の最初の節で述べるのは，古典的な場の理論の1つである熱力学の避けられない挫折であり，それによってどうしても量子論に行かざるをえなくなるのである．

「量子論」には4本の矢印が来ている．量子論は連続体の熱力学から生まれる．それはボーアの原子模型によって力学と化学を統一する．それは波動力学によって場の理論を自らのなかに組み込む．今日それは物理学の基礎理論とみなされてよい．この量子論が他の理論を，とりわけ相対性理論をも，自らのなかに組み込んだ後で，理論の組織がどのようになるのかは，本章の第12節でプログラム的に論じる．

2. 古典質点力学[*1]

a. 基礎方程式の意味の最初の分析

$$m_1\frac{\mathrm{d}^2 x_{ik}}{\mathrm{d}t^2} = f_{ik} \ (i = 1...n,\ k = 1, 2, 3) \tag{1}$$

ここに書かれた式はいったいどんな意味かと，これ以上に説明しないで今日の物理学者に問うならば，期待してよい答えは「まあ，おそらくこの式でもって古典力学の運動方程式が考えられているのだろう」といったものであろう．ここでこの答えに含意されている了解の最初の分析を示そう．

われわれは問われた物理学者に正しい答え，すなわちわれわれの考えている答えを述べさせたが，それは躊躇を表わす言葉を伴っていた．事実，式中の記号の意味に関して科学で広く普及している規約があるので，例えば外国

語の文献を読む者にとっては，しばしば式のほうがそれに伴っている文章よりも理解しやすいのである．けれども，このような規約は一義的なものでなく，それも2つの可能な点でそうである．すなわち，一定の記号がつねに同一の概念を表わすとはかぎらないし，一定の概念がつねに同一の記号によって表わされるとはかぎらない．2つの非一義性のうち最初のほうが根本的なものである．科学に現われる概念の集合のほうが，使われる（そして記憶力に要求しうる）記号の集合よりもはるかに大きいから，1つの記号は必然的に非常に多くの異なった概念を表わさなければならない．どの概念が考えられているのかは，脈絡から明らかになるか，明示的定義によって確定される．しかし，まさにこの意味の脈絡依存性と定義依存性のゆえに，記号使用の多様な伝統が形成され，これらの伝統が後で再統一されることはときおりしかなく，こうして，同一の概念を違った記号で表わすという，抽象的に見れば避けうることが，歴史的には不可避的に生じるのである．

　記号の意味と記号の結合や操作を研究する学問は「意味論」と呼ばれる．上に書いたような式は，論理学，数学，そして本書で考察している物理学という3つの学問に関連して，その意味という点から検討することができる．論理学の意味論にとってその式は命題の表現であり，その命題は真なる命題であることを要求する．数学の意味論にとってその式は実数を値としてとりうる量のあいだの方程式である．物理学の意味論にとってその式は自然法則，すなわちまさに質点系の運動法則を述べている．その式は，それが持つこの「本来の」意味を考慮して通常の書き方で書かれるのである．われわれはまずその意味を調べる．しかし明らかにその際われわれは，論理学的および数学的意味についての先行了解をすでに用いなければならない．真なる命題とは何であり方程式とは何であるかということは，実際上はよく知られていることとして前提してよい．それに反し，数学的には自明でないこと，すなわち文字で表わされる量を数学的にどのように解釈すればよいのかということは，説明しなければならないことである．

　上の式は方程式であり，それも2階の微分方程式である．記号

$$\gg = \ll \text{ および } \gg \frac{d^2}{dt^2} \ll$$

は通常の意味を持ち，$\gg t \ll$ は独立変数の記号である．残りの記号についてみると，添字 i と k は括弧内で示されている領域の自然数を表わしている．

第6章　理論の組織

k は3つの値1, 2, 3のいずれか1つを，i は1からn までの値のいずれか1つをとることができる．そのときn は$\geqq 1$ なる自然数で，一般には確定していないが，方程式が具体的に使用されるときにはいつでも確定していると仮定される．i と k にそれぞれ代入が行なわれるたびごとに微分方程式が1つできる．したがって今の式は$3n$ 個の方程式を記号で短く表示したものである．この表示——論理学のこの先取りをここで挿入すると——が可能なのは，$3n$ 個の方程式がすべて同一の「形式」を持っているからである．異なる形象の同じ形式がここで提示されるのは，添字をフレーゲが精確化した意味の・変・数として使うことによってである．すなわち添字は何か「変化しうる」ような量ではなく——そうであればそれには理解できる意味を論理学において与えることはできないであろう——，「普遍性を暗示する」のである．残りの文字m, x, f およびすでに挙げたt も同様にこの論理学的な意味で変数であるが，そこには実数（さらにm には正の実数のみ）を代入すべきである．微分方程式の数学は論理学の言語使用からそれるような用法をし，x と t を，関数的連関が調べられる・変・数，m とf を・パ・ラ・メ・ー・タ・ーとして，両者を区別する．ここでパラメーターとはすなわち，一度は任意に選ぶことができるけれども，選ぶと，この選択によって決まる方程式の形態に対して，ならびにそれによって精密化される，それを解くという課題に対して，固定されねばならない量である．そのような場合たいていt は独立変数，x は従属変数と呼ばれ，こう呼ぶことで，x がt の関数として求められているということが表現されている．添字i, k をそれぞれ選ぶたびごとに違った従属変数x_{ik} が1つ存在するが，t はつねに同一の量でなければならない．それゆえ$3n$ 個の関数$x_{ik}(t)$ が求められているのである．その際m_i は一定の，すなわちx_{ik} とt から独立のパラメーターと考えられるが，f_{ik} のほうは（簡潔な書き方をするときには表現しないことであるが）$3n$ 個の量x_{ik} の・す・べ・ての関数でなければならず，さらに，t への明示的な関数的従属性をも持ってよいのである．

　このような方程式を立てて解く——つまりパラメーターの値m_i と$l=1\ldots n$, $m=1, 2, 3$ であるパラメーターの関数$f_{ik}(x_{lm})$ とが与えられるとき関数$x_{ik}(t)$ を決める——ことは，これらに与えられる物理学的意味について何も知らなくてもできるのである．このことは物理学者の意味論的な言語使用のなかに反映している．方程式(1)の意味について詳しく問われると，彼はふつう記号$x, t\ldots$の物理学的意味について語るのではなく，これらの記号によって表わ

される数学的量の物理学的意味について語る．数学的に記号の意味，つまりまさに記号の数学的解釈と見えるものが，物理学者にとっては数学的「フォーマリズム」であって，それはいま一度「現実」，「自然」あるいは「経験」における解釈を必要とする．歴史的に数学が数学的形式言語に先だって存在していたのとちょうど同じく，歴史的に物理学の多くの概念もまた数学的に精確化される前に存在していた．「精確化」，「解釈」，「経験」「意味論」といった概念がどのような相互関係にあるかという問題については，すでに第3章で1例を挙げて論じた．その他，「意味論的整合性」の節(6.7)および『時間と知識』5.2.7を参照されたい．まずわれわれはその方程式の物理学的解釈を，物理学者の通常の理解に従って与える．

　その方程式は「質点」と呼ばれるある種の物理学的対象のふるまいを決定する．けれども経験において質点と寸分違わぬふるまいをする事物はわれわれに知られていない．物理学者は経験に対して質点の概念のような関係にある概念を「理想化」と呼ぶ．そうすると直ちに新たな意味論的問題が目の前に現われる．フォーマリズムの物理学的解釈は再び2段階で完成する．第1段階で数学的な量に新たな名前が与えられる．そういった名前は，数学的な量が一定の理想化された対象——ここではまさに質点——の特性を述べるような言語使用に由来するものである．そうしたうえで第2段階では，そのような理想化された対象が現実のどんな対象，あるいはわれわれの経験のどんな要素を記述するのか，この記述はどのようにして可能なのか，それはどの程度に正確なのかなどといったことが考察される．もちろん歴史的にはここでもまた順序が逆であった．理想化された対象を記述する概念は長い歴史的発展の結果である．今日のわれわれにとってこの結果のほうが，それに至った過程よりも容易に理解できる．それゆえにわれわれはこの結果の記述から始めるのである．しかしその場合，行なわないでは済まない本来の解釈の仕事は第2段階に属する．この段階の最後になって歴史的発展の構造を表だって反省することが必要になろう．今は第1段階を扱い，その方程式に現われる個々の数学的量が物理学でどのように呼ばれるのかを考察する．

　数 n は考察されている質点の数を示し，質点は添字 i によって番号がつけられる．それゆえその方程式はそのままでは，任意だが有限な数の，そして適用されるそれぞれの場合に固定したものとして選びうる数の，質点に対して成り立つ．固定した i に対し，3つの量 $x_{ik}(k=1, 2, 3)$ は，任意に選ばれ

た直交座標系のなかで当該の i 番目の質点が持つ決まった3次元の空間座標を表わす．量 t を「時間」と言う．一定のパラメター m_i を i 番目の質点の「質量」と言う．関数 $f_{ik}(x_{lm}, t)$ を i 番目の質点の k 番目の座標に作用する「力」と言う．質量が与えられ，力の関数が，$3n$ 個の方程式の連立系が可解であるようにして与えられると*2, $3n$ 個の関数 $x_{ik}(t)$ からの解がそれぞれ存在する．i が固定される場合，3つの関数 $x_{ik}(t) (k=1, 2, 3)$ を i 番目の質点の軌道の座標記述と言う．また $3n$ 個の量 x_{ik} を，n 個の質点の系全体の位相点の位置座標，$3n$ 個の関数 $x_{ik}(t)$ を，その系の位相軌道の座標記述と言う．$3n$ 個の 2 階微分方程式から成るこの連立方程式の1つの解は $6n$ 個の積分定数を含み，これらを解のパラメターとも言う．それらの解は $6n$ 次元多様体を成す．物理学で解のパラメターとして選ばれるのはたいてい x_{ik} の値と，ある固定した時間点 t_0 に対する，時間による x_{ik} の1次導関数

$$v_{ik} \leqq \frac{\mathrm{d}x_{ik}}{\mathrm{d}t} *_3 \tag{2}$$

の値であり，これらのものは「初期条件」と言われる．

このような表わし方の背後にはいくつかの考えがあり，それらの抽象的な構造をほぼ次のように述べることができる．n 個の質点の系が物理学的対象であり，次の3つが知られているならば，時間のなかでのそのふるまいの全体を規定することができる．

    1. 普遍法則

    2. 系のパラメター

    3. 状態のパラメター

普遍法則は

    1a. 系の形式的に可能な特性を規定するもの

と

    1b. このような特性の時間的変化の普遍法則

の2つに分けることができる．

「形式的に可能な特性」とわれわれが呼ぶのは，ある系が一般にそのつど考察されている理論の対象であるときその系がもちうる特性のことである．量 t, x_{ik}, m_i, f_{ik} はすべて形式的に可能な特性を表わし，それも次のようにして表わす．すなわち，物理学者が「量」と呼ぶもの（例えば固定した添字の対 i, k に対する座標 x_{ik}）が特性のクラスを意味し，そのうち当該の系が同

時に持ちうる特性は1つ，しかもただ1つだけである，というようにである．その場合この特性は，当該の量がその系に対してちょうど持っている「値」と呼ばれる．その系がある量の1つの値を特性として持ちうるということが，「可能な」という語で表わされている．この可能性が普遍理論によって確立されているということが，「形式的に」という語で表わされている．具体的な状況においては，1つの量のある決まった値が形式的に可能であるが現実的に可能でない，ということが起こりうる．項目1b，2，3はまさに現実的な可能性の領域を次々に制限している．われわれは形式的に可能な特性を「広い意味で偶然的な」特性とも呼ぶ．それによりわれわれは哲学において多義的な語「偶然的」に特定の意味を与えるのである．

　量 t つまり時間と，それ以外の量とのあいだには本質的な区別があり，それはすでに語り方で示されている．t' を t の特定の値，したがって例えば時計の針の状態によって示される時間点とすると，系は特性 t' を持つとは言われず，それは時間 t' において特性 x'_{ik} ...を持つと言われる．時間の値は特定の系の特性であるとは思われない．それに対応して数学的には，t は(1)のなかで唯一の独立変数として現われている．それゆえにわれわれは1bで，形式的に可能な特性の領域を制限する法則，つまり他ならぬ(1)を，こういった特性の時間的変化の法則と呼んだのである．

　形式的に可能な特性のいくつかは2と3で「パラメター」という名前で現われている．それは量の値のうち，普遍法則から見ればなお自由に選びうるような値である．それは数学的には，方程式の解つまり位相軌道を確定するために必要な表示である．系のパラメターとわれわれが呼んだのは，方程式そのものの正確な形態を確定するのに必要なパラメターであり，すでに数学的記述のなかで「パラメター」の名で現われていたものである．それは m_i と f_{ik} である．状態のパラメターと呼ばれるのは，解を選ぶパラメター，したがって例えば初期条件である．系のパラメターを変えると，別の系の考察に移ることになる．普遍法則によればさまざまな系のパラメターを持つ系が可能であるという事実は，まさにこれらの系のパラメターを広い意味で偶然的なものとして特徴づける．状態のパラメターだけを変えると，したがって例えばある時間での x_{ik} と v_{ik} を変えると，理論的な意味で同一の系の別の可能な状態に，つまり同一の方程式の別の解に移ることになる．状態のパラメターをわれわれはさしあたり，「狭い意味で偶然的なパラメター」と呼ぼう

と思う.

したがって物理学の意味論に課せられる課題は4種類の量 m_i, f_{ik}, x_{ik}, t を解釈することである.われわれはこれらの量にやや大ざっぱに,それぞれ質点,力,空間,時間という4つの基礎概念をふりあて,これらをそれぞれ次の4つの小節で扱う.したがってこの小節では主要問題のいくつかを定式化するだけにとどめておく.

b. 物体,質点,質点系 「対象」と呼ばれるのは,ときには単一の質点であり,ときには質点系である.この語法が前提しているのは,1つの対象がある包括的対象の部分でありうるということか,それとも,別の言い方では,1つの対象は,これまた対象である諸部分から成り立ちうる,あるいは合成されうる,ということである.この語法は,のちにわれわれが量子論で批判するものであるが,古典物理学の考えに対応する.その語法は「質点」「質点系」という2つの概念が物体という概念の理想化であると考えられるなら自然に出てくるのである.

歴史的には質点力学は天体力学に由来する.天体力学はaで論じたさまざまな概念を経験に適用し,それらに「生の座」[*4] を提供する.例えば惑星は直径が相互の距離および太陽との距離に比べてきわめて小さい物体であるから,計算上はたいてい,ただ1つの定数のパラメーターつまり他ならぬ質量を持った点として扱える[*5].そのような惑星はよく知られた力の法則,すなわち重力の法則

$$f_{ik} = \sum_{j \neq i} f_k^{ij} \tag{3}$$

$$f_k^{ij} = G \frac{x_{jk} - x_{ik}}{r_{ij}} \cdot \frac{m_i m_j}{r_{ij}^2} \tag{4}$$

$$\text{ただし,} \quad r_{ij}^2 = \sum_k (x_{ik} - x_{jk})^2 \tag{5}$$

および普遍定数 G に従って相互作用する.ある時間 t_0 における惑星の位置は経験的に決定できる[*6].これらの位置が初期条件であり,そこから未来の位置があらかじめ計算できる.ちなみに,惑星の未来の位置についての(外挿的な)予測にとって最初の生の座は,バビロニア占星術における,天が人間の運命に及ぼす影響の事前決定であった.

惑星がこのようにして記述される場合，物̇体̇の概念が素朴に用いられている．物体を，延長し凝集して，その環境に対して運動しうる物として記述することは，あるいは可能かもしれない（『時間と知識』4.3を参照）．さらに正確な物体の定義を与える試みは，物理学の事実問題に立ち入ることになる．ここでそれを始めてみる．「延長した」は「空間を満たす」として説明することができる．するとこんどは，物体が満たす空間をどのようなものと考えるべきかという問いが出される．これについては後のdで扱う．上の表現を理解できるものとして受け入れると，さらに，物体が満たす空間をさらに小さな空間，例えば「右半分」と「左半分」などに細分しうることを考えなければならない．これらの部分空間はその物体の諸部分によって満たされている．したがって物体は互いに隣接する諸部分から成ると思われ，これら自身も物体である．いかにも，これらの諸部分は物体のなかではたいてい互̇い̇に相対運動をしない．しかし，内部の振動，弾性変形や塑̇性̇変形，そして物体の現実の分割をみれば，物体の部分が原理的には運動しうることがわかる．ところで物体は連̇続̇体̇と思われ，したがって少なくとも思考のなかでは限りなく分割できるようにみえる．すると2つの問いが出てくる．すなわち，物体がほんとうに，そこにまで分割されると考えうる無限に多くの部分物体から成っているのか，そして，物体の諸部分を凝集させるものは何か，という問いである．これに答える1つの試みが古̇典̇的̇原̇子̇論̇であり，これは，あらゆる物体は有限な大きさを持つ分割不可能な有限数の物体つまり原子から成るという．けれども明らかにこの原子論は，原子自身が物体であるのなら，その部分はどうなるのかという理論的問題をただ先送りするだけである．ともかくここには，質点力学の第2の，もちろん純粋に理論的なものにとどまる，生の座がある．ボスコヴィッチ以来，しかし特に19世紀後期になって，質点力学は原子論を徹底化したものとなり，物体は真実には質点系であるという形をとる．
　点状の原子というこのテーゼは，物体の部分を，それ以上何ものにも還元されえない最終的な所与，つまりまさに，運動することができ時間を通じてみずからの同一性を保つ点，とみなす．物体において，どのようにしてなのかはまだ決して十分に説明されないまま物質の集合という考えに結びつけられる質量はもはや点状の原子が持つ1つの測定数にすぎない．1つの質点それ自体の凝集はもう問題として扱われない．1つの物体を形づくる質点の凝

第6章　理論の組織　　181

集はそれらの質点のあいだに作用する遠隔力に帰着せしめられる．力の概念は質点の概念の必然的な相関者となる．歴史的にみて，質点間の遠隔力による，剛体に近い物体の存在の説明が決して成功していないこと，そして固体と液体の近似的な圧縮不可能性が本質的には非古典的に，すなわち量子論によって説明されることを直ちに付け加えるべきであろう．古典質点力学を満足する点状の原子というテーゼは，概念の解明にとっては確かに重要な誤謬，あるいはもっと慎重に言えば，一面的なものであった．

　物体の質量の経験的決定について考察してこの小節を終える．事実上この決定は重力の法則を考えて，したがってこれを用いて行なわれるが，この法則にはまたもや質量が現われているのである．その種の決定はことごとくすでに力の概念，力の法則の形態についての特殊な仮定，およびこれらのすべてとともに力学の基礎法則を前提している．ところが，考察しているフォーマリズムが「既定の正しい」または少なくとも「1つのよい」物理学理論であるという主張の経験的基礎づけあるいは検討を可能にすることもまた，物理学の意味論の目的である．方程式の妥当性をすでに前提しないで，方程式に入る物理量の値を決定することができるであろうか．ここで初めてわれわれは・物・理・学・の・基・礎・づ・けの問題に遭遇するのである．

　われわれはさしあたり位置と時間が（したがって速度も）力学の基礎法則から独立に測定可能であると仮定したい．そうすると仮説として立てられた基礎方程式の経験的検査とは次のようなものだと考えることができるであろう．すなわち，ある質点系（例えば惑星系）について時間 t_0 での初期条件を観測によって求め，ここから方程式を解いて後の時間の軌道を予測して，この軌道を後に事実として生じる運動と比較するのである．適当な事例での両者の一致は，論理的に厳密に言えば，普・遍・的・な・法・則・と・し・ての基礎方程式の経験的実証ではなかろうが，不一致は経験的反証とみなしてよいだろう．しかし予測が可能なのは質量 m_i と力の関数 f_{ik} がすでに知られているときだけである．天体力学には力に関してさらに，仮説的な前提(3)−(5)がある．すると残るは質量 m_i にさまざまな値を代入して，経験との一致に至らせる仮定が存在するかどうかを十分に吟味することだけである．事実上このことは，仮定を段階的に順次改良することを可能にする近似の手続きによって行なわれる．その手続きは歴史的に完全な成功を収めた．天体力学は幾世紀にもわたり何百万もの経験的データで確証されたのである．

この手続きは成功を約束する仮説を研究者が思いつくことを頼みにしている．関連するすべての量を順次経験的に決定することが可能であろうか，という問いについてずいぶん考えられた．それが可能であれば，法則を最終的には経験的データの純然たる記述としてデータから読み取ることができるであろう．本書のテーゼの1つはこれが可能でないということである．ところで経験科学では不可能性の主張もまた，論理的に厳密に証明することはできない．できるのはこの「素朴に経験的な」手続きが挫折した実例を挙げ，なぜその挫折が避けられなかったのかについて信憑性のある根拠を示すことだけである．理論的に最小限のどんな考えが，経験的な量の確定に際して少なくとも仮説的にすでに前提されていなければならないかを，実例から読み取ろうとすることはできるのである．

　今の場合，時間と位置がテストすべき理論から独立に測定可能であるという，ずっと存続している仮定に基づき，（地上の）物体の質量を近似的な量として経験的に決定しようとすることができる．いま考えているのは(1)式で用いられる慣性質量である．これは物体の持つ慣性抵抗によって経験的に測定できる．すなわち等しい力がはたらく2物体はそれぞれの質量に反比例する加速度を受けるのである．そうすると質量が非常によい近似で外延量であるということ，すなわち，2物体を別の1物体に接合すると，できた物体全体の質量がその部分の質量の和となるということもまた，経験的に示すことができる．しかしながらこの手続きは，歴史的にそれよりも古い天体力学と細かな点で異なるだけである．それは，最終的にテストしようとしている普遍的な理論的枠組みを，またもや仮説的に前提している．慣性質量は直接に感覚的に知覚されないのであるから，あらゆる物体には一般にその慣性抵抗を決定するパラメーターが1つ，しかもちょうど1つ存在するというのは仮説なのである．慣性抵抗を比較することができるのは，力はその生み出す加速度によって測定されるということがすでに理解されている場合だけである（小節 c を見よ）．さらに，質量の違う2物体に作用する力が等しいのはどんなときかということに関するさまざまな仮定も存在しなければならない．これらの仮定はすべて経験に即して確証されるが，この経験の精確な定式化は少なくとも歴史的には，まさにこれらの仮定の助けをまって初めてうまくいったのであり，また，そのような仮定を削除したうえでのこの経験の精確な事後的記述は，これまでのところ著者には知られていない．

c. 力，慣性，相互作用　　力の概念的意味は，力が変化の原因であるということである．そのことは，形式的には(1)をみると，そこでは系のパラメターという形態で解に入ってくる関数 f_{ik} が，ある状態量の時間による導関数に比例するとされている点からわかる．言葉で述べると，力がどんなふうにして状態に依存すべきかが前もって仮定されていて，その場合この力は時間における状態の変化を決定する．ここではさしあたり時間および変化という概念を既出の他の概念と同じく周知のものとして前提しておく．

　方程式(1)は状態の変化を完全に決定しなければならない．そうすると f_{ik} は状態変化の原因の 1 つではなく原因そのものであると理解される．しかしこう考えるとわれわれは直ちに古典力学の 1 つの因果的パラドクスに直面し，これは近代物理学でもいまだに解決されていないことがわかるのである．このパラドクスはガリレイの時代と異なり今日ではほとんど気づかれないから，これをここでとくに取り上げておきたい．これは数学的に，微分方程式(1)が 2 階であることに基づいている．状態量 x_{ik} はそれだけでみずからの以後の展開を決定するのではなく，初期条件のなかで独立に選びうる，時間によるその導関数 v_{ik} と結びついてのみ，その決定をするのである．とりわけ，状態変化の原因たるべき力をゼロに等しいとおいても，なお時間に関して一定の速度を持つ解が存在する．つまり

$$x_{ik} = a_{ik}t + b_{ik} \qquad (6)$$
$$v_{ik} = a_{ik}$$

である．運動させる原因が作用しない物体は等速度で運動するのである．

　パラドクスという言葉のうえでの外見を避けるために，力を正しくは運動の原因ではなく加速度の原因と呼び，状態を位置および速度（あるいは運動量）によって記述すればよいとされる．しかし，たとえ x_{ik} と v_{ik} を状態のパラメターと解釈しても，解(6)は時間のなかで変化する状態を表わしながら，そのとき $f_{ik}=0$ とおいた方程式(1)は，この恒常的な状態変化の原因とみなしうるような，系に対する外からの作用を示さないのである．自由に投げられた物体が飛び続けることに説明を求めたアリストテレスやスコラ哲学者の鋭敏な因果性の意識と異なり，近代は慣性運動に対してそのような説明をあっさり放棄した．この放棄は原理に基づいたうえでの因果的説明の断念に由来するのではない．それは未解決の問題を前にしての降伏以外の何ものでも

ない．われわれは時間概念の根源的な理解のなかにその解決を求めるであろう (9.3 c)．

　そこでわれわれはさしあたりこの問題を離れ，力について引き続きぞんざいに，状態変化の原因として語ることにする．

　前の小節の終わりに関連して，式(1)による力に関する普遍的な仮定の経験的な根拠を問題にするならば，まず慣性法則の，したがってその微分方程式が1階の項を欠くことの，経験的な根拠を問わなければならない．人間に観察され，まったく力の働かない運動，すなわち純粋な慣性運動は，初期の古典物理学の経験領域には存在しなかったし，厳密には確かにまったく存在しないのであるから，自由落下，斜面の上の滑り落ちなどの観察に促されて人々は再びここで1つの仮説を立てるように仕向けられた．われわれはまたもやこの仮説の成功の確認で満足している．今日われわれに知られているすべての経験を1階（あるいはまた2階以上）の運動方程式を持つ力学によって説明するのは不可能であるということの立証は，おそらく非常に困難であり，厳密に言えば不可能であろう．(1)を前提すれば，質量 m_i を求めてから逐次的に力を経験的に決定することができ，最もうまくいくと，多くの場合に静力学的な測定によって，したがっていくつかの力の和をゼロとすることによって決定できるのである．(1)を前提すれば力のベクトルの加法性は加速度のベクトルの加法性から出てくる．

　方程式(1)そのものの理論的な基礎づけの問題は後に取り上げる．ここでは(1)という普遍的形式が与えられたとき，特に f_{ik} に代入すべき力の法則を基礎づけることを問題にする．物体のあいだの力を物体の概念すなわちその不可入性から導き出すという17世紀の試み，したがって圧力と衝突による力の作用の基礎づけは，不成功に終わった．けれどもその試みは，ある場所における状態がその直接の近傍の状態だけによって影響されうるという因果性の思想を含んでいた．これが近接作用の原理であり，19世紀の終わり頃から再び物理学に取り入れられ，特殊相対性理論によって自然法則として解釈された．質点力学はこの思想を完全に棄てる．この力学はそれに代え力を，質点で1つに結びついている質量とならんで，特別な物理学的実在としなければならない．古典的な遠隔作用の法則（静電気学と電気力学のクーロンやウェーバーの法則）は，ニュートンの重力法則をモデルにして力を物体の相対座標（あるいは時間によるその導関数）だけに従属させ，したがって力は物体

から物体への作用であるという考えを堅持した．しかし場の理論において力は物体とならぶ自立的な実在となった．

d. 空間　　i 番目の質点の3つの座標 x_{i1}, x_{i2}, x_{i3} は空間におけるその位置を表わしている．質点力学が質点とならんで力を別種の実在として導入することを必要としたように，古典物理学はすでにニュートン以来，空間を物体（および力）とは本質的に異なる自立的な実在とみなした．これは決して自明なことではなかった．それはむしろ抽象作用の結果であり，その抽象をこのように精確な形に仕上げたのはおそらくニュートンが最初であろう．

　ニュートンによって初めて導入された「絶対空間」という表現を手がかりにしてこの抽象を説明しよう．ニュートンは絶対空間を，相対的位置，すなわちある物体が占めている，他の諸物体に相対的な位置，の総体としての相対空間から区別する．「私の部屋のなかで」，「グロースヴェネディガーの頂上で」は相対的位置である．私の家のなかで壁で仕切られた「私の部屋」や，われわれの惑星である地球に相対的に位置する「アルプス」は，ニュートンの意味で相対空間である．この区別の重要性を理解するためには空間概念の哲学的前史の回顧が不可欠であろう．

　ニュートン的抽象の最初の先駆はギリシャの原子論者たち（レウキッポス，デモクリトス）の空虚の概念であろう．この概念のほうにも哲学的前史がある．エレアのパルメニデスは存在者（eón）の概念を基礎概念として導入していた．存在者は生じることも滅することもありえない．なぜなら，そうだとすればそれは非存在者から生じ，滅して非存在者とならねばならないが，非存在者はないからである．そうするとわれわれの経験する世界の変化はただの現われ（doxa）にすぎない．ここではこの説の十全な解釈に立ち入らない（『自然の統一』IV, 6, 第3節，およびピヒト『永遠の現在の顕現』1960を参照）．いずれにせよ原子論者たちは存在者が変化しないことを認めるかぎりパルメニデスの追随者であった．しかし彼らは変化する現実を救おうとした．彼らはそうするために多数の存在者，つまりまさに原子を仮定した．すると世界のなかでの変化は原子の相対的位置の変化に他ならない．この変化が可能であるためには，原子は形態と大きさを変えることなく互いに相対的に運動することができなければならなかった．そのためには原子は「空虚のなかに」なければならなかった．したがって原子論者たちは2つの原理を導入し

なければならなかった．すなわち充満（plēron）と空虚（kenon）であり，これらはまた「何らかのもの」（to den）と「虚無」（to mēden）とも呼ばれた．原子の分割不可能性は後から付け加えられた要請ではなかった．それはこのような思考方式ではすでに，原子が存在者であり，したがって変化しないということから帰結したのである．

　哲学の古典的伝統は原子論を放棄した．その最も深い根拠は，原子論による最高の精神的原理の「唯物論的な」否定であった．しかし虚無の存在というパラドクス的な主張が，理論的な批判点の1つであった．プラトンはわれわれが「空間」と訳さなければならない語（chōra）を用いて，アリストテレスが「質料」（hylē）と呼んだ，まさに純粋な可能性の原理を言い表わした．アリストテレスは厳密に空虚な空間の存在を精密な議論によって否定した．すなわち，そのような空間のなかにある物体にとっては，より速くまたはより遅く運動したり，あちらよりもむしろこちらに運動することの根拠が存在しないであろうという議論である．まったく空虚な無規定的な空間に反論するこの議論はあらがえないものである．今日の物理学者が真空と呼ぶものは場によって満たされており，したがってギリシャの原子論者やアリストテレスのいう意味での空虚ではない．アリストテレスはおよそ空間というものについて語る必要を避けるために，物体の場所（topos）を，それを囲むいくつかの物体の表面と定義した．事実，あいだに何の空虚な間隙も存在しない物体どうしの空間的関係は，単なる関係として定義できるのである．ニュートンはこの考えから離れる．

　原子論者たちの空虚は無限なものとして要請された．アリストテレスの世界は有限であった．それゆえに世界の中心に静止している地球に対する物体の位置が「絶対的な」位置として理解されえたのである．ニコラウス・クザーヌスは無限な世界の思想を再び導入し，位置と運動は絶対的にではなく，他の物体に相対的にのみ定義されるという帰結を直ちに引き出した[*7]．台頭しつつあった近世の自然科学はまもなく原子と真空による安易な説明方法に再び目を向けた．ガリレイが真空を必要としたのは，真空のなかでのみ落下法則が単純な形をとったからである．

　この発展からニュートンは結論を引き出す．彼の議論の強みは方程式(1)から読み取ることができる．この方程式は「ガリレイ変換」のもとでは，すなわち，もとの座標系に対して等速運動をする座標系に移行するときには，

不変であるが，もとの座標系に対して加速度運動をする座標系への変換のもとでは不変でない．その場合には「みかけの力」が現われるのである．したがって加速度は絶対空間に相対的に，客観的に定義されることになる．

　この*8 空間と物質の二元論は多くの思想家を満足させなかった．ライプニッツは「空間」という自立的な対象の存在を否定し，空間性は物体の特性の領域にあるとした．物体は大きさ，形態，別の物体との距離を持つ．しかし，今の場所にある世界全体を，「空間」のなかで10マイル右にずれた，それと同種の思考上の世界から区別しようとしても無意味であろう．この批判はマッハが再び取り入れ，相対性理論に至る道を開いたものである．しかしさしあたりそれは勝利を得なかった．ニュートンは自説を擁護する強力な物理学的議論を持っていた．それは，物体の少なくとも1つの「絶対的な」加速度は（例えば水桶の実験での回転として）その物体自身の内部で，他の物体との比較なしに測定可能である，という議論であった．さしあたり空間と物質の二元論をともかく受け入れるときにのみ，物理学のその後の構築全体を理解することができるのである．

　したがって空間は物理学の対象ではあるけれども独特な対象である，と思われる．すでにその存在の主張が，物質の存在の主張とはかなり違った意味を持っている．「物質がある」とは「どこかに物体がある」ということである．ところで「どこかに」とは「空間のなかのどこかに」ということである．しかし「どこかに空間がある」と言うことは無意味であろう．空間とはむしろ，「どこかに」という概念が意味を持つための根拠に他ならない．

　因果性の観点から見た空間と物質の関係もまた，同様に非対称的である．「空間に対する」回転が遠心力とコリオリの力を生じさせるということは，物質に対する空間の作用を示すようにみえる．それに反し，古典物理学では空間に対する物質の作用は存在しない．空間の構造がア・プリオリに確定しているのである．言葉で正しく定式化しがたいこのような事態はすべて，物理学の統一に関して当時は，そして部分的には今日でも，解決されていない問題を示すものであるとみなしてよいであろう．

　空間とは何かという問いとならんで，われわれはどこから空間について何ごとかを知るのかという問いがある．ニュートンはおそらくみずからの絶対空間の要請の明証性を主張したのであろう．カントは，われわれが「外的な」事物についてのあらゆる個別的経験に先だち，それが空間のなかの経験

であることをすでに確実に知っているということから，空間がすべての感性的認識の主観的条件であり，われわれの直観形式であると結論した．空間の科学として理解される幾何学は，ニュートンの場合でもカントの場合でも，物理学の一分野ではなく，その前提であるように思われた．

その後の空間概念の発展は，一般相対性理論についての節で再び取り上げる．幾何学の発展については『時間と知識』5.2 を見られたい．

e. **時間** 　ニュートン力学はまた，空間と時間を形式的に並行して扱う出発点でもある．方程式(1)において時間 t は唯一の独立変数として，もちろん空間座標 x_{ik} からはっきりと区別されている．その方程式は時間による微分方程式であるが，位置による微分方程式ではないからである．言葉で言えば，力学は物体の運動を記述し，運動を位置の変化として理解する．変化とはしかし，「時間における」変化である．けれどもニュートンは絶対時間を絶対空間と類比的にまた類比的な根拠から要請するという点で，時間を空間と並行的に扱うのである．

20世紀に入るまで空間と時間の質的相違の消去が物理学で絶えず推し進められた．形式的にはすでに質点力学において時間を付加的な座標として導入することができる．次いで場の理論が偏微分方程式を用いたが，そこでは n 個の質点に対して $3n$ 個の空間座標が現われるのではなくて，3つは空間の，1つは時間の，計4つの座標が，それに関して微分が行なわれる独立変数として用いられる．そのような微分方程式はもちろんつねに双曲型であり，ユークリッド的回転のように，1つの空間座標 x_k を時間座標 t に（また t を $-x_k$ に）移す変換を認めるものではない．時間と空間のあいだの双曲型の「回転」が特殊相対性理論に現われることは，この点をなんら変えはしない．しかしそのことによって，時間は4番目の空間座標に「他ならない」という通俗的な語り方が現われたのである．

本書は根本的に別の出発点を選んだ．本書は時間だけを頂点に置き，時間をまず，実変数 t としてではまったくなくて，現在，過去，未来という構造，あるいは事実性と可能性という構造によって定義する．その契機は，この時間構造を明示的に前提するときにかぎり，熱力学的不可逆性を一般的に力学と両立させることができるという，第4章で述べた認識であった．今われわれが本書の第Ⅱ部で理論物理学の伝統的な形態を述べる章から始めるのなら，

われわれは同時に，この伝統的な形態をわれわれの問題設定と逐次的に調和させなければならない．経験に基づく物理学の主張がわれわれの言語で難なく，それどころかいっそう精確に表現できることを示さなければならない．最後になって，この言語が初めて，パラドクスという外観をもたせないで量子論を表現する手段を提供する，ということがわかるであろう．

3. 自然法則の数学的形式*⁹

今日の物理学では，普遍的自然法則を少なくとも4つの形式で述べることができる．すなわち
 a) 関数族
 b) 微分方程式
 c) 極値原理
 d) 対称群
としてである．

 数学的にはこれらの法則の形式は密接に連関している．ある微分方程式のさまざまな解は関数の1つの族である．関数の1つの族に対して，その族を解の集まりとする微分方程式を1つ構成することができる（Courant-Hilbert, II, 1を参照）．1つの極値原理はさまざまな微分方程式をそのオイラー方程式として含んでいる．逆は一般には可能でない．微分方程式のある種のクラスだけが極値原理に属するのである．1つの微分方程式（そして，存在するときにはそれに属する極値原理）は一般にある対称群，またたいていあるリー群のもとで不変である．この群は微分方程式の解を互いに変換する．逆に1つの群はさまざまな関数族をそのさまざまな等質空間のうえに生み，これらの空間はその群の表現を媒介するものである．

 物理学を基礎づけようと試みるとき，法則形式のうち他をおいて特定の1つに，内容的に理解できる優先権を与えるかどうかが関心事となる．上の4つの形式の配列は現われた歴史的順序にほぼ対応している．その場合さしあたり漠然と法則と呼ぶことができるのは，多くの個別的事例にあてはまる一般規則のことである．この概念は歴史の歩みのなかで精確化される．

 関数族という概念は，古代に遡って見いだされる形態論的なタイプの法則が近代になって数学化されたものである．多数の形態が相互の類似と相違に

よって表わされるのである．物理学の歴史にとって，惑星運動の時間空間的形態論が決定的なものとなった．ケプラーの法則はその豊かな形式であった．ここで1つの根本的な問題が姿を現わす．ケプラーの3法則は可能な惑星軌道を述べていて，そのうちどれが現実に現われるのかを確定していない．ケプラーは形態論に固執し，惑星系全体の包括的な形態法則を求めた．これがまず実りある道でないことがわかった．

優勢となったのはむしろ，自然法則を時間による微分方程式として表現することであった．これは因果的な法則概念を表わしている．ある時間に存在する力が1つの系の状態の変化を決定するからである．ウィグナー*¹⁰は1982年にトゥツィングで「ニュートンの最も偉大な発見」つまり法則と初期条件の区別について語った．法則はまさに微分方程式の解の全体として，すべての可能な運動を決め，初期条件はどんな運動が現実に起こるかを定める．例えば惑星系の包括的な形態法則は今や（ビュフォンとカント以来）その系の成立史に還元されるのである．

フェルマーからハミルトンまでの極値原理はとりわけ18世紀に，好んで目的論的な法則の表現として理解された．もちろん最後には変分法の発展が，微分と積分による記述方法が多くのタイプの法則と同等でありうることを示した*¹¹．むしろまさにそのようなタイプの法則が存在する根拠を問わなければならない．例えばハミルトンの原理は，ニュートンの運動法則は2階であるから1つの極値原理のオイラー方程式でありうる，ということを示すのである．

ここで私は1つの特別な問題を強調しておきたい．それはすでに2cで論じたものであるが，以下において重要な問題である．慣性法則は運動方程式に2次導関数が現われることを経験的に強制し，古典力学にとって基本的なものである．しかしそれは因果的パラドクスを示すのである．アリストテレスは運動を状態の変化として理解し，したがって力を運動の原因として理解した．ところが古典力学では，慣性運動はまさに作用する力がない運動である．17世紀になってもまだ人々はここに存するパラドクスを感知していた．デカルト，そして彼に続いてニュートンが，物体の状態をその速度によって定義し，その結果，このとき初めて加速度が状態の変化とみなされた．しかし，これは不整合なことである．なぜならば，異なる位置にあって速度が等しい2つの物体は，位相空間を用いる現代の記述が正しく語るように，異な

った状態にあるからである．そして，慣性運動の場合，位相空間の点が変化するのである．首尾一貫して因果的に考えようとするならば，マッハの思想を徹底して，慣性運動は宇宙（「遠方の質量」）を原因とする，とみなさなければならない．私はウア理論でその試みを行なったが，今ではこれが適切な表現法なのか疑わしいと思っている．別の可能性は，時間による微分という意味での因果性（今日の物理学者の言葉で言えば「相対論的因果性」）をたんに，別種の通時的な法則が前面に出たもの，その古典的な極限的ケースの一種にすぎないものとみなすことである．これら2つの可能性は第9章と第10章で論じられる．

ところですでにそのような議論のモデルの1つとなっているのが，ハミルトンの原理による慣性法則の記述である．空間的および時間的に固定された点 (x_1, t_1) から，同様に固定された点 (x_2, t_2) への，運動学的に可能なすべての軌道に関する状態関数 L の時間による積分は，現実の軌道に対して極値でなければならない．注意すべきは，始めと終わりの時間に指定されているのが状態 (x, p) ではなくて位置 x だけであるということである．しかし，いずれにせよ $x_1 \neq x_2$ に対するこれらの境界条件は，物体がそのあいだに運動することをすでに前もって定めている．すなわちその場合，外力がないときの L の形態は運動が等速直線であるように選ばれるのである．$\dot{x}$ と p に対するハミルトン方程式は，極値問題のオイラー方程式として，この要請にとって十分な因果性の形態を定めている．すなわち状態はみずからに固有の変化を決定しているが，この因果性によりほとんどすべての状態（はじめに $p=0$ でないすべての状態）が変化するように強いられているのである．直観的にはもっともな「作用原因」という考えがここではなくなっている．ただし，極値原理自身がそのような原因の結果として理解されることができる場合は別である．この要請を初めてかなえるのは波動力学であって，そこでは粒子力学のハミルトンの原理が波動に関するホイヘンスの原理として現われる（Dirac 1933, Feynman 1948）．しかしこんどは波動の運動方程式を因果的に解釈する問題が出てくる．物質波はシュレーディンガーの波動方程式を満足するが，この方程式のほうは再び場の理論のハミルトンの原理から導かれうるのである．したがって，ディラックの考えの見たところ大きな信憑性にもかかわらず，原理的にはまだ何も得られていない．ただし，1粒子問題に関するシュレーディンガー理論のハミルトンの原理を再び第2量子化のホイヘン

スの原理として理解しようとする場合は別である．私（1973）はこれを試みた．それはあらためて第7章で扱う．

したがって，力が作用していない運動を真剣に因果的に理解しようと試みるだけですでにこれまでの物理学が不可解なものとなる．人々は1つの経験主義的な哲学に影響され，理解できないことをそのまま主張するのに慣れてきただけである．

対称群が表わしている型の法則は形態論，因果性，目的性という3項選択肢に組み込まれうるのではなく，むしろこれら3つの形式の可能な共通の源泉を示している．対称性の概念の歴史的源泉は形態論である．ハイゼンベルクはプラトンによる正多面体の「原子模型」としての使用に，自分自身の群論的な思考方式の先駆を見た．ケプラーは同じ多面体を，太陽系の統合的模型の想像力に満ちた構成に利用した．ソフス（Sophus）・リーとフェリックス（Felix）・クライン（「賢明な人」と「幸福な人」）によって1870年頃に導入された幾何学と物理学の群論的考察は，アインシュタインによる単純な群論的要請からのローレンツ変換の導出において十分な成果を上げるに至った．今日，極値原理と微分方程式はできるかぎり不変性の要請から導かれる．すると問題は，用いられる群をどこから基礎づけるのかということである．ハイゼンベルクは依然として群のなかに，おそらくそれ以上何ものにも還元されえない経験的で美的な所与を見ていた．久しく前から私の目標は量子論の公理論の枠内で区別不可能性の要請から群を導き出すことである．

このような考察の前段階（1949）を引照してみたい．私は当時ある学位論文の研究（H. フランツの）で，時間による n 階の微分方程式を持つ可能な動力学を研究させていた．それは特に「アリストテレス的」動力学（$n=1$）とニュートンの動力学（$n=2$）を，より高い階数（$n>2$）を持つ，考えうる動力学と比較するためであった．これらの動力学はすべて無矛盾であるように見えた．ところで私はニュートンの動力学を特に波動力学の極限的ケースとして扱おうとし，波動力学に対して回転対称の波動方程式を要請したが，そのためにはラプラス演算子，したがって2階の微分演算子を必要とするように思われた．その覚え書きは数学的に完成されてはいなかったが，それ以来とってきた方向をすでに指し示すものであった．

4. 化　　学

　化学は経験に基づく科学であり，さまざまな物質（Substanz）の性質と転換を扱うものである．

　この大ざっぱな定義の言語使用からでもすでに，日常生活で昔からよく知られた一連の経験的事実を読み取ることができる．

　語られているのはさまざまな物質についてである．物質の例は水，銀，ベンゾールである．これはその語の哲学的用法——もちろんこれ自身が不安定なものであるが——から逸れる語り方である．実体（Sub-stanz）は哲学では変化の基礎にあるものである．この点でその語の化学における用法は哲学のそれに由来する．しかし化学的な意味の「1つの物質」は，すべての存在者の普遍的原理ではないし，個物でもない．それは，ある種の性質（硬さまたは柔らかさ，味，香，色など）によって特徴づけられる特定の材料であり素材であって，多くの個物（小川，雨滴，海，またスプーン，硬貨など）はそのつどその素材から成り立つことができるのである．性質は一般に「値」の連続的な目盛りを端から端まで移行する（硬から柔まで，熱から冷まで，紫から赤まで，等々）．しかし物質は離散的に分類されることができるのであり，物質どうしの連続的な移行はただの混合にすぎないことがわかる．純粋な水は存在するが，そこにはさまざまな物質が「溶ける」ことができる．あるいは純粋な銀は存在するが，そこにはさまざまな合金が溶けうる．純粋なベンゾールなどについても同様である．純粋な物質の離散性はア・プリオリには決して自明でない化学的な基礎事実である．

　物質の転換は，一部は特に熱の影響による同一の物質の状態の変化（固体，液体，気体）であり，一部は化学反応である．化学反応の概念は再び，2つの物質の混合と化合には相違があるということの，まったく瑣末でない経験的な発見に由来する．混合物の性質は純粋な物質の性質のあいだを連続的に移行する．化合物の性質は斬新なものであり，新しい物質を特徴づける．

　この観察はすでに早くからあった化学理論を支える．それはすべての素材が元素（Element）という少数の基礎的素材から成るとみようとする理論である．ラテン語 »elementum« は文字を意味するギリシャ語 »stoicheion« の翻訳である．『イリアス』の全体が24字のアルファベットで書かれうるように，

この豊かな色とりどりの世界も少数の元素からできている．この対比は原子論者たちに由来するが，同様に土，水，空気，火というエンペドクレスの4元素の説にも適用することができる．次いでアリストテレスはこの4元素を，乾湿と冷暖という2組の基礎性質の4つの結合として説明する．これらは包括的な抽象的理論の哲学的な試みである．今日の観点から見ればこの理論は歴史的に早く登場しすぎた．中間段階の錬金術に促された化学の大きな進歩は，18世紀の終わり頃，人々が経験的根拠に基づき，水素や酸素などの限られた数の「化学元素」をもとにしようと決心したときに始まった．

　誰でもよく知っているこのような事実を思い起こしたのは，物質の離散性がすでに日常生活で現実のある基礎構造を知らせていて，後にみるようにその構造の科学的説明が量子論をまって初めて期待されうる，ということを示すためである．この現象がまさに見慣れたものであることが妨げとなって，たいていそれに対して十分な驚異の念が起きなかったのである．有限数の物質の明らかな区別可能性をその1例とする離散性の現象が自然のなかにないとすれば，おそらくどんな概念形成も不可能であろう．しかし，力と性質の連続的可変性に対し，どうすればこの離散性を正当化できるであろうか．

　先に進む前に，化学元素に関する近代の学説が払った1つの犠牲も挙げておきたい．ギリシャ哲学の4元素は感覚的性質，心的性質，精神的性質を同時に意味する．例えば4元素は性格学で4つの「気質」と関連づけられた．錬金術の基礎概念においては，化学的意味は心的象徴的な意味と切り離すことができない（とりわけC. G. ユングが再びそれを指摘した）．それに反し，近代の化学元素説は元素を厳密に「物質的な」ものと考える．酸素はその物理的特性によって完全に特徴づけられる．物質的実体の心的なものや精神的なものとの関連は，いやそれどころか感覚的性質との関連も，もはや化学の対象ではない．量子論の解釈において（第11章と第14章）われわれはここで除いた問題をあらためて扱う．

　化合によってできる物質の離散性は，19世紀の初めに，定比例の法則と倍数比例の法則（Dalton 1808）により，法則として定式化された．理論的解釈として直ちに化学の原子説が出た．この説により，1つの元素は1種類の原子によって，1つの化学物質は原子から一定の仕方で成り立つ1つの分子によって，それぞれ特徴づけられる．可能な種類の分子の離散性は今や，混合によってではなく化合によって定義される物質の離散性を説明し，混合と

化合の区別を初めて決定的に確立する．同時に，古来の「4元素」は凝集状態として説明される．気体のなかでのみ分子はつねに自立的に存在する．したがって気体のなかでのみ混合と化合の区別がつねに明確に定められる．

　多くの自然科学者はすでにそれ以前から原子説に傾いていた．けれども化学が初めて経験に基づいてこの説を正当化した．しかしこのためにはまた犠牲が払われなければならなかった*12．原子説に対する古典哲学者の批判点として（小節2cを見よ），この説は連続的に延長する物質という概念につきまとう問題を解決するものではなく，これを原子の内部に移し替えるだけである，というものもあった．カントは，延長した原子は1つの空間を満たすが，この空間は幾何学的には部分空間に分割されると考えることができると論じた．これらの部分空間は明らかに原子の部分によって満たされる．したがって原子は部分を持つのであり，原子と呼ばれるものがすべての状況のもとで凝集しているのかということは，作用力の問題の1つにすぎない．原子仮説によって力の本質の問題は解消されない．化学の原子説は自然科学者——この場合は化学者——の幸運な哲学的素朴さの賜物であると言うことができる．1世紀そこそこのあいだ，経験が素材として必要とする元素を記述するには，延長した原子という概念で足りた．19世紀の終わり頃，物理学はこの概念が持つ未解決の問題に気づき始め，量子論の革命が，その概念の正しい面を誤った面から暫定的に分離することを初めて可能にした．

　化学元素が多数あるという事実は，化学的原子説の枠組みのなかでさえ，この事実をさらに説明しようという試みを誘発した．すべての元素が水素から成るというプラウトの仮説（1815）は，物質の統一を提唱するものであったが，多くの原子量が水素の原子量の整数倍でないことがわかって挫折した．20世紀の原子物理学が同位元素の混合と質量欠損とによってその事実を初めて説明した．それに反し，元素の周期系（Mendelejew 1869）は法則的連関を示していたが，その連関は量子論の枠組みのなかで初めて（Bohr 1919）説明可能となった．

　理論の組織にとって，化学は決定的な前進を意味するが，しかしその前進は19世紀の終わり頃にはむしろ経験に基づく問題の提起であることが示された．

5. 熱 力 学

　古典熱力学は物理学が行なった抽象の最大の成果であるとみなしてよい．ここで言う物理学とはおそらく物理学一般であろうが，確実に言えるのはアインシュタイン以前の物理学のことである．なるほど熱学は一定の意味領域の現象，すなわち上述の化学の定義で言われた意味での性質，の記述として始まった．しかし熱力学はその2つの法則によって物理学の全領域に及んでいる．ふりかえって見れば，それが行なった抽象の功績とは何よりもこれら2法則を特定のモデルに基づけるのを断念したことである．熱学と熱力学の創始者たちが実際に信じていた原子説は，それが当時とっていた形態（化学の原子説あるいはヘルムホルツの場合のように質点力学）では，今日われわれが知っているように誤りか，さもなければ不十分なものであった．しかし，熱力学の議論は非常に一般的なものであったから，後にモデルが修正されても依然として揺るがなかった．その議論は実際にはモデルの形態に依存していなかったのである．アインシュタインはこの熱力学の特異な地位を次のような文で言い表わしている．「理論はその前提の単純性が大きいほど，それが結合する事物が多種多様であるほど，そしてその適用領域が広いほど，それだけいっそう印象深い．そのために古典熱力学は私に深い印象を与えた．それは普遍的な内容を持った物理学理論として，その基礎概念の適用可能性の枠内で決して捨てられることはないであろうと私が確信している唯一の理論である（このように言うのは特に，原理に対する懐疑家の注意を喚起するためである）」（1949, 32ページ）．

　実際，熱力学の2つの法則はエネルギーと温度という2つの抽象的な，それゆえ普遍的な概念と，この2つの概念を用いて定義できるエントロピーの概念に基づいている．2つの概念は個別の起源を持っていて，エネルギーは力学に，温度は熱学に由来する．しかしそれらに特徴的な抽象的特性は普遍的な時間的意味を持っている．すなわち，エネルギーは保存され，温度は均一化する．そこで第1法則は保存の法則であり，第2法則は不可逆性の法則である．

　もちろんこのように一般的な言い方では，なぜ2つの法則がそれぞれ唯一の基本量に関連するのか，すなわちなぜ保存則がまさに，変化しないエネル

ギーに関連し，適切に定式化された不可逆性の法則が，減少しないエントロピーに関連するのかは，まだ説明されない．

　事実，物理学は今日多くの保存則を知っている．エネルギーの特異な役割は，エネルギーの保存が質量の保存に等しいとする特殊相対性理論を経由して初めて理解できるものとなる．われわれは第12章で初めてこの問題を主題的に究明する．ここではただ，その場合に時間の特質を取り出すことが重要であり，エネルギー法則が意味するのは，相対論的に見ると時間の均質性である，とだけ述べておきたい．

　それに反して，不可逆性が変化を規定する量として物理学で知られている量はただ1つしかなく，それがまさにエントロピーである．この点は熱力学の統計的解釈から，したがってエントロピーの確率への還元から，明白になる．こちらの点は第4章で詳しく論じた．この点でもまた物理学に対する時間の際立った役割が示される．

　抽象的であるがゆえに普遍的であるという，アインシュタインが述べたような第2法則の性格は，ギブズ（1902）の叙述で特に明らかになる．この叙述は原子に起きる出来事についての特定のモデルをことごとく断念し，したがってギブズが知っていたように，モデルのあらゆる変転を越えて生き延びるに違いないような，まったく一般的な議論だけで行なわれている．

6．場の理論

　場の理論はまず，今でもわれわれが容認できる形で，音響学，流体力学，弾性の理論という連続体力学として展開された．その際，物質が原理的に連続体として理解されるのか，それとも原子の構造を持ったものと見られるのかということは実際には重要でなかった．後者の場合，連続体として扱うことは経験的によい近似であった．今日われわれは場の理論をそのように見なしているのである．

　しかし，力学が物体と力の区別を主題としたとき，力は空間を満たす物質の作用でないのか，したがってそれ自身が何らかの連続体力学によって記述できないのかということがすぐに問題となった．重力を遠隔力として導入した当のニュートンは，これはまだ理解されていない現象の成功した記述にすぎないと考えた．『プリンキピア』（1687）の有名な「一般的注解」で彼は言

う.「しかし私はこの力の原因を見出さなかった.そして私は虚構を捏造しない」*13.そこで彼は原因を要請して,後の著作『光学』(1706)で,それは推測するところ近接作用であると述べている.

遠隔力を認める質点力学を信じるのは物理学の一時的な段階であった.ファラデーの電気力学の構築とマクスウェルによるその数学的表現以来,力そのものが内的な動力学を持った物理的実在として,まさに1つの場として解釈された.場の量は位置と時間点の関数として理解された.時間と空間は初めて4次元連続体と見なされ,時間と空間に関する1つの連立線形双曲型微分方程式による動力学が生まれた.これは仮説的に,力学的には直接に知覚されないエーテルという媒質に関する連続体の動力学と考えられた.アインシュタインの特殊相対性理論は,この媒質に絶対空間のなかで定義される速度(例えば静止)があると見なしえないこと,したがってエーテルが説明にとって余分な虚構であったことを示した.そこでわれわれは場の理論のこれ以上の記述を相対論的な概念枠においてのみ行なうことにする.

7. 非ユークリッド幾何学と意味論的整合性

20世紀の大理論への移行は二重の科学革命であった.われわれの関心は「理論の組織」,すなわち古い理論と新たな理論の事実上の連関にある.ここでは暫定的に,理論の「意味論的整合性」という題目でこれを論じる.われわれがその整合性でどんなことを考えているかをまず,すでに19世紀から現われていた1つの例によって説明する.その例とは非ユークリッド幾何学の可能な妥当性の問題である*14.

ユークリッドの平行線の要請がそれ以外のユークリッドの公理から導き出せないことは,サッケリとランベルトが18世紀に認識していた.根本においては,この問題はすでに,その要請の直接的な証拠に対する懐疑からの帰結であった.ユークリッドがそれを別個に要請したということは,彼がすでにそれが他の要請から導けるとは信じていなかったことを示している.ガウスは非ユークリッド幾何学の構想を持ち,ボヤイとロバチェフスキーがガウスと独立に,また互いに独立に,この構想を実現した.当然どの幾何学が物理空間に妥当するのかという問題が出てくる.

われわれはここで生じる難しい認識論的問題*15には言及しない.われわ

れは今日の 1 人の物理学者に映るであろう事態を描写する．その物理学者が物理空間に関する非ユークリッド幾何学の 1 つを信じている場合，彼はまず考えている幾何学を数学的に精密化するだろう．19 世紀においてそれはおそらくロバチェフスキーの双曲幾何学であっただろう．したがって，上の 6.2 a 節で細かく論じたように，彼は数学の意味論によって書く記号を導入して，例えば x_1, x_2, x_3 は双曲空間の座標という意味を持つとするだろう．すると物理学の意味論の問題が生じる．例えば x_1, x_2, x_3 が物理的に実在するどのような「測定可能な」量を意味するのかという問いに対して，彼はある先行了解に訴えなければならず，その了解があるから彼はこの問いに答えるにあたって 1 つの言語を使えるのである．そこでそのような量とは例えば，ある特定の静止した質点に対するある質点の距離ベクトルの任意に選んだ座標系の軸への射影であるとされよう．知られるように私自身は再び，みずからの考えを簡潔に表現するために広範に数学化された物理学者の言語を話しているる．したがって本当に利用できる先行了解とは前数学的な日常言語ではなく，ましてや自然科学と技術がまだ及んでいない初期文化の言語ではない．初期文化からガウスとロバチェフスキーの直面した問題に至る道は本書で述べるにはあまりに長く，労が多すぎる．要するに，ある現代の理論にとっての先行了解それ自身は，1 つの現代の理論ではあるが古いほうの理論である．ハイゼンベルクの言葉で言えば，完結した理論の先行了解はそれに先行する完結した理論によって与えられるのである．

　今の場合われわれはある物理学の意味論によって双曲幾何学を了解するのであるから，成立すべき新たな完結した理論は明らかに，物理空間は双曲空間である，というテーゼのなかに含まれる．われわれが「物理空間」とは何かを言うために用いる先行了解は古いほうの完結した理論つまりニュートン力学の理論のなかにあり，この理論は物理空間がユークリッド空間であると説く．しかしそうすると導入した物理学の意味論からすぐに矛盾が出るように見える．われわれは x_1, x_2, x_3 が双曲空間の座標である（数学的定義として）と同時にユークリッド空間の座標である（物理学の意味論として），と主張しようとしているように見えるのである．そこで，こうして作られた物理学理論は「意味論的に不整合」であろう．

　物理学者なら誰でもこの見かけの問題がどのようにして解けるかを知っている．実際，新理論は旧理論に取って代わるべきである．すると旧理論は厳

密にとれば偽である．旧理論をまだ用いることができるのは，新理論の極限的ケースないし局所的近似としてのみでなければならない．新理論を「意味論的に整合的」にするためにはわれわれは例えば次のように言わなければならない．「x_1, x_2, x_3 は周知のように不正確にのみ測定できる座標である．これまではそれらの座標にその正確さの範囲内で測定値と両立可能な値を与え，与えた値はユークリッド的な空間解釈と両立可能であった．今後はそれらの座標に双曲的な空間解釈と両立可能な値を与えるべきである」．言い換えると，新理論の意味論的整合性のために先行了解を修正しなければならないのである．6.2 で説明したように新旧を問わずあらゆる理論は理想化に基づくのであるから，これがうまくいくと期待してよいのである．

理論の正しさをどのようにして確信するのかという，6.2 でやや立ち入って論じた方法論的問題の一部は『時間と知識』1-4 と 5.2 でさらに論究する．われわれはすでにここで，経験科学についての厳密な方法論はまったく不可能であると推測する．この章でわれわれは物理学者では通常の自己了解のなかに身を置いて論じる．われわれは確立された諸理論を受け入れ，それらの連関のみを分析する．

8. 相対性の問題

天文学は物理学よりも古い科学である．上の第 3 節で論じた数学的自然法則の例は天文学に由来する．運動の相対性の問題は天文学から生じるのである．

惑星運動の法則に関する最古の形態論的な理解は，宇宙の形態に関するモデルの提示として定義できる宇宙論と不可分に結びついている．ここですでにギリシャの天文学は 1 つの決定を下さなければならなかった．地球中心モデルは自明なものではなかった．すでにピタゴラス派の人々が別の可能性を論じ，アリスタルコスは後にコペルニクスが再び取り上げた太陽中心体系を提出した．この古代の論争[*16]における議論を辿ってわかるのは，今日では物理学に由来するとみなされるであろう確信の決定的な意味である．地球が固有の地軸の周りを回転していることに反対する 1 つの議論は，そうだとすれば大気はこの回転の背後に取り残され，その結果，回転する地球から見ると，絶えず巨大な嵐が東から西に起こっているはずであるというものであっ

た．われわれがもはやこの反論に動じないのは，大気が地球といっしょに回転しているという考えに長いこと慣れているからである．しかしそれは慣性法則の帰結である．古代の物理学，例えばアリストテレスの自然学では，月より下の物体を，したがってまた大気を，運動させておくには，恒常的な力が作用していなければならない．慣性法則が近代の自然科学のために果している重要な役割がここであらためてわかるのである．

　コペルニクスのモデルが近代の科学に定着した後では，それを承認することが進歩を信じる人々の合言葉となった．この論争の政治化は，そのモデルを論じたならば解決されたに違いない，大いに興味を引く真正の思想的問題から視線をそらせた．専門家の論争においてさえ，例えば早いころの，まだ事実に即している教会のガリレイとの論争でも*17 (Bellarmin, 1615)，論争のどちらの側にも議論の十分な明晰さがみられない．この章で述べている考え方からすれば，その論争をほぼ次のように見るべきであろう．

　歴史的に運動には絶対主義的な解釈と相対主義的な解釈がある．絶対主義の伝統にはとりわけプトレマイオス，コペルニクス，ケプラー，ガリレイ，ニュートンを，相対主義の伝統にはクザーヌス，ベラルミーノ，ライプニッツ，マッハを数えることができる．アインシュタインの意図は相対主義的であったが，彼の得た結果は絶対主義的な要素を含んでいた．問題はまず，論争に決着をつけた語彙がどんな意味をもっていたのかということである．

　地球中心の体系と太陽中心の体系の論争は当初，運動と静止がどんな意味であるかはわかっていると素朴に前提していた．そのかぎりその論争は素朴な絶対主義内部のものである．ニコラウス・クザーヌスはすでに1450年頃にこの素朴さを克服した．彼は世界を無限と考えた．すると世界そのものの形態のうちには（以前には天球と静止した中心物体との形態のなかにあったような）運動と静止の基準は存在しない．したがって運動は定義により物体の相対運動にすぎない．ベラルミーノ枢機卿は1615年にこれを理解した．彼はガリレイに，コペルニクスの体系を数学的な仮説として述べ，真理として述べないように要求した．ここで「仮説」は「推測」ではなく「憶測」を意味する*18．われわれの用いた「モデル」という語がベラルミーノの望んだ語法に近い．ベラルミーノはつとに運動の相対性という考えを持ちえていた．同じ運動を好みに従って地球中心的にも太陽中心的にも記述することができる．ガリレイはそのとき外交家ふうに如才なく順応した．しかし彼は「仮

説」ではなく真理を擁護していると信じつづけた*¹⁹．今日われわれはどんな意味で彼は正しかったのかを述べることができる．

　コペルニクスを擁護する天文学的な議論の論拠は，彼のモデルの幾何学的および力学的な高度の説得力であった．すでにアリスタルコスは太陽が地球よりも大きいことを知っていた．なぜ，より大きくて光る天体が世界の中心にあってまわりを他の天体が回っていてはいけないのか．幾何学的な議論はさらに明確である．すなわち，静止していると考えられている地球を水星と金星が公転する時間が，長期の平均をとれば太陽が公転する時間とちょうど同じであるということは，地球中心の体系では奇妙な事実であるが，太陽中心の体系では，水星と金星が地球よりも近い太陽の周囲を地球よりも速く公転していることからの自然な帰結である，という議論である．そこでティコ・ブラーエはコペルニクス体系のまさにこの部分を受け継ぎ，水星と金星を太陽の特別な衛星とした．最後に，ケプラーの楕円は太陽中心の体系では単純な曲線であったが，地球中心の体系ではきわめて複雑な曲線であった．

　しかしこのような述べ方の必ずしもすべてが相対主義の議論の核心を突いているのではない．その核心は，2つのモデルのいずれが正しいかという問いがすでに無意味であるという主張だからである．天空が有限な球とみなされたかぎりなお，この球に相対的な運動が「真の」運動を述べるものと考えてよかった．無限な宇宙に対する信念の勝利はこの議論をも片付けた．それにもかかわらず天文学者と物理学者は相対主義の哲学に屈しなかった．運動学的な記述は規約的でありえようが，動力学はコペルニクスのモデルによってのみ「理にかなった」形式，すなわちまずもって単純な形式をとる，と言われた．今日の判断では，この考え方の内実はどのようなものか．

　まず論争の存在論的背景をはっきりと理解しよう．問題になっているのは物質と空間の関係である．この関係について一元論的解釈と二元論的解釈を区別することができる*²⁰．絶対主義の伝統は「二元論的」と呼ぶことができ，ニュートンによれば存在するのは絶対空間および空間のなかの物体である．相対主義の伝統の傾向は一元論的であって，ライプニッツとマッハによれば，存在するのは，物理学的に言えば*²¹，物体だけであり，したがって物体の空間的関係は物体を定義する指標すなわち延長の帰結である．アインシュタインの意図はマッハのそれに従うもので，一元論的であった．

　ニュートン的二元論的解釈の成立と正当化は6.2節で論じた．6.10節で

はアインシュタインがどの程度その一元論的な意図を貫徹することができなかったかを見る．一般相対性理論はアインシュタインがその意図を実現しえたかぎりでは二元論的なのである．しかし 10.7 節では一元論的解釈の量子論的基礎に戻る．その準備としてここではライプニッツがニュートンに反対して擁護した考え方を一瞥する．

ライプニッツは論争相手のニュートンよりも哲学的素養が豊かであって，実体と属性の関係，論理学的に言えば主語と述語の関係，という方式で思考する．これは物理学と論理学が決して放棄できなかった二元論である．論理学的には（現代的に言って）クラスが述語であり，クラスは，述語が帰属する主語としてのその要素から区別されなければならない．ラッセルは正しくも 1 つの要素だけを持つクラスをこの要素から峻別する（最初のフランス皇帝のクラスはナポレオン 1 世を唯一の要素として持つ）．物理学ではさらに本質的述語と偶然的述語が区別される．本質的述語は物理的対象（命題の論理的主語）を特徴づける．例えば古典力学では質点は属性として質量，位置，運動量を持ち，それ以外のものを持たない対象である．その場合，質量の値は当該の個別的な質点の本質的述語であり，「質量」という概念は「質点」という概念の本質的述語である．ある概念の本質的述語は偶然的な述語のクラスであり，したがって質量は可能的な質量の値のクラスである．同様にしてあらゆる質点について，本質的述語としての位置はその可能的な位置のクラスであり，質点は「位置を持つ対象である」．運動量についても同様である．量子論は対象の属性をさらにもう一度，オブザーバブルと状態という根本的に異なった 2 つのクラスに分割する．われわれはこの区別を用いて 10.7 で量子論の相対性理論に対する関係を定式化する．

さてライプニッツは空間を物体の本質的述語，それも関係（ラッセルの言葉では，2 項述語）と解釈する．物体は相対的な場所を持つ．そこで物体と距離や方向のような空間的データとの不可避な二元論は実体と属性の二元論にすでに含まれている．したがってライプニッツは実体——物体と空間——の二元論が哲学的には余分なものであることを知るのである．ニュートンは空間を表わすのに「実体」という語彙を避けるが，論理的に空間と時間を実体（「自立的な存在（Entität）」）として扱う．

空間がライプニッツの言うように物体間の関係の総体と解釈されるべきであったのなら，相対性の物理学的な意味が実際に論争にとって決定的なもの

でなければならなかった．ライプニッツには位置の相対性を主張する十分な
理由があった*²²．現代的に言えば，ユークリッド空間の並進群によって，2
つの位置のあいだに幾何学的な相違は存在しないのである．等速直線運動の
相対性もまた，すでにガリレイが理解していた．等速で進む船の上では力学，
特に落下法則は，静止している地球の上でと同一の形をとる．ニュートンを
支持する決定が下されたのは，哲学的な議論によってではなく数学的-経験
的な議論によってであった．ニュートンはみずからの運動法則が加速運動の
相対性を数学的に容認しないことを知り，これを水桶の実験で経験的に確認
したのである．

20世紀にアインシュタインは特殊相対性理論において等速運動の相対性
のテーゼをおそらく最終的な形に仕上げ，一般相対性理論において加速運動
の問題を新たに投じた．これからこの行程を辿ろう．

9. 特殊相対性理論*²³

特殊相対性理論の先行了解はとりわけユークリッド幾何学とニュートン力
学を含んでいる．ここでは両者を，意味論的整合性を問うてよい完結した物
理学理論とみなすことができる．

ユークリッド幾何学の物理学的公理論はヘルムホルツ-ディングラーの剛
体操作*²⁴を適切な基礎とするであろう．こうしてこの公理論は実3次元の
回転と並進の6パラメターのユークリッド群を基礎づける．そこでその公理
論は上に説明した意味で意味論的に整合的である．とはいえそれの先行了解
は剛体の存在を前提にしている．これは第1に，理想化である．現象はただ
近似的にのみ剛体の存在を示す．現象がそれ自体で，任意の正確さで理想に
近似する虚構を正当化するのではない．したがって理論の限られた妥当領域
を見いだす可能性を考えておかなければならない．第2に，剛体の存在は幾
何学によってただ先行了解的にのみ用いられるのであり，理論的に明らかに
されるのではない．19世紀末の統計物理学は物体の内部への古典力学の適
用が，おそらく原理的に克服されない困難に至るということに徐々に気づい
ていった．いずれにせよ量子力学が初めてこの問題を解決したのである．

19世紀の終わり近くに群論の問題設定で認識されたように（L. ランゲ），
古典力学はユークリッド群を4パラメターに拡張し，時間を含む変換から成

るようにしている．時間の均質性を表わす時間並進の1パラメターの部分群はたいてい，同一の自然法則がつねに成り立つという仮定の定式化として容易に受け入れられた．それに反して慣性系の相互変換を行なう「本来のガリレイ変換」は特殊相対性原理を含み，この原理は多くの哲学的議論を呼び起こした．歴史的にこれらの議論は2つの段階を経てなされた．2つはアインシュタイン以前の段階とアインシュタイン以後の段階として区別できる．アインシュタイン以前には，相対性原理が普遍的な自然の原理として基礎づけられるのは，古典力学が自然についての基礎的な科学とみなされる場合に限られるように見えた．この前提はまた力学的世界像とも呼ぶことができる．ほぼこの前提のもとに運動の相対性が，例えばライプニッツによって（クラークに，つまりニュートンに反対して），カントによって（『自然科学の形而上学的基礎』で），そしてマッハによって（同じくニュートンに反対して），主張され議論された．しかし19世紀の物理学者はたいてい光エーテルという，空間のなかで静止している特殊な物質を仮定して難しい問題を避けた．したがってマイケルソンの実験あるいはアインシュタインによるこの実験の解釈が初めて哲学的問題を，こんどはローレンツ群をもとにして，避けられないものとしたのである．アインシュタインにおいて初めて，特殊相対性原理がある種の現象に対して事実的に妥当する規則から，選ばれた空間と時間の記述に欠くことのできない構成要素となった．それによって初めてアインシュタインは正当にも，さきに名を挙げた哲学者（特にマッハ，またおそらくライプニッツ．運動の相対性に関するカントの見解をアインシュタインが知らなかったことは明らかである）の意図に厳密な物理学的形態が与えられた，と考えてさしつかえなかったのである．

　ところがこの形態は哲学的に気がかりな1つの問題を含んでいて，アインシュタインは特殊相対性理論の形成後ただちにそれに気づいた．特殊相対性原理は絶対空間の存在を否定するが，そのとき運動の一般的な相対性の仮定を正当化していないのである．特殊相対性原理は，一見それよりは好ましいが正当化されていない2つの仮定のあいだにあって，経験的に正当化された好ましくない仮定，という位置にある．この2つの側面からの区画設定を別々に論じたい．

　絶対空間の非存在とは，時間の経過における空間点の同一性を確認可能な形で主張することはできないということである，という言い方をすることが

できる．私が相前後して2回，1点を指し示すならば，私は2回とも同一の点を指し示したのかどうかを知ることはできない．私はマーク，例えばある物体の再認できる一部分（簡単に言えば1つの物体）を，その物体に付けることによって，点の同一性を客観化しようとすることができるかもしれない．しかし，運動法則がそれに対して不変な群は，物体がその点に静止しているという状態記述を変換して，時間の決まった1点でのみその点を通過する直線軌道を物体が等速度で通っていく，という状態記述にするのである．

すでに古典力学をもとにしてこのように考えることができた．例えばL. ランゲは互いに等価な慣性系の導入という形でそのように考えた．アインシュタインは付け加えて，時間点もまた測定装置（実際の時計）から独立な同一性を持たないとした．彼の考えは方法論的には突然の光明の出現のような働きをした．なぜならそれは，ここで意味論的整合性と呼んでいるものの最初の首尾一貫したテストだったからである．そこでその考えの方法論的内容を，正しい解釈と誤った解釈で言い換えてみたい．共通の出発点は，光の波動説は光速度不変の要請に至り，マイケルソンの実験は光に関しても（したがって既知の自然法則のすべてに関して）相対性を要請するに至り，2つの要請を合わせると自然法則のローレンツ不変に至る，というものである．さて誤った解釈はここからさらに進んで次のように言う．「それゆえ，隔たった事象の同時性は時計によって確定できない．確定できないものは存在しない．ゆえに絶対的同時性は存在しない」．正しい解釈はこうである．「絶対的同時性の概念はローレンツ不変でない．すべての自然法則がローレンツ不変であるならば，絶対的同時性は存在することができない．われわれの先行了解はそれに応じて訂正されなければならない．ここで誰かが反論して，それでも絶対的同時性は測定できると言うかもしれない．これに対しては，理論の整合性という点から，ローレンツ不変な法則を満たす時計もまた絶対的同時性を測定しえないことが指摘される」．論理的に言い換えると，まず「測定できるものは存在する」ということが真として前提される．誤った解釈は，論理的には帰結しない裏「測定できないものは存在しない」を用いる．正しい解釈は，正しい対偶「存在しないものは測定することもできない」だけを確証するのである．ちょうど同じ誤解がハイゼンベルクの不確定性関係を批判する際に現われていることを指摘しておきたい．

量子論の整合的な解釈を構築した物理学者たち，すなわちボーア，ハイゼ

ンベルク，および彼らに続く者はつねに，アインシュタインのこの考えが物理学的概念の意味の議論のなかに初めて観測者を導入するものであると解釈している．アインシュタインは彼の立場からすれば正当にも，2つの理由からこの解釈に反対した．第1に，彼の立場では長さと時間間隔の測定はつねに，誰も観測していないときにも存在する物差しと時計の一定の状態の単なる読み取りであるとみなすことができる．第2に，空間も時間も決してそれ自体ではここで定義されている意味で絶対的なものではないが，4次元の時空連続体，ミンコフスキーの「世界」は，たぶん絶対的なものである．1つの世界点，あるいはアインシュタインが好んで言ったように1つの「事象」は，特殊相対性理論と一般相対性理論において，客観的に同定できるものとして扱われる．もちろんこのことはもはや基礎づけられず，ほとんど明証的なこととして前提されるのである．この観点からすれば，選択されて確定した慣性系の空間点の多様体，およびまったく同様にして時間点の多様体は，規約的でない事象の多様体の規約的な整序図式であるように見える（客観的な事象集合というこの仮定の意味論的な不整合性は量子論で初めて主題となる）．

しかし物理学の幾何学の基礎づけにとって，少なくとも絶対速度の非客観性と同程度に重要なのは，古典力学と特殊相対性理論における絶対加速度の客観性である．ガリレイ変換が表わしているのは，ニュートンがはっきりと理解し水桶の実験で確認したように，運動の一般相対性ではなく，慣性法則という動力学の特定の法則からの1つの帰結である．ニュートンの運動方程式が時間導関数で2階であることは，相対的と解釈できるのが速度だけであって加速度でないことを帰結する．自明の理ではまったくないこの事実は，今日きわめて好んで，ニュートンの方程式がユークリッド不変な変分原理のオイラー方程式であるという事実に関連づけられる．この問題が解明されていないことがアインシュタインにとって一般相対性理論を求める理由であった．しかし，この点での彼の足跡を辿るのに先立ち，ここで論じている諸理論の経験に対する関係をなお簡潔に方法論的に特徴づけたい．

これらの理論のすべてが出発するのは経験的に確証された法則であり，そういった法則は，先行了解からすれば決して自明なものではなくて，反証の試みに耐えると科学者共同体を説得するに至ったものである．こういった法則を当該理論の堅い核と呼ぶことができる．その場合そうした法則は端的に普遍妥当的な原理として仮説的に要請される．この要請を受け入れる者は，

それによってみずからの先行了解を修正する．新たな先行了解からすれば，もともとは自明でなかった経験的な基礎事実は，それ以上の説明を必要としない必然的な現象である．

　古典力学の「ガリレイ的」相対性原理の固い核は慣性法則という，さしあたり経験的な事実である．相対性原理を自然法則として要請するならば，空間点は客観的実在性を持たないが，慣性軌道はそれを持つであろう．すなわち，時間により同定される空間点には物体によって客観的にマークをつけることができないが，慣性軌道にはそれができるであろう．そうすると慣性法則は相対性という前もって要請された自然の原理からの自明な帰結であると解釈できるのである．

　特殊相対性理論の固い核は，さしあたりマイケルソンの実験からの否定的な結果という経験的な事実である．アインシュタインの2つの要請を自然法則として要請するなら，マイケルソンの装置の絶対速度は客観的実在性を持たない．そうするとマイケルソンの結果は，要請された原理からの自明な帰結であることになる．

　強調しておきたいのは，頻繁に引用されるが正確でないミンコフスキーの発言に反して，特殊相対性理論は時間と空間の区別を廃棄するものではまったくないということである．客観的には存在しない空間点と，同様に客観的には存在しない時間点とは結合され，（特殊相対性理論によれば）客観的に存在する「事象」となり，事象は4次元時空連続体を満たす．しかし時空連続体のミンコフスキー計量の不定な性格のゆえに，時間的な直線（したがって，可能な慣性軌道）を空間的な直線に変換することは不可能であり，逆の変換もできない．同じく，正の光円錐は連続的変換によって負の光円錐に移せない．すなわち過去と未来の区別もまたローレンツ不変である．これまでの章の考察は特殊相対性理論によって何の変更も受けないのである（4.4参照）．

10. 一般相対性理論

a. アインシュタインの理論　　マッハはライプニッツの相対性の思想を再び受け入れたが，こんどはニュートンの数学的・経験的な議論の強力さを物理学的に十分に了解したうえでそうしたのである（第8節の終わりを参照）．彼はニュートン力学の形式的な形態を受け入れたが，水桶の実験についての

ニュートン自身の解釈を批判した．ニュートンは慣性力が宇宙の遠方の物質に対する水桶の相対運動の結果でないことを示さなかった．哲学的に見ればこの物理学的な議論は，古典物理学の存在論に対するマッハの批判のなかで部分的な前進であり，一元論的な世界像の構想に至る途上の一歩であった．力学の内部では，客観的実在性を持つのは物体だけであって，空間点ではないはずであった．しかしまたライプニッツとマッハは，物理的実在についてデカルトの物体と意識の二元論によって生み出された狭い考えを批判した．彼らはこのようにもう一歩進んだが，進み方は違っていた．ライプニッツは論理学を存在論に適用するにあたって実体概念に固執したが，彼の最終的な実体であるモナドは物理現象の担い手であり，同時に意識の担い手でもあるとされた．マッハは実体概念を放棄して，物体（物理的対象）は心的な主体とまったく同様に，要素を思惟経済によって束ねたものであるとみなし，その要素を「感覚」と呼ぶように提案した．この哲学的問題は，ここではまだ追究することができず，第12-14章で取り上げる．

　どのようにしてニュートンの水桶が遠方の物質に対して運動していることの「目印になる」のかという問いは物理学的なものであった．その運動は遠隔力の場合には考えうることであった．マッハより1世代若いアインシュタインはマクスウェルの電磁気学の影響と彼自身の特殊相対性理論によって同じ考えを実現することができたが，それはただ近接作用の理論だけを用いてであった．彼はこのためにリーマン幾何学を導入した．先行了解に対するこの導入の関係は，新理論の「固い核」の概念を用いてガリレイの相対性原理の導入と類比的に述べることができる．さしあたり単に経験的なものにすぎない事実が基本的なものとして要請され，次にこの要請からみればこの事実が必然的なものに見えるのである．

　一般相対性理論の固い核は重力質量と慣性質量が比例するという，さしあたり経験的な事実である．アインシュタインはこれを基礎法則として要請し，次にその場合，一様な重力場が一様に加速される基準系に等価となることを示す．これが等価原理である．この原理は相対性原理を加速運動にまで拡張するという期待を彼に与える．しかし任意の重力場と任意の加速はただそのつど局所的にのみ一致することができる．そのための数学的モデルとして提供されるのが4次元時空連続体のリーマン幾何学である．この幾何学にはもはや「重力」という特別な力は存在しない．重力質量と慣性質量の比例，し

たがって等価原理は，慣性系の相対性からの帰結としての慣性法則と同じく不可避なものとなった．

アインシュタインは，このようにして任意の運動形態に関する一般相対性を基礎づけたと信じた．彼はこの相対性の表現として，任意の位相的変換に対して不変であるような基礎方程式の書き方を必要とした．それが・一・般・共・変・性・の・原・理である．

しかし一般相対性理論は近接作用の理論としてまずもって不可避的に，古典電気力学と同じく・二・元・論・的であった．このたびは計量場とその源泉とが存在したのである．それはニュートンの空間と物質の二元論の新たな形態であった．慣性法則は時空連続体の時間的測地線上の運動という新たな形をとった．ワイルは計量場を適切にも「先導場（Führungsfeld）」と名づけた．

しかしアインシュタインは一元論的志向を捨てなかった．彼の 1915 年の理論からすれば，そのための方途が 2 つあった．場を物質に還元するという方途と，物質を場に還元するという方途である．

計量場の物質への還元は存在論的なもの（両者の同一性という意味で）ではありえず，因果的なものでしかありえなかった．すなわち物質の分布が計量場を完全に決定すべきであった．アインシュタインはこれをこんどは「マッハの原理」と呼んだ．アインシュタインの 1916 年の宇宙モデルはこの原理を満たした．しかし今日の解釈ではアインシュタインのこの点に関する考えは実現されなかった．この点は c で再び取り上げる．

第 2 の方途に従えば，ライプニッツに，あるいはマッハの力学におけるように，物体だけが「実体」として存在するのではなくて，まったく逆に，場だけが存在することになるであろう．アインシュタインは晩年に統一場の理論という形でこの方途を追究した．彼は非線形的な場の方程式の特異点によって，あるいは特異点が現われるのを禁じる付加規則によって，粒子と量子論化の規定とを説明することを望んだ．彼はその著書の末尾で（1956, 110 ページ．これは亡くなる少し前の 1954 年に書き終えられていた）一度，微視的領域で連続性を捨てて代数的な要請に置き換えることを考えている．一元論的な理論を構築しようとするアインシュタインの努力は実を結ばなかったと言わなければならない．

b. 哲学的論争についての覚え書き　　近代物理学の哲学的に革命的な性格

という印象を専門外の人々にまで与えたのは一般相対性理論が最初であった．幾何学についてはもちろんアインシュタインは，ガウスからリーマンに至る19世紀の数学がすでに到達していた哲学的水準の議論をしただけである．決定的であったのは，1つの理論のなかでこの幾何学を物理学に融合したことであって，太陽周辺での光線の屈曲についてこの理論が行なった予言はもう1919年に経験的に確証されたのであった．そのために先験主義の哲学は重大な反例によってその基礎を揺るがされたのである．

　論争の事実内容については，もう一度この章の第7節と『時間と知識』5.2で取り上げたい．光線の屈曲が証明するのは光線が直線でないことだけであるという反論に対しては，ワイル（1923, 87ページ）が「経験による確認ができるのは幾何学と物理学を合わせた全体だけであるという所見」を述べている．光線の屈曲が予言された大きさで現われないならば自分の理論は偽であろうという，アインシュタインが前もって述べていた説明は，ポパーにとっては，経験的に見いだされたどんな事実が特定の普遍命題を捨てさせるのかを研究者が述べうるところにのみ科学は存在するという，その反証主義のテーゼの決定的な例となった．

c．さまざまな物理学的議論　ここで扱うのは一般相対性理論の物理学的再編成である．成立してから過ぎ去った70年のあいだにその理論の成果はいささか驚くべき形で，アインシュタインがもとの議論で述べていた以上に確かなものとなった．このことはその理論のわれわれ自身の解釈と再編成にとって重要となる（10.7を参照）．アインシュタインは彼に固有の天賦の才でもって，彼がはじめに用いることができた議論によっては必ずしも完全には明らかでなかったある構造を正しく「言い当て」ていたようにみえる．この構造が何を表わしているのかを理解することは重要であろう．ヒルベルトもまた実際1915年に，アインシュタインの問題提起から刺激を受けてであったが，アインシュタインの結果とは独立に，ちょうど同じ構造を発見した（これについては例えばMehra 1973を参照）．

　一般相対性という概念がまず問題である．その相対性に関して規約主義的な解釈と動力学的な解釈を区別することができる．規約的には何でも好むままに記号表示をすることができる．「バラは他にどんな名前で呼んでも，同じようにかぐわしい」．規約的には例えば以下のような変換が許される．

a. 無限な位置空間からその空間自身への，時間に依存するユークリッド的な任意の写像（クザーヌス），
b. 時空連続体からそれ自身への，局所的にミンコフスキー的で位相的な任意の写像（アインシュタイン），
c. 位相空間からそれ自身への任意の正準写像（ハミルトン）．

しかしながら規約が伝達可能であるのは，人々がすでに前もって相互に理解しあっているときだけである．規約は，それが前提にしている伝統以上に明らかなものではありえない．ユークリッド空間，時空連続体，位相空間がそれぞれ何であるのかは，前もってすでに知られていなければならない．この先行知識は日常言語に結びついている．

動力学的相対性のほうは，伝統によりあらかじめ決められた書き方による法則の体系を前提していて，この法則の形態を不変にするような変換だけを許容する．これは例えばガリレイ群やポアンカレ群のような比較的狭い群を定義する．特殊相対性原理はこの意味で動力学的である．

そこでアインシュタインの一般共変性の要請が意味するのは，さしあたりbの意味で規約的である相対性が同時に動力学的相対性であり，それゆえに基礎的な自然法則の形態を規定するということである．しかし法則の書き方に g_{ik} を導入することによってあらゆる法則が一般的に共変となるように書けることがわかる．これは，形式が伝統的に決まっているあらゆる法則が，規約の定義的な基準を明示的に導入することにより，規約の枠内で許される表わし方の変化に対して不変であるように定式化できる，という規則の特殊なケースである．もう1つ例を挙げると，標準的な書き方で書かれた古典力学の運動方程式は正準変換において不変である——もっとも，その変換において例えば位置空間のトポロジーは一般に分断されるが．

アインシュタインが等価原理を動力学的不変群の拡張とみなしたのは誤りであった．彼の自由落下するエレベーターはガリレイの等速で進む船とはまったく違ったことを証明する．等価原理はリーマン幾何学に至る．動力学的な不変群にとって，時空のリーマン幾何学ではキリング場の存在が必要であろう（Sexl-Urbantke 1975，第2章第9節，59ページを参照）．ローレンツ不変性はもはや局所的にしか成り立たない．

アインシュタインは一般共変性の要請の重要性に固執し，それはつねに満たされうるということが彼にとって明らかとなったときでもそうであった．

彼はここで場の方程式を必要とし，それは彼にとって，共変的な書き方で可能なかぎり単純なものでなければならなかった．もちろん単純性の概念は精確化しがたいものである．それはおそらく論理的というよりはむしろ美的な性格を持っているであろう．優れた科学的着想とはもともとゲシュタルト知覚であるとみなしてよいとすれば，「単純な」ものとはまさに知覚に恵まれた研究者の注意を引く形態に他ならない[*25]．

　アインシュタインは単純性の要請を精確化して，物質と計量場の相互作用ができるだけ低い階の（すなわち2階の）微分方程式によって書かれるべきであるとする．基礎的な代数的構造に関するアインシュタインの後の推測からすれば，相互作用の微分方程式が一般に近似にすぎないこと，そして2階の微分方程式が近似の手続きにおいてただ最初の項として現われるだけであるということは，考えうることであろう．そうすると単純性はそれ以外の数学的概念のなかにあることになるであろう．

　もっともな批判のもう1つの対象は「マッハの原理」であった．それは依然として近接作用の基礎理論が含む異物である．ミッテルシュテット(1979)はこの批判を詳細に行なっている．アインシュタインの基礎方程式は，与えられた物質テンソル T_{ik} において，テンソル R と R_{ik} を確定するだけであり，完全なリーマンの曲率テンソル R_{iklm} を確定しない．残るワイルの共形テンソル C_{iklm} をゼロに等しいとおくことは，この理論からすれば必要でない．いたるところで $T_{ik}=0$ であっても，アインシュタインの方程式には多くの異なった「真空解」が可能である．場の量子論で「真空」とは実際の物質の産出と消滅の過程であることがわかる．こうしてこの理論の二元論的性格が避けられないと思われる．10.7で再びこの問題を取り上げる．

　量子論によってすべての物質に関する場の理論が可能となった．この理論では，物質と計量場について，二元論的な解釈とならんで，形式上多元論的な解釈も可能である．これはグプタ（1950）とサーリング（1961）によって試みられた．特殊相対性理論の枠内で，したがってミンコフスキー空間において，重力場がテンソル g_{ik} から他のいくつかの場とならぶ1つの場として導入される．相互作用に対する不変性の要請は，この場が，存在する場のエネルギー運動量テンソル T_{ik} の総体に結びつかなければならないことを示す．これはアインシュタインの等価原理と同じことを意味する．したがって測定可能な計量は，形式的に前提されるミンコフスキー計量ではなく，アインシ

ュタインの場の方程式が成り立つリーマン計量でなければならない.

　もちろんこの場の理論は概念的な内実において依然として二元論的である. ただそれは最初の作業過程において重力を計量場の側ではなく物質の側に置く. その理論は時空連続体が存在して, そのなかでトポロジーと局所的なローレンツ対称性が定義されるということを前提しなければならない. しかしこの対称性が大域的にも成り立つという前提, すなわち時空連続体がミンコフスキー空間であるという前提は必要でない. 各点の十分に大きな近傍で擬ユークリッド的座標系, したがってミンコフスキーの座標系を導入できると要請するだけで十分である. この座標系の計量が物差しと時計で十分に測定できるという考えは意味論的に不整合で, 思考過程にとって余分なものであることがわかる. むしろ物質自身が, そして特に, まさにそれが T_{ik} に直接に連結した唯一の形すなわち重力場が, どんな長さと時間間隔が測定可能であるのかを決めるのである. その理論をこのように読むと, それはアインシュタインのもとの意図よりも強く解釈した理論になる. なぜならこの理論では, 等価原理はもはや要請される必要がなくなり, トポロジーと局所的ローレンツ不変性から導かれるからである. いずれにせよアインシュタインもまたこの2つを前提しなければならなかった. この理論では一元論に対立するものとしての二元論は, アインシュタインの理論の場合とまったく同様に, ただ次の2つの事実によってのみ維持されている.

1. トポロジー的な時空連続体の存在, およびこの連続体のなかでの特殊相対性理論の局所的な成立は, 物質の作用ではなく, 物質の厳密な定義の前提である.
2. 物質は計量を完全には決定しない. これは上に挙げたワイルテンソルあるいは真空解の不確定性に関係する. それはさらに, アインシュタインの方程式における重力定数, したがって結合要素の, 理論から帰結する数値ではなく, 実際の (原子から成る) 測定器具によって測定されて挿入された数値に関係する.

　さしあたり第1の事実だけについてさらに検討を加える. エルランゲン・プログラムによる幾何学の階層的構築では, まず任意の点変換から始め, 次いで, 点のあいだのある種の関係が不変でなければならないという要請により, 点変換をまずトポロジーに, 次に線形 (射影またはアフィン) 関係に, 最後に計量的関係にと, 一歩一歩限定していく. できるだけ少数の点のあい

だの関係をもとにすれば，逆の順序は自然に出てくるであろう．計量的関係（距離）は 2 点のあいだに成り立ち，線形の関係（直線，平面，……の上にあるという）は少なくとも 3 点のあいだに，トポロジー的関係（集積点であるなどという）は無限に多くの点のあいだに成り立つ．すると実際に計量がトポロジーをも定義するのである．空間的距離と時間的距離が測定できるということは，意味論的に整合的な物理学において説得力をもつように思われる．したがって時空連続体をまず「事象」のトポロジー的空間として理解し，次にこの空間に計量を刻印するのではなく，まず想像上の絶対的な測定精度でトポロジーをも定める計量的な関係によって時空連続体を決定すべきであろう．その場合，計量は，光的距離を持つ点の計量的な距離がゼロとなるような，ミンコフスキー世界の擬ユークリッド的な計量であってはならず，空間的距離と時間的距離の決まった正の和によって定義される計量でなければならない．この計量そのものはローレンツ不変ではないが，それが定義するトポロジーのうえでは局所的なローレンツ不変性が定義できるのである．この点もまた 10.7 で再び取り上げる．

d. 宇宙論　　第 8 節で行なった相対性の議論の発端は宇宙モデル，それゆえ宇宙論に関するものであった．したがってアインシュタインの理論は宇宙論の問題に遡るものであった．

　古代から伝えられてきた，空間的に有限または無限な宇宙モデルを越える決定的な歩みは，自然の歴史の，それゆえ時間の導入であった．古代天文学は世界を永遠に持続する形成物のように扱った．キリスト教の創造説は世界を限りなく存続できる形成物のように扱った．もちろんそれはかつて神が創造し，いつか新たなものに置き換えるであろうものであった．この有限性は世界の天文学的歴史からではなく，道徳的な歴史のみから読み取ることができた．天文学における力学の勝利は考えを一変させた．ニュートンは惑星系が，そのすべての物体相互の引力のもとでは，限りなく安定していることはできないことを知った．したがって惑星系はずっと以前から存在したのではないし，永遠に持続することもできないということになった．ニュートンは複雑な力学的過程から生じる不可逆性を理解していたのである．惑星系の安定性の問題で 19 世紀に甚大な数学的努力がなされた結果，その系は今日われわれが知っている程度まで（約 $5 \cdot 10^9$ 年は）安定でありうることがわかっ

たが，原理的な不可逆性は捨てられなかった．パラメター空間のなかに安定解と不安定解が稠密に存在するのである．ニュートンはこのことによって，惑星系が神の「直接の」介入によって創造され，繰り返し再建されることを証明したと考えたが，この考えは科学の進歩に耐えて生き残ることができなかった．惑星系の力学的な成立についてさまざまな理論が生まれ，そのなかではカントの理論（『天体の一般自然史と理論』1775）が今日の考えにおそらく最も（それを再び取り入れたラプラスの理論よりも）近いものであった．

今日，宇宙についての経験的知識は数十億光年の遠方と数十億年の過去に及んでいるので，宇宙モデルと宇宙の歴史とに関する問題に経験的・批判的に接近することができる．アインシュタインの宇宙モデルもまた不安定性への傾向を示していたし，ハッブル効果はこの宇宙の時間的な始まりを推測させる．宇宙論は今日，科学で大きな流行の1つとなっている．本書で述べている理論は宇宙論の問いを避けて通ることができない（第10章）．しかしまさにそれゆえに，まず宇宙論についていくつかの懐疑的な考察を行なうべきである．

この章の第3節で列挙した自然法則の4つの数学的形式を考えると，相対性理論以前の古いほうのさまざまな宇宙モデルは確実に第1のタイプすなわち形態論のタイプに分類することができる．それらのモデルは空間の構造（有限または無限な）と物質の分布を因果的に基礎づけることをせず前提とした．一般相対性理論以来，今では宇宙モデルとみなされる解を持つ連立微分方程式が得られている．しかしそこでは，限りなく多くの解を許容する微分方程式を前提しながら，そのうちただ1つの解だけを現実と呼ぶ，というパラドクスにたいてい気づかれていない．その場合，他のすべての解は何を意味するのか．またその微分方程式は何を意味するのか．自然法則としての微分方程式は，多くの異なった初期条件が現われるがゆえに多くの異なった解を経験的にテストできる宇宙のなかで意味を持つ．そのような微分方程式を宇宙の全体に適用することに，どんな経験的または哲学的な根拠があるのか．宇宙の知られていた部分を宇宙全体とみなし，そこからこの部分の形態論的な特徴を正当化するというギリシャ人やコペルニクスの無理もない誤りを，われわれが今日また繰り返すのであろうか．おそらくいま知られている宇宙の部分は実際にアインシュタイン方程式の解であろうが，それはその部分もまた全体の小さな部分であるからにすぎない．おそらくわれわれのこれまで

第6章　理論の組織　　217

の概念は宇宙の全体を記述するにはまったく不十分であろう．おそらく「宇宙の全体」という概念がすでに矛盾的であろう．

　以上は問いとして残すだけにとどめ，後の章で思い出すことにする．そうするからといって，今日の宇宙論の進歩の素晴らしさは否定されない．この進歩の素晴らしさはおそらくこのように問い続けるというやり方でのみまじめに受け取られるであろう．

11．量子論――歴史的なこと

a．1900–1925．プランク，アインシュタイン，ボーア　　プランクの出発点は放射の熱力学であった．この出発点は抽象的で基本的なものであった．1850年にキルヒホフは熱力学的平衡の要請から黒体放射の普遍的なスペクトル法則の存在が帰結することを示していた．19世紀の終わり頃，放射場のマクスウェル‐ヘルツ理論の勝利によって，キルヒホフのスペクトルの正確な形を問うことが理論の射程に入った．プランクは10年以上のあいだ熱力学の基礎に取り組んでいた．彼はスペクトルの問題に挑んだ．ルーベンスの測定は1900年に正確な経験的テストの可能性を彼に与えた．彼のすばやい成功はルーベンスの結果の正確な記述に負うとすべきものであった．したがってプランクの業績には2つのことが含まれていた．第1は，量子仮説によって有限な温度でスペクトルの全エネルギーが有限となるという，基本的だがはじめは当時の人々にとっては彼にとってほどの注意を引くことがなかった結果であり，第2はスペクトルの強度変化の正確な再現である．

　第1の基本的な成果は統計熱力学の等分配則の廃棄から生まれた．それには古典物理学との根本的な断絶が必要であった．すなわち，各振動数 ν に対して離散的なエネルギーの値だけが可能であり，その値の間隔は ν の増大とともに増大する，という仮定こそが必要であった．プランクは，これは古典力学では説明できないということで判断を誤らなかった．第2の成果はどちらかといえば僥倖であった．それは調和振動子の単純な，プランクが察知した量子論的なスペクトルに拠っていたのである．

　プランクは古典物理学と断絶する事実的な必然性を見て取った．その断絶の理論的な不可避性のほうは，アインシュタインがおそらく最初に，1905年に認識した（それについては Pais 1982, 372 ページ以下）．アインシュタイン

は，古典電気力学から必然的にレイリー‐ジーンズの放射法則が帰結し，この法則から，それぞれの有限な温度に対して放射場の無限なエネルギー量が帰結することを見て取った．そこで彼はプランクのエネルギー量子の物理的な担い手である光量子の概念を大胆に導入した．それによって彼は光電効果に関するレナートの観測を説明したが，波としての記述と粒子としての記述という，光の記述方式の二元論のなかで1つのパラドクスを生み出した．それは古典物理学の枠内ではずっと解けなかったものである．

　アインシュタインは自分が得た量子論上の結果の急進性をはっきりと認識していて，そういった結果にはじめから不安を抱いていた．彼は1905年に友人のC. ハービヒトに，同じ時期の相対性理論に関する仕事については「それの運動学的な部分は君の関心を引くだろう」とだけ書いたが，同じ手紙で量子力学についての仕事を「非常に革命的」と述べている（Pais 1982, 30ページ）．彼はそれについて40年後にこう書いた，「しかし物理学の理論的基礎をこれらの認識に適合させる私の試みはすべて完全に失敗した．それはちょうど足元から地盤が取り去られ，家を建てることのできる堅固な基礎がどこにも見当たらないかのようであった」（Einstein 1949, 44ページ）．

　量子論に至る道での精神的指導者は1905年から1912年まではアインシュタインであり，1913年から1925年まではボーアであった．

　ボーアは，経験的によく基礎づけられたラザフォードの原子模型がマクスウェルの電気力学によれば不安定であり，したがって不可能であることを認識した．ボーアはプランクの量子条件をこの模型に適用し，それによって再び2つの成果を得た．基本的だがすぐには評価されなかった成果と，迅速な輝かしい経験的な成果である．

　基本的な成果は，それ以前には十分はっきりと理解されることのなかった化学の基本問題の1つを解決し，その結果それを初めて理解したことであった．原子が液体と固体の存在を説明すべきであるならば，原子が延長し実際上不可入的であるだけでは済まなかった．化学物質が離散的である（上の第4節を参照）ためには，ある物質の原子がすべて互いに同じであり，それ以外のあらゆる物質の原子とは性質の有限な相違点でだけ異なるということが必要であった．ラザフォードが原子に見た惑星系はすべての水素原子の大きさが等しいことを決して説明しなかった．核のまわりの電子にどんな楕円軌道も許されたのである．量子条件が初めて，原子の同等性，安定性，そして

不可入性を帰結したのである．量子論が初めて，しかも古典的にはパラドクス的なその特徴によってのみ，化学と力学を融和させたのである．

それに反し，直接的な経験的成果である水素スペクトルの定量的な理論はまたもやどちらかといえば僥倖であった．ただクーロン場の単原子問題においてのみ（振動子の場合を除けば）プランク-ボーアの量子条件は確かに，発展を遂げた量子力学と同じスペクトルを導くのである．もちろんそれには，電子衝突実験による離散的なエネルギー状態という確証が出た．その確証は，たとえ予言されたスペクトルが定量的には正しくなかったとしても輝かしい働きをしたことであろう[*26]．最終的に，ボーアは元素の周期的系の全体を定性的に説明することができた．もちろん，化学物質の離散性に関する問題の解決にあたってボーアは離散的な素粒子（陽子と電子であり，後に中性子が加わった）の存在を前提せねばならなかったのであり，そのかぎりその解決は暫定的なものにすぎなかった．

ボーアがはじめから原理的な問題をまさにどのように見ていたのかは，彼が1913年にデンマーク・アカデミーで行なった報告からの次の引用によってわかるであろう．「結論を申し上げるよりはむしろ次のことだけを述べたいと思います．すなわち，私は自分の考えをはっきりと表現しましたので，ここで述べました考察が，正しくも古典電気力学と呼ばれております，見事に考えをまとめた領域と著しく対立することをご理解いただけたものと思っている，ということであります．他方において私はあなたがたに，やがて新たな考えにもある種のまとまりをつけることが——まさにこの対立の解消を通じて——おそらく可能であろうという印象を呼び起こすように努めてきたのであります」．

b. **量子力学**　ボーアの路線上で1925年にハイゼンベルクが，アインシュタインの路線上でド・ブロイ（1924）に続き1926年にシュレーディンガーが，量子論の最終的な形態を見いだした．2つのバージョンは同一であることが示された．今日ふつうに用いられる数学的表現はJ. v. ノイマン（1932）に由来する．ヒルベルト空間の数学理論を基礎とするものとしてのこの抽象的な普遍的形態では，量子論はそれ以来もはや変わっていない．今日それは物理学の基礎理論である．

量子論のこの成功はおそらくその抽象性と関連するであろう．量子論はハ

イゼンベルクが完結した理論と名づけたもののモデルである．すなわちそれは，変更することで理論をさらに「改良する」ことのできる特殊法則ないし自然定数[*27]をまったく含んでいない．ハイゼンベルク自身がまず努力して，みずからの理論の普遍度を理解しなければならなかった．はじめ彼とボーアはこの理論を原子殻に関する力学のよいバージョンであるとみなしたが，そのときでもすでに原子核に関する新たな理論を待望していた．実際にはしかし今日に至るまで，量子論には信じるに値する欠陥はただ1つとして見いだされていない．われわれは以下で量子論を「再構成する」ことを試みるとき，量子論が実際に示しているのとちょうど同じ程度の抽象的普遍性を持った仮定をもとにするように努める．

c. 素粒子　原子という考えは歴史の経過において，その考えに戻る1つの動きのなかで絶えず明確化されてきた．化学者は古代の原子の考えを再び採用し厳密化して，原子には現実に存在する化学の元素と同数の種類が存在するとした．ボーアはこれらの種類の原子が存在できることを量子論で説明するにあたり，「原子」には「部分がない」という，元素としての本性はないとすると同時に，原子は「素粒子」から合成されているとした．そのとき彼は周期系による系統的な元素の分類を用いた．中性子の発見（1932）と陽電子の発見（1933）以来，既知の素粒子の数は絶えず増えている．また素粒子は今日その「内部対称性」によって分類することができ，もはや誰1人として，すべての素粒子が最終的な構成要素と解釈できるとは信じていない．素粒子のあるいくつかのものを，それ以外のすべての素粒子の構成要素として特徴づけようとされているのである．素粒子論はまだ発展途上にある．実験のうえで非常に大きな加速器の建設がその理論に不可欠であった．ハイゼンベルク（1958）が導入した思想によれば，すべての粒子は1つの要素的な場に還元され，その場自身はもはや厳密な意味では粒子の場と解釈することはできないのである．しかしこの試みが彼のバージョンで成功しているとはまだみなせない．

　素粒子論の決定的な点は群論的思考法である．自然法則を表現する第4の方式（第3節）が定着しているのである．特殊相対性理論の時空群が基本的であり，内部対称性はこれに帰着する．いま物理学の基礎づけにとって本来の課題と思われるのは，なぜ一般に群が，そしてなぜまさにこれらの時空群

が，自然法則を規定するのかを解明することである．

12. 量子論——再構成のプラン

　以下の諸章でわれわれは量子論の再構成を試みる．理論の再構成という概念はすでに本書の第1章で説明した．われわれの理解によれば，再構成とはできるだけ説得的な要請から理論を事後的に構築することである．理想像は，その要請が経験の可能性の条件だけを定式化しているということであろう．しかしわれわれがこの理想に到達することはなかろう．すでに第1章でも挙げた2つの理由からしてそうである．第1に，そのような経験の前提条件を正確に定式化するのは容易でない．第2に，われわれは経験の可能性の原理からはまったく根拠づけることができない要請を少なくとも1つ立てなければなるまい．構築の事後性すなわち再-構成という概念はこの事情を考慮している．科学は経験と理論の構想との交錯のなかで歴史的に成立したのである．

　そこでわれわれは再構成を試みるにあたって，まず量子論が今日，理論の組織のなかでどんな位置を占め，どんな構造を有するのかを省みることから始める．さきほどわれわれは量子論が今日の物理学の基礎理論であると述べた．このことを確かめるために，導入的な6.1節の図表3〔172ページ〕にもう一度目を向けよう．

　図表の矢印は2つの理論に，つまり右側で量子論，左側で一般相対性理論に収束している．まず右側から考察する．量子論には，古典力学，場の理論，化学，連続体の熱力学から4本の矢印が流れ込んでいる．量子論はまず統計熱力学で基本的なものとして適用された確率概念を介して，古典力学の粒子像を古典的な場の理論の波動像に結合する．量子論は力学の運動法則を化学が経験的に見いだした安定性と調和させる．それは力学的連続体の熱力学の不可能性に関するパラドクスを解決する．しかしわれわれは量子論の再構成において，量子論に至る他ならぬこの通路を再び辿るつもりはまったくない．第1章で強調したように，最も新しい完結した理論は，これをまったく普遍的な原理から再構成できるという，このうえない期待をもたらすのである．われわれは力学，場の理論，化学に特有の概念をまったく用いない要請を立てる．古典的な連続体の力学と熱力学を論拠として用いて，基礎的な古典物

理学が一般に不可能であると推測する．対応原理は歴史的に非常に重要であったが，これを文字どおりの意味ではまったく用いないで，逆の方向に用いる．すなわち，古典物理学から借用することなく構想された量子論が，極限的なケースとしての古典物理学の経験的な成功を最後に至って自然に説明するようにするのである．したがってわれわれは古典的な理論の「量子論化」という数学的な手続きをも最終的にはまったく用いず，ただその逆の手続きだけをとり，古典的な極限的ケースを定義する．

　われわれはこの手続きを方法論的原理という形で表現したい．すなわち，
　歴史上の議論の逆転の方法的原理：理論の再構成に際し，議論の歴史的な順序を逆にして，最も新しいがゆえに最も一般的な完結した理論が有する最も抽象的な特徴から始めることが有益でありうる．

　こんどは図表3の左側に目を向けよう．幾何学と古典力学はまず運動学に達し，運動学は場の理論とともに特殊相対性理論に達し，特殊相対性理論はリーマン幾何学と重力理論に結びついて一般相対性理論に達している．したがって左側は空間と時間についての理論であり，同様にして右側は「空間と時間のなかの物」という最も一般的な意味での物質に関する理論である．アインシュタインはそれまでの物理学のこの基本的な二元論を，空間と時間の理論をもとにして，物質が時空連続体の特殊な状態として登場する一元論に変えようとしたが，徒労に終わった．逆の一元論は時空連続体を量子論に還元するものであろう．まさにこれこそがわれわれの試みようとすることである．これに成功するならば，特殊相対性理論と一般相対性理論からさらに2本の矢印を量子論に引くことができるであろう．2つの矢印は歴史的には相対論的な量子重力理論を表わすであろう．議論の逆転という意味では2つの矢印は逆に読むこともできるであろう．しかも，時空連続体もまた物質の状態述語を意味するという，厳密な意味に読みうるであろう．

　図表4は再構成のプランを示している．

　この図表は第1章の2つの図表に結びつき，章の連関を示した図表1〔3ページ〕の枠内で，再構成の構造を表わしている．図表2〔17ページ〕はこの構造から，構成(右)と解釈(左)に分かれた「近道」をすでに取り出しておいたものである．解釈の基礎は図表4の左側にもある．その右側は量子論の再構成，および，量子論に基づいて行なう相対性理論と素粒子物理学の再構成をより詳細に表わしている．章の番号と部分的には節の番号がついた題目

は12行に配列されている．

　本書において物理学の解釈は時間という現象から出発する．その現象だけが図表の頂点に位置している．再構成もまたその現象に満ちている．なぜならその現象は，われわれが経験の可能性の条件というもので何を理解しているのかを説明するのだからである．しかし8.3で，こういった条件からは説明できない１つの要請（そこでは「拡張」と呼ばれる）が必要なことがわかる．

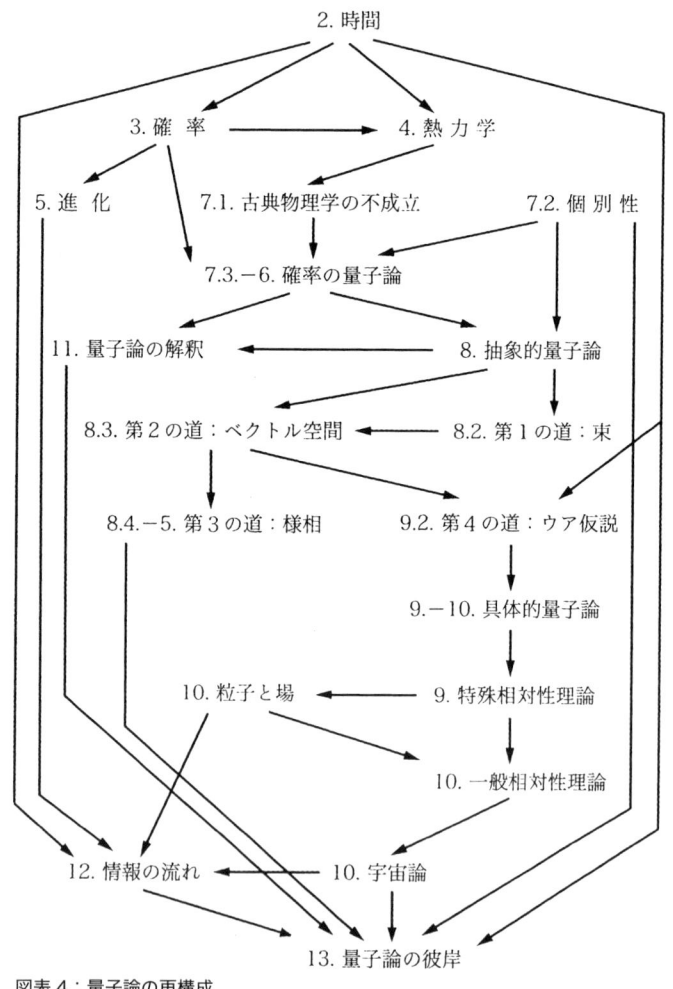

```
                            2. 時間
                    ↙         ↓         ↘
              3. 確率  ─────────→  4. 熱力学
             ↙    ↓         ↙              
     5. 進化   7.1. 古典物理学の不成立    7.2. 個別性
                    ↓                        │
              7.3.－6. 確率の量子論          │
             ↙                    ↘          │
     11. 量子論の解釈  ←───────  8. 抽象的量子論
                                      ↓
              8.3. 第２の道：ベクトル空間 ← 8.2. 第１の道：束
                           ↓                        
              8.4.－5. 第３の道：様相   9.2. 第４の道：ウア仮説
                                              ↓
                                      9.－10. 具体的量子論
                                              
                       10. 粒子と場 ← 9. 特殊相対性理論
                                              ↓
                                      10. 一般相対性理論

              12. 情報の流れ ← 10. 宇宙論
                                   ↓
                           13. 量子論の彼岸
```

図表４：量子論の再構成

その要請に対応するのは，再構成が個別性という題目（7.2）で，時間命題の論理学からは導かれない1つの出発点を持っているということである．
　これから各地点を1つずつ辿っていこう．
　第1行で唯一のテーマは第2章に従い，「時間」という基礎現象である．このテーマから4本のまっすぐな矢印が伸び，2本は本書の第I部に従って確率論と熱力学という2つの科学に，2本は「情報の流れ」と「量子論の彼岸」という2つの最終テーマ，したがってわれわれの成果の解釈，に達している．最後に，1本の矢印が枝分かれしてウア仮説に至っている．これは実際，時間というテーマをもう一度，正面から取り上げるものである．
　第2行はまず「確率」を含んでいる．この基礎概念はさらに，本質的に異なる3つの道を通って進む．第1の道は熱力学に至る．これは量子論に対して，1つの基本的な古典物理学の不成立を示し，ここからの否定的な離脱を促す．第7章はこのテーマから始まる．第2の道は直接に「確率論の量子論的拡張」に至る．これは第7章の主要テーマとなる．第3の道は「進化」論に至る．こちらはさらに，情報の流れに関する解釈の章に直接に通じる．
　第3行はとりわけ，直接または間接に時間に由来する矢印が届いていない唯一の概念，すなわち過程の「個別性」を含んでいる．われわれはボーアに由来するこの名称を量子論の核となる現象を表わすために選ぶのである．確かに過程の概念は時間的な経過を前提している．けれども個別性の概念によれば，過程にはわれわれの時間概念の決定的な指標である事実性と可能性との本質的区別がないとみなされる．これが量子論の「非直観性」または「パラドクス」の最も深い根拠であろう．したがって個別性の概念から根本的に異なる2つの道が出て行く．一方でその概念は，われわれがみずからの時間概念の枠内で遂行できるような量子論の構成的な構築に欠くことができないものである（7.3.-6.および8.に向かう矢印）．他方，その概念から1本の矢印が，時間概念に依存するすべての章を通って批判的な章「量子論の彼岸」に伸びている．
　第4行は「確率の量子論」に関する予備的考察を挙げている．これは本書の第3章と同一の，すでにいささか昔に書いた論文に由来する．第7章末尾の，本書で述べる思想の由来，したがってそのモチーフ，についての回顧も旧稿から採られている．
　第5行から図表は決定的に分枝して，構成的な右半分と解釈的な左半分に

第6章　理論の組織　　225

分かれる．右側では「再構成」，それもさしあたり空間概念をまだ用いない「抽象的量子論」の再構成が始まる．左側には量子論の「解釈」を詳細に述べた章が示され，この第11章から本書の解釈的な第III部が始まるのである．

第6行と第7行は図表の中央として再構成の4つの道を含み，4つの道の違いは第8章第1節で説明される．再構成のまっすぐな道は，「近道」で提案されたように，第2と第4の道を順に通る．第1の道は同じ目標設定の古いほうの段階であり，第3の道はプログラムにとどまっているが，おそらく量子論の彼方で行なう解釈に寄与するであろう．

第4の道で本質的に新しい思想，すなわち「ウア選立」の仮説が登場する．この仮説は第8行で挙げられた「具体的量子論」を扱う2章つまり第9章と第10章に至る．すなわちウア仮説から，第9行で挙げられている「特殊相対性理論」が，空間概念から出発して量子論から導出されるのである．この点においてのみ本書は一般に認められている物理学を物理学的に超えるのである．ウア仮説は粒子と場についての理論をも一義的に規定するであろう．これはしかし，これまでのところプログラムにとどまる．

そうすると，第10行で挙げられている「一般相対性理論」は重力場の量子論として理解することができよう．これもまた今のところプログラムにすぎない．

第11行は一方で素粒子論の構築にとって重要な宇宙論を含んでいるが，これもまたプログラムにすぎない．その行は他方で「情報の流れ」という題目で，再構成された統一的な物理学を時間の物理学としてどのように理解すべきかということの内容的な実現を含んでいる．

以上のすべてをもってしてもまだ最終的な結論とはならず，それは第12行「量子論の彼岸」で示される．ここで新たな哲学的作業が始まるのである．

第7章

量子論の予備的考察

1. 基礎的古典物理学の不成立

この門より入らない者は，すべての希望を捨てよ．

a. 原理的なこと　プランクは正面玄関，すなわち古典物理学不成立の証明を経て量子論へ足を踏み入れた．まず問題となったのは，見かけは非常に特殊な古典物理学，すなわち熱交換物質（「石炭粉塵」）と相互作用をするマクスウェルの放射場の熱力学の不成立であった．しかしこの理論は，統計力学を確実に放射場に応用できるに足るだけの精密さを備えた唯一の理論であった．やがてこの問題は古典物理学の全分野の問題の模範となることが判明したのである．

かつてハイゼンベルクは，真の保守主義者だけが，真の革命者でありうると言ったことがある．この命題は，ある完結した理論体系からもう1つの完結した体系への移行について言われたのであったが，のちにクーンが科学革命と名づけた過程にもあてはまる．正真正銘の保守主義だけが，古い理論を十分真剣に受け止めるゆえに，その矛盾について深く悩むのである．彼はその矛盾をわずかな修正によって取り除こうとする反動の幻想に陥ることもなく，また古い理論が，なんらかの新しい偶発事によって失われてしまうという逆転の幻想に陥ることもない．その矛盾が避けられないと悟ったればこそ，新しい理論へとおのずから開かれる唯一の門に出会うのである．したがって，新しい理論は，一層整合的な，根本的に新しい思考過程に移行しながら，古い理論の大部分の結果を保存するものである*[1.]

プランクの議論の強さは熱力学の一般的抽象性に基づいている．アインシュタインは1905年にこの事実を明らかに認識していた．レーリーとジーン

ズの放射法則は熱力学の必然的な結果であり，熱力学的平衡状態では，結論として放射場の内部エネルギーは無限大にならざるをえない．本節では，その意味は歴史的に顧みて初めて完全に明らかになるものである．プランクの，古典的運動法則との断絶の基本的意味をじっくりと考えてみよう．

　ここで，本節の題目の意味を包括的に明らかにしよう．基礎的古典物理学の不成立とは，特定の古典物理学の不成立を意味するのではなく，それを基礎理論と考える場合には，どれか任意の，すなわちあらゆる古典物理学の不成立を意味するのである．今日でも，おそらくこのように先鋭に，プランクから結論が引き出されてはいない．例えば，量子論は経験的には正しいが，理論的に見れば，古典物理学もまた正しい理論であってもよいのではないかと言う人もあるだろう．このような「柔軟」な理解はさまざまな結果をもたらす．多くの人々が量子論は哲学的に理解困難であると思い，むしろ，「その背後」に古典的描像に対応するような物理学を再び見いだすことを期待しているのである．第11章で再びこの問題に立ち返る．いかに多くのおそらく解答不能の問題が，古典物理学へ回帰させようとしたかを見てきたことは，やがてそれは重要となるであろう．

　ここで次のように挑発的に発言しよう．あらゆる古典物理学は，基本理論としては成立しえないと．このあまりに先鋭化された主張はなんら厳密な証明を容認するのではなく，多数の強力な議論を許容するものであることをわれわれは直ちに認めるものである．

　まず第1に，古典物理学は意味論的に整合性のある理論としては成立しえないという主張の意味を詳述しよう．広く日常の経験では，近似として，自然現象は古典的に記述されていることは，自明の事実として認められる．また第11章では，現実の実験はつねに古典的概念によって記述されなければならないというボーアの主張を代弁するであろう．さらにわれわれは，古典的質点力学や，自由な電磁場の特殊相対論が数学的な整合性を持つことに異議を唱えるものではない．質点と場との相互作用の古典論では，数学的に矛盾のない証明はいまだ得られていない．しかしここでわれわれはこの問題について，懐疑を論拠として用いるのではない．しかし，われわれの主張はこの理論が基本的経験と融合しうる物理的意味論をまったく許していないと主張する．融合しえない箇所は，連続体の熱力学にある．

　事実の議論に入る前に，第2の詳述が必要となる．これまでわれわれは，

古典物理学の名のもとに何を理解しているのかを明らかにしていなかった．ある理論がどのように定義されるべきかに言及せずに，その理論の不成立を証明できないことは誰の目にも明らかである．ここで，「古典的」という概念を 2 段階に分けて以下に詳述することだけを予告しておく．本節の小節 b では，古典物理学において立てられうるであろう要請のリストを示す．第 11 章では量子論の立場から，この問題に立ち戻るであろう．b ではある物理学が基本的に確率概念なしに定式化されている場合に，その物理学は古典的であると呼ばれる．第 11 章では，可能性を基本的に事実であるかのごとく記述する物理学を古典的と名づける．両者とも，時間の論理学の領域では当然とされているのと同じ基本思想である．時間の論理学の出発点は「非古典的」である．さしあたりは，この定性的な指摘で十分であろう．第 6 章で量子論以前に記述されたすべての理論は古典的である．そこでわれわれはこの問題を以前の理論に内在する困難に読みとることができる．

　それゆえ，連続体の力学に問題がある[*2]．化学では原子は広がりのあるものとみなされていた．そこで原子をまとめている力は何かという疑問が生じた．統計熱力学では，この問題は比熱の問題に現われた．ボルツマンによる原子の連続性への反論があり，彼はそれを原子の存在を支持する議論として用いている．連続体は内部振動の無限の自由度をもっているので，有限のエネルギーの場合には，熱力学的平衡が成立して有限温度に達することはありえないであろう．この議論は熱力学的には説得力を持つのであるが，そこからは原子の内部もまた力学的連続体ではありえないという結論が導かれる．さもなければ，原子を導入する必要はなくなるであろう．ボルツマンは剛体原子を要請することによって，すなわち自分の理論の中心概念として連続体力学の利用を断念することによってこの問題を逃れた．比熱の実験報告によれば，原子は決して回転のエネルギーを交換することはありえない．この結果はボルツマンの立場の困難を示している．

　物理学が考慮に値する力学をもった最初の連続媒体である電磁場は，プランクの理論のなかで「紫外発散」を生じ，まさにボルツマンが予見した矛盾，つまり最も一般的な経験，すなわち熱力学的経験との矛盾を示すことになったのである．統計力学において，当時は解決されていなかった正しい原子模型にボルツマンが投げかけた疑問は封じ込められえた．原子を質点または有限多数個の質点系として理解することは，最初にヘルムホルツが仮定し，長

岡，レナート，そして後にラザフォードによって精密な形で，原子の模型として提案されたものであるが，これによって，ボルツマンの困難は解消されたかに見えた．しかし，質点間の相互作用を伝達する場の力学に再び困難が現われた．そのために，鍵の役割ははじめはプランクのマクスウェル場の熱力学に，次いでラザフォードの原子模型のボーアの解析に引き継がれた．

　このような経過は，クーンのいう革命の典型的な特徴を表わしている．古典物理学は問題解答（パズル解き）にすぐれたパラダイムを提供した．いくつかの問題が解答と矛盾していた．長い間これはモデルに弱点があり，克服可能であると思われていた．ついに根本的な考察によって，これらの問題が本質的に解けないのはパラダイムのせいであることが示された．新しい量子論のパラダイムがこれらの問題を解いたとき，初めて科学者共同体が形成され，この解答不能性が承認されたのである．しかしながら，実はこの結果，古いパラダイムにおける解答不能性の原理的な根拠は，再三再四忘却の彼方へ落ち込んでしまった．こういうことがなかったならば，量子論の背後にある「隠れたパラメター」を古典論を頼りに探し求めるというような無益な大波をこうむるのは免れたことであろう．時間の論理学の立場からすれば，古典物理学の失敗という事態はきわめて当然の成り行きと思われる．連続性は可能性の特徴であり，事実は不可逆であり，それゆえに離散的である（11.2 e β と 8.5.4 参照）．可能性をあたかも事実であるかのように扱うのは，つまり連続体を古典力学に従わせるのはうまくいくはずがないのである．

b．古典物理学の要請　　これまで歴史的に緩やかに記述してきた問題を，最も厳密に取り扱ってみよう．ここで「物理学の意味論」が不確定性の問題を完全には克服しえないことにあまり苛つつ必要はない[*3]．

　ある物理学が基本的に確率概念を放棄して定式化されるような場合，それは古典的であると言われる．これはより詳しく言えば次の要請を含んでいる．

　　A：客観的パラメター，すなわち選立の存在
　　　　ある状態はそこに内在するパラメターの「客観的」値を，あるいは選立に対する「客観的に正しい」回答を示すことによって記述される．
　　B：2.5 の 3 つの要請
　　　　Ⅰ．決定可能性　Ⅱ．反復可能性　Ⅲ．同時決定可能性．これらは

1Aのもとで挙げられた選立のすべての回答に対して適用される．

　これらの要請は2.5で説明した意味で，「理論的」であるとされる．

　C：決定性

　　ある時刻の状態は，後の時刻の状態を（一定の環境のもとで）一義的に決定する．

　これら3つの要請は決定性の要請という見出しの下に総括されている．ここで連続性の要請として特徴づけられうる2つの他の要請をつけ加える．

　D：状態空間の連続性

　　時間に依存する状態パラメターはある連続的で総合的な値域をもっている．

　E：状態変化の連続性

　　状態パラメターの値は連続で，（また微分可能な）時間の関数である．

　最後に，一番終わりの要請が付加される．これは特殊相対論以来，避けがたいものとして成り立つと認められている．

　F：状態空間の無限次元性

　　状態空間は無限多数のパラメターを含む．

　これら6つの要請のいずれも，古典物理学において先験的に導かれたものではない．最初の5つは，古典物理学の時代では，いずれも成り立つのが当然と思われたものであった．量子論では最初の3つを修正し，次の2つについては，同じく修正された解釈によって，ことによると一種の基礎づけを見いだすであろう．6番目の要請はまず第1に場の物理学に特有のものである．これは質点，剛体や遠隔力といった模型的な表象には，一般に欠落しているものである．しかしながらそこには，空間の連続性なるものを真面目に取り扱っている結果を見ることができる．aにおいて力学的連続性と名づけられたものは，まさに物理的対象であって，空間中に連続的に広がり，互いに独立に変化する粒子から構成されていると考えられたものである．すべての作用は有限の速さで広がるという事実の発見によって，力学的連続性という表象を真剣に取り上げるかぎり，それからの外れは，簡単化された模型のためであると理解することが必要となった．古典物理学の立場からすれば，先験的に厳密にこれを基礎づけることは，おそらく不可能であろう（例えば，逆に遠隔力を同時性の概念から整合的に基礎づけようとするカントの一貫した試みを参照のこと*4）．その限りでは，古典物理学についてどのような要請が変更

できるのかは確定しておらず，整合性のある古典物理学の不成立もまた厳密には証明できないことは明らかである．他でもなく次のように考えなければならない．すなわち，そもそも不整合な理論に，統一的な原理から，説得力のある基礎づけができると想定してはならない．まさに量子論において初めて，そのつど修正され，矛盾を正された6つの要請の理解がより簡単な要請から基礎づけられる．それゆえ量子論によって初めて，古典物理学の歴史的展開の実質的な必然性が示される．しかし古典時代の良い物理学者はこのような必然性を感じ取っていた．われわれはこの6つの要請をことごとく，成熟に達した古典物理学の旗印として打ち立てることにより，この感情を正当化するよう望んでいる．

ところで次の2つの定理が真実であれば，整合性のある古典物理学不成立の証明が直ちに得られる．

　　G：等分配則

　　　　熱平衡状態では各々の自由度（状態パラメター）は，温度だけに依存する（さらにこれのみに比例する）最小の定まった共通のエネルギーの平均値を与える．

　　H：平衡状態の成立

　　　　物理的対象の熱力学的平衡状態は，観測可能な時間間隔のあいだに実現する．

すなわちこれら双方の定理が成立するならば，(F) によって，全エネルギーが有限のとき，各々個別の自由度は観測可能な時間の後には，きわめて微小なエネルギーを持つこととなる．すなわちすべての対象の温度は，観測可能な時間内にゼロに近づく．この結論に反対する者は，2つの定理のうち少なくとも1つの妥当性の反駁に努めなければならない．ここで完全に厳密な証明はできないであろう．しかし歴史的なさまざまな場合において，まさにこれらの定理が避けられないとみなされてきた根拠をはっきりとさせることができる．

等分配則は，これから特別の要請として導入しようとする可逆性から求められるのである．

　　J：可逆性

　　　　パラメターは2つの組 q_k と p_k に分離される．ここに $q_k(t)$, $p_k(t)$ $(k=1,...\infty)$ について，$q'_k(t)=q_k(-t)$, $p'_k(t)=-p_k(-t)$ もまた

つねに運動方程式の解である.

可逆な系はハミルトン理論の形式に従った表現を許し,等分配則はリウビルの定理から求められる.その証明の本質的な考え方は次のようなものである.一定の時間間隔内で,自由度 q_k から他の自由度 q_l にエネルギーが移る解の各々には,同じ時間間隔内でエネルギーが逆に q_l から q_k に移る解が存在する.熱力学的平衡状態では,すべての解は同じ確率で現われる.それゆえ,どの2つの自由度のあいだにも同じ量のエネルギーが互いに流れるのである (detailed balance, 詳細釣合い).ここである自由度から流出するエネルギーは,その自由度のエネルギー量の単調増加関数である.したがって,エネルギー流の同一性によって,エネルギー量の数値的に確定した釣り合いが達成されるのである.エネルギーが座標 q_k ないし p_k の2次関数である場合には,この関係は=1である.運動エネルギー (p_k^2) は,この場合に相当し,位置エネルギーについては,調和振動の場合がそうであって,どんな場合でも,平衡点からのズレが十分小さいとき(十分低温のとき)に相当している.

可逆性は,古典力学では他の要請と同様,先験的に基礎づけられたものではないが,実際にはすべての古典基礎理論で成り立っている.その意味の議論は,他の要請と同じく,量子論に委ねることとしよう.

(H)を否定するという可能性が残っている.剛体球原子といったボルツマン流の模型はまさにこの道程を辿るのである.すなわち原子の内部自由度についてこの仮定は触れていない.このような仮定が,非常に長時間の継続を意味するものなのか,または平衡状態の不成立を主張するものなのであるかは疑問である.後者は(F)が否定されることを意味し,したがって物理的対象は力学的連続体として取り扱われないこととなる.前者は,複雑な定量的な評価の見通しのなさに問題を追いやることとなる.平衡到達には,光がその物体を通過する時間,おそらくは音波が通過する時間の何倍もの時間量の評価を要するであろうが,特殊相対論によればその見込みはない.要するに,決定性,連続性,無限次元と可逆性の4つのメルクマールをひとまとめに取り扱うような物理学は不可能のように見える.実際量子論は4つのメルクマールの第1のものを提示しているだけであって,それによって「紫外発散」のパラドクスを逃れえたのである.もちろんその際には,他のメルクマールの意味は修正された.われわれは先験的にこの道だけが通行可能であると指示することはできない.ともあれ,われわれの出発点はおそらくこれ

に近いものである．連続性と無限次元とは，時空の基本的な相を表わすものといえよう．非可逆の基本法則は時間を繋ぎ合わせる選立や法則の存在とおそらくは両立しえないであろう（第 8 章参照）．しかしながら，決定性，特に決定論の鋭い解釈（C）によれば，未来の可能性は単なる無知として扱われている．すなわち，基本的には，過去と未来の相違はないとされているのである．ここに，（たとえこのことが事後的な予言と見えようとも）用いられている時間概念の矮小化という誤りを見るであろう．

2. 過程の個別性に関するボーアの概念

　力学的連続性に代わってどんな概念が登場するのだろうか．
　ここでまず歴史的に量子論の発展とともに，どんな概念が最初に代わって現われたかを尋ねよう．
　プランクやアインシュタインの 1900 年から 1925 年の時代には，またボーアの原子模型においても，量子論はいまだ矛盾のない理論体系になっていなかった．3 人の大家はこのことをよく自覚していた．プランクとボーアの量子条件は連続の運動にある制限条件を付加するものであって，粒子の形式的に可能な運動のある離散的な集合だけを，現実に可能なものとして分離したのであった．アインシュタインの光量子仮説は，連続空間のあらゆる場所で一定の値を持つ放射場にある粒子，すなわちその空間に粒子像を対立させたのである．数学的に見れば，許される状態の集合がより弱小の集合に縮小されたことになった．古典的に見れば，いかにしてこのような縮小制限がなされなければならなかったのか．また量子論から見れば，直感的には同様に想像可能ではあるが，禁止された古典的軌道や場の状態の意味をいかに記述すればよいのであろうか．
　この疑問はずっと答えられないまま残っている．基本的な古典物理学の不成立という命題からすれば，これは原理的に答えられなくてもよいと推論される．これを除外する決定的な一歩が，数学的には 1925 年に，その解説は 1927 年に，ハイゼンベルクの不確定性関係として達成されたのである．彼は量子論的に許された状態において，古典的軌道の存在そのものを否定した．これによって彼は，もはや古典理論に依拠しない，量子論の創始者となったのである．古典論はボーアの対応原理の意味においてのみ，発見的な先導的

役割を果たしたのにすぎないのである．こうして量子論は，古典論をその極限として意味づけるように構築されなければならなかった．シュレーディンガーの波動力学は，その統計的解釈がボルンによって，ついにはノイマンによるヒルベルト空間における定式化によって，ある対象の量子論的に可能な状態の集合は，古典的に想像される状態の集合より小さいのではなく，ずっと大きいと認識する道を開いた．量子論はわれわれの可能な知識の制限ではなく，特別の拡大なのである．例えば，質点の運動量状態の集合は，位置空間（または，位相空間）の点の集合ではなくて，位置空間の複素関数の集合である[*5]．量子論の熱力学的可能性にとって，シュレーディンガー波が古典物理学におけるような力学的連続性をもたないということは決定的である．シュレーディンガー波（積分して1に規格化されている）のエネルギーはその強度によってではなくて，振動数によって定まるのである．

　経験的に稔り豊かな，数学的に首尾一貫したこの理論は，しかしながら物理的に簡単な原則から理論を再構成するというわれわれの計画をいささか途方にくれさせる．歴史的には，量子力学の完成直前の1925年に発表されたボーアの過程の個別性のなかに，簡単で，原理的な，十分抽象的で，今日でもなお適切な量子論の基本的命題を見いだすのである．

　ニールス・ボーアは[*6]，量子論が実際に可能な経験について報告するものであることを，このうえなく正確に記述している（11.1 g 参照）．それはなぜかと言えば，彼はフォン・ノイマン流のさまざまな解釈のように，あらかじめ与えられた理論の数学的形式に，物理的意味をあてはめることをしないで，数学的道具立てを極力少なくして，また最も用心深い利用をしながら，つねに現象そのものについて，一般的で概念的な記述法を用いて議論しているからである．私はここで告白するのだが，彼の個別性の概念のもつ鍵としての役割を，最近になって初めて明瞭に理解するようになった．

　K. M. マイヤー＝アービッヒはボーアに関する本に『対応原理，個別性と相補性』という題名を付けた．ここで，個別性は，量子論にとって中心的な，固有の概念である．対応原理と相補性は古典物理学に対する量子論の関係を表わしている．対応原理は，量子論に向かう探究に際して，よく知られていた古典論が近似として許されるように，いまだ知られていない理論に付加されるべき要請として提示されたものである[*7]．相補性とは，のちに完成された量子論においてもなお有用な，古典的概念と描像を持ちうる方法を指し示

すものである．ボーアの言う個別性とは，Meyer-Abich（124-133 ページ）が確認したように，分割不可能性，特に量子論的に記述される過程は，分割不可能であることを意味している．それは，対応原理の限界と古典的概念の相補的利用の条件を示すものでもある．それではいったい過程の個別性とは何を言い表わそうとするのであろうか．

ボーアは（Meyer-Abich, 103 ページ），1925 年にボーテとガイガーの実験の後で，しかしハイゼンベルクの行列力学が知られる以前に，個別性の概念を導入している．この概念は出来上がった量子論の形式の解釈のためではなくて，量子論にとって基本的な，個々の過程におけるエネルギーの保存を示す実験の解釈から生まれたのである．ボーテとガイガーの実験，ならびにコンプトンとサイモンの実験の基本的な意味については，ハイゼンベルクも会話のなかでしばしば私に強調していた．ボーア，クラマースとスレーターは（Meyer-Abich, 115-124 ページ）1924 年に，量子は互いにある時空的な「仮想的放射場と同等」の機構で連絡し合っているものと仮定した（118 ページ）．ある位置の場の強さは，そこにある原子が 2 つの定常状態のあいだで可能な遷移を誘起する確率を決定する．このことからエネルギーと運動量の保存則が統計的にのみ成立することが導かれた．しかしながら，上述の実験結果は個別過程において，保存則が厳密に成立することを証明した．ボーアはこれを「遠隔原子における個別過程の共振」として記述している（127 ページ）．そこで，現在一般に用いられている表現では，個別的な光子の存在が証明されるのであり，また，測定による波束の収縮という仮定をせざるをえないのである．

ボーアはそれ以来好んで「作用量子によって象徴された物理過程の制限された分割可能性」について語っている（132 ページ）．問題は過程の分割可能性から何が想像されるかということである．古典物理学では，ある過程，例えば粒子の軌道上の走行，または原子による放射エネルギーの吸収放出は，時間経過のなかでの絶えざる状態変化として，簡単に言えば，連続であるとして記述される．連続媒質の古典論によれば，少なくとも頭のなかでは，連続の過程は限りなく分割可能でなければならない．軌道は任意多数の断片から構成されていると考えてもよい．しかしながら，継続的な位置測定によって断片を検証する思考実験には軌道を破壊するような相互作用が必要となる．ボーアは正しくこれを，作用量子の有限の大きさと結びつけた．振動数 ν

のとき交換エネルギーは$h\nu$より小さくなりえない．すなわち，断片の長さを測定するために必要な光の振動数は，その断片を光が通過するに要する時間の逆数より大きくなければならない．ここで，運動の連続性を理解するために対比される手がかりが見いだされる唯一の古典的哲学者は，アリストテレスである（『自然学』Θ8，『自然の統一』432ページ参照）．

ボーアが繰り返し強調したように，測定対象と測定装置の不可分性（単純化すれば，客体と主体）および例えば，EPRの「パラドクス」を生み出すのは過程の個別性である．また同じく，プランクによる放射場の熱平衡を可能ならしめたのもまた過程の個別性である．量子論の再構成における，個別性の意味については次章で触れる．ウア理論を含めて，実際そこで試みられる量子論の構築は，個別的でありまた分割不可能の過程の整合的な記述の試みとして理解されるであろう．

3. 確率の要請と量子論[*8]

量子論の成果を理解することに努めよう．前章では，量子論の前史とその成立を歴史的に手短に描写した．次の4つの章では，その成果を系統的に理解することに努めよう．このような理解は，それが確定的なものであれば，それを簡潔に言い表わすには，おそらくわずかなページをさくだけで十分であろう．現在の量子論の記述法はそれとは大きな隔たりがある．今日，記述の基礎づけられた簡潔さを求めようとする者は，まず誰でも，それ自体は簡単であるが，伝統的な期待には応じえない理論の途方もない解釈の石ころのなかを通って林道を切り開かねばならないことを悟るであろう．このことに本章があてられているのである．

量子論は現在の物理学の最も包括的な理論である．今日，少なくとも無機的な自然界では，量子論の法則に従っているとすぐには受け取りがたいような現象は，物理学者にとってありえない．一定のある理論の包括的な妥当性を単なる歴史的な事実として受け入れてはならない．むしろそれを1つの問題に転化しなければならない．実際，この特別な理論の圧倒的な成果を理解する方法があるのだろうか．現在活躍中のすべての物理学者は，量子論が，物理的対象の状態とその時間的変化を観察するための，最終的な法則の形式であるとみなすことに躊躇するであろう．それは，彼らが一面では，法則の

ある体系が最終的なものであるとみなすことを躊躇するからであるが，他面では，やはり量子論の意味が，不満足ではっきりしないとみなしているためなのである．しかしこのような疑念も，彼らがその理論の経験的な妥当性を躊躇なく認めることを妨げるものではない．いつの日にか，かつて量子論が古典力学に取って代わったように，新しい理論が量子論に取って代わることを期待するならば，この理論はさらに広い普遍妥当性をもち，われわれが現在知っていないか，または理解していない経験に関係したものであり，現在知られている量子論の適用範囲を，その極限として含むであろうことが期待されるのである．量子論に対するこの見方が，どの程度の普遍性をもっているかといえば，問題を述べるのに必要なすべてのものに及ぶほど普遍的なのである．

　第3章のはじめに，基礎概念を理解しなくても，稔り多い形で応用されるという「認識論的パラドクス」について話した．パラドクスのように見える状態を現象として受け止め，またはその限りでは事実として認めることが問題解決の第一歩であることがわかった．ここでも類似の考え方を試みる．量子論の普遍性の問題は，一般的な見かけの認識論的「普遍的理論のもつパラドクス」の1例として定式化した場合，さらに明瞭となる．すなわち可能な経験の強力な多様性が存在する場合には，法則のごく簡潔な体系によって，現在の経験から未来を予言できる可能性がはたしてあるのだろうか．このように理解すると，この「パラドクス」には2つの問題が含まれていることに気づく．1. いったい現在と未来の必然的な結合が存在するのかという問題（因果性の問題）と，2. この結合を表現する法則が，現在ではほとんどが量子論に含まれる物理学の既知の基礎理論のように単純なものなのかという問題である．

　この哲学的問題については，著書『時間と知識』において詳述する．ここでは，以下で発見的に用いる推測から始めよう．われわれは，問題の解決を，理論によって表現された構造を経験一般の可能性の条件として認識することに求める．ここでは，どのような特別な意味で，この主張を量子論に適用しうるかを示すだけである．抽象的量子論は実際の普遍妥当性が，確率の時間的変化の法則を内蔵する確率論の一般法則として定式化されているにすぎない――さしあたりは単に推測的なものにすぎない――という事実にある．

　ここで，第2章と第3章に関連して，量子論を記述するために十分包括的

な確率概念についての一般的主張を設定する．これが達成された場合には，完全に抽象的な量子論がこの主張から導出されるので，これを量子論の再構成と名づける．第8章では当然のことながら，付加的に「実際的」な主張が必要となるであろう．

前に2つの認識論的「パラドクス」に言及した．その際，「パラドクス」とは「二律背反」と同一ではない，すなわち，研究し尽くされた理論に内在する矛盾（ラッセルの二律背反）でなく，ただギリシャ語の意味に従って，もっともな期待に反するパラドクス (para doxan)，すなわち意見に対立する事実を言うのである．ところで2つのパラドクスはたびたび論じられているが，他のより特殊な，しかし注目に値するパラドクスがほとんど気づかれずにいるように思われる．数学的な確率論は公理形式で記述される．第3章ではコルモゴロフの公理系を応用した．確率論の経験的応用とはこの公理系に経験的な意味を付与することであると仮定してもよいであろう．ところで今日の物理学の包括的な理論は量子論以外にはない．そこで，現在の自然科学の状態では，確率論の経験的意味についてのあらゆる理論を根本的に検証するには，その理論を量子論の確率概念に適用してみるのがよいであろう．しかしながら，このような検証を，確率論概念の経験的意味についての考察の先端に持ち込もうとする試みについてはいまだ聞いたことがない．人々は日常の，また古典物理学を含む科学の多くの分野での，確率の意味から出発し，その後で量子論の確率命題に当惑している．ところが量子論の確率命題こそ，体系的に他のすべての物理学の確率的命題の基礎にしなければならないものなのである．

量子論の確率命題から出発する試みは，実際のところ，基本的な障碍に遭遇するように見える．というのは，コルモゴロフの公理系が量子論にとって普遍的に妥当かどうか疑わしいのである．量子論的確率計算の基本的特徴は「確率の干渉」である[*9]．この基本法則は測定される確率に直接関係しているのではなくて，「確率振幅」に関係している．このことはコルモゴロフの体系において，可能な事象がブール束を構成するという第1公理に代わって，事象の束がヒルベルト空間の部分空間によって構成されるという別の公理の登場を意味する．経験を与えられた概念として，また確率を経験の範囲内で適用される概念として理解することが許されるならば，このような公理の置き換えは害のない形式的な修正と考えられるであろう．しかしながら，実際

には，経験の概念の意味が確率概念の正当な使用に依存する場合には事情は異なる（第3章参照）．そこで，現在の確率論の書物に示されている状況を次の「量子論的確率論のパラドクス」として総括したい．すなわち，現在よく知られた自然法則に合わせて確率論の公理系を経験事実に適用しようとすれば，公理系はこれまで数学者も認識論者もほぼ唯一の研究対象としてきた古典的確率論ではありえないのである．

古典的確率論と量子論的確率論の相違はちょうど古典物理学と量子物理学の相違に対応する．たいていの認識論者，とりわけ論理実証主義学派は，このような相違を単なる「経験的性格」とし，その結果，経験ならびに確率概念の意味を決定する概念の階層よりも低い階層に属する相違とした．すでに量子論が「より高い」概念の意味の定式化によって到達した第1級の階層の意味についての，認識論者の理解の欠如が明らかになったと思われる．

相補性というボーアの概念は，物理学の特殊な経験的概念の普遍化であると誤解されていたために決して正しく理解されなかった．一方，ボーアは相補性は人間のあらゆる認識の普遍的構造であって，量子論においてのみ端的な例が見いだされるのであると暗示しようとした．J. v. ノイマンは非ブール代数の量子論的事象の束を彼の新理論であるいわゆる量子論理学の中核におくことによって，問題の普遍性を指摘した．彼は一度ならず「量子論理学のパラドクス」に気づいていたが，解決はしなかった．量子論理学のパラドクスとは，実際の経験から新しい論理学が導き出されるのに，あらゆる経験は，前もって利用可能であり，したがって構造が前もって確定しているような論理学に用いられる，というパラドクスなのである．実際に第3章で，経験の構成の過程に際して，確率概念が「時間命題の論理学」として現われることを見てきた．量子論で記述されうる現象に関する予言は未来に関する命題である．量子論理学に辿り着くために時間命題の論理学を応用する方法がある．歴史的にはこの論理的可能性の発見は原子物理学の経験によって触発されたものであるが，これが発見された後では，この経験に関係させなくても理解することができる．

時間的発展を表わす量子論理学を軸とする量子論の再構成がM. ドリーシュナーによって最初に試みられた（1970）．本書第7章の注9と関連させて説明しよう．コルモゴロフの第1公理を，量子論では放棄するべきか否かは，定式化の方法にかかっている．その定式化は物理的な意味論と関係している．

意味論はわれわれが何を事象の集合と見るかにかかっている．事象をある実験（あるオブザーバブルの測定または互いに可換なオブザーバブルの集合の測定）の可能な発生に限るならば，公理を変更する必要はない．しかしある対象について行なわれるすべての可能な実験の可能な発生を，この対象に属する可能な事象の集合と見ると，事象の束はヒルベルト空間の部分空間によって与えられることとなる．このような二重性は，量子論には両立しない実験が存在することに由来する．ドリーシュナーの構築は経験的な確率についての公理系として記述されているとみなすことができ，そこでは，両立しない実験があるか否かの決定が，できるかぎり下されないままで残されているのである．

J. v. ノイマンの量子論理学では命題計算は異なる事象の束に適合したものである．それは否定と選言について，規則が変わることを意味している．このような形式的な変化の論理的意味を理解するためには，時間命題の論理学の意味において，双方の束の意味を探究しなければならない．われわれは確率を，未来命題について，古典的な真理値に取って代わる定量的な様相と解釈した[*10]．ところで数学的美しさを論拠とすれば，未来命題の量子論理学においては，基本的な様相は，確率ではなくて，確率振幅である事実を，数学的に美しく仕上げることが期待されよう．そうすれば，われわれが波動関数（すなわちヒルベルト空間）および2, 3の測定可能性に関する前提から出発すれば，量子論の確率の意味を正当化しうるか否かという疑問が生まれる．この処理方法はドリーシュナーの方法と相補的であるとも言えよう．彼は確率概念がすべての測定に対して意味があるという仮定から出発して，ヒルベルト空間のフォーマリズムを補助的な仮定によって導出した．第8章でこの2つの処理方法について述べる．

再構成に移行する前に，われわれのプログラムを2つのよく知られた量子論的手続きである第2量子化法と量子論のファインマンの定式化に結びつけることを考えよう．次節で概要を述べるにとどめ，のちほどまた詳しく考察する．

4. 第2量子化法[*11]

3.2では，確率をある集団における事象の相対頻度の期待値として考えた．

その際諸集団における期待値が定義され，諸集団は「メタ事象」とされた．ここで，簡単な模型について，量子論におけるこの概念構成を繰り返してみよう．まず個別のオブザーバブルの量子力学的な測定を考える．話を簡単化するために，再びこのオブザーバブルは有限個の異なった値だけを取りうるものと仮定する．この個数を $R=2$ としよう．そうすると簡単な（換言すれば2元の）選立を扱うこととなる．例えばシュテルン‐ゲルラッハの実験におけるアルカリ原子のスピンの測定がこの場合に相当する．ここでは，2つの可能な結果を $r=1$ と $r=2$ と呼ぶこととしよう．この選立に関して他の自由度を無視すると，この対象は，2次元のヒルベルト空間を持っている．その状態ベクトルを $u_r (r=1, 2)$ とする．u_r が規格化されていると，結果1と2を見いだす確率は

$$p_1 = u_1^* u_1, \quad p_2 = u_2^* u_2 \tag{2.1}$$
$$p_1 + p_2 = 1 \tag{2.2}$$

である．このような N 個の対象の統計的集団について同じ選立が決定される場合を考察する．結果として，1が n_1 回，2が n_2 回現われた場合では，

$$n_1 + n_2 = N \tag{2.3}$$

となる．ここで，集団を現実の集団として取り扱いたい．すなわち N 個の単純な対象から構成された量子力学的対象とする．測定が異なった時間になされたとしても形式的には可能であるが，複雑な記述を必要とするこのような場合を（対称性の問題を含めて）除外し，測定は同時に行なわれるものとして取り扱う．先に与えられた選立は決定する必要がない集合の一般的な状態は 2^N 次元の配置空間の波動関数によって記述される．計算の簡略化のために，波動関数の対称性について一定の仮定のもとに定め，ここでは対称であるとする．すなわち，簡単な対象はボース統計に従わねばならないとする．フェルミ統計は興味のない $N \leq 2$ の場合に限られる．このとき状態は波動関数 $\phi(n_1, n_2)$ によって記述される．任意の n_1, n_2 に対するすべての（規格化された）$\phi(n_1, n_2)$ の集合は有限の値 N をもつすべての可能な集団を記述する．それゆえ与えられた集団はつねに一定の N をもつ．

同一の状態にある N 個の対象からなる集団については，

$$\phi(n_1, n_2) = c_{n_1 n_2} u_1{}^{n_1} u_2{}^{n_2} \tag{2.4}$$

が成り立つ．(2.3) を考慮して ϕ を規格化すると

$$\sum_{n_1} \phi^*(n_1, n_2) \phi(n_1, n_2) = \sum_{n_1} |c_{n_1 n_2}|^2 p_1{}^{n_1} p_2{}^{n_2} = 1 \tag{2.5}$$

$$(p_1 + p_2)^N = \sum_{n_1} \frac{N!}{n_1! n_2!} p_1{}^{n_1} p_2{}^{n_2} = 1 \tag{2.6}$$

となり，したがって

$$|c_{n_1 n_2}|^2 = \frac{N!}{n_1! n_2!} \tag{2.7}$$

数 n_1 と n_2 は演算子 n_1 と n_2 の固有値であると解釈できる．ϕ に作用させたとき n_1 と n_2 が掛かる．ϕ における n_1 の期待値は

$$\begin{aligned}\bar{n}_1 &= \sum_{n_1} \phi^*(n_1, n_2) n_1 \phi(n_1, n_2) \\ &= N_1{}^N + (N-1) N_{p_1 p_2}^{N-1} + \ldots + N_{p_1 p_2}^{N-1} + 0 \\ &= p_1 \frac{\partial}{\partial p_1} (p_1 + p_2)^N = p_1 N (p_1 + p_2)^{N-1} = p_1 N \end{aligned} \tag{2.8}$$

$$p_1 = \frac{\bar{n}_1}{N} \tag{2.9}$$

となり，4.2 の要請 D と符合する．さらに大きい R に対する一般化は容易である．

　この短い計算は第 2 量子化の最も簡単な例に他ならない．添字の r は 2 つの値をもつ量子力学的オブザーバブルである．演算子 n_r は，次の交換関係を満足する演算子 u_r, u_r^* で与えられ

$$\begin{aligned}u_r u_s^* - u_s^* u_r &= \delta_{rs} \\ u_r u_s - u_s u_r &= u_r^* u_s^* - u_s^* u_r^* = 0\end{aligned} \tag{2.10}$$

ここに

$$n_r = u_r^* u_r \tag{2.11}$$

である．通常第 2 量子化は巧みな形式的な計算法とみなされてきた．これは

配置空間の方法と同等であることが証明されるが,量子化の手続きの繰り返しが本来何を意味するのかは明らかにされていなかった.

実際対応原理の立場では,この名称はパラドキシカルである.ハイゼンベルクは学生であった私にこの名称を用いることを厳しく禁止した.彼は古典場の量子化について話したのであった.対応原理の立場では,古典論の量子化によって得られた理論が,もう一度新しい古典論としてどのように把握れるのであろうか理解しがたいのである.シュレーディンガー波は確率を提供するが,古典量としては測定されえない.また形式的には一体問題のシュレーディンガー方程式は古典的場の(ド・ブロイの)方程式とは同じでない.後者は,非線形の(または多重線形の)相互作用を含むことができ,またそうでなければならないのに反して,前者は量子論的方程式として厳密に線形である.

対応原理の枠内では,「第2量子化」という表現を禁ずることには整合性があるが,シュレーディンガー方程式のような量子論の方程式が特殊な,すなわち自由な古典的場の方程式と形式的に一致するという事実を明らかにしえない.これを「偶然」として片付けてはならない.実際第2量子化は,孤立している場合には,その各々が,第1量子化の波動関数によって記述される,同種の対象の集合を定義する.このように量子化とは,一般に,量子論にとって特徴的な,確率計算の特別な規則に従って,集団を構成する手続きであると考えてもよいであろう.これはまさに私の主張であって,量子論は,確率,すなわち統計集団における相対頻度の期待値の一般論に他ならない.

5. 量子論のファインマン形式[*12]

ファインマン[*13]は,その著書で,量子論は新しい確率論にすぎないことをはっきりとさせる形式を発表した.表現を簡略化するために,時間と空間を離散的な点に分割しよう.すると,粒子の空間内の軌道は次のように記述される.粒子が時刻 t_0 に位置 x_0 にあったものとしよう.以後のある時刻に,その粒子が位置 x_1 に見いだされる確率を $p(x_1, x_0)$ としよう.古典的確率論に従って $p(x_2, x_0)$ は

$$p(x_2, x_0) = \sum_{x_1} p(x_2, x_1) p(x_1, x_0) \tag{3.1}$$

で表わされる．

　量子論へ移行する際の変化は，すべて次のように置き換えられる．

$$\phi(x_2, x_0) = \sum_{x_1} \phi(x_2, x_1)\phi(x_1, x_0) \tag{3.2}$$

$$p(x_i, x_n) = |\phi(x_i, x_n)|^2 \tag{3.3}$$

2つの理論には，$p(x_i, x_n)$ および $\phi(x_i, x_n)$ の値を決定するための，状態の時間変化を表わす法則がある．通常古典物理学では個々の場合を論じ，その基本形式は次の作用原理である．

$$\delta S = \delta \int_{t_1}^{t_2} L\,\mathrm{d}t = 0 \tag{3.4}$$

この法則から，確率の時間変化の法則が導出される．量子論では，個々の場合については，因果的法則はなく，その代わりに確率振幅に対するシュレーディンガー方程式

$$i\dot{\psi} = H\psi \tag{3.5}$$

が現われる．ファインマン理論の主要な成果はこれら2つの法則の結合である．シュレーディンガー方程式は法則

$$\phi(x_i, x_n) = \exp[iS(x_i, x_n)/\hbar] \tag{3.6}$$

と同等であって，これは，古典的作用積分がまさに粒子の対応する可能な軌道に対する確率振幅の位相であることを示している．

　伝統的に「量子論化」として提示された手続きはこの理論に従って，2つの方向に読みとることができる．ボーアの対応原理に始まる近代量子の起源に遡れば，すでに古典論は与えられたものとして受け入れられる．そこで，ファインマンの法則(3.6)から相当する量子論が正しく導かれる．完全に発達した量子論の立場からすれば，逆にファインマンの法則にある作用Sを与えられた関数として受け入れ，古典的と名づけられる限界を見いだすためにこの理論を利用することとなるであろう．しかし，ファインマンの理論を第2の方向に読みとる場合には，どうして「古典的な」限界が存在するのか，したがってまたどうして「量子論化」なる様式の手続きがとられるのかが明らかにされるのである．古典的限界とは，ある確率が1あるいはゼロに

近づき，したがってそれに相当する測定結果の予言をほとんど一義的になしうる場合を言うのである．この限界では，個々の場合を記述するために，もはや確率概念を必要としない．歴史的に発展する過程で，このような場合は，一般的な場合よりも早く理解され，「量子論化」は確率の洗練された理論へ近づく歩みとなる．

　この「量子論化の逆の読み方」すなわち「量子論による古典物理学の解釈」は実行に際して，変分原理が古典物理学において果たす役割に密接に結びついていることに注意しよう．なぜ基本的な自然法則がこれほどしばしば変分原理として形式化されているのであろうか．

　古典物理学では，個別の事象を記述しうるすべての理論は，変分原理の助けをかりて表現されている．力学，幾何光学，場の理論がこれである．例外としては，熱力学，正確に言えば，熱伝導のような非可逆過程の理論がある．しかし，非可逆過程は決して個別の事象ではない．それは，本質的に確率的である．これらすべての事実は，ディラック*14とファインマンの理論によって，本質的には，ホイヘンスの原理の適用によって解明されるであろう．古典的軌道のうえでは，位相 S は極値をもち，したがってその近傍では，すべての可能な軌道の確率振幅が付加されることとなる．それらの確率振幅はそこでほとんど同じ位相をもつからである．古典熱力学では，ちょうどこの量子力学的位相関係が無視されている．そのため，このような位相効果は存在しない．

　これらはすべて，よく知られた事柄である．古典的変分原理の妥当性が，その背後にある量子論によって明らかになるのである．しかし，なぜ量子論（シュレーディンガー方程式）自体が再び変分原理から導かれるのか，その理由を尋ねた人はないように思われる．ここで与えた第2量子化の解釈は，この疑問に答えることができるであろう．量子論の背後にまた1つの量子論がある．その理由は，確率はまた別の確率の助けによってのみ定義されうるということに他ならない．この意味は，量子論の可能な対象の各々には，それに先行する段階の多数の対象から成り立っているまた1つの量子論の可能な対象が存在するということに他ならない．このように，単に第2量子化ではなくて，われわれは多重の量子化に導かれるのである．

6. 量子論理学

　これまですでに幾度か「量子論理学」の概念を引き合いに出した．2.1 では，その意味を問うことが時間命題の論理学を作る1つの動機であった．本章では，その概念は量子論の確率計算が古典的確率計算から逸脱することを説明するために用いられた．後の 8.2 でその概念は中心的な役割の1つを演じる．そこでわれわれはそれの内容と問題をよく知らなければならない．

　私は，ここで第2章として再録したテキストを 1965 年に書いたとき，量子論理学を時間の論理学の1つのバージョンとして，時間の論理学とちょうど同じ程度に詳しく述べようという意図を持っていた．2.5 は明確にその前段階として書かれている．そのための第2の試みは時間の論理学の概略 (1977-78) であって，これは今では著書『時間と知識』の 6.7 となる．本書の編集に際して，量子論理学の広範な叙述を行なう時間が私にはない．またその作業は，ミッテルシュテットの著書の出版 (1978) 以来，もはや必要ではない．したがってここでは根本的なテーゼと問題との概要だけを示すことにする．それは3つの形の理論に分かれる．すなわち，a. 命題の束 (G. Birkhoff und J. v. Neumann 1936)，b. 完備量子論理学 (Mittelstaedt 1978)，c.「相補性の論理学」(私の試み 1955) の素描——ここでは第7節——である．

a. 量子論の命題束　J. v. ノイマンは 1932 年に，ヒルベルト空間の射影演算子は固有値として1と0だけを持つから，普遍化された論理学という意味で命題になぞらえることができることを指摘した．P をそのような演算子とし，ϕ_1 を固有値1に対するその固有ベクトルの1つ，ϕ_0 を固有値0に対するその固有ベクトルの1つ，ϕ を P の固有値でないベクトルとする．P はオブザーバブルとみなされるから，命題 $P' = $「状態は P が射影するヒルベルト空間の線形部分空間のなかにある」を意味する．そうすると P' は状態 ϕ_1 において真，ϕ_0 において偽，状態 ϕ において不確定である．したがって量子論は非古典論理学を帰結として持つように見える．バーコフと v. ノイマンは 1936 年に，この論理学の命題束を対象の「特性の束」という名で述べている．それは，数学的に言うと，ヒルベルト空間の線形部分空間の束である[*15]．各部分空間は対象の持つことのできる「特性」，本書の語法では

形式的に可能な特性に対応する．この部分空間の束の数学的にも物理学的にも模範的に精密な記述が，ヤオッホの著書（1968）にある．

文献では今日に至るまで，この束が1つの新たな「論理学」，まさに「量子論理学」の名に値するのか否かが疑われている．これを支持する形式的な議論は，各「特性」P は命題 $P' = $「対象は特性 P を持つ」に対置することができ，したがってその束は命題の束に同形的に写像される，というものである．この束は非ブール的，すなわち非分配的であり，したがって非古典論理学に対応するであろう，とされる．しかし，その特性の束を，ある種の対象の可能的な特性の記述として描写して，論理学として語る語法を避けることができるのである．ヤオッホはそのようにしている．われわれがすでに2.1で示した批判はこのように慎重な姿勢に立っている．第1に，「論理学」という名称は量子論の普遍妥当性の主張を含んでいるが，その主張は少なくとも量子論の広範な経験的妥当性からは得られないものである．第2に，通常の論理学を用いて見いだされる理論から通常でない論理学を導き出すのはパラドクスであるように見える．

われわれはすでに第2章でこのような異論に答えた．本書のテーゼは以下のとおりである．時間命題の論理学は古典論理学の基礎づけにとってさえ基本となるはずである．この時間の論理学は日常言語の語法のなかにすでに陰伏的に含まれており，おそらくインドゲルマン語のなかに最も明瞭に含まれている．量子論理学はこの時間の論理学の特殊な形である．そのかぎり量子論理学はわれわれに論理学についてこのように反省させる契機にすぎない．

第2章第5節は特に，決定可能性（Ⅰ），反復可能性（Ⅱ），同時決定可能性（Ⅲ）という3つの要請から古典論理学の命題束を構築し，次に後の章で，要請Ⅲを断念するだけで量子論理学の束を導き出す，という構想を持っていた．しかしその章は書かれなかった．ドリーシュナーの仕事（1970，あるいはさらに練り上げられた形では1979）をそのプログラムの完遂とみなしてよいからである．ここでは量子論の命題束が古典的な命題束からどのように逸脱するかを思い起こすだけにとどめたい．

古典的な命題束は集合 M の部分集合と同形である．論理学で集合 M は，考察している命題が関係づけられる「論議領界」を画定する．それぞれの部分集合は1つの命題である．空集合0は「恒偽の」命題であり，全体集合 M は「恒真の」命題である．物理学的に解釈すると，各部分集合はちょう

ど考察している対象 X の形式的に可能な特性を述べることになる．そうすると M を命題「X が存在する」，0 を「X が存在しない」と解釈しなければならない．X が存在することがすでにわかっているならば，M は恒真，0 は恒偽となるであろう．X が存在するかどうかを未定にしておくならば，M を，X が存在しないと述べる命題をも含むようなより大きな束のなかの命題，と解釈することができる．すると M の部分集合の束はその大きなほうの束の部分束である．例えば，M_1 と M_2 をそういった部分集合とし，ちょうど2つの対象 X_1 と X_2 を考えると，考えている命題はデカルト積 $M = M_1 \times M_2$ のすべての部分集合となる．ここにはとりわけ $M_2 \cap 0_2$ が現われている．これは「X_1 が存在し，X_2 は存在しない」を意味する．2.5 の意味での2つの「集録命題」のあいだに成り立つ含意，したがって M の部分集合の束の2つの元のあいだに成り立つ含意は，2.5 で述べたように集合の包含である．連言には2つの集合の共通集合，選言には2つの集合の合併集合，否定には補集合が，それぞれ対応する．

　量子論理学の命題束は部分空間の束ではなく，単にヒルベルト空間の線形部分空間だけの束である．この束において，含意にはやはり集合論の包含，連言にはやはり集合論の共通集合が対応する．しかし2つの線形部分空間の選言には，その2つによって張られる線形部分空間が対応し，ある命題の否定には，その命題に対応する部分空間に直交する部分空間が対応する．2つの対象についての命題の共通集合は，それらの命題に対応する2つのヒルベルト空間のテンソル積のなかにある．

　2.3 では連言を存在的基礎を持つ関手として，認識的基礎を持つ関手である選言と否定から区別した．これは量子論理学にあてはまる．2つの線形部分空間の共通部分はそれ自身が1つの線形部分空間である．すなわち，2つの既知の事実の連言は再び1つの既知の事実である．それに反して，形式的に可能な2つの事実 x_1 と x_2 のいずれもが知られていないが，再検査すれば両方がともに成り立たないわけではないとわかるということを帰結するような知識が得られている場合，これは明らかにかなり複雑な構造である．まさにこの主張を帰結とする知識とはどのようなものでありうるかが言えるためには，当該の対象または対象領域について形式的に可能な知識のすべてに関して，すでに見通しをもっていなければならないのである．

　この知識の構造は否定を例に取ればもっと明らかになる．量子論には形式

的に可能な状態（例えば同一でもなく直交するのでもない2つの1次元部分空間 x_1 と x_2）であって，同時には存在しえない（$x_1 \cap x_2 = 0$）が，ゼロとは異なる「一致確率」を持つ状態がある．すなわちその場合，x_1 が存在するとき x_2 が見いだされる条件つき確率 $p(x_1, x_2)$ はゼロでない．しかし量子論理学は x_2 の否定 $\overline{x_2}$ を別の状態 x_1 のすべてから成る集合と定義するのであり，この場合 x_1 というのは，それが存在するならば x_2 の存在を排除するがゆえに $p(x_1, x_2) = 0$ となるような状態である．$\overline{x_2}$ は再び線形部分空間となる．ここで否定の「認識的な」性格は，否定を条件つき確率に，したがって知識に迂回して定義しなければならない，という点に示される．x_2 の補集合，すなわち $p(x_1, x_2) \neq 1$ なるすべての x_1 の集合は，$\overline{x_2}$ よりはるかに大きく，線形空間ではない．したがってそれは量子論理学によれば対象について許される命題を表わさない．選言に関する上の説明は事実上この否定の理解を用いていた．それは言語の装いをまとってディ・モーガンの法則 $a \vee b = \overline{\overline{a} \wedge \overline{b}}$ を用いたのである．

このように存在的命題と認識的命題の区別を再び取り上げただけでは，量子論理学を解説しただけでその基礎づけにはならない．シャイベ（1964）はこの方途に沿う基礎づけの可能性を探究したが，結果は懐疑的なものであった．彼は当時，物理学で存在的表現法と認識的表現法を区別していた．存在的表現法は事実はどうであるかを述べ，認識的表現法はわれわれが何を知っているかを述べる．古典物理学において2つの表現法は相互に写像しあう．量子論に対してシャイベが挙げることができたのは認識的表現法だけであった．x を原理的に観測可能な事態とする．存在的表現法は次のタイプの命題を用いる．

$$on(x, t): 時間\ t\ において\ x\ である． \tag{1}$$

認識的表現法は次の2つのタイプの命題を用いる．

$$ob(x, t): 時間\ t\ において，x\ であるかどうかが観測されるであろう， \tag{2}$$
$$fe(x, t): 時間\ t\ において，x\ であるかどうかが確定されるであろう． \tag{3}$$

確かに次が成り立つはずである．

$$on(x, t) \to [ob(x, t) \to fe(x, t)]． \tag{4}$$

量子論の認識的記述は「知識の理論」というその特徴づけに正確に対応する．われわれは当時のハンブルクの研究グループで，存在的命題には古典論理学ではなく量子論理学が適用されるという代価を払って，量子論の存在的記述が可能であろうと推測した．われわれはこの記述を得るには，認識的記述から出発して存在的記述を同値

$$on(x, t) \leftrightarrow [ob(x, t) \to fe(x, t)] \tag{5}$$

によって定義すればよいと考えた．

しかしシャイベは，「偽からはどんなことも帰結する」という原理のゆえに，$ob(x, t)$ が偽であれば，つまり何も観測されないならば，この同値の右辺はすでに真になっていることを指摘した．私はこの困難が指摘できるのは，$ob(x, t) \to fe(x, t)$ で考えられている前件-後件関係に，論理的含意という意味とはまったく異なった，その本来の因果的意味が与えられているからであると確信している．この関係は 2.4 で「自然法則的含意」という名称で導入されている．しかし私はこれに合った形式的理論を作り上げたことがないので，ここではその可能性を推測するだけにとどめなければならない．シャイベが仕上げた量子論の論理学的分析（1973）は『時間と知識』でもっと立ち入って論じたいと思う．

b. 完備量子論理学　これまで考察してきたような固定された命題束は，少なくとも量子論理学においては，いまだ完全な命題論理学の基礎ではない．われわれは含意を「集録命題」としてではなく「集録についての命題」として導入した．古典2値命題論理学では含意を束のなかに逆投影することができる．すなわち，そこではa→b＝ā∨bが成り立つ．時間の命題論理学におけるこのような式の意味は『時間と知識』6.4 と 6.9 で初めて論じる．クンゼミュラー（1964）が量子論理学について，似ているが別種の式を見いだしていて，それは，ある分配束に関して古典的な式に移行する式である，ということを述べておきたい．時間の論理学の古典的な式については，そこではa→bはちょうどā∨b＝1のとき真になる，とだけ言っておきたい．これはやはり集録命題ではない．そこで，もとの束ではなおさらB→A→Bのような重積含意は現われないことになる．

P. ミッテルシュテット（1978）は，われわれも第2章で使った，他でもな

いローレンツェンの対話技法を用いて，完備量子論理学の真正な基礎づけを試みている．われわれの見地から見ると，ミッテルシュテットの量子論理学は時間の論理学の特殊化である．私はそのことをある論文（1980）で定性的に論じた．

7.　回　顧*16

本節は以下の節 8.2-8.4 および第 9 章と第 10 章で述べる理論の前段階の半ば自伝的な回顧である．この回顧をここに再録するのは，それがこの理論の動機を明らかにし，したがっておそらくその諸部分の関連を説明するからである．しかしそれ以降の記述は事実上このような前段階を引き合いに出さずに始まるから，この回想を読むことを前提にしない．

私は量子論を理解しようと試みるにあたって，何十年も前の 1954 年の秋に 1 つの仮説を立てた．それは互いに支持し合う 3 つの主張に分けることができる．それらは後から見てほぼ次のように定式化することができる．

1. 量子論の核は非古典論理学である．
2. この論理学をそれ自身の命題に適用することが，いわゆる第 2 あるいはそれ以上の量子化の手続きを決める．
3. 2 項選立という形式的に最も単純な可能的質問にこの手続きを適用することは，位置空間の 3 次元性，さらにそれを越えて相対論的時空構造と相対論的な場の量子論を，量子力学的に説明する．

この仮説でめざした理論の基本的特徴は，まず「相補性と論理学」と題された 3 つの論文（1955, 1958¹, 1958²），とりわけ，私が E. シャイベ，G. ズースマンとともに書いた第 3 の論文で述べられている．さらなる整備が，特に L. カステル，M. ドリーシュナー，および私の研究でなされたが，まだ完成していない．

論文 I（1955）はまずボーアの相補性概念のさまざまな解釈を論じており，修正（1957²）もそうである．今はこの点に立ち入らない．その論文の主たる内容は，特殊な形の量子論理学を「相補性の論理学」という名称（後にはもはや用いていない）で導入することであり，したがって上の主張（1）である．主張（2）は詳しく，しかし単に言葉だけによって，論じられる．主張（3）は示唆されるだけである．私はすでにこの主張を明瞭に理解していたが，数

学的に仕上げた後で初めてその全体を述べようと思い,その後,論文Ⅲ (1958²) でそれを果たした.

　私は量子論の核が非古典論理学であるという考えに,事実上次のような思考過程によって達していたのである.まっすぐ問題に突き進む前に私は空間的連続体について考察した.その考察は量子論理学をただ考想するだけのことにとっては本質的なものではないが,量子論理学について問わせることになり,上の主張 (3) の前段階となった.ハイゼンベルク (1936, 1938¹, 1938²) は,光速度が相対性理論にとって基本的であり,作用量子が量子論にとって基本的であるのと同様に,素粒子物理学にとって基本的なものとなる,最小の長さという考えを抱いていた.私はその後しばらくのあいだ,一般相対性理論が巨視的領域で幾何学の変更を必要とし,量子論が非可換代数への移行を必要としたように,その最小の長さは微視的領域で幾何学の数学的変更を要求しうるのかという問題を追究した (1951).そのとき考えたのは物理的空間の積分幾何学そのものが量子論に従うということであった.例えば,観測可能な 2 つの空間点が同一なのか異なるのかという問題は,確率的予言のみによって決定される量子力学的な問題となるということであった.そこで私は空間連続体を,離散的な「格子世界」に置き換えるのではなく,潜在的に,つまり分割可能性によって,定義し,この潜在的可能性を量子力学的に記述しようと思ったのである.

　当時その種の考えは広く知られていた (March und Foradori 1939-40, Snyder 1948 を参照) が,実現は困難に違いなかった.そのためには,哲学的には幾何学と空間との関係について相対性理論を越える解明が必要であったし,物理学的にはおそらく素粒子の問題の少なくとも原理的な解決が必要であった.物理学の幾何学に関する私の今日の見解 (1974) は,ウア選立の理論は実際に時空連続体の数学的構造を量子論から導き出すであろうという期待を含んでいる.これは時空構造が量子論から独立であり,それに先だって与えられているという伝統的な見解の逆である.そもそもこの問題を把握しうるためには,量子論の普遍性の程度を理解することが必要であった.ここから「量子論を理解する試み」が生まれ,その試みがここで要約して再述している 3 つの論文をもたらしたのである.この試みの具体的な引き金になったのは 1953-54 年の冬のセミナーであった.シャイベとズースマンだけでなく,私の記憶によればハイゼンベルクとミッテルシュテットもそれに参加して,

われわれは「量子論を手直しする試み」，特にボーム（1952）の試みを論じた．これらの試みはすべて誤りであるというわれわれの確信がこのセミナーで強まった．しかしわれわれはこの確信の最も深い根拠が半ば美的なものであることを隠すことができなかった．量子論は「完結した理論」（Heisenberg 1948）の特徴となる単純な美しさという点で，競合するすべての理論に優っていた．しかし私はこの基準を，われわれが手にしうる最終的な答えとして，いわば信頼しきって受け入れたことは決してなく，まだ欠けている基礎づけを要請するものとして理解した．そこで今や問題は，なぜ他ならぬ量子論がそれほど普遍妥当的であり，もっともな改良が見たところもう必要でも可能でもないのか，ということであった．

事実われわれは量子論の妥当性の限界を当時は知らなかったし，今日でも知っていない．量子論に関するハイゼンベルクの最初の論文（Heisenberg 1925）はすでにその表題で，運動学こそ量子論が古典物理学から逸脱する点であるとし，したがってその逸脱点となるのは運動の動力学的法則が初めてではなく，運動の記述そのものであるとしている．さらに，量子力学の意味を分析するときハイゼンベルクは，実際に行なわれた観測から，古典的法則を用いて一義的な予測がなされうるならば，この予測は量子論からしても正しいという「古典的法則の永続性」につねに大きな価値を置いていた．違いはただ次の点にすぎない．すなわち，量子論によれば，観測される対象のふるまいに関する完全な古典的予測を許すような観測は不可能であり，この程度の知識を拠りどころにして古典物理学を用いて行なわれるような確率的予測は量子力学的には誤りである，という点である．ここから私は，量子論が意味するのはおよそ古典的確率計算の修正以外の何物でもない，という作業仮説を引き出した．後に私はこの見解が，当時は読んでいなかったファインマン形式の量子論（Feynman 1948）によって確証されたと感じた．

量子力学の確率論が古典的な確率論から逸脱する点を正確に特徴づけようと試みているとき，私は論理学に出会った．私は量子力学の重ね合わせの規則が「排中律」の侵犯であると感じた．通常の量子論理学で$a \vee \bar{a}$は恒真命題であるから，そして通常この命題が「排中律」と呼ばれているのであるから，私はそう感じた理由を説明しなければならない．しかしまず当時の私の試みを述べてから説明しよう．

私は当時，おそらくハイゼンベルクと同じく，量子論理学に関する基本的

な論文（Birkhoff und v. Neumann 1936）を読んでいなかった．後にハインリッヒ・ショルツが手紙でその論文のことを知らせてくれたのである．量子論理学が逸脱する点は容易にその言語で，量子力学の事象の束はブール束でない，と言い表わすことができる．現代の「古典」論理学は命題論理学から出発し，命題論理学は束論という数学的道具を用いて定式化されるのであるから，「量子論理学」も束論から出発して定式化することが習わしになっている．私はローレンツェン（1955）に結びつくミッテルシュテットの操作的量子論理学（1978）もなおこのタイプに算入したい．しかし私見によればこのような記述方式をとると，その代替論理学が量子論に固有な唯一の核であることが，完全には明瞭とならないように思われる．私は当時この方途について素朴にも無知であったから，量子論の論理学の特徴を他でもなく，物理学者としてのわれわれがともかくも量子論の特徴とみなす数学的な現象，つまり量子論の重ね合わせの原理のなかに求めた．それは数学的にはアーベル群のなかに求めるということであり，アーベル群によれば基本的な量として許されるのは負でない決まった確率ではなく，ある位相の付加的な情報を持った，そこからの不定の根である．私は，後に論文（1955）で量子論理学のバーコフ－ノイマンのバージョンを採用したとはいえ，私のバージョンによっても論理学的問題の根本のところをさらに詳しく把握していたと，その後ずっと信じている．

　私のバージョンは n 項の選立あるいは質問から出発した．ここで n は有限または無限の基数である．選立は相互に排他的な述語（ないし偶然的な命題）の完全なリストである．すなわち，述語の1つが確実に成り立つならば他の述語はすべて確実に成り立たず，ある述語までのすべての述語が確実に成り立たないならばこの述語は確実に成り立つ．さて量子論理学によれば複素数の n 次元ベクトル $\psi = \{\psi_k\}$ （$k = 1, 2...n$）も同様にそれぞれ可能的述語を表わす．ψ が1に規格化されていると，$|\psi_k|^2$ は，ψ があらかじめ存在する場合に適当な測定で述語 k を見いだす確率を表わす．そのとき私は複素数 ψ_k を，「k が存在する」という命題の「複素数の確率」と名づけた．

　ここで当時の論文から，以上のことを説明するとともに排中律の意味をも論じている4つの段落を再録する．

　「さて単純な選立の例を再び考えよう．出発点となっている質問を『基礎質問』と名づける．それは例えば『粒子がどのスリットを通ったか』という

質問である．それはわれわれの定義する意味での選立である．それに対する可能な2つの回答は，a_1『粒子はスリット1を通った』と，a_2『粒子はスリット2を通った』である．a_1が真ならa_2は偽，a_2が真ならa_1は偽，a_1が偽ならa_2は真，a_2が偽ならa_1は真である．これは古典論理学で成り立つが，われわれの真偽の定義によれば量子論理学でも成り立つのである．

　2つの回答a_1とa_2に確率値uとvを振り当てたことによってわれわれは高次の論理的な階に入ったことになる．基礎質問は物理学的対象の特性を問うものであった．こんどはわれわれは基礎質問に対する回答の真理性を問うている．この質問を『メタ質問』と呼ぶことにする．それは『基礎質問に対する可能な回答がどの真理値をもっているか』という質問である．相補性の論理学は『メタ質問に対する可能な回答はすべての規格化されたベクトル(u, v)である』と述べる．したがってメタ質問は無限項の選立である．この選立は古典論理学の意味に解される．それに対する回答の各々は真か偽である．なぜなら決まったベクトル(u, v)が存在するからである．これが存在するならば他のベクトルは存在しない．どのベクトル(u, v)が存在するのかが知られていないならば，これを混合の理論の意味に解し，『ベクトルは存在するが，それがどのベクトルなのかはわからない』としてよい．したがってわれわれは2値論理学を前提するメタ言語によって相補性の論理学を対象言語に導入したのである．

　そこで排中律がどんな意味で成り立ち，どんな意味で成り立たないのかを正確に言うことができる．2つの命題a_1と『a_1は真である』は異なる階に属し，したがって確実に異なる意味をもつ．古典論理学において2つは同値，すなわち同時に真でありまた同時に偽である．相補性の論理学においては2つは同値でない．a_1が真または偽であることから『a_1は真である』が真または偽であることは帰結するが，逆の帰結は成り立たない．なぜなら，『a_1は真である』が偽である場合，a_1は不確定でありうるからである．例えば$u = v = 1/\sqrt{2}$とすると，a_1は真でも偽でもないが『a_1は真である』は偽である．しかし『a_1は真である』が真ならa_1も真である．したがって基礎質問とメタ命題との準同値を主張することができ，これは2つの命題が真であることには適用されるが偽であることには適用されない．この意味で，相補性の論理学が変更するのは真についての古典的な概念ではなく，偽についての古典的な概念だけであると言うことができる．これに関連するのは『古典的

法則の永続性』である．これはすなわち，実際に知られていることから古典的に帰結することは量子論的にも帰結するということである．しかし量子論によれば，古典的なことがらと異なり，およそ知りうることのすべてを同時に知ることはできないのである」．

「古典論理学では次の法則が成り立つ．
　　$\bar{a} = a$　　　　　（二重否定律）
　　$a \wedge \bar{a} = 0$　　　　（矛盾律）
　　$a \vee \bar{a} = 1$　　　　（排中律）

ここで $x = 0$ は『x は恒偽である』，$x = 1$ は『x は恒真である』を意味する．3つの式はすべてバーコフ‐ノイマンの論理学でも成り立つ．したがってそこでも排中律が成り立つように見える．実際には今や3つの式は古典論理学のなかでとは内容的に違ったことを意味するのである．$\bar{a}$ が成り立つ状態の集合はもはや，a が成り立つ集合の補集合ではなく，それに直交する部分空間にすぎない．したがって a と $\bar{a}$ の合併集合は全体集合ではなく，この意味で排中律は偽である．しかしまた『または』は別の意味をもっているから，式 $a \vee \bar{a}$ は依然として恒真である．すなわち，a と $\bar{a}$ は全状態空間を線形に張る．$a \vee \bar{a}$ は恒真であるが『a が真であるか $\bar{a}$ が真である』は恒真でない」．

形式的に見ればもちろん以上のことはすべてさしあたり，量子力学のヒルベルト空間を導入するための通常の語り方にすぎず，したがってバーコフ‐ノイマンのバージョンに写像できるものである．その手続きの意義は，任意のあらゆる選立に妥当する普遍的な論理式がここで重要である，という作業仮説にあった．伝統的な論理学の目をもって見ればこの作業仮説は風変わりな，それどころか不合理なものと映るに違いなく，私はそのことを承知していた．量子論は経験的に見いだされた物理学理論であるが，物理学は議論するときつねに論理を用い，理論形成の際にはつねに論理的構造をもった数学を用いるのであり，この論理と数学はいずれも「複素数の真理値」について何も知らないのである．しかしはじめに述べた考察において私は，量子論は数学の物理学への適用にとっても基本的な核をもつであろうと推測した．上記の作業仮説は反証可能なやり方でこの核を述べているはずであった．論文（1955）の第7節で私は，物理学に適用される数学に対するこの要求を，数学の基本的な分野である集合論を手がかりにして述べた．集合は選言的な（一義的に区別されうる）元の総体として把握される．私は微視的領域での幾

何学を考察して，すでに物理学の連続体の点に関してこの選言性の仮定を放棄していた．今やその仮定は，一般に物理学で観測できるあらゆる集合について，この集合の何らかの元の存在は複素数の真理値をとりうる述語（偶然的命題）であるという仮定に置き換えられるべきであった．

そのようなテーゼに対する最も自然な反証の試みはそれを反復すること，すなわちそのテーゼをそれ自身の帰結に適用することである．n 項の選立という概念は n 個の可能的述語 $k(k = 1...n)$ の存在を前提する．量子論理学の主張によれば，各ベクトル ψ（またはともかくそれが張る 1 次元空間）は再び可能的述語である．したがってもとの選立のうえに立てられるすべてのベクトル ψ の集合は再び 1 つの連続無限の選立である．私は (1955) において「どの ψ が存在するか」という質問を，もとの質問「どの k が存在するか」についてのメタ質問と名づけた．メタ質問は，もとの質問のヒルベルト空間のなかで定義される演算子の 1 回の測定によっては決定可能でないが，おそらく適当な統計的測定によって決定可能であろう．量子論理学が普遍妥当的であれば，それはメタ質問にも適用可能でなければならない．さて上の主張 (2) は，「第 2 量子化」と呼ばれる方法がまさに量子論理学のこの反復的適用であるというテーゼに他ならない．私がハイゼンベルクのもとで学んでいたとき，彼は場の量子論のことだけを語るように教え，「第 2 量子化」は「それが表わしている手続きの理解をことごとく不可能にするのにふさわしい名称である」とした[*17]．彼の考えでは，粒子と波動場という，相補的で基本的に異なる像の量子化が同一の量子論に至るというのは，まだ十全には理解されていない深淵な事態であるが，場の量子化の際に量子化された場はいずれにせよ古典的な場であり，シュレーディンガーの ψ 関数ではない．ところが私は反対に，古典的な場は明らかに一体問題のシュレーディンガー関数であり，量子化の反復は量子論理学の普遍性の表現であると解釈した．ハイゼンベルクは対話のなかでこの解釈を受け入れた．したがって私が自分のまだ定性的な議論を信用することができたかぎり，量子論理学の反復は作業仮説の反証ではなく最初の確証となっていたのである．

古典 2 値論理学であれば，反復は何ら新しいことをもたらさなかったであろう．古典的な n 項の選立において各命題 k はただ真または偽でありうる（各述語 k はただあてはまるかあてはまらないかのいずれかでありうる）にすぎない．命題「k」と「k は真である」は同値である．「k は偽である」はすべて

の$k'\neq k$の選言と同値である．しかしすでに量子論理学の確率解釈から，ここでの事情は違ったものでありうることを察知することができる．「kは確率$w(k)$をもつ」は，$w(k)\neq 0, 1$ ならば，選立のどの命題とも同値でなく，いくつかのそういった命題の古典的関数とも同値ではない．しかも，反復された確率（さらに一般的に，反復された様相）が単純なものに還元できるのかどうかは，少なくとも論理的にア・プリオリには明らかでない．

　次の問題は，反復の高次の階が存在するのかというものでなければならなかった．私は当時，場の量子化を越えた「第3」量子化にそれとわかる意味をもたせることができず，後にまたこの問題を取り上げた．それに反し，「第ゼロ」階は私をきわめて驚かせた．

　一粒子問題のシュレーディンガー関数は3次元実空間のうえで定義される．量子論理学の基礎選立として例えば位置空間か運動量空間のいずれかを選ぶことができるが，もちろん同時に両方を，すなわち古典的な位相空間を選ぶことはできない．さて抽象的に導入された2項選立（先の論文ではたいてい「単純選立」と名づけられている）を考え，その2つの基礎述語を$r=1$または$r=2$と名づけることにする．量子化によって2次元複素数ベクトル空間ができる．複素ベクトル$u=\{u_1, u_2\}$は，位相因子に至るまでは実3次元ベクトル

$$k^m = \frac{1}{2}\overline{u}_r \sigma^{mrs} u_s \quad (m=1,2,3) \tag{1}$$

によって表わされうる．ここで$\overline{u}_r$は複素共役ベクトル，σ^mは3個のパウリ行列である．今やk^mの空間が一体問題の量子論の3次元基底空間と同定され，したがってk^mは例えば運動量成分と同定されることが容易にわかる．これがあくまでも成り立つことができるとするならば，一体問題の量子論はすでに「ウア選立」の第2量子化であろう．そうすると3次元の位置空間あるいは運動量空間の存在が量子論的に基礎づけられたことになるであろう．uのユニタリ群，さらに詳しく言えばSU(2)は，kの回転群SO(3)のなかで表現される．

　これは私にはみずからの作業仮説の思いがけない確証と映り，そのため，この仮説を整合的な理論に仕上げる努力は価値あるものになると思われた．続いて行なった研究（1958[1]，1958[2]），特に前者において，この試みは形式的には成功して，力を含まない場の量子論を再現するまでになった．これについては続く3つの章で述べる．しかし形式的な規定のなかに恣意的な要素が

残るとともに，この恣意性のために，相互作用する場の理論には至らなかった．この2点は間違いなく「相補性の論理学」の物理学的な意味と論理学的な意味が未解明であることに関連していた．そこで私はそれ以後の年月のあいだ，とりわけこれらの問題の解明に力を注いできた．次の4つの問題領域が重要である．
　1. 確率概念の経験的意味
　2. 量子論理学と時間の論理学
　3. 物理学の統一理論の哲学的意義
　4. 量子論の公理的再構成

本書においてこれらの問題領域はそれぞれ以下の章で扱われている．
　1. 第3章．
　2. 第2章と第7章．『時間と知識』6を参照．
　3. ある程度は本書の全体，そしてとくに第14章．
　4. 第8章および9.2．

その際8.4の「第3の道」は複素振幅からの出発を再び取り上げる．この道は確率に迂回しないで直接に複素振幅を基礎づける試みである．

確率概念の解釈という枠内で，確率の多段階的定義と量子論におけるその再現が，多重量子化と題して行なわれた．しかしこの「多重量子化による量子論の統計的解釈」はなお整合的な理論ではない．第1に，考察されるそのつど最高の階に再びc数のϕ関数が現われるが，これはさらに量子化する際にもう一度演算子に置き換えなければならないであろう[*18]．第2に，その理論は本質上その対象の相互作用を記述していない．なぜなら，統計的な全体のまさに定義に属するのが，その全体を構成する個体が互いに独立であるということだからである．逆に「上昇」では，1つの対象の量子論の統計的解釈は，そのような対象の相互作用しない全体の極限的ケースだけから基礎づけられうる，と言われている．相互作用は別種の思考過程によって導入されなければならない．これはウア理論の中心問題である．

事実，2項選立の第2量子化（7.2）はすでに，第10章で述べるようなウア理論のフォーマリズムの端緒となっている．

第8章
抽象的量子論の再構成

1. 方法論的成り立ち

　本章は本書の中心となるものである．この題目はまず3つの疑問を示唆している．
　　1. 再構成とは何か．
　　2. 抽象的量子論とは何か．
　　3. 抽象論的量子論の再構成にはどんな方法があるのか．

a. 再構成の概念　　これについてはすでに第1章で明示しており，また6.12のはじめに要約されている．理論の再構成とは，できるだけ明瞭な要請からの，後追いの構築を意味している．もう一度2種類の要請の相違点をはっきりさせておく．要請の1つは可能な経験の条件を述べるもの，すなわち人間の知識の条件であって，これを認識的と名づける．また要請は，大変簡単な原理を定式化して，仮定的に具体的な経験によって刺激されるのではあるが，実際に相当する領域で一般に妥当すると考えられるものであり，これを現実的と名づける．
　すでに第1章で強調したが，われわれの円環行程の方法論的出発点はこの2つの要請の完全な相違を許していない．この循環論で，哲学の歴史では互いにほとんど敵対していた2つの伝統的な考えを結合してみる．自然に関するあらゆる知識は，人間の知識の条件のもとに成り立っている．これは認識論の設問である．人間は自然界の子供であって，その知識自体が自然界の過程の一部分である．これが進化論の問いである．われわれの進化論の知識もまた人間の知識として，認識論によって研究されるのであるが，このような知識の条件のもとに成り立っている．例えば，鏡の裏側は鏡のなかでだけ見

える．しかし，われわれが裏側を見ている鏡にもまた裏側がある．認識論で研究される認識も自然界における現象である．したがって，どんな認識的要請も，とりもなおさず自然界の過程についての主張であり，またどんな現実的な要請も，またわれわれの知識の条件のもとに定式化されるのである．

　しかし，完結した理論が存在するという科学史の事実によって，そのつど理論に対応して，認識的な要請と現実的な要請とを区別することができる．「まずなにが測定されるかを決定するのは理論である」（アインシュタインからハイゼンベルクへ，Heisenberg 1969）．ここで量子論の再構成を量子論の枠内で，ある1つの認識的な要請でもって始めよう．すなわち分離可能な，経験的に決定可能な選立の存在を要請しよう．このように特徴づけられた選立は，オブザーバブルという量子論的概念を論理学の基本的内容として把握する．量子論がこれほど実り多いものであること，さらに選立の概念が全体に，またよく知られた物理的経験に完全に通用するものであるということは，経験的事実であって先験的に確実とは思えない．この意味で選立の要請は現実的である．しかしそれは，また二重の意味で認識的なのである．1つには，上述のごとく量子論の枠内で認識的である．すなわち，それがなければ量子論の概念が利用できないような条件を定式化ししている．2つには，それは原則的でもある．すなわち，一般的に分離可能な，また経験的に決定可能な選立がなければ，科学的な経験が可能だとはとうてい思えないからである．量子論の一般性の度合は，その基本的要請に，直ちにカントの認識の概念を想起させるような地位を付与するといった高度なものである．すなわち，つねにわれわれは経験が可能であることを先験的に知りうるのではなくて，経験が可能であるためには，その事情がそもそもどのようなものでなければならないかを知りうるにすぎないのである．

　これに反して，2つ目は，量子論の現実の形態において中心となる要請であって，それは拡張性または非決定性と名づけられ，量子論の枠内でもまた十分現実的なものと呼ぶことができるであろう．この要請が適用されないような決定可能な選立については，確率的予言に関する理論を想定できるかも知れない．この疑問については，再構成が完了した後で初めて議論するので第11章と第13章とにゆずる．

b．**抽象的量子論**　　これから，抽象的量子論と具体的量子論とを用語上区

別して用いる．抽象的量子論は，4つのテーゼによって特徴づけられている．ここでは，再構成の概念である「要請」と区別するために，「テーゼ」という概念を用いる．テーゼとはある理論の形式的公理的構築の基礎に据えられるものであろう．しかしこれには，われわれが要請から求めるような，「明白である」という主張を掲げることはできない．テーゼを説明することこそ，まさにわれわれの再構成の目標である．

 A. **ヒルベルト空間** どの対象の状態も，ヒルベルト空間では射線によって記述される．

 B. **確率の計量** 2つの規格化されたヒルベルト空間のベクトル x, y の内積の絶対値の2乗は，x に属する状態が与えられたとき，y に属する状態が見いだされる条件付きの確率 $p(x, y)$ に等しい．

 C. **結合法則** 2つの共存する対象AとBは，複合の対象C=ABとして理解される．Cのヒルベルト空間は，AとBのヒルベルト空間のテンソル積である．

 D. **動力学** 時間は実座標 t によって記述される．対象の状態は t の関数であって，ヒルベルト空間のそれ自身へのユニタリ変換 $U(t)$ によって記述される．

この理論は，すべての任意の対象に関して一般に妥当するという意味で，抽象的である．抽象理論の1例は，(6.2) の古典質点力学に見られる．そこでの方程式 (1) は，任意の n 個の質点，任意の質量 m_i，任意の力の組み合わせ $f_{ik}(x_1 \ldots x_n)$ に対する一般の運動方程式を表示している．ノイマンの量子論は，質点の概念も，3次元の位置空間の存在も前提していないかぎりでは，さらに一層抽象的である．これらの概念は量子論に力学の特殊な選択や，力学に結びついた一定のオブザーバブルを特定することによって初めて登場するのであって，一定の対象の具体的な理論に属する．

 具体的な量子論は，第9章と第10章の主題である．

C. 再構成の4つの道 これから順次4つの道筋を辿っていく．手短に道筋を示しておこう．

 1. 確率と命題束経由．
 2. 確率を経て直接ベクトル空間へ．
 3. 振幅を経てベクトル空間へ．

4. ウア選立を経てベクトル空間へ．

　最初の3つの道については本章の次の3節で述べる．これらの道筋は抽象性が増してゆく1系列を形成している．4番目の道程については，次章で述べる．この道程は最初の3つのいずれにも繋がっていて，同時に具体的な量子論に通じている．

　近道（第1章，図表2〔17ページ〕）は2番目の道程を経て4番目に通じている．これは私が現在再構成問題に対する最も適当な回答とみなしているものである．

　すべての4つの道は，著者のグループ（第1章と7.7参照）の論文で，実際に探究されたものである．いずれも幾分専門的な分野の理解に役立つと思われるので，少なくともすべての4つの道の概略を紹介しておこう．

　第1の道はドリーシュナー（1970）が選んだものであって，のちに（1979）洗練された形で表わされた．それは，ヤオッホ（1968）と通常の公理系とに最も緊密に関係しており，通常の公理系の基礎づけと，その基礎づけから帰結する要請の選択という形でこの公理系を超えてゆく．第3の道はさらに抽象的な出発点を選び直接振幅へ向かい，それを超えて確率概念に到達する．すなわちその道は，著者の以前の論文（1955）に立ち返り，ファインマンの仕事（1948）について70年代のはじめに開始した研究——これについては7.5で解説しているが——に刺激されたものである．その当時辿ったような第3の道の弱点は，きわめて高度な基礎概念の抽象性にあり，それに対して求められた要請がどのような意味をもっているのかが曖昧に見えたのであった．第2の道は，第1と第3の折衷である．それは，確率概念の前提に立ち戻り，振幅の空間，したがってベクトル空間を，直接に対称性と力学によって条件づけられた変換群の表現空間として求めようと試みるものである．

　第1の道については，従来の量子論の公理系との関係を容易にするために，その概略を述べよう．これは，抽象的な基本概念を信頼のおける脈絡として述べておくよい機会となる．第3の道の開始は，実行可能な場合には，私には最も深遠なものと思われる．しかしながらこの作業は完了していない．それゆえ，今後おそらく量子論の解釈に役立つことができると考えられるので（第11章，第13章），ここでは単にその可能性について触れるにとどめよう．

2. 第1の道：確率と命題束とに関する再構成

第1の道を詳細に説明するのがこの節の目的ではない．詳しくは，ドリーシュナー（1979）の著書を参照されたい．われわれはここでは，単に後の3つの道で用いられる範囲で，その考え方を略述し，またその基礎概念を詳述するにとどめよう．その際『自然の統一』Ⅱ.5.4, 249-263ページでの記述の進め方と用語法に従うこととする．

A. 選立と確率　物理学とは経験的に決定可能な選立に関して，将来の決定結果に対する確率的予言を定式化するものである．確率の概念については，第3章で述べられている．しかし，ここではコルモゴロフの公理Ⅰを他のものに置き換える．したがって事象の目録は，ある集合の部分集合の束ではない．

われわれは，あらゆる可能な観測を n 項の選立の決定として述べることにする．ここで n は自然数 ≥ 2，または加付番無限である．n 項の選立とは，次の条件を満足する n 個の形式的に可能な事象の集合を意味している．
1. この選立は決定可能である．すなわち，可能な事象の1つが，現実の事象であり，したがって1つの事実となるような状態がつくられうる．われわれはこの場合，この事象が起こったと言うのである．
2. ある事象 e_k（$k=1...n$）が出現したならば，他のどんな事象 e_j（$j\neq k$）も出現しなかった．ある選立の事象は互いに両立しない．
3. 選立が決定されて，1つの事象以外のすべての事象 e_j（$j\neq k$）が出現しなかったならば，この1つの事象 e_k が出現したこととなる．この選立は完全であるとして定義される．

命名法についての注意　確率は可能な事象，または命題の述語として理解することができる．これら2つの表現法の相違の哲学的解釈については，『時間と知識』4を参照されたい．ここでは構築に際して，これら2つの用語法を無差別に利用する．すなわち，あるときは一方が，あるときは他方が適当というように．これから次のように述べることができる．

選立は，事象または命題の集合である．双方ともその選立の要素と呼ばれる．事象とは，ある時刻におけるある対象の形式的に可能な（偶然的）特性

の確立に他ならない．その代わりに，次のように言ってもよい．その対象は
ある時刻に，一定の状態に現われると．この表現法では，「状態」という言
葉は，「純粋の場合」という意味に限られてはいない．この表現法は，第1
の道において利用されるにすぎない．他の3つの道では，「状態」とは純粋
の場合を指すのである．特性ないし状態の存在を主張する命題は，2.3の意
味で現在形で述べられている．すなわち，「同一の」選立が何度も決定され
る．この選立は質問と呼んでもよい．その場合には，命題は可能な答えの1
つとなるのである．

B. **対象**　　選立の要素はある時刻の対象の形式的に可能な特性を決定する．
　第1の道では，選立の「論理的」概念に加えて，対象の「存在論的」概念
が導入される．ある対象の選立は，量子論的な表現によればオブザーバブル
である．ここでわれわれは，全物理学における，とりわけ量子論における通
常の考え方に従う．すなわち，あらゆる命題の集録を，そのつどある「対
象」または「系」についての命題として理解する．この両方の言葉は今日の
物理学ではほぼ同じ意味に用いられている．「系」という言葉がむしろひと
まとめにされたものの状態 (sy-stēma) を意味するのに対して，「対象」はそ
れがひとまとめにされたものであるとともに，可能な状態で存在する基本的
な対象そのものを包括するのであるから，おそらくより一般的な概念である
といえよう．本書では，それゆえ一般に「対象」という用語を選択している．
　第1の道に従う構築に際しては，命題束を定義するために対象概念が用い
られる．命題束は，そのつどある決まった対象についての（または，ある決
まった対象の特性についての）一群の命題として決定される．
　しかし，対象の概念は，点Eと関連して検討される基本的な問題を含ん
でいる．

C. **対象についての最終の命題**　　あらゆる対象には，最終の命題があって，
論理的に表現すると，その要素が最終の命題となるような選立が存在しなけ
ればならない．ある対象についての最終の偶然的な命題として，同じ対象に
ついての，他のなんらかの命題によって含意されない命題とは何かを定義し
ておかなければならない[*1]．これは，量子論的に言えば，純粋状態があると
いうことである．束理論的に言えば，最終の命題は「原子」，すなわち束の

最小の要素である．それゆえドリーシュナー（1979）は，それらを原子的命題と名づけた．ドリーシュナーの議論は，あらゆる対象に対して，それぞれの特性が原理的に完全に記述されえなければならないという要求から原子的命題の存在という要請を弁護している．われわれはこの要請を引き継いで受け入れる．要請された基礎概念としての対象の概念を諦める第4の道で，初めてこの要請を別の仕方で基礎づけることが期待できるのである．

D. 有限性　　ドリーシュナー（1970）は，およそ次のように言い表わされる有限性の要請を導入した．すなわち，「与えられた対象に対する任意の選立の要素の数は，その対象を特徴づける一定の正の数Kを超えない」．これに反して，われわれはAにおいて，加付番無限個の選立をも許容した．その後，ドリーシュナー（1979）もまた有限性を要請していない．有限性の要請の技術的な利点は，量子論の公理的構築に際して，無限次元のヒルベルト空間の数学的な複雑さを避けるところにある．哲学的には，その背後に有限個より多くの数の要素を持った選立は，現実に実験によって決定されることはありえないという確認が存在する．

　最初の3つの道では，簡単のために有限の選立だけを取り扱う．われわれがあえてそうしうるのは，これら3つの道すべてを単に第4の道への進入路としてだけ歩むからであって，第4の道のほうは，無限の選立をはっきりと，すなわち基礎づけをともなって導入するからである．実際に，最初の3つの道は，はじめから加付番無限個の選立に関して定式化されえていたでもあろう．物理的には，特殊相対論のコンパクトでない変換群をユニタリ形式で表現しようと思えば，無限次元のヒルベルト空間が不可欠なのである．すなわち，その変換群を相対論的量子論に利用する．この第8章ではもっぱら非相対論的量子論に話を限ってきたが，第9章では一番簡単な対象である粒子がウィグナーの意味で，相対論的変換群の表現によって定義される．したがって，あらゆる対象について，$K = \infty$ である．この場合有限性の「対象」は，有限次元の部分空間における群のコンパクトな部分の表現であると言いうる意味をもつ．これを「下位対象」とよぶ．

E. 選立と対象との複合　　選立の数は複合の選立に統合される．これは，「デカルト積」の採用による結果である．N 個の選立（N は有限，または加付

番無限）を，$\{e_k^a\}$ ($k = 1...n^a$; $a = 1...N$) があるとしよう．複合の対象とは，それぞれの選立からある事象 e_k^a が現われる（必ずしも同時とはかぎらない）ことを意味している．これは $n = \prod_a n^a$ 個の成分を持つ複合選立の要素である．

　この N 個の対象もまた自身がその一部分であるような全対象を定義する．部分の任意の選立のデカルト積は全対象の選立である．とりわけ，一番最後の部分の選立の積が全対象の最後の選立となる．

　このように，対象概念はある種の自己矛盾を内在しているが，この対象概念のうえに構築されていて，広く知られている物理学を全部取り除いてしまわないかぎり，この矛盾を取り除くことはできないのである．対象は，他の対象との相互作用によって，最終的にはわれわれ自身の身体との相互作用によって知覚されるのである．完全に孤立した相互作用のまったくない対象は，われわれにとって対象とはならないであろう．単独の対象のヒルベルト空間はこの孤立した対象の可能な状態を単純に記述するにすぎない．後で行なうように，力学の導入，すなわちハミルトン演算子の導入は，一定の環境がこの対象に及ぼす影響とこの対象を複合体とみなすかぎり，その部分対象間の相互作用を記述するにすぎない．その環境への作用を記述するためには，この対象を他の対象といっしょにして，1つの全対象にまとめねばならない．しかしながら，全対象のヒルベルト空間では，その部分対象がよく定義された状態にあるような純粋の積状態は，測度ゼロの集合である．しかしながら，これらのよく定義された状態とは，まさにそれによって量子論が，個々の対象を記述するものなのである．おそらく量子論なるものは，その理論が正しければ，厳密にはほとんど成り立たないという意味で，ただ近似として述べられるにすぎないもののように思われる．要約すれば，理論物理学の可能性は，その近似的性格に根ざしている．

　ここに内在する哲学的問題については，以前の著作で詳しく述べた[*2]．第11章から第14章にかけて，この問題に再び触れるであろう．さしあたりここでは，その対象の概念を通常の用法として受け取っておいてもよいであろう．

F. 確率関数　　同じ対象のある2つの状態 a と b のあいだには，確率関数 $p(a, b)$ が定義される．この関数は a が必然であるとき b を見いだす確率

を表わす．この要請の表現と内容は，ある対象に関しておそらく経験的に検査可能な方法で言い表わしうるすべての事柄が，ある確率の予言と同等でなければならないという仮定に基づいていた．ある命題の経験的な検証は，その命題に関係する未来のある時刻に行なわれる．これは，再現性の要請である 3.2 の要請 II を特徴づけている．しかし未来に関しては，当然値が 1 と 0，すなわち確実と不可能に近づく値の確率だけが語られるにすぎない．$p(a, b)$ における条件を，「a が必然であるとき」と定式化することは，「a が存在するとき」という場合を含む．なぜならその場合 a は再現可能性のゆえに，未来においてもまた必然性的であるから，a の必然性が他の理由によって知られている場合をも含んでいるのである．

　要請 F におけるもともと強い仮定，すなわちこの確率関数が状態の対 a, b ごとに，ある値 $p(a, b)$ が，環境の状態に無関係に対応するという仮定は，上記の定式化では目立たぬままにとどまっている．これは同時に，ある対象の状態が，その相対確率として成り立ち，「外部」の対象に無関係な「内部記述」を許容することを意味する．すると観測において，いかにしてそのつど状態を確認するのかは，当然その対象と環境との相互作用によって初めて決定される．

　この強い独立性の仮定は，この構築に際して変化する環境に無関係に成立すべき対象の，それ自体との同一性が表現されるような形式なのである．われわれが構築のために必要とする対象概念の精密化はこの点にあるのだが，ここではこれ以上に立ち入らない．

G. 客観性　　一定の対象が現実に存在する場合には，つねに最終的な命題が必要である．これもまた強い命題である．その基礎づけについては，ドリーシュナー（1979, 115-117 ページ）を参照されたい．同値な命題，すなわち，「各々の対象は，つねにそのすべての特性の確率論的確証をその特性として備えている」という命題で基礎づけられている．後で追い追い，この主張を他の方法でさらに詳しく調べるが，ここではそれゆえ要請として書いておこう．「ある一定の対象が現実に存在する場合」という前提は必要である．何となれば，部分対象の状態の積でないような複合対象の状態においては，このような部分対象の最終の状態は必要でないからである．そこでわれわれは，このような状態にある部分対象は実際には存在しないと宣言する（11.3 d 参

照).

　ここに要請された事実を，現に実在する対象の特性の対象性と名づける．その対象を知っているか否かにかかわらず現に実在する対象には，つねに最終の特性が存在する．すなわち，探究すれば必ず見いだされるのである．換言すれば，対象が現に実在するときには，その対象に関して，原理的になんらかの確かな知識を持ちうることを意味している．知るということは，「単なる主観的な精神状態」ではなくて知るとは，同語反復的に言えば，知られていることが，知っているとおりであるということを知ることである．ここでもこれ以上の哲学的意味づけに立ち入らない．

H. 非決定性　ある対象について，互いに排他的なある 2 つの命題 a_1 と a_2 に対して，そのいずれとも排他的でない，同じ対象についての最終の命題 b がある．$p(x, y) = p(y, x) = 0$ のとき，2 つの命題 x と y は互いに排他的であると言う．

　これは量子論の中心的要請である．ここでは，ドリーシュナーに関連して，非決定性の要請と呼ばれている．構築の枠組みのなかでは，例えばヤオッホ (1968, 106 ページ) が定式化した，重ね合わせの原理と同等であることが示される．これは「現実的」な基本要請である．というのは，少なくとも，この要請の妥当性なくしては，経験が可能でないことが，直接には明らかでないからである．これについては，第 2 の道にゆずる．しかしそこでは，拡張の要請といういっそう抽象的な名前で呼ばれることになる．

　要請の 2 つの名称の関係は次のようになっている．最終の命題からの，どの選立も，この最終の命題に関する要請によって，根源的選立を形成する命題集合の要素ではないような最終の命題が，この同じ対象に拡張される．この拡張は，ここでは，確率関数についての要求，それゆえ，予想についての要求として定式化されている．すなわち，つねに値が必然でも不可能でもない予測がある．これは，つねに必然的な予測がなされるという客観性の要求とは逆の立場である．つねに両方がある．この要求は同時に普遍的に定式化される．すなわちその要求は，相互に排他的な最終の命題のあらゆる対に対して妥当するのである．その結果，どの命題も真である ($p=1$) とか，偽である ($p=0$) とかいったような任意の対象に関する命題集録の確率予測はありえない．それゆえ，未来は原理的に開かれているものとして言い表わ

される．

I. 量子論の構築の概要
構築の実行については，ドリーシュナー（1979）を参照されたい．ここではその要点を述べるにとどめる．

しかしながら，2.5 と同じように同時決定性の要求を犠牲にして，ある対象に関する命題集録が作成される．連言，否定，選言と含意は確率関数に対する自然な要求によって定義され，その結果，集録自身が1つの束として，しかも有限性の場合には，モデュラー束の類型として表わされる．提示された要求に応じた束は射影幾何学であることが示される．それはあるベクトル空間の線形部分空間の束として表現されうる．ベクトル空間がどのような数体のうえに構成されるのかという疑問が残る．ベクトル空間では，確率関数によって実数の測度が定義されるから，その数体は実数を含まなければならない．シュテュッケルベルクら（1960-1962）に関連して，ドリーシュナーは，不確定性関係からそれが特に複素数体でなければならないと結論した．その際力学，すなわち状態の時間的発展は，確率関数が不変に保たれるような変換によって記述されなければならない．それはユニタリ変換以外にはない．このようにして抽象的量子論が再構成されるのである．

個々の要請がどのように認識的な基礎づけの理念に近いものであるかを検証することはさしあたり見送ることとする．

歴史的注釈　ここで用いられた，私のバージョンによる考察の最初の定式化は論文「相補性と論理」（I, 1955）で与えられている．ドリーシュナーの非決定論の公理系には，「相補性の定理」（6節）が対応している．すなわち，「あらゆる基本的命題には，つねに相補的な基本的命題がある」．しかしドリーシュナーの論文が，ヤオッホ（1968）のバージョンによる量子論の公理論に関連して，初めてこの「相補性論理」の思考法を量子論の再構成に置き換えた．この歴史的注解の目的は，F. ボップがすでに早くから手がけていた量子論の再構成を指示することである．1954年のボップの論文は私が1955年（5節）で触れたものである．それは，私の当時の考察を展開するに際して，本質的な刺激を与えるものであった．彼の新しい論文（1971, 1979, 1984[1, 2]）を参照されたい．当時われわれは第4の道に進んでいたのだが，ボップは，ある簡単な選立から出発した（『量子物理学の基本問題としての存在

と非存在』1984[1]）．彼はドリーシュナーの非決定性の要請と同じく，相対確率によって定義される付加的な状態の存在と，状態の連続的な運動学を可能にするために状態空間の連続性とを要請した．その結果彼は同様に，われわれの第2の道に類似した，複素状態空間の再構成に到達した．しかし彼は時空連続体を前提して，選立はその位置に依存する（「ウアフェルミオン」）と見ている．

3. 第2の道：確率を超えて直接ベクトル空間に向かう再構成

　第二の道は，構築の継続にとって決定的となる抽象的量子論の再構成である．そこでこの道は，「近道」（第1章の図表2〔17ページ〕）を辿って，わかりやすいように注釈のついた，簡潔でテーゼの形をとったテキストとして定式化されている．なお，前述の第1の道の概要を振り返ることは，用いられた概念のいっそう行き届いた解説に役立つであろう．
　第2の道は2つの点を放棄したことで第1の道とは異なる．まず完備命題束への回り道を全部放棄した．「最終の命題」，それゆえ束の原子だけが，最大可能な知識を保持している．束のより上位の元は不完全な知識を表現している．それゆえ，まず最大の知識だけを，したがって量子論的に言えば，部分空間の束に対する要請に頼ることなくヒルベルト空間を直接構築することはいっそう自然であると思われる．次には，対象概念はあらかじめ要請されるべきものではなく，選立に関する要請から基礎づけられるものとしたことである．これは，ここで提案される方法で2つの段階を経てとにかく達成される．さて，第2の道では，有限個の選立から出発する．このように構成されるものを「下位対象」と名づける．量子論的には，下位対象の状態空間は対象の完全なヒルベルト空間の有限次元の部分空間であって，例えば，角運動量の一定の固有値に属するものである．そのため全対象の構成は第4の道で行なわれ，直ちに特殊相対論の位置空間における具体的な量子論へと導かれる．これは，歴史的な議論の順序（6.12）の逆転の1例である．

a．2つの方法論的まえおき
　1．経験的に決定可能な選立の定義　　n 項選立とは，経験的検査がな

されるならば，ちょうど $\left\{\begin{array}{l}命題\\状態\end{array}\right\}$ が $\left\{\begin{array}{l}真である\\現存する\end{array}\right\}$ ことが示されるような，n 個の $\left\{\begin{array}{l}命題\\状態\end{array}\right\}$ の1つの集合である．

注釈 論理的な意味で時間命題が問題となる．多くの場合，中性の現在形で書き表わされる．例えば「雨が降る」．しかし実際には，動詞にいろいろな時制が使われてもよいであろう．いま雨が降っているときには，命題「雨が降る」は文字どおり真である．この場合，命題は現在の状態を特徴づけている．われわれは選立を質問，その命題を形式的に可能な回答と名づける．

n は自然数 ≥ 2 と仮定されている．無限個の選立は経験的に決定可能になりえない．しかし理論上では，n についての上限は存在しない．

「経験的な検査がなされる場合」という実施上の制限によって，量子論への道が開かれている．検査されない選立がそれ自身で決定されているであろうことは，前提されていない．

    2. **害のない普遍化** すべての要請はできるだけ普遍的なものとして定式化されるであろう．

注釈 われわれは，抽象的な，すなわち最も一般的に可能な量子論を構築しようとしている．この意味で，抽象的な定式化が最も簡単である．すなわちこれによって，ことさらに必要としない個々の場合の区別を避けることができる．一般性が制限されることは，特殊な対象についての命題とみなされ，具体的な量子論の課題として取り入れられる．本質的な事態の内容を覆い隠すことのないこのような取り扱いが「無害」であろうということは，さしあたり発見的な仮説にすぎない．

b. **選立に関する3つの要請**
    1. **分離可能性** 2つの選立は，その一方の決定の結果が，他方の決定の結果に依存しないときに，分離可能であるとされる．分離可能な選立が存在する．

注釈 概念的な話をする場合には，確かに一般には選立の分離可能性に帰着するような，暗黙の仮定をすることがある．実際，全体が全体に依存している場合には，どのように一義的な概念が形成されなければならないかを知ることは困難である．他方，現実では，本当に全体が全体に連関しているの

である．それゆえ概念的思考は，確かに経験の領域で完全な一義性に到達することは決してない．われわれの要請は，できうるかぎりの一義性をめざすという作業仮説を表わす．この意味で認識的である．

この問題は，第1の道の8.2Fから出発して展開してきた，量子論の枠内で論じた．量子論は，個々の対象を，それと相互作用する対象とともに，全対象に統合することによって，分離可能な，すなわち相互作用のない対象を例外と考える誤りを訂正した．この近似的な手続きには，宇宙の仮想的量子状態は別としても，原理的に終わりがない．しかし多くの場合，相互作用は無視してもよいというのが経験的事実である．この事実は具体的な量子論の枠組みのなかで，現実の世界では「空間は空虚である」ことに基づいていることがわかるであろう．それゆえ，われわれの要請は，意味論的整合性の意味で近似として正当化されるのである．

しかし，この要請がわれわれの量子論の再構成において決定的な役割を果たしていることがわかるであろう．実は，これと一致する要請が量子論のすべての公理を作り上げているのである．われわれは次のように結論せざるをえない．われわれが知っているごとく，おそらく量子論なるものは，この要請の近似においてのみ正しいのであると．第13章では再びこの問題に立ち返る．

2. **拡張** ある選立の互いに排他的な対 (x と y) ごとに，それらと分離可能でないような，かつそれらのいずれとも排他的関係にない，（少なくとも）1つの状態 z があり，0でも1でもないような，条件付き確率 $p(z, x)$ と $p(z, y)$ が決定される．

注釈 これは，第1の道で，非決定性の表題のもとで導入された量子論の現実的な中心要請である．z が要請1の意味で，x とも y とも分離可能でないということは，z が2つの確率 $p(z, x)$ と $p(z, y)$ を確定するという主張からすでにわかっている事柄である．選立は互いに背反する命題の集合（そのすべての元に対して $p(x, y) = 0$）であるから，z はこの選立の要素ではない．われわれは，z が選立に属しているというように表現法を確定する．この表現法では，ある選立の要素は当然選立に属すべきものとなる．

可能な経験の条件づけを省察することによって，いまだ私はこの要請の基礎づけに成功していない．直接の認識的な基礎づけをあきらめざるをえない

ことが決定的となったときでさえ，この要請は，自然科学全体が完成の際に円環行程で経験可能な本質の存在の客観的条件として現われることを否定するものではない．

　ここでわれわれは，最も簡単な現実的な要請を利用することに限るのであるが，これは本質的に認識的要求とともに，量子論の基礎づけには十分なものである．「各々の対に対する」という定式化は害のない一般化という意味で考えられている．ある対 x, y に対して，事実上このような z がない場合には，問題になっている選立の特殊な性質（なんらかの超選択則）のせいであると考えたいのである．

3. **運動学**　　状態は時間とともに変化する．この際，同じ選立に属する状態の確率関係は不変に保たれる．

注釈　　この要請は第2の定理とともに，認識的なものとして理解したいと思う．「確率関係」とは，同じ選立に属する任意の状態 x, y の条件づけられた確率 $p(x, y)$ のことでなければならない．この関係が時間とともに変化しない．すなわち

$$p(x(t), y(t)) = p(x(t_0), y(t_0))$$

ということは，それ自身明らかに現実についての仮定なのである．しかしこの仮定は，時間の経過にともなって，ある状態をいかにして経験的に特定しうるかを考える場合には，認識的なものとしてみなされるであろう．現在の抽象的な考察の段階では，われわれにとって，他の状態との確率関係以外に，状態の特定に役立つ手段はない．したがって，この要請を，観測可能な状態のダーウィン主義と名づけてもよいであろう．ある状態が他の状態との確率関係を保持していない場合には，もはやその状態は再認できないであろう．すなわち「われわれにとって死滅」したも同然なのである．この要請を満足する状態がないならば，おそらく可能な経験としては存在しないであろう．

　なおここでもう1つの反論について論じておこう．任意の経験的に決定可能な選立は外部から定義されている必要がある．とにかく外部から再認されていなければならない．しかしこのような外部との関係は，いつも他の経験的に決定可能な選立との関係なのである（測定装置と測定対象 11.2 d 参照）．ところでこれら2つの異なった選立はつねにデカルト積を作ることによって

第8章　抽象的量子論の再構成　　275

全系の選立に統合されうるのであり,全系の選立において,2つの部分選立の外部的関係は,全系の選立に属する状態の内部関係に転化されるのであり,この内部関係については条件づけられた確率の記述に頼る他はない.

c. 3つの結論

1. **状態空間**　状態空間を $S(n)$ として,与えられた n 項の選立に属するすべての状態の集合を定義する.抽象理論では同じ n をもつすべての選立を,すべて同型の状態空間に帰属させる.

注釈　これは,拡張の要請から得られる結論を形式化するための第一歩であって,与えられた n に対する抽象的 $S(n)$ を仮定することは,害のない一般化の手続きの1例である.個別の選立の状態空間は,すべての抽象的に可能な状態を含むとはかぎらないから,これは特殊な場合のメルクマール(または特殊な場合のタイプ)である.どの $S(n)$ に対しても,n 項の選立のために,あるいっそう大きな状態空間が存在しないという仮定はより強固なものである.これについては以下のテーゼのように議論することになるであろう.

2. **対称性**　$S(n)$ のすべての状態は同等である.すなわち,内部的優劣は互いに認められない.

注釈　これは次のようにして,分離可能性の要請から導かれる結論であると思われる.すなわち,最初に,選立の n 個の要素 $A_n = x_i; i = 1 \ldots n$ の集合だけを調べる.A_n が他のすべての選立から分離されている場合には,経験的に A_n を決定しようとするとき,どの x_i が見いだされるかはあらかじめ何も知られていないのである.この意味で,すべての x_i は同等なのである.

次に,$S(n)$ のすべての状態を含めて考える.A_n の定義は,他の選立との相互作用によって外部から付与される.しかしながら $S(n)$ にまったく外部の相互作用がないかぎり,$S(n)$ から与えられた状態 z が,のちに相互作用があった場合には外部から決定されるであろうある選立 $A(n)$ の要素であるか否かを,あらかじめ決定できない.そのとき,各々の z は元の選立 A_n の各々の x_i と同等であるとみなされうる.それゆえ,$S(n)$ は,z を要素の1つとして含むような,ある選立 $A_n(z)$ に基づいて定義される.ところで,ある状態の特性は他の状態との確率関係によって定義されると仮定した.$S(n)$ のある2つの状態 x と y とのあいだには,よく定義された関係 $p(x, y)$ が

成立していると結論される．

さてここで，（望むらくは害のない一般化をもって）すでに互いに同等であるように構成されているすべての x に関するすべての可能な値 $p(x,y)$ によって，一義的に記述されるすべての状態 y の集合として，抽象的な $S(n)$ を定義する．このような構成法は対称群を同等なものと見るならば明らかとなる．$S(n)$ はそれ自身に，z が任意の z' に写像され，また x', y' が x, y の写像であるときに $p(x,y) = p(x',y')$ となるように写像されなければならない．ちょうど $p(x_i, y_j) = \delta_{ij}$ であるような n 個の状態がつねに存在する．それゆえ $S(n)$ は $p(x,y)$ と調和するような n 次元のベクトル空間 IR^n によって表現できなければならない．

$p(x,y)$ は IR^n の不変な双1次形式の関数であることが期待され，

$$p(x,x) = 1 \tag{1}$$

の条件を満足しなければならない．双1次形式は直交

$$F(x,y) = \sum_{k=1}^{n} x_k y_k \tag{2}$$

または，シンプレクティック（反対称形式，simplektisch）であり

$$\Phi(x,y) = \sum_{j=1}^{n/2} (x_{2j-1} y_{2j} - x_{2j} y_{2j-1}) \tag{3}$$

となり，p は非負値定符号である．このためには

$$p = \alpha F^2 + \beta \Phi^2, \quad \alpha, \beta \geq 0 \tag{4}$$

であればよい．$x \neq 0$ に対して $F(x,x) > 0$，またすべての x に対して $\Phi(x,x) = 0$ であるから，(1) より $\alpha \neq 0$ である．それゆえ群はつねに直交である．$S(n)$ は完全直交群 $O(n)$ であるかまたはその部分群でなければならない．$\beta \neq 0$ ならば，この群は同時にシンプレクティックでなければならない．

3. **動力学**[*3] すべての状態の時間的変化は対称群の単パラメターの部分群によって記述され，そのパラメターが時間である．このことから複素ベクトル空間への道が開かれる．

注釈 これは，運動学の要請と状態空間の対称性の結果である．今日の量子論でつねに見られるように，時間を実数のパラメター t で表わす．

力学は方程式

$$\frac{\partial x}{\partial t} = H^r x \tag{1}$$

によって与えられる．ここでは x は n 次元の実ベクトルであって，状態を表わす．H^r は実のエネルギー演算子である．それは1つの群 $S_0(2)$ を生成し，その n 行 n 列の行列は「対角化」されていて

$$H^r_{kl} = \sum_{j=1}^{n/2} \omega_j \varepsilon^j_{kl} \tag{2}$$

$$\varepsilon^j_{kl} \begin{cases} +1 & k=2j-1,\ l=2j\ \text{のとき} \\ -1 & k=2j,\ l=2j-1\ \text{のとき} \\ 0 & \text{その他} \end{cases} \tag{3}$$

の形で表示され，H^r は対角線上に箱形行列が並んでいる．

$$\omega_j \varepsilon^j_{kl} = \begin{pmatrix} 0 & \omega_j \\ -\omega_j & 0 \end{pmatrix} \tag{4}$$

すなわち，H^r は正方行列の対角線に沿って値をもち，他の行列要素はゼロである．n が奇数のときには対角線上に余分にゼロが残るが，ここでは簡単のために n は偶数とする．

実ベクトル x に対して複素ベクトル $\tilde{x}$ を次のように定義する：

$$\tilde{x}_j = x_{2j-1} + i x_j \tag{5}$$

$\tilde{x}$ に対して演算子 ε^j は $-i$ をかけることを意味する．それゆえに

$$i \frac{\partial \tilde{x}}{\partial t} = H \tilde{x} \tag{6}$$

ここに

$$H_{jk} = \omega_j \delta_{jk} \tag{7}$$

この解は

$$\tilde{x}_j = x^0_j \exp(-j\omega_j t) \tag{8}$$

このようにしてわれわれは，エネルギー H が対角となる表現を得る．

確率関数を定義する際に，シンプレクティックの部分を決めておかなけれ

278　第Ⅱ部　物理学の統一

ばならない．すなわち前節の式(4)の β の値を決めなければならない．(7)によって，H はユニタリ変換を生成し，それは，エルミット内積

$$(\tilde{x}, \tilde{y}) = F + i\Phi \tag{9}$$

を不変に保つ．よく行なわれるように，規格化されたベクトルに対しては，

$$p = |(\tilde{x}, \tilde{y})|^2 = F^2 + \Phi^2 \tag{10}$$

となり，これから

$$\alpha = \beta = 1 \tag{11}$$

を得る．この結果は，各単パラメター直交群は同時にシンプレクティックであって，F も Φ もともに不変に保つというように明瞭に表現してもよい．ここで，α と β の値は適当に選ぶことができ，$\beta=0$ とおいてもよい．ここで再びダーウィンの議論を援用する．x と y がハミルトニアン H の異なる ω_j の値に対する固有ベクトルとすれば，内積 (x, y) は時間因子として $\exp\{i\omega(x) - i\omega(y)\}$ をもっている．F と Φ，すなわち (x, y) の実部と虚部は周期的に変化するが，$p = |(x, y)|^2$ は定数である．p だけが測定可能な量であれば，$\alpha = \beta = 1$ とおいても結果に変わりはない．このように状態の位相が測定可能でないということは，仮定でなくて考察の結果なのである．相互作用の理論 (10.6) におけるこの種の疑問については，後で再び立ち返る．ゲージ自由度の問題がこれに結びついているのである．

d．結語　こうして，8.1 b の 4 つのテーゼが再構成された．動力学からヒルベルト空間が，確率計量から動力学が，拡張の要請となる状態の定義からこの計量が導かれる．状態空間の結合則は選立のデカルト積から定められる．しかしこれまでのヒルベルト空間は有限次元に限られていた．完全な対象概念は第 4 の道で初めて得られるであろう．

4. 第 3 の道：振幅を超えてベクトル空間に至る再構成

第 9 章と第 10 章の構築や，また第 11 章の説明では用いなかったただ 1 つのプログラムを第 3 の道のために実現した．しかし私はそのプログラムを，

それが仕上がっている範囲でどうしても発表しておきたい．なぜなら，これは私が1955年から58年にかけて完成した相補性と論理学の論文 (1955, 1958[1, 2]) で，もともと意図したものと密接に関係しているからである (7.7 参照)．当時，私は確率についての古典的な概念から出発するのでなく，もともと量子力学の基本的な数学的構造，すなわちディラックが重ね合わせの原理として明示した加法的アーベル群の存在を出発点としようとしたのである．1955年に私は量子力学を与えられたものと前提して，そこから複素数の真理値をもつ論理学を抽象した．1973年に発表した確率についての論文はこれをめざしたものであり，本書の7.3-5はその論文に由来している．量子力学のファインマンの記述法に私は力づけられた．しかしながら私は，二重の意味でファインマンよりも徹底的であろうとして，自分の研究を一時的に「ファインマンの抽象」と題したのである．第1にファインマンは量子力学を本質的に既知のものと前提して，対応原理に従ってハミルトン原理とホイヘンスの原理からの構築だけを提案した．他方私は，量子論を時間の論理学から再構成しようとした．第2にファインマンは時空連続体を前提したが，私はそれを (第4の道に従って) 量子論から基礎づけようとした．

最初の2つの道ではこのプログラムは遂行されなかった．第1の道では，ベクトル空間は射影幾何学の表現空間であり，第2の道では，対称群の表現空間になっている．幾何学と対称群が確率論を超えて導入される．ベクトル空間においては，加群はなんら直接の意味をもっていない．確率計量の不変性は，ユニタリの法不変の記述を必然的に要請する．しかし私には，すでに古典的な確率概念の構築 (第3章参照) の場合，絶対的頻度の概念が一層本質的であると思われた．というのは，確率論は相対的頻度に関する法則を論ずるものであり，一般的な記述を容易にするからである．そこで (1958[2]) 第2量子化法を用いて最初に絶対的頻度を，二次的に相対的頻度を導入する規格化されないベクトルを初めて優先的に利用したのである．規格化されないベクトルにおいては，加法は他の振幅すなわち強度への遷移という直接の意味をもつのである．規格化されないベクトルに適合した物理的概念は，個々の対象ではなく流れである．

1974年に一度だけ，この道に沿った構築を抽象量子論という名称のもとに試みたことがある．当時この論文は時期が熟していなかったので発表を差し控えていたが，今回はそのままの形で公表する．まえおきのなかで述べた

説明は，当時の構築の文書にも一部に取り入れられたものである．他の部分は当時書かれたものではない．それは新しく現在の私の理解に従って，本章の第5節として加筆してある．流れの概念は，この論文の第19項で初めて述べた．すなわち，すでに第1項でも，時間的に変化する事象のクラスという概念を用いて同様の結論をめざしたのであるが，直接の解釈は第18項に始まる．また確率の概念は最後の第25項で基礎づけられる．

　各項を個別に読む場合には，とりわけこの論文の冒頭はずいぶん抽象的で難解であるにちがいない．本書の前半を読んだ読者には，もちろん，各個所の結びつきがはっきりとわかっているはずである．しかし私は，思考の道筋をわかりやすい言葉で表わすことを試みた．すなわち，読者諸氏はこの論文の各項ごとに，番号の付いている解説を読んでいただくようにお薦めしたい．

抽象的量子論　1974年9月の草稿

　この論文は構築とその説明に分けられる．理論が前提している先行知識については，これを後で，意味のある整合性が保たれるように導き出すため，構築にはできるだけその知識の利用を控える．すると，構築の意図された構成を既知のものとして前提することとなり，意味論的整合性の確立がどのようにして期待されているかを，一層明瞭に論じることになるわけである．

構築

1. **形式的に可能な諸事象の同一性と差異性**　　理論の対象となるのは，形式的に可能な事象（fmE）である．これを単に事象と呼ぶが，さらに狭い事実的事象（s. 2.）のクラスと混同してはならない．

　理論が記述できる事象とは，基本的には概念的に，すなわち客観化可能な目印によって，同一であるか違っているかが特定されうるものである．論理学的な表現をすれば，われわれの知識では，ただ1個の対象のみがそれに属するように決定されている概念である．あらかじめわれわれの持っている知識は，やはりそれでも固有名詞，目印，標識によって特徴づけられた個体を，概念的に特徴づけられた一般性によって判別する方法を含んでいる．われわれはこのあらかじめ持っている知識を次の判別法を用いて役立てよう．2つ

の形式的に可能な事象 E_1 と E_2 は次の4つの意味で同一であるとみなしてよい．

 a. **一般的概念として** これらの事象は，一般概念として同じ範疇に入る（例えば，あるランプの点灯）．
 b. **個別的に** これらの事象は一般概念として同じであり，同一の対象に起きる場合である（例えば，このランプの点灯）．
 c. **時間的に** これらの事象は，一般概念としても，個別的にも同じであって，しかも同じ瞬間的事件の部分となる場合である（例えば，ちょうど今このランプが点灯した）．
 d. **数量的に** 時間的に同じ事象のそれぞれの数量的測定に際して，2つの測定法が同じ値を示す場合である（例えば，区別できない光量子数の測定結果が同数となるとき）．

このような意味で同じ事象は事象のクラスとして総括される．特に重要なのは，時間的な事象のクラス（tEK），すなわち時間的に同じ事象のクラスである．個々の事象を測定するのでなく，ある特定の系統を経てきたものだけを特定の様式の事象として分別する測定装置は，時間的事象のクラスを登録する．事象をいちいち数え上げる代わりに，より簡単な時間的事象のクラスとして指定されるならば，量子論の構築はさらに簡潔になることが判明する（1, 参照）．

2. 時間的決定 形式的に可能な事象と時間的な事象のクラスは，現実の時間としてそのつど1つの観点から決定される．観点とは，有効な事実的知識の総体である（すなわち，必ずしも実際考えられるものでなくてもよい）．

理論が諸観点に関する法則性を定式化するものであるかぎり，その理論は形式的に可能な観点について，したがって形式的に可能な事実について語るのであるが，しかし他方では，事実は形式的に可能なものと対比する実在的なものとして導入されたのである．この省察は理論の本質に内在するものである．これは本質的に実在に対する理論の関係についての理論そのものであり，それゆえ，理論と実在そのものとの関係を理論のなかに（すなわち，形式的に可能なものとして）書き加えなければならないのである．

ある観点によって処理されうる知識は，それが関係する fmE と tEK を完了的または未来的な決定によって規定する．ある観点に立てば，各々の fmE

と tEK はせいぜい2つの決定のうちの1つが得られるにすぎない.

3. **完了的決定**　ある完了的に定められた fmE は事実的または反事実的である. すなわち起こったか起こらなかったかのいずれかである. 完了的に決められた fmE には, 正確に2つの可能な規定のうちの1つが正確にあてはまる. すなわち, 完了命題には, 矛盾律と排中律があてはまる.

同じことは完全に決まった tEK についても成り立つ.

4. **古典的様相**　未来の決定は理論の狭義の対象である. ここで形式的に可能な事象と時間的な事象のクラスに分け, はじめに前者について述べよう. 1つの fmE に3つの古典的様相の1つを対応させる. 事象 E は

必然	nE
不可能	uE
偶然	kE

である.

各々の未来の決定は2つの観点に関係している. すなわち, 観点 B_2 における形式的に可能な事象 E は観点 B_1 から様相 ψ, 詳しくは $\psi(B_1, B_2, E)$ をもっている. B_1 はここでは事実の観点である. その知識から E は完了的には決定されえない. B_2 は形式的に可能な観点であり, この観点にはここで E が起こったか, それとも起こらなかったかどうかという知識が存在している. 様相は B_1 から出発して B_2 における可能な知識について何が知られうるのかを指示するものである. E が B_1 から出て B_2 において必然的であるならば, E が起こったかどうかが B_2 で決定されている場合には, E は B_2 で起こったことが確実となる. それが不可能な場合には, E は起こらないことが確実となる. それが偶然である場合には, どちらも確実には成り立たない. これらの確実さと不確実さは当然 B_1 で成立しているものである. すなわちこれらは, B_1 を構成する知識の一部分なのである.

この記述は事実的観点として B_1 が, 可能な観点 B_2 とは異なっていなければならないことを示している. しかし, B_1 に直接隣接する観点 $B_1(E)$ を導入することができ, この $B_1(E)$ は B_1 から出発して直ちに E について決定がなされる場合に得られるものである. $B_1(E)$ はこの決定に従って有効な知識を表わしている. B_1 から出て $B_1(E)$ へ移る E の様相, それゆえに

ψ (B_1, $B_1(E)$, E) を手短に B_1 から B_1 への E の様相と名づけることができる．

5. 選立　ところで，時間的事象のクラスを表わす様相の理論を用意したい．2 つの tEK は，その各々が，そこで現在起こることとして形式的に可能であるような観点が存在するとき，互いに共属的であるという．2 つの互いに共属的な tEK が互いに非同時的であると言われるのは，それらのうちの一方が，現在そこでは形式的に可能として存在するような観点 B において事実的であるが，他方は B から出て B へ移ることが不可能な場合である．共属する tEK の 1 つの集合を次の場合に選立と呼ぶ．
　a) tEK は対になっていて互いに非同時的である．
　b) それらと非同時的であるものが，もはや付加されることはありえない．

通時的選立，すなわち時間は異なるが，個別的には同じ選立がある．ある通時的選立はある個別の対象に属している．

6. 事象の非決定性　知識が増加するにつれて「偶然」という様相を消去することも，またはこのような消去にかぎりなく近づくこともできない．むしろドリーシュナーの言う非決定性の公理が成立する．ε_k ($k = 1 \ldots n$, 有限または無限の n) が，ある選立の事象のクラスであるとき，つねに形式的に可能な事象 E がある．したがって

$$nE \to \bigvee_{l,m} (k\varepsilon_l \wedge k\varepsilon_m) \tag{1}$$

となる．

言い換えれば E が必然ならば，選立から取られた，2 つの事象の組が存在するが，この 2 つとも偶然である．

ここで古典的様相「偶然」が事象の組に応用される．この事象はすべて同じ（個々にかつ時間的に正確に決められている）概念で決定されているから，この様相は概念ないしそのもとに含まれるすべての事象に帰せられる．同じことは，すでに 5 において「不可能」という様相に関して起こっていた．「必然」の場合には，不確定の数をもつ事象の組については構成の最後でないと解けない問題が生じる．したがって，このような様相はさしあたり事象

の組に対して用いない．

　不確定の公理のなかで挙げられた，事象 E は，選立 $\{\varepsilon_k\}$ になるような事象のクラスの要素ではない．それゆえ各々の選立にはそれと共属する事象が，しかしそれには要素として属さないような事象がある．

7. 対称性
ある対象に属する fmE の法則的性質は，どれも同じ対象に属する各々の fmE に当然所属している．したがって同じことは，tEK のどの法則的性質にもあてはまる．

　n-項選立がその対象に属するならば，その対象に属する tEK のどれもがある n-項選立に所属することとなる．

　対称性の要請は個々の fmE ないし tEK の性質にのみ妥当し，それらのあいだの関係に適合するものではない．むしろこの関係はちょうどある対象に属するすべての tEK の多重性の構造を定義するものである．

　対称性の要請は対象と環境との区別を認める．対象はさまざまな環境のなかに存在することができる．ある対象の状態をきわだたせる特性は，そのつどの環境に対する対象に帰せられる．

8. 事象のクラスに対する量子論の様相
事象のクラスのために一般化された様相を導入する．ε を 1 つの tEK とし，B_2 を ε がそのなかに現在存在している観点とし，B_1 はそこから ε に，B_2 における 1 つの様相が帰属されることができる観点であるとすると，この様相を 4 に倣って $\phi(B_1, B_2, \varepsilon)$ または簡単に $\phi(\varepsilon)$ と書く．$\phi(B_1, B_2, \varepsilon)$ は B_1, B_2 を固定すれば，ε の関数とみなされるのであるから，B_2 におけるすべての形式的に可能な事象に，様相が付与される．この B_1 の知識の部分としての関数の存在は，B_1 の形式的に可能な 1 つの事象である．われわれは，その関数は B_1 から出発して，B_2 のなかの対象について知りうることをすべて総括していると考える（様相の完全性）．

9. 様相の決定性
B_0 が一定の観点であり，B_j は B_0 から関数 $\phi(B_0, B_j, \varepsilon)$ が定義されるすべての観点であるとすると，一定の環境のもとでは，任意の一定の B_j に対する関数は，他のすべての B_j に対する関数を決定する．この際，ある対象についての観測は環境の不安定さを除いて成立する．

10. **状態空間**　　観点 B においてある対象についての現在形式的に可能な事象 E の全体を，B における対象の状態空間と名づける．ここで3つの要請を立てる．

　　十分決定性：E が B において事実的であれば，E は B から B へ必然的に決められる．

　　様相による決定性：E が B において事実的であれば，E は関数 $\phi(B, B, \varepsilon_k)$ によって E と共属する任意の選立を用いて完全に決定される．

　　完全性：ある選立 $\{\varepsilon_k\}$ と共属するすべての fmE はすべての可能な関数 $\phi(B, B, \varepsilon_k)$ によって一義的に決定される．

ここで，ϕ の多値性を決めておかなければならない．

11. **ゼロ様相**　　$\overset{\cdots}{\varepsilon\text{が不可能}}$ならば，ゼロ (0) と呼ぶ値を $\phi(\varepsilon)$ に与える．

12. **時間点**　　式 $\phi(B_1, B_2, \varepsilon_k)$ において B_1 は事実的な観点であり，B_2 は形式的に可能な観点である (4)．B_2 は選立 ε_k の決定によって定義されている．あらゆる ε に対して定義された関数 $\phi(B_1, B_2, \varepsilon)$ において，ε は対称性の要請に従って，(7) のある選立 $\{\varepsilon_k'\}$ に属している．このような ε に対し，B_2 はしたがって $\{\varepsilon_k'\}$ の決定によって定義される．すべての共属的な ε に対するすべての観点 B_2 の集合をこの ε の時間点 t と名づける．そこで，関数 $\phi(B_1, B_2, \varepsilon)$ は各々の ε について，この ε に属する B_2 の代わりにそこに B_2 が属している時間点 t を代入した関数 $\phi(B_1, t, \varepsilon)$ と同じものである．

　対称性の要請から次のように導かれる．すなわち，$\{\varepsilon, t\}$ が一定の時刻 t におけるすべての tEK の集合であって，ε' が時刻 t に属さないある tEK であるとすれば，$\{\varepsilon', t'\}$ が構造的に同形の $\{\varepsilon, t\}$ のうえに写像されるような仕方で t' が存在する（状態空間の時間的不変性）．

13. **時間列**　　t と t' が2つの時間点であり，t に属する観点から t' に属する事象のクラスを将来的に決定できるときには，t に属する観点から t' に属する事象のクラスを事実的に決めることはできない．そのとき t を t' より $\overset{\cdots}{早い}$と呼ぶ．時間点のクラスがあって，その要素の任意の2つの対に対して，そのうちの1つが他方よりも早いとき，このクラスを時間列と名づける．

　われわれの定義では，ある対象に属するすべての時間点がただ1つの時間

列をつくるとはかぎらないように設定されている．時間点は観点のクラスとして定義され，観点は選立の決定によって定義される．ある事象のクラスが多くの異なる選立に属しうる場合，それらは可能なかぎり異なる観点のクラスに属することができる．すなわち同時性の相対性は除外されていない．

14．決定の群　　様相関数 $\phi(B_0, t, \varepsilon)$ と $\phi(B_0, t', \varepsilon)$ は，ある決まった観点 B_0（以下では省略する）から出発して，異なる時刻 t, t' に一定の環境のもとにおいて決定される．この決定は t と t' に依存する状態空間のそれ自身への写像である．われわれは決定の交互性を，一義的な状態空間のそれ自身への写像であると解釈する．それゆえ決定の交互性は t と t' に関係する変換群である．それは，ある場合には他動的に状態空間に作用し，また他の場合には状態空間を別々の対象の状態空間へ分離することもあるであろう．それゆえ，状態空間は群の均質な空間であって，その構造は，群の構造といっしょに決定される．

15．時間の均質性　　3つの時間点の組 t, t', t_1 には4番目の時間点 t'_1 があるが，一定の環境のもとでは，状態空間において，t から t' への変換と同じ変換により，t_1 から t'_1 へ変換される．これは対称性の要請の結果とみなされる．

16．形式的に可能な環境の普遍性　　1対の同時的でない時刻の状態 $\phi(t, \varepsilon_k), \phi'(t', \varepsilon_k)$ には，一方を他方に運ぶような，形式的に可能な環境が存在しなければならない．この要請は単に理論の一般化を意味し，それゆえ量子論の一般化と対象の理論，例えば素粒子論との相違を意味する．もちろんその場合，同じ環境のもとでは，$\phi'(t', \varepsilon_k)$ が任意の $\phi''(t'', \varepsilon_k)$ に移ることはありえない．後者はむしろ決定的なのである．

次の2つの群を調べる．
a) ある対象の状態空間のそれ自身への可能な写像の普遍群．
b) そのつど一定の環境のもとで，状態空間の時間に依存する空間自身への写像の単パラメター群．この群の元はそのつど，群 a) の元から選ばれる．

17. 値の領域の普遍性 ある時刻の対象の状態空間は n - 項選立のすべての関数 $\psi(\varepsilon_k)$ から成り立っている．まず同じ n をもつすべての対象の状態空間は同型であることを要請する．これもまた，理論の一般化にすぎないことを表わしている．したがって，特殊な対象については，理論は部分空間に制限される．

第 2 番目には，ψ の値の領域は次元数に無関係であることが要請される．

18. 加法 g がある群 b)（16 を参照）の元とすると，この群は時間の均質性のために g のすべての冪(べき)を含んでいる．これらの冪はアーベル部分群（群 a) もそうであるが）を構成し，この部分群を加法的であるという．したがってこれらの冪は k を整数として kg を含む．

ここで，特に次元数 $n=1$ の場合に注目する．ψ' が可能な状態ならば，すべての $kg\psi'$ もそうである．したがって，$kg\psi'$ には異なった値があるから，少なくとも ψ' の値の領域はそれだけ多くの値を含んでいて，その値は数 k を掛けたものである．ところで，特に $n=1$ に対して，$\psi=0$ が可能な値であるとあらかじめ前提しておくべきではない（11 を参照）．なぜなら，この場合には，対象自身がこの状態にありえないことを意味するからである．しかしその場合 17 によれば，ψ は $n>1$ の次元の場合にもその値域において，kg を取る．さらに，一定の k' に対して，$0g\psi'(\varepsilon_{k'})$ をゼロに移すような群 a) の元 h が存在する(16)．それゆえ，またすべての元 hkg と，したがってすべての値 $hkg\psi'$ が存在する．これらは，その元が $k=0$ のときそれ自身が $\psi=0$ となるような k という番号の付いた集合である．

19. 無限性 すべての k に対して，$kg \neq g$ を満たす元 g があるとする．すると，ψ の値の領域は整数の加群と同型の集合を含んでいることがわかる．

この要請は次のような解釈を許す．すなわち，同じ影響によって，限りない時間と限りない可能性に到達する．したがって結局この要請は，ψ の多様な値の無限性（そして非コンパクト性）は状態空間の変換群の無限性に基づくものとし，後者の無限性は時間に基づくものとするのである．哲学的にいえば，無限性とは未来の開放である．

ふつうの量子論ではこのような方法をとらない．それは，ψ の法（ノルム）を不変にするユニタリ変換群を取り扱うからである．ユニタリ性は確率

関数の不変性の要求によって基礎づけられる．確率は，相対的頻度の期待値として，0と1のあいだの実数の値域にかぎられている．するとϕのコンパクトでないベクトル空間は表現の補助手段として導入されるにすぎない．このことは，観測から容易に解釈できるという利点があるが，その基本的演算であるベクトルの加法が直接なんら物理的意味を持たないという欠点がある．

　この問題については，ここで行なわれているように，「様相」の基本的な担い手として，個々の事象でなく，時間的な事象のクラスを選ぶことによって避けることができる．それは概念的により簡単であって，より簡単な測定装置が対応している（1．参照）．それにとって，ϕ は確率振幅ではなく，その絶対値が物理的意味を持っている流れの振幅である．そして，そのような理論が関係している，当面の対象は「物」ではなく実は「流れ」である．流れを個々の対象に分解すること，事象のクラスを事象に分解することは，形式的に第2量子化法によって達成される（25を参照）．それには数理物理学的に処理された測定が対応している．行なわれた測定の数と同じ数だけの，不可逆過程がなくては測定は不可能である．計算処理の可能性を意味論的な整合性において記述するためには，不可逆過程としての測定理論が必要となる．またここで仮定されている経路を通じた測定，すなわち経過と必要なら強度を記録することは，当然後で検証を必要とするのだが，前にも述べたように，いっそう簡単な過程であると思われる．

　ついでに言っておけば，ここで述べた構築は，ふつうの量子論でも小さい振幅の近似として正当化される．これ以上立ち入った議論は省略する．

20．乗積　　われわれは，ϕの値の領域を一歩一歩積み上げてゆく．その各過程で今までに構成した値の領域に話を限り，さらに一定の拡張を達成するには，どのような広い要請を設定する必要があるのかを示そう．

　ところで，ここでϕに対しては整数の値から始めよう．関数$\phi(t, \varepsilon_k)$を簡単のため$\phi_k(t)$と書く．これまで整数は加法群としてのみ利用していた．ここで変換群はϕの相加的関係を不変に保つように要請される．するとその変換は行列を用いて次のように書ける．

$$\phi_k(t) = g_{kl}(t, t')\phi_l(t') \qquad (2)$$

ここに行列要素 g_{kl} は整数である．

g_{kl} は群の要素であるから，積もまた群をつくらなければならない．すべての整数を含む最小の群は有理数である．したがって g_{kl} ならびに ϕ の値の領域は有理数の数体を含まねばならない．

対称性の要請から導かれる有理数についての法則は，非有理数ないし超越数の助けを借りていろいろな形に定式化される（例えば古典幾何学では，$\sqrt{2}$ は正方形の対角線の長さ，π は円周率と言うように）．したがって，一般理論では，値域は実数に拡張されるのである．

21. 時間連続体 時間経過が整数と同形の部分集合を含んでいることが，時間の均質性から導き出された．その際，時間は周期性でない，すなわち未来は開けていると暗に仮定してきた．これは，ある瞬間から同一の事象が決定されるのは，完了的にというよりはむしろ未来的にであるという要請から基礎づけられうる(2)．実際の時間的測定は，周期的な過程と，不可逆な過程との複合作用によって結果するものである（時報係と計算係，時計とはぎ取り暦）．

2つの時間点のあいだになお1つの時間点がつねにあるかどうかという疑問がある．内的な時間測定において，すなわち，そのつど観測される一定の対象の内的過程による時間測定においては実現不可能である．任意に区割可能な時間という表象は，任意に拡大可能な環境という時計による外部からの時間測定に対応する．われわれは現在の構築のために，後で批判されるべきこの考えに従っているのであり，それゆえに時間を，通常の量子論のように，観測される対象のオブザーバブルとしてではなく，実数を値域とする外部パラメターとして導入するのである．

状態空間の時間的変換は時間の微分可能な関数である．一定の環境では，ある時刻の状態は時間的変化を決定するはずであり，したがってこの変化は数学的に存在して状態空間と同形でなければならない．変化する環境の場合には，環境自身が対象から成り立ち，かつ対象が従う法則と同じ法則に従って同じように変化すると考えなければならない．

22. 対象の動力学 時間的変化の法則は動力学の法則と名づけられている．動力学は対象の特徴づけに，ずっと後では幾何学の明確な構築に役に立つことがわかるであろう．

14では，変換群は対象の状態空間に他動的に作用することが要求されていた．そうでなければ，この状態空間を複数の対象の状態空間に分解することになってしまうからである．言い換えると，1つの対象の状態空間は群の既約表現を定義すべきである．

　決まった対象の動力学に対して特徴的な群は，一般に16のa）とb）で述べた群ではなく，普遍群a）ほど包括的でないが，一定の環境のもとにある単パラメター群b）よりは包括的である．後者は対象の状態空間を多くの既約な部分空間に分解されるであろう．同じ対象の，変化するその環境との区別は，ある決まった環境を仮定することによって消え去る．これに対して普遍群a）は，同じn次元のすべての対象に共通である．したがって，実際の状態空間では，この群はn次元の完全実数の線形群である．通常の量子論では，nは可算無限であり，状態空間は複素数のヒルベルト空間とされ，その測度の不変性が（後で初めて基礎づけなければならないが）群a）をヒルベルト空間のユニタリ変換群に制限している．それゆえに，動力学がなければ，通常の量子論のすべての対象の状態空間は同形となる．特殊の対象は，ふつう位置空間の導入，すなわち幾何学の導入によって分離されるもっと狭義の群によって特徴づけられなければならない．この群は一定の環境（それは，ハミルトニアン演算子によって特徴づけられる）のなかにあるのではなく，この対象の同一性と結びつきうるすべての環境のなかにある群である．それゆえ，c）をありとあらゆる環境においてのある対象の時間的変換群と名づける．

　今後は，c）はその単パラメター部分群が，そのつど一定の個々の環境に対応するリー群であるよう要求することにしよう．

23. 相互作用の動力学

環境それ自身はさまざまな対象から成立している．一定の環境のなかで対象を記述することは，つねに近似にすぎない．対象は変化するから，構成された環境も変化する．この変化は，観測される対象のそのつどの状態の影響のもとで行なわれるのである．

　基本となるのは結合法則である．すなわち，2つの対象OとO′の状態空間は，そのつど選立$\{\varepsilon_k\}$（$k=1...n$）と$\{\varepsilon'_l\}$（$l=1...n'$）の一方によって特徴づけられる．2つの対象は，つねに状態空間が$n \cdot n'$項の選立$\{\varepsilon_k \wedge \varepsilon'_l\}$（$k=1...n, l=1...n'$）によって特徴づけられるような，ただ1つの対象とし

て把握されうる.

　抽象的な構築においては，歴史的な中間段階をとばして，直ちに素対象の要請から出発する．すなわち，他のすべての対象がそれから構成されるような，ただ1種類の対象のみが存在すべきであるという要請である．対象の相互作用の法則は，ここでは触れないでおこう．

24. 複素状態空間　　一般性を制限することなしに，関数 ψ_k は実ベクトル空間を形成すると仮定することができる．その値域は実数を部分代数とする代数体，つまり実数，複素数，4元数でなければならない．複素数の，あるいは4元数のベクトル空間は2重ないし4重の次元を持ち，許容された変換群の制限のもとにある実数のベクトル空間として記述されうる．

　ある対象の選立は，環境の選択とは無関係に，この対象に属する．ある対象に時間的な事象の組 ε_k が存在することは，これを対象の状態と名づけるのだが，基本的には，いつも適当な測定相互作用によって観測されるものでなければならない．測定理論の先取り概念，(あるいは予見の予後把握)では，ある時間を通じて定常であるか，周期的であるような状態だけが観測可能であるとわれわれは主張する．したがって，ある対象については，それに適した環境があって，そこではつねに定常であるか周期的であるような状態だけが現われることになる．そこで，今後は一般論の意味で，適当な環境のもとでは状態は限りなく長く定常であるか，または周期的でなければならないという条件を設定したい．選立が成立するためには，このことが特定の状態だけに妥当するのではなく，ベクトル空間のすべての基底について同じく妥当すべきものである．

　完全実数群の線形群の部分群は直交していて，直交リー群の生成因子はつねに対角線に沿って小箱型で他はすべてゼロの形にもってゆくことができる．

$$\begin{pmatrix} 0 & \omega_{2k} \\ -\omega_{2k} & 0 \end{pmatrix}$$

ここで話を $n=2m$ (m は正の整数) の偶数次元にかぎり，その他の余分な個々の状態は観測に際してなんの役目も果たさないものとしよう．すると箱の中の k は1から m まで変化する．箱によって結合された成分 ψ_{2k-1} と ψ_{2k} は複素成分

$$\varphi_k = \psi_{2k-1} + i\psi_{2k} \tag{3}$$

にまとめられ，その時間変化は

$$\varphi_k(t) = \varphi_k(t_0) e^{i\omega_k(t-t_0)} \tag{4}$$

となる．

　環境の選び方に対して選立が不変であるという要求は，対象の群 c) が成分 ψ_{2k-1} と ψ_{2k} を分離する変換を許さないことを表わしている．このような群に対しては，複素ベクトル空間よりも実ベクトル空間が扱われる．量子論にはこれだけで十分である．

25. 確率　ふつうは，状態間に確率関係の不変性を要求することにより，そこからユニタリ変換に関する制限を導く．われわれは逆方向に進む．われわれは，零様相＝不可能というケースについてのみ，抽象的に導入した様相を内容的に解釈した．今後の課題は確率概念を要請された法則から導くことである．ここではその概略だけを述べよう．

　複素ベクトル空間のリー群の生成因子に対して，基底演算子の半数がエルミットで，半数が逆エルミットであるような基底が与えられる．後者はユニタリ変換群を生成する．ここでは素対象の相互作用の基礎的な法則を探究する (23)．その生成演算子の半数がエルミットで，また半数が逆エルミットからなることを考慮に入れなければならない．後者は素対象の「流れ」の強度を一定に保つが，前者は保たない．流れの不安定さは，物質の生成と消滅，あるいは宇宙の膨張として観測されるであろう．一定として認められる対象の場合には，この部分は観測不能の微少量として無視してよい．それゆえ，相互作用の時間変化はユニタリであると考えてもよい．

　このような考え方は，もちろんダーウィン主義と同様な整合性の問題を含んでいる．ダーウィン主義によれば，経験的に見つかった種が生き延びることができ，統計的方法で生き延びえない種は，経験的には見つからないであろうと前提してもよい．だからといって仮定した法則によって，生き延びる種がそもそも発生しうるということを証明する議論がなくなるわけではない．安定した物理的対象についての，したがってさしあたり安定した素粒子についての類似の問題は，ダーウィン主義には反するが，おそらく厳密に今の数

学的方法で解かれるであろう．しかしこの問題は横に置いておこう．

したがって，安定した対象の流れは，それを構成する素対象の安定した流れの総和として表わされる．ここで量子論的様相を粗く古典的像に写すこともできるであろう．$\{\varepsilon_{k'}\}$ を対象の選立としよう．$\psi_{k'} = 0$ は $\varepsilon_{k'}$ が不可能ということである．逆に，$j \neq k'$ に対してすべて $\psi_j = 0$ ならば，$\psi_{k'}$ だけがその強度の総和に寄与することとなる．この場合には，事象のクラス $\varepsilon_{k'}$ は必然的であるという．流れの強度が確定するのであるから，このことはいまや有意義である（6 参照）（ここではまだ触れないが第 2 量子化の手続きによって，流れの強度を素対象のある数に帰着させることができる）．他のすべての場合には，$\varepsilon_{k'}$ は偶然的であると言う．

ここで，同種の安定な対象の，有限ではあるが大きい集合を導入する．すると，確率の法則を古典的様相から相対頻度の期待値として導き出すことが問題となる．おそらく，ある補助仮定を用いて実行できると思われる．

5. 第 3 の道についての解説

1. 事象　「事象（Ereignis）」は 1974 年の論文の中心概念である．そこでは説明ぬきで導入されている．これは，量子論の詳細な意味づけにとって，中心に位置するものであるが，詳しくは私のトリエステの論文「古典的記述と量子論」(1973) 4 節の「量子論における実在」を参照されたい．

まず消極的注意，つまりもう 1 つの用語法に対する定義について．古典的な（すなわち非量子論的な）相対論では，よく各世界点（ミンコフスキーまたはリーマン空間の点）が事象と呼ばれる．私の知るところでは，その用語法はアインシュタインに始まる．まず世界点と世界点で起こる事柄とのあいだの区別をしなければならない．世界点はわれわれにとっては，単に可能な事象のあらかじめ考えた時空の局在性にすぎない．その語の厳密な意味において，われわれの理論が，各世界点で事象が起こることさえも除外することは明らかである．事象の定義では，むしろ時間の論理学の言語に頼るのである．

現在の事象というのは，例えば，いまここで即座に 1 人の人間が体験することを指す．「私は，1980 年 10 月 28 日に家の前の日当たりのよい場所に机を置いて事象の概念の定理を書いている」．この事象の概念は，ボーアの現象の概念に近いものである．「……現象という言葉を使用するには，ある特

定の環境のもとで得られた，すべての実験結果を含む観測だけを指し示して用いるよう強く要求することができよう」(Bohr 1949（英文）．これについては Scheibe 1973, 21 ページ，11.1 g 参照)．

現在の事象が，物理学者なら任意の世界点に生じていると言い表わす「事象」となるためには，次の3つの抽象化の段階が必要である．

1. 本当に現在の事象から形式的に可能な現在の事象に移行する．それゆえ人間が経験できる事象である．このような *fmE*（形式的に可能な事象）は時間的と呼ばれる．かつて現在であった事象は経験された事実である．未来と無知という様相はここでは取り上げない．

2. 経験的事象から客観的事象に移行する．これは確かに誰も経験しない出来事であるが，しかし，物理学者が本心からそれは起こる（起こった，起こるであろう）とか，形式的に可能なものとして起こりうるであろうと言うような出来事である．

3. ある事象だけがボーアの意味で現象となりうるような複雑な過程は，概念的に最小可能な単位に分けられる．区別されるが，しかし相互作用する諸対象の単一過程に分けられる．微小極限では，古典相対論で仮定されるように点的な事象となる．

3つの抽象段階の各々が可能となるためには，いくつかの合法則性の妥当を前提している．これを点検してみたい．

1の場合：概念形成の可能性と，それに関連する論理法則の妥当性，特に時間の論理学の法則の妥当性が前提される．これは現在われわれの課題ではないが，認めることにしよう．

2の場合：実際に起こった客観的事象を事実（Faktum）と名づける．ある形式的に可能な客観的な事象は，形式的に可能な事実（formal mögliches Faktum）として記述される．すなわちもし事実が起こったときには，ありうるような事実として記述される．事実が知識として取り入れられうるためには，不可逆過程を経過していなければならない．観測可能な事実は必ず古典的概念によって記述されなければならないというボーアのテーゼはこのことに関係する．このことは「コペンハーゲン学派の黄金律」のなかに要約することができる（1973, 657 ページ参照）．「量子論は形式的に可能な事実を確率的に結合する理論である．事実は古典的に記述されなければならない．古典的な記述のないところには，事実はありえない．古典的な記述を語るときには，

われわれは事実の不可逆性を想定している」．11.1gで再びこのテーゼに立ち返るであろう．不可逆概念の適用限界は，したがって同時に起こった事象の客観化の可能性の限界でもある．しかも，これは量子論の非決定性の結果の1つである．なぜなら決定論的な理論では，ある事実を確認することは，それと因果的に必然的に結びついているすべての事象の客観性を確定することになるからである．

　3の場合：客観的事象または過程（すなわち事象の列）の微小過程への分解，または量子論の離散過程への分解がやむなく失敗するには2つの理由がある．その1つはボーアによって強調された過程の個別性である．もう1つは不可逆の離散性と名づけることもできよう．有限の時空領域では，有限個の互いに区別可能な不可逆過程だけが進行する．これが量子公理論の有限性主義の背後にある物理的事態である有限個の選立だけが，経験的に区別できる．これら2つの基礎は，共通の起源に由来するといってよい．2で述べたように，不可逆過程の離散性は，量子論の非決定性のためにのみ，事実の離散性を含意すると結論せざるをえない．ところで，事実の離散性は一方では，観測可能な過程の個別性を含意している．したがって，経験的に分割された過程の各々が新しい事実である．他方，ハイゼンベルクによれば，古典量に対する量子論的不確定性は，過程の個別性に関係してさらに説明の必要はあるが，過程の決定性の必要条件であり，それゆえ重畳原理に従う過程の決定性から導かれた論理的結論なのである．

　量子論についてのすべての哲学的討論は，ここでの用語に従えば，事象の概念の客観化に限界があるかどうかをめぐって行なわれている．黄金律によれば，この限界を尊重すれば，量子論には矛盾が生じることはない．

　第3の道での構築にとって重要なのは，個別的事象の概念や，点3の意味での個別過程の概念を基礎におくのではなく，論文のなかで時間的な事象のクラス（tEK）と名づけられ，19項では流れとして説明されている概念を基礎におくべきである．物理学者は，量子論の散乱理論において通常規格化されていない，その絶対値の2乗が流れの強さ（単位面積当たり，単位時間当たりの粒子数）を意味しない運動量固有関数が用いられるということを想起していただきたい．その際，散乱確率は無次元ではなく，散乱断面積として面積の次元を持ち，あるいは，微分断面積として単位立体角当たりの量によって表わされる．それゆえ，この記述は，ヒルベルト空間の規格化されたべ

クトルに話を限るよりは，ずっと実験的実在に，すなわちボーアの意味で現象に近いものである．なぜならば，例えば光についての古典的散乱は，粒子を測定するのでなくて強度を測定するからである．第3の道の目的はこの簡単な現象をはじめに記述し，そして元来粒子そのものの相互作用のために，単に近似にすぎない粒子に流れを分解する手法を第2量子化法に委ねることである．

2．**時間的決定**　本項では，観点の非常に抽象的な基本概念が導入される．普通の言い方との結びつきを知るには，12項で述べた共属的な形式的に可能な観点の集合として時間点が定義されるという所見が役立つかもしれない．もう1つの所見は，論文のなかには出てこなかった定義で，観点とはある瞬間における主体の事実と未来の可能性とに関する認識の立場であるということである．ここでは，論文におけると同様に観点は知識の立場として定義される．ここで「瞬間」という言葉は，そのつどの現在が，認識する主体に与えられるその形式を表わしている．

　これらの定義は，時間ははじめから実座標によって記述されるのではないという傾向に由来するものである．「瞬間」とは，ボーアの意味では現象の「枠どり」として，すなわち現象全体が1つの統一像として生ずるような枠として特徴づけられるものであると言ってもよい．瞬間とは，人間にとっては「時間点」として与えられているものでもないし，同様に限られた「時間間隔」として与えられているものでもなくて，実座標では測れない何物かとして与えられているのである．もちろん論文では実時間座標の構成へと話を進めている．しかしその論文の構成は，要請が異なれば時間のまた別の記述へ話を展開しうるというように組み立てられていたのである．

3．**完了的な決定**　これは時間の論理から導かれている．その諸命題に対してこの原則を前提する理論では，事実性（Faktizität）は意味論的整合性の見地から不可逆性によって基礎づけられうる．

4．**古典的様相**　本項は2.4と関連している．ここで哲学的な問い返しが提出される．ϕ は未来的決定であるが，後でわかるように，ϕ は流れを記述する．それゆえ「流れ」は未来的決定なのだろうか．正統的量子論では，各

状態，したがって各 ϕ はヒルベルト空間の基底上の関数として，すなわち他の（ある選立に包括された）状態の未来的決定の総体であると解釈される．これは第2の道では拡張と対称性の要請から導かれる．哲学的に言えば，どの概念も1つの可能性であり，したがって形式的に未来的であり，どの現在の状態もユニークな概念（ちょうど1つの単位をもつクラス）によって特徴づけられうる．第1の道では，これにはつねに最終の陳述が必要であるという要請 G が対応している．第10項の論文に対応して，E が B において事実であれば，E は B において B から必要となる．ここには再現可能性の要求（3.2 要請II）がひそんでいる．確かに一種の再帰性を主張してもよいであろう．すなわち現在とは，事実と現実の必然性との一致である．ここではこの問題にはこれ以上は立ち入らないでおこう．

一般に次のように言うことができる．ある理論の対象は，関連する可能な概念である．可能な概念とは可能な未来を決定するものである．抽象的量子論は対象に対してこのことをはっきりさせている．すなわちこの理論は将来の決定であるから，概念がどの法則を満足していなければならないかを記述するのである．これについては，13 も参照されたい．

5．**選立**　ここでは，(8.2 A) の選立の定義は第3の道で述べたとおりである．対象概念は正確な論証を省いて，緩やかな意味で取り入れられている．その対象概念の構成は論文の主題目ではなかった．

6．**事象の非決定論**　ここでドリーシュナーの非決定の要請を事象のクラス，すなわち流れに移し替える．E として事象の組でなくてある事象が選ばれていることは，2節で述べたように，いかにして「必然」という様相が流れに適用されうるかということが，さしあたり明らかでないことによる．論文の終わり（23項）で，このことは安定した対象について，量子論的様相の古典的に写し出される粗い描像として示される．われわれが出発点とした古典的様相は，それゆえ明確な揺るぎないものではなく，むしろ細分化した事実関係の簡単化された目安として受け取られる．実際，非決定性を含んでいるが，ボーアの意味での過程の個別性，したがって重ね合わせを含んでいない．われわれの構築は，それゆえ，まだあまりに古典的であり，意味論的整合性を保つためにのちの修正を必要とする．

7. **対称性**　対称性はここでは単純に要請されているが，前節では対象の分離可能性の意味で導入された．そこで次の疑問が生じる．対象の個別性（古典的前提）と過程の個別性（量子論的テーゼ）とは結局同じものなのだろうか．これは対象の安定性が流れの定常性から導き出されうるならば，明らかにされるであろう．それは，原子構造の量子論が原子の安定性をいかに説明するかという説明の抽象的表現となるであろう．第4の道にとっての課題である．

8. **事象のクラスに対する量子論的様相**　様相の完全性の要求は量子論の基本要請として理解される．様相は B_2 についての B_1 の知識である．様相が完全であるならば，付加的知識は外部的である，すなわち他の対象についての知識であるということになる．

9. **様相の決定性**　この要請はたいへん一般的な内容の「事象の非決定性，可能性の決定性」(11.1 d, Born 参照) という因果律を前提している．カントールの，事実の潜在的無限性とは可能性の現実的無限性に他ならないという議論に類似している．次のような議論であると言ってもよいであろう．可能性が一般的に定量的に記述されうるならば，それは決定的とならざるをえない．可能性がさらに精密な記述を許すならば，可能性の非決定性は可能性概念の反復ともなろう．しかしながら，ある事実の可能性の可能性それ自身，単にこの事実の可能性であってもよいであろう．本書では単純な可能性の反復 (2.4) とか確率の反復の釈明などを行なったことはない．

　因果性は過程の個別性と，どのように連関しているのだろうか．古典的には因果性は時間的に繋ぐ必然性として理解される．ここでは時間列がまず先に構成されなければならない．ある B_j に関する知識がすべての他の B_j を確定するという非常に広範な射程をもつ要求は，これが成り立たないときは，不安定な環境について語られなければならないと言うのである．そこで強く主張されなければならないことは，安定した環境が一般にあるということである．これが過程の個別性に他ならない．

10. **状態空間**　状態空間に対する枠組みの決定．課題は ψ の値の集合を決定することである．

11. **ゼロ様相**　これは，加群において単位元となるものである．これ以上何も付け加えない．

12. **時間点**　時間点とは完全に抽象的に観点のクラスとして定義される．時間的切断が，1つの座標系において同時的な事象のクラスであるような，ミンコフスキー空間の抽象化である．

13. **時間列**　同時性の相対性に対する関係がここで明言されている．定義の要点は，時間列は事実と可能性の定性的な違いによって，すなわち過去と未来の定性的な違いによって定義されるのであって，その逆はないということである．時間列はよく知られているように，ローレンツ不変である．

14. **決定群**　事実上ここでは，一定の環境のもとでの力学を意味するような群が要求される．時間列の要請から単パラメターでなければならない．注意すべき同時性の相対性は観測者の観点 B_0 の変化に関係していることである．B_0 が一定の場合，時間列は一義的に決定される．

15. **時間の均質性**　これは対称性の要請からの帰結である．

16. **形式的に可能な環境の普遍性**　ここで，普遍群 a) は，可能なかぎり，一定の環境での単パラメターの力学群に帰着される（第22項参照）．

17. **値域の普遍性**　値域が次元数に無関係であるという2番目の要請は，まず強い要求であるように思われる．再構成の第1の道では，確率関数の値域の普遍性によって，それゆえまさに確率概念から出発することに基づいて，この要求は保証されている．ここでは，高次の選立が低次の選立から構成されうると仮定して差し支えない．結合法則によって基礎づけられるべきものであろう．実際上，ウア選立の仮説である．

18. **加法**　ゼロ様相の要請（第11項）に関係して値域の構築が始まる．時間の第2節の考察はおそらく簡単にされるであろう．決定的な思考は重ね合わせの原理に含まれている加法を時間の均一性すなわち時間間隔の加法性

に帰着することである．

19．**無限性**　第9章で，この要請が，ウア選立の数の時間的変化を含意することがわかるであろう．未来の開放とは，つねに新しい可能性が生まれることに他ならない．可能性の集合は増大する（Picht, 1960）．これは対象よりも流れを優先させるための基礎となる．

20．**乗法**　この図式に従っての有理数と実数の構成を『時間と知識』5 において行なう．

21．**時間の連続体**　ここで初めて，後で訂正することを条件に，実数の外的な時間パラメーターを導入するように切り替えられる．数学的な実数連続体の構成は，当面の時間演算子が離散的なスペクトルであるか，あるいは実数連続のスペクトルであるかのどちらかだけをもちうることを認める．
　微分可能性の要求は，これから話をリー群に限ることを示唆している．

22．**対象の動力学**　ここでは選立の動力学によって対象を明瞭に定義することが計画され，やがてこの企ては，第4の道で遂行される．

23．**相互作用の動力学**　ここで要請された対象の合成法則は，8.2 E に従って選立の論理的合成から基礎づけられる．しかし複合対象の力学を決定することが本質的である．そのためには次のように要請してもよい．すなわち，2つの対象は，環境に対して共通の不変量を示すとき1つの対象となる．これが可能であるということは，分離した対象の個別過程の重ね合わせが，合成した全対象の個別過程となりうることを意味する．

24．**複合的状態空間**　これは本質的に 8.3 c 3 の考察に他ならない．

25．**確率**　ここでは，まず絶対頻度の概念，すなわち過程の加算性を得ることが重要である．その場合，頻度の法則は条件付き確率を言い表わす形式をもつこととなる．

第9章
特殊相対性理論

1. 具体的量子論

　前章では，抽象的量子論，すなわち任意の選立と対象，および任意の力を取り扱う量子論の再構成への道程を提示してきた．ここでは，具体的量子論，すなわち実際に存在し実際に可能な対象の量子論の構築に努める．そのために，抽象的量子論ではなんら構成的な役割を演じないで，説明のための例にせいぜい引用されるだけであった3つの概念を用いる．
　　a. 空間
　　b. 粒子
　　c. 相互作用
　これらの概念を暫定的に解明するために，第6章で述べたような理論の組織に立ち戻ろう．

a. 空間　　理論の組織における空間概念の役割はさしあたり4つの命題にまとめられる．

α. 空間性　　少なくとも古典物理学のすべての対象は，広がりのある物体であるにせよ，局在している質点であるにせよ，あるいは空間において定義された場であるにせよ，「空間中」にある (6.2 d)．抽象的数学的空間と区別するために，この空間は「位置空間」と呼ばれる．

β. 対称性　　位置空間は実際の3次元のユークリッド点空間である．その対称群は，回転と並進の6個のパラメーターを持つユークリッド群 E(3) である．

γ．特殊相対性理論　　位置空間はミンコフスキー空間とも呼ばれる 4 次元時空連続体となるべく時間と結びついている．この「世界」の対称群は 10 個のパラメターをもつポアンカレ群（非斉次ローレンツ群）であって，3 つの空間回転，空間と時間を互いに双曲線的に回転させる 3 つの固有ローレンツ変換，3 つの空間的並進と時間的並進の 10 パラメターのポアンカレ群（非斉次ローレンツ群）である．

δ．一般相対性理論　　時空連続体はリーマン幾何学で記述できる．またその各点で局所的にミンコフスキー空間に接している．

注釈　　われわれはこれら 4 つのテーゼを認識論的または現実的な要請として主張しているのではなくて，抽象的量子論の 4 つの要請，8.1 と同様に，これらを要請から基礎づけようと試みるのである．その際，抽象的量子論と 1 つの付加的な純粋に量子論的な要請（9.2 b）を前提するにすぎない．本章の予備的考察では，空間，粒子，相互作用という概念の役割をこれまでの理論の枠組みのなかで具体化する．まず α から δ までの 4 つのテーゼを取り上げる．

α．空間性　　物理学のすべての対象は共通の空間「内」に存在しなければならないという仮定には，先験的に明瞭な概念的必然性はまったくない．このような認識は，空間性の仮定が抽象的量子論のテーゼ (8.1) にもまたその再構成 (8.2-4) にもわれわれが用いなかったためどうしても避けられないのである．他方われわれにとって空間性は伝統的にあまりにも自明と思われることなので，一般に空間性において特殊な仮定を認識するには，ある種の抽象化が必要となる．それゆえ，実在論，経験論，先験主義という伝統的な 3 大学派と新しい行動研究が，この仮定とどのように対決してきたかを簡単に振り返って吟味してみることは有益であろう．

　実在論は多くの場合，対象の空間性を実在概念の自明の標識のごとく考え，素朴に受け入れている．経験論はこれを自明とは考えない．ところで経験論は空間性を受け入れているので，これを経験的事実として把握する．しかしながら，経験的として記述されるものについては，「抽象的に」考察して見ると，それは別のものでもありうるとも考えられる．カントは先験的な発想

においてこのことを明瞭に知っていた．それゆえ彼は，可能的経験の条件としての空間を概念的な必然性の意味にではなく，われわれの言う直観の形式として要請した．[*1] 物理学の前提を解明しようとする道程の逐次的な歩みである．さて円環行程という意味で，われわれはローレンツの進化論的認識論に従う．空間性を直観の先天的形式と認め，適応性の原理によって説明しようとするものである．すなわちこの認識論は説明原理における実在論の最も素朴なテーゼに回帰するのである．

われわれ自身が再構成を始めるにあたり，古典物理学の適用範囲内で空間性を経験的な事実として，また進化論的には直観形式の基礎として承認することに困難はない．[*2] 経験的にわかっている物体の空間性についても，また同じくわれわれの直観の形式についても，まさにこの経験的事実は量子論のなかで前提されるのではなく，おそらくはこの理論から明らかにされるであろう．

それなら，位置空間が歴史的な量子論の形成過程においてどのような系統的な役割を果たしているかを問わねばならない．ハイゼンベルクが位置と運動量の交換関係から始めたことはボーアの対応原理の精密化であった．歴史的な議論の発展の順序を逆転するという意味で（8.1および7.5），次のように述べることができる．量子力学において，エネルギー演算子Hが，ハイゼンベルクの交換関係を満たす2つの演算子pとqに依存しているときには，その演算子はpとqが正準共役変数であるような古典的極限を表わしている．すると，位置空間が優れている点は，すべての古典的な相互作用の法則が位置に（または多分位置空間の速度に）依存していることである．ところで，われわれは相互作用によってのみ観測を行なうのであるから，すべての観測はまず位置の測定に始まる．このような相互作用の位置への依存性は，対応原理に従って理解すると，経験的事実として率直に受け入れざるをえない．抽象的に理解すると，議論の順序を再び逆転させるのが適当である．すべての相互作用が依存しているなんらかの状態パラメターがある場合には，実際の客体とその状態は，これらのパラメターを独立変数として基礎においた表現を用いて，最も直接に記述されることを期待してよい．

ここでなぜすべての相互作用が依存する状態パラメターがあるのかという疑問が残る．これについてはさらに広い論点から学ぶことができる．

β．**対称性**　フェリックス・クラインのエルランゲンプログラムの意味で，幾何学を対称性によって決定されるものとして考察する（6.3 参照）．量子論の再構成（8.3）においては，状態空間の対称性は選立の分離性の表現であるように思われる．また，n - 項の選立には群 $U(n)$ が適用され，ヒルベルト空間の複素数の計量的な幾何学が用いられる．しかし実際に現われるすべての相互作用が 3 次元の実数の幾何学に依存している場合には，すべての実在する力学法則は共通の対称群をもち，この対称群は大きい n に対しては $U(n)$ よりはるかに小さな共通の対称群をもつことを意味しなければならない．この事実は具体的量子論のもつ中心的な性格と考えられる．これはウア選立に対する要請によって解明されていくであろう．そのときには，位置空間は力学の汎対称群の均質な空間として説明される．

γ．**特殊相対性理論**　特殊相対性理論では，運動学を対称群によって定義されるポアンカレ群を持った，4 次元擬ユークリッド幾何学として記述している．運動学は，歴史的には力学の前提として理解されてきた．運動学は，時空の構造によって形式的に可能なすべての運動を記述するものである．一方，力学はそのうちの実際に実現可能な運動を，力を指定することによって，選別するものである．20 世紀の理論物理学において，2 つの数学的に精密な基礎的進歩である，1905 年のアインシュタインの特殊相対性理論と 1925 年のハイゼンベルクの量子力学は新しい運動学の法則を導入した．

　議論を逆転させる意味で，どうして汎運動学なるものが可能となるのかを問わねばならない．運動学の対称群はすべての可能な力学に共通の対称群として説明されるであろう．それはまた速度の変換（および時間の並進）をも含むかぎりでは，位置空間の対称群よりも総括的なものである．速度，すなわち一様な運動に限ることは，慣性の法則と関係がある（9.3 b）．量子論の再構成の第 4 の道（9.2）では，このように時間を変換のなかに含めることは，量子論的に整合的として認識されるであろう．

　量子論と相対性理論との関係は，今日なお完全には解明されたと認めることはできない．確かに局所的相互作用の相対論的量子論は経験的には大変実り多い成果を上げている．しかし，その理論に現われる特異項をただ相対論的に不変な方法で除去するだけでは，この理論がそもそも数学的に厳密な意味で存在するか否かは明らかでない．たとえこの困難が解明されることを期

待したとしても，相対論的量子論は，2つの本質的に異なった理論を「膠で結合した」状態にとどまらざるをえないのである．

これに反してわれわれの第4の道での量子論の再構成は，2つの理論を互いに関連させることによって初めて完全に理解できるという期待から出発するのである．これは次のように2つの方向で行なわれる．一方では，ウア選立の要請に従って変化する選立の量子論からの帰結として，位置空間と相対論的不変性を導く．こうして構築された量子論は，もともと相対論的量子論である．他方では，これはまさに相対論的不変性を顧慮して初めて量子論が完成することを示している．ただコンパクトでない相対論的対称群の表現が，有限性を乗り越えて無限次元のヒルベルト空間へと移行させることになる．相対性理論のこのような基本的な役割は量子論の伝統的な対応原理に基づいた構成には現われない．何となれば，この立場はもともと連続で無限に広がる位置空間において記述される古典物理学から出発しているからである．この空間における波動関数は，自然に無限次元のヒルベルト空間を構成する．しかし，さしあたりわれわれのもっと緩やかな有限な量子論の構築のみが，最初から相互作用の特異性を現われさせないという展望を与えるのである（10.3 参照）．

δ．一般相対性理論　　一般相対性理論の原理的な問題は6.10で詳しく検討したが，第10章で立ち返ることになろう．

b．粒子　　質点として記述されうる粒子の存在は，ウィグナー（1939）によれば相対論的量子論から導かれる．その状態空間はポアンカレ群の既約表現の表現空間である．第10章でこの問題に立ち入る．

c．相互作用　　すべての動力学は相互作用である．構築に際してこの命題は，第4の道において要請として導入される．ここでは，この命題はさしあたり従来の物理学の記述的命題と考えられ，このようなものとして説明されてよい．

この命題は決して自明ではない．力学（6.2 参照）では，運動を力の働かない運動，外力のもとでの運動と相互作用のもとでの運動に分類する．外力の働かない運動があることは6.2と6.3のところで因果性のパラドクスとし

て示した．9.3 c でこの問題に立ち返る．動力学を力の作用としてのみ理解するならば，この問題は目下の考察には関係がない．すると上記の命題は，すべての「外」力が実は相互作用であることを意味している．相互作用とは，2つの対象（または選立）は，相手の運動（変化）があるとするならば，つねにお互いに影響し合うことを意味するのである．双方向のうち一方の作用が無視されうる場合には，他方は外力と呼ばれる．

たいていの物理学者はこの命題を信じているといって差し支えないであろう．ニュートンの第3法則はこれを定量的に表わしたものといえる．われわれは位置概念を力にではなく，相互作用に関係づけたため，この命題を暗黙のうちに用いていたのである．

2. 第4の道：変化する選立に関する量子論の再構成

a. 変化する選立

α. 3つの要請

1. **可能性の基礎づけ**　　実際の可能性は実際の事実によって決定される．

　　注釈　　まず表現法について説明する．「実際」のという言葉はそのつど現在に存在するものを表わすべきである．時間の論理学の意味で，現在命題，完了命題，過去命題を区別する．実際の事実とは，そのつどの現在において，真なる現在命題によって述べられるものである．そこでこれをそのつど真なる完了命題によって述べられるものとして，完了的事実とは区別する．「完了的」と言う代わりに「実際の」と言うことによってそのつどの現在との関係を言い表わすのである．次に，実際の可能性とは，そのつどの現在においてたったいま可能であるもの，したがってそのつど直接の未来についての真なる未来命題が述べるものを表わすのである．このような直接の未来との関係は 2.4 で詳細に検討した．形式的に可能であるとして記述されうるすべてのものが，また遠い未来に可能であるすべてのものが，いま可能なのではない．その要請は，実際の事実はそのつどの今において可能であるものを決定するという意味である．例として非可逆性 (4.1) と進化 (5.1) についての議論を想起しよう．

　本章でも，以下の章でも時間は実軸で表わされ，そのつどの現在とはその

つど実軸上の一点を意味する．これは数学的な理想化である（8.5.1 参照）．現象としての現在は時間点でも時間の広がりでもなくて，あるスカラー量で測られる．現在の量子論と相対性理論の枠組みのなかではわれわれはこの理想化にとどまっている．第 13 章において初めてこの理想化を超えて問いかけるであろう．しかし直ちに強調したいのは「現実の」という言葉が示す現在とは，1 人の観測者の，あるいは共通の現在においてコミュニケーションを行なう人々のグループの，現在であるということである．

　時間をその様態のうえで経験の前提条件とみなすという意味で，この要請は認識的なものとして理解される．どのようにして実際の可能性が，実際の事実以外のものとして認識されうるのだろうか．遠い過去の事実が「直接に」実際の可能性に作用したと仮定するようなものでさえ，きょう起こっている事実を過去の事実といっしょにして実際の事実として説明するであろう．この要請は，因果原理が可能な経験の前提条件であるというカントのヒュームへの答えの現代的表現として認めることができる．すなわち実際の事実は可能性を決定するだけであって，未来の事実を決めるものではないとわれわれは理解するのである．

2. 開かれた有限性　　すべての現実に決定可能な選立は有限であるが，その要素の数には上限を定めることはできない．

　　注釈　　これはすでに 8.3 a 1 で取り上げ，8.2 D で説明したが，まずこの要請は単に経験に結びつく自然数の役割を記述するものである．その要素を実際数えることができる各々の集合は有限である．しかし各々の有限の計量数にはさらに大きい計量数が挙げられる．自然数を数え上げることは時間とともに時間のなかで行なわれ，自然に終わることはない．

　連続的な測定では，開かれた有限性がいかに精密に適用されるべきかは，曖昧であるように見える．しばしば実験者自身も測定がどのくらい正確であったか，また測定によって決定される選立が，どのくらいの大きさであったかさえも知らないことがある．

　まえおきとして，よく知られていることだが，ここで初めて基礎づけする理論に基づいて，自由粒子のオブザーバブルを調べてみよう．位置や運動量のように連続スペクトルを持った演算子の固有関数はヒルベルト空間内には存在しない．しかし，ヒルベルト空間は，角運動量の固有関数と運動量の値

で定まるラゲール多項式から，離散的な基底によって構成される．各々の一定の全角運動量には有限次元の部分空間が付属し，それはある有限の選立によって定義される．以後このような空間を術語的に「下位対象」の部分空間と呼びたい．すると自由粒子の状態空間は，無限多数の有限次元の下位対象の状態空間の直和となる．開かれた有限性とは，各自由な対象の状態空間が，このような形式的な分解を許すものと解釈される．われわれはちょうど今しがた角運動量について行なったように，空間的な解釈を基礎に据えず，開かれた有限性というさしあたり抽象的な要請からその解釈を導き出すのである．

3. **実際の選立**　実際の可能性は，選立の分離可能性の近似においては，つねに1つの選立の状態空間によって与えられる．

　注釈　この要請は量子論の第2の道に沿った再構成を前提にしている．さらに正確には，8.3 b 1. –2. の2つの要請と 8.3 c 1. –2. の2つの結論に従って時間依存性を除いた再構成を前提にしている．それゆえ後者についてさらに包括的に述べてみよう．実際の可能性とは，つねに拡張の要請が妥当であるような分離可能な選立を意味する．観測者のそのつどの現在におけるすべての実際の可能性は，1つの選立の状態空間によって記述されうる．それは観測者にとって直ちに決定可能な互いに独立のすべての選立のデカルト積である．これを実際の可能性と名づける．状態空間のある基底として，もちろん状態空間における座標変換を除いて定義されている．

　この序論によって，有限の選立の分離可能性は単なる近似として理解されるべきものであることがはっきりとわかるであろう．

β. 3つの結論

1. **可能性の決定論**　実際の可能性はそれに固有な時間変化を決定する．

　注釈　形式的に可能な事象に対する確率を付与することによって，まず可能性を定量的に記述する．現実の可能性とは，ゼロでない実際の確率をもった形式的に可能な事象のことである．われわれの結論はこのような事象のほうがその後に成立した実際の可能性を決定するであろう等々を主張しているのである．

　量子力学を知る者は，この見かけは簡単な結論に曖昧さが隠れていることを知っている．実際の事実は不可逆的に現われたのである．この点はボーア

に倣って，11.2 で詳しく検討するように，古典的に記述されなければならない．実際に可能な事象が現実の事実となりうるためには，今度は「測定操作」という不可逆過程が生じなければならない．古典物理学では，この問題は度外視されている．時刻 t_0 の事実 a は，古典論では時刻 t_1 のすべての事実 b の条件付き確率を決定し，またその後の時刻 t_2 の事実 c の条件付き確率によって

$$p_{ac} = \sum_b p_{ab} p_{bc} \tag{1}$$

のように定められる（Feynman 1948, 本書 7.5 参照）．測定されない場合には，(1) は量子力学に従って，振幅の結合によって置き換えられ

$$\Psi_{ac} = \sum_b \Psi_{ab} \Psi_{bc} \tag{2}$$

となる．そこでわれわれの結論が出てくるのは，実際に現われる事実に対する確率 p_{ab} ではなく，形式的に可能な事象に対する振幅 ψ_{ab} が，その後の実際の発展を決定する場合である．このような考察は，再構成の第 3 の道に基礎をおいている．

上記の帰結は 8.4.9 で要請として導入され，8.5.9 で注解されている．ここでこの帰結を，可能性の基礎づけという要請の認識的な根拠づけを推し進めたものとして理解することができる．現在とそれらの可能性とのあいだに存在する可能性の媒介による以外に，どのようにして後で現実となる可能性が認識可能となるのであろうか．今のところ，これ以上明確には議論を進めることはできない．

2. **変化する選立**　実際の可能性の時間的変化とは他の現実の選立へ移行させることを意味する（要請 3 による）．

　注釈　われわれは，それに従って，さまざまな実際の可能性が生まれたり消滅したりしうる時間経験から出発する．これらはある特定の選立の状態でのみ起こるとはかぎらない．大小さまざまの選立が生じるであろう．要請 2 の脚注に導入した表現によれば，時間的変化は，ある下位対象を別の下位対象に移動させることである．これについての定量的な理論を，次の 2 項ウア選立を援用して試みよう．定性的な説明は次の第 3 節で行なう．

3. **可能性の増加**　統計的な取り扱いにおいては，実際の可能性の集合は増大する．

　　注釈　　第5章では，形態の形成に際して，また統計的取り扱いに際して，情報量がどのような意味で増加するのかについて述べた．生物的進化はひときわ目立つ例であった．Picht (1958) は，このような増加の過程を純粋に現象論的に，自然科学的理論も情報概念も用いることなく，次のように記述した．「過去は過ぎ去らない．可能性の集合は増大する」(解説としては，『人間的なるものの庭』II 7「時間の同時知覚」参照)．「過去は過ぎ去らない」という命題は過去の事実性を宣言するものである．また命題「可能性の集合は増大する」は，次のように説明されうるであろう．過去が過ぎ去らないならば，すなわち一度事実であるものがすべて残るならば，新しい事実が絶えず起こっているのであるから（これを事象と言う！），事実の集合は絶えず増加する．それゆえ，これらの事実によって定められる可能性の集合は増大せざるをえないであろう．

　　ところで，もちろん完了的な事実の集合のみが増大するのであるが，現実の事実の集合，したがって現実の可能性の集合は必ずしも増大するとはかぎらない．あらゆる現実の事象は，ある種の可能性を除外して，その代わりに他の可能性をつくりだす．しかしながら，開かれた有限主義は，実際の可能性の集合もまた，少なくとも統計的平均としては増大するという推測を認める．ここで適当な項数 n の実際の選立を考えよう．それは選立の可変性により，より低次の，またはより高次の次数 n の選立へ移行する．あるオブザーバブルが存在すると，n の値は1以下であってはならないが，限りなく大きくなることは可能である．これについても，ウア選立の理論は定量的な1つのモデルを提供するであろう．

b. **ウア選立**

1. **選立の論理的分解の定理**　　n 項の選立は $2^k \geq n$ の k 個の2項選立のデカルト積に写像される．

　　注釈　　この定理は論理的には単純である．各々有限の選立は継次的な諾否決定によって定められる．

2. **状態空間の数学的分解の定理**　　n 次元の複素ベクトル空間は，その線

形の計量的構造が保たれるように，$2^k \geq n$ の k 個の2次元ベクトル空間に写像される．

注釈 例えば，$k=n-1$ とおいて，階数 k の対称テンソルに話を限ると，SU(2)の n 次元の既約表現が得られる．

　この定理を物理的には，抽象的量子論によって初めて可能となった，古典的原子論のラディカルな発展として読みとることができる．従来の物理学と化学では，相対的原子論が保持されてきた．すべての対象は，そのつどより小さな細かいクラスに分割しうる対象（化学的原子，素粒子）から成り立っていて，同じクラスの対象は互いに同等である．原子論は相対的なものである．そのつど最小と思われる対象が，さらに分割されえないのかどうかがわからないからである．量子論は原子論をさらに精密化した．対象の合成は必ずしも空間的にならんで存することを直感的に示すものではない．合成はヒルベルト空間のテンソル積を作成して達成される．このようにやむをえず直観性を犠牲にすることは，量子論では対象の空間性はまず第1に固有性であることの示唆としてわれわれは理解している．

　ところで，われわれの定理からは，ラディカルな原子論の仮説が展開されうる．古典的原子論の不正確な言葉では，これを次のような形に表現できるであろう．すなわち，各々の対象はおそらく最小と思われる対象に分解可能である．もちろん古典的な空間性という言葉は，その意味されている概念にとって満足なものではない．「おそらく最小と思われる対象」とはそもそも何だろうか．ここで，6.2 b，6.4 と 7.1 で論じた基本的な古典的連続体物理学の困難に突入することとなる．量子論はこの問題を避けている．われわれは量子論を選立の概念から構築してきた．選立は離散的である．1つの決定を意味する最小の選立は2項の $n=2$ の選立[*3] である．「最小」の選立とはその情報量の意味においてそうなのである．その決定はなんら予知のなかった場合には，1ビットに相当する．空間的な狭さという考えはことごとく排除しなければならないことがわかる．1つの粒子を非常に小さい空間に局在させるためには，実は非常にたくさんの諾否決定が要求されるのである．

定義 量子論の状態空間を構成する2項選立をウア選立と名づける．また1個のウア選立に対応する下位対象をウア（Ur）と名づける．

注釈 また量子論は要素的対象の時間的な振る舞いの観念をも変更する．古典原子論の原子は生成せず，分割されずまた消滅しない厳密な意味での実

体であろう．現在の物理学の素粒子は，なおある種の時間的同一性をもっている．しかし素粒子は互いに移り変わることが可能である．ウアは可変的選立に関する上述の帰結2に従って，生成も消滅もともにできなければならない単純な選立によって定義される．8.3 b 3 の意味で，その状態を再認しうるためには，もちろん定義する選立が現実に存在するかぎり，その状態が力学のもとで不変であることが必要である．以下に続く要請がこれを保証するはずである．

3. **相互作用の要請**　　動力学とはすべて相互作用である．

　　注釈　　この要請はすでに1 c で，物理学の広義の解釈の記述として検討された．経験的に決定可能な選立から，量子論を再構成する枠組みのなかでは，この要請は十分に認識的として特徴づけてよいであろう．経験的に確定可能な外力は，選立によって記述されうる．それゆえ量子論の意味では，この外力自体が1つの対象でなければならないであろう．外力とこれが作用する対象をまとめて1個の全対象とすることができ，この全対象は，ウアに分解されると考えることができる．力の作用が一方的ではなくて，まさに相互作用（作用＝反作用）そのものであるためには，全対象の2つの部分のウアのあいだにいかなる区別も存しないという条件さえ満たされていればよいであろう．これを特別の要請と理解する．

4. **ウアの区別不可能性に関する要請**　　ウアは瞬間的には区別できない．

　　注釈　　「区別できない」という言葉は，ここでは量子統計力学において同種の粒子に対して使用されたのと同様の意味で用いられている．(10.2 d)でさらに数学的に精密にされるであろう．この要請の基礎づけとして，2つのウアの区別はまた1つの選立であるが，この選立のほうはいくつかのウアに帰着されると言ってもよい．

　しかしウアの存在が，時間に依存しないベクトル空間の数学から推論され，また状態空間の「瞬時的」構造から導かれる選立だけに関係しているということに，すぐに注意してほしい．この瞬時的構造は可能性の決定論に従って，今後の展開を確定すべきであろう．しかしそのためには，なお力学的法則を述べなければならない．相互作用の要請からこの法則の対称群についての1つの帰結を引き出す．しかしこのような相互作用は瞬時的な構造には現われ

ないでウアの型のあいだの区別を許容するような,「時間的」選立を定義することをあらかじめ除外するものではない. このような保留条件のもとでのみ, ウア仮説は抽象的量子論からの認識的に基礎づけられた帰結となるのである.

言葉使いについて：3と4の2つの要請を1と2の定理に応用する場合, ウア選立の要請あるいはウア仮説という名前でひとまとめにする.

c. ウアのテンソル空間

ここで, ウアからの下位対象の合成がどのように記述されるべきかという疑問が生まれる. 結合法則によれば, 部分対象から組成された対象の状態空間はそれらの状態空間のテンソル積である. この法則を応用すると, n 個のウアの可能な状態の全体は, ウアのベクトル空間 $V^{(2)}$ の上の階数 n のすべてのテンソル空間 T_n 内にある. すると任意の, しかし有限多数のウアの可能な全状態は, すべての T_n の直和

$$T = \sum_{n=0}^{\infty} T_n \tag{2}$$

のなかにある.

すべてのテンソル空間が利用し尽くされるのかどうかという問題が生じる. ウアは区別不可能であるべきであった. ウアがフェルミまたはボース統計に従うということはどうも疑わしい. フェルミ統計は考えられない. というのは, そうすると世界には2つのウアしか存在しえないことになろうし, そうなら選立を定義する状態の各々に1つずつのウアだけが存在しうることになろうからである. ボース統計は可能である. それは T のうちで対称テンソルに制限することを意味する. この対称テンソルの空間を $\overline{T}$ と呼ぶ. 簡単な表現のために, 本章では考察を $\overline{T}$ のなかで実行する. しかし, 次章では, ウアの統計には, テンソルのすべての対称性のクラスを利用し尽くすパラボース統計が適当であることがわかるであろう.

ここで T の状態と演算子を定義しよう.

ウアは2項選立をもつ下位対象である. 選立の2つの答えを, 値1と2をもちうる添字 r 用いて表示する. 小節 d では, 形式的に唯一の4項選立に総括されるウアと反ウアを導入する手がかりをもつ. したがって, r は2つでなくて4つの値を取りうることが許される. r の可能な数の値は文字 R に

よって表示される．R 次元のベクトル空間を $V^{(R)}$ と名づけ，そのうえのテンソル空間を $T^{(R)}$ と名づける．$V^{(R)}$ のベクトルを u と呼び，その座標成分を u_r とおく．文字 u_r を選ぶことによってウアが呼び出される．

対称の階数 n の 1 に規格化された基底テンソルは状態 r にあるウア数 n_r を指定する．まず $R=2$ を選び，「2 項ウア」について話そう．すると，階数 n の基底テンソルは

$$n = n_1 + n_2 \tag{1}$$

の条件のもとで，2 つの数 n_1 と n_2 によって特徴づけられる．このような基底テンソルを $|n_1, n_2>$ と書く．階数 n のテンソルは，$n+1$ 個の基底テンソルからなる基底をもつ．このテンソル空間に「真空」

$$\Omega = |0, 0> \tag{2}$$

を付加する．そうすると個別ウアの基底状態は

$$\begin{aligned}|1, 0> &= (n_1 = 1, n_2 = 0) \\ |0, 1> &= (n_1 = 0, n_2 = 1)\end{aligned} \tag{3}$$

となる．テンソル空間 $\overline{T}$ では，$n_1 = n_1'$, $n_2 = n_2'$ でないかぎり，$|n_1, n_2>$ と $|n_1', n_2'>$ がつねに互いに直交するような計量が定義される．

異なる階数のテンソルは，よく知られたボース統計の法則に従って，昇降演算子（実は発生消滅演算子）a_r, a_r^+ によって関係づけられていて，交換関係

$$[a_r \ a_s^+] \leqq a_r a_s^+ - a_s^+ a_r = \delta_{rs} \tag{4}$$

$$[a_r, a_s] = [a_r^+, a_s^+] = 0 \tag{5}$$

を満たす．これらの演算子はテンソルに作用して

$$a_r |n_r> = \sqrt{n_r} |n_r - 1> \tag{6}$$

$$a_r^+ |n_r> = \sqrt{n_r + 1} |n_r + 1> \tag{7}$$

となる．これらの演算子はすでに，7.4 の第 2 量子化法の表題のもとで導入されている．テンソル空間の枠内でのこの表現の意味については 10.2 e で触

れる.

　ここで，これらの演算子の助けをかりて，どういうリー群を表現できるかを問うてみる.

　最も簡単なのは，求めようとする群のリー代数を線形の形で a_r から構成することである．自己随伴の演算子

$$p_r = \frac{1}{2}(a_r + a_r^+)$$
$$q_r = \frac{1}{2i}(a_r - a_r^+) \tag{8}$$

はハイゼンベルクの交換関係

$$[p_r, q_s] = i\delta_{rs} \tag{9}$$

を満足し，それゆえ R 次元のハイゼンベルク群を定義する．この群に直接の意味づけはできない．後でわかるように，整数のスピンには，偶数の n が，半整数のスピンには奇数の n が属している．a_r, a_r^+ について線形の群は超対称を示し，この超対称は展開中の粒子論において初めて説明される．

　第 2 段階は a_r, a_r^+ の双 1 次形式からリー代数を構成することである．今後はこの段階に話を限る．さらに高次の多重線形の表現は，一般になお高次の交換子が現われ，有限のリー代数に閉じることはないであろう．この疑問にはこれ以上立ち入らない．

3. 空間と時間

　　　　　　　息子よ，お前は時間がここで空間となることがわかるであろう．
　　　　　　　　　　　　　　　　　　　ワグナー，パルシファル，第一場*4

a. 現実的な仮説　　抽象的量子論の枠内で，特にウア理論から，時空的過程について経験的に発見された普遍的対称群と同型の，時間的な変化を表わす普遍的対称群が導出される場合には，これら 2 つの法則によって支配される過程は，発見的にはまったく同一のものとみなされなければならない．

　注釈　　異なった事態の脈絡に現われる数学的に同型の構造は，抽象的な構造としては同一であっても，具体的にはまったく違ったものを意味するこ

ともありうる．量子論では，各々任意の2項選立は，対称群U(2)をもつ2次元の状態空間を定義する．この選立はそのつど異なったもの，例えば，電子の2つのスピン方向，光量子の2つの偏極状態，ヤングの干渉実験における2つの細孔のうちの1つの通過，アイソスピンの2つの値，またフェルミオンの状態が占拠されているか否かの決定（1958[1]）を意味づけることができる．これらの決定のいずれもが1つのウア選立としては理解されないであろう．われわれがウア選立と呼ぶのは，めいめいの経験的に決定可能な選立が，そのなかで分解されうるような選立である．ウア選立があると，そこから普遍的対称群が帰結する．さて経験によって，これと同型の対称群の存在が知られる場合，この仮説は明白となる．こうして，経験的対称群が，ウア仮説とともに，抽象的量子論の帰結として説明されるのである．

このような「現実的な仮説」の性格をコロンブスの旅行を例に説明してみよう．大洋を西に向かって航海する人がある大陸に到着して，それが周知の文書によってインドと合致することがわかった場合，現実的仮説は，彼が実際にインドに到着したと宣言する．このような重ね合わせによって過ちを犯すことがある．コロンブスはインドへ来たと思ったが実は新大陸を発見したのであった．それにもかかわらず彼の仮説は正しかった．マゼランの帆船はアメリカの彼方に，どのように記述しても正確にインドに相当する土地をまず見いだし，そこからすでによく知られていた海路を辿り，喜望峰を回ってヨーロッパへ帰着しうることを証明した．

同様にして，抽象的に普遍的対称群を見いだす場合には，それを相対性理論と粒子論の経験的な対称群と同一視しようと努めるであろう．しかし抽象的理論と現在の経験とのあいだにある，これまで経験的に知られてなかった中間的段階に遭遇することも起こりうる．そして，すべての計画が達成されたかどうかは，「一周航海（円環行程）」の完遂に成功したときに初めてわかるのである．すなわち，船が無事帰港したときであり，よく知られた経験がわれわれの理論から再構成されうるときである．

「ここでは時間が空間となる」．われわれの計画が稔り多いものと考えよう．われわれは時間様態の分析から出発し，そこから抽象的量子論を再構成した．そこでは，2項選立が本質的であるように思われる．これらの選立は，相対論的時空連続体の対称群と同型であることが証明される対称群を定義する．「空間は複数である」．空間は，多くの対象の量子論的相互作用を決定する諸

関係の総体である．空間は，いくつかの対象を異なったものとして思考のうえで分離できるような近似においてのみ存在する．

b. アインシュタイン宇宙：空間のあるモデル ウアの連続の対称群は U(2)である．複素共役によるその拡張については，d で初めて論じる．U(2) は 2 つの可換な部分群 U(1)と SU(2)を含む．U(1)は第 2 の道での構築の帰結 3 によれば，状態の時間的変化を表わす群である．これには本節で立ち入ることとする．SU(2)は局所的には，SO(3)と同型である．これは 3 次元実空間では回転群として明らかに理解される (1955, 1958[2])．

これに対する簡潔な議論は次のように表現される．すべての力学は相互作用である．すべての相互作用は結局のところ，ウア間の相互作用である．したがって，全ウアの状態がウアの対称群の要素と同時に変換される場合には，不変に保たれる．それゆえ，位置空間は SU(2)の均質な空間でなければならないであろう．

SU(2)の最も自然な均質の空間は SU(2)それ自身である．それは 1 つの S^3 であって，アインシュタイン宇宙の位置座標部分と同型である．それゆえ，アインシュタイン宇宙は量子論によって含意される位置空間の最も簡単なモデルと考えられる．もちろんこれからアインシュタインの世界模型が導き出されるわけでは決してない．実のところ，われわれは長さと時間の測定の理論をいまだ持ち合わせていないのである．唯一一般相対性理論の意味で，時空連続体の位置部分として許されたものがあるにすぎない．SU(2)の要素の一般形は

$$U = \begin{pmatrix} w+iz & ix+y \\ ix-y & w-iz \end{pmatrix} \quad (1)$$

であって，ここに

$$w^2 + x^2 + y^2 + z^2 = 1 \quad (2)$$

である．U の 2 つの列ベクトルは(2)で定義された S^3 の上の関数であって，ウアの 2 つの基底状態の 2 つの互いに直交するスピノール表現 $u^{(s)}$ (w, x, y, z) $(s=1, 2)$ として理解される．どちらの状態も全宇宙に広がっている．ウアは上述のように局在化されえない．それは「素粒子物理学と宇宙論の相

違をまだ知らない」．

　特定の値 w', x', y', z' をもつ SU(2) の任意の要素 U′ は S^3 のいずれのスピノール関数にもクリフォードの右ねじとして作用する．球形空間では並進と回転の演算は局所的に相違しているにすぎないことがわかっている．例えば S^2 の場合，地表を例にとると，北極と南極を通る軸の周りの回転として定義される演算は，赤道に沿った並進と同じ演算である．(2)を不変に保つ SO(4) は 2 つの SO(3) の直積であって S^3 の各地点で右または左ねじ，すなわち同時の並進と回転として作用する．両者は $u'u$ または uu'（左積または右積）の形で，一般の行列 U への u' の作用によって記述される．左ねじの生成演算子の固有関数は行ベクトルである．

　SU(2) の単位元は (1) のなかで座標を $w=1$, $x=y=z=0$ とおいて与えられる．これはアインシュタイン宇宙では，「ここ」(x, y, z の原点）として表示される位置である．そこで列スピノールは

$$u^{(1)} = \begin{pmatrix} 1 \\ 0 \end{pmatrix}, \qquad u^{(2)} = \begin{pmatrix} 0 \\ 1 \end{pmatrix} \tag{3}$$

c. 慣性　6.2 と再度 6.3 で，古典力学では，慣性法則はもともと因果律のパラドクスを表わしていることに注目した．すなわち力の働かない運動である．まさにこのパラドクスが近代物理学とアリストテレスの自然学とを分かつのである．そのために，近代を通してこのパラドクスの性格の探究に興味が集中してきたのであった．6.9 では，いかに深く特殊相対性理論が，慣性の法則に根ざしているかをやや詳細に述べた．

　われわれの量子論の再構成は，またこの問題においても議論の歴史的順序を逆転させる．まず 3 つの時間様態から始める．現在，未来，過去は，定常な変化が生じないなら，意味がない概念であろう．この変化の概念は，体系的には束縛運動と自由運動の区別に先行するものである．(8.3 b 3) の力学の要請においては，状態は時間にともなって絶えず変化し，そこから状態空間の複雑な性格が導き出されると素朴に仮定した．

　ここからアインシュタイン宇宙の個別のウアに対する時間依存性

$$u_r = u_r^0 \mathrm{e}^{-i\omega t} \tag{4}$$

が導かれる．これは次の時間依存性によってはっきりする．すなわち

$$u^{(1)}(\vec{x}, t) = \begin{pmatrix} w' + iz' \\ ix' - y' \end{pmatrix},$$
$$u^{(2)}(\vec{x}, t) = \begin{pmatrix} ix'' + y'' \\ w'' - iz'' \end{pmatrix} \tag{5}$$

ここに

$$w' = cw + sz, \quad z' = cz - sw,$$
$$x' = cx + sy, \quad y' = cy - sx,$$
$$w'' = cw - sz, \quad z'' = cz + sw,$$
$$x'' = cx - sy, \quad y'' = cy + sx \tag{6}$$

となり，また

$$c = \cos \omega t, \quad s = \sin \omega t \tag{7}$$

である．$u^{(s)}$ が(3)の形をもつ点は，w-z 軸に沿って逆向きに進行し，x と y はそれにともなって回転する．

これは S^3 では自然な，すなわち位置に無関係な慣性運動である．われわれの量子論の提言は最も簡単な下位対象の場合には直接に慣性の法則を導く．象徴的には，慣性は最も簡単な時間の現象形態であると言えるであろう．相互作用の詳細な理論においては，自由運動は近似的に孤立した対象に対する宇宙の作用として証明されることを，われわれはこの場合排除しなかった．

d. バイナリーのテンソル空間における特殊相対性理論　　上述の発想において，1個の個別のウアだけを調べた．そこでは特に選立の変化を度外視した．これをいまウアのテンソル空間において記述してみよう．最も簡単なモデルとして，バイナリーのベクトル空間上の対称テンソルの空間 $\overline{T}^{(2)}$ を考察してみる．$\overline{T}^{(2)}$ のユニタリ表現が $a_r, a_r^+ (r = 1, 2)$ のバイナリー形式によって与えられうるような，最大のリー群について調べる．この表現は特に Heidenreich (1981) によって研究された．

この群は10個の独立の生成演算子をもち，

$$a_{rs} = a_r a_s, \; a_{rs}^+ = a_r^+ a_s^+, \; \tau_{rs} = a_r^+ a_s, \; n_r = \tau_{rr}, \; n = \sum_r n_r \tag{1}$$

と書くと

$$\begin{aligned}
M_{12} &= i/2(n_1 - n_2) \\
M_{13} &= 1/2(-\tau_{12} + \tau_{21}) \\
M_{23} &= i/2(\tau_{12} + \tau_{21}) \\
M_{45} &= i/2(n+1) \\
N_{14} &= 1/4(a_{11} - a_{22} - a_{11}^+ + a_{22}^+) \\
N_{24} &= i/4(a_{11} + a_{22} + a_{11}^+ + a_{22}^+) \\
N_{34} &= -1/2(a_{12} - a_{12}^+) \\
N_{16} &= i/4(a_{11} - a_{22} + a_{11}^+ - a_{22}^+) \\
N_{26} &= -1/4(a_{11} + a_{22} - a_{11}^+ - a_{22}^+) \\
N_{36} &= i/2(a_{12} + a_{12}^+)
\end{aligned} \tag{2}$$

M_{ik} によって,コンパクトな生成演算子を,N_{ik} によってコンパクトでない部分群の生成演算子を表わす.これらのあいだには次の関係が成り立つ.

$$[M_{ik} M_{kl}] = M_{il}, \quad [N_{ik} N_{kl}] = M_{il}, \quad [M_{ik} N_{kl}] = N_{il} \tag{3}$$
$$M_{ik} = -M_{ki}, \quad N_{ik} = N_{ki}$$

これらの演算子はいわゆる反ド・ジッター群 SO(3, 2) を生成する.これは

$$F = x_1^2 + x_2^2 + x_3^2 - x_4^2 - x_5^2 \tag{4}$$

を不変に保つ.これは5次元の実空間内での4次元の超平面を表わす.$F < 0$ ならば,この超平面は,x_4 と x_5 に次の方程式

$$x_4 = x_0 \cos \omega t, \quad x_5 = x_0 \sin \omega t \tag{5}$$

で結びつく時間座標 t をもった5次元世界であると説明されうる.これを反ド・ジッター世界と名づける.場所 $x_1 = x_2 = x_3 = 0$ では $x_0 = \sqrt{-F} = \sqrt{|F|}$ である.時間 t は周期 $2\pi\omega^{-1}$ で元の値に戻る.しかし,無限の被覆群 SO(3, 2) を選ぶこともできる.この場合には,時間は周期的でなくて,$t = -\infty$ から $t = +\infty$ まで変化し,無限多数の「葉」(多葉体の)を生成し,その1つ1つが反ド・ジッター世界となる.この空間については

$$x_0^2 - x_1^2 - x_2^2 - x_3^2 = |F| \tag{6}$$

が成り立つ．すなわち，この位置空間は双曲空間である．

この「$F=$ 一定」の空間は商空間 SO(3, 2)/SO(3, 1) である．SO(3, 1) はこの空間の点の安定群として現われ，均質のローレンツ群である．それゆえ，特別な場合として特殊相対性理論に自動的に到達する．すなわち，これが反ド・ジッター空間におけるローレンツ不変性である．このローレンツ不変性の表現は，ここでは最も簡単なモデルとして例示したにすぎず，これ以上詳細には研究しない．その理由はわれわれの物理的な意図がいろいろな点でまだ十分には表現されていないからである．

まず第1に M_{45} によって生成される時間変換はコンパクトである．それゆえウアの数 n は不変である．すなわち，選立の予期される可変性の様子はまさしくまだ記述されていない．

第2には，位置空間の上記のモデルを含んだ S^3 とは一致していない．SU(2) は3つの演算子 M_{ik} ($i, k = 1, 2, 3$) によって生成され，ここでは単に局所的な回転群（あるいはその被覆群）となる．実際，位置空間は双曲的であり，そのなかでの並進はコンパクトではない．これがウア仮説の必然的帰結であるとしたならば，これを受け入れなければならないであろう．しかし後でわかるようにこれはあまりに特殊化されすぎた発想の帰結である．10.6 b では，位置空間のコンパクト性を，仮説として，理論の重要な要素として利用するであろう．

第3に，実際仮定は任意であって，式(5) の ω がただ1つの符号しか持つことができないという仮定は，実際勝手なものである．エネルギー演算子にそうあってほしいと思うように M_{45}/i は正値定符号である．われわれのこれまでの理論構成では ω が一定の符号をもつとはいえない．場の量子論の場合と同じく ω は，2つの符号を持つ振動数と仮定されるであろう．これについての記述はわれわれの次の目標である．

e．共形特殊相対性理論[*5] 　2項選立の完全コンパクトの対称群を Q で表わす．それは3つの部分群 SU(2)，U(1) と複素共役 K で構成される．SU(2) は他の2つの部分群とは可換であるが，その2つの部分群のほうは互いに可換でない．ウアの状態を複素列ベクトルで表わし

$$u = \begin{pmatrix} u_1 \\ u_2 \end{pmatrix} \tag{1}$$

と書く．3つの部分群の作用は，u の3つの実ベクトルの1つまたは第4ゼロベクトルへの写像によって次のように直観化される．

$$k^\mu = \overline{u}_r \sigma^\mu_{rs} u_s \quad (\mu = 0, 1, 2, 3) \tag{2}$$

ここで上線は複素共役を表わし，σ^μ は $\sigma^0 = 1$ とするパウリ行列である．k^μ は次の関係式を満足する．

$$k_\mu k^\mu = (k^0)^2 - (\vec{k})^2 = 0 \tag{3}$$

ここに，$\vec{k} = (k^1, k^2, k^3)$．SU(2)はベクトル $\vec{k}$ を回転させ，その際，逆符号の2つの要素は $\vec{k}$ に同じ回転を及ぼす．SU(2)はSO(3)の2項の表現であって，k^0 を不変に保つ．U(1)は u に $e^{i\omega t}$ を乗じるが，この際 t は実数であり，k は不変に保たれる．複素共役は演算子 K によって表現され，その自乗は -1 であり

$$K \begin{pmatrix} u_1 \\ u_2 \end{pmatrix} = \begin{pmatrix} -\overline{u}_2 \\ \overline{u}_1 \end{pmatrix} \tag{4}$$

となる．

　純粋の複素共役は K に SU(2) の回転を付加することによって得られる．K は k に鏡映変換として作用し，

$$K\vec{k} = -\vec{k} \tag{5}$$

となる．個別のウアに対しては，$k^0 = 1$ とおくことができ，したがって規格化されたベクトルを取り扱うことができる．すると $\vec{k}$ はこの空間における方向を定める．SO(3)を（あるいは，そうしたいなら SU(2) 自身を）位置空間として理解する場合には，$\vec{k}$ はクリフォードのねじを表わし，群の単位元は $\vec{k}$ の方向に定まる．SO(3, 2)の表現では，$\vec{k}$ は半整数の角運動量である．ウアが自由の場合には，どちらの解釈でも $\vec{k}$ は一定に保たれる．それゆえ，U(1)は自由なウアの力学として理解され，t を時間と解釈してよい．

　ここでわれわれが，現実的な仮説という意味で，量子論から特殊相対性理

論を導出するという決定的な一歩を踏み出していることに注意されたい．

　時間は量子論では，公理的構築を始める以前から与えられていたものであった．量子論の再構成においては，力学の要請から，時間は実変数として表わされる．この意味で，表現 $e^{i\omega t}$ の t を「時間」と解釈する．そこで，ちょうどこの t は，これから構築しようとする理論では，単一パラメターの部分群のパラメターとしての役目を果たし，さらなる3つの部分群のパラメターとローレンツ変換に従って関係していることがわかるであろう．この理論は歴史的によく知られている特殊相対性理論と同型であることが示される．われわれは，この歴史的に先立って提出された理論と内容的に同一であることを要請することによって，この理論に物理的な意味論を付与するのである．

　ところで K は $e^{i\omega t}$ を $e^{-i\omega t}$ に変える．ここで粒子物理学の表現法を用いて，K はウアを反ウアに入れ替えると言ってもよいであろう．それゆえウア以外に反ウアの存在をも仮定しなければならないかどうかが問題となる．われわれはウアを反ウアに移し，また逆に反ウアをウアに移すような相互作用を導入しない．すなわち，離散的な演算子 K を連続群の要素または生成因子として含むような作用を導入しない．しかし先験的にこれら2つの運動形態の出現を除外することはできない．ウア仮説が，上に論議された意味で自明の説として証明されたならば，それは反ウアの場合のみ自明であると推察すべきであろう．というのは，以下で判明するように，粒子と反粒子がウアと反ウアからのみ構成されるからであり，また反粒子は量子論的に記述されるのであるから，一般的量子論のウア理論様式には，反ウアもまた含まれていなければならないからである．

　(4)の非線形変換を，状態空間を二重にすることによって線形の形で表わすのが便利である．そこで4次元のベクトル空間 ($r = 1, 2, 3, 4$) をもつ4次元のウアを導入する．$A^{(2)}$ を SU(2) のある行列とすれば，その4次元の表現は余行列

$$A^{(4)} = \begin{pmatrix} A^{(2)} & 0 \\ 0 & A^{(2)} \end{pmatrix}, \quad K = \begin{pmatrix} 0 & 1 \\ -1 & 0 \end{pmatrix} \tag{6}$$

によって定義される．新しいベクトル空間 $V^{(4)}$ にはテンソル空間 $T^{(4)}$ あるいは $\overline{T}^{(4)}$ が対応する．誤解のおそれがなければ，これらを再び単に T あるいは $\overline{T}$ と書く．ここで再び $T^{(4)}$ のなかでどのようなな群の表現が可能である

かをたずねてみよう．まず4つの組 a_r, a_r^+ ($r=1, 2, 3, 4$) を選ぶ．任意の $2f$ 次元 ($r=1, 2,...2f$) に対して，昇降演算子から2項形式に関するシンプレクティック群 $\mathrm{Sp}(2f, R)$ を生成することができる．これは $2f(4f+1)$ 次元である．$f=1$ に対する $\mathrm{SO}(3,2)$, すなわち $\mathrm{Sp}(2,R)$ は10次元であり，$f=2$ に対しては，36次元の $\mathrm{Sp}(4,R)$ が構成される．カステルは15次元の部分群 $\mathrm{SU}(2,2)$ あるいは $\mathrm{SO}(4,2)$ を調べ，その生成演算子を定義10.4 b(1) と関係式10.4(3) を用いて次のように書き下した．

$$M_{12} = i/2\,(n_1 - n_2 + n_3 - n_4)$$
$$M_{13} = 1/2\,(-\tau_{12} + \tau_{21} - \tau_{34} + \tau_{43})$$
$$M_{23} = i/2\,(\tau_{12} + \tau_{21} + \tau_{34} + \tau_{43})$$
$$M_{15} = i/2\,(\tau_{12} + \tau_{21} - \tau_{34} - \tau_{43})$$
$$M_{25} = 1/2\,(\tau_{12} - \tau_{21} - \tau_{34} + \tau_{43})$$
$$M_{35} = i/2\,(n_1 - n_2 - n_3 + n_4)$$
$$M_{46} = i/2\,(n+2)$$

$$N_{14} = i/2\,(a_{13} + a_{13}^+ - a_{24} - a_{24}^+)$$
$$N_{24} = 1/2\,(-a_{13} + a_{13}^+ - a_{24} + a_{24}^+)$$
$$N_{34} = i/2\,(-a_{14} - a_{14}^+ - a_{23} - a_{23}^+)$$
$$N_{16} = 1/2\,(-a_{13} + a_{13}^+ + a_{24} - a_{24}^+)$$
$$N_{26} = i/2\,(-a_{13} - a_{13}^+ - a_{24} - a_{24}^+)$$
$$N_{36} = 1/2\,(a_{14} - a_{14}^+ + a_{23} - a_{23}^+)$$
$$N_{45} = 1/2\,(a_{14} - a_{14}^+ - a_{23} + a_{23}^+)$$
$$N_{56} = i/2\,(a_{14} + a_{14}^+ - a_{23} - a_{23}^+)$$

(7)

この群の選択は次のように基礎づけられる．それは演算子

$$s = 1/2\,(n_1 + n_2 - n_3 - n_4) \tag{8}$$

を不変にする $\mathrm{Sp}(4, R)$ の最大の部分群である（is 自身は生成演算子として $\mathrm{Sp}(4)$ に属していて，それゆえ正確には $\mathrm{SO}(4,2) \times e^{is}$ が最大の部分群である）．$2s$ はウアと反ウアの数の差である．ウアと反ウアが互いに変換されえないと仮定すれば，ウアが2項の選立に対応していて4項の選立に対応しているのではないという表現が，われわれの群に対する制限となっているのである．

生成演算子の表わし方として，添字 $r, s = 1...4$ は SU(2, 2)のリー代数を表わすために，添字 $i, k = 1...6$ は SO(4, 2)を用いる．SU(2, 2)によって群は，ウア理論の対称群としての性格を表現し，また SO(4, 2)を用いることによって特殊相対性理論の言葉で，したがって粒子物理学の言葉での記述が可能となるのである．それは特殊相対性理論の共形群である．その導出によって完全な特殊相対性理論が量子論の立場からウア理論的に基礎づけられるということができる．

　ここでわれわれが，完全な特殊相対性理論というのは，共形群は，単純な2項ウア理論の場合のように，4次元「世界」の形態を前もって決めるのではないからである．それは

$$G = x_1{}^2 + x_2{}^2 + x_3{}^2 - x_4{}^2 + x_5{}^2 - x_6{}^2 \tag{9}$$

を不変に保つ．これは x_5 と x_6 が一定の場合には一様な空間としてのミンコフスキー空間を定義する．x_5 が一定の場合には，(3, 2) − ド・ジッター空間（反ド・ジッター空間）を，x_6 が一定の場合には (4.1) − ド・ジッター空間（ド・ジッター空間）を定義する．また座標

$$y_\mu = \frac{x_\mu}{x_5 - x_6} \qquad (\mu = 1, 2, 3, 4) \tag{10}$$

をもつ部分群としてポアンカレ群が含まれている．

　このとき，$M_{ik} (i, k = 1, 2, 3)$ は角運動量であり，$N_{i4} (i = 1, 2, 3)$ は特殊ローレンツ群を生成し，運動量 $P_\mu (\mu = 1, 2, 3, 4)$ は

$$\begin{aligned} P_i &= M_{i5} + N_{i6} \quad (i = 1, 2, 3) \\ P_4 &= N_{45} + M_{46} \end{aligned} \tag{11}$$

によって定義される．K_μ は

$$\begin{aligned} K_i &= M_{i5} - N_{i6} \\ K_4 &= N_{45} - M_{46} \end{aligned} \tag{12}$$

で与えられ，特殊共形ローレンツ群を生成する．s はヘリシティーであって SO(4, 2)を不変に保つ演算子であり，質量を m とおいて

$$m^2 = P^\mu P_\mu \tag{13}$$

はポアンカレ群のカシミア演算子である．(11)の定義から(7)によって一般に

$$m^2 = 0 \qquad (14)$$

が証明される．すなわち，対称テンソルによってここで選ばれた SO(4, 2) の表現は，静止質量ゼロに属している．10.5-6 では有限の静止質量を与える表現を $T^{(4)}$ において見いだすが，$\overline{T}^{(4)}$ にはない．

特殊相対性理論の導出に際しては，均質なローレンツ群 SO(3, 1) が必然的に現われるが，均質でない群，それゆえ並進の表現を任意に選ぶことができ，包括的な共形群だけが確立されていることは特に注意しておいてよいであろう．さて均質なローレンツ群は局所的な変換のみを含むが，並進群の選択は，そのつど広域的な世界モデルを含意する．この注意は一般相対性理論への移行に際して重要となる．

さて b 節での S^3 におけるウアの表現は，(4, 1) - ド・ジッター空間でも再現される．$\tau_{rs}(r, s = 1, 2)$ は球状の位置空間において右回転を，$\tau_{rs}(r, s = 3, 4)$ は左回転を生みだす．$M_{ik}(i = 1, 2, 3)$ は位置 $w = x_5 = 1$ の周りの回転を，$M_{i5}(i = 1, 2, 3)$ はこの位置での並進を表わす．

f. ウアの相対性 量子論における観測者の意味については，第 11 章で詳述するが，ここでは従来のように量子論の確率は，ある観測者の未来の測定に関係しているという常識的な説明を採用する．それなら，非相対論的量子論では，話を1人の観測者に限ることで十分である．理論の公理的な構築に際して用いた時間は，相対論的に言えば，観測者と同じ座標系で静止している時計が記録する時間である．すると同じ時間を利用する観測者，それゆえ相対論的には，互いに静止している多数の観測者がいることには何の支障もない．

特殊相対性理論は，量子論の言葉で表現すれば，多くの互いに移動している観測者間の伝達に関する理論である．もちろんアインシュタイン自身は移動する観測者の振る舞いではなくて，動いている物差しと時計とについて記述するという主張に価値をおいた．これまで，相対性理論を量子論的対称性の理論として導入してきたのであるから，われわれの文脈では観測者について話をすることが許されるであろう．

こんどは，dとeにおいて導入した変換が，例えばe(7)のウア自身を回転させる回転 M_{ik} ($i, k = 1, 2, 3$)，すなわち，その選立 $r=1, 2$ ないし $r=3, 4$ を同じ状態空間のある別の選立に移行させるような，個別のウアのコンパクトな部分群に及ぼす作用だけを観察する．しかし，コンパクトでない部分群では，ウアの数は保存されない．そこでは，ウアが発生し消滅して，1つのウアからは多数のウアの線形結合が作りだされる．これは一般に特殊ローレンツ変換 N_{i4} や d(13) では特殊共形変換 K_j でも成り立つ．ミンコフスキー空間では空間と時間の並進 P_i ($i = 1, 2, 3, 4$)，反ド・ジッター空間では空間並進に対して，ド・ジッター空間では時間の並進 N_{45} に対して成り立っている．例としてローレンツ変換について調べる．N_{14} は u を u' に移す．

$$u' = e^{N_{14}\beta u} = \sum_{k=0}^{\infty} a_k \overline{T}'_{2k+1} \tag{1}$$

ここで，$\beta = v/c$ は観測座標系の相対速度であり，$\overline{T}'_{2k+1}$ は階数 $2k+1$ の対称テンソルである．u' もまた 2 項選立である．なぜならば u ないし k^μ は変換の際 C^2 または C^4 または R^3 において，ベクトルとして振る舞うからである．u'_r ($r = 1, 2$) は運動する座標系から知覚されるウア選立 u_r ($r = 1, 2$) であると言ってもよいであろう．運動する座標系では u'_r 自身はそれゆえウア選立ではなくて，同時に決定される任意多数のウア選立の重ね合わせになっている．とはいえ，すべての慣性系はわれわれにとってまったく同等である．それゆえ，われわれの出発点であるウアの概念は，ある観測者の静止系に関係した，単なる非相対論的概念であることがわかる．各々の観測者はめいめい違ったウアを定義していて，まさに相対性理論はこれらの定義を互いに写像する理論なのである．ここでよくわるように，もちろんウアは対象ではなくて，ある対象について測定される選立の状態空間にすぎない．それはオブザーバブルの状態空間であって，そのオブザーバブルは観測座標系に依存している．このように，ウア仮説の「急進的原子論」は「最小の対象」，すなわち原子の概念を，「基本情報」として完全に解決したのである．

　同じことが，少なくともミンコフスキー空間と反ド・ジッター空間では，空間並進について成り立っている．それゆえ相対的に静止しているが，空間的に互いに遠く離れている観測者は，このコンパクトでない位置空間ではめいめいが違ったウアの定義を保持している．これに反してコンパクトな球状

のド・ジッター位置空間 S^3 では，並進は，2つの選立(1, 2)と(3, 4)に対応するクリフォードのねじの方向に回転しながら行なわれる．しかしウア選立の数は変わらない．

最後にミンコフスキー世界とド・ジッター世界では時間並進もコンパクトでない．すなわち，観測者にとって，ウア数は時間とともに変化する．時刻 t_0 に有限のウア数 N，または有限の期待値 $\overline{N}$ を含む状態があるとすると，少なくとも統計的平均として，この数は時間の経過につれて増加する．何となれば，時間演算子，したがってエネルギー演算子は N を 2 だけ増加させる被加項と，N を 2 だけ減少させる別の被加項を含んでいるからである．演算を何回も行なえば，N の値はゴルトンの板に乗ったように広がる．しかし，$N = 0$ の場合には被加項はゼロとなるが，N が大きい場合には無制限に増大することが許される．統計的な考察は原理的には非平衡の統計力学の場合と同じく，平衡状態から隔たっている．ここでは，「平衡状態」とは $N = \infty$ の場合である．

それゆえ，ウア数は時間とともに増加するものと仮定しなければならない．この主張の操作的意味は，測定理論（11.b, c）の枠内で初めて完全に説明する．ここでは次のことだけを述べておこう．これまでの考察によれば，増加するのは決定された選立の数ではなくて，ただ決定可能な選立の数である．ウアがある時刻 t_0 に 2 項選立（またはその状態空間）であり，時刻 $t > t_0$ では，まさにそれから発生したテンソル空間はやはり 2 項選立の状態空間である．これは，量子論における波動関数は，測定が行なわれないかぎり，決定論的に展開されるという事実の 1 例である．N の増大は，原理的に可能な測定の量が増加することを意味するにすぎない．何も測定されなければ，2 項のウアから生じる状態空間はつねに 2 次元であって，つねに増大し続けるテンソル空間の部分空間となるだけである．それゆえに，測定がなされない状態は，どの時刻においても，時刻 t_0 のあるウアの状態によって（または「として」）記述される．反ド・ジッター空間では，時間並進はコンパクトであり，「瞬間の」ウア数は増加することはない．

第10章

粒子，場，相互作用

1. 未解決の問題

a. 要約　まず理論の構造を振り返ることから始める．量子論と特殊相対性理論の再構成によって新しく学んだものは何か．物理学の統一はいまどうなっているか．どんな問題が物理学で未解決なのか．どんな問題が物理学の彼方でわれわれを待っているのか．

現在，物理学と呼ばれているものの彼方にある問題については本書の第Ⅲ部で述べることとしよう．物理学の未解決の問題については，これまでに得た概念を用いて明瞭に説明しておこう．最初の糸口として，全体と部分という対概念を選ぶ．大ざっぱに言うと現在われわれの前に現われている物理学の対象を「大きさの順に」5つに分けることができる．

- A. 宇宙
- B. 天体
- C. 物
- D. 粒子
- E. 選立

c. 物　まず一番よくわかっているものから，すなわち真ん中から始めよう．さしあたり，物理学に現われるがままの人間の日常生活の世界を物として特徴づける．石や木，水やパン，机や椅子は，いずれも物理学者にとっては物である．

直ちに新しく物理学的視界の限界について疑問が生まれる．植物や動物，人間，すなわち男，女，子供，家族，民族や文化は物なのか．思考や感情，また名や形式も物なのか．しかし，すぐに正反対の側からたずねてみよう．物理学内での物概念の変化と物理学内での物概念の限界とを問題にしてみる．

もう一度 6.1 の図表 3〔172 ページ〕を見てみよう．そこでは，古典物理学から話を始めた．石，机，パンを話題にするのに，古典力学は，すでに素晴らしい抽象である．古典力学は物体，力，空間と時間について語る (6.2)．一方この高度に抽象的な概念は日常生活の経験で示される，すなわち落下する石は，力が時間の中で空間を通じて動かす物体なのである．他方この抽象は，人間の日常世界をはるかに越えて働く．この地球にも，人間もその一部分である全体にも働き，日常世界の物を組み立てていると考えられる目には見えない微小な部分にも働いている．

B．天体　　天蓋にある太陽，月と星は人間の経験界に属している．天文学は古代以来天体を数学に，近代は動力学に委ねた．それとともに天体は地上の力学によって記述され，かくしてその秘密が解き明かされるように思われた．しかし実際は，それと同時に力学は，それ自身を地上のモデルとは構造的に区別し始めたのである．普遍的重力法則は天体の領域においてのみ発見されたが，同時にこの法則はいわば地上の落体の運動を宇宙の法則に従属させたのである．遠い銀河星雲にまで及ぶ広大な星辰の広大な秩序領域に関する幾何学と力学の妥当な表現様式は，今日の知識によれば，図表 3 の左下の端にある一般相対性理論なのである．ここで (6.12) の議論の歴史的順序の逆転に出会う．幾何学と力学は日常生活からの抽象であって，そのなかでわれわれが一般相対性理論を説明する言語，すなわち意味論的先行了解を与える．しかし一般相対性理論は，のちに日常生活の小さな次元に関してだけ近似的に物理的幾何学と力学に二分されるような一層簡単で，一層抽象的な理論的形態として現われるのである．

A．宇宙　　天体と宇宙のあいだには，少なくとも現在では知識の一番外の境界がある．すべてを包括する何物かが存在するということは，人間の思考の歴史では，否定しえない考えであると同様に，実現の難しい考えでもある現代の物理学と天文学の枠組みのなかで，一般相対性理論は初めて宇宙を「すべてを包括する事物」と考えることを容認する模型を提供した．必要とされる懐疑的な反問は，6.10 d で述べた．ここで議論の逆転がなければ，驚くべきことであろう．全体とは何であろうか．この概念に必要な瞑想のためには，量子論から部分的な学習を引き出せるであろう．

D．粒子　本章の導入概念に到着した．歴史的な歩みは図表3の右半分に，さらに詳細は図表4（6.12〔224ページ〕）に描写してある．古い哲学も物体の最小の部分は何かを熟考したし，新時代の化学や統計熱力学も，その存在を豊富な経験的な結論に基づいて前提した．微小部分への力学の適用範囲の拡大はついに科学の革命，すなわち量子論へと発展していった．ここでもまた議論の回帰が示される．初めて量子論が，つねに仮定されていた物体の安定性を解明した．しかし，われわれは次のような疑問を持つ．

　1. 量子論の普遍的な妥当性はどのような手掛かりで解明されうるのであろうか．

　次に歴史的発展を辿ってみよう．今日術語として粒子と呼ばれているものは，相対論的量子論では，その状態空間がポアンカレ群の既約表現を許すような対象のことである．この定義から，さらに次の2つの疑問が生じる．

　2. この定義によれば相互作用のある2つの粒子はもはや粒子ではない．それゆえ相互作用はどのように記述されるのか，またその枠組みのなかで粒子概念はどうなるのか．

　3. この定義は1つの粒子をさらに小さい相互作用のある粒子に分割されることを除外していない．このような分割に限界はあるのか．

E．選立　粒子と選立のあいだには，今日では，物理学者の通念と本書の試案のあいだにある境界が存在する．ここで，上記の3つの疑問に答えよう．そのためには，2と3の順序を入れ替えなければならない．

　1. 第8章の再構成では，量子論の普遍的妥当性を選立の概念から明らかにしようと試みた．この再構成は可能な経験の条件の分析と「現実的な」「拡張の要請」に基づく．これは伝統的な重畳原理に対応しており，結果として，量子論的な結合則となる．この結合則はどのような意味で，全体が部分の集合より大きいのかを明らかにする．

　3. 対象を，したがって粒子を，選立に帰着させるとき，2項の選立に分割する可能性の論理的な限界が明らかになる．これが結果として，3次元位置空間とローレンツ不変性の存在に導かれる．ここで再び議論が逆転する．分割可能性とはもともと空間的な概念ではなくて論理的な概念なのである．選立は情報量によって大小が決まる．「ウア」は空間的には「宇宙」と同じ大きさである（9.3 b）．この立場はわれわれにとって，一般相対性理論への

新しい道筋を開くことになるだろう．

2. これは本章のテーマである．本章は残念ながら，プログラムを示すにすぎない．抽象的量子論と特殊相対性理論の再構成は後でもう一度問題として取り上げるが，しかし与えられた要請からすれば再構成は整合的であるべきであろう．相互作用の未解決の疑問は以下の節で要約する．

b. プログラム

1. 厳密に考えるならば，分割可能な選立，したがって分割可能な対象は存在しない．しかしながら，ここでは相対論的量子論で粒子について明示されているような，分割可能な選立と対象を取り扱うことから始めよう．ウア選立から出発する物理学にとっては，意味論的な整合性について3つの疑問が生じる．

 A. 仮想的な自由粒子をどのように記述するのか．
 B. どのような近似のもとに，対象をばらばらに分離された粒子に分割することが，思考上許されるのか．
 C. この近似の修正が，どのような形で部分の相互作用として現われるのか．

この章の以下の諸節で，これらの疑問を検討してみることにしよう．

2. ウア仮説は，すべての物理状態はウアのテンソル空間によって表現されうることを要求する．一般の演算子はこの空間内で定義され，ウアの区別不可能性の仮定はパラボース統計の要請のもとで，演算子によって満足されることを，われわれは示したいのである．

3. テンソル空間では，個々の自由粒子はポアンカレ群の既約表現，特に質量ゼロの粒子はパラボースの次数 $p=1$ の表現によって記述される．このような ($p=1$)‒表現の適当に対称化された積もまたテンソル空間に含まれ，複合系の対象を記述する．それは $p>1$ の表現であって，$p=1$ の表現の p 個の積として理解される．一般にパラボース表現では，積をつくるときには，階数 p は加算的である．相互作用にとって，$p>1$ の表現を $p=1$ の因子に分解することが多義的であることは重要である．散乱理論では，S 行列での無意味でないチャネルの存在として理解されている．その際，未定のパラメターは含まれていない．ウア仮説が正しければ，それは可能な粒子の型を表わすものでなければならず，その相互作用の法則を一義的に決定する．この章

では，数学的な困難さのために，この理論のプログラムの簡単な説明にとどめる．

4. 9.3で述べたように，簡単な模型は，T に作用する群の均質な空間で粒子を記述することである．例としてアインシュタイン空間（9.3b）とミンコフスキー空間で質量ゼロの粒子を選ぶ．以下の節では，有力な補助手段として，アインシュタイン空間に，ある地点で接している局所的ミンコフスキー空間を導入する．

5. この節の題目である量子電磁力学のモデルは2重*1 に構成されている．量子電磁力学は相互作用の模型であるが，この章では量子電磁力学のある種の不完全な模型について略述する．

6. 本書は急速に前進しつつある素粒子の理論に追い付こうとするものではない．ここでは，この理論についての3つの提言を形式化するにとどめる．a. その根幹はウアのテンソル空間のなかで表現されなければならない．b. 局所的ゲージ不変性は，この空間内で当然の要請として現われる．c. 粒子の有限の静止質量はこれまでの粒子物理学では，基本的な問題として十分には理解されていなかった．ウア仮説の枠内では，この問題は，予想されるように，宇宙論の疑問と結びついている．

7. 一般相対性理論は，T においては，量子電磁力学に倣って，重力場の理論として構築されるべきであろう．グプタやサーリングの考察と同じく，自動的にリーマン幾何学へと導かれるが，これらの著者とは異なり，出発点として厳格な時空連続体（例えばミンコフスキー空間）を選ぶことを必要としない．宇宙論を概観してこの章を終わる．

2. テンソル空間における表現

a. T_n における基本演算　　これまでの対称テンソル空間 $\overline{T}$ に限られた制限を取り除き，すべてのテンソル空間を考察する．2項と4項のウア，したがって個々のウア U_r, $r=1,...R$, $R=2$ または $R=4$ のベクトル空間の座標を考察しよう．R のベクトル空間を $V^{(R)}$, テンソル空間を $T^{(R)}$ と書く．$V^{(R)}$ の基底ベクトルを単に数字 r ($r=1...R$) と書く．$V^{(R)}$ ではエルミットの測度は

$$(r, s) = \delta_{rs} \tag{1}$$

で定義される．階数 n のテンソルの空間 $T_n^{(R)}$ の基底は R^n 個の単位から成り立ち，そのつど順序のついた数字の列として表わし

$$x = r_1 r_2 ... r_n \; (1 \le r_\nu \le R) \tag{2}$$

と書く．同じ階数 n の2つの異なった単位は（1）に従って直交する．形式 x の単位の法は1である．異なった階数のテンソルはつねに直交すべきものとなる．

 $\mathrm{GL}(R)$ を複素 R 次元の完全線形群としよう．それは $V^{(R)}$ でベクトル表現をもつ．まず一定の n をもつ $T_n^{(R)}$ での表現を調べよう．$\mathrm{GL}(R)$ のリー代数は $2R^2$ 個の基底要素 $\tau_{rs}, i\tau_{rs} (1 \le r, s \le R)$ をもち，その交換関係は

$$[\tau_{rs}, \tau_{tu}] = \tau_{ru} \delta_{st} - \tau_{ts} \delta_{ru} \tag{3}$$

となる．ユニタリ部分群 $\mathrm{U}(R)$ の生成因子は

$$a_{rs} = 1/2(\tau_{rs} - \tau_{sr})$$
$$b_{rs} = i/2(\tau_{rs} + \tau_{sr}) \tag{4}$$

$\mathrm{GL}(R)$ の基底は $a_{rs}, b_{rs}, ia_{rs}, ib_{rs}$ から成り立っている．$V^{(R)}$ では τ_{rs} は

$$\tau_{rs} t = r \delta_{st} \tag{5}$$

に従って作用し，τ_{rs} は s を r に，$t \ne s$ ならばゼロに変換する．テンソル空間 $T_n^{(R)}$ では τ_{rs} は作用素として，ライプニッツの法則に従って作用し，τ_{rs} はある単位元を単位元の和に変更して基底ベクトル s の場所に単に r を置き換える．すなわち

$$\tau_{rs} x = \sum_{\nu=1}^{n} \delta_{sr_\nu} \tau_{rr_\nu} x \tag{6}$$

例えば，

$$\tau_{12} \, 122 = 112 + 121 \tag{7}$$

τ_{rs} は単位に，その単位に r の現われる回数 n_r を掛けるように作用する．それゆえ $T_n^{(R)}$ においては

$$\tau_{rr} = n_r \qquad (8)$$

$$\sum_r n_r = n \qquad (9)$$

となる．$GL(R)$ の T_n における $GL(R)$ の表現の定理はいわゆるヤングのダイアグラムとして知られている（たとえば Boerner 1955 参照）．ここで後で利用するあのヤングの図形を思い出す．階数 n のヤングの枠は長さ $m_1, m_2 \ldots m_l$ の l 個の行からなる図形である．ここに

$$\sum_{i=1}^{l} m_l = n \qquad (10)$$

$$m_1 \geq m_2 \geq \ldots \geq m_l \qquad (11)$$

となる．標準の表は，行では右へ，列では下への規則に従って，1 から n までの数を枠に取り入れて作られる．与えられた n に対する異なった可能な枠は指標 k によって区別される．各々の枠 k には，異なる標準の表の数 f_k がある．各々の枠は f_k 次元の f_k 個の同等な対称群 S_n の表現を定義する．テンソル空間での表現は

$$\sum_k f_k^2 = n! \qquad (12)$$

となる．$T_n^{(R)}$ ではさらに，各々の枠 k には，各々の標準の表に対応する $GL(R)$ のちょうど f_k 個の既約表現が定義される．この表現の基底テンソルは可能な標準形式によって記述される．標準の形式は，添字 r（$r=1\ldots R$）を数値が，各行では右へは減少しないように，また列では下へ増加するという規則に従って枠内に記入して作成される．したがって標準の形式には R 個以上の行はない．$T_n^{(R)}$ には，各形式に応じて，$GL(R)$ の f_k 個の表現に相当する f_k 個の異なったテンソルが存在する．

b. T の基本演算　　テンソルの階数を上昇または下降させる演算を探そう．ここで n から $n\pm 1$ への変化だけに限り，他の適当な演算はこれらの変化によって構成されるものと仮定する．この演算は，今後表現されようとする群に無関係に，すべてのテンソル空間で定義されなければならない．求めていた種類の一番簡単な演算子を生成と消滅の演算子と名づける．

単位元

について、生成演算子 S_r は

$$x = r_1 r_2 \ldots r_n \tag{1}$$

$$\begin{aligned} S_r x = {} & r r_1 r_2 \ldots r_n + r_1 r r_2 \ldots r_n \\ & + \ldots + r_1 r_2 \ldots r r_n \\ & + r_1 r_2 \ldots r_n r \end{aligned} \tag{2}$$

すなわち S_r は r_ν と $r_{\nu+1}$ のあいだと単位元の前と後に1つの r を生成した結果、合計 $n+1$ 個の単位元を総和するように作用する。消滅演算子 R_r は

$$R_r x = \sum_\nu \delta_{r r_\nu} r_1 r_2 \ldots r_{\nu-1} r_{\nu+r} \ldots r_n \tag{3}$$

に従って r を取り除いてすべての n 個の単位元を総和するように作用する。x が r を含まないときは $R_r x = 0$ となる。

ここで次の交換関係が成り立つ。

$$[R_r S_s] = \tau_{sr} + (n+1)\delta_{rs} \tag{4}$$

$$[R_r R_s] = [S_r S_s] = 0 \tag{5}$$

$$[\tau_{rs} S_t] = S_r \delta_{st} \tag{6}$$

$$[\tau_{rs} R_t] = -R_s \delta_{rt} \tag{7}$$

これらの R_r, S_r と τ_r は $\mathrm{GL}(R+1)$ のリー群の表現と T における $\mathrm{SU}(R,1)$ のユニタリ表現を定義することが示されている (Drühl 1977)。このような既約表現は T における「塔」である。それは「基本」として T_n の部分群 T_n' を持ち、実際 T_n' のすべての R_r によって取り消され、塔の他のすべての要素は T_n' の要素から S_r を繰り返し施すことによって生成される。ウア仮説から素粒子理論を構築する際には、各 $\mathrm{SU}(R,1)$ について、この表現が物理的意味をもつことに注目すべきである。このような場合は、以前 (9.2 c 参照) では「超対称」の研究の際に出会った。9.3 e で見たように $\overline{T}$ における相対論的群の表現では、整数 n は整数のスピンを、半整数は半整数のスピンを意味している。この事実は完全テンソル空間でも正しいことがわかる。それゆえに R_r, S_r について1次形式のリー代数以外に、双1次形式のリー代数があって、それが他の群——すなわち相対論的——群の表現に繋がることが期

待される.

　T における他の比較的簡単な基本演算があってもよい．例えば「対称的」生成消滅演算の代わりに，(2) や (3) の総和で，ある法則に従って符号をつけるような，「斜めの」演算を定義することもできよう．これについては d (11) で言及するが，まずは対称演算に話を限ることにしよう．

C. ボース表示

　演算子 R_r, S_r はつねに他の対称テンソルに変化させる．全空間は，「生成演算子を真空に」繰り返し作用させることによって，生み出される．真空 Ω（階数ゼロのテンソル）は，次の等式

$$\tau_{rs}\Omega = R_r\Omega = 0 \tag{1}$$

をすべての r, s に対して満足する．すべての対称テンソルは

$$y(n_1,...n_R) = S_1^{n_1}...S_R^{n_R}\Omega \tag{2}$$

の線形結合である．したがってすべての対称テンソルは R_r, S_r に関係した一定の「塔」を構成する．R_r, S_r について，双 1 次形式のリー代数の交換代数から一般に鼎 1 次（3次）の交換子を持つなどという困難に遭遇する．すなわち，このような表現は通常有限次元のリー代数で閉じることはない．しかし，出発点として選んだリー代数の交換子が定数となる場合には，有限次元で閉じる．これは規格化

$$a_r^+ = \frac{1}{\sqrt{n+1}}S_r, \quad a_r = \frac{1}{\sqrt{n}}R_r \tag{3}$$

によって達成される．さらに 1 に規格化されたテンソル

$$|n_1...n_R> = \frac{1}{N}y(n_1...n_R) \tag{4}$$

を定義する．ここで

$$N = \sqrt{n!n_1!...n_R!} \tag{5}$$

また

$$a_r|n_r> = \sqrt{n_r}|n_r-1>$$
$$a_r^+|n_r> = \sqrt{n_r+1}|n_r+1> \tag{6}$$

であり，この場合単位テンソルについては，$s=r$ に対して n_s は不変である．これから，交換関係として

$$[a_r a_s^+] = \delta_{rs}, \quad [a_r a_s] = [a_r^+ a_s^+] = 0 \tag{7}$$

を得る．a_r, a_s^+ は 9.3 b で定義されたボース統計の生成演算子であり，$R=2$ に対しては SO(3, 2) を，R=4 に対しては SO(4, 2) を生成する．

d. パラボース表示　　「パラ統計」はグリーン (1953)[*2] によって発見され，カステルとその協力者[*3] によってウア理論に導入された．グリーンは場の演算子に対する一般化された交換関係を探究し，区別不可能な粒子の最も一般的な表現を得た．ここでもウアの同等性を要請しているので，グリーンと同じ課題に立ち向かうことになる．そこで，さしあたり問題の原理的な意味と，グリーンによる解決を想起したのである．

　粒子については，粒子の同等性によって，ボース統計ないしはフェルミ統計に基礎をおくのが習慣である．この立場は物理学ではしばしば用いられる数学的便法であって，誤りではないが，精密とは言えない．ここでエーレンフェストの壺のゲーム (4.2) を想起しよう．n 個の白球があってそのうち n_1 個が1番目の壺に，n_2 個が2番目の壺に入っている．古典的には（現在ボルツマン統計と呼ばれているが），どの球が1番目に，どの球が2番目に入っているのかを尋ねるのは意味のあることと考える．球にはさらに補助的に目印として，例えばそれぞれの球に番号を付けることができる．抽象的には選立を増加させたと言ってもよい．あらかじめ1つの球が1番目の壺に入っているのか，2番目の壺に入っているのかを見分けることができる（「局所的」区別）とともに，各球を互いに区別することができる（「個性的」区別）．

　量子論的には，あたかも状態空間を粒子に個別性があるかのように形式的にみなし（状態空間を個々の状態空間の積）で表わす．テンソル空間 T_n で異なる対称性のクラスをヤングの枠によって区別する．ある決まった標準図形には，そこに含まれる n 個の基底ベクトルの置換群 S_n の既約表現が対応する．置換群の選ばれた一定の既約表現のすべてのテンソルが同じ物理的状態を表わすべきことを要求して，粒子の同等性したがってウアの同等性を解釈するのである．線形群 GL(n) の各既約表現，またはそれに該当する標準図形を含む部分群の1つの既約表現には，S_n の表現空間のちょうど1個のテ

ンソルが現われる．それが該当する状態はこのベクトルによって代表されることになる．まさに形式的には，線形群のベクトル空間への射線表示に対応している．量子力学では，ヒルベルト空間における射線のすべてのベクトルは同じ状態に属している．各ベクトルはそれぞれの状態を代表することができる．そのために，ベクトルは通常は1に規格化されている．このことから，いつも任意の位相 $\exp(i\alpha)$ が許され，これが射線におけるゲージ群 U(1) の既約表現となる．対称群のクラスの代表による群の表現を$\overset{\cdot\cdot\cdot\cdot\cdot\cdot\cdot\cdot}{一般化された射線表示}$と名づける．

　粒子の相互作用の法則が，粒子の置換に対して不変であり，したがってまた相互作用の対称性のクラスが保持されるので，粒子の同等性が基礎づけられる．同時に，正しい対称性のクラスの選択は最初の条件にあてはまるにすぎないことになる．完全に対称的なテンソルと完全に反対称的なテンソルだけが，すなわちボース統計とフェルミ統計だけが現われるべきであるという，直接の明確な理由は存在しない．いまやグリーンの演算子は，それを用いてテンソル空間のなかで，まさにそれぞれ可能な標準型の1つの代表を真空から生成できるように定められるのである．

　これまでのところ，経験的には，粒子についてはボースとフェルミ統計だけが見いだされてきた．この成果を受け入れ，10.3 において仮定的な説明を与える．しかしウアについてはボースまたはフェルミ統計だけに話を限ることはできない．フェルミ統計では，世界はおそらく2ないし4個のウアから構成されるであろう．また対称テンソルに話を限ることができないということは，粒子概念に先行するより簡単な考察が示している．次に 10.3 において，ポアンカレ群の既約表現を一粒子の状態空間として把握する．さらに，そこでは対称テンソル $R=2$ に対してはディラック粒子だけを，また $R=4$ に対してはヘリシティを持つ質量ゼロの粒子だけを記述することがわかるであろう．ところでいずれの場合でも，既約表現の適当に対象化されたテンソルの積の形でのみ記述される．今や対称テンソルのこのように対称化された積は，もはや対称テンソルではない．したがって，多体問題は必然的にテンソル空間よりも一般的な対称のクラスを必要とするのである．最初にその数学的構造の概略を略述してから，その物理的意味に言及しよう．

　まず，新しい演算子 a_r, a_r^+ を導入し，それらに対してグリーンの交換関係（「VR」）を要請する．

第 10 章　粒子，場，相互作用　　341

$$[\tfrac{1}{2}\{a_r a_s^+\}, a_t] = -\delta_{st} a_r \tag{1}$$

$$[\{a_r a_s\}, a_t] = [\{a_r^+ a_s^+\}, a_t^+] = 0 \tag{2}$$

T のなかでその作用が問題となる，これらの演算子の助けをかりて，さしあたり抽象的に演算子

$$\tau_{sr} = \tfrac{1}{2}\{a_r a_s^+\} \tag{3}$$

を定義する．(1) と (2) から結論できるように，これは交換関係 VR a(3) を満足している．かくして次の VR が導かれる．

$$[\tau_{rs} a_t^+] = a_r^+ \delta_{st}, \ [\tau_{rs} a_t] = -a_s \delta_{rt} \tag{4}$$

それゆえに，この VR は b (6.-7.) と同形であって，a, a_r^+ は T における昇降演算子として表示されるのであり，この演算子が R_r, S_r のように，また $GL(R)$ におけるボース演算子のように，スピノールのように変換するものであることを推測して差し支えない．

グリーンは 3 次線形の VR (1-2) を満足する a_r, a_r^+ の表現を，その VR が下記の双 1 次式 (6) と (7) であるような演算子 b_r, b_r^+ によって求めた．すなわち

$$a_r = \sum_{\alpha=1}^{p} b_r^\alpha, \ a_r^+ = \sum_{\alpha=1}^{p} b_r^{\alpha+} \tag{5}$$

$$[b_r^\alpha, b_s^{\alpha+}] = \delta_{rs}, \ [b_r^\alpha, b_s^\alpha] = [b_r^{\alpha+} b_s^{\alpha+}] = 0 \tag{6}$$

$$\{b_r^\alpha, b_s^{\beta+}\} = \{b_r^\alpha, b_s^\beta\} = \{b_r^{\alpha+}, b_s^{\beta+}\} = 0 \quad \text{ただし} \quad \alpha \neq \beta \tag{7}$$

を得る．その際ここでは，p は ≥ 1 の整数であって演算子 a_r, a_r^+ の「項数」である．一定の α に対して b_r^α はボース演算子のような交換関係をもち，$\alpha \neq \beta$ に対してはそれらと反交換である．さらに「真空」Ω に対してはすべての r と α に対して

$$b_r^\alpha \Omega = 0 \tag{8}$$

が成立し，したがってすべての r と s に対して

$$a_r a_s^+ \Omega = p \delta_{rs} \Omega \tag{9}$$

を得る．この「グリーンの分解」は，a_r, a_r^+ の唯一の可能な表現ではない（Heidenreich, Künemund 12 ページ参照）．しかしこの分解は，T において一般的な表現を与えうるので，もっぱらこの分解を用いる．

さしあたり，拡張されたテンソル空間 $T^{(R,p)}$ を一定の p に対する p 個の空間 $T^{(R)}$ の直和として定義しておく．それゆえ，$T^{(R,p)}$ はベクトル空間 $V^{(R,p)}$ のうえに張られ，その $R \cdot p$ 個のベクトルは r^a ($r = 1,...R, a = 1,...p$) である．b_r^a, b_r^{a+} は $T^{(R,p)}$ のなかで，部分空間 $\overline{T}^{(R,p)}$ に適合する対称化されたテンソルに当然作用しなければならない．これは完全に対称なのではなくて，次の法則に従って交互に符号を変えて対称化される．階数 n のすべての基底ベクトルは，規則に従って，次のようにして真空から作られる．

$$\psi = b_{r_1}^{a_1+}...b_{r_n}^{a_n+}\Omega \tag{10}$$

ψ は適当な規格化因子を持つ，$n!$ 個の項の和となる．総和の最初の項（「導出項」）は

$$v = r_1^{a_1}...r_n^{a_n} \tag{11}$$

となる．すべての他の項は位置 $1...n$ の交換から，次のような符号づけの法則によって生じる．すなわち，隣接する因子の置換に際して，上の添字が異なるときには，符号を元に戻すこととする．

ここで，$\overline{T}^{(R,p)}$ から射影によって新しく定義した $T^{(R)}$ に戻る．その基底ベクトルは r^a の重心座標であって

$$r = \frac{1}{p}\sum_{a=1}^{p} r^a \tag{12}$$

また

$$r^a = r + \sum_{\beta=1}^{p-1} r^{[\beta]} \tag{13}$$

と表わされる．$r^{[\beta]}$ は r と r^a の互いに独立な線形結合との適当な和，すなわち「相対座標」である．各々のテンソルにおいて，各ベクトル r^a を (13) で表わし，次にすべて $r^{[\beta]}=0$ とおき，それゆえ，簡単に r^a を r で置き換えると，$r^{[\beta]}$ に沿った r への平行射影を得る．この写像はこれまで可逆的であるとして一義的に証明されてきた．すなわち $T^{(R)}$ のなかへ投射されたテンソルは，p が与えられると，一義的にその親テンソル $\overline{T}^{(R,p)}$ を決定する．

どの $p>1$ に対しても $T^{(R)}$ のなかに生成されたテンソルの集合は，また完全対称的な対称性をもつクラス以外の集合を含んでいる．この操作は $p \geq R$ に対してはどの標準型にもそのなかに含まれる f_k 個の線形独立のテンソルのうちの１つを正確に生成する．この型に属する残りの f_k-1 個の基底テンソルは，その位置座標を置換することによって現われるが，しかしパラボース演算子によって単独では生成されえない．基底ベクトル r の数 n_r は

$$n_r = \frac{1}{2}\{a_r a_r^+\} - \frac{1}{2}p \tag{14}$$

によって与えられる．9.3 d (1) で，$a_r a_s$ ないし $a_r a_s^+$ の代わりに，そのつど $\frac{1}{2}\{a_r a_s\}$ ないし $\frac{1}{2}\{a_r a_s^+\}$ を入れると，M_{jk} と N_{jk} は再び SO(4, 2) の生成演算子となる．各々の既約表現には一定の p が存在する．$p>1$ のときは，静止質量 $\neq 0$ の粒子を記述することが示される．

この成果は，パラボース演算子がウアの区別不可能性の拡張された表現としての意味を持っていることの保証となる．テンソル空間を $T^{(R,p)}$ に拡張することは，さしあたり指数 α がウアの可能な区別を表わすことを意味する．すると，$\overline{T}^{(R,p)}$ についての対称化は，どのウアが一定の指標 α をもっているかということではなくて，どれだけ多くのウアの粒子数 n^α が α の値に対して存在するかを意味するにすぎないのである．換言すれば，指数は局所的区別と同じである．粒子がウアから構成されているかぎり，一定の状態にある相互作用のない粒子は，どれだけ多くのウアから成り立っているかを言うことができる．そうすると，1個の粒子に所属するということは，1個のウアにとっては，1個の粒子がどの空間体積のなかにあるかというようなものである．これらの問題については，次節で追究する．α の値によって定義された粒子をここでは準粒子と名づけることにする．

e. **ウア理論における多重量子化**　　7.4 では第 2 量子化（または多重量子化）を確率論的に正当なものとして認めた．7.5 では，この方法を，古典力学における最大最小原理の妥当性に関するディラック-ファインマンの議論を量子力学に導入するために利用した．(1958[2]) の論文では，双 1 次形式の選立の多重量子化によって総合的で具体的な量子論の構築を試みた．自由場の量子場の理論の構成には成功したが，相互作用を導入することはできなかった．これについては多重量子化の確率論的解釈を見いだした後で理解されるよう

になった．確率論的理論の構築（第3章）に際して用いた「集合の集合」は，まさしく要素がお互いに相互作用するような実在的な集合体ではなくて，いつも同じ場合の独立的な反復である．集合の集合は，相互作用が測定できないほど小さくなるような，漸近的見地においてのみ実在的なのである．

まさにそれゆえに，最初の選立（のちにウア選立と名づけられる）を越えてウア対象（現在では，ウア＝素対象）としての「ウア（U_r）」が導入された．ウアの状態の総体はテンソル空間 T において記述されえた．いかにしてテンソル空間で多重量子化が表現されうるのかが問題となる．

「形式的に厳密な」多重量子化としては，選立の量子論の逐次反復法が挙げられるべきである．それは次のような経過を辿る．

第1段階．R 個の基本状態をもつベクトル u_r．

第2段階．そのつど R 個の数，$n_r (r = 1...R, n_r = 0...)$ によって示される可付番無限個の基本状態をもつ規格化可能な関数 ψ_r．

第3段階．各関数 $n_r (r = 1...R)$ に対するすべての可能な数関数 $N(n_r)$ ($N(n_r) = 0...\infty$) によって特定されるような可算無限個の基本状態をもつ関数 $\psi(n_r)$ 等々．

$R = 2$ ないし $R = 4$ に対しては，第1段階は個々のウアの状態を表わす．7.4では第2段階が説明されている．関数 ψ_r はウアのボース統計に対応し，それゆえ対称テンソルの空間 $\overline{T}$ を構成する．第3段階は，さしあたりグリーンの演算子 $b^{a+}_r (a = 1...\infty)$ によって生成されるような，a 型ウアの区別可能性を意味している．しかし適切な対称積だけを用いると，第3段階からただちに上記のパラボース表現へと導かれる．次の第4段階では，このような表現が互いに区別され，対称性に準じて総括されなければならない．これが以下の節の理論である．

3. テンソル空間における相互作用

a. 表現の積　ある既約表現は，そのつどある自由な対象を記述するにすぎないのであるから，さしあたり多数の対象は，これらの表現のテンソル積で記述されなければならない．既約表現のテンソル積は自由な多数の対象を記述するように見える．しかし，T において，実現されうるような表現に制限することは，自動的に，また一義的に相互作用を定義することがわかる

であろう.

さしあたり,ハイデンライヒ (1981, 88-92 ページ) が与えた,パラボース演算子をもつ,表現積の記述に従うことにする.彼は (9.3 c 参照),$R=2$ の場合だけを調べ,それゆえ反ド・ジッター空間の $SO(3,2)$ の表現を調べた.$p=1$ の表現はディラックの単極子と呼ばれ,正確には2つがある.すなわち,ウアの半整数を持つ Di と,整数個を持つ Rac の2つである.さらに高次の p の表現は粒子を記述する.$p>1$ の基底

$$\varphi^\alpha(n_1^\alpha, n_2^\alpha)\Omega = (b_1^{\alpha-})^{n_1^\alpha}(b_2^{\alpha+})^{n_2^\alpha}\Omega \tag{1}$$

をもった表現の α 番目の部分空間を,彼は「タイプ」α とみなせる個別単極子のヒルベルト空間と呼んでいる.それゆえ,すべての p - 表現で記述される粒子は $2p$ 個の単極子の重ね合わせであるといえる.基底 (1) は $n^\alpha = n_1^\alpha + n_2^\alpha$ に対して,整数の n の場合には Rac に,半整数の n の場合には Di に属するのであるから,$2p$ 個なのであって,単に p 個の単極子ではない.

この重ね合わせには,h 個の Rac と,$p-h$ 個の Di の積が含まれている.さらに次のような状態の選択をしなければならない.すなわち $\alpha = 1, 2, \ldots h$ に対しては整数の n^α が,$\alpha = h+1, \ldots p$ に対しては半整数の n^α だけが許されるべきである.積

$$\prod_{\alpha=1}^{p} \varphi^\alpha(n_1^\alpha, n_2^\alpha)\Omega \tag{2}$$

と書いて,可能な置換 $\pi(\alpha)$ について総和すると

$$\sum_{\pi(\alpha)} \prod_{\alpha=1}^{p} \varphi^{\pi(\alpha)}(n_1^\alpha, n_2^\alpha)\Omega \tag{3}$$

となる.式 (2) は p 個の単極子のテンソル積であり,式 (3) はこのようなテンソル積の対称和である.ハイデンライヒは式 (3) では,Rac はボソンであり,Di はフェルミオンであって,記号的に

$$[\text{Rac, Rac}] = 0 \tag{4}$$
$$\{\text{Di, Di}\} = 0 \tag{5}$$
$$[\text{Rac, Di}] = 0 \tag{6}$$

で表わされることを示した.(2,6) は Rac も Di も対称的に交換可能なこと

を表わしている．したがって積表現で，つねに隣どうしの交換が取り扱われる．

ハイデンライヒの諸式は，いまやそのつど，式2d（11）に従って，主導項νとして把握され，拡張されたテンソル空間$\overline{T}^{(R,p)}$のなかへ，そしてこのテンソル空間から新しく定義された$T^{(R)}$のなかへ，一義的に写像される．ウア理論的には次のように言える．すなわち，ハイデンライヒの単極子はウアからの対称テンソルとして解釈するならば，ハイデンライヒの積（2）は，各々のウアにとって，それがどの単極子に属しているのかを表わしている．次に（3）による対称化はどれだけ多くのn^a個のウアがaのある値に対して存在するのかを表わすにすぎない．これは2dの終わりで述べたとおりである．これに反してテンソル空間においては，ハイデンライヒの積とパラボースの表現のあいだに，逆行可能な一義的な関係が成立するわけではない．これについてはすぐ後で議論する．総括的に，かつ任意のRに対しては，次のように言いたい．すなわち，階数1の対称化されたp表現の積は，一義的に階数pの表現を定義すると．因子表現が既約であれば，どうしても一般には積表現は可約となるであろう．

ところで，一般に因子表現を任意の高次の因子に包括することは可能であるだろう．したがって，位数p_i ($i=1...k$) のk表現の対称積は一義的に次のような，

$$p = \sum_{i=1}^{k} p_i \tag{7}$$

pの位数の表現を定義することが妥当である．言い換えると，パラボース表現で作られた積では，位数pは相加的である．

この方法が，粒子から構成された対称性を記述するための正しい手続きであるならば，粒子についてはボースまたはフェルミ統計だけが現われるということに対する，2dでは欠けていた説明が得られる．一般的に言えば，まさに粒子はいまだ基本的対象ではなくて，ウアで組成されたものである．基本的対象としてのウアに関しては，グリーンの考察が妥当である．明細に述べると，VR（4）から（6）までは，グリーンの準粒子の生成因子VR（交換関係）10.2d（6）の結果である．（4）は同様にすべての整数のスピンをもった粒子に対して，（5）はすべての半整数のスピンをもった粒子に対してあてはまる．こうしてわれわれは，スピンと統計に関するパウリの定理を，特殊

相対論からではなくて，共通の基礎であるウア理論から導出したのである．

b. **相互作用** 各々自由な対象が，ある一定の p についての既約表現を意味する場合には，各々自由な対象は p 個の $p=1$ の準粒子から組み立てられているものとして把握されなければならない．これは，$R=2$ に対してはディラックの単極子であり，$R=4$ に対してはミンコフスキー空間における，任意のヘリシティーをもった質量ゼロの粒子である．これはハイゼンベルクのスピノール理論 (1959) を想起させるが，より一層一般的なものである．ハイゼンベルクは，質量項がないが，対称性の考察によって得られた相互作用項をもったスピン 1/2 の場の演算子に対する微分方程式を選んだ．われわれはミンコフスキー空間のなかで，準粒子のスピンを決まった値に固定することなく，また粒子に対して局所的に定義された場の演算子を要請することもなく，したがって，また微分方程式をも要請しない．ハイゼンベルクはその局所的相互作用によって，不確定計量のヒルベルト空間へ迂回する必要に迫られた．ハイゼンベルクの方程式から推測すると，彼は，準粒子という極端な限界から出発するのでなくて，直ちに明らかになったように，有限の静止質量をもたざるをえないような，強い相互作用に対する解を求めようとした．この点についてわれわれは彼に従うが，微分方程式や場の演算子を用いず，全対象の同じ状態の，異なる積表現のあいだの線形関係によって相互作用を記述するのである．

ここで，ハイデンライヒの積とパラボース表現とのあいだには，可逆的に，一義的な関係が成立しないという，a で述べた注意に立ち返ろう．p 個の対称テンソルの積は，一義的にパラボースの階数 p のテンソルを決定するが，逆は成立しない．ここで，さしあたり一番簡単な例を挙げよう．$R=2$ に対して，$p=2$, $n=3$ で，しかも $n_1=2$, $n_2=1$ の全対象の状態を求めてみる．ヤングの標準型 112 と $\frac{11}{2}$ に対応する 2 つの基本状態がある．しかし，線形独立なテンソルは 112，121 と 211 である．ここにはパラボース表現がつねにどの標準形式にも，ただ 1 つのテンソルを作り出すことが表現されている．$p=1$ の 2 つのテンソルの 3 つの可能な積によって，2 つの独立なテンソルを作ることができるのであり，それはディラックの単極子の状態として解釈される．

Di $(n_1 = 2, n_2 = 1)$ xRac $(n_1 = n_2 = 0)$
$= (112 + 121 + 211)$x$\Omega = 112 + 121 + 211$
Di $(n_1 = 1, n_2 = 0)$xRac $(n_1 = n_2 = 1)$
$= 1$x$(12 + 21) = 112 + 2$x$121 + 211$
Di $(n_1 = 0, n_2 = 1)$ xRac $(n_1 = 2, n_2 = 0)$
$= 2$x$11 = 112 + 211$

　その際，積は式 c（3）に従って対称化されていると考えるべきである．それゆえ，3つの積の状態は互いに1次従属である．すなわち，3つのウアの合成から1つの Di と1つの Rac の自由の状態というものはない．すべての高次の状態についても同様である．

　観測されうる相互作用は散乱過程にあるか，定常的な束縛状態にあるかのいずれかである．これら2つについてのウア理論的記述を水素原子を例にとって説明しよう．原子は陽子と電子からなっており，したがって離散的準位と連続スペクトルとをもっていて，これに重心運動の連続スペクトルが重ね合わされている．さしあたりわれわれは，特定のタイプの粒子の静止質量が，自由粒子に相当するパラボース表現と一義的に相関関係にあると仮定する．そうすると自由な陽子は階数 p_1 を，自由な電子は階数 p_2 をもつ．2つの表現の積は階数 $p = p_1 + p_2$ をもつ．2つの既約表現の積は可約である．この積には，さしあたり2つの粒子間の弾性散乱に相当する水素原子の連続スペクトルが現われる．ある漸近的状態から同じエネルギーをもつ他の状態への遷移，すなわち，まさに弾性散乱と名づけられるこの遷移は，テンソル空間においては完全に自由な状態がまったく存在しないために生ずるのである．したがって，陽子と電子の自由な状態の形式的に作られた積のあいだには，線形関係があるということなのである．

　また非弾性散乱なるものも存在する．一番簡単な例として，これまで自由であった陽子－電子対が，2つの光子を放出して水素原子の基底状態に遷移する場合を観察する．光子は $p = 1$ をもっている．それゆえ，水素原子の基底状態は $p_H = p_1 + p_2 - 2$ に属している．換言すれば，水素原子は元来陽子と電子で形成されているのではなくて，2つの粒子と，つねに共存する電磁場から成り立っており，しかも次の条件を満たす．すなわち，2つの粒子と場との最低エネルギーは，束縛された粒子の最低エネルギーと，束縛に際して

第10章　粒子，場，相互作用

生じる場の励起エネルギーとの和に等しい．

　しかしながら，最後の考察には，未解決の問題があることがわかる．粒子の静止質量は，粒子の p を一義的に決定できないということが明らかになる．というのは，例えば水素原子の基準状態への遷移は，2個以上の光量子，言い換えれば n 個の光量子を放出する場合にも起りうるからである．そうすると，$p_H = p_1 + p_2 - n$ となるべきであろう．この問題については，第5節で立ち返ることにしよう．

c. **エネルギー**　　前掲のbでは，相互作用をしている粒子の体系と考える対象の状態空間についてのみ概説した．さて，この状態空間が時間変化にともなって，どのようになるかが問題である．

　第7節で一般相対論を紹介する前に，さしあたり第9章で進めてきたテンソル空間の状態の表現をよりどころとしよう．そこでは，つねに現実主義的な仮定に従って，時間的並進を意味する対称群の単パラメターの部分群が存在する．8.3bでは，さらに状態の実際の時間依存性は，対称群の単パラメター群でなければならないことを要請した．時間的並進を単に状態空間のそれ自身への写像として解釈しているだけではなくて，そのつどの状態の実際の時間的変化として解釈して差し支えない．こうして相互作用のある場合でも，過程の時間的変化は，慣性運動と正確に同じ要請に従う．異なっているのは，状態空間の複雑な構造にあるにすぎず，この状態空間は，自由な準粒子の状態空間の対称化されたテンソル積によって，近似的に記述されうるのである．このようにウア仮説が正しければ相互作用を一義的に確定することができる．時間的並進の生成因子は慣例としてエネルギーと呼ばれている．このような生成因子が，つねに広域的に存在しなければならないということは，先験的には明白でない．一般相対論ではこのようなものは存在しない．

　19世紀以来の物理学の発展においてエネルギー保存の法則がもつ特別で歴史的な意味は，エネルギーがすべての物理学の基礎概念として把握されるにいたったことである．実際にこの保存則の基礎は群論的見地（ネーターの定理）によって初めて明らかとなった．それゆえエネルギーの概念は，よく定義された対称群との関係において定義されるものである．特殊相対性理論は，それを均質のローレンツ変換によって特徴づけるかぎりでは，エネルギー概念は確定されない．それは，並進の定義によって初めて確定されるので

ある．したがって，SO(4, 2) 対称のもとで可能な世界モデルは，そのつどさまざまな演算子がエネルギーの役目を演ずることになる．以下では，実際このようなエネルギー演算子，すなわち局所的に接するミンコフスキー空間へ射影する際に，局所的にそこでのエネルギー演算子へ移行するのであるが，そのようなエネルギー演算子を利用するのである．すなわち，結局われわれは局所的なエネルギー概念を得ようと努めているのである．

さしあたり，エネルギーの3つの特性，すなわち正値性，保存性，自然質量の3つを基礎づけよう．

正値性　位置的並進，または (3, 1)―空間における回転のような他の部分群の生成因子は，2つの符号の固有値をもつ．通常のように，時間座標をある時刻 t_0 から見て，$t > t_0$ ならば未来，$t < t_0$ ならば過去と定義するならば，実際の運動は，ただ時間の大きいほうへ向かって行くべきであり，エネルギーは正でなければならない．時間に関するこの要請は通常，(相対論的) 因果性と呼ばれている．ある事象は，そこから出発すれば時間的世界線に到達することができて，また未来にあるような事象に対してのみ，作用することができるはずである．

数学的には，抽象群論から出発する場合に，そのなかで，エネルギー演算子が正の固有値をもつような表現だけを要求することができる．この条件はすべての群が満足するわけではない．満足する場合には，負の固有値だけをもつような表現も存在する．このような表現を許す群をカステル (1975) は物理的に許容される群と名づけた．許容された群には，一定のエネルギー状態を逆のエネルギー状態に変換するような，内部的自己同型は存在しない．この群の均質な空間では，広域的な静止座標系を任意に選び，時間的並進を，したがってエネルギーを広域的に定義することができる．第9章で考察した空間からすれば，このことは，アインシュタイン空間，ミンコフスキー空間と反ド・ジッター空間においてもあてはまる．テンソル空間の表現は，これらの空間のエネルギーの符号を，前もって確定している．$\overline{T}$ において，エネルギーはアインシュタイン空間と反ド・ジッター空間では，なお検討を要する正の附加定数と因子 1/2 を除いて，ウアの数 n に等しく，したがって正である．9.3 e (11) に従う表現におけるミンコフスキー空間にとっては，エネルギー P_4 は不定の総和 N_{45} を含んでいるが，しかし，$P_4 > 0$ はそのまま

残ることを明示できる．10.4 c のもとでは，「局所的」ミンコフスキー空間における 1 つの表現，つまりそのなかで，エネルギーの正値性が直接に明白となるような表現について説明する．(4, 1) - ド・ジッター空間では，これに反して，エネルギー N_{45} は本質的には不定である．この空間では局所的に正のエネルギーを「世界一周」させることによって負のエネルギーへ移すことができる．単に局所的に定義されたド・ジッター空間では，局所的ミンコフスキー空間と同じように，このような一周を除外できる．したがってこの空間では，正のエネルギーを定義することができるのである．

保存　　エネルギーの保存則は時間の均質性，すなわち時間並進に対する不変性から導かれる．

自然尺度　　ローレンツ回転は空間軸と時間軸を結びつける．それゆえに，両者の一方に尺度の単位を導入すれば十分である．長さと時間を独立に測定するならば，尺度の単位の比を光速 c という．実際，時間は位置座標，例えば時計の針の位置で測定される．$c=1$ としたときの，「自然な」時間尺度は「光時計」(鏡の間の光) で定義される．

パラボース表現における宇宙論的エネルギー　　正値定符号のエルミット演算子に話を限ると，$R=2$ (9.3 d, 式 (2)) に対して，

$$M = M_{45}/i \tag{1}$$

$R=4$ (9.3 e, 式 (7)) に対しては

$$M = M_{46}/i \tag{2}$$

として定義されうる．

　シーガル (1976) の概念に関係づけてシュテルンベルガー群のなかでは，M を宇宙の，または宇宙論的なエネルギーとして表示するのが通例である．以下の考察がこれを説明する．質量 M は

$$M = \frac{1}{4} \sum_{r=1}^{R} \{a_r, a_r^+\} \tag{3}$$

である．上述の対称群の，他の同様に反交換子によって定義された生成因子

をもった，正しいベクトル空間を生成するためには，その反交換子は，この表現に含まれていなければならない．さしあたり，反交換子の値を，$p=1$，すなわちボース統計とみなす．その場合 $n = a_r^+ a_r$ であって，

$$\frac{1}{2}\{a_r a_r^+\} = n_r + \frac{1}{2} \tag{4}$$

となる．$R=2$ に対しては，9.3 d (2) のように

$$M(p=1, R=2) = \frac{1}{2}(n_1 + n_2 + 1) = \frac{1}{2}(n+1) \tag{5}$$

となる．階数 n のテンソルの状態での準粒子が n 個のウアから成り立っていて，かつ各々のウアがエネルギー n をもつときには，その各々がエネルギー $\omega = 1/2$ をもつような独立のウアの場合には，準粒子に対してはエネルギーは $n/2$ であることが期待されるであろう．ここで，余分な 1 の加算は，$n=0$ に対するエネルギー，すなわち「零点エネルギー」である．それは数学的には (4) から必然的に導かれる．われわれはその物理的意味を明らかにしなければならない．

9.2 b 4 に関連して，ウアは瞬間的な状態だけを確定し，また異なった力学法則がなお可能であることに注目した．これに関して，最初の応用は反ウアの導入であった．非コンパクトな，時間と連関する群の表現を確定するのはウアの集合ではなくて，このような集合の無限のテンソル和 $(T = \sum_n T_n)$ であり，ゆえに準粒子そのものである．するとこのような表現には，$n=0$ の状態も現われ，Rac の $R=2$ の場合や $R=4$ の場合は，$s=0$ の際各準粒子に見られるのである．この状態は他の状態との時間的連関によって，それゆえその力学的役割によって十分に定義される．$n=0$ はそこに「何もない」ことを意味するのではなくて，状態が瞬間的な構造を，すなわち空間的な構造を（もたないことだけを意味し）ている．この状態は，例えばアインシュタインの宇宙において記述される場合には，すべての有限の空間では一定であり，したがって均質で等方的でなければならない．量子力学的には，有限の空間にあるこのような状態には，有限の零点エネルギーが帰属していなければならない．一般的な M を表わす定式は

$$M = \frac{1}{2}\left(n + \frac{pR}{2}\right) \tag{6}$$

となる．階数 p の状態は p 個の準粒子の状態の対称積，R をその自由度と

考えれば，この式は p 個の準粒子の零点エネルギーの和を表わすことがわかる．

4. 固定された位置空間における準粒子

さらに応用を広げるために，明瞭に定義された時空連続体における，すべての組み立てられた粒子の「基本要素」として，準粒子についての諸々の表現を利用する．当分のあいだは第9章で導入された対称群の固定された均質な空間に話を限り，3つの特別な場合を選ぶことにする．

a. アインシュタイン空間　9.3 b に言及することになるが，9.3 e で述べたように，ウアと反ウアを導入する．全回転群 SO(4)，したがって S^3 における，すべての広域的な剛体運動の群は，9.3 e (7) から6個の演算子 M_{ik} ($i, k = 1, 2, 3, 5$) によって生成される．これに $M = M_{46}/i$ がエネルギーとして加わる．すべてのこの種の演算子は $\mu_{12} + \mu_{34}$ という和の形であって，μ_{12} は座標 $r = 1, 2$ だけに，μ_{34} は座標 $r = 3, 4$ だけに作用する．S^3 では μ_{12} は右ねじ，μ_{34} は左ねじである．M_{ik} については M_{12}, M_{13}, M_{23} は点 $w = 1$ の周りの回転であり，M_{15}, M_{25}, M_{35} は $w = 1$ の場合には並進として作用するというように記述される．ねじは広域的に定義されるが，回転と並進は局所的に定義されるにすぎない．すべての演算子は n と s とには可換であり，したがって宇宙論的エネルギーとヘリシティーは不変に保たれる．s が整数の場合と，半整数の場合，すなわちボソンとフェルミオンとに分けて考え，2つの場合にそれぞれ

$$\text{ボソン：} \quad n = 2\nu, \quad s = \mu$$
$$\text{フェルミオン：} \quad n = 2\nu + 1, \quad s = \frac{1}{2}(2\mu + 1) \tag{1}$$

とおく．$p = 1$ の場合には，一定の n, s に対して，1次独立な状態の数はそれぞれ

$$\text{ボソン：} \quad N_{n,s} = (\nu + \mu + 1)(\nu - \mu + 1) = (\nu + 1)^2 - \mu^2$$
$$\text{フェルミオン：} \quad N_{n,s} = (\nu + \mu + 2)(\nu - \mu + 1)$$
$$= (\nu + 1)(\nu + 2) - \mu(\mu + 1) \tag{2}$$

となる．状態

$$|n_1, n_2, n_3, n_4 > \qquad (3)$$

は基底を表わす．わかりやすく議論するために，この基底の代わりに，純粋な運動量状態の「準基底」を選ぶ．「出発点の状態」として，z 方向の最大の運動量成分

$$M_{35}/i = \frac{1}{2}(n_1 - n_2 - n_3 + n_4) \qquad (4)$$

をもつ状態を選ぶ．この状態は

$$\psi_{max} = |\frac{1}{2}(n+s), 0, 0, \frac{1}{2}(n-s) > \qquad (5)$$

である．他の角運動量状態へは，この状態から回転によって移ることができる．$p=1$ すなわち「質量ゼロ」の粒子の場合には，角運動量の向きはスピンの向きによって決定される．線形独立な角運動量状態の数は，$N_{n,s}$ に等しいように定められなければならない．いずれにしても，その数は，そのつど状態

$$\psi'_{max} = |\frac{1}{2}(n+s), 0, \frac{1}{2}(n-s), 0 > \qquad (6)$$

から回転によって作られる純粋の回転運動量状態の数に等しい．しかしこれは，すべてのウアとすべての反ウアの 2 つの独立の回転運動量を合成するためには，(2) を用いて与えなければならない．しかし (3) の状態とは異なり，一般に純粋の運動量状態は互いに直交しておらず，各々の純粋の運動量状態のエネルギーは

$$M = \frac{1}{2}(n+2) \qquad (7)$$

である．このエネルギー概念の確定については，さらに c で述べることにしよう．

b．広域的ミンコフスキー空間　粒子についての通常の記述は，アインシュタイン空間でなくて，ミンコフスキー空間でなされる．さしあたり，ここではカステル (1975) が与えた，ミンコフスキー空間における質量ゼロの粒子の表現を論評しよう．$R=4$ の対称テンソルの空間 $\overline{T}^{(4)}$ には，ちょうど各

s の値に SO(4, 2) の表現，すなわち各々のヘリシティーに質量ゼロの粒子が含まれている．$s=0$ は，経験的には未知であるが，スピンも質量もゼロとみなさざるをえないような粒子の表現を定義する．$s=\pm\frac{1}{2}$ はニュートリノ，または反ニュートリノに，$s=\pm 1$ は右または左偏光の光子に，$s=\pm 2$ は重力子に対応している．

これらの表現をカステルに倣って，単体のニュートリノを記述する $s=\frac{1}{2}$ の場合を例にとって説明しよう．その際形式的にはニュートリノが実際ゼロの静止質量をもっていることが前提されなければならない．さもなければ，この粒子を $m=0$, $s=\frac{1}{2}$ 以外に指定しなければならないであろう．とにかく，最初に粒子の名前によって表現に命名することは，仮想的である．というのは，パラボース表現において，初めて孤立した個別粒子以上のことを記述しうるからである．$\overline{T}^{(4)}$ における表現は，質量ゼロの自由な粒子の相対論的対称性のみを示すにすぎないのであって，その相互作用の特性を云々するものではない．

ある表現における状態は，4 個の量子数

$$s^{(1)} = \frac{1}{2}(n_1+n_2) \qquad s_3^{(1)} = \frac{1}{2}(n_1-n_2) \tag{1}$$

$$s^{(2)} = \frac{1}{2}(n_3+n_4) \qquad s_3^{(2)} = \frac{1}{2}(n_3-n_4)$$

によって特定される．この書き方によれば，$s^{(1)}$ は状態 1 と 2 にあるウアだけから成り立っている粒子の半分を表わし，$s_3^{(1)}$ はその第 3 座標成分であり，同様に $s^{(2)}$ と $s_3^{(2)}$ は状態 3 と 4 に関する量である．ニュートリノについては，

$$s = s^{(1)} - s^{(2)} = \frac{1}{2} \tag{2}$$

である．ニュートリノの基底状態は，

$$n = n_1 + n_2 + n_3 + n_4 = 2(s^{(1)}+s^{(2)}) = 2j \tag{3}$$

と

$$j_3 = s_3^{(1)} - s_3^{(2)} \tag{4}$$

によって特定される．(3) 式の右辺はカステルの表わし方を引用して $2j$ と書いた．また j_3 はその x_3 成分を表わす．

ニュートリノの最低エネルギーは $n=2s^{(1)}=1$, $s^{(2)}=0$ である．この状態は孤立したウアで構成され，二重に縮退していて $s_3^{(1)}=\pm\frac{1}{2}$ である．SO (4, 2) の生成因子は a_r と a_r^+ については双1次であるから，ニュートリノのすべての状態で n は奇数である．したがって，つねに $(n+1)/2$ のウアと $(n-1)/2$ の反ウアを含んでいる．カステルは演算子

$$M = M_{46}/i \tag{5}$$

によってエネルギーを，より正確には宇宙論的エネルギー（シーガル 1976 参照）として表わした．カステルによれば m で表示された固有値は n ないし j と次の式

$$m = j+1 \tag{6}$$

によって結びついている．この関係を次の図の直線が表わしている．
　各々の $j=n/2$ に対して，まさに n 個のウアが全エネルギー $m=n\cdot m_1$ をもって存在しており，その際 m_1 が自由なウアのエネルギーを，それゆえにまた最低のニュートリノ状態のエネルギーを意味する場合に，それがもつであろう m の値が，破線で示されている．さらに高いすべてのニュートリノ状態の m の値は，式 (6) によると，$n\cdot m_1$ より小さいことがわかる．カステルはこれをニュートリノにおけるウアの結合エネルギーによるものと解釈している．
　ニュートリノをミンコフスキー空間で記述すると，当然のことながら，式 4 d (11) に従って，そのエネルギーは M_{46} と非コンパクトな生成因子 N_{45} の和で与えられる．その場合離散的状態はエネルギーの固有状態とはならず，

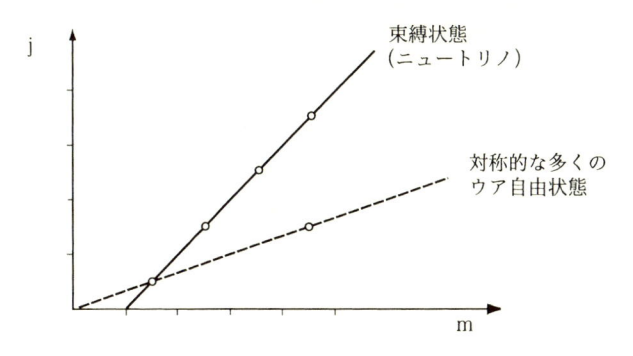

束縛状態
（ニュートリノ）

対称的な多くの
ウア自由状態

実際ミンコフスキー空間では，連続固有スペクトルをもつ．ミンコフスキーの座標 y_μ では，基底の離散的状態は，式 4 d (10) によれば，ある一定の時刻には，最小の空間的直径をもつが，それ以前では縮小していて，その後では，離れて行くような波束の状態なのである．孤立したウアに対して，カステルはミンコフスキー波動関数として一定の複素数 ϕ_1, ϕ_2 を持つ関数

$$\psi = \frac{y_k \sigma_k + y_4 - i}{(y_k^2 - (y_4 - i)^2)^2} \begin{pmatrix} \phi_1 \\ \phi_2 \end{pmatrix} \tag{7}$$

を挙げている．

c. 局所的ミンコフスキー空間[*4]

第3のモデルは，アインシュタイン空間とある点で接しているミンコフスキー空間である．この際アインシュタイン空間は，物理的に実在する空間として把握されるべきであり，またミンコフスキー空間は，観測者がその接点の周りで現象を記述する言葉を提供するべきものである．これはアインシュタインが一般相対論で言うところの，実在空間のリーマン空間はどこでも近似的にはミンコフスキー空間でなければならない，という要求に一致している．このモデルにおいて明らかになることは，ミンコフスキーの記述の仕方は，単に第1近似にとどまらず，さらに広域的なミンコフスキー空間においては，可能な状態の連続集合体のなかにはめ込まれている離散的な集合体だけが現われるということなのである．

これに反して，別の観点からすると，アインシュタイン空間はおそらくミンコフスキー空間より悪い近似になる．アインシュタイン宇宙は，空間的構造においても，物質的内容においても時間的に不変であると仮定されていて，さらにローレンツ不変でない．時間的一定性については，天文学的経験によれば，膨張する宇宙モデルを採用すべきであることが証明されており，そしてウア理論では，ウアの総数が時間的に変化可能であり，かつ平均として増大するということは，真実に近い可能性が大きい．両者を総合して考えると，10.6 d でわかるように，原子的長さの単位で測られた宇宙半径は，おそらくウア数の単調増加関数とならざるをえないのである．ここでしばらく現在のモデルから離れよう．このモデルはせいぜい宇宙論的にみれば，短い時間間隔の記述にすぎないのである．

概念的には，アインシュタインの宇宙がローレンツ不変性とどのような関係にあるのかということをいかに把握すべきであるかが，より鋭い疑問とし

て浮上してくるのである．一般相対性理論によれば，この関係は簡単である．アインシュタイン宇宙はアインシュタインの場の方程式の特解であり，特解は方程式の対称変換に対して不変である必要はなくて，一般にこのような変換は解を別の解に導くものである．ウア理論では，個別の自由なウアの表現に対する位置空間として，さしあたり，アインシュタイン空間へ移った．したがってこの空間は，自由な，それゆえ相互作用のない一定数のウアに対する位置空間となることが可能である．アインシュタイン空間はローレンツ不変でないので，エネルギーの自然質量はこの空間では定義されていない．しかし，接しているミンコフスキー空間では定義できる．ところで，このようにしてアインシュタイン宇宙の物理学では，局所的にローレンツ不変性が成立しているのである．局所的ローレンツ変換は，アインシュタイン宇宙を他の（3+1）次元の空間へと導く．ここでこの2つの宇宙が共通の条件を満たしているか否か，またおそらくは同じ基礎方程式の解であるかどうかという疑問が生じる．

　議論の列の逆転の意味で，ウア理論では最初に微分方程式が与えられておらず，また運動群も与えられておらず，テンソル空間と時間の概念が与えられているにすぎない．とりわけ，時間として解釈可能なパラメターをもつ群をテンソル空間で表現できるならば，この群に対する法則の不変性が期待されうる．すると，このような法則の定式化は群の均質な空間における関数に対する微分方程式となりうる．一般相対論へ移るときに，この考察を再度検討する．

　さしあたり，ミンコフスキー空間が，アインシュタイン空間からの平行射影によって説明される．位置空間では，アインシュタイン宇宙の座標は4つの数 w, x, y, z によって次の付加条件 9.3 b (2) のもとに決定される．

$$w^2 + x^2 + y^2 + z^2 = 1 \tag{1}$$

ここで接触点として $w=1$, $x=y=z=0$ を選ぶ．この点で接しているミンコフスキー空間では，x, y, z だけが座標でなければならない．9.3 b (4) で利用していた時間は，ミンコフスキー空間でも時間座標でなければならない．9.3 b では，時間が開かれた（R^1）のことなのか，周期的な（S^1）のことなのか，したがってアインシュタイン宇宙が超円柱 $S^3 \times R^1$ であるのか，それとも超球体 $S^3 \times S^1$ であるのかは，不問にしておいた．前者の場合には，ミ

ンコフスキー空間は $w=1$, t 任意の世界線に沿って，後者の場合には，$w=1$, $t=0$ の一点だけで，アインシュタイン宇宙に接していることになる．

　この明らかにやや初歩的な手続きの代わりに，通常は曲がった空間から，接平面の空間へ，たいていはいわゆるコントラクション（縮約）によって移行する．この手続きの場合には，曲がった空間は曲率半径 r で表わされ，$r \to \infty$ の極限へ移行する．このように曲がった空間で定義された関数や，微分方程式，および群の表現は，平面空間のそれぞれに相当するものに移されてゆく．その際，無意味な結果に帰着してしまわないために，関数のパラメター等々について，何度も同時に極限移行を行なわなければならない．それゆえアインシュタイン宇宙には，厳密に質量ゼロの粒子というものはない．式 10.3 c（6）における M をアインシュタイン宇宙のエネルギーとして捉えると，$p=1$, $n=0$, $R=4$ の準粒子は静止質量 $M_0=1$ を持つことになる．しかしアインシュタイン宇宙において，有限の静止質量 M_0 を持つすべての粒子は，コントラクションに際して静止質量ゼロの粒子に移行する．これは，広域のミンコフスキー空間では，エネルギー演算子は，9.3 e（11）に従って M_{46} ではなくて，$M_{46}+N_{45}$ であるという事情によるのである．ミンコフスキー空間での有限の静止質量は，コントラクションに際しては，r とともに M_0 を，それゆえ p を無限大に近づけることによって得られる．

　しかしながら，コントラクションの手続きは明らかに平行射影とはまったく違った意味を持っている．それは，2つの異なった物理学の可能な仮定のあいだの数学的な類似および相違を記述する．まさしく世界は「実際には」アインシュタイン宇宙であるという仮定と，世界は「実際は」ミンコフスキー連続体であるという仮定の問題である．これに反して，われわれの手続きは（後で詳しく述べるべきであるが）作業仮説，すなわちウアから構成されている対象が時空的に正しくアインシュタイン宇宙によって記述されるべきであるという立場から出発して，対象が記述の単なる近似的方法において，局所的に接しているミンコフスキー連続体のなかでは，どのように見えるかを問うのである．アインシュタイン空間によって記述される，静止質量の有限性と離散性は，特にミンコフスキー空間からは説明できないにかかわらず，接触するミンコフスキー空間においては，同様に記述される．静止質量の有限性と離散性はウア理論では，開かれた有限性に他ならない．実際に決定可能なすべての選立が有限である場合には，1つの粒子の実際に観測できる状

態は，有限個のウアを含むことができる．まさにこれはわれわれがコンパクトなアインシュタイン空間を空間的な記述のために選んだ結果である．この選択の宇宙論と静止質量の精密化に対する関係については10.6 d にゆずる．

それゆえに，局所的なミンコフスキー空間では，広域的な場合にもそうであるが，M_{ik} ($i, k = 1, 2, 3$) は，点 $x = y = z = 0$ において局所的な回転群を生成するだけではなくて，広域的な理論とは別に，M_{i5} ($i = 1, 2, 3$) もまた測定可能な運動量である．4 a (7) では，M_{46} は M といわれていたが，測定可能なエネルギーでなければならない．3つの M_{i5} は確かに互いに交換可能でない．それゆえ，厳密には平面空間での運動量ではない．しかし，それは平面空間の近似が，M_{i5} の交換子が測定できないくらいに小さくとどまるかぎりにおいてのみ，実行されうることを意味するにすぎない．まさにこれは，一般相対論による，平面空間における経験的記述にとっての妥当な前提である．

それゆえに，ここで 4 a での準粒子の記述を簡単に，局所的ミンコフスキー空間の用語で表わすことにする．ここでも $p = 1$ の準粒子がいまや質量ゼロでないことが明らかなため，4 a での準粒子の記述を簡単に，局所的ミンコフスキー空間の用語で表わすこととする．$s = 0$ のボソンは静止状態でエネルギーは 1 であり，ミンコフスキー近似の成り立つかぎり空間構造はなく，すなわち $\phi(x, y, z) =$ 一定である．遠い距離では，平面の記述は正しくないから，ϕ は規格化可能である．$s = \frac{1}{2}$ のフェルミオンは最低状態で運動量 $\frac{1}{2}$ をもつが，エネルギーは $\frac{3}{2}$ であり，それゆえ光速とは明らかに異なった速度をもっている．われわれはこの問題を 5 c で再び取り上げる．

5. 量子電磁力学のモデル

すでに 10.1 b で述べたように，量子電磁力学は一般の場の理論のモデルとされているが，他方では量子電磁力学の詳細な理論には立ち入らないで，ただこれに対するモデルの構想を述べるにとどめる．この節とこれに続く b. 7 をまとめて述べるに際して，次の3つの可能性のあいだの選択をした．1. 首尾一貫した総仕上げを試みることによって，本の出版をさらに無期限に延期すること．2. こうした問題を論評することなしに，出版すること．3. こうした疑問の，単なるモデル的考察を本書のなかに採用すること．著者は第3の

可能性を選んで，ここに未完成の仕事のプログラムを提示することとする．

a. **古い構想と新しいプログラム**　　複数の選立の量子論から1958年に，シャイベ，ズースマンと著者は質量のない，また有限質量のレプトンおよび横光子に対するワイルや，ディラックやマクスウェルの力場のない波動方程式を導き出した．この仕事の経緯については第7章の7で述べた．その当時，この仕事について正当な反響はほとんどなかった．それには次の3つの本質的な欠点があった．
   1. 問題作成の概念的な基礎が明らかでなかった．
   2. 形式的に導かれた方程式が，一方ではその仮定と，他方ではその経験とのあいだに物理的に明瞭な関係を与えることができなかった．
   したがってわれわれの定式には，2, 3の不整合性が紛れ込んだのである*5．
   3. 相互作用を記述するのに成功しなかった．

概念的な基礎づけの解明には，その後約25年間の追加研究を要した．私は相互作用についての矛盾のない糸口をそのあいだに発見したと信じている．これについては10.3で略述している．いま私は昔の構想を取り上げ，その矛盾点を除き，そこから完全な量子電磁力学を導き出す新しいプログラムを定式化してみよう．

論文 (1958²)（以後，相補性と論理IIをKLIIIと略記する）では，2項選立に多重量子化を施すことを扱った．ワイルの方程式の導出という最も簡単な例について，その取り扱い方を説明しよう．

b. **質量のないレプトン**　　まず簡単な選立

$$r = (1, 2) \tag{1}$$

から始める．「量子化の最初の段階」では，選立の2つの要素に複素数 u_r を対応させると，「純スピノール」

$$u = \begin{pmatrix} u_1 \\ u_2 \end{pmatrix} \tag{2}$$

を得る．u はあらためて古典的な量として，「第2量子化」に従って取り扱われる．この量子化が簡単なために，結果を急いで導いたのであったが，以

前の処理の方法を説明し，次に現在の文脈に沿った訂正について述べる．

最初は，2つの複素数のベクトル u_r を4つの実数のベクトルによって次のように表わしていた．

$$k^\mu = \overline{u}_r \sigma^{\mu rs} u_s \tag{3}$$

σ^μ ($\mu = 0, 1, 2, 3$) はパウリ行列であって，特に σ^0 は単位行列である． u の法は

$$k^0 = \overline{u}_1 u_1 + \overline{u}_2 u_2 \tag{4}$$

となり， k^μ は3つの実数パラメターを確定する．なぜならば，それらのあいだに次の代数的恒等式があるからである（ミンコフスキー測度の記号を用いる）．

$$k_\mu k^\mu = 0 \tag{5}$$

ここで上付きのスピン添字は

$$u^1 = -u_2, \quad u^2 = u_1 \tag{6}$$

によって定義され

$$u^r v_r = u_1 v_2 - u_2 v_1 \tag{7}$$

は u のすべてのアフィン変換の不変式である． k^μ は u_r を位相因子 $e^{i\alpha}$ を除いて決定する． α はの4番目の実数パラメターである．

u_r はさらに量子化されねばならない古典的量とみなされるが，規格化されていない．すなわち， k^0 には任意の値が許されている．第2量子化では， u_r と k^μ は演算子とみなされなければならない．よく知られているように， u_r に対しては正準交換関係

$$[u_r u_s^+] = \delta_{rs}, \quad [u_r u_s] = [u_r^+ u_s^+] = 0 \tag{8}$$

を要求することは明らかなことである．かくして k^m ($m = 1, 2, 3$) は角運動量の成分を， k^0 はその大きさを表わしている．この問題は (KL, III, 9 a) で考察し同時に k^μ は可換として扱うことを選んだ．これは， k^0 の値が大きい場合には許される近似である．

さて，第2量子化の段階では波動関数

$$\phi(k^\mu) \tag{9}$$

を定義することができる．ϕ は（5）を満足し，4つの k^μ に対してのみゼロでなくてもよい．これは

$$k_\mu k^\mu \phi(k^\nu) = 0 \tag{10}$$

という要求によって達成される．ここで k^μ の空間から4つの x^μ の空間へフーリエ変換すると，x – 空間では（10）式は

$$\Box \phi = 0 \tag{11}$$

の形となる．これは形式的に古典的波動方程式と一致する．k と u のあいだには，さらに次の代数的関係がある．

$$k_\mu \sigma^{\mu rs} u_s = 0 \tag{12}$$

この式は，$k_\mu \sigma^\mu$ は u 空間において u に垂直な方向への射影演算子であることを示している．ここでスピノールの波動関数

$$\phi_r(k^\mu) = u_r \phi(k^\mu) \tag{13}$$

を定義する．この際 u_r と k^μ は方程式（3）で関係づけられるべきであり，したがって同じ状態を表わしているから

$$k_\mu \sigma^{\mu rs} \phi_s(k^\nu) = 0 \tag{14}$$

が成り立つ．この方程式はフーリエ変換によってワイルの方程式

$$\partial_\mu \sigma^{\mu rs} \phi_s(x_\nu) = 0 \tag{15}$$

に移行する．「現実的な仮定」の意味で，当時は x_ν を物理的なミンコフスキー空間の座標と理解して差し支えないと考えていて，したがって，式（11）と式（15）は2次の波動方程式，ないしは質量ゼロの軽い粒子，たとえばニュートリノのワイル方程式と理解して差し支えないと想定していた．この想定は現在も正しいと認めるが，当時の説明の仕方にはやや整合性を欠く部分があったので，これらの点を明らかにしなければならない．

k^μ はこの意味で運動量の 4 元ベクトル，u_r は粒子のスピンベクトルを表わす．それゆえに k^μ は式 (10) と (11) ないし (14) と (15) においては，ミンコフスキー空間での 4 つの並進の生成因子として理解されるべきであろう．これに対して，k^m ($m = 1, 2, 3$) は (3) に従ってスピンベクトルの 3 つの成分，角運動量成分として存在することであろう．最初の答えは，質量のない粒子については運動量と角運動量は平行であり，したがって確かに大きさは同じでないが比例している．それゆえにベクトル k^μ は，方程式には現われてこない 1 つの実数を除いて，2 つの物理量を示す．しかし，これで矛盾が解消したわけではない．k^m は第 2 量子化の段階では演算子であるが，その成分が近似的に可換であるとして取り扱った場合には，任意の実数の 3 つの組を固有値としてもつ．これに対して，u_r は (13) においても量子化の第 1 の段階では，ヒルベルト空間のベクトルである．すなわち 1 つのウアの状態を表わしている．これは，x をミンコフスキー空間の位置として理解しようとする場合には不可欠である．一定のベクトル k^m に対して第 2 段階の状態は，ウア理論では，同じ状態にあるウアの k^0 が大きい値をもつことを意味する．しかし k^m が角運動量である場合には，これらはいっしょになって，大きい角運動量の値 k^0 をもたねばならないであろう．それゆえ当時われわれは不統一な方法で，k^m を粒子中に現われるすべてのウアの運動量として，しかし単に唯一のウアの角運動量として仮定した．

(8) に従って u_r と k^μ が量子化され，かつまた，カステルが導入したように 9.3 e に従ってウアと反ウアを用いるならば，これら 2 つの波動方程式について現実的な仮説を維持できる．そこで次は 10.4 a の定理により，k^m は，アインシュタイン空間では右ねじの生成因子となり，同時に運動量と角運動量を表わす．反ウアの 2 つの成分，$r = 3, 4$ は正確に左ねじの生成因子を定義する．質量ゼロのレプトンは $s = \frac{1}{2}$ を持ち，したがって $\nu + 1$ 個のウアと，ν 個の反ウアから成り立っているのである．レプトンの運動量は総和であり，両方のねじの固有値の差はそのスピン角運動量に等しい．k^m が交換可能という近似は，10.4 c で述べたミンコフスキーの接空間における射影に相当する．それゆえ，これからは，「質量ゼロのレプトン」をミンコフスキー空間においては，$p = 1, s = \frac{1}{2}$ の粒子の近似的記述とみなすであろう．

c. 相対論的不変性 今日の立場から，当時の理論構成の相対論的不変性

をどのように評価しなければならないかという問題が生じる．方程式（10），(11) と (14), (15) は形式的にはローレンツ不変である．当時，すでに特殊相対性理論が実際に量子論的に基礎づけられなければならないことを要請した．すなわち，「特殊相対性理論が時空に関する数学的理論であるかぎり，根底においては，すでに簡単な選立の量子論になっているはずである．またローレンツ群は，その選立の量子力学的状態空間の複素線形変換群の1つの（真でない）実数の表現となっている」（KLⅢ, 708 ページ）．われわれとは独立に，フィンケルシュタイン（1968）は双1次の選立の量子論から空間の3次元性とローレンツ不変性を基礎づけた*6．その場合この考えについての彼による詳細は実はわれわれの論述にほかならなかった．簡単に言えば，彼はk^μを運動量の4元ベクトルとしてではなくて，位置の4元ベクトルとして扱った．ここでは，彼の理論を述べる代わりに，われわれの理論について詳述しておこう．

　KLⅢで導入したローレンツ変換は，そこで言葉で詳述したように，本書の 9.3 d–e でカステルと関連して説明したものとは，異なっている．これはミンコフスキー空間をまさしく局所的に導入するのか，広域的に導入するのかの相違である．広域的導入は，全テンソル空間におけるユニタリの無限次元の表現によって達成される．KLⅢでは，運動方程式が導出される代数的恒等式は，ウアの計量に依存するのでなくて，SL(2, C) のもとで不変であるという事実を利用した．第1量子化法の段階では，もっぱら均質なローレンツ群を受け入れた．第2量子化法では，可換なk^mを用いて受け入れた．したがって，矛盾なく，k^mは運動量とみなすことができる．4つの純虚数の和を任意に保つ指数関数を用いたフーリエ変換によって4次元の並進が導かれる．それゆえ，いまや完全なポアンカレ群が適用され，x_νを位置座標と時間座標として意味づけることは整合的であったことになる．

　これに反してVR(8) は SL(2, C) 不変性を捨てて，ウア数とアインシュタイン空間を保存する．われわれの当時のローレンツ不変の理論は接しているミンコフスキー空間内のみで成り立つ．ここで，われわれがどういう正当性をもってこのテンソル空間内でポアンカレ群の（$p=1$）表現が，質量ゼロのレプトンとして記述されるのかという疑問が生じる（4 c. 結語参照）．この対象の状態空間は，例えば，アインシュタイン空間内では，4 a に従って運動量の固有関数で表わされる離散的な基底を持っている．この関数の時

間的発展はエネルギー表現 (7) により与えられるものとしよう．これらの固有関数はアインシュタイン空間に対して静止し，これに接するミンコフスキー空間に射影されたものである．しかしながら，波動関数はミンコフスキー空間では，ローレンツ群のユニタリ表現の基底を構成しない (4 b で定義された，広域のミンコフスキー空間でのカステルの関数もそうである)．それゆえこの対象は，相対論的な意味では正しい静止質量がなく，またウィグナーの定義の意味で粒子ではない．ウア数が大きい場合には，よい近似で粒子となり，この近似においては粒子の質量はゼロと考えてよい．

このように，近似的にのみ成り立つ粒子概念のために，10.3 に従ってつくられた積はミンコフスキー空間でなくて，アインシュタイン空間で記述されなければならないことがわかるであろう．

d．マクスウェル場　KLIII, 第 6 節では，$s=\frac{1}{2}$ の質量ゼロの自由粒子の理論にならって，$s=1$ の質量ゼロの自由粒子の理論を発展させた．現実主義的な仮定に従って，これは自由な右偏光の横波のマクスウェル場の理論であり，したがって $(s=1)$－粒子は右回りの光量子とみなされた．

$(s=1)$－光量子の基底状態は状態 $r=1, 2$ の 2 つのウアから成り立っている．SL$(2, \mathbb{C})$ の既約表現を 1 つのウアにより D_2 とすれば，k^μ のローレンツ群は積 $D_2 \times D_2^*$ であり，これもまた既約である．これに反して，D_2 自身との積は可約となり，$D_2 \times D_2 = D_1 + D_3$．$D_1$ は反対称テンソル $u^r u_r$ により恒等表現である．D_3 は 3 つの対称テンソル

$$f^{k0} = \frac{1}{2} u^r \sigma^{krs} u_s \tag{16}$$

から成り立ち，ウアの対称テンソルから構成された光量子の最低状態を記述する．具体的には

$$\begin{aligned} f^{10} &= \frac{1}{2}(u^1 u_2 + u^2 u_1) = \frac{1}{2}(u_1^2 - u_2^2) \\ f^{20} &= -\frac{1}{2}(u^1 u_2 - u^2 u_1) = \frac{1}{2}(u_1^2 + u_2^2) \\ f^{30} &= \frac{1}{2}(u^1 u_1 - u^2 u_2) = -u_1 u_2 \end{aligned} \tag{17}$$

f^{k0} は斜対称で自己デュアルのテンソルを定義していて

$$f^{ik} = -f^{ki} \tag{18}$$

$$f^{k0} = if^{lm} \quad (k,\ l,\ m \quad 循環) \tag{19}$$

となる．再び k^μ を (3) に従って定義すれば，次の代数的恒等式

$$k^\lambda f^{\mu\nu} + k^\nu f^{\lambda\mu} + k^\mu f^{\nu\lambda} = 0 \tag{20}$$

$$k^\nu f_{\mu\nu} = 0 \tag{21}$$

が成り立ち，(5) と (12) に倣って「第1段階のマクスウェル方程式」と名づけることができよう．$f^{\mu\nu}$ は「第1段階の場の強度」であって，第2量子化によって位置に依存するマクスウェル場の強度となるべき量である．

同様にして，「第1段階のポテンシャル」が定義される．$f^{\mu\nu}$ は実数の場の強度の複素結合として理解され，次のように表わされる．すなわち，

$$\mathrm{e}^k = Ref^{k0}, \quad h^k = Ref^{lm} \quad (k,\ l,\ m \quad 循環) \tag{22}$$

これらの場を第2段階では導関数によって，第1段階では k^μ を掛けることによってポテンシャルから決定しよう．まず特に

$$\begin{aligned} \mathrm{e}^k &= k^0 a^k - k^k a^0 \\ h^k &= k^l a^m - k^m a^l \end{aligned} \tag{23}$$

とおいて，これから

$$a^k = \mathrm{e}^k / k^0, \quad a^0 = 0 \tag{24}$$

を得る．このゲージの代わりに，非ゲージを選び，

$$a^{\mu\prime} = a^\mu + \alpha k^\mu \tag{25}$$

ここで，(23) によって $a^\mu = \alpha k^\mu$ から場の強さはゼロとなる．

第2量子化はレプトンの場合と同様である．関数 $\phi(k^\mu)$ から

$$\phi^{\mu\nu}(k^\lambda) = f^{\mu\nu} \phi(k^\lambda) \tag{26}$$

を作り，実数の場の量は

$$F^{\mu\nu} = Re\phi^{\mu\nu} \tag{27}$$

となる．自己共役（19）のため，実数の場の量 $F^{\mu\nu}$ は場の複素量 $\phi^{\mu\nu}$ と同数の情報量を持っている．(20) と (21) は真空中のマクスウェル方程式に導かれる．ポテンシャル

$$A^\mu = a^\mu \phi(k^\lambda) \tag{28}$$

に対して

$$k_\mu k^\mu A^\nu = 0 \tag{28 a}$$

KLIIIでは，特解として，右円偏光の平面進行波を求めた．ここで再び反ウアを導入しなければならない．これを用いて，右旋光で $n = 2\nu$ をもつ光量子は，つねに $\nu+1$ 個のウアと $\nu-1$ 個のウアを，左旋光では $\nu-1$ 個のウアと $\nu+1$ 個の反ウアを持つ．幾何学的な考察はレプトンのときと同じである．

電気力学は静電場をも記述しなければならないならば，よく知られているように，縦スカラーの光量子をも定義しなければならない．私の考えでは，この光量子は $(s=0)$ −表現で達成される．(16)で，2つのスピンの添字 r, s の1つに1か2を入れ他の1つに3または4を入れるならば，1つのスカラーと1つのベクトルを得る．著書の原稿締切りのときには，この原稿で述べた数学的な構造はまだ吟味されていなかった．

e．電磁気的相互作用 レプトンとマクスウェル場との相互作用は 10.3 に従って一義的に決定されるべきであろう．この計算もまだ完成されていない．ここで解きうる問題を列挙して，予想される解の概略について述べる．

α) 方程式の形

β) 他の相互作用による量子電磁力学の分離性

γ) 基礎定数の値

α) **方程式の形** われわれが相対論的場の理論を構築する手がかりを見つけた後に，KLIII において場の理論に対して外場のない運動方程式の正しい形を発見したのは，さほど驚くべきことではない．対称群と量子数 s が最低次の方程式の形を決定する．われわれの定理が，10.3 に従って，一般に相互作用をおそらく一義的に決定する場合には，相互作用の形が量子電気力学から知りえた形であろうことが推定される．相互作用にとっては，現在の理解

に従えば，相対論的不変性とならんで，内部対称性に対して質量を与えるゲージ群が本質的である．これについては，6c参照のこと．

　この考察の場合，2つの問題，β) と γ) が未解決のまま残る．問題 β) は量子電気力学が，他の相互作用と分離して観察されるような近似が一体定義されうるかどうかということである．このような近似では，量子電磁力学の相互作用の形は一義的に定義されるであろう．問題 γ) はゲージ群によっては確定できない，次元のない相互作用の定数，それゆえに，微細構造定数の値やレプトンの静止質量の値に関するものである．

β) **分離可能性**　この問題を最も簡単な例で説明しよう．2つの準粒子が相互作用しているとしよう．p は相加的であり，全系の p の値は2となる．s も相加的である．2つの成分を s_1, s_2 として，

$$S = s_1 + s_2 \tag{29}$$

1番目の粒子はフェルミオンで，2番目の粒子はボソンである．すると s_1 は半整数，s_2 は整数で，S は半整数である．$S = \frac{1}{2}$ としよう．この場合，そのつど相互に上下に共属する対の値が記述されるような次の組み合わせをうる．

$$\begin{array}{c|c|c|c|c|c|c|c} s_1 & \frac{1}{2} & -\frac{1}{2} & \frac{3}{2} & -\frac{3}{2} & \frac{5}{2} & -\frac{5}{2} & \cdots \\ s_2 & 0 & 1 & -1 & 2 & -2 & 3 & \end{array} \tag{30}$$

縦罫は2つの異なる理論が推測する境界を示す．1番目の対はレプトンとスカラーまたは縦光量子である（ただし，定理dの結論の仮定が正しものとする）．2番目の対は反レプトンと右旋光の光量子である．次の2つの対は，左旋光の光量子と質量ゼロの重力量子を，反重力量子と重力量子とに結びつけるものである．次の対は，さらに高次のスピンの組み合わせを表わしている等々．10.3によれば，すべての対は互いに相互作用しており，その意味でもともと同等である．縦の点線は弱い相互作用定数をもっているから，その範囲内でそれらの対の分離可能性が保証されている．問題 β) に対する答えは，問題 γ) に依存している．

　なお，$p=2$ に対して電磁力学の適用領域を簡単に表わすと次のようになる．

$$\begin{array}{cccccc} S & \frac{3}{2} & \frac{1}{2} & \frac{1}{2} & -\frac{1}{2} & -\frac{1}{2} & -\frac{3}{2} \\ s_1 & \frac{1}{2} & \frac{1}{2} & -\frac{1}{2} & \frac{1}{2} & -\frac{1}{2} & -\frac{1}{2} \\ s_2 & 1 & 0 & 1 & -1 & 0 & -1 \end{array} \quad (31)$$

γ）**定数** われわれの仮定によれば，相互作用の定数も，ウアの組み合わせによって一義的に決定される．ところでこれは何を意味するのかが問題となる．次に議論となるのは次元を持つ量の値がわれわれの単位系とどのように関係しているかという問題である．次元のない数だけが，自然法則的に決定されることが期待されるであろう．場合によっては自然法則的な優れた単位があるとも言えよう．このような自然単位によって表わされる数値がある量の値となるであろう．ウア仮説では，テンソル空間における基底状態を特徴づける数としては自然数があるだけである．したがって，すべての自然定数が数学的に整数から組み立てられることが期待されるであろう．

　特定の単位系の指定を必要としない，一番簡単な定数の値はゼロである．相互作用の因子がゼロということは相互作用がないことを意味している．まず，このような結果を例によって説明しよう．

　質量ゼロのレプトン ($s_1 = \frac{1}{2}$) が右旋光の光量子 ($s_2 = 1$) と相互作用するとしよう．これは上記の $S = \frac{3}{2}$ の場合である．最低の可能な状態は $n=3$ に属している．3つのウアは基底状態 1, 1, 2 を持っている．可能な2つの粒子の結合には，$1 \cdot \overline{12}$ と $2 \cdot \overline{11}$ がある．その場合，$\overline{12}$ は対称テンソル 12+21．同様に3つのウアの許された2つのパラボース状態 112 と
11
2
がある．この場合には粒子状態の積を作ることによって，パラボース状態の表現の多様性は現われない．すなわち全対象のこの状態では，2つの粒子間には相互作用がない．このことが2つの粒子のすべての積の状態に成り立つことを，直接計算によって示すことができる．すなわち，10.3 に従ってちょうど積と同じ集合を生むグリーンの分解により，パラボース状態が定義されることから簡単に導かれる．これが通常の場合であったならば，質量ゼロのレプトンは，マクスウェル場との相互作用がないニュートリノであると言えるであろう．

それにもかかわらず相互作用が現われる3つの理由がある．
　1．全部の対象を粒子の位置に分解して配置する方法の多様性．
　2．$n=0$ の部分の状態．
　3．一部分がより高いパラボースの階数 p をもつ．

1の場合　　$S=\frac{1}{2}$ については (30) で述べた．$S=\frac{3}{2}$ の例では，他の分解，例えば $s_1=-\frac{1}{2}$, $s_2=2$ があるであろう．この分解はおそらく重力場の理論へ導いてゆき，それゆえニュートリノとマクスウェル場との重力場による相互作用が導入されるであろう．

2の場合　　10.3 でこの場合の例を示した．Di と Rac の代わりに，$S=\frac{1}{2}$, $s_1=\frac{1}{2}$, $s_2=0$, すなわち質量ゼロのレプトンとスカラー光量子との相互作用と言い換えてもよい．$n=0$ の状態はグリーンの分解では総和として現われるのではない．それゆえスカラー光量子が質量ゼロのレプトンと結合することが期待されるべきである．

3の場合　　多数のスカラー光量子と結合するレプトンは，大きな p の値をもつ対象となるであろう．ここで 10.3 b の末尾で示した光との相互作用の形が現われる．それゆえ，質量をもつレプトンはマクスウェル場との電磁気的相互作用，すなわち電荷を示すことが期待される．

ここで電子の電荷と質量とについての問題に到達する．今しがた試みた考察によって，電荷が質量の関数として決定されることが予想される．それゆえ質量がまず探究されるべきであろう．電子が p_{el} 個の光量子を束縛していると仮定すれば，「自然」単位系でその質量は $p_{el}+1 \approx p_{el}$ となるであろう．そこで p_{el} を表わす定式を作成するという課題が残る．これがわれわれを素粒子の一般論へと導くのである．

6．素粒子

a．前史：原子論または統一場理論　　今日の素粒子-物理学は，化学の原子論の継続であるようにも聞こえる（6.4 と 9.1 参照）．自然の最終的構成要素

は局在的で時間的にもその同一性を保持するような「粒子」と名づけられる小さい物体,あるいは質点として理解されている.それらは,最終的にそれ以上分割できない粒子を意味する.「Atome」とはギリシャ語で「素」の粒子を表わす.基本的と思われているものも時とともに変化する.かつては,水素や酸素の原子などであったが,やがて光量子,電子,中性子などとなり,今日ではレプトン,クオーク,光量子,グルーオンなどである.たったいま挙げたものを越えて,当然のことながらさらに小さな粒子の探究がもう始まっている.

しかしながら,一般にこのような粒子の存在は,決して自明ではない.その経験的な存在は,理論的に解明されなければならない.どうして物質的に実在するもの一般が局在性と持続性のある単位において総括されなければならないのだろうか.場の理論(6.6)は原理的な選立を提供している.マクスウェルの電気力学では,電子はさしあたり解くことのできない困難な問題に導かれた第1の外部の物体である.すなわち,電子がクーロン場を持った質点だとすれば,電子は無限大の自己エネルギーをもたなければならない.また広がっているとすれば,凝集するためには,非電気的な力が必要となる[*7].

アインシュタインは晩年に統一場の理論(6.10)を提案した.粒子は単に場の方程式の特殊解でなければならなかった.しかし,彼はこのような解を見いだすことに成功しなかった.量子論はこの問題の外観を変更したが,この問題について方程式は1つも解かれていない.この理論は,多重量子化の形式でうまく表現される非対称性をもっていて,粒子と場は同じ実在の両面であることを示した.非相対論的量子論を粒子概念から出発する場合には,古典力学(6.2)のときと同じように素朴な,また基礎づけの曖昧な概念を仮定することとなる.これに反して,場の相対論的量子論では,場の概念が基礎づけられることなく前提されている.次にこの相対論的量子論は,ウィグナーによって,ポアンカレ群の既約表現として粒子概念を是認するようになる.しかしこれは自由粒子についてのみ成り立つ.相互作用のある粒子が,一体どうしてまたどの程度まで粒子性を保持していなければならないのかについては,まったく明らかにされないままである.

古典的電子論の発散は克服されていなかった.繰り込み理論は,発散項を方程式のなかでローレンツ不変性を用いて除去する方法にすぎない.発散項の除去が将来の進んだ理論の段階で正当化されるという期待に結びついた実

用的で有効な計算法を提供する以上のものではない．さらに，多くの著者が希望するように，包括的な理論（例えば超対称）において，発散項を相殺することにたとえ成功したとしても，到達した理論の収束性のより深い根拠が理解されたということにはまだならないであろう．

　ハイゼンベルク（1958）は，統一的量子場の理論の本質的にはより深い提言を行なった．彼は，その運動方程式が非線形の自己相互作用項を含む，質量ゼロのスピノール場（$s=\frac{1}{2}$）を選んだ．相互作用を無視して得られた解は形式的な質量ゼロの粒子（$s=\frac{1}{2}$）を表わすが，物理的には意味はないであろう．相互作用のある場合の解は，まさしく有限のはっきりした静止質量をもった粒子を意味しなければならない．それゆえにここでは概念が本質的であって，粒子のまとまりと静止質量は場の自己相互作用によって生成される．ハイゼンベルクは，整合性のある自己相互作用の理論が決して発散を生じないこと，また結果として定まる粒子の運動方程式に含まれる有限の項が有限の物理量（エネルギー，静止質量，相互作用定数）を与えるであろうことを期待した．しかしハイゼンベルク方程式を解くことは，当然のことながら難しい．この理論は完結しなかったし，とりわけハイゼンベルクはそのあいだにかなり用いられていたクオーク対称性を彼の理論のなかで説明なしに仮定しようとしたわけでも，またこれを理論から導き出すことができたわけでもない．私が考えるには，ハイゼンベルクが遭遇した数学的難題は（アインシュタインがかつて，その古典的統一場の試みにおいてもそうであったが）基礎物理学に必然的に提出される問題に対しては，少なくとも対症的な働きをしている．粒子概念の実際的な実りの多い現象理論を展開することはこの問題に触れず，したがって解決しないまま先送りする．

b．ウア理論の提案　　われわれは，ウア仮説を量子論では初めて可能であるような，首尾一貫した原子論として導入した．最小の粒子というものがあるのではなくて，あるのは最小の選立である．時空連続体，粒子と場は近似的な記述としてこの仮説を出発点としている．プログラムの検証は実行にのみある．ここで見当をつけるために，2つの質問を先に挙げておこう．
　1．従来の理論の概念的な困難を克服できるのか？
　2．素粒子物理学の経験的体系を解明する展望を与えうるのか？

1 の場合　われわれの開かれた有限性のプログラムとは，発散が生じないことを目標にしている．すべての実際の状態は有限の階数のテンソルから構成されていなければならない．発散が生じるのは，無限の状態スペクトルを持つ粒子概念や任意に明確な局所性をもった局所場の概念を真面目に処理しようとするとき，あるいは，実際の状態を，相互作用のなかでその独自性を保ちながら，相互作用をしている粒子ないし場から構成しようとするときである．この際，無限の仮想的な中間状態が導入される．すなわち，これまでは，テンソル空間の状態に対する単に便宜的な近似にすぎなかった粒子と場の概念がまさにその仮想的な性格を持ったまま真面目に取り扱われるようになるのである．厳密なウア理論では，すべての無限性は決して現われないことが期待できる．

同様の期待はハイゼンベルクのスピノール理論の根底にもあった．私はこの理論をウア理論の近似を意味するものと考えたい．特殊相対性理論を記述するためには，少なくとも形式的に場（またはテンソル空間の無限次元の表現）を導入する必要がある．彼の理論の表現によれば，因果性，われわれの把握によれば，時間軸の連続を表わすのがつねである．ウアからの個々の有限テンソルは時間軸を再現するものではない．それゆえ，相対論的因果関係を記述するが，個々の粒子は記述しないといった，ウアと粒子のあいだの「補完的足場」(Dürr 1977) があるという期待は納得がゆくものである．これがまさにハイゼンベルクの言う「ウア場」なのであろう．

これまでの理論には，われわれが「準粒子」として性格づけた ($p=1$) の表現において，ハイゼンベルクのウア場に類似する点のあることがわかったのである．しかし，ハイゼンベルクの流儀とは本質的な相違が残っている．共通点は，基本的実在として，スピノールの変換性を出発点とすることである．このようにして，すべての種類の粒子を構成することが期待される．ハイゼンベルクはスピノールの振る舞いをこのような議論に関連して明瞭に要求したのである．われわれには，それを少なくとも運動量状態 (9.2 b 2) に対しては，抽象的量子論から導出し，時間依存の状態に対しては，保存性維持の要請から基礎づけを行なった．ハイゼンベルクは，より小さい単位の情報を概念化することができなかったから，彼はスピノールに時空連続体の場の性格を付与しなければならなかった．われわれはウアから各々の s について，直ちに基本的な ($p=1$)-場を構成し，したがっていわば異なったヘリ

シティを持つ仮想的なハイゼンベルク場の無限系列をも構成する．このようにして，われわれは，ハイゼンベルクの場合にも，単一場からより高次の形象構成をするために発現するような（規格不定のヒルベルト空間などの）問題を避けるのである．われわれは，多数の $(p=1)$ -場の結合を位置空間で実行するのではなく，離散的加算のテンソル空間で実行する．

2の場合 問題は粒子の離散的指標と連続的指標に関した，2つの本質的に異なった問題群に分かれる．

　離散的な量子数はコンパクトな群に由来する．スピンによる粒子の区別は，特殊相対性理論によって，直接ウア理論から生じる．素粒子物理学の内部対称性を導き出す可能性については c で検討しよう．

　粒子の連続な指標は自由粒子の質量と相互作用因子である．ここで言う「連続」とは，よく知られた対称群が連続の値の領域を持つことを意味している．ところで経験によれば，この量は正確な値を持ち，安定な粒子に対して静止質量は完全にシャープであって，不安定粒子に対しては，精密な重心，したがって共鳴を示す．知るかぎりでは，相互作用定数もまったく正確な値を持っている．例えば，微細構造係数は $e^2/\hbar c=1/137.036$ である．ここで再び，「シャープ」の語義について述べる．個々の安定な素粒子，例えば自由電子がシャープな静止質量を持っていることは，相対論では自明である．すなわち，この1個の素粒子の質量の状態空間における，ポアンカレ群の既約表現に対するカシミア演算子「質量」の値である．しかしながら，数学的に直ちに考えられるのは，その他の点では区別のないすべての電子が，そのつど個々に違った固有の静止質量の値を持つでもあろうということである．粒子の一種である「電子」に一定の静止質量が付随することは，解明を要する現象である．粒子概念から基礎づけることなく出発し，また経験的に静止質量が同等なことが，明らかに当然として受け入れられており，ほとんどの物理学者の意識にのぼらなかった．この問題については d で取り扱う．実はこれが，ウア理論の中心課題であることが示されるであろう．

　10.5 e で，少なくとも電気力学では，相互作用定数の値が静止質量の値に依存しているという予想の根拠を見いだした．しかしながらこの問題は，われわれの現在のプログラムの枠外にあるものである．

c. 組織系統論とゲージ群*8

電気力学がウア理論的に完全に再構成される前は、これから進展しつつある組織系統論についての予想を述べるにとまっていた.

現在の素粒子理論の特色は、一方ではフェルミオン的な、他方ではボソン的な場を区別することにあると思われる. 粒子と場の古典的対比はここでは粒子に対する量子統計の2つの形によって説明されている. すなわち、フェルミ粒子（フェルミオン）は互いに衝突し、その後、孤立粒子となって散乱する. ボース粒子（ボソン）は容易に1つの場に統一される. ウア理論は、パウリのスピンと統計に関する法則を再構成して、ウアには数学的に可能なパラ統計が現われるが、粒子には現われない理由を明らかにする (10.3 a).

フェルミオン間には（統計的相互作用を除いて）直接の相互作用がないと思われる. その相互作用はボース場を媒介とするものである. これはまた、ウア理論からも生じるように思われる. 10.5 e では、$s=0$, 質量ゼロの2つの粒子は互いに相互作用しないことを見てきた. そこではニュートリノと横フォトン（円偏光の）を例に挙げた. 同様に、2つのニュートリノにも、また2つのフォトンについてもあてはまる. 後者は、マクスウェル方程式の線形性が原因であると思われる. 電磁的相互作用は、そこではもっぱらスカラーフォトンの基底状態を通じて伝達されるように思われた. 純粋のフェルミオン場は $(s=0)$ の集合を除いて、ハイゼンベルクの提言と異なり、基本的に自己相互作用をもつべきではないであろう. もちろん相互作用は、10.5, 式 (30) において他の場からの電気力学の分離を廃して伝達される.

今日、基本的なフェルミオンのクラスには、標準的なモデルとして、2つのタイプを区別している. すなわちレプトンとクオークである. 両者のいずれも今日まで本質的に静止質量の異なった値によって区別される3つの族が知られている. これらの族の区分法についてはいまだ解明されていない. われわれはこれらの族の解明を企てるのではなく、2つのタイプの最下位の族に話を限ることにしよう.

粒子の組織論は局所的ゲージによって決定される. 一番簡単な例は電気力学の U(1) である. 物質波動関数 $\phi(x)$ にはつねに広域的な位相因子 $e^{i\alpha}$ (α 実数, $0 \leq \alpha < 2\pi$) が許される. しかし、位置に依存するゲージ因子 $e^{i\alpha(x)}$ を導入することもできる. これは ϕ 関数の定義換えである. 電磁気的相互作用はマクスウェル場のポテンシャルに $e\partial_\mu \alpha(x)$ を加える場合に、不変

に保たれる．他の相互作用，例えばクオークに対しては，高次の非アーベルゲージ群 SU(3) が必要になる．その際，相互作用の法則がゲージ群のもとで不変であることが基本的に要求される．

さてウア理論において，相互作用が一義的に確定されるときには，そのつど妥当な近似でのウア理論の不変性は，ウア仮説，したがってウアのテンソル空間の性質の結果でなければならない．これは相互作用に関するわれわれの提案によれば，原理的に同意できる．4つの数 n_1, n_2, n_3, n_4 によって定義される各々の基底テンソルに因子 $e^{i\alpha(n_1, n_2, n_3, n_4)}$ を与えることにより，対称テンソルの空間 $\bar{T}$ において1つの「局所的」ゲージ変換を定義することができる．複合対象 ($p>1$) のテンソルは $p=1$ のテンソルの対称化された積とみなされる．この積が不変であるように各因子をゲージ変換することができる．位置空間に移行すれば，これはふつうの意味での局所的ゲージ群であることがわかるであろう．変換されたゲージ因子は位置座標のみならず，他の座標，例えば，スピン成分[*9]にも依存している．このようにして，非アーベルのゲージ群が得られる．

レプトンとクオークの相違点について疑問が生ずる．両者のスピンはともに $\frac{1}{2}$ である．ウア理論ではこのような粒子は1種類だけと期待される．すぐに思いつくのは，これらが，準定常性によって相互に分けられた2つの異なる状態にある同じ粒子だということである．特徴的な相違は，レプトンは，短距離の相互作用が強くて長距離ではほとんど自由であり，一方，クオークは長距離の相互作用が強くて短距離ではほとんど自由であるということである．クオークについては，おそらく次のように定式化することも可能である．クオークは小さい相対運動量では相互作用が強く，大きい相対運動量ではほとんど自由であると．さて，ここで，9.3.e の SO(4, 2) の表現，つまり，式 (7) と (11) を調べてみよう．そこでは，コンパクトな付加定数 M_{i5} を除いて，並進の演算子 N_{i6} ($i=1, 2, 3$) があり，運動量空間の並進演算子は N_{i4} である．ところで N_{i4} と N_{i6} は各々の i について，昇降演算子の一定の組み合わせの2つの可能な斜エルミットの線形結合であり，それゆえに鏡映変換によって互いに移行することができる．すぐに考えつくことは，ウアのテンソル空間で一定の鏡映変換を施すことによって，レプトンをクオークの線形結合に移すことができるし，またその逆が可能となる（整数の電荷を，整数の電荷に移すための線形結合）[*10]．

以上が現在認められている粒子の種類に関するウア理論である．

d. 静止質量 　静止質量のシャープな値を解明できるかどうかが，ウア理論の概念的な整合性を示す証拠となる．あるタイプの各々の粒子，例えば各個別電子は，可能な連続の値のなかで，どうして幾分違った静止質量の値をもたないのだろうか．すでにｂの結論で述べたように，これまでの理論では，このような疑問は設問として取り上げられることはなかった．一定の粒子のタイプがあるという古典的仮説は，そのタイプのすべての個別粒子は同じであることを前提とする．これはすでに古典的化学が仮定している事柄である．ボーアは，初めて物理的な議論が可能な原子模型，すなわちラザフォード模型を手がかりにして，内部構造をもつ原子は古典力学によれば（ながらく哲学者が期待していたように）互いに1つ1つがまったく同じではありえないとした．実はこの結論が量子論なのである．またその際彼は，電子の同一性と陽子の同一性を単純に仮定した．場の量子論ではこの問題は再び判然としないままである．一定の質量項をもった場の方程式が正しいとすれば，この場の方程式の解に対応するすべての粒子は自動的に同じ質量をもつこととなる．アインシュタインあるいはハイゼンベルクの理論のような統一場の理論では，前もって任意に仮定された質量項を含まない．ここから，あるタイプの自由粒子の近似に対する一定の質量項を持った，特殊な方程式の妥当性が導かれることを要求しなければならない．まず粒子の判然と分離されたタイプが存在することを解明しなければならない．アインシュタインの古典場の理論は一度もこのような結果に近づいたことはなかった．おそらく量子論においてのみ可能となるであろう．しかし，ハイゼンベルクの理論においても最終的には解決できなかった決定的な問題があった．1965年頃に，私はウア理論において，あるタイプの粒子の個別的同等性の問題に遭遇したときに，同様の問題がハイゼンベルクの理論にもあるかどうかを彼に尋ねたことがあった．彼は言った．「いやそのようなことはない．理論によってタイプの存在は解明されなければならない．例えば，解明すべきものとしては，陽子と電子の質量比がある．しかし，電子の波動方程式が見いだされたならば，当然の結果として，電子の質量は同じでなければならない」．この答えは正しかった．しかし同時に，彼は電子の波動関数を導くことに成功することを要請していた．ハイゼンベルクはすでに基本的な波動方程式から出発したため，

彼の出発点となる仮定から電子をどのように見なければならないかという問題をすでに除外していたのである．

ウア理論では，粒子のタイプの存在と場の方程式の妥当性がまず導かれなければならない．両者とも近似的にのみ妥当する．さしあたり粒子のタイプは2種類の数，s と p で特徴づけられる．$p=1$ のとき s はヘリシティと呼ばれ，p の大きい値のとき $|s|$ はスピンと呼ばれる．s の符号は粒子と反粒子とを区別する．電気力学の場の方程式は，$p=1$ の自由場のミンコフスキー空間における近似として導かれる．内部対称性に関する量子数の問題はすでに述べたとおりであるが解決していない．期待されるのは，p または $p-1$ が静止質量の役目をになうことである．それゆえ大きい p の値を持つ表現に期待せざるをえない．質量がシャープな値を持つことは，p が一定の値を持つことによって明示されなければならないであろう．このような値が特定された場合に限り，一般の場の方程式によって，粒子のタイプの区分に応じた質量が見いだされるはずである．これはいまなお未解決の問題である．

この問題を解く手がかりは，有限宇宙論のモデルに見いだすことができた(1971，1973，1974，1975)．このモデルは世界中の情報の総数が有限であること，したがってウアの総数が一定であることを仮定している．ここではこの仮定から得られる結果のみを調べる．その批判も完成も現在の研究の及ぶところではない．

アインシュタイン空間における個々のウアの表現から出発するが，個々のウアには「世界と素粒子との区別がいまだついていない」．その有限の情報内容は当然のことながら，位置空間の有限の体積内で表現される．宇宙空間内小さな部分容積のなかにある事象を局在化させることは，多くの諾否判定が行なわれる場合にのみ，すなわち多数のウアによってのみ可能となる．アインシュタイン空間では，N 個のウアが存在すると仮定する．どの程度正確に事象をこの空間に局在化できるのであろうか．

この疑問は今なお曖昧である．1つの事象の局在化のために，すべてのウアを用いるとすれば，ウア当たりの割合は $\frac{1}{2}$ であるから，全体積の 2^{-N} の部分を指定することになると思われる．しかしこれは，仮想的である．というのは，銀河，恒星，惑星，人間や装置を含んだ全世界があたかもある1つの位置を測定するための唯一の装置であると言うのに等しいからである．しかしわれわれが知りたいのは，原理的に位置の決定がどのくらい正確であり

うるかである．現実の世界で，原理的にいかに正確にいかに多くの位置の決定を同時に実行できるかと言い換えてもよい．「原理的」とは，ずっと少ない測定ですまされるが，しかし他の測定を同時に行なうことを物理的に不可能にしないで，各々の所定の測定を行ないうることである．

位置の測定は重い物質でのみなしうると仮定して，理論のモデルを精密化しよう．確かに通常位置の測定には光が用いられるが，しかし局在化は物体がそれに対して静止していることによって定められた座標系に関するよりも，正確にはなりえない．重い物質の質量の本質は原子核にあり，それは核子から構成される．したがって原理的に可能な一般の位置測定は，核子のコンプトン波長

$$\lambda = \hbar/mc \tag{32}$$

より正確には局在化できないと仮定してよいであろう．

宇宙の半径（λ と同様，任意の単位で測るとする）を r_k と書くと宇宙の体積は

$$V \approx r_k^3 \tag{33}$$

となる．ここで試みとして N を可能な事象の数を表わすものとし，これらは世界で同時に（「社会的に許される」），体積

$$v \approx \lambda^3 \tag{34}$$

を除いて局在化できるものと仮定しよう．すると

$$N \approx V/v = r_k^3/\lambda^3 \tag{35}$$

となる．この場合には今までのように N は冪指数 2^N ではなくて，N 自身が V/v に等しくなるべきである．ここで，ウアの量子論，したがって情報の量子論との関係が得られる．N は一般に起こりうるすべての諾否の決定の数ではなくて，互いに両立しうる諾否の決定の数であるにすぎない．したがって状態空間の可能な状態の数（形式的には無限）ではなくて，その基底状態の数である．宇宙での N 個の事象を同時に局在化することは，一般に世界で唯一の可能な測定というのではなくて，他の可能な測定の実行と結合していないということである．そのかぎりで V/v が，ウアから構成できる状

態の空間の基底ベクトルの数を示しているという推測は意味があると思われる．

ところで，上記では N を，実在するウアのテンソル空間における基底ベクトルの数ではなくて，ウア自身の数として定義してきた．すべてのテンソルの階数 N の空間 T_N には，ウアと同数の反ウアが存在する（$S=0$）と仮定するならば，ちょうど 2.2^N 個の基底ベクトルが存在することとなり，それゆえ T_N では，このうちの $2(N+1)$ 個が対称となる．このことから，われわれは，V/v を T_N の対称な基底の数によって定義したと考えてよいであろう．T_N において物理的に実現可能な基底テンソルの総数は N でも 2.2^N でなくてもよいのであって，パラボース統計で定義される基底テンソルの数，ゆえに $S=0$ の場合に許されたヤングの図形の数に等しい．他方詳細な計算なしでは，位置測定のひとまとめの集合が，T_N のパラボーステンソルの全基底と同等でなければならないかどうかは明らかではない．したがって現在の模型的考察のために話を私の古い論文（すなわち (35)）に限ることとする．

次に2番目の疑問を設定する．どれだけのウアを1個の核子に割り当てるのか．どれだけの核子が N 個のウアから構成されうるのか．現在の常識的な宇宙論によれば，例えば

$$r_k = \gamma \lambda, \quad \gamma \approx 10^{40} \tag{36}$$

でなければならない．1個の核子を λ だけの精度を除いて局在化するためには，おそらく $\nu = 3r_k/\lambda$ くらいのウアが必要である．この評価は前のものとは無関係であって以前とは異なり，すべての選立の空間の基底を定義するものである．λ を除いて局在化を達成するには，量子理論的に波長 r_k の，例えば r_k/λ 個の波動関数を重ね合わせることが必要である．因子3は3次元で行なわれなければならないことを表わす．n を世界中の核子数としてみよう．すべてのウアが核子のなかに含まれていると仮定すれば，核子当たりのウアの数を ν として

$$n = N/\nu \approx 10^{80} \tag{37}$$

となる．この数は世界中の水素原子の実験的密度とかなりよく一致している．もちろんこのような大ざっぱな考察では，指数因子の大きさは確定せず $10 \sim 100$ の程度と言えるだけである．

この考察は研究中の理論に有利な2つの実験的に価値のある議論を提供する．その1つはすでにアインシュタインの知るところであった，万有引力定数 $\varkappa$ の大きさに関係するものである．安定なアインシュタイン宇宙は，経験的な $\varkappa$ の大きさに対して，現在の宇宙論の知識からして，少なくともその程度と認めざるえない大きさである．実験上ではいずれにしてもこれより小さくはない．2番目の議論はウア理論から導かれるものであって，(9) に従って体積 V のなかの核子の数の評価である．これは検証可能な最初のウア理論の結果であって，単に既知の理論を再生産するものではない．
　一般に閉じた宇宙に対しては

$$N = \gamma^3, \quad \nu = \gamma, \quad n = \gamma^2 \tag{38}$$

となる．N と ν とはウア理論によって定義されるが，n は測定可能であって理論から正しい大きさが求められる．もちろん，同時にウア理論では，第1近似において，ウアが同じ静止質量をもつ真の粒子のなかに配列されていなければならないということはまだ示されていない．ただウアをそのように整えておけば，たまたま経験的に正しい粒子の数が得られることを示すにすぎない．
　また，この同じく以前の論文に由来する考察では粒子のパラボース表現はまだ顧慮されていない．そこでは，おそらく ν は核子のパラボースの位数であり，核子のなかで組織化されているかぎり，N は宇宙のパラボースの位数となる．背景放射の 10^{80} 個の電子と 10^{90} 個の光子のウアは定量的にあまり変化しないであろう．電気力学 (10.5 e) の意味で次のように仮定できるであろう．すなわち，n 個の質量ゼロのフェルミオンと N 個の質量ゼロのボソンが互いに結合しうる場合には，各々のフェルミオンは $\nu = N/n$ 個のボソンと結合し，したがって質量 $p = \nu$ をもつ．統計的考察によれば，3次元の空間では，まずはじめに N 個の質量ゼロのボソンは，それぞれ $N^{1/3}$ 個の質量ゼロのボソンから質量のある粒子に統合されるべきであることを，逆に示さねばならないであろう．静止質量が精密な値を持つことは，統計的に融解点が精密な値を持つことに倣って解明されるべきであろう．精密な値とは例えば，質量のあるフェルミオンの p の値 ν の周りの分散はせいぜい $\nu^{1/2}$ の程度にすぎないという意味である．
　これらすべての提案はさしあたりプログラムの段階にとどまる．

7. 一般相対性理論*11

a. 空間構造の問題　第6章の2.d, eおよび7節から10節までに古典物理学における空間の問題に関する歴史のあらましを述べた．物理学者の大部分はニュートンの考え方に従って，空間と時間はそれぞれ独立の実在であり，その「なか」で物体が運動すると考えた．19世紀の数学者ガウスから，ボヤイ，ロバチェフスキー，リーマン，リー，クラインを経てヒルベルトに至る人たちは，多くの異なった空間構造が数学的に可能であり，自然を記述するために物理学に提供されることを明らかにした．アインシュタインは初めて空間と時間を結びつけ，時空連続体に対してリーマン幾何学を適用した．量子論は時空連続体の古典的記述を批判することなく受け継いだ．

第8章では，位置空間へのどんなかかわりもなく，時間の均質性を仮定して，経験的に決定できる選立についての要請，および確率概念についての要請から抽象的量子論を再構成した．第9章では，3次元の実在の位置空間と特殊相対論による時間との結びつきとを，抽象的量子論とウア選立の仮定から導いた．しかしながら，時空連続体の局所的構造が明らかにされたにとどまり，いたるところで接しているミンコフスキー空間だけが許されているにすぎない．広域構造については，選ばれた対称群に応じて，アインシュタイン，ミンコフスキー，ド・ジッターまたは反ド・ジッター空間を選ぶことができた．われわれの今日の問題はこのような任意性を克服することである．

第2近似における空間の局所的構造は，すなわち局所的曲率が物質の分布によって決定されるであろうことは，すぐに予想されるところである．ここでわれわれは，まさにアインシュタインと同じ立場に立つであろう．

アインシュタインは，そこで時空連続体の計量場と物質が互いに作用しあうような，二重性の理論が必要であることを認めた．この作用の2つの法則とは，すなわち

1. 運動法則　　外力が働かない場合には，質点は時空連続体の測地線に沿って動く．
2. 場の方程式　物質のエネルギー運動量テンソル T_{ik} は方程式

$$G_{ik} = -\kappa T_{ik} \qquad (1)$$

によって空間の曲率を定め，G_{ik} はリーマンの曲率と

$$G_{ik} = R_{ik} - \frac{1}{2}Rg_{ik} \qquad (2)$$

によって結びついている．これらの法則をウア理論的に導くことができるかどうかが問われている．

　運動法則は曲がった空間に対する慣性の法則の一般化である．ウアに対する，またウアから構築された自由場に対する運動はアインシュタイン空間で記述され，波動方程式は接するミンコフスキー空間において立てられている．両者は，量子論的慣性運動と一致している．われわれは，ここで再びウア理論的な「議論の回帰」を見いだす．対称群の均質な空間のテンソル空間から構成されうる特殊解は，従来の物理学で知られていた一般法則を満足する．するとこれらの法則がウアのすべての状態について成立するのか，またはそれが成立する近似であるのかの検証が課題となる．リーマン空間が厳密にあるいは近似的に構成された場合に，アインシュタインの運動法則についてまず検証してみることができるであろう．

　アインシュタインの場の方程式は解けない問題として量子論者の前に立ちはだかることとなった．それは非線形である．その量子化は線形化した近似においてのみ成立する．整合性のある量子化の手法が非線形の場の理論に対していまだ見いだされていないからである．そこでいまでもこの解決は成功せず，また実際にはその必要はないという大胆な推測から出発する．われわれがその内容をよく理解しなければならないいっそう深遠な問題が，この技術的な不成功の陰におそらく隠れているのであろう．

　一般相対性理論と量子論とのあいだには，根本的な緊張状態が存在している．すなわち一般相対性理論は本質的に局所的であり，量子論は本質的に非局所的である．すべての一般相対性理論の法則は微分幾何学の形式で表わされていて，純粋な近接作用の理論である．量子論の非局在性はすでに過程の個別性のボーア原理のなかに表明されている (7.2)．シュレーディンガー方程式の数学的な形態から直ちに非局在性を読み取ることはできない．しかしながら，シュレーディンガー波は，それから知見を得ることによって，すべての空間に瞬時に変化が及ぶような確率波である (11.2 b)．これに対する最も際立ったモデルは，アインシュタイン，ポドルスキー，ローゼンの思考実験である．また量子論の数学的形態も，ある意味では非局所的である．非相

第 10 章　粒子，場，相互作用　　385

対論的多体問題のシュレーディンガー方程式は遠隔作用力を用いて配置空間のなかで定式化される．相対論的場の量子論は実際局所的な場の方程式を用いて定式化される．しかしながら，場の強さは状態量ではなくて演算子であり，その期待値はなお確率で決定されるにすぎない．そのうえ，相互作用の特殊相対性理論においても局所的非線形演算子の理論の数学的整合性はいまだ追認されていない．局所的現象がどのようにして記述されるのかが問題となる．結局われわれの構築は，分離的選立から出発しているために，その基礎において非局所的である．非局所的現象がわれわれの構築においてどのように記述されなければならないかが問題となる．

　この問題の例として，私が1949年に E. フェルミと交わした会話について述べてみよう．当時彼は私に，量子論ではアインシュタインの等価原理は誤りである，と言った．例証として彼は，周期的な重力場で作られた回折格子による物質波の回折現象を挙げた．回折角は波長と格子定数との関係によって与えられる．フェルミによれば，対応原理に従い，この回折格子によって，すべての物体は同じ方向に回折しなければならない．しかし実際は，波長，つまり与えられた速度の粒子の回折角はその粒子の慣性質量によって決まるのである．私は J. エーラー[*12] にその後間もなくこの話をしたことがあるが，彼は即座に対応原理が必然的に微分幾何論と結びついているから，この原理はその場合局所的なものにすぎないことを指摘した．それゆえ波動の回折過程の記述は一般相対論においては問題はない．量子論の非局所性はこの場合，粒子の波長が同時に運動量を決定する点に示されている．エーラースは将来の和解に希望を託し，上の討論を次のような所見をもって結んだ．すなわち「この2つの理論は調停されなければならない」と．

　われわれは，この問題を2つの段階に分けて扱う．bでは，計量場の量子化を諦め，したがって一般相対論を原理的に古典論として扱う．方程式 (1) では，当然 G_{ik} でなくて，T_{ik} であって，それゆえに質量は古典的に記述されることとなる．cでは，G_{ik} と T_{ik} とをともに量子論的物理量とみなし，そのために双方とも局在性は犠牲にせざるをえないことを論じる．dでは，手短に宇宙論の結論について論じる．

b. 古典的計量場　　6.8 では，ライプニッツの物質と空間の一元論について論評した．彼によれば，空間は物体間のある一定の関係を表わす論理的ク

ラスである（例えば，間隔，相対的方向のあいだの角度など）．関係は 2 項述語である．物質と空間の二元性は一見取り除きえない主語と述語の論理的二元性でもあろう．存在論的には，実体と属性の二元性と言ってもよい．このマッハに再認識された考えは，アインシュタインにとっては空間を微分幾何学的に記述しなければならなかったゆえに，貫徹されなかった．そのために，計量テンソルは，他の場の量と同じく場の量となったのである．

ところで量子論は，ライプニッツの見解を再び導入する機会を与えてくれる．特殊相対論的量子場の理論では，時空座標はオブザーバブルではなくてパラメターである．われわれの構築では，それはテンソル空間の対称群の群論的パラメターとなって現われる．群の均質な空間を座標化するために利用できるのである．この空間の関数は，値そのものは（複素）数であって演算子ではないのだが，群の表現ベクトルとして役立つ．群が局所的にのみ用いられるような理論を構築できれば，時空座標は古典的リーマン空間のパラメターに移行しなければならない．そのとき物質の量子論を古典的な計量場[*13]で得たことになる．するとウアから構成されるすべてのものは，古典的な，抽象的な意味で「実体」といってもよい．しかし，一方時空座標は，まさにライプニッツが意図したように，実体の可能な状態間の関係となるであろう．このような見解のもとでは，一般相対性理論を量子化しようとしても誤解を与えるものとなるであろう．

ここで，このような理論がウア仮説を基礎として構築されるかどうかが，問われることとなる．電気力学と一般素粒子論におけるように，その場合次の 2 つの異なる課題が解決されなければならない．

1. 場の方程式の設定
2. 定数 x の決定

1 の場合　他の理論のように，よく知られている不変性の要求から方程式の形が広範に確定される．ここではアインシュタイン固有の考え方だけをウア理論の枠組みのなかで繰り返してみなければならない．これまでは，当然ながら無理やり基礎づけなかったとはいえ，すでにリーマン空間への期待を認めてきた．アインシュタインの方程式は任意の座標変換に対して不変な最も簡単な場の方程式である（6.10 参照）．われわれのこのたびの提案では，方程式（1）によって，本質的に古典的とみなされる量 G_{ik} が，必然的に演

算子から構成されているテンソル T_{ik} に結びつけられる．それゆえこの方程式は元来，T_{ik} が古典的に近似されるという意味で，近似の範囲で成り立つにすぎない．それゆえ，方程式 (1) は第一近似として成り立つと仮定すればよい．とにかくこれ以上は期待すべきでない．

2の場合 われわれの一般相対性理論の再構成の試金石となるのは，x の実験値を推論することであろう．議論を逆にして，さしあたり方程式を満足するモデルを構成して，次にこの方程式の普遍妥当性を調べてみよう．このモデルは，10.6 d で用いたのと同じアインシュタイン宇宙である．アインシュタインはその世界モデルを場の方程式の解として導き，ハッブル効果に関連して，宇宙論的評価によって x と世界半径 r_k とのあいだの正しい関係を与えた．換言すれば，実在の世界がアインシュタイン宇宙によって近似的に記述されてよい場合には，それはアインシュタインの場の方程式の解であり，実はこれから研究しようとするモデルに他ならない．

10.6 d では，アインシュタイン宇宙はちょうど $N^{2/3}$ 個の質量のある粒子を含んでいて，ウア数または準粒子数 n の静止質量は $\gamma = r_k/\lambda = N^{1/3}$ であるような，長さ λ を定義する．ここで次のような原子単位

$$\hbar = c = \lambda = 1 \tag{3}$$

を定義すると，x の実験値は

$$x \approx 10^{-40} \tag{4}$$

となる．また

$$x \approx \lambda/r_k \tag{5}$$

ここからまさに，経験的宇宙はよい近似でアインシュタイン方程式の解であることがわかる．そこで，すでに述べた λ の経験的大きさの説明に従って，ウア理論では

$$x = N^{-1/3} \tag{6}$$

でなければならないと言うことができる．

アインシュタインに対して，ここでは因果的議論の順序を単に逆転したに

すぎない．ニュートンによれば，物体の質量と状態は重力の強さで決定される．もう少し厳密な言い方をすれば，（数学的な「決定する」から物理的な「原因となる」へ移行すると）物体はその時々の重力場の形態の原因体である．同様にアインシュタインの方程式は，物質が空間 T_{ik} を通じて空間の歪曲 G_{ik} を生み出す原因となるというようにふつうは読み取られている．われわれは逆に，コンパクトな曲がった空間を，有限の量子論的選立の表現空間と呼ぶ．次に，この空間における長さが実験的にどのような単位で測定されるかを問い，この単位として，物体の静止質量を本質的に決定する素粒子のコンプトン波長を選ぶ．宇宙は重力によって保持されていると考えると，この単位で，宇宙半径は重力定数の逆数となる．これは重力だけで結ばれている2つの核子からなる分子のボーア半径が，宇宙半径に等しいという説と同様の原子単位と宇宙単位の関係である．

　しかし，もちろん定常的なアインシュタイン宇宙は方程式 (1) の解ではない．そこで方程式に「宇宙項」を付加するか，あるいは例えば，フリードマンのモデルに従って，宇宙を膨張させなければならない．この点は d でまた扱う．ゲルニッツ (1985) は，ウア理論に基づいた膨張する宇宙モデルでは，アインシュタイン方程式が厳密に満たされうることを示した．ところで，アインシュタイン空間での広域的な考察から一般のリーマン空間での局所的考察へ移ることは必然的であろう．そのために，物質分布と計量場のあいだの2次の微分幾何的関係を利用する．この方法は接しているミンコフスキー空間の定義を，広域的な曲がった4次元の世界モデルを構成するための一般化と言ってもよいであろう．この世界モデルは，考察中のリーマン空間に局所的に接し，したがって2次の微係数まで一致している．いまだこの方法は遂行されてはいないが，ゲルニッツはこのプログラムを接するド・ジッター空間を用いて検証した．現時点では次のように言えるであろう．この方法が，最も簡単で可能な場の方程式，つまりアインシュタイン方程式を導出するならば，アインシュタイン宇宙はこの方程式を満足するのであるから，経験的に正しい $\varkappa$ の値が求められる．

c．重力の量子論　　今しがた構想した古典的計量場の理論は，とにかく1つの近似にすぎなかった．これは T_{ik} が古典的な場ではないからである．本章の前節で，相互作用は厳密な意味では局所的な演算子場として記述されえ

ないという仮説を相互作用のある場のために立てる手がかりを知った．現在では，たびたび確かに，局所ゲージ群に対する相互作用法則の不変性が相互作用の局所性の議論として認められている．しかし，10.6 c では，確率論的に「局所的」ゲージ不変性がテンソル空間で満足されることを見てきた．一体どのような損害が一般相対論と量子論との和解が成立する際に生ずるかを問うときには，双方ともに同じ損害があるような，古典的時空連続体の関数による理論の厳密な表現の可能性が示されるであろう．

　空間と時間の広がりが測定可能でなければならないという，同じ考えの方向へ注意を向けなければならない．アインシュタインはこの測定可能性を研究して特殊相対論に到達した．量子論では測定可能な量は演算子で記述されるのであるから，空間と時間についてもそうでなければならない．スナイダー（1947）とフィンケルシュタイン（1968）の理論はこの見地から出発する．当然ウア理論は群要素によって記述されるような「固定した」空間にわれわれを導く．このような空間では，物差しと時計は有限の測定誤差の範囲内で位置と時間座標を決定する実際の装置として十分であろう．しかし，固定した座標を単に局所的に利用する場合には，その展開の様子は計量場によって定められる．したがってこの場は測定可能とみなされる．結局，アインシュタインの場の方程式を量子化するという要請から，重力場の量子論を求めて理論が進められることとなる．

　グプタとサーリング（6.10 参照）は重力場を質量ゼロ，スピン 2 の場としてミンコフスキー空間において量子化した．これに倣ってわれわれは，テンソル空間において（$s=\pm 2$）の場の理論を研究しなければならない．10.5 e での考察によれば，この理論は $s=\pm 1$ と $s=0$ の場の理論と関係していることが推論される．これはアインシュタインやカルツァやクラインがいう意味で，統一場の理論に近いものと言えるであろう（シュムッツァー 1984 による）．これもまた，当面のプログラムである．

　この理論が完成したとき，6.10 の意味では，それは一元論なのか，二元論なのか，あるいは多元論なのであろうか．ライプニッツの一元論は保持されたままであってほしい．一義的に測定されうるかぎり，距離とか時間間隔は事象の関係を変えることはない．しかし，これらの測定の実行は実在の場，すなわち重力場に依存している．この意味で理論は多元論的である．しかし，すべての場がウアで構成されているならば，この理論は最終的には統一され

d. 宇宙論　本章の未完成の理論を宇宙論の未解決の疑問に応用するのは時期尚早であろう．そこで2, 3の基本的な所見を述べるにとどめよう．

　時空連続体が実在の近似的な，したがって表面的な記述の媒体にすぎないのであれば，現在の宇宙論が利用しているように，確かに宇宙空間についても，宇宙の歴史についてもあてはまる．われわれが，このような表面の背後まで，思考を推し進めることができるかどうかという疑問は第13章において追究する．

　10.6 d の宇宙空間の話のなかで，宇宙の・有・限・主・義・と・い・う強い推論について述べた．この推論は量子論の構築で決して自明ではない．これは9.2 a の開かれた有限性を超えるものである．各々の判定しうる選立が有限であっても，宇宙の判定しうる選立の総数が有限である必要はない．実際にはわれわれはつねに有限個の選立を判定するにすぎない．しかしわれわれはシャープな静止質量を解明する熱統計的考察のために，宇宙の有限主義の仮説を用いた．すでに 7.1 で見たように，熱力学的統計は，ど・れ・ほ・ど・多・く・のものをわれわれが決定しうるかには依存していないのである．

　宇宙の有限主義は，結局のところ，宇宙空間に有限の体積をあてがうことに帰着する．「宇宙空間」とはこの場合，観測の対象となる粒子の静止質量へ影響が及ぶ範囲の空間を指す．しかしこの体積は，時間的に一定である必要はない．9.3 f で推測したように，ウア数は時間とともに増加する．したがって，λ を単位として測った宇宙の半径は増大せざるをえないだろう．これは，原子単位の時間で測った宇宙の年齢が r_k/λ であるというディラックの推論を想起させるものである．ディラックとヨルダンの明白な結論は，κ が時間に逆比例して減少するというものであった．現在の天文観測の結果はこの結論に反している．

　この問題とともに宇宙のウア理論的記述は未解決のままである．

第III部

物理学の解釈

第11章

量子論の解釈問題

1. 解釈問題の歴史のために

私が知るとき，何を知るのか．

a. 課題　物理学の解釈とは1つの哲学的課題である．それは提示されたときから，事後的な課題となる．本書の第Ⅱ部と第Ⅲ部ですでに「物理学の統一」と「物理学の解釈」という表題を選んできた．物理学の統一を再構成するという試みそれ自体は事後的なものを含む．しかし，再構成は，完結した理論の概念によって表わされうる，完全化の理想のもとに打ち建てられる課題である．この意味では，1つの理論は，実際数学的には無限の，経験的には無数の可能な帰結を含んでいるが，その基礎は，有限少数の要請が提示されるべきである．それに反して，理論の解釈，われわれが世界像と呼ぶものへの理論の埋め込み，理論による世界像の変更——こういったことは，今のところ限界がまったくわからない課題である．われわれにできることは，この課題へのなにがしかの貢献をめざすことにすぎないであろう．

それゆえ，歴史上に現われた現象から話を始めよう．すなわち，この100年間に実際に起こった量子論の解釈についての論争である．

量子論が解釈論争を刺激したことは理解できる．古典物理学の世界像ばかりでなく，これまでに古典的形而上学が確立していた立場とも一致しえないからである．まず，このような不一致を認識して正確に定式化することが問題となる．次いで，この不一致を哲学的な進歩とみるのか，理論的弱点とみなすのかを判断しなければならない．本書は，哲学的進歩が問題であるという確信に基づいている．したがってこの確信に基づいて法廷で伝統的な哲学を弁護するのは量子論ではなくて，哲学自身がみずからを弁護しなければな

らず，その際量子論は証人として出廷するのである．量子論の証言は，そのときできるかぎり正確に定式化されていなければならない．

　これを，次の4つの段階に分けて試みようと思う．

　まず最初に，論争の歴史的過程を概観しよう．その際，マックス・ヤンマーのすぐれた著書『量子力学の哲学』(1974) に依拠し，また量子論の創始者からの書簡やいくつかの思い出を頼りに話を進める．

　2番目に，量子論は内部になんら矛盾を含んでいないこと，すなわちそれ自体で統一されていて，意味論的に整合的であることを述べる．

　3番目には，量子論が数学的に完成されてからも，この間に登場してきた，パラドクスと思われていた若干の事柄その他の解釈に注目する．このパラドクスは決して理論の自己矛盾を意味しないことは，早くから明らかであった．アインシュタインは1930年にこれを認めていた．しかし，このパラドクスは，量子論を超えてゆく要請として解されていたのである．

　4番目には，第13章で述べるが，われわれの解釈からどのようにして，量子論を超える見通しがあるのかという問題を提示する．

b. 解釈論争の前史
　　解釈論争の歴史はおおむね3つの年代に分けることができる．

　　1900年―24年：未完成の量子論に関する解釈論の問題
　　1925年―32年：量子論の完成とコペンハーゲン解釈の成立
　　1935年―現在：後衛論争

第2期はハイゼンベルクの1925年の論文に始まり，1932年のノイマンの著書によって終わる．第3期の始まりは1935年のアインシュタイン，ポドルスキー，ローゼンの論文による．

　解釈論争の前史には第1期をあてる．6.11と7.1では，量子論の成立を古典物理学の基本的な不可能性の結果として記述しようと試みた．これは，「来るべきものが来るべくして現われた」という事後的に見た解釈である．同時代の人はこのように見ることはできなかった．基本的な古典物理学問題の最初の理解は1905年にアインシュタインによって，次いで1913年にボーアによって見いだされた．そして1925年のハイゼンベルクの論文に影響を与えたのである．しかし厳密な意味では，基本的な理論としては古典物理学が不可能であることを主張するまでには至らなかった．解釈の問題ではすべ

て古典物理学の言葉がまかり通ってきた．このような事情は今日まで論争に付きまとっていて，長いあいだ，「後衛論争」として特徴づけられているが，教育的には必要な論争である．

　1905年のアインシュタインの光量子仮説によって粒子と波動の二元性が量子論の核心の問題となった．ここでは，すべての物理学の対象の空間性は自明の事柄として仮定されていた．これら2つの概念を十分広義に捉えるならば，二元性はある完全な選立となる．粒子または物体は局在した対象であり，場，特に波動は，原理的に全空間を満たしている状態である．経験的に十分基礎づけられた古典的な理論によれば，電磁気（光）と重力は場であり，物質は粒子から成り立っている．実際アインシュタインの光量子は電磁気学に，ド・ブロイの物質波（1924）は物質に「二元性」を帰属させた．この問題を解くことが量子論の課題であった．

　量子論が実際に古典物理学との，根本的な断絶を要求していることは，すでに述べたように最初にボーア（1913）が認めた．だからこそ彼にとって，これまで経験的によく守られ，概念的にもよくまとまっている古典物理学と量子論の関係が中心問題であって，これを対応原理として定式化した（マイヤー＝アービッヒ 1965 参照）．量子論は古典物理学がその極限として成立するときにのみ正しい．これは，電磁気学の古典場と物質の古典粒子論に共通している．時々ボーアは冗談半分に言ったものだが，「アインシュタインが私に光の粒子性を究極において証明したという電報をくれるとすれば，それが私に届くのは光が波動だからに他ならない」と．

　2つのモデルの和解は統計理論によってさまざまな形で考えられた．アインシュタイン（1917）は光量子の放射と吸収の統計的法則を確立していた．ボーアの水素原子の理論以来，原子の「定常状態間の飛躍」が理論の概念であった．対応原理は古典的放射強度を「遷移確率」として解釈し直した．統計理論の決定版は最終的にボーア，クラマースとスレーターの仮説（1924）であった（7.2 参照）．彼らは放射場が客観的に存在することを仮定したが，その放射場は，もはや放出と吸収に際して物質に生じる光のエネルギーの統計的頻度を決めるものにすぎなかった．これは放射場のエネルギーの個別的な保存に矛盾していたのではあるまいか．この考え方の経験的な反証によって，量子力学の急進的な解釈へと導かれたのである．

　量子力学への移行に際して，二元性の問題設定は次のように総括される．

第11章　量子論の解釈問題　397

光と物質は粒子に特有な局在性と同時に，波動に特有の干渉性を示していた．許容される古典的概念を用いて，光に対してと同じく物質に対しても，次の3つの解決法が考えられた．

1. 究極的には粒子だけが存在する．
2. 究極的には場だけが存在する．
3. 相互作用している両者が存在する．

第1の場合には，場とは何を意味するのかを明らかにしなければならない．この場合，場は粒子のなんらかの統計を表わすものであるという以外には解釈のしようがない．この立場の困難は，確率密度なるものは干渉性を示してはならないということであった．ボルンとクラマースの仮説は光量子を粒子と考えないで，放射，吸収に際してだけ量子的なエネルギーを交換するということでこの問題を避けたのである．彼らにとって，光は純粋な場であるが，その意味はある過程の確率にすぎないものであって，その過程とは純粋の粒子として記述されるような物質の過程なのであった．この立場は，第3のタイプの解決であったが，古典物理学でも量子論でも，光は場であり，物質は粒子であるというボーアの対応原理の考えに従うものであった．

第2の場合には，粒子とは何を意味するのかを明らかにしなければならない．それは特別な波動の配列として理解せざるをえない．かつてアインシュタインはマクスウェル方程式の解として，ある角度の範囲にはっきりした境界をもつ「尖端放射」を考えた．他の可能性については，非線形の波動方程式の一般相対性理論を手本にした解に希望をつなぐことである．

第3の解答は，ボーア，クラマースとスレーターのように2つのモデルを光と粒子に分け与えるのではなくて，同じ対象（例えば光）に実際の粒子と実際の場を対応させることであり，当時としては，真面目に考えられなかったようである．

量子力学はこのパラドクスの予期されなかった解決法を提供した．この（「コペンハーゲンの」）解決が見つかるまでは，量子力学を手がかりにした，上述の3つの古典的解釈がもっともなことながら広まっていた．これについては，次の3つのc, d, eで手短に述べよう．思想的な困難さがあまりにも大きかったので，その理論の完全な数学的な明快さにかかわらず，コペンハーゲン解釈は今日までほとんど一度も精細に語られたことはなかった．おそらく本書で試みられる発想なしでは，実際，明瞭には理解されないであ

ろう．

c．シュレーディンガー　　ド・ブロイに刺激されて，シュレーディンガーは1926年に物質の波動方程式を発見した．同年，それがハイゼンベルクの行列力学と同等であることも示した．もっともではあるが，波動はハイゼンベルクの抽象的な形式の背後にある，直感的な実在であると想定した．最初彼は，二元性の問題を上記の2番目の解釈の意味で，最終的に解くことを望んでいた．すなわち究極的には，純粋な連続体としての場があるだけである．例えばコンプトン効果の場合には，量子論的なエネルギーの関係を，光波と物質波の純粋な振動数の関係として解釈しえた．微視的物理学ではエネルギーと運動量の「巨視的物理学」の概念を，本質的に振動数と波長の概念に完全に置き換えようとした．それによっていわゆる「量子飛躍」を必要とせず，波動関数の連続な移行を取り扱うだけでよくなった．彼が希望したように，物理学は再び純粋に決定論的になりえたのであった（ヤンマー　1974，24–33ページ）．

　彼は，この希望と「コペンハーゲン学派」とりわけボーアとハイゼンベルクの批判との衝突に遭遇した．私はハイゼンベルクとの会話からその雰囲気と議論の内容の幾分かを知っている．シュレーディンガーは原子のなかで電子が波動であると言うのなら，どうして原子の外では明白に粒子として観測されるのかを明らかにしなければならない（1個のシンチレーション，計数管の放電，ウィルソンの霧箱の軌跡）．彼は言う，「人が浴場に服を着て入り，また服を着て出てきたからといって，浴室のなかでも服を着ていたということにはならない」．しかしこの議論はほとんど何も証明していなかった．本当に電子の場だけがあるのなら，原子の外で粒子として現われる際に着ている「服」とは何かを示さなければならない．彼は電子を波束と考え，調和振動子の内部では，波束はかぎりなく潰れてしまうことを証明した．しかしハイゼンベルクは，これは調和振動子のエネルギー準位が等間隔に並んでいるためであることを指摘した．通常波束は互いに元に帰ることなく走り去って行くものである．

　1926年秋，シュレーディンガーの記念すべきコペンハーゲン訪問の際には，すべての問題が話題となった．シュレーディンガーはインフルエンザにかかり，滞在先のボーア夫妻の献身的な看護を受けた．あるときシュレーデ

ィンガーの病室の「扉が開いていた」ときボーアがベットの端に座ってシュレーディンガーを説得していた．「シュレーディンガー，あなたはぜひとも……を認めなければならないのですよ……！」出発に際して，シュレーディンガーは言った．「あの呪わしい量子飛躍にもう一度取りかからなければならないなら，あの全部の理論を作ったことが悔やまれる」[*1]．

シュレーディンガーの解釈は互いに走り去る波束に関して失敗したばかりではない．シュレーディンガーの波動は，配位空間では，直感的な3次元空間でのド・ブロイの波動とほとんど完全に別のものであることが認識されたのである．ド・ブロイの波動は古典場である．例えば，非線形波動方程式によって，ド・ブロイ波の静電自己相互作用，またはψ, ψ^*と電磁場の強度F_{ik}で表わされる線形多元方程式によって，ド・ブロイ波のマクスウェル場との相互作用を記述することについては，障害は何もない．1電子問題，したがって水素原子に対するシュレーディンガーの記述はド・ブロイ波の理論として理解することができた．しかし，すでに2電子問題（ヘリウム）は電子スピンとパウリの排他律を導入して，シュレーディンガーの方法により厳密に解かれたのであったが，古典的ド・ブロイ波は使われないままであった．

なお，ハイゼンベルクは晩年においても，シュレーディンガー方程式は厳密に線形でなければならないという点で終生妥協しなかった．彼の確信によれば，そうすることによってのみ，量子論にとって基本的な重ね合わせの原理を守ることができると確信したのであった．これは，第8章の第2の道で明瞭に現われており，第3の道では基本的なものとなっている．2番目の道ではシュレーディンガー関数は対称群の線形表現であるベクトルとして定義されていて，その時間微係数はちょうどこの群の生成因子の1つであり，したがって必然的にベクトル空間の線形演算子となる．非線形シュレーディンガー方程式は非線形の群表現を必要とするであろう．

d．ボルン　ボルンは上記の解法のうちの1番目を選んだ．彼は電子の粒子性に固執してシュレーディンガー波の強度が確率密度であることを1926年に明らかにした（ヤンマー，38–44ページ）．彼は，非決定論に興味をもっていて，次のように言っている．「粒子の運動は確率論に従い，その確率の伝播は因果律と一致する」（ヤンマー，40ページ，脚注32）．「正統的な」量子論はこの点に関しては，彼に従って進んだ．第8章の第2の道は，非決定論

と選立の分離可能性を結合することによって，ボルンの命題を簡単な原則から基礎づけたものとして読み取ることができる．

とはいえ，ボルンの発想も，解釈問題の解決とはならなかった．かつてハイゼンベルクは私に次のように言ったことがある*2．「当時ボルンがその解釈を公表したのは，ただ単にそれがうまく行かないことを理解していなかったからに他ならない」．実際統計的解釈は，上記のbで述べたように宙に浮いたままであった．ボルン自身が後になって言っているが（インタビュー1962，ヤンマー，41ページ，脚注33），彼の解釈は，マクスウェル場は光子がその途中で統計的に遭遇する「幽霊場」であるというアインシュタインの初期の理解に刺激されたものであった．この「幽霊場」の変形の1つが（光量子を諦めた），ボーア，クラマースとスレーターの仮説であった．この仮説の不成功のせいで，ボーアとハイゼンベルクは急進的な統計的解釈に消極的となった．

ボルンの言葉で定式化された命題の難点を読み取ることはできる．ボルンの命題の前半は，後半と同じく，あまりにも古典的な用語が用いられている．「粒子の運動」という表現は，1927年にハイゼンベルクが，粒子の軌道という概念はおそらく全面的に諦めざるをえないであろうと言った事実を，ボルンが理解していなかったことを表わしているように見える．実際ヤンマーは，粒子の軌道はいたるところで定義されているが，それは統計的に変形しているというようにボルンが理解していると解釈している．その結果，例えば，ヤングの二重スリットの実験結果を解釈できなくなる．ボルンとボーアの相違点は次のようにも特徴づけられる．ボルンは量子論の古典力学からの逸脱は，因果律からの不確定な逸脱によると生涯にわたって書いていた．一方ボーアの実在についての認識は決定的に異なっていた．アインシュタインはボーアの立場の急進性を正確に理解していた．まさにこのボーアの立場こそ，アインシュタインが量子論に認めないものであった．ボルンはアインシュタインとの往復書簡で，裂け目はそれほど深くはないと，友人に確信させようとしたが無駄であった．周知のように古典力学でも，初期条件でのわずかな不確定さが，長い時間的予想としては，任意に大きい不確定さに発達するのだからと言ったのである．パウリはプリンストンからボルンに手紙を出し，みずからが主張する事象の非予見性は，アインシュタインの古典物理学の実在の概念に合わないことを明らかにしようとした．しかし，この考えは

ボルンにとっては無縁だったように見える．

ボルンの命題の 2 番目の部分では，少なくとも統計的な解釈にとって本来の要点である測定の際の波束の収縮については沈黙する．測定が行なわれないあいだだけは，確率は「因果律に従い」，すなわちシュレーティンガー方程式に従って広がってゆく．これは必然的に測定の反復可能性の要請から出てくる結果である．すなわち，唯一の整合的な打開策として，11.3 h で述べるエヴェレットの多世界理論が提示された．もちろんボルンは彼の理解に従って，躊躇せず波束の収縮を利用した．彼にとって波動は確率であったから，当然，知識を意味しており，シュレーディンガーのように波動を「実在」と見る者が経験せざるをえなかった困難に遭遇しなかった．しかしボルンが抱いていた波動の因果的な伝播という期待は，まさに波動の「現実的な」理解を基礎においていることを見逃していたように思われる．なぜ最初にコペンハーゲン解釈が本来の進展とみなされ，自分の統計的な仮定がそうみなされなかったのかを，ボルンがどうしても理解しなかったのは，このような哲学的問題の狭められた認識が原因だったのであろう．

e．ド・ブロイ 第 3 の解決の試みとしては，ド・ブロイの考えた先導波（l'onde pilote），または，のちにヴィジェ（1951-56）も取り上げているが，1926-27 年の波動方程式の二重解を挙げることができる（ヤンマー，44-49 ページ）．波動方程式は 2 つの解を持つといわれている．すなわち，連続の ϕ 関数と粒子を表わす特異解である．ϕ 関数は粒子を統計的に導くはずである．ド・ブロイは，このようにして，量子論の不確定性を単なる無知の表現に変えることを望んだ．彼の連続的波動は，2 つの解の相互作用によって，粒子を 1 つの軌道に「導く」はずであるが，その軌道は不完全な知識のために統計的にのみ決定されるであろう．

この考察は定着しなかったが，上記の 3 つの解決方法が，すべて実際に試みられていることを証するために挙げたにすぎない．この考えは，波動が粒子に対する確率を表わしているとするかぎり，波束の収縮が不可逆であるのだから，多分失敗に終わるであろう．ド・ブロイの理論では，連続の波動は測定によって，当然測定される固有値を持つ測定対象（オブザーバブル）の固有関数に収縮しない（11.2 c 参照）．ϕ 関数からのさらなる予見を正しいものとするには，エヴェレット（11.3 h）とともに収縮を諦め，その代わりに

粒子の将来の軌道は，ψ 関数をオブザーバブルの固有関数に展開した際の，測定される固有値をもつ成分によって決定されることを示さねばならないであろう．いかにして，必要とされる非線形場の方程式から，これが導かれるかを見ることは困難である．

f．ハイゼンベルク　α）量子力学　おそらくボーアを除く上記3名のすべての物理学者と異なり，ハイゼンベルクは最初から原子のモデルに哲学的懐疑を唱えていた．彼はその著書『部分と全体』(1963) のなかで，原子物理学にいたった道について書いている．第1章では，18歳の散策者が「シュターンベルガー湖のブナの緑のなか」の道で原子の概念について考察している．彼は2人の友人と交わした会話で，化学の原子価を原子のホックと留め金を用いて目に見えるようにした図形だと言って拒絶した．「なぜならば，私にはホックと留め金などは，技術上の目的に応じていろいろ好きな形に変えうるまったく勝手なもののように思えたからである．しかしながらそもそも原子とは自然法則から生まれたものであり，それが結合して分子となるのは，厳密な自然法則によるべきであって，任意性が入り込む余地がないはずである．したがって，ホックと留め金といったような勝手な形を与えることはできないと私は信じたのである」(13 ページ)[*3]．彼は，プラトンの『ティマイオス』に，はじめは奇異の念を抱きながら，純粋に数学的な原子模型を読んでいたのである．5つの正多面体のうち4つに元素を対応させ，正4面体には火，正8面体には空気，正12面体には水，正6面体には地を，それぞれ対応させるものである．晩年にこれを群論の表現の原始形，すなわち対称性による自然法則の説明と解釈した．すでに18歳の彼は，「終局的には物質の最小の部分では数学的形式[*4]につきあたるはずであろうという考えに，ある種の魅惑を感じた」(21 ページ)．ハイゼンベルクは，「多分原子は物ではないと推測する」(25 ページ)．事後的にこの考えは簡単な形式にすることができる．もし原子が巨視的な物質の性質を説明すべきであるなら，原子は物質と同じ性質を持っている必要はない．さもなければ繰り返しであって，説明にはならない．

のちになってハイゼンベルクはみずからの先生について次のように言っている．「ゾンマーフェルトからは楽観主義を，ゲッティンゲンでは数学を，ボーアからは物理学を学んだ」[*5]．彼はゲッティンゲンでボーアと初めて話

をした 1922 年（58-65 ページ），原子の直感的でない実在性の記述についてボーアの手探りの探索を知るようになった．彼は最後に尋ねた．「私たちはいつかは原子を理解できるのでしょうか」と．ボーアは一瞬躊躇したが「もちろん．しかしその際同時に"理解"という言葉が何を意味するのかを学ぶことになるだろうね」．アインシュタイン（1949, 44-46 ページ）は量子論のこのような状況をこう表現している．「あたかも地面が足下から取り去られて建物を建てる確かな基礎がどこにも見当たらないかのようであった．このように揺れ動く矛盾に満ちた基礎から，ボーア特有の天分と感受性でもって，スペクトル線や原子の外殻の主要法則，またそれらの法則が化学に対してもつ意義を発見させるに十分であったいうことは，まさに驚異としか思えなかったし，また現在でも驚異である．これは思考の領域における最高の音楽である」（6.11 a 参照）．

それを基に構築できる「堅固な基礎」を見いだしたのは，ハイゼンベルクであってボーアではなかった．このためには，数学のゲッティンゲン学派が本質的であり，ボルンの新しい矛盾のない数学的な原子力学の探究が大切であった[*6]．ハイゼンベルクの 1925 年の決定的な論文には，急進的な一歩が印されたことが題名にも表われている．すなわち，「運動学と力学の関係の量子論的解釈について」というもので，短い導入部は「この論文では，もっぱら原理的に測定可能な量のあいだの関係に基づいて，量子論的力学に対する基礎を得るための探究を行なう」となっている．またすでに運動学は変更されていた．もはや位置と運動量の「値」は数ではなく交換不可能な量であって，まもなくボルンとヨルダン（1925）が行列として認識したものである．まさにこの抽象的な方式のなかに，測定値や遷移確率のような観測可能な量が統合されうるのであり，その際，粒子の観測できない古典的なモデルのなかにそれらの量を持ち込まなくてもよいのである．

β）**不確定性関係**　観測可能な量に話を限るという立場は，マッハや同時代の実証主義に影響されていた．実証主義的な考え方は若いアインシュタインを刺激したように，量子論の革命をやりやすくした．古典的範例に根付いた 2 つの独断論である実在論と先験主義から訣別したのである．このような思考環境のなかで新しい法則を探求することが容易になった．しかしアインシュタインもハイゼンベルクも，後年になって断固として実証主義と訣別し

たのは特徴的である．彼らは新しい独断論から遠ざかり，古典的に記述される物質的実在，あるいは動かしがたい先験的認識の代わりに，感覚経験を問題のない基礎として採用しようとした．ハイゼンベルクにとって1926年のはじめにアインシュタインと交わした会話が決定的となった．その会話でアインシュタインは意図的に観測可能な量に制限したことへの批判をこう表現していた．「理論があって初めて何が観測できるのかが決まる」(『部分と全体』92ページ)．換言すれば，人は知っていることのみを見るということである．

　ハイゼンベルクはこの事実を理解するために，手がかりを次の表現に取り入れていた．すなわち自分は原理的に測定可能な量のあいだの関係だけを基礎におくつもりだという言い方である*7．原理的に測定されない量は閉め出されたままであるが，まず理論が原理的に測定可能なものは何かを決めるはずである．実際彼は事実上観測されたもの，または疑いなく観測されている量を足場とした．しかし，それらは事実上観測されない量とどのような関係にあるのか，例えば粒子の軌道上のすべての位置と運動量はどうなるのか．B. L. ファン・デア・ヴェルデンは量子論の歴史を研究中に，1926年の晩秋ハイゼンベルクがパウリに宛てた手紙で，原子物理の問題は完全に解かれていないと言った意味について，驚いて私に尋ねたことがあった．数学的な問題の決着はついていたが，何が一体足りないのか．それには，本書の言葉で答えることができる．すなわち，欠けているのは物理学の意味論なのだ．

　その解は不確定性関係(1927)であった．粒子の古典的な性質である位置と運動量は原理的に観測可能であるが，それらは同時には観測可能でない．これは量子論の前提ではなくて結果なのである．観測可能なのは何かを，理論が決定する．ヒルベルト空間の言葉で言えば，位置演算子と運動量演算子はそれぞれ固有ベクトルをもっているが，同時共通の固有ベクトルは存在しない．古典的粒子の軌道では，位置と運動量は同時に決定される．それゆえ古典的軌道は決して存在しない．

　この見地に到達するまでのハイゼンベルク一流の方法は教訓的である(111-112ページ)．「われわれは霧箱のなかで電子の軌道が観察できるといつも手軽に言ってきた．しかし本当に観察できるのはおそらくもっとわずかなものであり，おそらく不正確に決められた電子の位置の離散的な系列が知覚されるだけである．実際霧箱のなかで見られるのは個々の水滴であって，こ

れは電子よりずっと広がりのあるものである．したがって正しい質問は次のようにされなければならない．量子力学ではおおよそ——つまり，ある不確定さがあるという意味で——ある位置に見つかり，そしておおよそ——つまり再びある不確定さで——，ある与えられた速度をもつという状態を記述することができるのか，また実験に際して，これら2つの不確定さを困難な状態に陥らない程度に小さくすることができるのか」．これに対する肯定的な答えが不確定性関係である．

しばしばハイゼンベルクのテーゼは，「実証主義的」であり，次のように主張するものであると誤解されている[*8]．「同時に正確に決められた位置と運動量は同時に観測されることはありえない，それゆえ存在しない」．論理的な逆命題だけが正しい．「これらの状態は理論に従って存在しない，それゆえこれらは観測されることはありえない」．「これらは理論に従って存在しない」．これは上で述べたように，それらの状態はヒルベルト空間には現われないということである．γ線顕微鏡の思考実験は，「それはなんと言っても観測されうるのだから存在しなければならない」，という批判を防ぐためだけのものである．顕微鏡のなかで，光と粒子がともに量子論を満たしているならば，議論が示すように，このような状態はやはり観測されえないのである．

不確定性は測定による状態の乱れから生じるという主張は誤解を招く．量子論で用いる「状態」という言葉は，ヒルベルト空間の射線を意味していて，測定の前でも，途中でも，後でも同時に決まった位置と運動量をもつ状態は存在しない．乱れは波束の収縮であり，したがって測定による新しい知識への移行である．例えば前に電子の運動量がわかっていて位置はわからない．後で位置がわかり，したがって運動量はなにもわからない．量子論が知っている向こうに，なお「それ自体」完全に決まった位置と運動量が存在するかどうかは，後で述べる隠れたパラメターの可能性の問題である．ハイゼンベルクの議論は単に量子論の整合性を示しているにすぎない．以前には理解しえなかった問題の解明から生じた結論である．当時古典的記述を完全に諦めることによって解明されたのであった．

γ）**粒子像と波動像**　　ハイゼンベルクは校正のときに不確定性関係の論文に脚注を付け加えた．彼は，ボーアの注意に応じて，電子は粒子としてだけ

でなく，波動としても表わせるのであるから，位置と運動量の不確定性は避けられないと述べている．1927年1月には，ボーアとハイゼンベルクとのあいだには，個人的な感情的な対立を生んだ量子力学の正しい解釈について具体的な相違があった．ボーアはノールウェーへスキーに行き，ハイゼンベルクはコペンハーゲンへ帰り，彼らは2, 3週間離れていて，それぞれの解を見いだした．ハイゼンベルクの解は位置と運動量の不確定性であり，ボーアの解は波動と粒子の相補性である．ボーアが帰ってきたとき，相補性は不確定性の基礎であるという点で意見が一致した．これが解釈問題の4つ目の可能な解である．物質と光は「それ自身」粒子でも波動でもない．しかし，直感的に記述しようと思えば，これら2つの像を用いなければならない．1つの像の妥当性は同時にもう1つの像が妥当する限界を強制的に決める．これがコペンハーゲン解釈の核心である．

　ボーアにとって相補性が何を意味しているのかについては，後で述べることとする．ここでは，1930年の著書『量子論の物理的原理』において述べられ，当時われわれが学生として学んだような，ハイゼンベルクの解釈における描像の二元性がどうなったのかについて述べよう．

　ボーアの対応原理以来量子論は，以前の古典理論から，それに対応する新しい理論への移行の結果として理解された．この移行は，単に量子化 (Quantelung)，または古典論の量子論化（Quantesierung）と名づけられる．これを実行するには，ボルンの考えに従って，古典論をハミルトン形式に表わし，その正準共役量をハイゼンベルクの交換関係を満足する代数量で置き換える．ヒルベルト空間論では，これらの量は自己随伴の線形演算子である．逆に古典論は，対応する量子論から，量子数の大きい場合の極限形式として導かれる．これは今日まですべての教科書に見られる通念として広く知られている．

　問題は，どのような古典論から出発すべきかということである．物質に関しては古典質点力学から始め，量子化によって配位空間のシュレーディンガーの波動力学を得た．次にこれをヒルベルト空間で表わすことを学んだ．光に関しては，ディラック（1926）は，古典マクスウェル場から始め，その量子化は場の量子論の最初の例となった．ここで描像の二元性はどこに残っているのか．もともと波動理論はシュレーディンガー波の理論であったのか．そこで，粒子像と波動像とは互いに古典論と量子論との関係にあったのか．

しかし，波動像も粒子像と同様古典的であり，常々ハイゼンベルクが強調していたように，配位空間のシュレーディンガー波はド・ブロイ波とはまったく異なっている．ヨルダンとウィグナーはド・ブロイの古典場を量子化してシュレーディンガーと同等の理論を見いだした．

こうした数学的事情をハイゼンベルクは1930年の著書の補遺で述べている．同じ量子論が2つの異なる古典論を量子化して得られる．すなわち多粒子の力学とド・ブロイの波動論である．これは2つの古典的像の二元性の数学的基礎である．ハイゼンベルクは私にこの証明を言葉で示してくれた．「この証明は重要だよ．このことをよく理解しておきたまえ」．私は彼に，どうして2つの異なる古典論が同じ量子論になるのか，もう少し詳しく話してもらえないかと尋ねた．彼は答えた「これ以上は私にもわからない．ちょうどそれだけのことしか証明できないのだ．そこには秘密が隠されている」と．

結論から逆に辿ると事実関係がわかりやすくなる．場の量子論から2つの異なった古典論へ，異なった極限移行によって移る．この移行は数学的には驚くにあたらない．しかしこれによって対応原理の考え方を，すでに基礎において破棄したことになる．ある特定の量子論が与えられたとして，そこから二次的に古典論が導かれた．この逆行について，ボーアはもちろん賛同しなかったし，ハイゼンベルクも好意を持っていなかった．古典的に記述できる経験がない場合には，どこから場の量子論を知ることができるのであろうか．もちろん私には，多くの若い人と同じく，直接量子論に向かう道が考えうるし，望ましいと思われた．第8章の再構成はこのような道の探究の結果である．

相互作用のないド・ブロイの場の理論は，形式的には古典質点力学のシュレーディンガー理論としても理解できた．場の理論の量子化は「第2量子化」である（8.1cと10.5e参照）．この表現は定着している．ハイゼンベルクは私にこの表現を許さず，「これはふつうの事柄の理解を不可能にしてしまうのに適当なものだ」と言った．彼の言うように3次元のシュレーディンガーの波動とド・ブロイ波は完全に違った物理的意味をもっている．すなわち，一方は1粒子の量子力学的状態ベクトルであり，他方はその量子化が多粒子系に相当する古典的振幅である．結局このようにして2つの波動理論の形式的な同一性は解明されなかった．やはりそこに「秘密」がある．これが後に私の量子論の解釈の出発点となった．1粒子の量子論と多粒子の古典的波動

論との関係は確率と頻度との関係の量子論的書き換えである．多重量子化は，確率は相対頻度の期待値であるという説明における確率概念の反復法と同じである（第3章）．ハイゼンベルクはこの解釈をついに認めた．

　この説明によれば，もちろん描像の二元性は副次的な現象である．場は粒子の量子論的確率場である*9．これにウア仮説を付加すると，粒子は最終的な存在ではなくて，ウアの統計的分布となる．粒子とウアとの関係は，粒子と場との関係に似ている．

g. ボーア

ボーアの考察は，数学的構造から出発したのではなく，物理学者がいささか軽蔑して言う形式論からでもなく，経験と概念的意味についての絶えざる反省から出発したのであった．

　ボーアの初期の概念的な業績については，すでに述べた．すなわち，6.11 a の量子論の原子模型への導入であり，本章での対応原理であり，7.2 の過程の個別性の概念である．ここで相補性の概念について述べなければならない．

　ボーアは 1927 年に相補性の概念を発表した．それからこの概念によって物理的な，また哲学的な重要な役割を果たすようになった．哲学に関するかぎり，これはもちろんボーアの青年時代から用意されたものであった．年代記によると，1927 年末に物理学者でないある友人に（ヒーヴィッツだと思う）新しい量子論の哲学的結果について話している．最後にこの友人は答えた．「そうだ．ボーア，大変結構だ．しかし君は 20 年前にも同じことを言っていたと認めなければならないよ」．後になって哲学者たちは，ボーアが物理学の特殊な概念をモデルとして，例えばまったく異なった，心理的また倫理的な問題に応用したと言ってよく抗議したが，彼らはこの概念の起源を誤解したのである．つねにボーアはこの考え方をしたのであって，それが物理学でも非常に有効だとわかったことは，1927 年の彼の大きな収穫であった．

　相補性の概念の正確な意味を探る鍵は，依然として 1927 年の物理学への応用にある．粒子と波動は現象の 2 つの古典的描像であり，両者は経験によって強要されており，互いに厳密に用途が区別されている．これが両者の概念が互いに相補的であると言われるときに意味されることである．

　以上が，1927 年に認識されていた粒子と場の二重性についての正確な記述である．この記述は今日の認識から見ても正しい．しかし前節末に，われ

われの立場から二重性は基礎ではなくて，導かれた事実であることを知った．たとえ今日の知的立場に与えている特別な解釈を継承していなくても，相補性の概念は，現在の理論物理学では何の役目も果たしていないことを確認しなければならない．教科書に名前は出てくるが，一種の歴史的な栄光を担うにすぎない．しかしながら，ボーアにとってはこの概念は基本的な意味を持っていたので，ここでもう少し立ち入った議論をしておこう．

　ボーアの晩年の哲学*10の3つの基礎概念を，現象，言語，そして古典的記述と並記できる．

　現象に関する彼の考えは，1935年のアインシュタイン，ポドルスキー，とローゼンへの答えに初めてはっきりと現われている．少なくとも科学は原理的に知っていることだけを主張すべきである．われわれは，法則に従って現象と関係しているものだけを知ることができるのである．現象とは，人の孤立した知覚を指すのではなくて，感覚の印象が，その枠のなかで初めて伝達可能な意味を受け取るような状況の，理解可能な全体を指す．「明るくなる」というのは現象ではなく，夜明けの広々とした風景であって，そこにいる人間に昇ってくる太陽が知らせるものである*11．目盛りの針が現象なのではなく，装置の設置されている部屋が現象なのである．その装置は研究所の技士が組み立てたものであり，それを用いて実験家が放電の際の電流の強さを読み取っているのである．ボーアはこのような「準現実的なスタイル」で思考実験の描写を仕上げるのに慣れていた．壁は1本の線で示されるのではなく，そのあいだに陰影を付けた平行な2本の線によって実質的な広がりが示される等々．

　ここで，この現象概念が実証主義，実在論，先験主義の学派の論争において別々に分かれて現われる要素を，全体として包括するものであるのがわかる．問題となるのは，われわれが前もって概念的に解釈している現実の対象の感覚的知覚である．孤立した感覚的刺激は理解されないし，われわれの知らない対象は関係がなく，概念は認識される対象に向かうときにのみ意味がある．カントは「概念なき直観は盲目であり，直観なき概念は空虚である」と言った．ボーアにとって今日の物理学が装置や仮説とともに，朝の牧場あるいは実験用チューブの彼方へ大きく進んだ事実は明らかであった．ボーアは物理学が知識を生産しようとすれば，絶えず何を前提しなければならないかを物理学に想起させるためにまさに物理学に問いかけたのである．前提と

は，つまり現実の装置と検証可能な原因と結果とのつながりであった．

私が本書のなかで選んだ構築は，ボーアよりははるかに抽象的である．彼がこういうやり方を認めたかどうかわからない．とはいえ，私はボーアの現象概念から学んだことに，決定的な恩恵を感じる．第2章では，時間は本質的に数の連続体として導入されるのではなくて，われわれの経験の基礎になっている現在，過去，未来に系統的に分岐して導入される．第4章で不可逆性は，われわれの経験する時間のなかで現象となりうる出来事の系列として説明された．多くの物理学者がこの説明に対していだく困難は，その際用いる概念が現象的な意味によってどのように満たされるのかについて，根本的な出来事の数学的モデルを前提していることに原因がある．第8章と第9章では，量子論が決定可能な選立の概念から構成され，したがってまた経験的な知識に必要な事柄の抽象的な表現によって構成されている．

知っていることを言うことができなければ科学はありえない．だから言語は必要なのだ．アインシュタインが「神はさいころを振らない」と言ったのに答えてボーアは「問題なのは，神がさいころを振るか振らないかではなくて，われわれが，神がさいころを振るとか振らないとか言うときに，自分が何を思っているのかが，わかっているかどうかということなのだ」と言った．それゆえボーアは相補性が避けられないものであることを，好んでわれわれの表現法の限界性によって表明したのである．ボーアは「われわれは言葉を頼りに生きているのだ」とアーゲ・ペーターセンとの会話のなかで言うのがつねであった．これは言語分析の哲学が流行になるずっと以前のことである．もちろん彼は言語の構造そのものを研究目的とはしなかったが，相補性を言葉で説明するとき，われわれが現象について記述する際には，「常々われわれは言葉という媒体を通して表現するように決められているのだ」と指摘している．現象を一義的に記述できる言語がない場合には，多くの的確でない言葉を使わなければならない．そうした言葉は互いに使用の限界が決まっている．彼の説明によれば，その限界はたいてい言葉の構造にあるのではなくて（例えば名詞と定冠詞を使い，今日では周知の哲学的先決の考えにあるように），現われる事象の問題の記述による質問の範囲にあるのである．正義と愛の相補性について語るとき彼は倫理的に話をする．彼はこの分野で好んで詩篇（旧約聖書）や中国の思想家の知恵を証言として引き合いに出した．話をするときの心理的な過程への反省は，相補的な概念の分析とその直

接の利用との関係のテーゼを含んでいた．

　ボーアは現実のあらゆる測定を古典的な概念を用いて記述しなければならないことが，量子論的相補性にとって決定的であると悟った．これを主張するのに彼は頑固であった．ここでもう一度かつてよく語られた逸話を述べておこう．研究室のお茶の時間にエドワード・テラーと私はボーアの側に座っていた．われわれは長いあいだ量子論に親しんでいるが，なお古典的概念を量子論的概念に置き換えうるか，ボーアにはっきり言ってもらおうとした．ボーアは放心したように聞いていたが[*12]ついに「ああ，わかった．こう言ってもいいだろう．われわれはここに座ってお茶を飲んでいるのでなくて，皆夢を見ているのだ」と言った．彼は明らかに現象の前提条件を示したのである．しかし，どうしてわれわれの現象を記述する概念が「量子論的」でありえないのだろうか．

　こう答えることもできよう．ボーアの対応原理の考え方によれば，おそらくここで探究された意味での「量子論的概念」ではない．すなわち量子論に固有のオブザーバブルはなくて，古典的オブザーバブルに対する異なった法則があるだけなのだ．ボーアの精密な議論はこうなる．測定装置というものは，一方では知覚されなければならない．したがって時空的直感のなかで記述されうる．他方その直接知覚された状態から，測定対象の直接には知覚されない状態へ，厳密に因果的に推論するということが可能でなければならない[*13]．古典的物理学が測定装置に適用可能な場合には，両者の要請は同時に満足される．これに反して，量子論のオブザーバブルの非可換性は，両者の要請を同時に満足することはない．それゆえ，非可換のオブザーバブルの非可換性を無視できるような測定過程を記述する場合，測定の近似としてのみ装置が用いられる．

　この問題は，これまでの測定理論においては，満足な形では示されていない量子論の意味論的整合性についての課題に属している．これについては11.2ｂで述べる．

h．ノイマン　　ヨハン・フォン・ノイマンの著書『量子力学の数学的基礎』(1932)は量子論における数学の権力掌握ということができる．ノイマンはシュレーディンガーの波動関数の集合を直ちにヒルベルト空間と同一視して，そこから本質的な要求として出されたヒルベルト空間の数学理論を量

子論へ応用した（私は逸話として聞いたことだが，彼は1926年のディラック–ヨルダンの変換理論は，それ以前に刊行された行列力学や波動力学についての物理学者の論文と同じものだと思ったので彼らより先に出版しなかったのだ）．ノイマンの本が出た後で，これが量子力学の発展を導いた数学的構造であることに疑いを挟む人はなかった．細かい点ではディラックのδ関数を許容するような不統一はあったのだが．

　しかしこの出版によって，多分気づかれないうちに，解釈問題におけるいろいろな議論の重要さに変化が見られた．物理学者は最初は動機から議論を始めた．次第に発展する定理がどのような形をとるべきか，とることができるか，とってもよいかを問うのである．その結果から次の議論が可能となる．したがって，理論の認められた形式が動機と一致しているかどうか．一致していないならば理論の変更を望むか動機の訂正を望むか．確かにパウリ，ボルン，ヨルダン，ハイゼンベルクのような指導的な理論家たちのもとにある数学の練達者たちや，つねに独自の道を行く1926年以後のディラックなどは，理論の数学的な形式は原理的に見いだされたと確信していた．しかしノイマンの本は法体系の集大成のような作用をしてその知識は専門家だけでなく，一般の人々の手にも届くようになった．量子力学が長く存続するほど，その影響はますます強くなった．ヒルベルト空間論は50年以上にわたって，実証されている量子論がとっている形式である．それは共通の言語を供給するため，みなが量子物理学について語ることができる．ハイゼンベルクの不確定計量の導入（1959）といった比較的わかりやすい一般化の試みは基本理論としてはいまだ定着していない．ブロイラーとグプタたちのような場の理論は数学的な道具立ての一般化にすぎず，新たな基本理論とは言い難い．したがってまた，物理的に簡単な要請からの公理的な構築のすべての試みは，この理論の再構成をめざすのである．本書の第8章もまたこの伝統に沿っている．

　ここで解釈における平均化が当然のこととして要請される．この傾向は各々の有界の自己随伴の演算子をオブザーバブルとして把握すべきであるというノイマンの要請にきわめて明瞭に示されている．ボーアはノイマンの数学を一度も量子論の十分な形式として認めたことはなかった．ボーアにとってオブザーバブルとは，測定に対して時空で可能な測定装置を指定できるような量のことであった．もしそうであれば，ノイマンのすべての「オブザー

バブル」からなる代数には，せいぜい真の量子論を定式化するあまりにも広
い枠組みという性格しか許されないことになってしまう．ウア仮説はつまら
ないものという推定が誤りであることが証明されているかぎり，本書の第 9
章と第 10 章の定理もまた正しく解釈されることになろう．そのときには，
「真のオブザーバブル」がウア選立ばかりで構築されるであろう．

i. **アインシュタイン**　　量子力学とコペンハーゲン学派の解釈に対するアインシュタインの反応についてはおびただしい文献がある[*12]．本節では解釈論争の歴史におけるその位置を簡単に特徴づけておこう．初期量子論の歴史における彼の業績はすでに列挙した．彼から派生した形式の解釈問題は 11.3 d において，本質的問題として論じる．

　ボーアとその門弟たちが取り上げた量子論の形式には，彼は一度も同意したことはなかった．上記の (11.1 c) の引用文で高い評価を受けたボーアの業績については「私には今日でも奇蹟としか思えない」，また，後で同じ本のなかで「私の考えでは，本質的に古典力学から得られたいくつかの確実な基礎概念については，現在の量子論は関連事項にとって最適の形式をもっている．しかし私はこの理論が，将来の発展のために役に立つ出発点になるとは思えない」と言っている（86 ページ）．

　1930 年のソルベー会議までアインシュタインは量子論の内部矛盾を示そうとした．とりわけ，思考実験によって測定可能である量が，量子力学によれば測定可能でなくてもよいことを指摘した．中心点は弱い磁場のなかのエネルギー測定の思考実験であって，エネルギーと時間の不確定性が誤りであることを示すことであった．すでにボーアはこれらすべての思考実験が量子論と一致することを証明していたが，このときのアインシュタインの議論には，本人も認めたが，一般相対性理論と矛盾する個所があると指摘した．この経緯は後でボーア (1949) に印象深く述べられている（ヤンマー，121-136 ページ参照）．量子力学の整合性についてのボーアとの巨人同士の戦いで最終的に敗れたアインシュタインは，量子論は実際に整合的であるが不完全であるという意見に変わっていった．それは原子の実態を記述するのでなくて，原子についての不完全な知識を記述するにとどまり，それゆえ実態を決定するのでなくて，ただ統計的な予想をするだけなのだ．

　アインシュタインは，一般的な非線形場の理論の結果として，粒子や量子

現象が特異点のない特殊解として求められるという肯定的な希望をいだくようになった．彼はこの困難な課題を解くことに成功していない．これは前にド・ブロイの思考に際して取り上げたのと同じ課題であって，失敗に終わるのではないかと思われる．

2. 量子論の意味論的整合性

a. **意味論的整合性の 4 段階**　物理理論の意味論的整合性とは，その助けによって数学的構造を物理的に意味づける理論の先行了解自身が理論の法則を満たしていることであると言われている．これはつねに限られた範囲で達成されるものと思う．それは，理論の数学的な内容は鋭く縁取られていなけらばならないが，先行了解なるものは果てしない日常言語に根ざしているからである．しかし，最もよく知られている物理学の理論としての量子論は，特に広い範囲にわたって意味論的に整合性のあるものとして実証されなければならないのである．

　量子論は確率の理論であり，また予測の理論でもある．選立の経験的な決定の可能性や測定の欠落が予測されるのである．それゆえ量子論は選立が決定され，どのようにしてそのようなことがなされうるのかということについての，先行了解を前提しなければならない．それゆえ測定の理論は，意味論的整合性を検証する核心なのである．

　われわれはこの考察を 4 段階に分ける．

　第 1 段階（b）では，それ自体は量子論的に記述されていない観測者が，ある対象の測定によって情報を得るといった普通の話し方の意味を確かめる．ここでは，ψ 関数による，対象についての知識を記述する整合性だけが，したがって，後で先行了解に利用されるべき理論の解釈だけがテーマとなる．

　第 2 段階（c）は今日すでに伝統的な観測理論の意味で，「主体の側」を自覚のある観測者と測定装置とに分離することを前提する．この理論は，測定に際して不可逆過程が必然的であるから，測定装置による記述は必然的に古典的記述とならざるをえないというボーアのテーゼに他ならない．

　第 3 段階（d）では量子論を測定装置に応用する．

　第 4 段階（e）は最後に量子論が観測者自身に適用されうるか否かを検証する．

b. 情報収集としての測定　本章のいくつかの節において何度も測定に際しての波束の収縮に触れた．ここではこのテーゼの意味について述べよう．

たいていの量子論の記述では，状態ベクトル（φ関数）の時間的変化に，2つの完全に異なった様式が理論のなかに現われていることが，当惑させる事実であるとして認められてきている．すなわち

1. シュレーディンガー方程式に従って連続
2. 測定に際して不連続

の2つである．連続的な変化は古典力学でもよく知られていることなので当然と思われる．どうしてあのようにシュレーディンガーが忌み嫌った「量子飛躍」以外にも不連続な変化があるのだろうか．どうして測定が，すなわち自覚した人間との相互作用が，対象の状態に作用するのか．しかしここで自覚をその役割から外すこととして，対象と測定装置のあいだの相互作用に話を限るならば，シュレーディンガー方程式に従って記述されなければならないこの過程が，どのようにして不連続な状態変化をもたらすことができるのだろうか．

われわれはこのパラドクスの皮を1枚1枚剝いでいこう．ここで他の測定理論（例えばヤオッホ 1968 参照）に従い，記述のなかで，量子論的記述の不可避性と整合性に重点を置く．この記述自体に矛盾がなく，曖昧な言葉使いがないならば，パラドクスの生じる余地がないことが認められるであろう．

測定による周知の状態の「不連続な変化」は，さしあたり理論の2つの原則の当然の避けられない結果である．すなわち

α) φ関数の確率論的意味

β) 測定の反復可能性

原則 α) がどのように歴史的に完成したかはすでに述べた．われわれ自身の構築では，この原則が量子論全体の出発点になっている．原則 β) は 2.5 で要請 II として導入された．したがって測定結果は検証可能である．

確率論の用語によれば，原則 β) から，直接測定を繰り返したとき，測定結果が再現する確率は値1を持つこととなる．この簡単な定式は，「第1種の測定」（ヤオッホ，165 ページ）にだけあてはまる．例えば粒子の位置の測定のように，測定されたオブザーバブルの値を変えず，それゆえ直接次の2番目の測定のための状態を準備することに利用されるような測定にだけあてはまる．「第2種の測定」とは，例えば粒子の運動量の測定は，オブザーバ

ブルの値を，あるわかった値だけ変化させる．このときそのオブザーバブルの値は，測定の前なのか後なのかを区別しておかなければならない．反復可能とは，第1の測定の後の値が第2の測定の前と同じ値を示すことを意味する．話が簡単なので，ここでは第1種の測定だけに話を限ることにする．

2つの原則 α) と β) の相互依存性は事実と可能性，つまり過去と未来との関係を正確に表わしている．対象について見つかった事実を客観的所与性とみなすが，それは再発見できるものである．事実性は，(正しく行なわれた) 事実のテストの結果を表わす必然性を意味している．他方成熟した量子論で明らかになったように，確率的解釈は簡単に ψ 関数の意味を表わしていて，アインシュタインも1930年以後は反論することはなかった．まさにそれゆえに，彼は量子論が不完全であるとの立場にとどまった．しかしわれわれの研究しているのは，現在の考え方における量子論の整合性であって，その完全性ではない．ところが，準備された状態で，それと両立しない状態が測定によってゼロでない確率で見いだされる場合には，なんらかの不連続な状態変化があることを意味している．

この事実関係をごく簡単に情報理論の言葉で表現してみよう．観測とは観測者によって情報を得ることである．不連続は観測者の知識のなかにある．彼は同じ対象について一連の測定……M_0, M_1, M_2……に着手し，連続する一定の時刻……t_0, t_1, t_2……の t_0 と t_1 のあいだに M_0 の結果を知ったとしよう．t_1 の後で，彼はさらに多くのことを知る．もちろん，M_1 の結果もわかる．以下同様に知ることとなる．厳密にいえば，不連続は情報獲得の記述に存在している．おそらく彼の意識の過程は連続的に進行しているであろう．しかし彼が情報について言えることは，ある時間間隔の後である．理想化された時刻 t_1 は実際に時間間隔の指標であり，その指標において，彼は M_1 の知識を獲得したのである．

他方，ψ 関数，すなわち状態ベクトルの成分の集合は，将来の測定の結果がすでに知られていると仮定すれば，観測者がこの将来の測定の結果についてなしうる，ありとあらゆる予言の完全な表に他ならないのであり，例えば M_1 の結果が与えられるならば，M_2 の予言ができるのである．t_2 を変数と見て，何時に次の測定が行なわれるかをあらかじめ決めないならば，$\psi_{M_1}(t_2)$ は後の時刻 t_2 の確率を与える．力と運動エネルギーの影響のもとに，対象はその状態を絶えず変化させているから，$\psi_{M_1}(t_2)$ 自身は t_2 とともに連

続的に変化しているのは当然である．すべてこれらの確率は時間とともに連続に変化する．したがって，M_2 によって獲得される新しい知識はすべての予告を，上で述べたように「不連続に」変更するのも当然である．

　われわれはそのかぎりでは，物理学者たちは統計的意味の発見以来，ψ の変化に対する二重の法則を利用する必要があったという議論を具体的に繰り返しただけである*[13]．この簡単な議論にとどまるかぎり，何の不都合も起こらない．しかし，「状態」という言葉を ψ の名前であると誤解していることがわかる．ψ はある1つの観測事実から作成された知識のカタログであって，無限に可能な未来の事象の確率を決定する．したがって，ψ はそれ以上のものではない．

　過去は時間に連続に依存する ψ 関数による記述を必要としない．過去を知っているかぎり，それは原理的に個々別々に数えることが可能な事実から成り立っている（例えば時刻 t_0 では，……M_{-3}, M_{-2}, M_{-1} の結果から）．過去を知っていないかぎりでは，その事実についての仮説を立てることができるであろう．これについてはcにゆずる．これに反して未来は，われわれにとって，ψ 関数と名づけられた確率のカタログの形態として知られており，そのカタログの当否は正確に次の測定にまで及んでいて，それ以上は，未来の可能な測定結果を示す ψ 関数の「集合体」として知られているにすぎない．

　過去に関しては，量子論のただ1つの必然的な結果がある．いまでは過去となっている各々の事実は，かつては可能な未来の事象であった．したがって，当時その確率はある ψ によって決定され得た．それゆえ第1に，過去の各々の事実は量子論に従えば，観測対象についての形式的に可能な1つの事象でなければならない．そして第2には，ある過去の事象の相対頻度は，それに先立つ事象から量子論に従って計算される確率と平均として一致しているはずである．この意味において，過去の2つの測定，例えば M_{-2} と M_{-1} のあいだでは，ψ 関数は M_{-2} の後で M_{-1} について観測者がどのような予言ができるかを述べるのである．

　その他，この意味で同じように ψ 関数を「遡言（Retrodiktion）」に利用してもよい．観測者が測定 M_{-1} を行ない，M_{-2} の結果を忘れたかまたは知らなかったと仮定する．そこで彼はシュレーディンガー方程式を使って M_{-1} の結果から逆向きに，M_{-2} の結果として成り立つような対象の事実の確率を計算する．ここで再び「遡言された」事象の相対頻度がその量子論的な確

率と一致しなければならない．この意味で2つのまったく異なったψ関数を同じ時間間隔に対して用いることが可能である．すなわち，一つには，M_{-2}を知っている観測者がM_{-1}に対して行なう予言のため，他方はM_{-1}を知っている観測者がM_{-2}に対して行なう遡言のために．この場合，遡言は操作的にはまた一つの予言でもある．これはM_{-2}を記録から，またはある人の記憶から知るであろうことの予言である．このような二重のψ関数は，M_{-2}とM_{-1}のあいだにどのような観測も行なわれなかったときに意味がある．さもなければ，双方のψ関数のいずれも，ここで述べたように定義することはできないであろう．

総括すると，ψは知識であり，知識は知識主観がもつ情報に依存している．しかし知識はもちろん夢想ではなく，「単に主観的なるもの」でもない．それは過去の客観的な事実についての知識であり，過去の事実は，必要な知識をもつ各人にとっても同じであることが立証される．それはまた，未来の確率関数であって，同じ情報を所有している各人に通用し，そして，第3章で述べた相対的頻度の測定によって，経験的に確認されうる．すべてのパラドクスは，ψを「客観的実在」以外の何か他のもの，たまたまある人が，ある決まった時刻に，たまたまある知識を得たことを，他の事実とみなした場合にだけ生じるのである．事実とは今日原理的に知ることができる過去の事象である．

c. 測定理論（古典的）

α）測定の量子論の理念　アインシュタイン，ボーアとハイゼンベルクは思考実験についての討論の達人であった．アインシュタインは，その方法には古典物理学において先駆者があったとしても，見事な方法を見つけた．ボーアは最大の確信をもって言葉をあやつり，その根本的な意味を省察した．認識論的にみると，思考実験は測定により情報を得る過程を理論の助けを借りて記述し，理論の意味論的整合性の検証に成功する．もう一度強調したいのだが，測定をふつうの方法で記述する先行了解は，思考実験の際には独断的に仮定されるのではなくて，理論との一致可能性が検証される．アインシュタインの動く時計を用いた時間の測定や，ハイゼンベルクのγ線顕微鏡を用いた位置測定は，遠く離れた事象の完全な同時性の不可能性，ないし位置と運動量の同時測定の不可能性を証明するものではない．むしろこのような

思考実験は，それぞれに不可能性を主張する理論が，理論と一致して論じられる場合には，決して反駁されないことを立証しているのである．
　測定の量子論は，いわば任意の量子論的思考実験の一般論である．量子論は，測定装置と測定対象を量子論的全体系として扱い，そしてこの記述から，また対象の個々の考察から同じ命題が対象の状態について導出されうること，あるいは同じ命題がどのような近似において導き出されうるかということを示すのである．ハイゼンベルクはこれを「観測者と観測装置のあいだの境界の移動」であると指摘した．たったいま述べた測定の量子論は，決定的に重要な点においていまだに量子論の意味論的整合性を立証していない．これは測定結果の客観性にとって重要である．測定結果は測定装置のなかに仕舞い込まれた客観的事実であり，観測者が読み取るか，またいつ読み取るかは明らかに無関係であるとみなされている．これについては，本書の序文の情報収集としての測定については観測者の意識に関してのみ前提した．すなわち，観測者は事実を記憶に蓄えている．ボーアは上記のように測定が現象であるためには，古典的概念で記述されなければならないとした．測定が正しく観測者の意識を取り出すのは余計なことになる．すると，測定結果はすべての古典物理の状態と同じく，客観的な存在として記述されうる．誰が読むかいつ行なうかはどうでもよい．こういうことは量子状態に適合しないということが，まさに不確定性関係の意味するところである．その場所がたったいま測定されたときにのみ，電子は決まった位置をもつのである．ハイゼンベルクが測定の量子論に関する最初の考察から，「観測者と測定装置の切れ目を移動させる」ことを要求した際に，ボーアはハイゼンベルクに宛てた手紙のなかで，ある意味ではまさに逆に，切れ目を測定装置の向こうへ押しやるべきではないと言うこともできよう，測定装置は必ず古典的に記述されねばならないからだと答えた．
　このボーアとハイゼンベルクの論争は，詳しく観察するに値する．現在広く行なわれている考え方は，測定装置自体は量子論を満足するが，しかし測定過程に関して測定装置を古典的に記述するのに「困ったことにならない」ときにだけ，その測定装置は測定に適しているということである．われわれは 8.5.1 でこの見解を「コペンハーゲン学派の黄金律」として示した．もちろんボーア自身は時々巨視的な領域では量子論は多分原理的に応用されえないと考えていた．この考えはのちにルートヴィヒ (1954) によって，巨視的

な過程の古典論と，微視的な過程の量子論との2つとは，別の包括的な理論に統一されなければならないであろうという推測にまで尖鋭化された．これに反して，われわれは本書において，われわれの全考察を次のように構築した．すなわち，量子論の無類の厳密な妥当性に対する，非常に一般的な議論の専有化を求めたのである．したがって，今日でも認められている正当な観点から出発する．それでボーアの見方を「黄金律」の意味で理解して正当化する義務を負っているのである．

われわれははじめに，測定結果は「結果」すなわち客観的事実でなければならないと要求した．これはボーアの現象に対する一義的な記述という要請に対応している．しかしここで 11.1 g の問いを再び取り上げる．なぜ，どんな意味で一義的な記述が古典的でなければならないのか．ボーアの対応原理の考え方は，われわれの量子論の理解では，「古典的」という言葉が実際に果たしているよりも，われわれの目的のためには一層原理的に定式化されなければならないところの，歴史的形態である．ボーアにとってニュートン-ハミルトン力学とマクスウェルの電気力学は古典として与えられている．われわれにとっては，さしあたりこれは科学史的な資料である．ガリレオ-ニュートンの力学はアリストテレスの自然学と交代した．ギリシャの自然学の前にはそれと異なる神話の合理化があった．お茶のときの逸話にでてくるテラーの質問はまさにそこを突いていた．すなわち「古典的」という言葉が，新しい物理学で置き換えられないようなニュートン-マクスウェルの物理学の特質であるならば，それは何を意味するのだろうか．

ヒルベルト空間論の見地に立てば，古典物理学は量子論の境界になるべきであろう．それならボーアの議論とはちょうど逆に，古典的なオブザーバブルは本来量子論的なオブザーバブルでなければならず，この量子論的オブザーバブルはある近似で非交換性を無視することが許される．しかし，ここでわれわれは，ノイマンの制限された自己随伴のどの演算子も許されたオブザーバブルであるという「水準化」の考えには従わない (11.1 h)．測定の量子論から，むしろ実際のハミルトン演算子として現われる演算子だけが量子論的なオブザーバブルであると推論される (11.2 d: 測定理論，量子論的)．相互作用の演算子は，古典力学によれば座標空間の相対座標に（磁気的には相対速度に）依存し，特殊相対性理論によれば近接作用の法則によって「局所的」である．量子力学に時空連続体を先に与えると，付加的な経験事実とな

る．ウア仮説では，選立の分離可能性がすべての対象に共通の対称群とともに，またそれによって相互作用の法則を決定するというより控え目な仮定が選ばれている．そのとき時空の構造は対称性の結果であってその逆ではない．一体測定に関する古典的記述とは何を指すのであろうか．

　ボーアは古典物理学においてのみ，時空記述と因果律が統合していると言っている．観測された現象から，対象への一義的な推論を許す．ゆえに，1つも情報が失われないという意味で，測定装置にも因果律を要求する．この要求は測定装置と対象をシュレーディンガー方程式の支配下に置くことによって満足される．したがって，次の測定の量子論の概説では，この要求はわれわれの出発点となるであろう．時空記述はどうなるのか．空間性は測定理論では仮定されていないが，しかし時間構造は測定結果が事実でなければならないという，まさにその意味で仮定されている．このことは「古典的」という概念の鍵が，事実の不可逆性にあるという推測を暗示している．

β) **測定の不可逆性**　　1933年にコペンハーゲンでボーアとテラーがお茶を飲みながら交わした会話は10年後にアメリカの横断鉄道列車のなかで続けられた（テラーの話による）．そのときテラーはボーアに，測定の際には測定装置の不可逆過程が決定的であることを確認させようとしたが，またもやうまくいかなかった．ボーアは，測定の根本的特性は熱力学のような特別な物理学の理論に依存するものではないと答えた[*14]．

　もちろん，われわれはここではテラーの味方である．大家たち権威の言葉を証拠として挙げなければならないとしたら，アインシュタインが古典熱力学を次のように見ていたことを思い出す．「古典的熱力学は一般的な内容をもつ唯一の物理学理論であるとみなしていたのであり，その基本概念の応用の枠内では決して避けられないことを確信していた」(6.5参照)．本書は，第4章で述べたように不可逆性は基本的な時間構造の結果であるという立場である．われわれはそこでの考察を測定過程にも応用する．

　測定過程は統計力学の意味で不可逆である．測定装置は多くの自由度をもっている．対象のオブザーバブルを L として，測定前の対象の状態では，L の固有値 λ は確率 $p(\lambda)$ を持つとしよう．さらに，ある測定装置のオブザーバブル M が測定の相互作用の結果オブザーバブル L に対して次のような固有値をもつ，すなわち M は L が固有値 λ を持つ場合，そのつど一定の固有

値 $μ_λ$ を持つように対応するとしよう．すると後の測定装置の観測「結果の読み取り」に対して，$p(λ)=p(μ_λ)$ が期待されるにちがいない．対象の状態$|λ>$ が純粋である場合でさえも，装置の状態$|μ_λ>$ はそのヒルベルト空間のきわめて大きい部分空間に対応する．相互作用の後で，装置の値 $μ_λ$ が一定にとどまるのに，この部分空間では複雑でよくわからない運動が起こる．この運動は測定装置の環境との未知の相互作用さえも含む．測定の相互作用の直後に装置の正確な量子状態があるとフィクション的に仮定しても，この知識はすぐに失われてしまう．したがって測定装置の既知の $ψ$ 関数はなく，特別の固有値 $μ_λ$ に対する確率 $p(μ_λ)=p(λ)$ があるだけである．このような装置の状態は密度行列 $W(μ)$ によって巧みに記述される．この密度行列は，われわれが「測定の読み取り」と呼んでいる測定装置による観測のせいで再び不連続に変化する．これにはなんらのパラドクスもない．というのは，すべての量子論の記述と同じく密度行列は知識を表わしているからである．「客観的」とは，$W(μ)$ から M と可換でないオブザーバブルについての可能な予告をする際に，何の矛盾も招かないという意味で，観測装置の状態そのものなのである．これは，単に予言にとって必要と思われる状態ベクトルの成分の位相が未知だからである．すなわち，位相は熱力学の不可逆過程と呼ばれている無知の深淵のなかで失われてしまう．それゆえ，特定の値 $μ_λ$ が，読み取りの前に装置のなかにおかれていたという仮定は，のちに検査を要する類の困ったものではない．

　ここでは，測定過程のあいだの W の形やその時間依存性について，よく研究された理論には立ち入らない．ウィグナー（1963）は，ある純粋状態がいくつかの純粋状態の混合に移るような力学系の発展はないという見解を力説したが，それは明らかである．波束の収縮を招来するようなシュレーディンガー方程式に従った力学的展開は知られていないのであるから，なんら驚くにあたらない．不可逆過程による情報の喪失を記述する場合には，対象と測定装置の力学的展開は念頭におかれていない．情報の喪失は知識の喪失である．力学的展開を追跡できなかったので，観測者は不可逆過程については控え目な記述を選ぶ．純粋状態がずっと先方に「客観的」に存在するが，その痕跡を失ったと仮定することはなんら害にはならない．まさに，われわれはそのことを統計的混合のなかで理解するのだから，ここで純粋状態は，過去の事実から推論された可能な予告カタログ以上のものではないことだけは

忘れてはならない．まさにそれゆえに，同じ密度行列を基本ベクトルの異なった系から構成することができる．また観測者がこれらのオブザーバブルのうちのどれを次の実験で測定しようとするかを，密度行列が観測者の選択に任せることを，われわれが認める場合には，なんら矛盾を意味しないのである．未知の純粋状態の「客観的」な存在とは，もしも測定対象と測定装置の全体系の初期条件がわかっていたならば，それがそのすべての確率内容を計算できることを意味している．最大限の知識があるならば，未来を自由に処理できるであろうというフィクション的な想定は，観測者が実際に知っているものについて何の矛盾も意味しない．同じ事象について，進んだ知識の観測者Bが比較的に知識の少ない観測者Aと異なった値の確率を求めたとしても，古典確率論ではAの知識に何の矛盾も意味しないことを想い起こす．すなわち，2人の観測者の確率は，異なる予備知識のせいで異なった統計集合に属しているからである．第4章での2つのさいころの場合と比較してほしい．

　古典熱力学では不可逆過程は観測される事実であるのに，上記のような考え方では，あたかも不可逆過程自身を単なる知識の喪失に帰着させてしまうように見えるかもしれない．そのわけはエントロピーの大きい巨視的状態は，エントロピーの小さい巨視的状態より多くの微視的状態を含んでいるという客観的事実である．それゆえ，小さいエントロピーの状態に戻る確率は小さいがゼロではない．微視的状態をその道筋に沿って時間的に追って行けるなら，小さいエントロピーの巨視的状態に戻るという少数例をそれらのなかに探し求めるであろう．しかし，巨視的状態だけを知っている場合には，この反不可逆的展開は偶然分布のわずかな少数例にすぎないと話せば十分であろう．

　理論を理解しておれば瑣末なことなのに，冗長になってしまったことをお詫びしたい．私の何十年もの長い経験が，ありもしない困難を見つけるように誘惑する，あの言葉の罠を教えてくれたのである．

γ）コペンハーゲン学派の解釈における観測者の役割　　要約しておきたい．測定の量子論が「正統な」意味で，意味論的整合性を示していることをこれまで質的に論じてきた．その形式的なモデルは次章でさらに示すこととする．それゆえ，測定の量子論は知識との明確な関連の必然性をいささかも減じな

かった．φ関数は知識として定義されている．波束の収縮は，シュレーディンガー方程式に従ったφ関数の力学的な発展ではない．それはむしろ観測者が事実を認識する事象と同じである．測定対象と測定装置が相互作用をしているあいだはそれは起こらない．また測定相互作用が終わった後で，装置が読み取られていないあいだも起こらない．すなわち読み取りによる知識獲得なのである．正統なコペンハーゲン学派の解釈は，実はこういうことなのである．量子論は観測者が知ることのできる事柄を記述するが，観測者自身を記述するものではない．ボーアとハイゼンベルクはそれを違うやり方で述べたのである．ハイゼンベルクは折に触れて切れ目の移動について述べている（1930, 44ページ）．すなわち，切れ目を観測者の側へ引き戻そうとすれば，もはや物理学が入り込む余地はなくなってしまうと．ボーアの現象という概念も結果的には同じことを表わしている．現象とは観測者が知ることのできる事柄であり，自分の脳のなかの過程は，観測者にとって現象ではないと．

　いずれにしてもこの用心深い態度が矛盾を避けている．もちろんこれは整合性の証明にとっては障害でもある．量子論が観測者を記述しないならば，量子論を前提する観測者についての先行了解にも適用されないことになる．量子論はこのことを認めざるをえない．他方ボーアはつねに強調していたが，量子論は対象と観測者の厳格な分離を捨ててきた．量子論は「われわれが生存という大きな演劇の共演者であり，同時に観客であるという古き真実を印象深く思い出させたのである」．一体ボーアはこの言葉で何を言おうとしたのであろうか．

　古典物理学もまた科学としては自然に関する知識であり，経験科学としては観測者の知識である．古典物理学は，自然それ自体で成立している事態を記述すると言明することができる．「それ自体で成立する」とは，観測されているか否かに無関係ということである．この意味で古典物理学は，認識論的には，観測者を対象とは厳密に区別している．対象は，あるがままに存在し，観測者が対象について知っているかどうかは，どちらでもよいのである．したがって，観測者を必要としない．しかし観測者が対象的に観察され，それゆえにみずからを自然対象とみなす場合に古典物理学の法則を満足しているかどうかは，上記の認識論的分離にとっては重要ではない．歴史的には古典物理学はいわゆる「心身問題」の一元論と同様，二元論の理解とも両立するとみなされていた．例えば医学で時折論じられた心身問題の理解は，もと

もと古典物理学の所産である．物理学がすべての物質対象に妥当し，また人間自身が物質対象であるならば，物理学をも満足しなければならない．すると意識も物理学の記述を許すのが問題になった．また，仮に唯物論的または一元論的哲学の立場で観測者自身の知識を物理学に委ねたとしても，やはり客観的に記述された物理学的事実の，観測者の知識からの論理的，認識論的独立性は問題として残る．古典的に見れば，誰かがそれを知っているかどうかはどうでもよいのである．

このきちんとした認識論的な分離こそ，量子論が廃止するものである．ボーアは何度も会話で決定論と自由の問題を手がかりとして次のように述べている．「古典物理学では対象の振る舞いは厳密に因果的に決定されているが，観測者は完全に自由に振る舞うものとして記述されている．すなわち，彼は思いのままに，粒子の位置であれ運動量であれ，または波動の波長や振動数であれ，自由に測定する．量子論では観測者はもはや完全には自由でない．例えば彼は位置か運動量のいずれかの測定を選ぶことはできるが，同時に両方とも測定することはできない．ちょうどその程度に対象もより自由となる．すなわち，その振る舞いはもはや完全には決定されえない」．これはただ要約である．しかしその中心の堅い核となるのは，主体と客体の認識論的な不可分性である．量子論では知識の内容，あるいは知られたもの，すなわちϕ関数は確率のカタログに他ならず，ゆえにそれ自身が知識である．

そこでこの確認の意味を観測者と対象に分けて説明しよう．例としてヤングの二重スリットの実験を選ぶ．

光源Qの穴Lを通って，光波と呼ぶ波動が，スリットSの2つの穴AとBを通って写真乾板P上の特定の場所Xで観察される黒斑を作る．Xにおける強度は波動論によって計算される．Xを干渉の最小強度の位置とする．AかBに1つだけ穴が開いている場合には，Xに有限の強度が現われる．2つとも穴が開いている場合には，双方の部分波は打ち消しあってゼロになる．ただ1つの光子を含むような十分弱い光をLから入射することができる．干渉はこのために妨害されない．すなわち，各々の光子は自分自身と干渉する．

Xにおける強度は確率であり，それゆえ長い測定を繰り返すと，この場所に1つの光子が現われる相対頻度を表わす．$|\phi|^2$は本来確率密度である．例えばXに感光剤の銀粒子があるとしよう．Aだけが開いているときに十

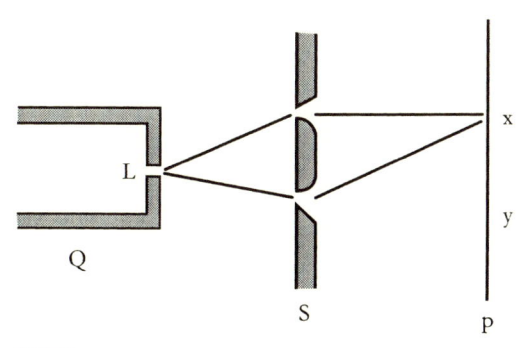

第 3 図

分長い時間 T が経つと，確実に黒くなる．Bだけが開いているときも同じである．両方が開いているときには，黒斑が現われるまでには T よりずっと長い時間がかかる（強度は線条に沿ってゼロとなるが，銀粒子が有限の広がりをもつことを度外視してもよいならば無限に長い時間となる）．

　次に対象に関する結論について話を進めよう．両方の穴が開いているときには，「光子は穴Aを通るか穴Bを通るかどちらかである，しかしどちらを通ったのかは知らない」，と言ってはならない．Aを通ったとすれば，時間 T の後に X で銀粒子が黒くなるに違いないような確率分布が対応する．Bを通ったときも同じである．銀粒子は時間 T では黒くならない．これはボーアが過程の個別性と名づけたものであり，過程の不可分性である．すなわち，両方の穴が開いているときの過程は，Aが開いている場合と，Bが開いている場合の2つの部分過程に分けることはできない．2つの穴が開いているときには，光子のAの通過もBの通過も，どちらも客観的な事実ではないのであり，客観的事実とは起こったのか起こらなかったかのどちらかなのである．客観的なのは，各々の光子がある位置P（これを Y と名づける）で起こす黒斑化なのである．この位置で観測による個別過程は終わるので，Y における黒斑化はまさにそれゆえに正しく客観的なのである．$α$) と $β$) についての考察を先行したのは，収縮しない ϕ 関数によって記述するかぎりでは，Y での黒斑化が個別過程の終わりとはならないと，はっきりと言うためであった．この記述は人間にとって実際に実行することができないのであるから，われわれは諦めるのである．黒斑化は不可逆過程であって，各々の観測者は後で乾板を見て確認するのであるから，X または Y における実

第 11 章　量子論の解釈問題

際の観測もまた諦めなければならない．それを対象と見ることは何も不利益なことではない．言語学的には客体とか対象はそれに「対立する」主体に対してだけあるにすぎない．黒斑化は，観測されるのであるから，まさに客体的なのである．この意味で量子論では，客体は原理的に主体と分離できない．

ところで，観測者にとっての帰結に触れておく．観測者は実験の記述に書かれることはない．むしろそれを書く人である．しかし，その際個人としての彼が問題とはならない．彼の知覚，彼の行為，彼の知識にとっては，実験で，他のどんなちゃんとした観測者も同様に知覚し，行動し，知るであろうことのみがまさに重要である．カントの言葉にもあるように，経験主体でなく超越的主体のみが重要なのである．すなわち，ある主体があることを知覚し，行ない，知る，そしておそらく多くの主体も同じようにそうするだろうということが重要なのである．しかしそのように「客観化された」観測者は「純粋な精神」ではない．彼は自分の目で見て，自分の手で働かねばならない．用心深く言えば，彼自身も二元論者であって，また彼の肉体も現象界の一部であるからこそ，観測者であるのだ．彼は自分の手を見ることができる，自分の目に触れる，自分が記述している対象との物理的な相互作用のなかにいる．観測者が自分自身をどのように記述できるかという質問にはいまだ答えられていない．この問題にはeで立ち戻ることとする．

d．測定理論（量子力学的）　　測定装置を明確に古典的に記述する必要はない．ここで測定の量子論を略述をしておこう．まず量子論における自己随伴演算子についての所見から始める．それは3つのまったく違った役割に用いられる．そのうちの1つの演算子 H は

1. ハミルトン演算子，すなわち力学的群の生成演算子
2. オブザーバブル
3. 密度行列

を意味する．はじめに3を2に還元する．密度行列は $W = \sum_i a_i P_i$ と書くことができる．ここに P_i は射影演算子であり，a_i は実数 ≤ 1 である．1つの射影演算子はオブザーバブルであって，1つの状態の現存，または状態空間の1つの部分空間の現存を表わす．それゆえ，密度行列は簡単に言えばオブザーバブルの確率分布に他ならない．

次に，2を1に還元する．どのようにしてオブザーバブルを実際に観測で

きるのだろうか．われわれは，これを対象と測定装置の相互作用のハミルトン演算子に委ねるよう主張する．ここで，量子論が次の意味で整合的であることを示すために詳細に説明しよう．オブザーバブル L の測定の際に，固有値 λ を見いだす確率が $p(\lambda)$ ならば，λ に相当する測定装置の特質が存在するであろう．この特質を μ_λ としよう．測定装置を，この特質を登録する第 2 の測定装置で観測するとき，特質 μ_λ を見いだす確率は $p(\mu_\lambda) = p(\lambda)$ でなければならない．

それゆえに，測定の量子論は 2 つの対象を記述しなければならない．すなわち，元来の測定対象 X_1 と測定装置 X_2 である．われわれは最初に対象の量子論における測定，つまり X_1 の測定だけを記述しなければならない．時刻 t_0 の前に，X_1 はちょうど状態 $|x_1>$ にあるとする．時刻 t_0 で，オブザーバブル L が第 1 種の測定によって測定されるとしよう．L の固有値 λ は確率 $p(\lambda)$ を持つとしよう．値 λ は実際観測されると仮定する．そうすると t_0 の直後に，X_1 は，$L|\lambda> = \lambda|\lambda>$ という条件の下にちょうど状態 $|\lambda>$ にある．

測定の量子論における同じ過程を記述するために，X_1 と X_2 からなる全体系を X とする．t_0 の直前の全対象の状態を積の形に表わし

$$|x> = |x_1>|x_2> \tag{1}$$

と置く．測定前は X_1 と X_2 のあいだには相互作用がなく，また両方の対象の状態は互いに独立であることがわかっているものと仮定する．$|x>$ はシュレーディンガー方程式

$$i|\dot{x}> = H|x> \tag{2}$$

を満足する．t_0 以前では相互作用はなかったので，

$$H = H_0 = H_1^0 + H_2^0 \quad (t \ll t_0) \tag{3}$$

が成り立った．t_0 の周りの短い時間間隔では相互作用 H_i が存在し

$$H = H_0 + H_i \quad (t \approx t_0) \tag{4}$$

となる．後に相互作用は再び消失して

$$H = H_0 \quad (t \gg t_0) \tag{5}$$

となる．$|x>$ は t_0 より前の時刻の関数として，$H = H_0$ の場合の (2) の解でなければならない．(3) で与えられた H_0 の和の形は，$|x>$ が積の形で存続することを保証している．相互作用はこの積の形を乱す．$t = t_0$ から $|x>$ は次のような和の形

$$|x, t> = \sum_{\mu_1 \mu_2} c_{\mu_1 \mu_2} |\mu_1>|\mu_2> \tag{6}$$

となる．また

$$H_i \gg H_0 \ (t \approx t_0) \tag{7}$$

と仮定してよい．すなわち，短い時間間隔で，両方の対象の自由な運動を度外視してもよいと仮定する．すると H の固有関数を (6) の総和の基底として用いることができる．積 $|\mu_1>|\mu_2>$ が H の固有関数であると仮定すれば，$c_{\mu_1 \mu_2}$ は時間に無関係となる．すると $|c_{\mu_1 \mu_2}|^2$ は X_1 と X_2 の同時測定の際に，対象を状態 $|\mu_1>$ と $|\mu_2>$ において見いだす確率となる．(7) の条件のもとでは，$|\mu_1>|\mu_2>$ は相互作用の間では H_i だけの固有関数となる．測定相互作用によって，確率 $|<x_1|\mu_1>|^2$ が変化しないように，基底 $|\mu_1>$ を X_1 のヒルベルト空間 V_1 の中で見いだすことができるであろうか．このような基底は実際 H の固有関数から全過程を通じて成立するための候補となる．

ここで過程とは，演算子 L の測定を意味しなければならないことを思いだそう．そのすべての固有値 λ とその固有状態 $|\lambda>$ に対して，相互作用の直前に λ を見いだす確率は $|<x_1|\lambda>|^2$ である．相互作用はまさしく L を測定するべきなのだから，λ がちょうど見いだされる確率は相互作用の後で，しかし目盛りを読む前では，再び $|<x_1|\lambda>|^2$ でなければならない．それゆえ，基底としては $|\mu_1> = |\lambda>$ をすべての λ と μ_1 について選ぶ．

他方，測定装置 X_2 にはオブザーバブル M を与えなければならない．それは X_1 のオブザーバブル L に正しく対応していなければならない．そこで M の固有値 μ が見いだされるような相互作用の後で，装置の目盛りを読むことは，いま X_1 についての L のある一定の固有値 λ が，第 2 の実験の際に見いだされることを意味している．λ に対応している M の固有値を μ_λ と名づけると

$$c_{\lambda \mu} = \delta_{\mu \mu_\lambda} \tag{8}$$

のときこの条件は満たされる．それゆえ H_i は固有ベクトルがちょうど積 $|\lambda>|\mu>$ であるような演算子でなければならない．また $\mu \neq \mu_\lambda$ のときは固有ベクトルはゼロとなり，$\mu = \mu_\lambda$ のときはゼロでない値をもつ．これは，L と M が2つの粒子の演算子で $\mu_\lambda = \lambda$ であった場合には，局所演算子として表わされる演算子の抽象的な記述なのである．すなわち，2つの粒子はそれぞれの位置にあるときだけ相互作用をする．まさにこのような相互作用は位置の測定には必要なのである．

このため基底 $|\lambda>|\mu>$ に関しては，相互作用の演算子は次のような形でなければならない．

$$H_i = \lambda \mu \delta_{\mu\mu_\lambda} \tag{9}$$

$$L|\lambda> = \lambda|\lambda>, \quad M|\mu> = \mu|\mu> \tag{10}$$

であるから，その積は

$$H_i = LM\delta_{\mu\mu_\lambda} \tag{11}$$

となり，H_i を表わす一般的な表現である．これは再び $H = \phi(x)\phi(x)$ による2つの場 ϕ と ψ の局所的相互作用に対応している．

それゆえ，あるオブザーバブル L は，積の形のハミルトン演算子によって測定され，その対象因子を L とする測定装置の因子の固有値は，L の固有値に対して1対1の対応を保っていることがわかる．この意味でオブザーバブルは，測定の相互作用の場合の可能なハミルトン演算子でなければならない．

e. 主体の量子論　ボーアの測定の記述には，彼の全体の世界像がそうであるように，彼の予見性がめだっている．彼は知っていることを書いたが，知らないことの弁明を拒んだ．それがなければ量子論が解釈できないような観測者の認識論的関係と，量子論を実際に解釈したことがなかった観測者の対象的な記述を峻別した．しかし，統一的世界像への願望と，量子論の誕生以来60年間に達成された生物学と情報科学の考え方の発展とが，観測者の対象的記述は原理的に排除されたままなのか，それとも原理的に可能なのかと問いつつ迫る．われわれは後者を弁護したい．

すでにボーアは，生物学における物理主義を深刻な懐疑をもって見ていたから，このような疑問をもったのではなかった．彼は生体の物理的記述と固有の生物学的な記述との相補性を考えて予想していた (1932)．また生体においても，どんな実験においても物理学が正しいことが立証されなければならない．しかし，特殊な生物学的な過程は完全な物理的解析を諦めたときにのみ進行し，完全な物理的分析は生体を殺してしまうであろう．それゆえ，すでに人はもともと生物なのだから量子論的記述から除外されているのは，観測者が最初ではなくて，誰でもそうなのだ．これを明らかにしたいという願望がマックス・デルブリュックを生物学へ導いたのであった．しかし今日まで生物学において物理主義はつねに真実として確証されてきた．そこでわれわれは反対の方向を辿ってみたい．観測者の客観的な記述が可能ならば，量子論的にはどのように遂行しなければならないのかを問題とする．

前と同じく，測定対象を X_1，測定装置を X_2 と名づけよう．実験装置を読む観測者を Y，観測者を観測する「メタ観測者 (Meta-Beobachter)」を Z と名づけよう．Y が X_2 において知覚する事実を，X_1 についての新しい知識を求める X_2 から Z はどのようにして，知覚するのであろうか．述べるにはこの質問は今日のわれわれの知識を超えるものである．しかしこの質問は，「理論の思考実験」としては有意義である．自覚した人間への量子論の応用可能性を仮定的に下敷きにすることによって，量子論の意味を吟味するからである．

次に伝統的な表現のために，体と心の本体論的な区別についての話を選ぼう．Z は量子論を Y の体に適用しようとする．われわれの作業仮説によれば，Y の体は，上記のような方法で，X_2 と相互作用をするあたかも測定装置のように記述されうる．今や Y の体にとって X_2 は測定対象である．誰も Y の体を観察しないあいだは，X_2 との相互作用は Y の体内にある状況を作り出すが，この状況は Y の体を通じて，Z が X_2 のオブザーバブル M についての測定の結果を，古典的な（不可逆的な）確率分布として記述するものである．この確率分布は Z が Y の体を観測する際に Z に対して収縮する．

ところで Z はどのようにして Y の体についての状況を観測できるのであろうか．それには，ごく簡単な方法がある．Z が友人の Y に，君は何を観測したかと尋ねさえすればよい．体と心とを区別するあの伝統的だがこと細かな，問題的な話し方で，次のように記述しなければならないであろう．Z の

意識がZの体にYの体によって受け取られ，Yの意識に次のような質問を伝えるために，音波を発せしめるのである．「もしもし，Yの意識ですか．君が，君の体の助けを借りて取り出した，X_2におけるオブザーバブルMの値はいくらだったのかね」．Yの意識は同じ電信で返事をする．

　この書き方では，2番目の観測者Zは余分であることがわかる．このような過程はYの意識がYの体についてなんらかの知識があるときにのみ機能する．それゆえにこれまでYの意識をYの体の観測者として選ぶことができた．Yの意識にとってYの体は普通の測定装置であって，この装置によって事実が観測され，その確率が予言のために用いられうるのである．Yの体の波動関数の収縮は，Yの意識のなかで起こる．測定の量子論には何の変化も及ぼさない．

　われわれはこのようにして最後の助走をし，量子論が意識そのものに適用されると仮定する．これは量子論を知的主体に初めて実際に応用することなのである．この適用が可能であるという仮定は確かに仮想的であるが，抽象的量子論の論理的構造には少しも矛盾するものではない．抽象的量子論は，決定可能な選立について，その選立の特殊な性質に依存することなく語る．Yの意識が事実を観測したかという質問は意味のある選立である．ある事実xを知覚したある観測者が，その後で事実yを知覚するであろうという確率は，意味のある確率である．それで観測者としてのわれわれは，意識Z（前にZの意識と名づけた）を導入することができる．この意識Zは，例えばZがYと会話して，Yの将来の意識状態について予言をし，また再吟味することによって，意識Yにおける意識状態について報告するのである．その場合意識Yは，あたかも量子論の対象のように振る舞う．それによってZがYの「意識状態」を記述する確率関数は，YがZに何かを告げて，それが理解されるたびに収縮する．

　もちろんここで「実在論者」は反論するであろう．「しかしYの意識状態は確かに客観的なものである．なぜなら自分自身を知っているからである」．この立場は再び外部の観測者Zを除外し，Yに自分自身を観測させるように仕向ける．この立場は，われわれの量子論の解釈では許されるものであって，YはZより一層よい知識をみずからに帰属せしめ，次にこの知識を，Zが用いるϕ関数とは別のϕ関数によって表現するにあたって何の困難もないのである．

ここで注釈を付ける．Yの体と意識を区別することは今やかなり不必要となった．はじめの仮定ではYの体は量子論に従い，Yの意識も後の仮定にふさわしく量子論に従う．両者を同じ現実性の異なった見地とみなすことに何か障害があるだろうか．Yの体が自分自身について，まさに空間で知覚できるものであってはなぜいけないのか．またYの意識が「内省」によって自覚するものであってはなぜいけないのだろうか．この哲学的な基礎概念については後で立ち返る．現在のところ議論の厳密さは必要としない．ゆえにこの議論はここでは注釈にとどめる．

　Yは自分自身について何を知ることができるのか．彼は事実を知っている．すなわち，Yの思考が信頼できるかぎり，彼の現在の意識が意識とともに包括するようなYの過去の経験から得た事実的知識をもっている．彼は可能性を知ることができる．すなわち，Yは将来の経験についての確率を評価することができる．新しい経験をしていることがわかっているときには，いつも新しい事実を彼の収集に加え，そのつど彼の将来の経験に対する確率関数が収縮するであろう．Yは自分自身を決定論的に予言することができない，自分の外見的な経験も，自分の気分や考えや意思決定も予言できない．このように彼は，知的存在と意識的存在の二役を整合的に同時に演じているのである．

　われわれは自己認識という深い哲学的な問題に到達した．この問題を解明したいなどという要求を掲げるものではない．われわれが主張しているのは，量子論の解釈になんらの変更なしに，それが一般的に言って心的現象に適用されることを妨げるようなものは，量子論自体に存在しないということだけである．私が自分自身について知っていることは，事実性の意味で「客観的」である．私が客観的に自分について知らないことも，将来は知るようになるかもしれない．この時間構造は心的過程に対しても，物質と呼ばれている対象に対する場合となんら変わりはないのである．

3．パラドクスと選立

a．まえがき　　量子力学の解釈の第3期，1935年から今日までは，「後衛論争」の期間として特徴づけられる．とはいえ，コペンハーゲン学派の解釈を量子論の解釈における本当に最後の言葉としてはならないだろう．しかし，

この50年間にこの量子力学を超える実質的な進歩がほとんどめざされなかったと言わねばならない．この10年間の解釈論争において，展望のきかない回顧的な質疑がかわされ，まさに後衛論争が戦わされてきたためであろう．しかしながら，その理由は理解できる．

　コペンハーゲン学派の解釈は，歴史的に，事態的に，概念的にボーアの対応原理に発している．古典物理学はあらかじめ与えられたものである．現在の術語で言えば，量子論の先行了解である．古典力学の言葉で測定が記述されるのである．次にコペンハーゲン学派の解釈は，量子論の意味論的整合性を認識させ，なんら矛盾を生じないためには，どのように先行了解を修正するのか，古典力学の適用範囲をどのように制限しなければならないのかを正確に示している．その後よく議論された見掛け上のパラドクスと選立は，一般的な試みであったが先行了解におけるやむをえない犠牲であり，少なくとも部分的には古典力学を取り戻そうとする試みであった．この試みは無駄な結果に終わったが重要な「追悼作業」であった．これによって初めて，犠牲がいかに深刻かが本当に明らかとなった．アインシュタインはこの論争において高邁な思想家の地位をもう一度守った．彼は有名なポドルスキーとローゼンとの思考実験において，犠牲の核心を精細に究明した．すなわち，物理的対象の「客観的実在性」を信仰することを諦めた．それゆえこの追悼作業にさらに1章の全部を，特に中心となるアインシュタインの異議に捧げることにしたい．しかしこれは追悼作業であることに変わりはない．提案された古典的原理への還帰は貫徹されなかった．追悼作業のフロイト的概念の心理学的意味は，出来事の承認を学ぶことであり，その頑固さを押しのけず，まさにそれゆえに別の未来への道を開くという行為のなかにあるのである．

　この数十年間に，基本的な解釈の前進が不可能であったことは，同時代の物理学の進歩からも理解できる．また「量子論による世界制覇」の数十年間でもあった．量子論は完結した．そして認められた適用範囲ではどんな衝突も起こらなかった．ここから2つの結果が生じた．まず1つは，アインシュタインやボーアより若い世代の生産的な物理学者は，今日の若い人たちと同じく対象的な進歩や，つねに新しい現象の発見と解明に魅惑された．進歩を導いた誰一人として，この解釈論論争に強い関心を持たなかった．しかしこれは第2の結果と関係した．当時指導的な物理学者は，おそらくこの論争から，新しいことを学ぶことはほとんどできないだろうということをよく知っ

ていた．

　実際，完結した理論と，その新しい解釈によってこの理論と意味論的に統一された，堅固な歴史に与えられた理論の先行了解以外に何も存在しないならば，こうした材料からは，すでにわかっていることを単にはっきりさせる以外に何も取り出すことはできない．それ以上に到達しようとするならば，地平線の拡大が必要となる．つまり既存の理解を一層広く深く哲学のなかに定義して批判するか，あるいは新しく完成した物理理論が必要となるのである．前者は実在論や実証主義や先験主義のような，偏見ぶりがあまりにも似ている同時代の哲学の，無関心になりつつある解釈論争の枠組みを打破するよう求める．これに対する必要だが十分でない前提は，西洋の哲学を始まりから研究し尽くして，同時に近代の哲学の動機に対して批判的な関係を持つことであろう．哲学的に十分練達していない物理学者も，物理学者の代理をするが新しい物理学を理解しなかった哲学者もこれを実行できなかった．ところで，後者，すなわち対応原理に従って構築された量子論を超えた新しい完結した理論は，量子論の解釈においてもまた新しい道への物理学的前提条件となるであろう．新しい理論は，従来の量子論に先行了解の役割を当て，この先行了解を批判する手段を提供するであろう．しかしこの新しい完結した理論は新大陸のように発見されるのであり，故意に作られるものではない．

　本書はこの2つの方向での探究から成り立ったものである．基礎の哲学的な拡大については目下準備中の『時間と知識』で一歩進めて参照する．物理学の構築は，量子論の内在的な分析とその先行了解の分析によって達成して，物理学的に寄与しようとするものである．その際先行了解を最も簡単な要点に還元することがつねに問題となる．その要素として時間構造（第2章）と選立の概念（第8章）が残る．両者の関係は，どの選立も未来への質問を意味すること，また選立は測定結果の不可逆性，つまり過去の事実性によって決められる．ウア仮説（第9章）は，結局量子論内の実質的な前進でもあろう．それは同様に量子論の一番簡単な可逆的な要素についての問いかけによって成り立つが，しかし，相対性理論と素粒子論をも原理的な量子論の必然的な結果として導入するという期待を喚起するのである．こうしたすべての事柄に，このような決定的な前進だけが，意味論の問題においても，新しい啓発へと導くことができるという確信が結びつけられるのである．

　しかし本節は過去の論争の「悲しい研究」と関係している．本節は一対の

仮想のパラドクスと提起された選立に関したものである．また一方ではなぜパラドクスでなくて，おそらく通用できる選立でもないのかを考えている．他方あらゆる場合に動機を理解しようと努め，そこから直接問いかける．すなわち，この動機はしばしば量子論の従来の形態を超えて出て行くように指示しているのではないかと．

b. シュレーディンガーの猫：波動関数の意味

シュレーディンガーは前述の議論に従って波動理論は粒子現象を解明するのに適当でないと認めなければならなかった．そのとき以来，彼は現状の量子論はその成果にかかわらず，現実についての適当な理論ではないという意見にとどまっていた．もはや量子論の改造にはあずからないで，統一的な古典場に関するアインシュタインの問題圏に向かって行った．

1935年のある報告で（ヤンマー，215-218ページ参照），彼はコペンハーゲン学派の解釈を思考実験によって皮肉に批判した．1匹の生きている猫が箱に閉じ込められており，箱のなかには1つ1つの放射性原子によって自由に放出されている致死量の毒物があるとしよう．原子の半減期後に猫が生きている確率は $\frac{1}{2}$ で，死んでいる確率も $\frac{1}{2}$ である．シュレーディンガーはこの時刻の系の ϕ 関数を「半分は生きていて，半分は死んでいる猫が箱全体にひろがっている」という命題で記述した．

答えは取るに足りぬものである． ϕ 関数は可能な予言のリストである．2つの選立（ここでは「生と死」）の確率 $\frac{1}{2}$ とは，2つの一致できない状況が，予言した時点においては，同様に可能なものとして妥当しなければならないことを意味する．ここにはなんらパラドクスの痕跡はない．

この状態を背理と感じるシュレーディンガーの根拠は，彼が ϕ 関数を「客観的」に波動場と解したいと思っていたことにあった．そこに内包されている決定論的な記述には，現在と未来の区別を真面目に取り上げようとする何の動機も見られなかった．この区別は物理学的に真面目に取り上げるべきで，単に「主観的な」ものでないという考えが，多くの物理学者同様，彼にいかに無縁であったかは，戦後すぐに私に宛てた彼の手紙から読み取ることができる．彼は私が熱力学的不可逆性の意味について書いた記述を読んでいた．彼は私の大層不慣れな表現を理解するのに大変骨が折れたと言い，しかし私が時間の矢について単純に考えていることがわかったと書いてきた．

私にとって「時間の矢」という言葉は，まさに現象的に与えられた固有の事態を表わす，単に比喩的な表現であった．

　パラドキシカルな印象を尖鋭化するために，シュレーディンガーは生物を例にとった．かわいそうな猫はここでは単に測定装置として扱われ，この測定装置は人目を引き心を動かす対立によって測定の不可逆性を具体的に説明するものである．前に論証したように（11.2 e），生物へ適用できないという内在的な根拠は量子論にはない．しかし，シュレーディンガーの例の議論にこれを仮定する必要はない．一方で生きている有機体組織を複合部品として利用し，他方で量子論の応用（ここでは単に確率概念の有機体組織への応用）を真剣に考えない場合には，量子論に関するわかりやすい思考実験は何もないと注意するだけで十分であろう．

c. **ウィグナーの友人：意識の関係**　　ウィグナー（1961）は，ボーアが量子論は意識に応用できると主張していると考えたようだが，これは思い違いであった．このような印象は多くの物理学者も受けていたが，それはボーアが観測者の導入は不可避であると語ったからである．上述したように今すぐそう受け取ってはならないのである．他方われわれは，量子論の意識への応用に反対すべき内在的根拠は何もないと主張した．この後者の意味では，「ウィグナーの友人」として知られている思考実験を否定すべきであろう．したがってわれわれはウィグナーの議論の誤謬を探さなければならない．

　理論家 W とその友人 F は思考実験のなかで，ある対象の 2 つの状態 x_1 と x_2 の同じ 2 項の実験的選立を記述している．W は，波動関数 $\psi = \alpha\psi_1 + \beta\psi_2$ が，自分に——ウィグナーはそう思ったのだが——何が起こったのかを知るまでは妥当するとして利用した．友人 F は観測者である．対象に起きた事象は F の意識に心的な事象を呼び起こすだろう．x_1 が現われたならば，F は閃光を見るが，x_2 が現われるならば，閃光を見ない．それゆえ，W は自分自身の予言を，彼の友人に向かって迫ってくる 2 つの互いに排除しあう心的な事象についての予言へ制限することができる．すなわち，$x_1 = $ F は閃光を見る．$x_2 = $ F は閃光を見ない．W は友人に「閃光を見たか」と尋ねる．W は F の返事を受け取る瞬間までは——さしあたりそう見えるのだが，状態ベクトル ψ を正しく F の精神状態の記述に利用する．しかし W は返事を受けるとき友人に次のように聞くことができる．「私が君に尋ねる前に，君

は閃光について何を知っていたか」．x_1 の場合には，当然 W は次の答を受け取る．「それはすでに君に言ったように，閃光を見たよ」，x_2 の場合も同じ不機嫌な返事が返ってくる．「そうだ，私は何も見なかった」．すなわち，W が尋ねる前に，F にとって状態は，すでに収縮していたのである．これは矛盾を含んでいるように思われる．というのは，2 つの状態 x_1 と x_2 が ψ と結合していないからである．この答えは，意識作用が実際に起こったとき，それは事実であって，不可逆過程が意識のなかに仮定されているのである．F がその結果を意識のなかに蓄えていなかったとしたならば，W の質問にはまったく答えることはできなかったであろう．実際物質の装置における場合のように，不可逆過程は複素数 α_1 と β_1 によって記述される位相関係を破壊してしまう．それゆえに W は，F が経過を観測したことを知るや否や，F の知覚作用と F の返答とのあいだの時間では，W の ψ を F の意識の状態を記述するために利用する権利はもはやない．W は ψ を，確率 $|\alpha|^2$ の x_1 と確率 $|\beta|^2$ の x_2 との混合によって置き換えねばならない．

ここに意識が純粋に，まさにそれゆえに古典的存在論に従って控えめに記述されることによって，パラドクスの印象が生じるのである．上述した意識への量子論の具体的な応用は，このことを，そのつど将来に対して閉め出すのである．私がきょう自分の将来について知らないということ以上には何も主張されえないのである．

d．アインシュタイン―ポドルスキー―ローゼン：遅延選択と実在概念

アインシュタインは量子論に内部矛盾がないことを認めた後で，有名な思考実験を提案した．この提案は量子論を内在的に批判するのでなく，実在性に関しての量子論の帰結に光をあてるものだった．その結果，アインシュタインが量子論を決定的なものとして受け入れる用意がなぜなかったのかが，明らかとなったと言うべきであろう．

α) 思考実験　　著者たち（今ではたいてい「EPR」と呼ばれている）は，時刻 t_0 で相互作用をしているが相当離れていて，いわば地球と恒星シリウスくらい離れている 2 つの物体 X_1 と X_2 を観測する．物体が相互作用をしているあいだは，X_1 と X_2 から成り立つ全対象の互いに可換なオブザーバブルは測定可能である．例えば，1 つの方向の隔たり $x_1 - x_2$ と同じ方向の全運動

量 p_1+p_2 は測定可能である．それらが遠く離れた後では，時刻 t_1 に対象 X_1 が地球に近づいたと仮定して，x_1 の値か p_1 の値かのどちらかの値を測定する．許されたローレンツ座標系では，例えば両方の対象に共通の重心の静止系で，シリウスの観測者は同じ時刻の瞬間 t_1 で対象 X_2 の x_2 か p_2 のいずれかを測定する．物理的な信号によって，シリウスでの測定が終わるより前に，地上の測定結果をシリウスまで伝えることはできない．しかし，X_1 について，位置 x_1 が測定されたときには，シリウスでもまた X_2 について位置が測定された場合，地上の観測者は，シリウスの観測者がどのような位置 x_2 を見つけて信号で知らせてくるのかを予言することができる．また，X_1 について運動量 p_1 が測定されるときには，まったく同じように，X_2 の運動量 p_2 を予言することができる．しかし量子論によれば，X_2 は x_2 と p_2 の予言可能な値を同時に測定することはできない．

これは量子論の内部では，なんら理論的な矛盾を意味するものでないということは，アインシュタインにとってはまったく明らかであった．時刻 t で X_1 について正確に x_1 か，または正確に p_1 が測定されるという2つの仮定は両立しない．それゆえせいぜい2つのうちのいずれか1つが実現されうるのである．したがって，x_2 と p_2 が同時に予言されるということは起こりえない．しかしこの見かけのパラドクスは，シリウスの X_2 の ψ 関数が波束の収縮のために，地上の X_1 についての測定によって，同時に瞬時に変えられるという点にある．ψ 関数が知識のカタログであり，新しい知識によって急に変更せざるをえないことを認めるならば，パラドクスの印象は，除かれえないであろう．なぜならば，知識の内容は，ψ 関数が物理的実在性についての伝統的な表象とは一致できないと，アインシュタインがいみじくも言ったように，この思考実験において劇的に変わるからである．地上で X_1 について x_1 が測定されると，X_2 には予言可能な x_2 がもたらされる．実在の伝統的な表象によれば，このことは，X_2 が直接測定の前にこの位置を占めざるをえないということである．すなわち，確信をもってどうしてそれとは別のものが見いだせないのであろうか．地上でこの代わりに運動量 p_1 を測定する決定をすれば，X_2 は予言可能な運動量 p_2 をもつことになる．測定の直前にこれがわかると，実在性の仮定によれば，x_2 と p_2 が同時に決まるという量子力学における矛盾が生じる．量子力学を維持しようとするならば，実在性の仮定は放棄されなければならない．

はっきりとさせるために，これは量子論の要請にとって不可欠であると言ってよいような測定の反復可能性の仮定が，今しがた紹介した実在性の仮定よりはるかに重要な意味をもっていることを強調したい．反復可能性とは，実際に行なわれた測定のすぐ後に，もしこれを精査したならば，同じ結果が再び見いだされるであろうということを意味する．実在性の仮定は実際の測定の直前に，これが精査されるかどうかとは無関係に提示されていなければならないことを意味している．11.2 b で挙げた遡行的叙述，すなわち，ϕ 関数を過去にさかのぼって構成することもまた，この点でなんら変わりはない．過去にさかのぼる ϕ 関数は，過去に測定していた場合には，測定の直前に同じ結果がわかっていたに相違ないことを意味するのである．

　ホイーラー（1978）は EPR の思考実験を，遅延選択（delayed choice）と名づけている．これは次のように書き換えることができる．測定の量子論の意味で，X_1 と X_2 の 2 つの対象の各々を他方の対象の測定に対する測定装置とみなすことができる．すると，時刻 t_0 での両対象の相互作用はすでに測定の相互作用である．われわれが記述してきたように，X_1 が測定装置であり，X_2 は測定対象になるだろう．他方地上での X_1 の測定は，測定装置の目盛りを読み取ることであり，それはシリウスにある X_2 の状態を決定することになる．すると X_2 の測定は，ただの管理測定であって，その結果が（双方の側で x または p が測定される），正しい実験の経過の際に予言可能となる．X_1 について t_0 と t_1 のあいだではいかなる不可逆過程（特にいかなる測定）も起こらないから，t_1 での測定の前には X_1 は純粋状態にある．それゆえにどちらの量を測定するかを選ぶ前には，時刻 t_1 になるまで待つことができる．この X_1 の測定されるべきオブザーバブルの遅延選択は，シリウスでの測定が制御される場合に，X_2 がどのオブザーバブルの固有状態に見いだされるかを決定するのである．しかし，実在性の仮定に従って，X_2 は t_0 からこの状態にあったに相違ない．ゆえに実在性の仮定から，時刻 t での X_1 の測定の X_2 の状態への反作用が t_0 の直後に生ずるであろう．

　これらすべての推測は，ϕ 関数が確率のカタログとして解釈されるならば自明である．法則に従って決定された確率はつねに条件付きの確率である．X_1 の測定されるべきオブザーバブルの遅延選択は，同時に X_2 について測定結果が予想されなければならないような条件の選択であり，それゆえに，時刻 t_1 に X_2 が 1 つの場合として数えられなければならない統計集団の選択で

もある．アインシュタインの考察が今日にもたらすものは，単に確率のカタログの量子論的構造（すなわち ψ の重ね合わせの原理）が実在性の仮定と両立しないということにすぎない．

β) 遅延選択のある古い思考実験　ヤンマー（1974, 178-180 ページ）は，私の最初の物理の論文（1931）が，すでに明瞭に遅延選択を取り入れた実験について言及していると指摘した．1967 年に彼からもらった手紙で私はこのことに注目したが，1935 年のアインシュタイン，ポドルスキー，ローゼンの論文をきっかけに関心をもつにいたったかはもはやわからない．私の論文はハイゼンベルクが提案し，審査したもので，当時のハイゼンベルクとパウリの量子電磁力学についての理解が，ハイゼンベルクの γ 線顕微鏡を正しく記述しているかどうかの検証であった．

仮定された実験順序は，まず電子が前もって決められた，対物レンズの中心面に平行な面（「対物面」）のどこかに見いだされ，さらに実験の前に，その運動量は面に平行であることがわかっているものとする．それゆえ電子はできるだけはっきりわかった z - 座標を持っている．光が一方の側から入射して，電子によって散乱され，レンズの向こう側（上部）の写真乾板に吸収される．電子はそこの座標 ξ, η に黒点を作る．そこから電子に対しては何が推論されうるのか．通例のように，乾板が，対象面に対応した画像面に置かれたならば，光学の法則から，光子が電子によって散乱される対象面内の座標 x, y が出てくる．しかしこの代わりに乾板の位置をレンズの焦点面に選ぶと，ξ, η から，運動量の法則によって，レンズを通過する前の光子の進行方向と，散乱後の電子の運動量がわかる．ところで，原理的に観測者は（寸法の大きい早く動く乾板の場合）電子による散乱の後で，あらかじめ用意した乾板を側面から，どの平面に挿入するのかを選ぶことができる．それゆえ彼は測定相互作用の後で，それによって初めて電子がよく定義された位置か，あるいはよく定義された運動量を保持しているかどうかを決定することができる．

ヤンマーは当時私がこの考えに重要さをたいして与えることなく，むしろ気づかずに導入したことに驚いていた．私は彼の手紙の質問に次のように答えた．「この仕事に導いた問題は，確かにアインシュタイン，ポドルスキー，ローゼンのそれに近いものであった．違う点は，私にこの問題を提案したハ

イゼンベルクと私は，この3人のように事実関係をパラドクスとみないで，むしろ波動関数の意味を明らかにするための望ましい例としてみていたことである．したがって，この事柄は，私たちにとっては，アインシュタインと彼の共同研究者たちがアインシュタインの哲学的意図に基づいて持っていたような重要なものではなかった．私の論文の目的は，われわれに自明であった事柄をさらに明らかにすることではなく，量子場理論の計算の助けを借りて，基礎になっている仮定の整合性を検証することであった．元来この論文は量子場理論の練習問題であり，ハイゼンベルクがこの問題を課した目的は，むしろ量子場理論が量子論自身の新しい解析としてふさわしいか調べることであった」．

ヤンマーは彼の著書で見事でしかもいささか人を驚かせるような所見を述べているが，正確を期するためにこれを英語の原文で引いておく＊訳注1．

> It may well be that Heisenberg and von Weizsäcker were fully aware of the situation without regarding it as a problem. But as happens so often in the history of science, a slight critical turn may open a new vista with far-reaching consequences. As the biochemist Albert Szent-Györgyi once said: "Research is to see what everybody has seen and to think what nobody has thought". In fact, even if it was only a slight turn in viewing a well-known state of affairs, the work of Einstein and his collaborators raised questions of far-reaching implications and thus had a decisive effect on the subsequent development of the interpretation of quantum mechanics. (p. 180)

1974年に私はこの段落文を読んだ後で，即座に最後にある，「決定的（decisive）」という言葉とならべて「すなわち，誤解（i. e. misleading）」と書き込んだ．実際私はすべてこの討論を後衛の論争とみなしていたし，またみなしている．それにもかかわらず，おそらく私の反応は不当とはみなされてはいない．私のアインシュタインに対する尊敬は本書の序文にもあるように年とともに高まった．「追悼作業」であったにせよ歴史的になんらの成果も得なかった学派の主張が，ボーアやハイゼンベルクではないが，その追随者たちが解釈問題のなかで持っていたある種の生意気な態度は，勝利を収めた学派にありがちであるが，その無思慮を克服するためにもまた重要であった．われわれ若者は30代であったが，量子論に対するアインシュタインの反応にかぎりない高揚した思いをいだいていた．EPRの仕事はわれわれに感嘆の

気持ちを起こさせなかった．むしろ，「やっとアインシュタインも量子論が何を主張しているのかがわかったのだ」，という思いであった．

　私はもちろん，当時1954年頃までは，量子論を理解していないという感覚に絶えず悩まされていた．1935年には，論理的には4人か5人の人々が量子論を理解していた．確信はないが，例えばハイゼンベルク，パウリ，ディラック，フェルミらである．哲学的に量子論がわかっていたのはボーアだけだと思う．他には誰も理解していなかった．さらに，ボーア自身も量子論についての最後の言葉を知らなかったのではないか．表面的には，「実証主義」のもとにコペンハーゲン学派の解釈を包括することは，まったく浅薄すぎるように私には思われた．私は，アインシュタインさえ根本的にボーアを実証主義者の列に加えたことを残念に思った．コペンハーゲン学派の考え方を単に正しく表現することも，ましてかれらの考え方をその重みにおいて見ることも，解釈することさえも，新実証主義の科学論がまったく無力であるということがすでに明らかになったのである．

　量子論は物理学者によって実際正しく応用されたが，しかし今まで一度も実際に，はっきりと理解されなかったという事実は，長いあいだ埋もれたままにはならなかった．この事実はアインシュタインによって呼び起こされた，60年代，70年代に時には雪崩のように大きくなった新しい解釈論争の正統な基盤であった．しかし私には，多くの批評家が再び得ようと努力した「実在論」は，哲学的には克服された実証主義よりましなものではなかった．この解釈論争の方向は失敗を宣言されたように私には思われ，これに与しなかった．アインシュタイン独特の実在の概念は，もちろん非常に深い哲学的な根をもっている．それにかかわりあう前に，EPRの実験の論理的分析をもう一歩先へ進めておかなければならない．

γ）**EPRモデルを手がかりとした確率解釈の意味論的整合性**　　表現を一層簡単化するために，位置と運動量の測定の代わりに，2つの選立を互いに結びつけるEPR実験の模型を選ぶ．これはボームの教科書（1951, 614-619ページ）（ヤオッホ（1968, 185-187ページ）と拙著（1973）参照）に基づいている．スピン・軌道相互作用がなく，スピンゼロの粒子が2つのスピン$\frac{1}{2}$の粒子に崩壊するとしよう．この2つの粒子は，のちに互いに遠く離れた場所x_1とx_2（「地球」と「シリウス」）で観測される．双方の観測者は粒子のy方

向のスピン成分か，z 方向のスピン成分かのいずれかを測定する選択ができる．3 人の観測者を A，B_1，B_2 としよう．最後の 1 対の命題で述べたような，最初の情報を A は持っている．B_1 は位置 x_1 で，B_2 は位置 x_2 で測定する．測定の後で B_1 と B_2 は互いに結果を伝え，自分たちの予言を検証する．A と B_1 は，B_2 が利用できる 2 つの実験のうちのどちらを行なうように決定するかについて，はじめからは知らない．この 2 つの実験を y_2 と z_2 と名づけ，その可能な結果を y_2^+，y_2^- と z_2^+，z_2^- と書く．例えば，y_2^+ は位置 2 の粒子のスピンの y 成分が測定され正であったことを意味する．同様に A と B_2 は，B_1 が可能な結果 y_1^+，y_1^- と z_1^+，z_1^- をもつ y_1 と z_1 のどちらの実験を行なうかを知らない．ただ A は，2 人の観測者 B_1 と B_2 の可能な選択に依存する条件付の確率 p の表を持っているにすぎない．

	p		p		p		p
$y_1^+ y_2^+$	0	$z_1^+ z_2^+$	0	$y_1^+ z_2^+$	1/4	$z_1^+ y_2^+$	1/4
$y_1^+ y_2^-$	1/2	$z_1^+ z_2^-$	1/2	$y_1^+ z_2^-$	1/4	$z_1^+ y_2^-$	1/4
$y_1^- y_2^+$	1/2	$z_1^- z_2^+$	1/2	$y_1^- z_2^+$	1/4	$z_1^- y_2^+$	1/4
$y_1^- y_2^-$	0	$z_1^- z_2^-$	0	$y_1^- z_2^-$	1/4	$z_1^- y_2^-$	1/4

B_1 が y_1 を測定して y_1^+ を見いだしたとしよう．彼はそこで，B_2 が伝えるであろう結果に対して，2 つの条件付き確率を持つことになる．

	p		p
y_2^+	0	z_2^+	1/2
y_2^-	1	z_2^-	1/2

B_2 が y_2 を測定したと仮定しよう．A は彼が 2 人の B がどの測定を使用するのか，すなわちこの仮定では，y_1 と y_2 であると知っているが，B_1 の結果を知らないときには，B_2 の 2 つの可能な結果，すなわち y_2^+ と y_2^- に対して彼の確率の表に従って $p = \frac{1}{2}$ を予言するであろう．これに反して B_1 は彼の結果が y_1^+ であるから，B_2 は結果 y_2^- を伝えてくると確信している[*15]．量子論が正しければ B_2 は実際 y_2^- を見いだすであろう．B_2 は，B_1 が y_1 を測定したら，結果 y_1^+ を伝えると予言するであろう．

　数え上げられるすべての場合を尽くし実行してもなんら矛盾に遭遇しない．さまざまな観測者が同じ実験の可能な結果に，予備知識に従って違った確率

を付与することはまったく正常なのである（3.3参照）．各々は，その予備知識に合った統計集合のなかで，測定をしばしば繰り返して行なうときに，その確率を相対頻度として経験的に正確に試すことができるであろう．すでにこの古典的確率計算からよく知られている事態は，当然のことながら ψ 関数についてもあてはまる．2人の違った観測者が，そのつど各人の予備知識に従って異なった2つの ψ 関数を用いて同一の過程を予言するのは，まったく正統な手続きである．また特にAも，B_1 と B_2 の結果を知らないときに，その元の状態ベクトルで遠い将来を予言することを続けることができる．ただしAはその ψ 関数については，2人のBの測定によって生じた未知の位相の変化のことを忘れてはならない．後の測定の結果を知らない1人の観測者にとっては，収縮しない波動関数は単なる確率のカタログにすぎないのである．われわれは，エヴェレットの表現法を手がかりとしてgでこの問題に立ち戻ろう．

δ）アインシュタインの実在性概念　アインシュタインの哲学を詳細に述べる余地はない．ここでは，単にEPRの論文における彼の議論を，実在性概念の形而上学的背景に結びつけて述べよう．

ヤンマーは（185ページ），EPRの量子論の不完全性に関する議論のなかでは，2つの明瞭に形式化された判定規準と2つの黙認された仮説を区別している．EPRの仕事から，彼の側から見た引用を含んだ英語の原文を再び引用する訳注2．

    1. *The reality criterion.* 'If, without in any way disturbing a system, we can predict with certainty (i. e., with probability equal to unity) the value of a physical quantity, then there exists an element of physical reality corresponding to this physical quantity'.

    2. *The completeness criterion.* A physical theory is complete only if 'every element of the physical reality has a counterpart in the physical theory'.

    The tacitly assumed arguments are:

    3. *The locality assumption.* If 'at the time of measurement...two systems no longer interact, no real change can take place in the second system in cosequence of anything that may be done in the first system'.

    4. *The validity assumption.* The statistical predictions of quantum mechan-

ics—at least to the extent they are relevant to the argument itself—are confirmed by experience.

We use the term 'criterion' not in the mathematically rigorous sense denoting necessary *and* sufficient conditions; the authors explicitly referred to 1 as a sufficient, but not necessary, condition of reality and 2 only as a necessary condition of completeness.. The Einstein-Podolsky-Rosen argument then proves that on the basis of the reality criterion 1, assumptions 3 and 4 imply that quantum mechanics does not satisfy criterion 2, that is, necessary condition of complteness, and hence provides only an incomplete description of physical reality.

ここでわれわれは出発点の実在性の判定条件に関心を持つ．すでに上に「実在性の仮定」として利用してきた．その論理的構造では，実在の概念を定義せず，具体的な応用の十分条件を指示することが特徴である．少なくともこの条件が満足されていれば，アインシュタインは実在について語ろうとしている．まさにこの規準が量子論によって壊されるのである．それゆえにこの意味では量子論者は実在を話さない．アインシュタイン（1949, 80 ページ）は実在的なものの定義を与えている．「物理学は存在するものを，知覚されることから独立していると考えられるあるものとして，概念的に把握する努力である．『物理的実在』とはこの意味で語られるのである．これをどのように理解すべきかについては，量子論以前では何の疑いももたなかった．ニュートン力学では時空の質点によって，マクスウェル理論では時空の場によって実在は表現された．量子論ではやや透明性を欠いている」．この説明では意味されるものを前もって了解されたものとして前提している．哲学的な鍵となる言葉は「存在するもの」である．したがってアインシュタイン自身は，「これはどのように理解すべきであるか」という疑問が生ずるかもしれないということを知っていた．ここで彼は疑う余地のない例として，ニュートンとマクスウェルの古典物理学を挙げた．まさに問題となるのは，こうしたモデルの彼方にある実在性とは何を意味するのかということである．

「実在論」の全哲学にとって，特徴的なことは，実在性についての，その中心概念はもはや定義によって説明できるものではなく，その中心概念を弱い思想家の場合には気づかずに，強い思想家の場合には明瞭に自明なこととして前提しているということである．このような振る舞いの背後には，哲学

の根本問題の1つが居据わっている．一般に哲学の概念的な階層構造がありうるならば，確かに1つのまたは若干の「根本概念」がなければならない．一般に根本概念は明らかに巧みな定義（上位概念と種差）によって他の概念に帰着されえない．たとえそのようなことをしたとしても，根本概念とならなかったであろう．ギリシャの哲学——パルメニデス，プラトン，アリストテレス——はこの問題をすでに鋭く考察していたが，近代の自然科学者またはすべての物理学者はこれをほとんど理解していない．ギリシャ哲学者にとって中心の根本概念は存在であった．ここから上述のアインシュタインが用いたドイツ語の哲学的用語である「存在するもの（Seiende）」という表現がでてくるのである．しかしすでにギリシャ人においても「存在」は自明ではなく，深淵な不可解な概念であること，また哲学の階層構造は終に不可能であろうということを，20世紀になってハイデガーが再び明らかにしたのである*16．われわれは今や問わねばならない．アインシュタインの実在概念はギリシャの形而上学と古典物理学と量子論とのあいだのどこにあるのかと．

　ギリシャ哲学は現実性の単なる部分ではなく全体を考えようとすることから始めた．それで彼らの存在の概念は全体への宗教的な眼差しと結びついた．ハイデガーの言う存在‐神学である．「神」とは唯一のものを表わす親しみやすい名称なのであり，パルメニデスにあっては存在するもの（Seiende），プラトンでは善（Gute），アリストテレスでは知性（nūs）と言う．すると，この背景となる固有の永遠の神の存在が，それ自身では不完全で変わりやすい個々のものの存在を保証するのである．

　古典物理学は，形式的には逆の道筋を辿っている．古典力学は日常の事物を手がかりとして，対象の存在についての概念を構築した．古典物理学は，その数学的記述のために日常の事物を，空間を満たす物体として，結局は質点系として文章化したのである．存在を表わす名称，すなわち実在性または凝集体という名称は，事物（res）に由来している．古典物理学はギリシャの形而上学から存在の統一への信仰を受け継いだ．それはすべての存在するものを，この存在概念のもとにおこうという試みである．こうしてアインシュタインが若いときに知り，皮肉にも老年になって創造した「世界像」について次のように描いた．「神ははじめに（そういうものがあったとすれば）必要な質量と力をいっしょにして，ニュートンの運動法則を創った．これがすべてである．したがって，それ以上は，適正な数学的方法の形成が演繹によっ

て生まれるのである」(1949, p. 18).アインシュタインは生涯を通じて，2つの相対性理論と初期量子論への貢献と統一場の考えにより，この世界像に関連するほとんどすべてのものを破壊し，よりよいものに置き換えた．まさにこのために，われわれ若い量子理論家は，彼がボーアやハイゼンベルクの側に見いだされなかったことに当惑させられたのである．すぐにわれわれはコペンハーゲン学派の論文にアインシュタインの生涯の仕事の絶頂を見るようになった．実際アインシュタインは確かにモデルの構想は変えたが，古典物理学の実在概念を諦めなかった．ε）ではこの概念の構造を，空間概念との関連においてもっと詳しく立ち入って考察する．

この論争におけるアインシュタインの態度は形而上学的に決められており，彼もそれを知っていた．しばしば彼は話のなかで，冗談のように話に神の名前を持ち出して哲学的な議論をしていた．「神は賭けをしない」，「神は洗練されているが意地悪ではない」など．人が神を持ち出したとき，彼は直接答えた．「私は存在するものの法則的調和を明らかにしたスピノーザの神を信じているが，人間の運命や行為に関わる唯一神は信じない」(Hoffmann と Dukas 1978, 119 ページ参照).スピノーザの神はギリシャの形而上学の神である．

まさにこれはアインシュタインが単に主観的と感じた人間性そのものである[*17]．ここで何度も引用してきた意見を繰り返そう．彼が亡くなる4週間前に，竹馬の友であったベッソの遺族に宛てた手紙に次のように書いている[*18]．「彼は私より少しばかり早く，この素晴らしい世界から去って行きました．これは何も意味しないのです．私たち敬虔な物理学者にとって，過去と現在と未来との区別は，頑固であるが1個の幻想の意味しかもたないのです」(ホフマンとデュカス，302 ページ参照).これは一方ではギリシャの形而上学の意味で考えられている．ピヒト（1960）はパルメデスの教訓詩を適切に，「永遠の現在の顕現」として示した．『ティマイオス（Timaios）』のプラトンとプロティノスにとって，時間は「数に従って進行する永遠の像である」．他方アインシュタインにとっては，「永遠の現在」は一般相対性理論の時空連続体の像のもとで表現される．それゆえに永遠の現在は数学を超越した本源的な唯一者ではなくて，広がった4次元空間である．

まさに超時間的形而上学と一般相対性理論の結合には，もちろん本書の方法論的な出発点が対置されるのである．われわれは形而上学を批判するので

はなく（それについては最後に立ち返るが），物理学を構築するために，過去，現在，未来の様態をもつ時間から始めるのである．われわれはこの時間構造が最終的真理であると主張するのではない．しかし時間がすべての経験の，それゆえすべての経験科学の基礎にあると主張する．時間は「主観的なもの」ではないから，われわれが主観と客観を区別するとともに，有意義な主観性の概念を定式化することを逆に許すのである．こうして，時間の枠組みのなかで，存在の説明として，「実在性」としての存在の解釈が何を意味するのかを言うことができるのである．実在論者はすべての「存在するものを事実のように扱う」*18．事実性とは，われわれの理解によれば，物理学に過去が与える仕方なのである．このように見るならば，アインシュタインの現実の事象に充たされた時空連続体は，現在と未来を過去と同じように記述している．可能性は彼にとってはただ主観的なものであり，だから神は「さいを振らない」と言ったのである．時間の物理的な理解の仕方が，われわれとアインシュタインを分ける．

ε）空間と対象　アインシュタインの「物理的実在」には，どのようなニュートンとマクスウェルの「物理的実在」が保持されているのか問うならば，まず空間と対象の概念を挙げておかなければならない．「対象」はわれわれの用語であり，アインシュタインは「系 (System)」または「存在するもの (Seiende)」と呼んでいる．空間は上に述べた意味で時間をも包括している．空間自身も一般相対性理論に従えば，1つの存在するものである．物理学にとって把握されうる他のすべての存在するものは，空間のなかにあり，またどのようにして空間にあるのかによって特徴づけられる．質点は局在し，物体は局在して広がり，場は位置座標の関数であり，空間の各点で1つまたは複数の値をもっている．この対象の空間性がいかに基本的であるかということは，2つの体系 S_1 と S_2 に対するアインシュタインの EPR 実験についての説明に見られる．「S_1 で起こることに，S_2 の実際の状態は無関係でなければならない．それゆえに S_2 の同じ状態に対して，(S_1 の測定の選択のたびごとに）さまざまな ψ 関数が見いだされうる（この結論は次のように説明してもよい．S_1 での測定が S_2 の実際の状態を［テレパシーのように］変えると仮定するか，それとも空間的に互いに分離されている事物に，独立的な実状態を拒むことを仮定するということによってのみ，この結論を回避することができる．これは2

つとも私には受け入れられないように思われる)」.

ボーア (1935, 引用 1949, 234 ページ) はアインシュタインの実在性の規準に次のように答えている[訳注3].

> From our point of view we now see that the wording of the above mentioned criterion of physical reality proposed by Einstein, Podolsky, and Rosen contains an ambiguity as regards the meaning of the expression 'without in any way disturbing a system'. Of course there is in a case like that just considered no question of mechanical disturbance of the system under investigation during the last critical stage of the measuring procedure. But even at this stage there is essentially the question of an *influence on the very conditions which define the possible types of predictions regarding the future behaviour of the system.*[*19] Since these conditions constitute an inherent element of the description of any phenomenon to which the term 'physical reality' can be properly attached, we see that the argumentation of the authors does not justify their conclusion that quantum-mechanical description is essentially incomplete.

文の最後でボーアは,物理的実在性という表現が,何に正しく適用されうるかを示すために,現象の概念を誰が見てもわかるように利用している.ボーアによれば,S_1 で位置を測定するという決定は,S_1 で運動量を測定する決定とは別の現象を定義するのである.1つの場合から他の場合への移行はよく定義された現象を別の現象で置き換えることであり,とにかくこの意味では,ある「系の乱れ」となるのである.

最終の相においても,過程を S_1 と S_2 を包括する統一的な現象として記述しなければならないのは,とりもなおさずボーアの言う過程の個別性である.実際,量子論的解決はまさにアインシュタインの「受け入れ難い解決」の2番目にあたる.厳密に言えば,S_1 と S_2 は,不可逆な測定過程が双方の位相関係を解消しないかぎり,唯一の全体系としてとどまる.全対象においては,部分そのものは,決してよく定義された状態を持っていない (8.2 E).したがって,ある意味では,全対象の状態が部分的状態の積であるとき以外は,部分的対象は,それ自体で存在しえないと言うことができる.

量子論はこれを矛盾なく記述しているのにかかわらず,EPR の実験は,量子論と古典的対象概念との分裂を,当惑させるような「パラドクス」の形

で可視化したのである．触れ合っている2つの砂粒は，その区別を不可逆的に記述できるのであるから，区別される対象である．したがって，シリウスほど互いに遠く離れた体系 S_1 と S_2 は，共通する1つの「純粋」状態に帰することができるかぎり，区別される対象ではない．こういう事態の時間相を，ホイーラーの「遅延選択」の概念が記述している．観測者がどこで関係するか，いつ関係するかなどどうでもよいのであって，観測者は全状態を変えるのである．

われわれの見解によれば，アインシュタインはこれまでの対応原理的な量子論の不整合さにちょっかいを出した．量子論は何か古典物理学の意味で，空間を対象とは別の，それ自体が存在するものとして記述している．まさにそのために，ずっと離れた場所にある対象も・1・つの対象でなければならないという主張が，人々を唖然とさせたのである．フィンケルシュタイン(1968)は，これまでの量子論を対象の量子論と空間の古典論とのハイブリッド（混成）として特徴づけた．フィンケルシュタインは，対応原理的に空間の量子論を古典幾何学から導き出すことによって救済しようとした．われわれのウア仮説はさらに徹底的な試みである．ウア仮説は決定可能な選立の概念以外には，どんな対応原理的な表象をも用いないで出発し，空間も対象（粒子）も「ウア」のある体系の対称群の表現から展開する．そうなると，対象を一般に空間のなかで記述する必要性は，決して自明ではなくなる．シリウスの遠い隔たりは，太陽や，地球や，シリウスのような重い近似的に古典的な対象について，量子論的な空間的記述の古典的限界として明らかになる．しかし，量子論的な位相がわかっている1つの対象は，それ自身そんなに遠く離れた2つの部分に分離するのではなくて，EPRの場合には，その値が距離の演算子 $x_1 - x_2$ の測定に際して，シリウスが遠くにあることを示す有限の確率を持っているような1つのまとまった全体なのである．

それゆえに，われわれの議論は，ある程度までは，EPRの実験を用いた量子論についてのアインシュタインの批判を認めるが，アインシュタインの希望とは逆の方向で解決する．すなわち，従来の量子論はいまだに完全な整合性のある量子論ではなかったのである．

e. 隠れたパラメター　この表題は本書ではわずかに一瞥を与えるにすぎないことを示している．私はこの理論に隠されている最初のパラメター，つ

まりボームの理論（1952）を丹念に研究した（7.7 参照）．この研究はボームの提案の代案として，本書ですでに述べた量子論の論理的理解を呼び起こしたのである．それ以来私は隠れたパラメターの理論は，それが可能であるとわかった場合でも，無意味であると信じて疑わなくなった．いま私が簡単な要請から再構成しようとしている量子論の素晴らしい対称性を再び破壊する恐れがあるからである．また私は，例えばボームが ψ 関数の解明に応用することを望んでいたような隠れたパラメターの古典的な連続体の理論は，必ずや 7.1 で述べた熱力学的困難に行き当たるであろうと予想した．そこで，おそらく量子論専門の多くの仲間たちと同じように隠れたパラメターの文献はこれ以上あさらず，ただ静かにこの試みの失敗を待つことにする．したがって，ここではただ 2, 3 の論評を加えるにとどめよう．

ヤンマー（254 ページ）が述べているように，アインシュタインは隠れたパラメターの理論には同情的であったが，個々の問題については冷淡であった．単に彼は付加変数によって量子論の完全化を望んだのではなくて，ニュートンの重力理論から一般相対性理論への歩みのような徹底的で，ある新しい前進を望んだのである．実際，このような希望は科学論的に信頼できるであろう．しかしこのような道程は，単なる量子論の補完を追究するだけではおそらく達成されないであろう．

私は多くの「同業者」と同じく，隠れたパラメターの肯定的な理論にも，理論の不可能性の証明にも関心を持たなかった．経験的な理論の分野では不可能性の証明を行なうのは難しいものである．従来の理論の経験的確認について，これまで注目されなかった変更は排除されるべきであるのか．今日では観測される対象には，内部の，または局所的なパラメターはないという意見が支配的である．しかしどうして外部の，または局在しないパラメター，それゆえ最終的に，すべての世界の局所的な出来事への影響を排除しようとするのであろうか．

隠れたパラメターの決定論的理論と非決定論的理論をはっきり区別するべきである．これまでの提案はほとんど例外なく決定論である．すなわち，現在によって将来が因果的に決定されることを望んでいるのである．しかし，一般法則に従って，現在の状態から未来の事象が決定されなくても，隠された「未来の事実性」を想像することもできるであろう．この可能性については 13.4 で話すことにする．

第 11 章　量子論の解釈問題　453

隠れた変数の決定論的な理論の探究に反対する強い議論は，そうした理論に従って，保守的な願望が容易に歴史的に説明できるという心理にある．古典理論は決定論的である．量子論は，この決定論をシュレーディンガー方程式に従って，ψ 関数の形式的決定性の結果として説明することができる．ただし，ψ 関数を大きい統計的集団の極限領域に応用する場合である．こうしてわれわれは，決定論への信頼を，古典的極限におけるその経験的結果によって説明する．しかし心理的に説明された信念は，その説明が理解されたとき，しばらく時間が経った後では，たいてい確かな信念であることを止めるのである——その信念は心理的に説明される，というメタ信念がそれ自身再び心理的に説明されうるのでなければ．

f．量子論の知識増加　　われわれは隠れたパラメターについての対決を，対応原理的な理解を原理的に超える議論をもって終わりにしたい．ハイゼンベルクの不確定性関係は，古典質点力学の物理量である位置と運動量がつねに存在するという仮定を諦めるならば，どんな場合にも量子力学は無矛盾でありうることを示している．隠れたパラメターの発端は，本来はこのような物理量は存在するのだが，量子論には「隠れている」という期待にある．その場合には，量子論は不完全な理論であるとみなされうる．ヤンマー（185–186 ページ）は，この理論は決定過多であると指摘している．量子論が古典質点力学のなかでは何も対応するもののない位相の目印を，シリウスのはるかな距離を超えて知っているからこそ，EPR のパラドクスが成立するのである．ヤンマーはこのような決定過多を犠牲にすると考えているのだ．しかしながら，量子論のすべての経験的結果はまさにこの位相関係に基づいている．すなわち，物質波，原子と分子の安定性，また特に超伝導や超流動がそれである．この理論を破壊することなしには，これらを犠牲にすることはできない．

　逆に，量子論の特徴は，古典物理学と比較すると知識の減少ではなく，特別な知識の増加であると言わなければならない．定量的に評価してみよう．ある一定の測定誤差の範囲で，可能な測定値（目盛りの読みのようなものと思えばよい）の連続体を，小さいが区別できる間隔に，n 個の正否決定によって細分化できると仮定する．これは $N = 2^n$ 個の区別可能な測定値を与える．この物理量の 1 つの測定の情報量は n ビットである．この N 重の選立を量

子論に委ねる．すると各々の可能な N 個の測定結果は確率 p_k ($k = 1...N$) をもっている．p_k は0と1のあいだになければならず，唯一の副条件 $\sum_k p_k = 1$ がある．これは各々の k について再び連続であり，大きい統計的測定によって再び n 個の正否決定にかけられることとなる．それゆえ N 個の異なる p_k が測定されうると仮定してみよう[*20]．すると対象には，N^N 個の区別可能な量子状態がある．そのうちの1つの経験的な決定は $n \cdot 2^n$ ビットの情報を持つ．古典的な可能な情報は，それゆえ可能な量子論的情報の 2^{-n} 部分にすぎない．

この例において，多分最もよくわかることは，隠れたパラメーターの理論が量子論の積極的な成果を二度と失うまいとする，なんと途方もない課題を示しているかということであろう．

第2の道程で量子論を再構成するとき，この知識増加の要請を，本来の「現実的」要請として議論の中心においた．

g. ポパーの実在論　これも私にとっては悲しい失敗の証である．1934年に最初のわたり合いのあった後で（ポパー1934，ワイツゼッカー1934；ヤンマー176-178ページ参照），1971年のハイゼンベルクに関する論文のなかで，ポパーの『探求の論理』における量子力学についての彼の見解を詳細に調べた．ψ 関数，すなわち確率が単一の場合を記述するのか，それとも統計的集団を記述するのかというポパーにとって重要な問題については，『時間と知識』の第4章で詳論した．私はポパーとは70年代に個人的なつき合いがあったので，量子論の解釈についての新しい出版物を必ず読んで，意見を述べようと心がけた．この特殊な問題では批判的な意見を持ち続けていることをかなり確信しているのだが，私は率直に表明する義務があると感じた．ところが，このための時間と余力がなかった．ここではポパーの量子論の解釈は割愛するが，『時間と知識』に——多くの点で私の意見とは異なっているが，納得のいく——確率概念の解析がある．『時間と知識』にはこの大切な人物についての短い個人的な評価だけを載せた．さらに，前述の著書の第7章，ならびに『人間的なものの庭』の583ページにも載っている．

h. エヴェレットの多世界論，すなわち可能性と事実性　エヴェレットは1957年に波束の収縮のない量子論についての理解を提示した．彼の理論は

言葉上での定式化を少し変えるならば，彼自身も，弟子たちも，またヤンマー（ヤンマーの報告，507-519ページ参照）も思ったように，それほど革命的ではなかった．しかしそれは，ここに数え上げたすべての選立のなかで，すでに量子論によって到達した理解の背後に戻るのではなく，その前方に越えて抜け出そうとする唯一の理論である．その弱点はむしろなお伝統的な言葉使いで定式化されていることであり，その際，この定式化は量子論の徹底性をむしろ不十分に，だからこそ衝撃的に表現している．

エヴェレットは波動関数は決して収縮しないこと，および収縮しない波動関数を実在する世界の客観的な記述と把握すべきであると提示している．通常の理論がたとえ測定結果を波動関数の収縮として表現するにせよ，エヴェレットによれば，つねにすべての可能な測定結果が同時に現われる．しかし，観測者はそのつど量子論的な重ね合わせを，測定過程の不可逆性とそのために出現する位相の知識の喪失のために決して知覚することはない．その場合，エヴェレットの仮定は，観測者がある一定の測定結果を見いだしたときには，そのつど波動関数の他の分枝で，他の測定結果を見いだしているのを知りえないということを意味しているのである．彼にとって世界は，自分が知覚した１つの測定結果から生ずるものへ狭められる．あたかも彼にとっては世界のこの分枝だけが存在するように見えるにちがいない．したがって，収縮した波動関数を用いたように見えるのであろう．全部の過程を計算した理論家はすべての可能な実験結果が見いだされたことを知る．それゆえ，同時に理論家にとって世界は，（可能な測定結果が存在するだけ多くの）互いに交流しないで共存する「諸世界」へ分裂してしまったのである．このようにして先へ進み続ける．

この人を当惑させるような記述はボルヘス（J. L. Borges）の『八岐の園』という小説[*21]の構造と同じである．第１次世界大戦のとき，英国でドイツのスパイとして働いていた若い中国人の男は，ある決まった地名をできるだけ早くドイツのスパイの本部に伝えなければならなかった．フランドル地方での勝敗がそれにかかっているのである．彼はたまたま近くにあった農場がその地名と同じ名前であったので，その農場の所有者を殺戮することによって，その名前を翌日の朝刊の記事で知らせるのが唯一の方法であると考えた．しかしこの農場の所有者は，この中国人の祖父が，前述の枝分かれする小道の庭について書いた論文の編者である著名な中国学者であることを知った．

この庭は人生の縮図である．各人のめいめいの決定はそれぞれ可能な方法で同時に果たされる．決定をした人は彼に開かれていたすべての小道を同時に歩いてゆく．しかしそれぞれの小道では，人はちょうどその道に導いた1つの決定だけを知りそれを果たし，自らその肉体的なまた道徳的な結果に耐えてゆかねばならない．そこでこのスパイはこの賢明で慈悲深い主人を殺さねばならないのか否かを自問する．彼は両方ともするであろう．そうして両方の小道で後になって，彼をその小道に導いた1つの決定を果たしていたことを初めて知るのである．

　エヴェレットの理論は，われわれが理論的整合性に用いたほとんどすべての考察を利用している．すなわち，観測者の情報獲得，測定装置の量子論，測定の不可逆性と主体の量子論である．それはそのかぎりで完整した欠陥のない量子論である．それはただ1つの言葉を変更することによってわれわれの解釈のうえにそっくり構成される．「多くの世界」と言う代わりに，「多くの可能性」と言わねばならない．前にdのγ）で述べたように，異なる観測者が，異なる事実を知り，異なる可能性と確率を認めることは，まったく正当である．観測者Aの収縮しない波動関数は，彼がB_1とB_2の観測結果を知らないかぎり，彼が所有する知識である．違った可能性は互いに排除しなければならず，また同時に成立していなければならない．すなわち，これは多ければ多いほど可能性の数は増えるという場合に，心に浮かぶことである．それゆえに，可能性の概念にとって基礎となる．エヴェレットは，実在性と事実性を同一視するという古典物理学から引き継いだ姿勢でのみ保守的立場にとどまっていた．もっと彼が時間の論理学を知っていたならば，人を驚かせはしないが，もっと正しい量子論の記述を示すことができたであろう．

　第13章では，状態の収縮のない量子論のモデルを本質的なものとして利用する．このわれわれのモデルの解釈はエヴェレットから本質的に離れるのである．しかし，エヴェレットとの仕事がなかったなら，成立しなかったであろう．

第12章

情報の流れ

1. 実体の探求

>   方法に思いをめぐらし……
>   走り去る現象のなかに静止した極を探求する.
>   シラー　散策より

　過去は人間の根本的な経験である．
　つねに回帰する死を通り抜けて生命を維持していく以外に，エジプト芸術の安定性は何を目的にしていたのだろうか．
　科学はギリシャの昔から過ぎ去る諸現象のなかに，不変なるものを探し求めてきた．実体に関する哲学的な問いかけは，これとかあれとか——堅固な地球とか，神々とか，水——を永続するものとして特徴づけるのではなく，いったい永続するものは何かという疑問を持ちながら，何を考えていたのだろうかという問いに始まる．つねにわれわれは，どこでも変移する現象の表面の下にあるものを追究する．下にあるもの，下に潜んでいるもの，すなわち実体である．実体は生成して過ぎ去るのではなくて，存在するところの本来的な存在者であるはずである．
　ここで，哲学的な根本的決定に出会う．こちら側でも消え去らないで，向こう側でも消え去ることのないものである．どこか別のところに永続的なものを探すのではなくて，ただここでは消え去るものである．変移する事物のなかで「存在するもの」自身は消え去ってはならない．
　近代の自然科学は古典力学から始まった．ここでの物体は，力によって時間のなかを空間を通って運動する．諸理論の組織についての章では，理論の

発展を20世紀に至るまで追究した．量子論に至る道程において，まだ古典力学が残しているように見えたすべての事柄が解明された．実はこれが量子論の解釈論争に「追悼作業」が存在する理由である．時間だけが残るように思われる．

本書の構成はすでにこの事情を前提して，時間そのものの構造から始めたのである．われわれは今日の知識が許すかぎりの範囲で構築を進めてきた．ここで永続するもの，あるいは本質についての問いかけに戻ることにしたい*1．

永続するもの，または本質によってプラトン哲学の傾向が特徴づけられている．プラトン哲学には，存在していて生成も消滅もしないもの，すなわちエイドス（Eidos），形相（Form）または形態（Gestalt），ドイツ語の伝統的な表現を使えば，本質（Wesen）がある．数学的な自然科学にとって一番重要なのは数学的構造である．砂に描いた円は生じてはまた消えて行き，本当の円ではない．ところで円そのもの，すなわち数学的な円については，持続的な構造の認識がある．われわれ人間の行動がどこまで正しいのか曖昧なのとは違って，正義そのものもまたエイドスである．エイドスは人間の共同体の原型であり，この哲学者が後で示すような国家（Politeia）である．ティマイオスの神話では，エイドスは数学的な秩序のなかで天と地をモデルとして創られた永遠の原型である．どう見ても，神話の言葉は彼岸と此岸を区別すべきであると言っているように見える．しかし諸現象，すなわち洞窟の壁の上のもろもろの影像にまだ囚われている無知からのみ，そのように見えるのである．新プラトン学派は言葉では言い表わされない一者，この一者を直感する精神および自己と万物とを動かしている世界霊魂を基体，すなわち実体として特徴づけている．これら3つの基体を見た者は，すべての現象なるものが，本当は運動する実体であることがわかるのである．

後世の自然科学にとっては，アリストテレスのウーシア（Usia）の概念，「存在性（Seiendheit）」の概念が有効になった．それは2通りの意味に利用されている．1つには，形相すなわちエイドスを表わし，文字どおりラテン語の訳では事物の本質（Essentia）であり，われわれ（ドイツ人）の伝統ではこれを事物の本質（Wesen）と呼んでいる．他方それは主導的な意味では「第一実体（Usia）」であり，形相と質料とから「作られた合成物」つまり具体的なもの，物である．この意味でウーシア（Usia）は実体と訳される．ヒュ

レ（Hyle）という言葉はラテン語の質料であるが，もともとは材木を意味する．術語としては形相を受け入れる素材，「告げられたもの（形相のなかに取り入れられたもの）」を意味する．アリストテレスの高度な抽象化では，質料を可能性として表わす．可能性は時間のなかにある．それによって変化，キネーシス（Kinesis）があり，われわれはたいていキネーシスを狭い意味で運動（Bewegung）と訳している*2．アリストテレス的意味での実体は，質料のなかの形相である．具体的な（合成された）事物は，もちろん質料が形相を受け取り，また失うことによって，生まれ，過ぎ去る．つねに形相は新しい事物を受け取るため永遠である．古典的な例は生物学的な種（Spezies）であって，その種に属する個体はつねに同じものを産出する．種すなわち外貌（Aussehen）はエイドス（Eidos）のラテン語訳であって，素材は永遠でない．そのつどの素材（例えば木材であり，それから本箱が作られる）は，それ自身「木材」という形相と，質料としての諸元素との合成物である．しかし元素も形相をもっている．形相のない「第1質料」は単なる抽象体である．

　アリストテレスの自然学は，よく知られているように包括的である．一方では，現象を間近に見て日常言語で表現されている．他方で，形相や可能性の概念をもって，非常に高い抽象の段階に達している．近代初期の物理学の力学的世界像は，2つの観点でアリストテレスのそれよりも狭められ，もろもろの現象からも高い抽象性からも後退している．それは現象の向こうに実在性の具体的な模型を要請している．広がった物体と質点は，幾何学的で運動学的なメルクマールに対応していて，「観測者の意識のなか」にだけある感覚的な性質のものを，「主観的な」印象として生み出すのである．

　この構想は数学的なものであるかぎり強力である．ここから一義的な結果が引き出され，実験的に確認され，繰り返し試されうる．そのようにして，第6章で追究したように，思考面でのモデルの急速な拡大発展が達成される．しかし，上記の二重の後退は，同時に二重の不確実さを生むこととなった．この構想は実体（Substanz）として空間にある物質（Materie）を認め，おそらく後になって力の場を認めたのである．「実在（Entitaten）」（「実体」を表わす言葉としてはより抽象的である）として，空間と時間も認めたのである．感覚的な現象は主観に押し込められている．デカルトが意識を特別の実体として導入したのは徹底した立場といえる．しかしそこで解決不可能な「心身問題」が生じるのである．物質的実体はその模型によって心的性格が奪われる．

近代の自然科学は，物と心という2つの実体の相互作用にせよ，両者の同一性にせよ，それぞれの模型を持っていない．実際不確実性は二重になる，すなわち成果を上げている力学的モデルは，一方では，現象の世界を単に主観的なものとして閉め出し，しかし他方では，実体のさらなる抽象化であり，それゆえにより包括的な概念を避けている．

　もちろんギリシャ哲学でも身体と心の関係は問題にされていた．アリストテレスの伝統では心を生きている身体の形相と名づけている．この表現はギリシャ語の伝統では自然に聞こえる．霊魂（Psychē）とはさしあたり生きている気息を意味し，このことから，次に生きている感覚とか意識のような意味とならんで運動し形成する力という意味を帯びてくる．エイドスの哲学では，形相には永続性があり，それゆえに認識可能である．生きているものの形相として動く魂は，一方では，各自の生きている身体をあらためて生きているものとわれわれに認識させるものである．他方，生命には感覚が属していて，感じるものとしてのみ身体は生きているのである．これはエイドス哲学の抽象的段階によって可能となったが，われわれが生命と名づけている現象の記述である．近代の自然科学が探し求めているような因果律的な解明ではない．アリストテレスの生物の国の記述において，われわれが下のほうに降りて行くと，目的論的な自然学に到達する（物体には自然の位置があり，そこへ帰ろうとするなど）．上の最高のイデア（Ideen）を見ている精神へ向かって行くと，それらのイデアは自身を知っているという新プラトン学派の教えが想起される．プラトンの「書かれなかった教え」は，この予感された関係の見取り図であったかもしれない．

　ここで，この問題はそのままにしておき，これから物質的実体の正確な理解への探究として近代の物理学の展開を読み進んでいこう．

　実体は永続的でなければならない．ゆえに人は現象の移り変わりのなかで，物質の保存を考えた．化学の節（6.4）で，この考えの明瞭な特徴と結果を述べた．力学では質量を物質量の量的表現として理解する．それゆえに物体の質量または質点は基本方程式では定数として扱われる．結果がこの仮定の正しさを証明している．化学での定量の重要性はこの仮定に基づいているのである．

　19世紀になって，質量の保存のほかにエネルギーの保存（6.5）が現われる．これは「（実際のまたは潜在の）運動の量」の保存として意味づけられる

(MEI, 1). 質量の保存とは異なり，これは力学で前もって要請されるべきものではないだろう．むしろ，「運動方程式の積分」として解析の結果からでてきたのである．この保存則の全物理学への拡大は，力学的または力学に類する自然法則への確信をはっきり示した．振り返ると，ここに自然法則の数学的形態の発展が見られる (6.3)．新しい物理学からすれば，エイドス哲学の数学は形態論的な法則の型に属している，すなわち法則的な諸形相が並立している．微分方程式の形式は因果的な考えを特徴づけている．エネルギー保存則は今や力学的運動方程式が成立するための因果的結果である．この結果は根本的に対称群の法則の形式のなかで初めて明らかにされた．ネーターの理論によれば，エネルギーの保存則は時間の均質性の表現である．特殊相対論は質量とエネルギーの同一性を証明し，またその意味では保存則の同一性を証明する．だから，次のようにも言えよう．質量ないしはエネルギーの実体的性格は，まさに各時刻における自然法則の一致を悟らせるものである．というのは同時に時間の均質性を悟らせるからである．この特別な意味で，古典的（すなわち，前量子論的）物理学では，根本的に永続性のあるものは時間自体であることがすでに証明されている[*3]．

2. 量子論における情報の流れ

> 時間それ自体が存在である．
> ピヒト[*4]

古典物理学は実体についての疑問に十分には答えていなかった．実際エネルギーは保存される．しかしそれは運動方程式の他の積分量よりどんな特徴があるのだろうか．熱力学では第 1 法則 (6.5) においてのみ，この特徴は中心的な役割を果たしている．しかし，この理論にとっては構成的でない単なる要請にとどまっている．また他の保存量もまた熱力学的には興味あるものである．熱力学の中心の核となるのは，エントロピー，すなわち情報という際立った量に関する第 2 法則である．

他方，エネルギーは単なる状態量である．例えば質点力学では，それは時間に関係しない定数であるが，ある質点系の初期条件に依存する特性がある．そこでは，質点自体は「実体」として把握されてもよいであろう．ちょうど

古典化学でいう原子のようなものである.化学結合の古典熱力学や今日の素粒子物理学においてそうであるように,「実体」の相互変換が初めてエネルギーを不変なものとして際立たせている.すでに化学的変換は量子論によって説明されうるのであるから,実体について疑問があれば,量子論を参考にすればよい.しかし量子論では,なお明らかに,原子も素粒子も変換可能ではない.さらに進んでわれわれの疑問は,基本的には対象についていまだ完成されていない物理学へと導かれるのである.

量子論の抽象的な構築は,情報を基礎にあるものとして,またそのかぎりでは実体として把握するように示唆する.その際情報量が時間的に保存されるかどうかは,さしあたりわれわれを悩ますことにはならないが,情報量が概念的構築において基礎を形成し,そのかぎりでは,対象とその保存量の概念を土台とすることがわれわれを悩ませる.ここで選立の話から始めよう.2^k 項の選立は k ビットの能力のある情報である.このウアが「情報の原子」である.

ところで,情報にそのような基本的な役割を与えたいと思うならば,どのような情報が定義されるかを確定しておかなければならない.第5章では,情報はある概念のもとでのみ存在する,もっと正確に言えば,2つの意味論的次元のあいだにある (5.4).ある選立が先に与えられたならば,下方の意味論的次元[*5]はその中に選立が質問として設定されうる平面である.したがって量子論的に言うオブザーバブルの平面であり,測定装置によって実現されうるのである (11.2 d).上方の意味論的次元は設定された質問への可能な解答を与える平面である.量子論的には状態の平面であって,オブザーバブルのそのつどの固有状態の平面である.

与えられた 2^k 項の選立に対する,潜在的な情報の集団についての疑問はいまだに解決されていない.古典的には値は k であると言ってもよいであろう.しかしながら,「量子論知識増加」(11.3 f) では,各々の選立に対して,ベクトル空間のなかに状態の連続な集団がありうることを意味している.もちろんこれらの状態にはオブザーバブルの,したがって前述の選立と同等の選立の連続な集団がありうる.それだからこそ,定義として,2^k 項の選立にも,正確に情報 k が属することを確定できるのである.しかしここで付け加えておかねばならない.実は選立の決定性は,同じ対象に属している他の選立の,したがって形式的には情報の無限の集団を包括していることで

ある．またこの無限の集団は実際には経験的に測定されないが，しかし 11.3 f ではこれに対する有限の評価法を与えた．経験的に可能な近似において，数 k（11.3 f では n と名づけた）は大きさ 2^k の因子だけ大きいのである．

こうした純粋に量子論的な議論とならんで，古典情報理論の枠組みにおける考察が，与えられた系の情報について有意義であると認められるのは，より広範な情報のはるかに大きな集団の存在を仮定できる場合だけである．5.7 a では論文 MEI の第 2 節に正しく沿ってこの定理を基礎づけた．すなわち情報とは単に理解されるものを指す．その場合「理解」とは，ただ「主観的に」意識現象として把握されるばかりではなくて，「客観的」作用（例えば生物や測定装置への作用）としても把握される．この作用は「客観化された意味論」と呼ぶことができる．論文 MEI の第 3 節が「情報の流れと法則」となっていて，さしあたりこれは不明確な方法ではあるが，与えられた情報の集団の客体化された意味論がどれだけ多くの情報を持っているかという設問を追究している．1 ビットの理解にはどれだけのビットを必要とするのだろうか（『自然の統一』，352 ページ ff）．ここでこの考察にさらに数歩近づくことにしよう．

MEI 第 3 節の例は動物の種の遺伝情報である．種の 1 個の染色体文が n 個の DNA の「文字」を持っているとすれば，4 個の異なる文字がある．この染色体の遺伝情報としては，第 1 近似として，$2n$ ビットが与えられる．1 個の受精卵から発達する有機体は，この情報を「理解して」該当する種の表現形へと発達していく．したがって表現形は遺伝情報の客体化された意味論である．$2n$ ビットの遺伝情報を理解するには，どれだけのビット数が必要なのであろうか．

求める数を N としよう．この論文では互いに競合する 2 つの解答を吟味する．

解答 1：N は途方もなく大きい数であって，例えば該当する有機体にある遺伝子コードに従って生成されたすべての個別の卵の遺伝子の情報内容の総和に匹敵するものである．これらの情報がなければ，有機体は実際生きることも，成長することもできないであろう．

解答 2：$N=2n$．この証論は次の原理に基づいている．情報とは情報を生むもののことに他ならない（5.5 a）．ここでもう一度書いておく．「生体はその遺伝因子から法則に従って生じ（突然変異を除いて），子孫に遺伝因子の 2

n ビットを正確に伝えていく．このビット数は種を定義するのに必要かつ十分であって，それゆえに生体の真の形態集合である．生体の自然法則に従った動作を十分に見ようとする人は，生体の任意の細胞核にある DNA 鎖の知識だけから，生体全体の形と動作を導き出さなければならないであろう．またその人は第 1 の解答で主張された情報は過剰であって，$2n$ ビットに帰着されることを知るであろう．この意味で，2 番目の解答だけが，生体が帰属するある生物の概念に導く．しかし，1 番目の解答は物理学的な対象の概念に導くものである．まさにこの解答の過剰な情報は生物の概念に含まれるのである」(353 ページ)．

　2 つの解答は意味のあるものであるが，客観的意味論で必要とされる情報についての異なる概念を明らかにしている．両者は情報が基礎物理学において実体の役割を演ずるかというわれわれの現在の疑問に関係している．その場合，2 つの解答の相違は，実体の伝統的な理解においては，相互に入り混っていた 2 つの見解を分離する．すなわち実体はいつまでも存続するものか基底にあるものである．

　2 番目の解答では，情報は種のなかで持続するものである．それは種とし̇て̇，種の本質の徴証の集合の大きさである．すでに成長している生体が存立することを知っている（下位の意味論的次元）ときに，また人がどの生物の種を（どのエイドスを）「特別に」目の前にしているのかを知りたいと思うときに，知っていなければならないものが情報である．ところで，1 番目の解答では，原子や分子が存在することだけを知っており，またどんな条件のもとで，原子や分子が，1 つの生物に，特にこの種の生物に結合されて行くのかを知りたいと思うときに，ぜひ知っておかねばならないものが情報である．情報は物理学的に見て基礎に存在するものである．

　注意しておかなければならないのは，そのつどの概念が妥当する範囲内にのみ固執することがあるということである．この保持作用が生体の種の妥当する範囲内で見られる．実際の生命の過程では，個体の突然変異がある．つまり 1 つの種のなかには「個性的な」遺伝因子があり，種の進化や退化がある．これらはすべて 1 番目の解答の枠組みで議論することができる．ところでこの枠組みに近似的な永続的保持や，近似的な再生産が起こるような概念が全然存在しなかったならば，どんな認識も存在しなかったであろう．そうすればわれわれは生物学を決して学ぶこともなく，互いに交流しあう生物と

して存在することも可能ではなかったであろう．

　おそらくもっと簡単な類似の関係が基礎物理学に見られる．第10章に従って，粒子の具体的な量子論を見ることにしよう．そこでは種は決まった粒子の種類に対応する．粒子は静止質量とスピンで定義される．ある種類の粒子は「ひとりでに成長することはない」，したがって自分と同じものを生むこともない．粒子にはその必要がない．なぜなら，相互作用を無視する近似では，死ぬこともないからである．個別的固執性は粒子が保持するものである（「突然消滅」はつねに仮想的（バーチャル）粒子の場との相互作用による）．

　これに反して，基底にあるものは，われわれの仮定によればウアである．与えられた対象，ある空間領域または仮想の有限な宇宙のなかにあるウアの数はこの対象，空間領域，宇宙において定義される最大の情報量と思ってよいであろう．これらのウアは量子論的に可能な一番下位の意味論的平面である．しかしウア数については（反ド・ジッター世界のような特殊な世界モデルを除いて），いかなる保存則も成立しない．

　時間に対する実体概念の二重の関係がここにも反映している．一方では持続性は概念の使用可能性にとっての前提条件である．これまでのところ，実体は可能性の場で現実化したエイドスである．「時間それ自体が存在である」とは，存在とは時間に固執するものという意味である．こうした考え方に立って，カントは実体を「全般的に時間が表象する」持続的基体として把握しえたのである（『純粋理性批判』224ページ）．他方，近似としてのみ持続することが存在する．変化する選立に関する量子論の再構成（第9章）では，したがって情報の原子としてのウアの生成と消滅には，未来の開放性が表現されている．ピヒトは「時間それ自体が存在である」という命題において，「ist（ある）」を他動詞として読もうとした．すなわち時間が存在を生むかぎり，時間は存在であると主張した．これについては，ハイデガーが，「Es gibt Sein」を命題に，ここに「与える（gibt）」ところのEsがどのような「Es（それ）」なのかという疑問を結びつけて，Esは事象だと答えたときに，彼もこのことについて語ったのである．事象が存在を与えると，ハイデガーは言うのである[*6]．

　ハイデガーやピヒトたちの意見は言葉という手段によって概念的な科学を超えた意味をもっている．ここでわれわれは物理学的な情報の最小の単位としてのウアをもって，概念的な科学の内部にとどまりたいと思う．それと同

時に，どのようにしてウア自体が概念的に，つまり持続するものの助けを借りて定義することができるかという問題に直面する．この疑問は客体化された意味論のもつ情報の意味内容に関してのウアにもあてはまる疑問である．したがってもっと簡単な物理学者の用語で言えば，いかにしてウアを測定できるのか，という疑問である．この疑問は，ウアが本当に最終の，処理可能な情報単位として理解されるとき，初めてその重要性を示すことになる．そのときウアの客体化された意味論は最終的にウアだけに基づき，最終的にウアはウアだけによって測定されうるのである．

　第1の解答は，すべての測定に不可欠な不可逆性を考慮するように指示することである．客体化された測定結果が登録されるために，ウアで構成された測定装置のなかで，許された情報の損失の保証が必要であるが，1つのウアは多くのウアによって測定されることが可能となる．われわれの粒子のモデルによれば，予想としてシュテルン－ゲルラッハの実験における電子のスピンの向きの測定を，ウアの選立の決定として把握することができる．その際，電子のなかには約 10^{37} 個の適当な対称性をもって結合しているウアのうちで，どのウアが意味されているのかは，ウアの互いに区別できない同等性のせいで決まらないままである．

　ウアの定義はこうして処理可能な，また利用されている測定装置に依存している．このことはウアの相対性（9.3 f）で明らかにされるであろう．ウアの定義は位置と時間と測定装置（観測者）の運動状態に関係している．情報は理解されるものに他ならない．したがって情報の，まさにウアの基本単位の選択は理解のための処理可能な手段に依存している．ウアの相対論は，あるウアの定義から他の定義への変換が可能なことを納得させるものである．基本情報を理解する観測者たちは互いに理解しあうことが可能である．

　この理解が，同じ観測者の他の異なる観測でも可能ならば，形式的に言うと，世界線上の異なる点のあいだの時間変換によっても可能ならば，ウアの生成とはどういうことなのであろうか．一番簡単な例として，最低の離散状態にあるニュートリノのカステル模型を選んでみよう．これは，時間点 $y_4 = t = 0$ においては単独のウアである．$t > 0$ に対しては多数のウアの重ね合わせとなる．それは以前よりも多くの情報をもっているのだろうか．実際の情報は前と同じである．あたかもそれは種の遺伝情報と同じように持続的である．対象となるのはつねに最低状態にあるニュートリノである．しかしこの

状態は，位置空間では広がっていく波束で表わされる．したがってその潜在的な情報が付け加わる．それゆえ，熱力学的に言い表わすと，真空中での膨張はエントロピーの増加に対応している．潜在的な情報を実際の情報へ転換するためには，他の対象と位置の測定装置との相互作用が必要である．「ニュートリノはどの離散状態にあるのか」という設問には，エントロピーは一定のままである．「ニュートリノはどこにあるのか」という設問には，エントロピーは増大する．ウアが情報の単位であるならば，ウアの相対性は情報の相対性でなければならず，したがってまたエントロピーの相対性も対応しなければならない．この関係は特段に量子論的であって，非決定性または「知識増加」によって可能になる．

　MEI の第3節では「情報とは情報が生むものに他ならない」という命題は，古典力学が簡単な運動，例えば古典力学の質点の運動が与える決定論的な記述に応用された．質点の現在の状態の情報（位相空間での）は，質点の運動を介して，のちの時間点での情報を「生む」．両者の報告は内容的には異なっているが，力学の決定論に従い，その情報内容は同じ大きさである．この意味で情報の量は維持されたままである．力学の法則によって，各々の位相空間における位置についての報告は，それぞれの他の位置を推理するのに十分である．もちろん位相空間の点の位置（状態）が正確にわかっているときにのみ，そのように語ることができる．しかしそれは位相空間の連続性のゆえに，この位置報告に含まれる無限の情報内容を意味するものでもあろう．ある時刻の状態が不正確にしかわからないときは，確率束は（調和振動子のような興味の乏しい特別な場合を除いて）古典力学に従って時間とともに広がり，エントロピーは増加し，実際の情報は減少する．

　これに反して量子論では，上記の例が示すように，状態の正確な知識さえも，エントロピーの増大を許す．測定のないとき，または不可逆的に記述される過程がない場合には，古典力学における位相点の変化と同様，確かにヒルベルトベクトルの時間的変化は決定論的である．しかしヒルベルトベクトルはある選立に対して，0 とか 1 とかでない確率を意味し，それゆえに最大の情報ではない．無限次元のヒルベルト空間の抽象的量子論では，この情報の時間依存性については一般的なことは何も言えないのである．具体的な量子論では，実際の測定が行なわれる位置空間は，ある有限の選立に，まさに有限多数のウア選立で決定されるような選立に結びつけられる．それととも

に無限次元のヒルベルト空間のなかで1つの基底が定義され，その「状態」はいくつかの組に分離し，各組はそのつど有限のウァ数 n，すなわちテンソルの階数によって特徴づけられる．状態がテンソルの階数 n に属するという要請の潜在的情報量は $\log_2 n$ で測られる．上の例のように時刻 $t=0$ で低い階数のテンソル（ここでは $n=1$）の状態から始めるならば，テンソルの階数と状態の潜在的情報は位置空間において定義される測定に関係して増大することが統計的に期待される．多くのウァ数の助けを借りて，2つの意味論的次元より多くの次元を定義することが許されるような，いささかより複雑な関係の場合には，まさに第5章での例のように，形態の充実度の増大として記述されると期待しても差し支えない．第10章の拡大する宇宙の考察においては，まさにこれを使用したのである．さらに詳細なモデルについては素粒子論の詳しい理論が必要である．

いずれにしても，具体的な量子論が情報の流れを帰結し，この流れの枠組みでは，形態の進化が統計的には，圧倒的に確率論的な帰結であることを期待してもよいという動機を，われわれは持っているのである．

3. 精神と形相

火だ！

パスカル

今後情報は，実体の測定値という体系的な位置を占める．一方（5.2）では，情報を形相の集団の大きさとして説明した．物理学の発展は，実体を現象の流れのなかの形相として理解する位置へわれわれを連れ戻すように思われる．われわれはエイドス哲学に逆戻りするのであろうか．

われわれの答えは諾でもあり，否でもある．諾というのは，エイドス哲学とは，その背後に17世紀以降の物理学の力学的モデルが残存していた抽象的段階を意味する．抽象的量子論はこの抽象的段階に逆戻りするように求める．否というのは，基底にあるものを持続するものから分離することは，まさにエイドス哲学が避けようとした時間，すなわち流れを承認することを意味する．形相の進化を認識するときにかぎって，形相について語ることができるのである．

ここで，諾と否についてさらに詳しく解釈しておこう．

諾の面．われわれの時代では，よく情報を，したがって形相を，物質と意識の2つの「実在性」と並ぶ第3のものとして立ててきた（5.2）．われわれの分析によれば，これには整合性がなく，中途半端である．経験と理論は，今日よく知られているように，物質と意識（物質と精神，matter and mind），延長したものと思惟するもの（res extensa und res cogitans）を，それぞれ独立した「実在」として，まさしく言葉の古典的な意味での実体として要請すべき手がかりをもたない．形相は物質と意識と並ぶ第3のものではなく，共通の基礎となるものである．

われわれは，形相が物質の基礎であることを詳細に論究してきた，すなわち対象の再構成のための出発点として選立を論究してきた．

意識は物理学に関する本書のテーマではない．われわれは（11.2 e）で，抽象的量子論には，これが意識の自己認識に適用されないという，内在的な根拠はないということを強調した．われわれは，そこでは論証を正確にするために，観測者の体と意識との関係をテーマにすることを諦めたのである．量子論は体に応用可能であるから，意識にも応用可能でなければならないと，決して主張するものではない．逆に，われわれは，意識の自己認識のなかに決定可能な選立が存するかぎり，この選立はすべての形式的に可能な選立の理論としての抽象的量子論に従わねばならないと言ってきたのである．

ところでわれわれは，具体的な量子論へ移行する場合には，ウア選立から意識の自己認識の選立を構成するであろう．そこから人間の意識も3次元空間の物体として記述できると結論しなければならない．この結論は手短に言えば，これが人間の身体でなければならないということである．

それとともに当然1つの課題が提起される．

さしあたり決定可能な選立による意識の記述はある種の科学的様式化である．すなわち，意志を持ち，駆けずり回り，目覚め，眠り，悩み，喜び，愛し，憎み，また，慈しみつつ脅す多彩な環境に捕らえられ，理解してもくれるがしてもくれない相棒とともに，この社会の構成員でありつつも，社会から，環境から，欲望から，決意から内面に引き籠ることができる能力を持ち合わせているが，その内面には計り知れない深みが覗かれるような存在者として，私自身を知るのである．このような経験の構造を決定可能な選立から構成しようと試みるとき，私は自分について何を経験するのだろうか．

しかし，これに対しては，われわれはふつうの方法では決定可能な選立に還元することができないような，豊富な性質のなかで，われわれの環境，われわれの身体，またそれゆえに上述の物質の世界をも知っていると言うことができる．またギリシャのエイドス哲学では，エイドスまたは形相は決して数学的構造だけを意味したもので表わされていない．最初に私は（12.1）において，エイドスの別の意味を引用しておいた，すなわちプラトンの場合では正義と完全な美が，アリストテレスの場合では魂そのものがイデアである．知識を数学的構造に還元することは，このかぎりではギリシャ哲学に戻ることではなく，近代自然科学の徹底化なのである．それはギリシャの論理学，数学，天文学，音楽論においてすでに基礎づけられている傾向，つまりピタゴラス学派やプラトンにおいて数学の際立った役割として作用していた傾向に由来するものである．次のように言ってもよいであろう，すなわちそもそも論理的経験的に決定されるものは数学的構造で記述されると．われわれが意識を決定可能な選立のうえに問いかけたことは，とりもなおさず自然を自然科学のなかで取り扱ったのと同じ問いかけをしたことになるのである．われわれはそこからどれだけ多くのことを学びうるかを示さねばならない．

　科学に対するもう１つの反論は意識の構成的な役割に由来するものである．それはカントへのゆるやかな依存としてではあるが，おそらく科学は知識であり，それゆえに——われわれが意識という概念を用いることが許されるであろうかぎり——科学は意識の内容である，というように方式化されうるであろう．形相は科学的な用語では概念である．それゆえ物理学において，物質を形相によって，したがって概念によって説明するのは十分意味のあることのように思われる．まさに物理学とはわれわれが物質について知ることである．ところで意識は知識の前提である．したがって意識を知識という手段によって，すなわち形相によって説明しようとすることは循環論法に陥ることになるであろう．カントによれば，知る主体は，まさにそれゆえに実体として記述されるべきではない．実体はそれ自身範疇であり，それゆえにそれ自身概念であるからである．

　この反論は循環論法に，したがって伝統的哲学の階層的傾向に基づいている（これについては，『時間と知識』5.2.3参照）．ところでわれわれは円環行程のなかを動いている．物理学は，古典物理学においては「物質」と名づけられた自然についての合法則性を記述するものである．抽象的物理学は古典物

理学と同等の権利をもって意識における合法則的なものを記述しようと試みることができる．われわれの知識がもつ意識のなかにある前提と同じような物理学的前提は，すでに最初から利用されているが，円環行程の場合には後からも記述されている．このため現実の完全な記述を与えるという要求は果たされなくてもよいであろう．したがって，与えられた近似（選立の分離可能性）において整合的な記述を与えようとする要求は正当である．

　知られているように，意識は，進化の流れのなかで，生命の海から浮かび出る．5.8 では，われわれの論理の構造がどのように動物の行動の初期の段階に根ざしているのかを概説した．動物がみずからの行動をどのように経験するのかは，その行動がわれわれの行動から離れていればいるほど，知ることは困難である．われわれにとって追体験が不可能なものへの移行は連続的である．デカルトの延長実体における「思惟（cogitatio）」の完全欠如，それゆえ考えること，感ずること，経験することの完全な欠如は，自分が明晰判明に——ここでは，事実上（du facto）数学的にということであるが——考えることができるものだけを実在的として承認しようと決心した哲学者の要請に他ならない．

　それゆえ，われわれは生命の認識形態性（5.8 b）を単なる類推とみなす手がかりをもたない．とりわけ人間の認識の特徴は，言葉によって媒介された反省の能力であり，「自己を鏡のなかで直感する」能力である．いわゆる反省とは超越論的な，すなわち認識する主体と経験的に認識された主体とのカント的な区別を可能にする．認識の行為の経過が心理学的に生態学的に記述されるかぎりそれは鏡のなかに見られ，経験的主体に属している．この経過が認識であるということは，それが鏡のなかで見られた主体自身の像であることを意味する．まさに認識する主体のこの行為は今や動物と共有するものである．動物は超越的主体に関与しているが，ただ反省が欠けているにすぎないのだと知ることは，決定的に妥当であるとはっきりわかる．動物は個々の現象のなかでエイドスを知覚している（人間的なるものの庭Ⅱ，6.4, 312 ページ）．したがって，エイドスを個々の場合と反省的に区別する人間は，個々の場合を個々の場合「として」，エイドスをエイドス「として」認知するのである．

　ところで，古典的エイドス哲学のテーマは低い段階ではなく，高い段階である．われわれは動物の行動を人間の意識から解釈してもよいであろう．そ

れではどこからわれわれの意識を解釈するのであろうか．ここでは，哲学は日常生活において，理念とのわけのわからぬ関係を飛び越えて，理念の真の観照に到達するのである．新プラトン主義では，精神（神のヌース，Nūs）は最高の言明可能な段階であり，精神は自己自身を知っている理念（イデア）の世界であり，自己に環帰する最高のエネルギーである．それゆえに最高の安静でもある．

　われわれはエイドス哲学の形態に環帰するのであろうか．

　否．われわれは科学の構築の最先端に時間を据えなければならない．われわれは形相の進化を知っている．基礎にあるものは，形相でなくて時間である．

　ここで直ちに次のような意見に返答したい．具体的なもののなかで実現される形相の進化は認めなければならない．ところが，純粋な形相自体は，すなわち本書ではしばしば「形式的に可能なもの」と呼ばれたものは，やはりそれが事物のなかに現実化することとは無関係に成り立つものである．われわれはアリストテレスの哲学全体に同調することはできない．それによれば，どのエイドスも，特に生きものの国では，つねに新しい個体のなかに永久に現存するからである．ところで，数学を用いることによって，数学者のプラトン主義に関心を持たざるをえない．その構造自体は没時間的である．カントール流に言えば，数によって到達される実数の列が潜在的に無限でありうるためには，可能な数の集合は無限でなければならない．可能性は没時間的なものである．

　この問いかけについては，『時間と知識』第5章の数学とは何かの項で，初めて真摯に取り上げるであろう．ここでは，今日の数理哲学では，直観主義や構造主義のテーゼは無視されているといえば十分であろう．また数学の概念は，心的に構成可能でなければならない．数学的構造の世界は閉じた無限大でなくて開かれているように見える．同様に，物理学では形式的な可能性の無限大への思考上の展望（例えばウアの完全テンソル空間）は，いずれにしても1つの抽象的補助手段，すなわちいろいろな思考の可能性についての展望である．われわれが用いるのは，そのつど現存し，かつつねに変化してゆく日常の事象に基づいた可能性である（9.2a）．その他の点では完全にアリストテレスの数学理論と一致していると言ってよいであろう．

　われわれの全構築は，いかに科学が開いた時間のなかで可能であるかを明

らかにする．すべては流れ，何物も時間のなかで永久にとどまることはない．ところで，とどまるものと回帰するものについてのみ応用可能な概念がある．流れを否定するだけでは十分でない．流れを否定することなどできないのである．同様に，概念ならびに科学を架空のものとして説明するだけでは十分でない．そのように架空のものとすることは科学の成果を理解できなくするだけだろう．科学は，みずから近似そのものを明らかにするように要求しなければならないのであり，近似においてこそ科学は稔りある仕事ができるのである．われわれはこれを選立の分離可能という標題のもとで主張する．思考の歴史では，ひとが概念的に捉えることができるものと，失われていくものとは幾重にも同等であることが暗示されてきた．比喩とは，これに対する概念を超越しているものを表わす適切な言葉上の形相である．

　「人は，二度と同じ流れに入ることはない．なぜならいつも水が流れ去るからである」（ヘラクレイトス）．つねに流れは繰り返される形態であるが，しかしそれはいつも別の水滴から成り立っている．もう1つの比喩は虹である．空にかかる一定の虹は，絶えず入れ替わりつつ落ちる水滴に，太陽の光のつねに同じ角度で屈折したものである．山の滝や噴水に見るとき，見物人とともに変化する様を容易に見てとれる．不意に膝を曲げると非常にめだって変化する．「虹は主観的な現象」である．少し離れた場所の見物人は各々異なる虹を見る．

　この例を説明することによって，われわれは持続するものを仮定している．水は流れて行くが，消え去ることはない．それぞれ一定の形をしている．急流，滝，噴水は，環境に支配されている水がそれぞれ一定の形をしているのである．もちろん化学は石や金属の変化の可能性を確認する．したがって化学は変化を，持続する原子によって説明する．われわれの構築は，それ自身生成し消滅し，かつ各々の観測者にとっては，滝のなかの虹のように違って定義される原子の変換可能性をウアに帰着させる．つねに再現されるものは選立の決定可能性である．決定可能性は，決定されたものの事実性に，したがって現象の世界の不可逆性にかかっている．不可逆性を可能にするウアまたは原子は，雨や滝で飛び散る水滴のようなものであり，水滴はわれわれが量子論の言葉で表わす記録可能な現象を支えているのである．

　火は大きな比喩となる．火は崩壊の比喩である．すなわち堅いものを焼き尽くすことによって，みずからを養う．火は生命の比喩である．今日の科学

にとっても，火と生命とは，物質の一時的に持続する形態のなかでの変換に基づいている．火は可能性の比喩である．すべての光は地上や天上の火から発している．われわれは核変換や化学変化に馴染みが深いが，古代人は太陽の火や星の火は燃え尽きないと考えていた．火は真理の比喩である．それゆえ火は精神の比喩でもある．火の比喩の力は，物質的な事象と同様に容易に意識をも難なく包括する．覚醒することも栄養を必要とする過程である．神の精神は要求し焼き尽くす火と同様に，すべての形相が現われる安らかな光である．パスカルは存在の持続を保証する哲学の神から離反した．彼はアブラハムの神，ヤコブの神，イサクの神について語っているが，その神は歴史において1度かぎり結ばれた契約の神であるから，何ものももとのままにとどまっていることはできない．その神はパスカルの生命をも変換し燃やし尽くす．

第13章

量子論の彼岸

ネボ訳注1

5．モーゼ　34・1

1．限界を超えて

　われわれは知識の限界の向こう側を知りたいと思う．この願いは人間を特徴づけるものである．とりわけギリシャの知識欲に富んだ人たちによって刻印された，西洋文化に培われた人間を特徴づける．

　本書で試みられるような物理学の構築では，特別のディレンマに直面することになる．

　一方では，われわれは真の科学を時間の論理学，すなわち開かれた未来の理解によって構築した．われわれは，知識の形成を構造的に進化と比較した．これに属する哲学の原則とは，今日この日に哲学するということである．現在の現象は，過去の事実性と可能な未来の予見がなければ，理解されないであろう．今日の知識を考えながらすでに，今日の知識より優れているであろう未来の知識を考えている．

　他方では，われわれは，経験的に決定可能な人間の知識の包括的な理論として量子論を構想した．量子論はハイゼンベルクの意味で完結した理論である．もはやわずかな変更だけでは，よりよいものにはならないように思われる．しかし，完結した理論のかぎりない連鎖を通して，科学の進歩を思い浮かべることができるであろうか．もし想像することができなければ，そのうちの1つが最後の究極のものでなければならないであろう．それはどうして量子論ではないのか．しかし究極の知識は存在しうるのか．もし究極の知識がありうるなら，理論の形式をもっているのだろうか．

　われわれの問いは，3つに分類される．
　　a．量子論の彼岸にある物理学

b. 物理学の彼岸にある人間の知識
  c. 人間の知識の彼岸にある存在

　これら3つの問いを精密に満足させようと思うならば，それはわれわれには困難である．真の保守主義者だけが本当の改革者である（ハイゼンベルク；7.1 a 参照）．「どこの曲がり角にもなんらかの未知なるものがわれわれを待っている」と言うのはやさしいが，稔りは少ない．従来の知識が未知なるものを概念的に予想していたか否かを問わねばならない．

a. **量子論の彼岸にある物理学**　　われわれは抽象的量子論を，経験的に決定可能な選立の確率論的予想の一般論として特徴づけた．この特性に属さない物理学的知識がありえただろうか．そしてこの理論の経験的な大きな成果は，数学的簡潔さと相俟って，とにかく，特徴あるプログラムの正確な，おそらく究極的な実現であろうという推測を認めているのである．

　抽象理論の「此岸」は，この理論が応用される現象の世界である．さしあたり完結した理論の連鎖のなかで，数学的形式に意味論（6.7 参照）を付与するという先行了解のもとで，この現象が説明される．理想的な意味論的整合性は，このように説明された理論が先行了解を解明するよう要求する．このことは，情報の流れに関する章の言い方（特に12.3）で，理論そのものが，現象のなかでわれわれに示される形相を決定する，ということを意味する．一般理論の例は数学である（『時間と知識』5 参照）．それは数や量の概念，すなわち集合以外に何も仮定しない，しかし演繹のかぎりない集合を含んでいる．そしてすべての物理学を数学的に構築するのであるから，計画された数学的構造だけが，物理的状態または過程の可能な構造なのである．われわれの構築は，数学が現実の自然に関して未決定に残しているものを確定することができるように計画されている．どの数学的に可能な構造が自然においては，「形式的に可能」であるのか，そしてどの条件のもとに実現されるのだろうか．

　このための抽象的量子論は枠組みにすぎない．これに対して具体的量子論は，すべての形式的に可能な物理的対象と過程を確定するという意図のもとに計画されている．この課題の実行には，数学の完成と同様にかぎりがない．素粒子とその相互作用の理論は，さらに広い物理学の基礎を与える．粒子論を導くことは具体的量子論の自然な目標である．さらに高度な形態は科学的

方法によって限定的に演繹される．これに対して，進化論の枠組みでは，その成立についての一般的な概念がある．われわれは時間を手がかりに，ごく自然な結果として進化論を導き出す．具体的な量子論が実行可能であり，経験と一致することが示されたとしても，それがどのような物理的経験の領域を占めるべきかを判断するのは，現在の知見から難しい．このような状態で，少なくとも発見的にこの閉じた理論のかぎりない妥当性を要請することは，この理論の思考の方法論的意味に対応している．とにかくいつか将来この理論が経験的に間違っていて，新しいよりよい理論に置き換えられるのではないかという，未来の経験的な問題設定は，必然的な「保守的な」厳格さを表わしている．

クーンの革命のうちで本当に革命的な要素として明示されるのは，少なくとも後知恵からすれば一般に旧理論が持つ概念上の問題や自己矛盾や克服できない曖昧さである．これらの困難を耐え忍んで成果を上げるためには，ハイゼンベルクの意味で保守的でなければならない．量子論の解釈論争から，われわれに対してあのような難解極まるしろものとして，非決定論が残された．一方ではこの非決定論は，古典的極限の情報量に比べて量子論的な情報量が，計り知れないほど圧倒的に多いという量子論的「知識増加」を表現するための方法である．したがって，これを再び捨て去ることは許されない．他方，知識増加を不確定性によるものとして否定的に特徴づけるのは，単に量子論由来の卵の殻ではないのかという疑問が残る．古典物理学の不十分な記述から解放されたとき，その結果が確定的なものであるとして立証されるのであろうか．

11.2cにおいて，測定結果を事実として生み出すために必要であるところの不可逆性によって，古典的な記述を正当化した．しかしながら，物理学では，不可逆性は情報の喪失を意味する．それゆえに，少なくともわれわれが考えのなかで，不可逆過程で失われた情報を客観的に保存されたものとして記述したならば，量子論がどのように見えるかと問うことは，意味論的な整合性のためには必要なのである．

以上の問題と，量子論が欠陥であると立証しているような近似，分離している対象，ないしは選立の近似から出発していることとは関連している．またここでも量子論は，その基本概念では，整合的に遂行されたなら承認すべきでない情報の喪失を前提しているのである．

結局，同様の欠点は，量子論で生じたように，時間を実数のパラメターとして記述する際にも生じる．時間は時計によって測定される．時間点とは仮想的なものである．また，それは不可逆過程によってのみ，有限の不確定さをもって決定されうる．

　このような解けない疑問のせいで，量子論は確かに古典物理学に引き戻されるのではなく，むしろ自身を超えてゆくのである．われわれはこれを量子論の自己批判と名づける．これについては後で詳述する．

b．物理学の彼岸にある人間の知識　再び方法論的に保守的な立場に立つこととする．物理学の彼岸にある知識が，量子論では，経験的に決定可能な選立の一般的に予測的な理論となれば，物理学の彼岸にある知識とは一体どのような知識でありうるのであろうか．

　無機物の科学が物理学を基礎として統一されていることは，十分認められていると考えてよい．宇宙論，星の誕生の理論や地学と同じく，無機物の科学はわれわれの時間の構築と容易に融合する．

　生物の科学においては，この10年間に物理主義は次々に成功を収めた．第5章ではこの物理主義を前提とした．そこで量子論の抽象的な把握は，物理主義の基礎づけとして妥当であると思われる．

　量子論がわれわれの意識に関する知識——この知識が決定可能な選立に還元可能であるかぎり——にも妥当するということを，11.2eで基礎づけようと試みた．

　このような把握は精神科学の解釈学的な性格の承認と完全に一致できるとすることが重要である（これについてはガダマー1960参照）．もし，社会科学または人文科学から法則科学を創ろうと思うならば，自然科学の方法の誤解となるであろう．進化が一層高度な構造をもつ世界を産出すればするほど，一般法則によってそれらの諸構造を固有の妥当な特徴において記述できうるであろうという期待はますます少なくなってゆく．普遍的法則は簡単でなければならない．すなわち個別の，または特殊な構造の資産は，複雑さと高度な情報価値にある．それゆえ，観測者の高度な構造資産は観測された結果の構造資産を理解するために必要である．人間だけが人間を理解することができる．これは自然科学的な観測方法に矛盾するものではなく，むしろ人が首尾一貫して遂行しようとするならば，この観測方法に従うこととなる．

今やあらためて，この考察のなかに物理学の自己批判の動機を見いだすのである．われわれは物理学を決定可能な選立の概念を基に構築した．これは人間の実際の認識行為の非常な単純化である．人間についての，つまりわれわれについての，さらに非人間的な環境についての認識は，つねにほとんど感情的であり意志に依存している．これらの認識はまるで完全には言葉で形式化されないかのようである．むしろ直接行動に切り換えられるか，あるいは声や言葉となって現われないような方向づけに役立つ（5.8と『時間と知識』2参照）．実然的命題の言語形態は高度に専門的な文化的産物である（5.8 dと『時間と知識』6）．それゆえ命題，実然的命題が選立の問題に対する答えとして把握されるということは論理的テーゼである．論理の2値性は，行動理論的に見れば，高度に有益な仕掛けである．しかしその際に情報として失われてゆくものは，論理的構成そのものを明瞭に示すことができない．

　それゆえに，まさしく行動論は，芸術，神話，文化や社会的な規範のようなもろもろの人間の営みにおいて，一種の知識，すなわち多分論理的な（したがって物理学的な）分析を試みる場合には，その本質上，一種の失われてゆくような知識があることを意味しているのである．ボーアが相補性そのものを物理学で再発見したときに，その再発見の主たる根拠は，どの測定とも必然的に結びついて起こりうる情報の喪失は，どの論理的決定にも生じうる理解の喪失であることを彼に思い出させたことであった．

　それゆえ，量子論の自己批判のことを研究するなら，同時に物理学の論理的特徴についての自己批判を併せて考えることができるであろう．

c．人間の知識の彼岸にある存在　　たいてい疑問はわれわれが知りうることの向こう側にある存在のことを意味している．それは同時にわれわれにとって生きてゆくうえで重要な存在を意味している．人類の文化の伝統としては，このような存在をたいていは宗教に求める．その行動をキリスト教の伝統では信仰と呼んでいる．したがってこの疑問は，信仰と知識との関係についての疑問と名づけられる．

　ここではこの疑問は宗教的伝統からではなくて，物理学の構築から直接論理的に生まれるのである．われわれが量子論の彼岸に，したがってまた物理学の彼岸にある何かを知ることができるかと問うときには，決してわれわれが知りえない何かが存在するのか，という疑問が必ず生じる．しかもそれは

つまらぬものではなくて，基本的に重要なものである．

われわれはこの問いかけに向かって，3段階に分けて近づいていくことにしたい．まずここでは，量子論の解釈論争に直接参加する．次に，最終章で形而上学の伝統を一瞥する．そして『時間と知識』の最後の章に入りたい．その章では主に哲学的神学に目を向けることになっている．

われわれは死についてのアインシュタインの言葉を思い出す．「われわれ信仰深い物理学者にとって，過去，未来，現在は一個の硬直した幻想としての意味しか持たない」(11.3 d)．

アインシュタインにとってこの言葉は明らかに深い慰めを含んでいた．時間についての悲しみは太古から人間が持つ経験である．前章は現象のなかに永続するものを求める苦闘に捧げられた．未来は未知なるものであり，希望されるものであり，脅かすものでもある．過去は思い出されるものであり，繰り返されないものである．したがってわれわれは，過去をわれわれが同時に失ったものとしてのみ所有するのである．アインシュタインの言葉はわれわれに慰めを与える．すなわちすべてこうしたものはただ頑固な幻想にすぎないと．これはわれわれには，永遠の現在の慰めを与えるように思われる．

アインシュタインはわれわれは「敬虔な物理学者」であると語っている．彼はそう言って宗教と科学との伝統的な対立を意識的にかわしている．しかし彼は自分にも来てくれればよいと熱望するような安っぽい贖罪を求めたのではない．彼はわれわれは物理学者であり，そのうえになお敬虔であると言っているのではない．われわれは物理学者であるからこそ敬虔であると言っているのだ．われわれが信じているのはまさに物理そのもののもつ固有の深い真理である．その真理は実在的なものの統一を顕現するものであり，その統一の前では，時間の3つの区別は，故意ではないが単に頑固な幻想にすぎなくなるのである．

アインシュタインの思考実験に関する節では，このような見解を検討して，これを西洋の形而上学の歴史的な関連のなかに位置づけた．スピノーザの神は哲学者の神であり，この神はパルメニデス（Parmenides）に対して初めて顕現した*1．ギリシャ哲学は，実際には宗教と科学との深い宥和である．というのは，その自己理解によれば，宗教と科学の両者は統一として存在するものである．ギリシャ哲学は一者の顕現であり，顕示であって，以前には，伝統的な宗教の神々のなかでは不完全にしか現われなかったが，結果として

思考の統一すなわち科学というものを生み出すのである．

　われわれの形而上学の設問に近づく 3 つの段階の 1 番目としては，その哲学的歴史から出発するのでなく，今日の物理学から出発する．すなわち知識から，したがって同時に今世紀に現われている混迷から出発することとなる．おそらくアインシュタインが克服しようと望んだものは，まさにわれわれの物理学の構築全体の出発点なのである．すなわちその 3 つの様態における時間である．まさにわれわれの構築が稔り多いものであったならば，アインシュタインは今日のすべての科学的知識を超越するものへの問いかけをしていることになる．すなわちわれわれの知識の彼岸にある存在を問うているのである．

　今われわれは純粋に物理学の内部で次の問いかけをしてみたい．すなわち時間様態の三重性の克服を期待することは，われわれの今日の知識と——本書における構築の形式内にあるものを，精確に述べることを許してほしいのであるが——考え方において一致できるのであろうかと．われわれはこうした疑問をもって，あらかじめ思いもつかないような，まさにそのために論証をもっては除き去ることができないような，まったく未知なもののなかに飛び込むことを考えているのではない．むしろわれわれは控え目な，できるかぎり保守的な問いかけをしよう．3 つの時間様態のうちの 1 つの現実性の型を基礎において，あとの 2 つをそこへ還元することが可能なのではないだろうか．それゆえ，われわれは 3 つの疑問を挙げておく．すなわち，量子論のすべての認識を保ちながら，すべての現象を言葉で記述することが可能なのだろうか．

　　A 古典的事実性か
　　B 量子論的様相（すなわち，ϕ 関数）か
　　C 直接の現在性か

われわれが主張したいのは，事実性，可能性または現在性についての伝統的な見解に対してある種の基本的な犠牲を払うならば，この 3 つの解答は原理的に考えられると主張したい．以下の 3 節を 3 つの問いかけにあてることとする．

2. 未来の事実性

　われわれは過去を事実として述べてきた．事実性の言葉で3つのすべての時間様態を記述することができるならば，われわれは古典物理学とその実在性概念との世界像の近くにいることとなる（11.3 d 参照）．しかしながら，われわれはその非決定性を含めて量子論のすべての認識を保持しようとしている．それにもかかわらず，疑問となるのは，量子論の確率予測の背後に1つの現実性，すなわち，そこには未来もまた事実的として意味をもつことができるような現実性が隠れていないかどうかである．

　最初に考えつく近似では，このような想定からは何らの論理的矛盾も生じてこないように見える．この際われわれは知識の理論として完全な量子論を堅持し，したがってまた古典物理学と比較される，量子論の「知識増加」についてのわれわれの見解を堅持する．それゆえ，われわれは隠れたパラメーターによる未来の因果的な規定を完全に断念する．これは伝統的な古典的な見解に対して必要な犠牲である．われわれはこの想定では未来を事実的なものとして記述するが，しかし必要条件としてではない．

　説明のためにもう一度過去の記述を見てみよう．不可逆性についての章と観測過程の記述において（11.2 b），客観的に成立し，かつ原理的には相互に，そのうえはっきりと相互に区別可能な諸事実の総体としての対象を記述することがおそらくできることをわれわれは見てきた．遡言をしても，ある対象の現在の状態から，シュレーディンガー方程式に従ってこの対象に関する過去の事実が必然的に導かれるものではない．特定の過去の事実を表わす遡言的な確率は，すなわち後の測定 M_0 のわかっている結果に基づいた例えば測定 M_{-1} の結果は，一般に1となるとはかぎらない．過去の事実は必ずしも対象の現在の結果から導かれるのではない．ところでわれわれは，過去の事実を他の対象の不可逆的に現われた状態から，すなわち記録から推論することができる．われわれは言いたい，今日から見るならば，過去は因果的に必然的ではないが，それは事実性のあるものである．

　われわれは古代の日食の例を思い起こす．現在天文学者は紀元前585年に小アジアで目視できる日食が起こったに相違ないことを計算することができる．このことは，われわれがこれまで正しく観測し計算したところのつねに

用いられる方法論的仮定のもとで（『誤謬の除外』，85 ページ脚注），かつ当時から 2500 年間にわれわれには未知な要因（例えば月の裏側への小惑星の衝突）によって月の軌道が乱されなかったという天文学的内容の仮定のもとでは因果的に必然なのであった．歴史的な文献はペルシャとリュディアの決戦のあった年に日食が起こったことを伝えており，なおまた，それについてミレトスのタレスが予言した．記録が事実を証明し，またそれによって乱れのない月の軌道という天文学的前提が数千年間にわたって正しかったことを証明している．それゆえ日食は（今日の月軌道の知識から）必然的であり，かつ事実的なのであった．これに反して，いま私の計数管に入ってくる電子が，その前の散乱で運動量が p であったということは，この場合には，事実的であるが必然的ではない．われわれが 3500 年の日食を予言するならば，それはこれまでに述べてきた前提のもとでは必然であるが，少なくともわれわれにとっては事実ではない．実際次の 1500 年間に月軌道に乱れが生じ，日食が起こらないこともありうるだろう．

　ところで，論理的には同様の考察を未来の事実について行なうことにはなんら差し支えはない．その場合その事実は客観的なものであろうが，われわれにとっては未知なものである．われわれは事実の予想的確率をシュレーディンガー方程式によって知っているだけである．あらかじめわれわれがそうした未来の事実を知らないということは，熱力学によれば，それについてのなんらの記録も存在しないということによるのであろう．

　もちろん最後の命題は反論を呼び起こすこともあろう．われわれは第 4 章で，未来の事象についてはなんらの記録もないという事実と，過去は事実的であり，未来は可能的であるということとに基づくのが現実的であると考えた．ところで，われわれが未来もまた事実であるとして特徴づけるのであれば，過去と未来の相違はどこにあるのだろうか．それでも未来の記録があってはならないのだろうか．この疑問については 2 段階を踏んで答えることとする．

　第 1 の答えは，われわれがそのなかに居合わせている際の全体の考察と同じく仮定的なものである．この答えはその第 2 の思考上の近似へと考察を導いて行く．それによれば「本当に未来の記録がある，すなわち Prophetie という現象がある」．巷で知られているように預言者の言葉は，しばしば喩え話のベールを被って，あたかも預言者が見た事実のように語られている．2

つの例を挙げておこう．フランスの高名な医者であり天文学者でもあったノストラダムスは1550年に，彼の預言の本のなかで，「その男は，1792年を新時代の始まりとみなすであろう……」という中途半端な文章を書いた*²．1792年にはチュイルリー（Tuilerieri）に嵐が起こり，フランス革命のあった共和国の元年であった．18世紀にバイエルンの森から来た，精神障害を持ち教養のない水車小屋に居た粉屋の若者が，他のいろいろの幻想的な発言とならべて「われわれの谷に鉄の犬が吼えるとき，大きな戦争が始まる」と預言した．1914年にはこの谷に鉄道が開通した．

　物理学の教科書では，いろいろの情緒を呼び覚ますことなしにこのような議論を記載することはできない．多くの科学者は（歴史学者や社会学者は，物理学者よりさらに激情的であるが）次のように言うであろう．すなわち，「どうして物理的な仮説の根拠をあからさまな迷信に求めるのかと」．これに反して，オカルトの信奉者は，預言者の言葉を誇らしげに取り上げるであろう．多分私の主観的な知覚——それゆえ私の心的素質という特徴的な測定装置を介しての現象的な知覚——と言い表わしてもよいような私の見解によれば，2つの反応はおのずから起こってくるように無根拠であり，それどころか弁護の余地がない．しかしまた両者はたいていそれ自身説明をすることができないところの深みにある正当な根拠をもったものなのである．私の見解では，科学者の反応は客観的には基礎づけられていないが，道徳的にはよく根拠づけられている．オカルトの反応は道徳的に大変問題であるが，しかし事態のなかに根拠を持っている．4つの命題について，手短に論評しよう．

　科学者の反応は，疑いもなく，その反省を欠いた直接的な態度のなかには，客観的な何の根拠も認められない．自然科学は経験的に先んじることで名を揚げてきた．預言を迷信として非難するほとんどの科学者のうち誰一人として，経験的に預言を吟味しようと努力していない．彼は多分2, 3の当たらなかった預言を知っている．彼は当たった預言にはたまにしか遭遇していないので，それを偶然の一致として分類をするのには何の努力も要しない．自然科学者の生活行動のなかで，彼の時間のどれだけの部分を考えるに値しない仮説の証明に捧げてよいのかという疑問は完全に正当なものである．しかしここで，真の預言があるという仮説は，まったく考えるに値しないという自明の前提がなされているのである．どうして考えるに値しないのか．物理学者は，それによって彼の世界観のなかでは預言が可能になりうるかもしれ

ないメカニズムを，誰も思い浮かべないからである．まさにここで預言の「形式的で事実的な」性質は解明できないものとなる．紀元前585年に小アジアで目視できる日食があったことは，因果的に回顧して計算することができる．しかし今日の世界情勢から因果的に，誰も当時クロイソスとキュロスのあいだで戦争が起こり，かつタレスという哲学者が日食を予測したことを計算して見せることはできない．すなわちこれらすべては伝来の記録だけから事実として知ることができるのである．いかにしてノストラダムスはフランス革命の起こった年を正確に，また水車小屋の男が彼には未知であった鉄道を予測できたのであろうか．この種の預言が可能であるならば，未来は少なくとも個々の断片においても，事実として確認されなければならない．これは物理学的にどのように行なわれるのだろうか．ところで，われわれの熟考すべきことは他でもない，今日の最良の物理学の彼方に何があるかという疑問である．そのために預言を吟味しないままで否認すべきではない．

　しかし私は預言を経験的に再検討する試みは何もしなかったし，またそれをしようとすることに深い嫌悪感を持っていることを告白する．おそらくここで，科学的拒否の道徳的正当性が現われる．われわれは未来を事実として知るべきなのか．われわれはそれに耐えうるだろうか．私はこのことを何度も政治との関連で述べてきたある逸話で説明しよう．1960年に，若い友人が私に次のように質問した．「君があんなに多く語っていた核戦争が君は本当に起こると思っているのか」と．深く考えず，私は躊躇なく答えた．「私はそんなことは知らない」．さらに躊躇なく「知る必要もない」と．それから私は深く考え込んだ．もし，実際に核戦争が起こらないことを確かに知っていたならば，それを防ごうとする努力は何もしなかったであろう，むしろ仕事にもっと精を出したであろうと．もしそれが起こることを確かに知っていたならば，もうこんな努力はしないで別の努力，例えば被害の拡大防止の努力をしたことであろう．ところで私は戦争を阻止する努力をすべきである．同様に，私はもし戦争がやって来たとしても，その被害の精確な様子や大きさは前もって知る必要はない．換言すれば，人間の行動は，それが何かを生ずるという前提のもとでのみ可能である．ところで，人間の行動はわれわれの意識が，少なくともわれわれの文化のなかではそうであるように，なおいろいろの可能性を含んでいるところの未来の開かれた地平線を必要とするのである．もちろんわれわれが責任をもって行動しようとするならば，できる

だけ正確に，この可能性とその限界に注目すべきである．未来についてのどんな冷静な因果的評価も，道徳的には正当化される，いや命ぜられているのだ．しかし未来についての事実的な知識は，われわれの本性がそうであるように，道徳的志向の意志を麻痺させるのである．簡単に言えば，預言の信仰を迷信と呼ぶことによって，物理学者はこの道徳を守っているのである．

　この道徳的反応がいかに正当なものであるかは，オカルトへの偏愛という背徳性を見る機会があるときにわかる．私は人生の岐路を預言に頼ろうとする試みが，頼ろうとした人に害を与えなかったということを思い出すことはできない．これは，また何度も預言を信じる神秘的で審美的な考えにおいてはよく知られていることである．神秘は当てにならない．クロイソスは585年の戦いの前にキュロスのペルシャの国との境界の河を渡るべきか否かをデルファイの神託にお伺いした．彼が貰った答えは「お前がハリス河を渡るとき，お前は大きな国を滅ぼすだろう」．彼はハリス河を渡り，自分の国を破滅させた．もちろんデルファイの神官たちは大変よく情報に通じていて，かなりよく政治的に考えることができたように思われる．それゆえに彼らの預言は，この場合十分因果的であって事実的ではなかった．しかし今日のノストラダムスの解説者は，ギリシャの神官よりももっとうまくやれるであろうか．

　私はこの事柄を詳しく研究してこなかったから，預言者が私の感覚に対してもつ事柄の基礎を，科学者を相手にして証明することはできない．預言は自発的に知覚として現われる．たいていの場合，魅惑的で大袈裟である．それ自身は素朴な知覚であるとともに魅惑的であり，誘惑し，戒め，休息させる．超感性的な知覚も例外ではないように見える．それは往々にして事前戒告である．それは知覚する者，あるいはこの者に托生している者――それが友人であれ，近親者であれ，患者であれ――にとって，生活上重要なものとして関わるものを知覚するのである．必要なものを真実とみる．道徳的に正当化されないものは，この領域に帰属する者の，不安で一杯の権力追求であり，また愛する神を札のなかで覗いて見て，自分を自己の運命の主人公たらしめようとする不遜な試みである．

　このような危険は未来が事実の隠されている集合として表わされるときには，ますます高まるのである．ここで第3の思考の近似に入ることとなる．われわれは物理学に立ち戻って，将来に「事実性のようなあるもの」を帰属

させる場合，それはどのように記述されるべきであるかを尋ねる．1番目の近似の目的については反論のところをもう一度評価してみよう．すなわち未来もまた事実であるとするならば，過去と未来の相違は一体何なのだろうか．

　さしあたり預言が存在するときも，現象としての相違は保たれたままである．すなわち，もろもろの預言は未来の「断片」を示し，この断片は実際に起きた後で初めて現実として解釈できるのである．したがって，これらの断片は，それらが未来のものであるあいだは，過去のばらばらの知識が1つにまとまっていて語り継がれる歴史のように結合しているのではない．用心深く量的に言うと，未来についてのわれわれの情報量は過去のものよりも，ずっとはるかに少ないままである．さらに未来については説明できないことの余地が広いので，未来の預言が解釈者にとってぴったり当たったかどうかということは，しばしば，解釈者の善意の問題にとどまるであろう．結局預言は，成功を大きく見せるために，破滅を引き起こすであろうといった道徳的な衝撃をあらかじめ言葉を通じて狙うことによって，預言そのものが的中することを不必要にするといった，預言者自身にも隠されている，預言の目的がありうるのだ．これについては，ヨナ書としてバイブルにある有名な話が取り上げている．預言的に見るという苦悩にとむ天性を持っていないか，または未発達なままで持っているにすぎないわれわれ，おそらくは出来事を因果的にもっともであるとすることができるときになって初めてその天性を信用するようなわれわれ，それゆえ，天分豊かな予見性を持ち，同時に知的な修練をつんだ1人の人間が自分自身の未来についての知識をどのようにして記述しなければならないのかを，われわれが述べようと試みるならば，おそらく次のように言わねばならないであろう．すなわち，彼は未来の事実を生きた像として見る．したがって，過去の記録された事実のようにではなくて，可能性として，しかも因果的な予想計算が明らかにするでもあろうよりも，はるかに大きい確率をもった可能性として見るのであると．さらに預言者たちは，それに対して歴史的な典拠がないような過去の事柄をしばしば詳細に語っている．

　預言者のこの現象学は時間の様相論理の2つの科学的に通用する様態，つまり，事実性と可能性とに，今日までのわれわれの科学では通用していないような第3の様態を付け加えることを示唆するものであり，この第3の様態は，おそらく通時的知覚可能性と呼ばれるであろう．こうして問題は，この

第13章　量子論の彼岸　　489

仮定が量子論からは生じないとしても、それでもこれは論理的に量子論と一致しうるかどうかということである。

　このような話の進め方で、われわれは、未来についての記録はないという立場を堅持することができるであろう。預言は、たとえその記録があるとしても、基本的には記録とは別のものである*³。そうすると、第4章からの不可逆性の理論を正しいものとして維持できる。ところで次にこの理論はすでに量子論のために主張してきたように、本質的には人間の知識の理論として理解されなければならない。われわれが、預言もまた可能な人間の知識でありうるものとして把握する用意があるならば、この命題をさらになお一層制限しなければならないであろう。不可逆性と量子論の理論は現代の西洋の科学文明の意味において、経験的で合理的な知識の統一理論となるであろう。この意味で経験とは記録を知ることであり、合理性とは可能性を概念的に考えうるということである。

　通時的知覚の可能性を一度真面目に取り上げたことのあるわれわれの科学的文明の仲間は、同時にやがてある科学的モデルを設計するという誘惑にとりつかれるであろう。それゆえ、それとともに、この種の知覚とそれが知覚するものとを——おそらくある範囲に制限されるが——、人間の知識の理論のなかへ包含することが問題となるでもあろう。そのためには、知識について高度の自己批判的把握が必要となるであろう。われわれは事実性と可能性とを科学的な経験の条件として認識してきた。求められている理論は、多分量子論が古典物理学の基本概念を超えていったように、これら2つの基本概念を超えていかなければならないであろう。

3. 過去の可能性

　われわれは量子論の自己批判 (13.1 a) に立ち返ろう。二重構えの見地に立ち、前述したように無知ということを前提とする。
　　1. 測定の不可逆性
　　2. 選立の分離可能性
測定の不可逆性はコペンハーゲン解釈の構成要素である (11.2 c)。われわれの再構成では、この不可逆性は過去の事実性として前提されている。選立の分離可能性が無知を意味するということは、われわれの再構成 (8.2 E; 8.3 b

1) において初めて主張された．対象の形式的な記述においては，測定の不可逆性は波束の収縮 (11.2 b) として説明されている．選立の分離可能性は，その状態空間のテンソル積を作ることによって内在的に関係づけられる．量子論の解釈の歴史において，波束の収縮は多くの研究者にとって困難な問題であった．選立の分離可能性については誰も基本的に反対しなかった．われわれはこれら 2 つの問題を別々に取り扱う．すなわち，不可逆性は本節で，分離可能性は次節にゆずる．本節では不可逆性を量子論の形式主義の内部で論じ，その際に分離可能性の内在的関係を利用する．次節では，分離可能性が，量子論の彼岸では修正されるべきであるかどうか，またどのように修正されるべきであるか問うことにする．不可逆性に関してはわれわれの叙述の不均一さを，ならしておかなければならない．

　われわれは，ボーアの意味での過程の個別性を，時間様態から独立な量子論の唯一の出発点として導入した (6.12; 7.2)．量子論のコペンハーゲン学派の解釈の枠組みのなかでは，測定によって中断された過程は，もはや同じ過程ではないことを意味している．これは事態をしっかり捉えた言葉であって——もう一度ボーアの言葉を用いると——作用量子の大きさが有限であるために，測定装置との相互作用は任意に小さくすることはできず，自然法則に従った下限をもっている．われわれの再構成では同じ結果が選立の有限性から導かれる．個別の過程は，量子力学ではシュレーディンガー方程式に従い，状態ベクトルの発展によって記述される．このように記述されながら，個別の過程は，ある測定から次の測定に到達する．この表現は 11.2 b – c のところで選ばれた．この表現の仕方においては ψ 関数は人間の知識の表現であってそれ以外のものではない．われわれは，この表現の仕方がなんら矛盾を引き起こすものでないことを，(8.5.1) では，「コペンハーゲン学派の黄金律」として特徴づけた．

　われわれは，波動の収縮に同意しない物理学者たちに与するものである．われわれは，(11.2 c β) での不可逆過程についての記述が，すでに暗黙のうちに，彼らが正しいと認めていたことを主張する．そこでわれわれが言ったように，「不可逆」過程は，次のような意味，すなわち，多数の事例の微視的状態が，以前の巨視的状態のものより，より多くの微視的状態をもち，それゆえ大きいエントロピーをもつという意味において客観的事実なのである．巨視的状態だけを知っている観測者にとっては，これは彼に利用できる情報

量の減少であって，それゆえ知識の喪失である．客観的な経過は微視的状態を知っている観測者には変わりがなく同じである．ところが，これを量子論的記述に翻訳して言えば，われわれのコペンハーゲン学派の立場においては，測定過程の正しい記述は，決してϕ関数が収縮しないとわれわれが仮定することによって損なわれることはありえないのである．それゆえ，収縮しないϕ関数の言語で測定を記述することが可能でなければならないであろう．そのために設定される思考課題は，私の知るかぎりでは，これまでの解釈論争では解決されていない．

　収縮しないϕ関数を用いた記述は，次いで測定装置と観測者と（その意識）を含めて量子力学的に記述されることを前提としている．これは原理的には――もちろん実用的ではないが――可能でなければならないことを11.2 d-e で要請した．問題はこの点にあるのではなくて，ϕ関数と，われわれの知っている唯一のもの，つまり事象そのものとの関係にあるのである．ϕ関数はふつうの意味では，事象の確率を提示するが，どの現象が起こるのかを決定するのではない．そのためにわれわれは，これを未来の様相の表現，可能性の表現として特徴づけたのである．

　さしあたり測定の量子論的記述は，この際何も変わらないことに注意されたい．測定の相互作用は，対象の測定装置からの分離可能性を放棄する．EPRの思考実験は，一度相互作用を行なった2つの対象から生じた対象は，2つの部分のあいだにもはや「物理的な」相互作用がずっと作用していないときでさえ，その個別性（ボーアの意味での）を保持していることを示している．いずれか一方の対象のその後の測定結果の不確定性はそのために除去されることはない．したがって，ただ双方の部分についてのある測定結果のあいだに，必然的な相関関係だけが作り出されるのである．

　エヴェレットはこれから，すべての可能な現象が現われ，二者択一の世界を建設するであろうという結論を引き出した．(11.3 h) でわれわれは彼の理論は1つの言葉遣いを変えるだけでわれわれの理論へ移行すると答えた．すなわち，現実の世界という代わりに可能な世界についてと言わなければならない．その答えのなかではわれわれは，彼の理論が少なくとも大略は講演で述べられているように，まさに不可逆性の単に近似的な性格のゆえに，完全には整合性が保たれていないというような議論をする必要はなかったのである．彼の「分かれ道」はその近似のために互いに接触したままであり，こ

の場合不可逆過程の再帰性の確率がゼロではないのである．

　われわれ自身の議論はエヴェレットの表現とは異なるものである．彼は量子論を啓示された真理のように取り扱っており，そして彼が量子論を読むとおりに，すなわち状態の収縮なしには，量子論は現象として現われえないので，われわれにとっては根本的に現象とはなりえないような，現象の集合（「世界」）の存在を要求するのである．しかし，量子論はできるかぎり整合性のある現象の記述と予言の探究とから結論されるのである．それゆえに，少なくとも原理的に自然現象のなかで実証されるところの量子論の意味が，どうしてもなければならない．さもなければ，歴史的には，100年足らず前に生まれた量子論を，正当な物理学としてはみなさないというほうを選ぶことになるであろう．いずれにしても，基本的に，経験的に，決定可能な選立に基づいているわれわれの構築においては，こうした結論は避けられないであろう．

　それゆえ，われわれの構築においては，収縮しない ψ 関数が何を意味するのかが問われることとなる．これについて私は1972年のトリエステ会議で講演したが（1973年出版），ここでその要点を報告しておこう．適当に再認識していただくために，この提案をトリエステ理論と呼ぶことを許していただきたい．

　トリエステ理論の中核が，意識の自己認識の理論であることは明らかであろう．われわれがここで述べた問題は，ψ 関数として定式化された可能性が，われわれが知っている事実に対して，またはわれわれが経験する事象に対してどのように関係するのかという問いかけにおいて生じてくるのである．したがってここでは，『時間と知識』のなかでの，事実性と省察についての詳細な論説を先取りすることを許していただきたい．次に過去の事象を，それゆえ事実性を可能性として，すなわち彼らにとって未来の知識の可能性として，どのように記述されうるのかが示される．これについて，『時間と知識』6.9.6の事実性と反省をフッサールの記憶の記述に結びつける．より正確には，把持の記憶，つまり次々に起こる出来事のなかでたったいま起こったものとして知られることの記憶の記述に結びつけるのである．われわれはその際，過去の事実についての知識の条件として客観的な記録という概念に関係することになる (4.3)．記憶もまた1つの「意識における記録」なのである．われわれは見掛け上，測り知れない多くの記憶とか記憶についての記憶等が

意識のなかにあるにちがいない，といった難問を議論する．われわれはこの難問をフッサールとともに，これらすべての反省のさまざまな段階が，さまざまな事実ではなくて，唯一の記録に基づいた反省のさまざまな可能性であるということに注目することによって解決するのである．「同じ現実の事態は，可能性の立場からは，非常に多くの過去の事実の記録なのである．過去の事実性は潜在性の形相である．それが過去についての将来的に可能な命題として理解されないならば，形式的に可能な完全な命題は理解されないであろう」．われわれが第4章で述べた簡単な例は，過去の事象に対する確率概念の応用である．「今晩雨が降ったのは確からしい」とは，「のちの検証の際に，今晩雨が実際に雨が降ったことは確からしいということがわかるであろう」ということである．

しかしながら，こうした考察は，馴染んできた表象の犠牲をわれわれに払わせずに済むものではなく，ただその方向は反対であるが，前節に優るとも劣ることがないほど徹底したものである．すなわち，事実性の根本概念の犠牲なのである．さしあたり，われわれはこのようにして成立する「事象の理論」を，いわば語られる童話のように筋道を立てて述べてみよう．

厳密な意味での事象は，現在の事象でありちょうどいま起こるものである．概念的な一般的理論としての量子論は，形式的に可能な事象だけを記述することができる．原理的にはつねに状態ベクトルによって，たとえその状態ベクトルが混合状態を表わすときでさえも，記述されうるのである．確率関数 $p(a,b)$ は，ちょうど a が起こり，b が環境との相互作用で可能になるという二重の条件のもとで b が起こるという確率を定義する．事実とは，この事実を記録する一連の事象の将来的な可能性である．

$p(a,b)$ の意味に対する前述の第2の条件は，相互作用があるときにのみ出来事が起こりうることを示している．厳密に孤立した対象は世界の一部分ではない，したがって事象にはならない．われわれが孤立した対象として理想化するものは，過去の相互作用と，その対象についての将来の測定の可能性とによって操作的に定義される．このように，この対象は事実であり，したがって状態ベクトルである．

少数の対象との相互作用の際に起こる事象は再び消えることがある．それゆえ事実となることはできない．状態ベクトルが可逆的に変化するかぎり，事象自体も可逆的であって再び取り消されうる．われわれは理論的にはその

事象について話すことはできるが，それを知ることはできない．事象に関係するすべての対象を集めてできる孤立した1つの対象に取りまとめることによって，これは記述される．換言すれば，前述に従って，この事象を「事象でないもの」とみなして事象は記述されるのである．

ところで，ある事象がそのエネルギーを多くの対象に分配している場合には，それが「再び消滅する」確率は非常に小さくなる．その場合にはこれを事実と呼ぶのである．

このようにして，ある事実が成立したとしても，その状態ベクトルの発展は1つのよく定義された事例に到達するのでなくて，互いに排他的な多くの事実についての確率分布に到達するのである．このことは抽象的な形式においてよく知られているとおりである．

われわれはそれを簡単にした1例をありありと思い出す*4．ある軽い対象物，例えばマッチ箱が高めのところにあるとする．シュテルン・ゲルラッハの実験で銀の原子をマッチ箱の方向に向かわせると，その原子がスピン $+\frac{1}{2}$（ある方向を z として）をもっていたときには左の方に，スピン $-\frac{1}{2}$ のときには右の方に曲がる．この双方の場合の確率は $\frac{1}{2}$ である．ある真新しいマッチ箱の単独の原子が右の方に曲がることが見いだされたときには，その原子がどこか他の左の方に曲がる確率は実際にゼロとなるのである．われわれはこう言うだけでよい．銀の原子がスピン $+\frac{1}{2}$ またはスピン $-\frac{1}{2}$ を受け取るという事象は現実に起こる．これはわれわれの「事象の理論」の言葉上での申し合わせである．この現象はマッチ箱の落下のために不可逆となる．マッチ箱との相互作用のために，銀原子の（飛び続ける）位相に関する知識は失われてしまうのである．マッチ箱との相互作用の後で，2つの原子線が再び集められると（磁場の不均一性を適当に選んで）非干渉的に重ね合わされる．マッチ箱がない場合には，銀原子の波動関数の2つの部分との相互作用に移るために，2つの放射線は干渉的に再結合しうるのである．干渉性の放射線の再統一後のスピン方向は，実験で決められた z‒方向に垂直な y‒方向と呼ぶ向きにも対応しうるのである．そうならば，スピンの z‒方向の向きの決定という事象は「消滅する」こととなる．このような相互作用のない場合には，「一定の環境のもとにある銀原子」という個別的な孤独な対象の波動関数は，シュレーディンガー方程式に従って摂動を受けることなく発展していくということができる．

もろもろの物体が相互作用をするときに，事象はヒルベルト空間の理論に従う確率で起こると言うことができる．原則的にはすべての事象は可逆的である．ある事象の逆行（終了）の最も簡単な種類は，それが相互作用をする相手がないときにはまったく起こらないということである．量子論者たちはこのような把握の仕方がぴったり合っているという表現の仕方をもっている．彼らは，ある状態とは仮想的には，それがそれらの重ね合わせで作られるようなすべての状態であると言っているのである．これらの状態はこの対象に起こりうる事象を表現している．「仮想的存在」または「仮想的出来事」という表現はこの事態を明瞭に表現している．多くの対象が関与している1個の事象には逆行の確率は非常に小さいものとなる．

　またこれは人間の意識に応用されてもよいであろう．ここでお伽噺を，われわれが知っていると思っていることへ，つまりわれわれ自身についてのわれわれの知識へ話を戻そう．さしあたり，3つの命題をさらに童話風に語ろう．ある人がある事象に関わった場合に，彼はそれが起こったと言うことができる．しかしこの意識過程は完全には不可逆ではない．たとえそれがわずかな確率であっても，彼が後で「起こっていなかった」と逆に戻す可能性を除外することはできない．ただデカルト的意識の存在論ではこういうことは不可能と見えるに相違ない．しかしそれは，「意識とは無意識的作用である」という命題が示す枠のなかで議論されうるのである*5．

　このウイリアム・ジェイムズの命題はニールス・ボーアを通じて私に伝わったものであるが，近代の意識哲学において前提とされている自己認識の不可能性を特徴づけており，それゆえにサルトル『存在と無（L'être et le néant)』のなかで書かれた命題「savoir c'est savoir qu'on sait」，すなわち「知ることは，人が知っているということを知ることである」の誤りを示している．このサルトルの命題は，サルトルも知っているように論理的に明瞭でない．このことは，試合で2つの組に分けられるのを見るとよくわかる．君が知っているということを私が知っているというのは，私が知っているということを君が知っているというのとは同じでない*6．

　そういうことは私自身の場合には起こりえないほど不明瞭な要請である．知識はさしあたって何かについての知識である．私が知っているかどうかと自問するときは，たいていの場合それは実は疑いの表現である．私が疑いを取り除いたと思うときは，私が多分その疑いを取り除くことができたか，取

り除くことができなかったか，または間違っていたのかのいずれかである．ヴィクトル・V. ワイツゼッカーは一度私に言ったことがある．すなわち「実際君は何を考えているのかと訊かれたとき，私がそれに答えれば，そのときすでに嘘をついているのだ」と．われわれは，この疑問に『時間と知識』の第 2 章で立ち入るであろう．われわれはその章で相対的な疑いがいつも可能であるが，しかし生きている人間は絶対的な懐疑のなかでは生きて行くことができないという結果に到達するであろう．物理学者が利用する知識の概念を，ここでは「物理学者たちの信仰」と呼ぶことにする．

　知識のこのような把握の仕方の背景を前にして，あの「童話」を解釈することは，さしあたりコペンハーゲン学派の黄金律のごく浅薄な一般化と思われるに違いない．われわれが知るために要求できる事象は事実であり，したがって過去の事象である．この事実を波動関数の収縮をもって推理するならば，この成果は第 4 章で古典的統計熱力学に対して見いだしたものと変わりはないであろう．波動関数の展開を，問題の事象 E の前に行ない，かつ，E が測定過程の多数の可能な決定の 1 つであるとすれば，「トリエステ理論」からは，E またはこれと競合する事象 E' が出現しなければならない．しかし，E が現われた場合には，その「再消滅」の確率は非常に小さかったことが導出されるのである．それゆえにわれわれは，測定装置の現在の読み取りから，4.3 の意味での記録を学び取り，その記録から E が現われたことを，再び大きい確率で推論できるのである．われわれがコペンハーゲン学派の法則に付け加えたものは，こうしたすべてを，絶対的な確実性をもってではないが，ただそれにふさわしい確率をもって主張するだけのことである．

　ところで，十分な確率で古典的に記述してよい過程に話を限るならば，トリエステ理論はこうした取るに足らぬ外観を示すのである．この理論の本来の言表は，量子論的な位相関係が，たとえわれわれがそれを知っていないとしても，不可逆過程を通じて保持され続けている——当然これが相互作用過程の量子論的記述の結果であるかぎりでのみ，個別の過程はすべての測定経過を通じてその個別性を維持していると主張してもよい——当然，測定装置と，場合によっては観測者とをいっしょに包括する対象全体における過程としてということである．その観測に基づいて，観測者が以前に用いていたのとは別の波動関数に移行したとしても，本質的にこの言表そのものに変わりはない．何となれば，まさしく 2 つの波動関数は測定から推論されたならば，

その新しい観測結果は古い波動関数に基づいてゼロでない確率を持っていたに相違ないからである．しかし，そうすると新しい波動関数は，古い波動関数を表わす線形結合において有限の振幅を持って現われたに違いないのである．古い波動関数で表わされる全対象の各部分のあいだの位相関係は，新しい波動関数でもまた表わされていなければならない．アインシュタイン，ポドルスキー，ローゼンの思考実験は，まさにこのための例である．すなわち，対象 B_2 での測定は，B_1 についての測定がどのような予見可能な結果を提供するであろうかということの決定なのである．トリエステ理論は，アインシュタインにはその実験の解析において，ボーアにはその解釈において，それぞれに正当性を与えるためには，どの程度まで事実の概念を解き明かさなければならないかということを公表するための，それなりの試みなのである．

4. 包括的な現在

前の2つの節は互いにいわば鏡像関係にある．未来の事実性の命題は——仮定的に——未来を過去の通常の形式において記述する．過去の可能性についての命題は，あるいはわれわれも言うことができるように，事象の様相についての命題は——概念分析的に——過去をも未来の量子論的な把握において表わすのである．その際，両命題は現在をいわば議論の余地がないものとして前提し，むしろその意味を相対化する．すなわちそのつどの現在は，実数の「時間軸」上の点であって，そうしてちょうど過去と未来が原則的に同種的に記述される場合には，これらの点の位置は重要でないものとして現われるのである．

ところで時間の綿密な現象論の意味において，2つの見解のどちらも，相手の素朴な前提を批判するかもしれない．現象の様態は，概念分析的に事実の概念の「現実的な」自明さを奪い去る．すると，非因果的に予定されている未来についての考えうる知識も，また単純に事実の総体として記述してはいけないこととなる．第2節では，この考えうる第3の近似において，すでにこの方向に向かって1歩を踏み出したのである．そうすると，そこではもはや現在は単純に事実的なものではない．しかし未来の「事実性」は，おそらくある仕方でそこにあるということを仮定的に明らかにする．すると，現在は1つの時間点であるよりは，さらに多くの時間点を包括するかもしれな

いのである．

　量子論の構築に際しては，実数の時間パラメーターは，量子論の立場から見ると，論理的でないのではないかという疑問に何度も遭遇した．時間が測定可能なのであれば，それには演算子が対応していなければならないだろう．いまやわれわれは一体何によって現在の点としての表象が，われわれの量子論の解釈の枠組みのなかで，基礎づけられうるのかという逆向きの疑問を提出してみる．すると，この基礎づけの限界はおのずから明らかとなるであろう．

　われわれは現在命題の論理学 (2,3)，特に含意に関する同一律 $p \rightarrow p$ を証明する対話図式のことを思い出す．時間点を印づけない p に対する理解としては，例えば「月が出る」というときは，p を対話の続く時間間隔全体に関係させることによって，かつ，出来事の連続性よりも一層厳密に理解されうる「自然の恒常性」を前提することによってのみ，一般に $p \rightarrow p$ は弁護される．そうすると提出された言表に妥当する現在は，必然的に短いとしても，多分任意に短い時間間隔である．しかし p のなかにある客観的に特定の時間点を指定すると，例えば「63 年 6 月 28 日の夜の 10 時に月が出る」と言うならば，それが確証されるときには，この言表はすでに完全な言表なのである．ある現象の厳密な時間点はそれ自体事実である．われわれは事実が不可逆性を前提としていることを確信した．それゆえ，点としての現在の把握は，不可逆性の枠組みのなかでのみ解釈されうる．しかしこれは点としての現在の概念についての，2 つの限界を明らかにする．1 つには，短い時間間隔を一点の限界にまで移行させるようなことは遂行されえないこと．不可逆過程は有限多数の分割された対象を含んでいるために，たとえ短くとも有限の長さの時間間隔を確定することを許している（量子論的には，これは時間とエネルギーとのあいだの不確定性関係から導かれるが，時間演算子が存在するということではなく，関数の広がりとそのフーリエ成分の波数との関係を前提するものである）．2 つには，絶対的な不可逆性を主観的な無知の表現として特徴づけたこと．事象の様相の意味で，時間を時間点の集積としての直線として記述することはまったく根拠がないのである．

　相対論的量子論では，位置と時間座標はオブザーバブルではなく，対称群の群パラメーターであって，われわれの最初の構築では均質な空間の座標である．それにもかかわらず時間と位置座標は測定可能とみなされる．位置オブ

ザーバブルは最初に粒子に帰属する．すなわちそれは対象の性質を特徴づける．空間時間座標は古典的に事象の特徴を指し示す（「事象」の用語については 8.5.1 参照）．それゆえ相互作用に対しては時間オブザーバブルが存在すべきであろう．しかしわれわれの相互作用理論は局所的でなく，また一般に粒子の同一性が保存されない．ある事象の点状の時空的局所化は，エネルギーが高ければ高いほど，活動に参加する仮想的な対象が多ければ多いほど，それだけ近似が良くなる．実際，まさにその場合，不可逆過程としての現象の記述はより正確に可能となるであろう．

このために実数の時間座標から出発する量子論の再構成は，厳密には意味論的に整合的でありえない．実際には，この欠陥は分離された対象，ないし選立の分離可能性という仮定の欠陥と同じものとみなしてよいであろう．選立の分離可能性は，現実性についての概念的記述の前提のように思われた．われわれの考え方が正しかったならば，われわれの概念的思考が超えることのできないような限界が示されたことになる．ところで，われわれはこの限界を，次のように特徴づけた，すなわち，限界の向こう側にあるかもしれないものについて，現在の科学者に通じる言葉で語った証として特徴づけているのである．これはすでにヘーゲルによって詳論された「知識の限界」[*7] という概念の弁証法である．したがって，思想的には，その弁証法を超えるときにのみ述べることができるのである．

さしあたり，われわれはやはり現在利用できる物理的知識の内部でこれを問題にしてみたい．選立の分離可能性にはどれだけの解釈論的整合性があるのだろうか．これを導入した際に，これが近似にすぎないことをすでに指示しておいた（8.2E; 8.3b1）．ちょうど第 3 節では，われわれはさらに相互作用が事象を可能にすると言った．選立の決定はつねに真実の残りの部分からこの選立を分離させる．とはいえ，最初に疑問となるのは，どうしてこの分離の近似がそんなによいのかということでなければならない．

物理学の範囲内では，次のように答えることができる．すなわち空間は実際には空虚である．10.6 d で与えた評価を見てみよう．体積 $V=N\lambda^3$ の宇宙空間に $N^{2/3}$ 個の粒子があり，その各々は $V=\lambda^3$ の体積を占めている．宇宙空間の部分 $N^{-1/3} \approx 10^{-40}$ に物質が満たされていて，その他は空虚である．そのために空間には，漸近的に自由な粒子がある．これが漸近的に分離された選立の意味である．

分離可能な選立の近似では、われわれは量子論を実数の時間軸によって、点状の現在という架空によって構築することができた．しかし事象は相互作用によって存在する．したがって事象についての知識は、そのつど新しい事象であり、再度の相互作用である．固有の事象は無際限の省察であり、相互作用にとって開かれた世界のなかにのみある．この開放性は空間だけでなく、時間をも包括する．そこで、固有の事象は包括的な現在のなかに存在するという定式をあえて考えてみてもよいであろう．

　「包括的な現在」とは、現象論的に何を意味するのであろうか．それは確かに時間が離散的な時間点、または時間間隔に分解することではない．おそらくこのような離散的固有値をもつ時間演算子はないであろう．包括的な現在の現象を表わす例としては、メロディーが役立つかもしれない．その個々の音がメロディーではなく、それは意識のなかで持ち合わせている完全な連続なのだ．包括的な現在は、太古以来の時間間隔で充満している「すべての」事象を包括している．包括的な現在には連続性があり、すでに消音したものの現存と期待されるものの先例があり、そしてこの先取りしたものについての幻滅は、個々の過程の解消であり崩壊である．物理学者はこの現象を「単に主観的」として記述する傾向がある．それは実際に意識の成果であって、おそらく頭脳のなかの規則的過程として表わすことができる．われわれの提言は、実在性自身は点状の事象に分解されたものではなく、まさに過程の個別性の意味において、現象的な包括的な現在の範例に従って客観的に記述されるべきであろうということである．すると、われわれの物理的装置が、メロディーを聴くという機能を果たすことは、主観的であるばかりでなく、その能力は、客観的な物理過程の構造のなかで基礎づけられるであろう．1個の対象における個々の過程は、そのつど他の対象との相互作用によって中断される．しかし、この相互作用そのものが、再び全対象の個別過程である．もし全世界を一括して記述に引き込むことができるならば、その歴史は、すべてを包括した現在における、唯一の個別過程として示されるであろう．

　こうした記述に従うと、個別過程の概念がどの程度まで時間様態と無関係であるかを述べることができる．ある対象における個別過程は、その対象においては可能ではない、そのつどの相互作用によって定められる一連の事象を含んでいる．この対象にとっては、事象のあいだには時間的系列はなく、同じ包括された現在にある．時間様態は相互作用によって構成される．過去

の事実性とは，対象における過去の事象が他の対象への作用のなかに保存される，それゆえ，過去の可能性という意味では，世界のなかで今日可能な事象への過去の作用によって，すなわち記録によって保存されていることを意味するのである．未来の開放性とは，この対象から，他の対象との相互作用によってどのような事象が起きるか推測できないことを意味している．未来の事実性とは，全世界の出来事の個別過程が，予言に算入されうる場合には，論理的に除外されるものではない．

　世界の出来事のこのような像は，量子論の形式の中に可能性として包括されているにすぎない．状態空間をますます多くの対象に拡大することは，予言の量子論的不確定性を廃棄するものではない．われわれの再構成が量子論の成果の基礎を正しく記述しているのであれば，これ以外の何も期待すべきではない．われわれは選立の分離性から出発した．多くの対象を1つの全対象に統合することは，分離可能性の原理を放棄することではなく，分離可能と見られている選立を拡大するにすぎない．この再構成の内部では，過程の個別性は運動学の要請によって記述されている (8.3b3)．すなわち，摂動のない過程は，状態を定義する確率関係を不変に保っている．われわれは分離可能性を原理的に仮定する要請から出発する場合には，分離可能性が非常によい近似であることがどのようにして証明されるのかを見てきた．すなわち，前提そのものが整合的であるよい近似であることを知るのである．しかし現実は，厳密には分離可能ではない．局所的な事象は近似的にのみ実在的として記述される．世界の真の進行は空間的にも時間的にも局所的ではないのかもしれない．

　こういう考えを，言語概念的にわかるように，否定的な形で表現することができる．すなわち，われわれに利用可能な物理学はこれを記述しないのであると．

5. 物理学の彼岸

　この世界を包括的な現在において理解するために，われわれの物理学を超えてさらに考えることができるであろうか．2つの選立を重ね合わせることによって，分類されうるでもあろういくつかのさらなる道が考えられる．

　　A：有限の知識と無限の知識，

B：概念的認識と非概念的認識．
　識別Aは形而上学の伝統に由来する．人間は有限的存在者である．その知識と力能には限界がある．われわれの知らない，おそらく決して知ることのできないものがたくさんある．これに反してわれわれは無限の[*8]知識，すべての知りうるものを包括する無限の神的な主体を考えることができる．その際，神的な知能は，おそらく人間の知能がなしうるすべてのものを，比較できないほど立派になし遂げるということが前提されている．この選立から出発するならば，明らかに2つの道を選ぶことができる．神的な知能の存在を受け入れうるか，それとも無視しうるかのいずれかであり，後者の場合には，神的知性の存在を未解決とみなすか，あるいは直接に否認するかのいずれかであろう．
　無限の知識の表象を無視する者は，現実的な態度を持ち続けることができる．われわれはいくつかのことは知っているが他のことは知らない．両者の境界は時間が経つとともに変化する．これ以上のことは何も言うことができない．一定のパラダイムに従う通常科学においては，このような立場はふつうであり，また成果もある．しかし，科学革命や，見事にまとまった理論を生むことはない．既成のものの持つ矛盾に保守主義者が悩むことを妨げている．それゆえに，根本的に考える科学者たちは，少なくとも発見的な仮説として，われわれに未知のものが，全知の精神にはどのように現われるであろうかという疑問をしばしば提起している．もちろんそれに対するモデルとして，彼らの有限な，特にその時代に自由に扱うことが可能な知識という装置を持っているにすぎない．人間の知識から量的に異なる方法論的な虚構が提出されるわけである．このような虚構が例えば宇宙のψ関数の考えである．解明されていない基本的疑問を詳らかにするためには，事象の様相についてのわれわれの分析は，その代わりに量的な増加ではなくて，量子論的知識の概念的な解明を提示すべきである．全知の精神はどのように様相を考えるのであろうか．全知の精神には開かれた未来があるのだろうか．それとも，古典的形而上学がかつて考えたような，すべてを包括する現在，つまり遍ねき現在（オムニプレゼント）なるものがあるのだろうか．
　そう自問する前に，識別Bを調べなければならない．ここでわれわれは概念的思考の完全な理論を展開することはできない（これについては『時間と知識』）．論理の生物学的予備段階という表題のもとに，概念的な考察を生

命の一層包括的な認識形式における特別の成果として組み入れた．知覚は術語的であり，知覚と判断は一般に激情的であって，たいてい情緒は可能性のある取引と関係している．論理学で前提される実然的命題は，真か偽でありうるかということであるが，文化的所産なのである．したがって，論理学で記述された形式においては，この命題自身は論理学の所産である．そのうえ科学的な直感でさえも，科学者自身がたいてい完全には概念的に言明できないという構造に反映されている．それゆえ，われわれの概念的知識を凌駕する認識が，本質的に概念的でない形態を持っていることは，十分に考えられうることである．それゆえ，本章第2節で，仮説的に通時的知覚について述べたのである．発見的な表象においては，超人間的知識には，それゆえにおそらく概念的なものに制限されない形式を与えるべきであろう．すでに人間的理性（古典的なドイツ哲学の表現である．概念的に働く悟性とは別のものである）に対しては，全体の知覚という慣用語が考えられている．

　われわれが量子論を再構成し解釈してきたように，量子論と現実性とは，われわれによく通じる言葉で言えば，精神的として記述しなければならない非空間的な個別過程であるという点において完全に一致するのである．われわれの個人的な意識が，包括された精神のたった1個の現象の方式にすぎないというのは古い伝統的考え方である．これについては最後の章で立ち返るであろう．

　あえてこのような見方をするならば，それでもって物理学がまちがっていることを証明したのでも，または「克服」したのでもない．むしろわれわれは物理学者として，議論の筋道を辿り直さざるをえなかったのである．われわれは疑う余地のない物理学の成果から出発し，物理学の彼岸に存在するかもしれないものを問うてみた．今後は，包括的な精神の現実性から出発して，どうして物理学がこうも稔り豊かなのかと自問しなければならない．それとともに以前とは別の立場において円環行程に入るだけである．われわれは経験的にみずからが有限の知識を持つ生物であることを知っている．またこのことが一層深い「無限の」現実性の表面にすぎないことを知るかもしれないし，あるいは信じるかもしれない．しかし，有限の存立者としてのわれわれの出現とともに，現実性を有限の知識のなかで，有限の選立をもって自由に行動できる規則が定められているのである．今までのところでは，そう見えるのであるがこれが量子論の法則である．啓蒙の真の成果は，われわれを物

理学の彼岸へ導く途中では，放棄されはしないのである．合理的な議論の正真正銘の基準は，慎重に取り扱われなければならない．

第14章
哲学者の言葉で

1. 概要

　本章では物理学の構築にすでに含まれていた哲学を事後的に素描する．
　哲学の事後性はすでに1つの哲学的プログラムである．哲学はその古典的伝統において基礎学であると理解されていた．ここで基礎学とは，内容的には存在論，そしてまた例えば倫理学であり，方法的には論理学および認識論であった．他の学問は久しく前から事実上もはやこのような主張を承認していない．しかしこの不信は哲学の真の地位を貶めるものであろう．知識の階層構造を得ることができると考えたことは，歴史的にほとんど不可避な，古典哲学の誤った自己理解にすぎず，特殊な哲学的誤謬にすぎなかった．ギリシャ哲学は数学の演繹的形態と同時に，またそれと相互作用しつつ成立した．そこで哲学もまた1つの演繹的な学問でありえて，まさにそのようなものとして他の学問の基礎でありうる，という期待が生まれたのである．実際にはしかし，哲学に特有の手続きは，君は自分が行なっていることをほんとうに知っているのか，いま言ったことをほんとうに理解しているのか，というソクラテス的な問い直し（Rückfrage）である．その場合でも，この問い直しによって演繹的構築の揺るぎない基礎にまで達することが哲学者の夢となった．しかしこの夢がこれまでの歴史においてかなえられることはなかった．
　物理学の構築にすでに含まれていた哲学を素描しようという意図が意味するのは，われわれ自身の作業が含むソクラテス的な問い直しに他ならない．われわれは例えば5.8で哲学の道を「円環行程」として描いた．そこで問題にしたのは，時間の論理学から物理学へ，物理学から生命の進化へ，生命の認識形態性から論理学の前提へという「大きな」円環であった．しかしわれわれの構築の各段階にも「小さな」円環，個別的な問い直しがある．すなわ

ち，物理学は経験に基づき，経験は時間のうちで生じるが，時間については物理学でどのように語るのか．また，量子論は確率的予測を行なうが，確率をどのように定義するのか．われわれの構築が含むこのソクラテス的要素の構造と内容を浮き彫りにすることが，今の目標である．

　この章の構成は，理論哲学を論理学，自然学（物理学），形而上学に分けるアリストテレスの分類をよりどころにする．

　論理学の代わりにわれわれは「科学論」と言う．それは科学の方法を問題にする．

　自然学はアリストテレスにおいては動かされるものについての学，より正確にはみずからのうちに運動の始原を持つものについての学であった．物理学の構築に際してわれわれは時間から，したがって運動の媒体から出発する．物理学はわれわれの場合でもアリストテレスの場合でも，あらゆる経験科学の基礎を包括する．

　形而上学は古来の伝承によればアリストテレス著作集のなかで自然学に関する著作の後に来る著作の名称である．そのかぎりその名称は哲学の事後性をうまく表わしている．われわれはここではその名称をこの非常に一般的な意味で用い，西欧形而上学の特定のテーゼを主張する義務を負わない．

2. 科学論

　20世紀の科学論は意識的に事後的である哲学として理解することができる．信頼できる知識という要求はかつて哲学を鼓舞したものであるが，これをかなえたのは実証科学だけであった．科学論はどうして実証科学にそれが可能であったのかを問う．

　したがって科学論は科学を歴史的事実として前提にしている．科学は2つの大きなグループに分かれるように見える．すなわち，純粋な構造科学つまり数学および論理学と，物理学と天文学からさまざまな生物科学を経て社会学と心理学にまで及ぶ経験的な実在科学である．すでにこの問題設定の特徴となっているのは，そこには解釈をこととする精神科学の占める正当な位置がないということである（これについては「量子論の彼岸」13.1bを見よ）．

　ところで科学の知識は何を支えにしているのか．実在科学は実在を支えにし，これを経験を通じて知る．構造科学は実在や経験を必要としないように

見え，ア・プリオリ（先験的）な構造を認識する．しかし論理学を欠く実在科学や，厳密なものとなるときに数学を欠く実在科学は存在しないように見える．普遍的な自然法則は本質的に数学的なのである．知識のこれら3つの基礎のいずれに重きを置くかによって，科学論の学派をごく大ざっぱに経験論，実在論，先験主義の3つに分けることができる．われわれの構築はこの3つの考え方すべての要素を含んでおり，いずれか1つだけを採るということはない．ここではその構築の体系的な構想をたどるのであり，一般に行なわれているそういった考え方に対してこの構築が持つ関係について語るのはただ説明のためだけである．

　物理学が経験から始まるとするわれわれの出発点は，今日みられるような形でのこれら3学派のすべてがとっている出発点と共通する．カントの先験主義もここから出発するが，もちろんすぐ続けて，「われわれの認識はすべて経験から始まるが，それだからといってすべての認識が経験から生じるわけではない」（『純粋理性批判』B 1）と言う．それに反して経験論は他ならぬ科学の確実性を経験に基づけようとした．われわれは，つねに不完全なこれまでの経験からは普遍法則が論理的に帰結しえないことを確認するので，プラトン，ヒューム，カント，ポパーに従う．普遍的自然法則がわれわれに経験的に知られていない未来にもつねに適用されるものでもあることを強調するときには，われわれは特にヒュームに従う．それでは自然法則に対するわれわれの確信は何に基づきうるのか，という問いに対してわれわれは，これまでプログラムとして書かれることのなかった道を選ぶ．この道は，互いに対立する伝統的な2つの態度を，どちらからも学ぶことによって避けるものである．2つを実際的態度と絶対的態度と呼ぶことができる．

　実際的態度はつねに繰り返される経験科学の成功だけで満足し，この成功をもさらに説明しようとするのは余計な，不遜なことであると考える．これは大部分の自然科学者がとっている態度である．絶対的態度は揺るぎない1つの基礎，したがって，それ以上の修正を確実に必要としない知識を求める．われわれは今の構築において絶対的態度をとらない．われわれは科学を，完結していない1つの歴史のなかの一過程とみるのである．われわれは，われわれの述べている根本的知識を「物理学者の信念」と呼ぶ（13.3．これについては『時間と知識』2.4を参照）．しかしわれわれの確信するところでは，実際的態度をとって成功の説明を断念すると，まさに最も興味深い，また科学

的に最も実り多い問いが消えてしまうのである．

この経緯を説明するために，まず絶対的態度に対する批判を述べる．絶対的態度は科学論の3つの立場が少なくともはじめのうちは共通にとっていたものである．3つの立場はすべて，まだ十分整合的に「事後的な」哲学ではなかった．確かにどの立場も科学という歴史的事実を前提していた．しかしどの立場も，次々とあげられていく科学の内容的な成果にもはや依存しないような，科学の成功の根拠を示すことができると考えたのである．先験主義はこのことをプログラム的に言い表わした．カントにおいて「ア・プリオリ」という常套句は確かに歴史的な順序を指すものではないが，しかし基礎づけの順序を指すのである．実在論は自分自身の絶対的態度を完全に明瞭に認識していたというわけではなかった．実在論は古典物理学のある種の先入見を科学の成果と解釈し，その成果に忠実であり続けようとした．それゆえに実在論は，違った成果を示す量子論に手を焼くことになる．ここで何よりも経験論の絶対的態度がわれわれに関係してくる．経験論は経験を探究する．しかし経験論は，経験が何であるかは多かれ少なかれア・プリオリに，例えば感覚知覚から「帰納」論理で推論して，知られると考える．けれども整合的な経験論であれば，経験とは何であるかをまず経験から学んでいなくてはならないであろう．この点に最も大きな関連を持つのは動物行動学による経験の生得形式の発見である（Lorenz 1941）．科学的経験にとっては，これを究明する最も実り多い領域は科学史である．

ここで Th. クーンは通常科学と革命を区別して重要な前進を果たした．もちろんすでにハイゼンベルクが決定的な構造をさらに限定的に，そしてさらに正確に，完結した理論という概念で言い表わしていた．そうすると，内容的に進歩する科学の科学論に対する関係は——あるいは，さらに原理的に言えば，哲学に対する関係も同様に——以下のように述べることができる．通常科学の段階では内容的な進歩にとって哲学はなくてよい．いやそれどころか，哲学は妨げになる．通常科学はその実際的態度のゆえに成功する．通常科学が迅速に進歩するのは，それが自分自身の成功の根拠を問おうとすることにかかずらわぬからである．それに対して，大きな革命はまさにこの根拠を問うことから起きる．大きな革命において哲学は不可欠であり科学と哲学は分離できない．通常科学だけを，あるいはせいぜい，もはや危険を冒さない過去の革命だけを記述する科学論は，それ自身1つの通常科学である．

それは次の科学革命で時代遅れとなる運命にある．

　実際的態度からは消え去る実り多い問いは，どのようにして科学革命が起きるのかという問いである．この問いにとって生物の進化との比較が示唆に富む．コンラート・ローレンツの言によれば*¹，進化において「電光」つまり電撃的な壊滅が起きている．それは古いほうの構造を壊滅して新たな複合的構造を作り，新たな構造はまさにそれゆえに機能の新しい単純性をも高次の統合段階で完成する．過去の構造から新たな段階は予言できない．そのことは科学においてもみられ，大きな革命でも多くの個別的な発見でも起きている．それゆえに，科学において哲学的に最も重要なものは，至るところでつねに適用可能な方法ではなく，科学の一度かぎりの内容的な問題と成果である．

　われわれの構築は，完結した理論はどのようにして可能であるのかという問いから出発する．ここでもわれわれは直ちに個別的な事柄に立ち入る．われわれの推測によれば，完結した理論は，理論の系列で後に来るものほどその普遍性が増すから，それだけやすく原理的な説明ができるようになる．そこでわれわれは特に量子論に着目する．われわれの推測では今日，ある科学論を判定する最良の基準は，それが量子論を理解可能なものにできるかどうかということである．

　この問いは，いかにして経験一般が可能かというカントの問いと同じ認識論的構造を持っている．理論に関するわれわれの了解の枠内では，2つの問いは内容的にもほとんど同じ意味である．カントの意味での経験は概念的に言表可能な経験である．われわれがすでに知ったように，科学の概念はある完結した理論の枠内で初めて正確な意味を得る．「理論があって初めて何が測定可能であるかが決まる」とアインシュタインはハイゼンベルクに言った．そのうえ，1つの理論のなかではまさに概念が測定の意味を決めるのである．もちろんわれわれは理論の生成を考察しなければならない．理論にはつねに何らかの先行了解があり，理論はまずその枠内で定式化される．パラダイムというクーンのより柔軟な概念はここにあてはまる．理論が「意味論的に整合的である」とみなされうるかぎりにおいてのみ，理論自身が経験における概念の意味を定めるのである．しかしそうすると，この意味において，経験の可能性の根拠を問うカントの問いは，およそこれに答えようとすることができるかぎり，いつか得られる最終的な理論の可能性の根拠を問うわれわれ

の問いに他ならない．

　この2つの問いの意味が等しいことから，物理学の成功の根拠の問いにもまた，1つの答えが見いだされるという希望が出てくる．量子論の基礎仮定は数学の素養のある読者に対してなら1ページで定式化することができる．しかしその妥当領域は今日われわれの知るかぎり，限界を持たない．このことはカントの意味で次のように説明されるであろう．すなわち，量子論は，もっぱら経験一般が持っている可能性の条件を抽象的な普遍性をもって言い表わしているからこそ，経験において普遍的に妥当するのである，と．

　ところでこのような推測は1つの検査を誘発する．この推測が正しいのであれば，あるいはそのときにかぎり，直接に経験一般の前提条件を定式化することによって量子論を概念的に再構成することが可能でなければならないであろう．もちろん，量子論を知る前にすでに利用可能であるような，経験についての了解をそのときに用いるならば，そういった前提条件を正しく定式化することは難しいであろう．量子論の再構成に必要なようにその先行了解を定式化するためには，おそらく量子論の意味論的整合性を用いなければならないであろう（それが得られるかぎり）．したがってこの再構成もまた，整合性を内在的に証明するという性格をもつであろう．しかしその再構成は専門外の，しかし現代の，人々にも理解できる言語で定式化できなければならないであろう．

　通常の形で定式化される量子論の核となる概念は確率の概念であろう．確率は物理学で予測的な意味を持っている．物理学は経験に基づくが，経験とは未来について過去から学んできたということである．それゆえ経験の可能性の条件の頂点にくるのは，現在，過去，未来という様態を持つ時間そのものの構造である．

　こうしてわれわれは物理学の構築の出発点に来た．

3. 物理学

　われわれは物理学を経験的に決定可能な選立についての普遍的理論として構築する．普遍的理論という概念において「普遍的」という述語は，普遍判断という論理学の概念におけるそれよりも，はるかに広い範囲に及ぶ意味を持っている．普遍判断はその論理形式によって特徴づけられる．最も簡単な

場合,「人間はすべて死すべきものである」,「すべての S は P である」のように,1つの述語が,ある与えられた概念に属するすべての対象に付与される.判断の普遍性が保たれるのは,選ばれた主語概念 S (例えば「人間」) に属する対象が存在するときだけである.しかし,完結した理論という意味での普遍的理論のほうはみずからの概念そのものを規定する.そのような理論の数学的表現形式のいくつかは 6.3 で考察した.例えば微分方程式は可能な解のすべてから成る集合を確定する.具体的量子論のプログラムは,原理的に可能な,経験的に決定できるすべての選立を分類することである.

われわれが「原理的に」という言い方で何を意味しようとしているのかを,いくつかの例と反例によって説明したい.化学の化合という単なる概念が,どんな化合物が存在しうるのかを確定するのではない.動物の種という単なる概念が,どんな動物が存在しうるのかを確定するのではない.それに反し,集合と数という概念と論理的操作は,おそらくこれまでに研究されたすべての数学的構造を確定するであろう.そのようにして定義できる「原理的に」可能なすべての数学的構造の集合は無限集合であることがわかる.今日,化学の全体が量子論を満足すること,したがっておよそ可能な化学の化合物がすべてシュレーディンガー方程式の解であることは疑われていない.そこで量子論は「原理的に」すべての化合物を確定するのである.もっとも,化合物を知るには,いかに大がかりなコンピュータ・プログラムを用いようと,それよりも経験によるほうがはるかに容易であるが.もし物理主義が正しいのであれば,原生林のホエザルの家族もまた「原理的に」はシュレーディンガー方程式の解である.もっとも,誰も計算によってその家族をこの方程式から導こうとはしないであろう.

物理学のこの構想の普遍性をアリストテレスの構想の普遍性と比較するのが有益かもしれない (12.1 を見よ).アリストテレスによると,自然学は運動の始まりをみずからのうちに持つすべてのものについての原理的な学である.「始まり」あるいは上述の「始原」は »archē« をそのまま訳したものである.この語は学術語としてラテン語には »causa«,ドイツ語には「Ursache (原因)」と訳される.「運動」はギリシャ語で »kinēsis« と言い,これは位置変化 (phora) だけでなく,発生と消滅を含むあらゆる変化を意味する.「1つの」始まりを挙げよう.アリストテレスは「さまざまな始まり (archai)」を,質料,形相,運動の始原,運動の目的 (telos) の4つに分ける.1つの事物

が存在しうるためには4つの始まりがすべていっしょに作用しなければならない．運動の始原，それゆえ運動を始めさせる物あるいは出来事，すなわち「作用因（causa efficiens）」から，近代の因果性の概念が成立したのである．

　アリストテレス自然学の構造は生物を例にとれば最も容易に知られる．例えばオークの木を考えよう．その質料は木材であり，その形相はオークの木である．その運動は成長である．成長というこの運動の始原は果実であり，その運動の目的はオークの木になることである．「オークの木」という形相は永遠なものであり，つねにさまざまなオークの木々のなかに存在している．そこで目的はその木のなかにある．これがすなわち en-tel-echeia，エンテレキー（Entelechie），つまり「みずからのうちに目的を持つこと」である．生命のないものの自然学についても同様である．落下する山の岩片を考えよう．その質料は石，その形相は岩片，運動の始原はそれをはがした雨であり，運動の目的はすべての重いものの自然的場所，すなわち下方の，地球の中心にできるだけ近い所である．あるいはアレース（火星）という惑星をとろう．その質料は火に似た精神的実体，その形相は光る天体，運動の始原は昔から永遠なその持続，運動の目的は神である不動の動者の完全性に永遠に近づくことである．自然学の相関者は技術である．技術とは運動の始原を自分自身の外部，すなわち人間の思考と行為に持つ，動かされるものについての学術である．靴をとろう．その質料は革，その形相は靴，その運動は製作されること，製作という運動の始原は靴を作る人，その目的は足に履かれることである．人間の心はもろもろの原因を知っていて，それらを適用することができる．人間の心自身は人間の形相である．

　これは自然を統一する1つの構想である．世界は有限である．中心に静止地球があり，そのまわりに大気と同心天球がある．恒星球の外側に空間はない．なぜなら空間という抽象的な概念はこの哲学に存在せず，位置は物体の関係によって定義されるからである．地球の運動はすべて結局は天体の運動，とりわけ太陽の日周運動と年周運動によって起きている．円運動は，自己のうちに還帰するので永遠でありうるから，最も完全な運動である．そこで天体の運動は不動の動者に対する永遠の憧れによって生み出される．すべての運動は永遠であり，世界は永遠に自己自身に等しい．

　この構想は現象をよりどころにしている．それは当時知られていた目に見える現象に一致する．しかしそれは目に見える現象を素朴に転写したもので

はない．それとは別の思想がつとに知られていた．原子論者たちは，運動を空虚で無限な空間のなかでの原子の衝突に還元した．神話は永遠な世界をまったく知らず，天と地の始まりと，ゼウスの支配のありうる終わりとを知っていた．ピタゴラス学派は中心の火を回る地球の運動という仮説を持っていた．アリストテレスからわずか100年後にアリスタルコスは太陽中心の体系を立てた．アリストテレスの構想が下す断定はことごとく厳密な思考可能性の要求に基づくものである．宇宙が始まりを持つとすれば，宇宙が生まれる運動はどこから生じるのであろうか．創造者は何ら説明にならない．なぜならその創造者はどこから来るのであろうか．空虚なものは思考可能でない．空間はただ存在者の関係としてのみ「ある」．無限な拡がりは記述可能でなく，記述可能なものの説明にとって余計なものである．慣性法則がなかったので，どうして地球がその上の対象に対して感知できる影響を及ぼさない速い回転をするのかは，物理学的に理解されえなかった．

　これはほとんど完璧な形で完結した思想体系である．この体系を2000年のあいだに，それに内的に疎遠な思想によって変えたり，整合性の点では劣るがより多くの成果を生む理論の組織に置き換えたりするためには，他の経験が必要であった．キリスト教は，此岸の永遠性によって構想されたギリシャの哲学と天文学の世界を，創造と審判という，その世界にふさわしくない両端のあいだに封じ込めた．しかし人類の歴史性の経験がここに表現されたのである．近世の自然科学は現実性の連関の全体性を犠牲にし，そのつどの数学化を優先した．その科学はさまざまな二元論を強要した．すなわち空間と物質の（6.2），思考と延長の（12.1），そして力学と生命の二元論（すでに力学と化学のなかに，認識されずにその素地があった．6.4と6.11を見よ）である．その科学は世界の限界を拡大し，望遠鏡と顕微鏡で見渡せるようにした．その多くの成果は不整合性という代価を払って得られ，不整合性はその後の革命のなかで初めて問題として再び姿を現わした．こうして例えば相対性理論が初めて，ライプニッツにはなお理解されていた，空間問題のアリストテレス的水準に再び達するのである（6.8-10）．

　思想の徹底的な整合性は西洋哲学が自己に対してつねに要求してきたものである．そのような整合性は，演繹的科学という，あまりにも特殊なモデルと同一ではない．現代物理学はその発展の終わりになって，古典哲学の内容的に狭すぎる構想が有していた整合性を再び得ることができる，という期待

がなかったなら，われわれの構想は生まれなかったであろう．われわれはこの期待の実現にどれだけ近づいたであろうか．

古典的な構想との根本的な相違は時間の中心的役割にある．この相違によって，アリストテレス自然学の要素を，そこに由来して今日のものとなっている要素と比較することができるのである．

まず4つの「原因」を取り上げる．

素材と形相の関係についてはすでに第12章で情報の流れに関して論じた．われわれは今日の物理学では形相が実体の役割を演じていることを知った．しかしさまざまな形相は永遠に存在するのではない．それらは進化のなかで生まれるのである（12.3）．惑星が生まれる前にすでに「水晶」が，あるいは生物進化が始まったときすでに木や猿が，「形相として可能」であったとは，事後的にのみ言いうることである．この形相的可能性はわれわれが概念を用いることに由来する1つの抽象であり，1つの構想である．

素材つまり質料はアリストテレスにとって可能態の一側面である．アリストテレスは現実態と可能態という対概念によって運動を定義した（energeia＝作用のうちにあること（Im-Werk-Sein）; dynamis＝可能であること（Können））．2つの概念はさらに細分され，»dynamis tū poiein« と »dynamis tū paschein«，つまり能動可能態（Tunkönnen）と受動可能態（Annehmenkönnen）になる．運動は，可能態によってあるものの，可能態によってあるものであるかぎりでの現実態，と定義される*2．われわれの語法で言えば，可能性は未来の指標であり，現実性は現在の指標である．事実性は記録のなかで保持されうる過去の現実性である．そうすると，型にはめて言えば「運動とは未来の現在である」と言うことができる．

近代科学は，とりわけ「作用因」を「目的因」に対立させることによって，その反アリストテレス的情熱を表明してきた．これは通俗的な哲学のうえでは，創造信仰によって解釈し直されたアリストテレス主義に反対することである．擬人的な創造神は人間のように目的をみずからに設定することができる．これに対立させられるのが，自然法則による万物の発生である．その場合，近世の理神論の神は，原因と法則とをはじめに創造することでみずからの目的を達成しなければならず，その原因と法則によって神の目的は因果必然的に最後に達成されるのである．この論争の全体がアリストテレスとは何の関係もない．アリストテレスの永遠な神は永遠に形相を知っているのであ

り，そのような形相は世界の運動のなかで自己を永遠に再生産し，それゆえそのなかに原因として，そしてまったく同様に目的としても，現われるのである．この表現は生物の自己再生産を形而上学の語法で現象に即して正確に述べたものである．卵は鶏が鶏を再生産する手段である．現代の遺伝学者たちは，まったく同様に鶏は卵が卵を再生産する手段であるとも言えるのが面白いとしている．有機体は「利己的遺伝子」が自己と同じ遺伝子を生産する手段だというのである．

　アリストテレスとの断絶は進化すなわち形相の発生のなかに初めて現われる．これに関してわれわれの世界像はアリストテレスの世界像が持っていなかった統一を獲得している．すなわち，今ではすべての有機体が1つの共通の源泉に由来する可能性がある．有機体の相互関係は，つとにアリストテレスが理解していた生態学的な生活共同性にとどまらず，自然的な類縁性でもある．しかも有機体は無機的な物質に由来する．われわれは石や星とも自然的な類縁性を有するのである．しかし，これをただ主張するだけでなく考察するためには，自然法則の数学的形態を内容的に理解しなければならない（6.3）．形態論は永遠の形相の哲学に対応する．時間による微分方程式は近世の因果的仮定に対応する．極値原理は因果的記述と目的論的記述の広範な同等性を示している．対称群は選立の分離可能性に存する法則のある共通の根拠を示している．力学的因果性は派生的な概念となる．ここから慣性法則の因果的パラドクスが生じるのであり，すでにアリストテレスが投射の理論でこれと格闘したが成果を得なかった（M. Wolff 1971を参照）．慣性と力はともに未来の開放性に由来する（9.3 c; 10.3 c）．もういちど指摘しておきたいのは（12.3のはじめを参照），数学的自然法則について十全な哲学は，数学そのものが「芸術」，つまり形態の創造による形態の認識，として現われるような，数学の哲学を要求するということである（『時間と知識』5）．

　もちろん，自然の大統一というこの像において，あるものが人間からなくなっている．それは住まいであって，アリストテレスの永遠で有限な世界でも，聖書の創造の楽園でも提供されているものである．「私は逃亡者，宿なしではないか……」（ゲーテ『ファウスト』3348）．われわれの天文学的故郷である太陽系は1つの発生した，またおそらく消滅する形相である．われわれの太陽系は1つの空間のなかの何十億という太陽系の1つであり，その空間に対してわれわれは，意味についてのわれわれの考えをもってしてはこれま

で生きた意味を与えることができていないのである．われわれに近い惑星は今日の人工衛星の観測が示すところによれば氷や灼熱の荒地である．加えて進化論は，生存競争の勝者の子孫であるわれわれを登場させて短いあいだ生存させるために，おびただしい数の生物と種が絶滅しなければならなかったことを教えている．生に関する伝統的な知見のうち，生とは欲と苦であるという，仏陀が悟りの前に出発点とした知見が，自然科学的に最も現実味を帯びたものである．ダーウィンによれば生物がうまく生き延びるのは生が欲と苦だからである．

われわれはすぐ上で自然のより大きな統一を述べて何をしたのか．われわれは1つの像の枠を打ち破ったのである．時間と空間におけるアリストテレス−スコラ的世界構想の限界を，われわれの感覚能力では辿れないところにまで拡張したのである．天文学と原子物理学はそのようにすることを可能にした，いやむしろ強要しているのである．しかしわれわれはもう1つ別の限界の踏み越えをまだ果たしていない．その踏み越えとは対象，空間，幅をもった時間という概念の相対化である．この相対化は量子論で始まり，いまだに解釈が済んでいないものである．われわれは経験的に決定可能な選立への時間，空間，物質の還元が，古典物理学がわれわれに示した自然の前面の相であることを知ったはずである．もしわれわれが量子論を正しく解釈しているならば，量子論は，この前面の相が可能なのはひとえにそれがはるかに大きな別種の豊かな構造という基盤に基づいているからである，ということを教える．われわれはこのような構造の一部を目にした場合に，量子論的な「知識増加」について語ったのである．

物理学の彼方にあるものは伝統的に形而上学と呼ばれる．「量子論の彼岸」に関するわれわれの考察は，量子論自身が，われわれの古典論的な語り方ではいまだに解釈できていない構造を示しているという印象を残した．「物理学」と「形而上学」の境界自身がまだ解決されていない問題であることがわかるのである．およそ物理学が存在しうるのは，それが形而上学に通じる開かれた門を持つからに他ならない，と思われる．

4. 形而上学

形而上学はギリシャ人において神に関する哲学的学説として始まる．宗教

を人間的な形態で考えることからの脱却がなされる．哲学者は中立的な語り方をする．パルメニデスは「存在者」，プラトンは「一者」，「善」と言う．アドヴァイタ・ヴェーダーンタ学派の「不二なるもの」や仏教の「空」のように，アジアの思弁も同様に抽象的に語っている．

　形而上学はまず上昇として現われる．その上昇が示されるのは，パルメニデスでは真理の門への上り道という詩的な像においてであり，プラトンでは眼差しの転換と洞窟からの脱出という哲学的寓話においてであり，アリストテレスでは自然学，形而上学，霊魂論という構成の3部作においてである．この3部作は実際，互いに結びついていて，いずれも神的な精神についての章で終わっている．

　この運動は二重の性格を持っている．上昇は困難で，長くかかり，労苦に満ちている．そこで，全体である一者を見ることへの移行は飛躍によってのみ可能である．「見よ」──パルメニデスにおいて旅の目的地で真理の女神はこのように語り始める．プラトンにおいては，弟子は師との長年の付き合いの後，いつもの話が何についてであったのかが「突然」わかるのである．再び下降すること，つまり演繹は，重要な要請であるが，偉大な創始者たちにあっては，書かれた教説としてはどこにも伝えられていない．

　見られはするが言表されえないものは，すべての文化において同じものであるように見える．上昇の作業は議論によるものであり，したがってまさに合理性の形式と同じく，文化によって制約を受ける．

　われわれは3つの上昇運動を試みた．「量子論の彼岸」の章では，線形的な時間パラメーターに関する時間様態についてわれわれが通常もっている考えの彼方にある存在の推測が，量子論を用いてどのように定式化できるかを問うた．今の章ではこれらの考察を形而上学の伝統的な議論方式と比較しようと思う*3．『時間と知識』の結びの章で初めて哲学的神学そのものがテーマになる．

　われわれはもう一度アリストテレスから出発する．運動についての学である自然学が，なぜ内容的な理論哲学の全体とならないのか．それは，数学の概念，純粋形相，神のような，運動しないものが存在するからである．もちろん数学の概念は単に抽象されたものにすぎない．数学の概念は動かされるものの形態であり，動かされるものの運動を度外視するときに残っている形態である．純粋形相もまた，本来は具体的な事物のうちにのみ存在する．し

かし神は動かされずに知る存在者である．アリストテレスの内容的な理論哲学に関する3つの基礎的著作において，神は3通りの仕方で開示される．すなわち，『自然学』ではすべての運動の始原として，『形而上学』では満たされない可能性というものを持たずに完全な現実態にある存在者として，『デ・アニマ』ではすべての形相が現前している知る精神としてである*4．この哲学は，運動の始原が変化しないから，永遠運動の哲学であり，未来（可能性）が神に到来しないということはもはやないから，永遠の現在の哲学であり，形相は永遠なものであるから，永遠の知識の哲学である．

　これに対比してわれわれはどのように語るべきか．われわれは運動の始原を，3つの様態を持つ時間と呼んだ．量子論の通常の定式化を越えるが，なお量子論的に定式化できる段階を，われわれは包括的な現在という名称で呼んだ．人間の知識にとって現象的現在は点状ではなく，限りなく包括的である．ある無限の知識の永遠の現在という考えは，人間の知識について考えうる普遍化であるようにみえる．そこで，有限の知識は有限の主体に対してのみ存在し，われわれの科学はそういう有限の知識である，と言えそうである．

　しかし，本来の思考可能性はそのような推測によって実現されるものではない．時間に対する永遠の関係という点で，われわれはアリストテレスおよび古典的形而上学の全体から逸脱する必要がある．この点で形而上学はある未解決の問題を内包しており，それは時間に対する現代の見方を形而上学にはめ込もうとするとき現われる．永遠の現在に飛躍するパルメニデスにとって，生成と消滅の世界は「ドクサ（doxa）」であり，これをピヒトは確かに適切にも「現われ（Erscheinung）」と訳している．しかし，この現われはどのようにして生じるのか．時間と現われをもたらすものは存在者のどこにあるのか．プラトンは時間を解釈して，一者のうちに存続するアイオーン（Aion）のアイオーン的な，数によって進む似姿とする．アイオーンとはギリシャ語で例えば1年や一生涯のような，意味のある時間間隔をいう．それは伝統的に永遠と訳される．そこで時間とは永遠の永遠的な似姿である．運動はアイオーンそのもののうちになければならない．われわれにとって未来は可能性として，過去は記録の可能性として，ともに現在のうちにある．すべてを包括する現在というものを考えるならば，この構造をそのなかにこめて考えるべきであろう．上の推測でわれわれはそのようにしなかった．われわれはもっとゆっくりと進まねばならないのである．

ところで，抽象的な神学への飛躍は実は決定的に重要な領域を避けて通るのである．それは，他でもなく，量子論の「知識増加」の内容的な意味についての問い，を避けて通るのである．この増加した知識は数学的に表わしうる構造についてのものであり，そのような構造は空間中の分離された対象ではない．空間的な物体の世界は実在の単なる切片あるいは――おそらくもっと正確な喩えで言えば――単なる表面にすぎない．量子論はこの実在に対して二重の，あるいは循環的なことを行なう．一方でそれは，空間的な物体の世界の決定可能な選立についての予測から出発して，この実在の少なくとも数学的なモデルを与える．他方でそれは，このモデルから出発して，こうして記述された実在が，選立の近似的分離可能性において周知の物理学の法則でもって，まさに空間的な物体の世界として表わされねばならない，ということを示すのである．

　さらに，すでに見たように，量子論を心的または精神的過程についての決定可能な選立にも適用することを妨げるものは何もない．したがって物理学の今日の知識からすると，量子論の知識増加がかかわる実在を，本質的に心的または精神的な実在とあえて解釈する哲学があるとすれば，そのような哲学の妨げになるものは存在しない．問題はわれわれが「心的」ないし「精神的」な実在という表現でもって何を考えているのかを知っているのかということだけである．こういった表現もまた擬人的なものである．

　われわれは自己自身を，コミュニケーションを行ない，感じ，意欲し，思考する生物として認識している．われわれは動物にもコミュニケーション，感情，知覚，衝動があるとせざるをえない．しかし，われわれとの隔たりが大きい生物ほど，われわれにとって感情移入ができないものとなっていく．人間に理解できる意味を欠く世界のなかでの人間の孤独という体験が生まれる．意識の生物学的背景つまり「鏡の背面」についての研究は，意識現象を可能にするきわめて複雑な有機体の働きをわれわれに知らしめる．われわれは個々の心を空間的な物体の世界の機能として知るだけである．そのためにわれわれは物体の世界のなかで，この心という器官が発達していないところでは孤独であらざるをえないのである．

　ところが量子論は物体そのものがもはや空間的に記述できない構造に基づいていることを教える．するとこのことは心的現象に対しても成り立たなければならない．したがって知覚は，素朴さあるいは科学的な支配意志から，

物体の世界およびそこに顕現している心的過程のみに限られるので，本質的な心的現象と精神的現象を捉え損ねているに違いないと推測することができる．コミュニケーション，芸術家の知覚，瞑想的な知覚は，ここでは別のてだてを用いているのであろう．

それゆえ量子論はともかくまず「身近な形而上学」を可能にするように見える．量子論は物体の世界について古典的に記述可能な感覚的経験の彼方に存する心的経験を承認するのにやぶさかではない．そのような心的経験は自然科学の時代以前の人類がつねに慣れ親しんでいたものである．けれども，科学が一貫した繋がりのある世界像を打ち建てた後では，そのような経験を承認すること，それも，この世界像の否定ないし破壊としてではなく，その可能性の前提として承認することは，別の意味を持つ．

量子論が世界の心的な背景に通じるそういった門戸を開きうるかもしれないという予想は量子論の完成以来，約80年前からしばしば姿を現わしている．パウリやヨルダンのような著名な物理学者がそのような考えを表明した．その場合，彼らは量子論そのものの妥当領域を無条件に考えたのではなく，むしろある推測された，いっそう包括的な領域に対するわれわれの関係のうちに，量子論との形式的な類似性を考えていたのである．その際ボーアの相補性の思想が誘因として働いた．もちろんボーア自身は，みずからの思想のそういういささか「直接的」すぎる適用に対して非常に慎重であった．超心理的な現象を「サイ」と言うのはおそらく ψ 関数との関連づけに由来するのであろう．近頃ずいぶん読まれているカプラその他の人々の著作も，このような思想の伝統に立って，アジアの省察経験に橋渡しをしようとする．

これらの人々はたぶん見当外れでない足跡を追跡している一団であろう．その際，同時にオカルト的なものへの無批判な熱中がしばしば起こっていることは驚くに当たらない．その運動はこれまで彼らの鋭敏な鼻に指示を仰いできた．それは科学の持つ整合性を達成しておらず，哲学の持つ厳密性はといえば，たぶんたいていの場合まったくこの厳密性を可能性として悟っていないのである．量子論からすれば，そういった経験の整合的な理論的モデルがすでに真剣に考慮されているのかと問うことができよう．なぜなら，何がその場合に求められているのかを知るのは容易でないからである．多くの事実が支持することとして，例えば雄大な構想をもった超心理学の研究が見込みの少ないほうの方法をとっているということがある．そういった研究は求

める現象を経験科学的に客観化しようとする．しかしこの方法が最も容易に生み出すのは古典物理学の意味での現象であろう．その方法が世界の基盤に実在するさまざまな心的過程の前提条件を消滅させてしまうことも容易に起こりうるのである．これらの過程は，生のまっただなかに現われる場合，感情のこもったもの，あるいは夢を思わせる隠された象徴的意味を持ったものであり，そのつどの生の連関に，意味を帯びた形で関係するのである．迷信深い人々が自分の感じるさまざまな前兆に惑わされ，まるでそれらの前兆がどうしても人間の手に負えないものであるかのように思ってしまう，というのは昔からよく知られたことである．したがって，科学として研究されている超心理学は，方法的に生み出された迷信という形態をとりやすい．恋愛関係で科学者のような疑い深い好奇心をもって行動すれば，その関係を壊してしまうこともありうるのである．

　そのうえ，経験的資料の蓄積は科学の前段階にすぎない．経験的に何を問題にすればよいのかを知る前に，おそらく厳しい理論的予備作業を行なわねばなるまい．われわれはこの領域の最初の探索を「量子論の彼岸」の章で試みた．ここで量子論を1つの手がかりにしようとするならば，いったい量子論はどのようにして心的現象を記述できるのかをまず問わなければなるまい．心的現象は生において意味を持っているけれども，そういった意味の構造をどのようにして記述するのか．その際に現われる問題の1例は，コンピュータ科学から生まれた「人工知能」を作るという試みが示している．コンピュータと人間の思考との関係は，おそらく自動車と人間の身体との関係と同じであろう．すなわちコンピュータは道具として，ちょうど人間が行なわないことを行なうのである．コンピュータは論理学に従って作られている．しかし論理学が案出されたのは人間の思考を記述するためではなく，それを修正するためであった．

　思考または知覚の構造がどんなものかという問いには，自己認識なしには答えられないであろう．自己認識とは目覚めた生の所業，自発的あるいは芸術家的な自己表現の所業，省察と反省の所業である．反省とは私が何を考えていたのかを言おうとすることであり，ソクラテス的な問い直しである．われわれの文化的伝統のなかで反省にかかわる者がこの反省に導かれてたどる道は，哲学がそのようにして辿ってきた道である．この道から逸脱して，例えばいくつかのアジア的伝統のような異なる伝統に入ろうとすることもでき

る．しかし今日ではまさにこういったアジア的伝統がわれわれの科学つまりわれわれの伝統との対決という道を採らざるをえなくなっている．われわれの個人的な能力は限られていて，みずからの能力の指示するところに従うことは誰にも許されている．しかし理解しつつ哲学の道を行く者は哲学によって形而上学に導かれるであろう．

　こうして主題はもはや心的知覚の「身近な形而上学」ではなく，形而上学そのものへの上昇である．ただこの上昇はこんどは「量子論の彼岸」の山をも通り抜けるのである．知識とは何であるかの問いを立てるにあたって，われわれのつねに不完全な事実的知識の記述または否認をよりどころとしないことは，形而上学の偉大な着想であった．形而上学はむしろ，知識と称されているものが知識であると証明されうるのかと問うときにわれわれがつねにすでに用いている基準を問うのである．自分が無知であることを知っているソクラテスは，そのことにより明らかに，自分が知識について問うとき何を考えているのかを知っている．形而上学の神はまさにこの知識を示すのであり，この知識がなければいかなる事実的知識も存在しないであろう．

　それゆえ物理学の構築の終わりに当たってわれわれは，物理学を時間のなかでの知識としたとき，知識についてのどんな考えがわれわれを導いてきたのかを述べるべきであろう．われわれは知識を前提にしただけではない．基本の粗描にもせよ，円環行程において知識の対象的な記述をも行なったのである．しかもわれわれはこの円環行程において意味論的整合性を得ようとした．これはわれわれの理論を知識とするための公式である．今しがた，量子論の彼岸に至る最後の行程において，われわれは超個人的な知識が対象的となる可能性を排除しなかった．それどころかわれわれはその可能性を，たとえ問いの形であるにもせよ，有限の知識の可能性の前提として要請することさえ行なった．

　この要請でもってわれわれが行なったことについての反省は，ただ新たな大きな円環行程においてのみ可能であり，その行程に「時間と知識」という題名を与えよう．

注

序言

1　3人についてさらに詳しく述べたものとして，次の文献を挙げておきたい．「アインシュタイン」(1979)，「ボーアとハイゼンベルク．1932 年の思い出」(1982)，「ヴェルナー・ハイゼンベルク」(1977, 1985)．所収文献については，巻末の参考文献の著者の項を参照．

[訳注]
1　同書『時間と知識』は 1 冊本として 1992 年に刊行された（「解説」の 2 を参照）．

第1章

1　Sapere aude，ホラティウス『書簡集』I, 2, 40：「認識に挑め」．これについてはカント『啓蒙とは何か』(1784) を参照．

第2章

1　本章は 1965 年夏学期の時間と確率に関する講義による．
2　ローレンツェンは O が自分の代入した命題を実際に証明することを要求していない（彼の »Metamathematik« を参照）．P が主張した命題形式の普遍妥当性は，仮に O が自分の命題を証明できるとした場合，P の命題形式が偽であるならば，すでに反論されたことになる．しかし時間命題については 2 つの命題を区別しなければならない．1 つは，再吟味されるならば，真であることが確実に証明される命題（2.4 の意味で必然的命題）であり，もう 1 つは，真であることがおそらく証明されるであろう命題（可能的命題）である．それゆえ，O が自分の代入例の証明を要求される場合には「固いほうの」対話ゲームがある．対話ゲームのさまざまなゲーム規則の意味に関する一般理論はわれわれの研究の枠を越える（これについては，K. Lorenz 1961 を参照）．

3　これについては『時間と知識』6.7 を参照．
4　この本文が 1963 年夏に書かれたのは明らかである．私はいま本書に収めるにあたり過去の時期に由来するこの記録を削除しない．私が 1963 年をいま 1985 年に書き換えるならば，2007 年の（あってほしい）読者にも，執筆年の表示について同じことをまた行なうことになるからである．
5　誤謬が論理学の主題でないということは二重の意味で言える．第 1 に，真と偽の区別は古典論理学の基礎ではあるが，古典論理学が研究するのはなぜ真または偽の命題が主張されるのかということではなく，そういった命題を主張できるならばどのようなことが帰結するかということである．論理学は（『時間と知識』5.6.4 を参照）真と偽の数学，すなわち真なる命題と偽なる命題の可能性から帰結する構造の研究にすぎない．第 2 に，偽なる予言が帰結しうるような偽なる自然法則を信じる可能性があるということは，もし正しければ未来についての真なる命題（真なる様相命題）を帰結しうるような自然法則の意味を論理的に分析することに対する異論となるものではない．われわれはこの章のもとになったハンブルクの議論グループにおいて，われわれの分析のこのような意味を短い論文「誤謬の排除」で述べた．すなわちその分析は正しい法則だけを考えているのである（1983 年の注）．
6　厳密にとればこの式は今の書き方では過去のあらゆる t のみについてあてはまるのであって，未来の時間については p_t を Np_t に置き換えなければならないであろう．
7　「意義」と「意味」に関する『時間と知識』6.9 を参照．
8　その議論は本文のもとになっている講義（1965）でなされている．

[訳注]
1　周知のようにフェルマーの定理は本書出版後の 1990 年代半ばに証明されたが，数学の未解決問題の別の例に容易に置き換えることができる．

第 3 章

1　この定式化は M. ドリーシュナー（1970）が提案したものである．
2　『時間と知識』4 を参照．
3　『時間と知識』3 および 4 を参照．
4　6.7 および『時間と知識』5.2.7 を参照．
5　『時間と知識』4.3 を参照．
6　知られるように，この文章が書かれたときには，まだ土曜日に授業のある

のがふつうであった．

第4章

1 本章は1965年の講義「時間と確率」による．それは私の論文（1939）を敷衍したものである．
2 これについてはG．ベーメ（Böhme）の加速度概念の議論を参照．
3 第2章の注4を参照．
4 この例はランダウ（Landau）による．
5 ミンコフスキー「1908年の講演」（H. Minkowski, "Vortrag 1908", in H. Lorentz, A. Einstein, H. Minkowski, *Das Relativitätsprinzip*, 1958）．

第5章

1 本節は論文「進化とエントロピーの増大」（1972）を短くしたものである．
2 キュッパース氏はプリゴジンがみずからの考えを第2の答えの意味に理解していることに私の注意を喚起した．生体系は開いた系である．そこでそのような系に第2法則はまったく適用できないと主張することはできる．私自身の解決案にとって，このような種類分けの問題は本質的でないし，私は筆者たちの主観的な意見について決定的な見解を表明できるほど文献に通じているわけではない．内容の問題についてはしかし，開いた系に関しても熱力学の言葉で論じられると言うことができる．エネルギー，圧力，体積，温度，エントロピーのような熱力学的な量のきちんと定義された値が，評価可能な誤差の限界内でそのような系に振り当てられるのである．熱力学的考察方式の意味をより正確に調べるなら方策2は擁護するのが難しいであろう，という命題で私が言おうとしたのはそのことであった．それに反し，開いた系に対して一時的なエントロピーはよい近似で決まるが，必ずしも増大するとはかぎらないというのが，まさに方策3の見解なのである．この非常に特殊な意味で「開いた系に第2法則は適用されない」のである．
3 ここで，私の表現法の多義性を指摘されたキュッパース氏に感謝する．等温で結晶が成長する際，成長を決める量はエントロピーではなく自由エネルギーである．しかし私の議論は，エネルギーが等しく融点以下の場合に，孤立した結晶のエントロピーを孤立した溶液のそれと比較しているから，過冷却された溶液の断熱的結晶化のようなことにあてはまる．ここでは疑

いなく結晶のエントロピーは溶液のそれよりも高い．
4 この節の最後で（本書146ページ参照），解答3の正しいところが解答4と両立するような表現法が可能であることを示す．
5 料理からモデルをとろう．例えばビルヒャー・ミューズリの添え物としてリンゴ，モモ，バナナからフルーツサラダを作る場合，まずそれぞれの果物を別々に刻んで容器に入れ，それから3種類の果物がよく混ざり合うようにかき混ぜる．ところが薄いバナナの切片はお互いどうしと（リンゴやモモの切片とではなく）くっつく傾向を持っている．そこで，目的に適うようにするには，前もってバナナの切片をできるだけ1つずつ分けて他の果物の切片のあいだに挟んでおく．その後でサラダスプーンでかき混ぜると，次第にいくつもの「バナナの塊」が再びできていく．かき混ぜることは確かにエントロピーを高めるから，バナナの塊のほうが，バナナの個々の切片が他の果物のなかに均等に溶けたものよりも高いエントロピーを持っている．
6 『自然の歴史』(1948) 第6講の末尾（第2版，62ページから65ページまで）．
7 本書の4.3で．
8 〔この節は〕1976年に書いた小論をやや練り上げたものである．
9 これについては『時間と知識』4.4を参照．
10 これについては『時間と知識』4.6を参照．
11 この小節は『自然の統一』Ⅲ，5の論考「物質・エネルギー・情報 (1969)」（MEIとして引用）に繋がるものである．
12 神学的注．この思想は悪に対するギリシャ的な理解とヘブライ的な理解をいささか仲裁するものである．『近代の擁護』，ゲルショム・ショーレムのための追悼文を参照．
13 私の論文「伝統の現実性——プラトンの論理」(1973) を参照．
14 ここでGM, 302ページの私の記述を変更しなければならない．この問題について有益な対話をしていただいたマルチン・ハイゼンベルクに感謝する．

第6章

1 a-c節は1971年の手記であり，本書の予備的な構想のなかで，物理学を分析する章の始まりとなるはずであった．dとeはいま書かれ，dは著書『自然の統一』からの比較的長い引用を一カ所ふくんでいる．

2 解が存在するための数学的条件で，物理学者が物理学的に意味があるとみなすであろう条件については，ここでは論じない．
3 記号「≒」は本書では「定義によって等しい」という意味で用いる．「＝Def.」と書かれることも多い．
4 「生の座」という概念はテキスト解釈，とりわけ旧約聖書の文献学において市民権を得ていて，抽象的で教義化された形式でわれわれに伝えられた概念の，現実の歴史における使用を記述するのに用いられる．
5 付け加えておくと，物体が厳密に球対称であるとき，その半径の外側にある物体にそれが及ぼす重力作用は，その質量が中心点で1つに集中しているとした場合と正確に等しい．
6 すでに天体力学が3次元空間における惑星の正確な位置決定そのものを用いているということを，方法論的根拠から強調しておきたい．
7 この発展の歴史については『物理学の世界像』，とりわけ論文「世界の無限性．自然科学における象徴的なものについての研究」を参照．
8 以下の4段落は『自然の統一』II, 1; 2 d, 143-4 ページから採られている．
9 この覚え書きは量子論とウア選立の理論における対称性を検討する予備研究として1982年に書いたので，いくつかの箇所で後の章のテーマを先取りしている．私がその覚え書きをすでにここに載せるのは，それが，この章でさまざまな古典的理論を述べるのに用いようとする言語に役立つからである．
10 Wigner 1983 を参照．
11 『物理学の世界像』(1943, 1957^7) の「自然法則と弁神論」を参照．
12 『物理学の世界像』(1943, 1957^7) の「近代物理学の原子説」を参照．
13 «hypotheses non fingo» という文で «hypotheses» を確かにプラトン的な古い意味で「憶測」，したがって「虚構」と訳し，文字どおりには「形成する」という意味である «fingo» を「捏造する」「でっち上げる」と訳すべきであろう．ニュートンが「推測」という «hypothesis» の新しいほうの意味をすでに考えていたのであれば，«fingo» はもっと明確に「紛うほど似るように考え出す」と訳すべきかもしれない．
14 この連関について，より詳しくは『時間と知識』5. 2 を参照．特に意味論的整合性については『時間と知識』5. 2. 7 を参照．
15 『時間と知識』5. 2. 1-6 を参照．
16 v. d. Waerden, *Erwachende Wissenschaft*〔邦訳『数学の黎明——オリエントからギリシアへ』村田全・佐藤勝造訳，みすず書房，1984〕を参照．
17 『科学の射程』第6講を参照．

18 前の第 6 節のニュートンにおける «hypotheses» の語義を参照.
19 そのため 15 年後に，彼にとって特に破滅的な第 2 の訴訟という事態が生じた．彼はみずからの確信をうまく隠せなかったのである．
20 ここで私はミッテルシュテット（Mittelstaedt 1979）に従っている．
21 哲学的には彼ら 2 人は一元論のなかでさらに歩を進め，ライプニッツはモナドという形で，マッハはすべての現実の要素としての感覚という形で，意識をも原初的なものとして含めた．
22 現実の世界と，これが 10 マイル右にずれた世界とは同一であるというライプニッツの議論を参照．彼はその論拠としてみずからの不可識別者同一の要請を引き合いに出した．これに対してクラークは，アイザック・ニュートン卿は絶対空間の存在を証明したから，その 2 つの世界は客観的に異なると答えた．ライプニッツは，今度は充足理由の原理を引き合いに出し，なぜ神は世界をそこではなくここに創造したのかと問うた．クラークは神の意志という十分な理由が存在すると答えた．ライプニッツは，神は決して恣意的にではなく理性的根拠に従って行為すると答えなければならなかった．
23 この節は小さな変更と末尾の 1 カ所の追加を除き，論文「幾何学と物理学」（1974）の第 8 節であり，この論文の最初の 6 つの小節は『時間と知識』5.3 に収録される．
24 ヘルムホルツ：剛体の自由運動性．ディングラー：3 つの剛体相互の研磨によるユークリッド平面の構成．
25 これについては『時間と知識』5 を，ハイゼンベルクの美的ゲシュタルト知覚については『近代の知覚』（Wahrnehmung der Neuzeit）149-156 ページを参照．
26 グスタフ・ヘルツが私に語ったところでは，彼は 1913 年に若い実験家のジェイムズ・フランクといっしょにボーアの著作を読み，次のように意見が一致したという．「それはおかしい．われわれには連続的なエネルギーの受け取りを電子衝突で実証することによってボーアを経験的に反駁する手段もある」．彼らは実験を行ない，エネルギーの受け取りが非連続的であることが判明した．その結果，ボーア，フランク，ヘルツの 3 名にノーベル賞が与えられたのである．
27 プランクの作用量子 h の「値」は理論についての命題ではなく，われわれの測定システムについての命題である．

第 7 章

1 これは，ヘーゲルの弁証法における，われわれの観照の有限性または任意性の彼方にある客観的な認識であると言ってもよい．
2 哲学的前史については，カントの『純粋理性批判』A 434, B 462 と，『物理学の世界像』1957, p. 33-50 参照．
3 この小節は「量子論の構築に関する研究」と題された，時間と確率についての 1965 年の講義の第 2 部に由来する．
4 カント『純粋理性批判』 A 211 ff, B 256 ff.
5 集合論的には，ヒルベルト空間での，2 乗積分可能な関数の集合は当然可算であり，位置空間の点の集合は可算でない．しかし実際には，位置空間の点は確認することができない．それは，これらの点に対応する波動関数はヒルベルト空間にはまったく存在しえないからである．満足な記述は，例えば，有限の体積（「箱」）のなかで，有限の容積をもつ部分体積（または「格子点」）のような，有限の集合として数えられる場合に可能となる．その評価は 11.3 f で行なう．
6 個別性概念についてのこの記述は 1981 年に量子論の再構築の注釈として書かれたものである．
7 ゾンマーフェルトはこのようなボーアの対応原理の用法を「魔法の杖」と呼んだ．
8 この小節は 4.1 と 4.2 の同じ論文に若干の変更と入れ替えをしたものに由来する．
9 この置き換えが必要か否かは，公理の形式化にかかっている．古典論との対比は，選ばれた形式が表わしている公理が持つ 2 つの意味の相違に反映される．古典論においてはこのような相違は意味がないであろう．
10 「多値論理学」という表現は今日たいてい，技術的な狭い意味で用いられるが，これはそういう意味の多値論理学でないことを強調したい．そのような論理学では論理関手は古典論理学とまったく同様に真理値行列によって定義され，2 つ以上の真理値がある点だけが違っている．これが様相について不可能であることは簡単な例からわかる．必然，不可能，偶然（つまり必然でも不可能でもない）という，ちょうど 3 つの様相があるとする．連言関手「かつ」が一義的な真理関数であるとすれば，p も q も偶然であるとき「p かつ q」は偶然でなければならず，さらに，p が偶然のとき，¬p も偶然でなければならない．ここで q に ¬p を代入する．その結果は，p が偶然のとき矛盾「p かつ ¬p」は偶然であり，不可能であってはなら

ない，ということになる．このような困難の背後にある論理的意味は，真理関数による関手の定義がかなり技巧的な創作であって，古典論理学の特殊な前提のもとでのみ機能するものだ，ということである．
11 論文（1973）より．
12 論文（1973）より．
13 R. P. Feynman, Space-Time Approach to Non-Relativistic Quantum Mechanics, *Review of Modern Physics*, 20, 367–387（1948）．
14 P. A. M. Dirac, The Lagrangian in Quantum Mechanics, *Physikalische Zeitschrift der Sowjetunion*, 3, 64–72（1933）．
15 私はここで，ヒルベルト空間の無限次元数から生じる問題，例えば用いられるべきは任意の部分空間か，それとも単に複雑になった部分空間だけかという問題を詳しく，またあますところなく扱うことはしない．「第1の道」(8.2) では，量子論理学はただ有限の選立，したがって有限の状態空間にだけ適用される．量子論理学を明示的には用いない第2および第3の道も，同じ意味で「有限主義的」である．第4の道 (9.2) が初めて，明示的な構築によって無限次元の空間への移行を果たす．そこではしかし，第2または第3の道から出発する場合には，量子論理学を前提にしない．私は本書では，量子論理学がどのような形態で第4の道の理論のなかに含意されているかを論究しない．
16 1979年に書いた未発表の論文による．
17 11.1 f γ を参照．
18 これはもちろん古典的確率論における状況に対応する．『時間と知識』4.5 b を参照．

第8章

1 「恒偽命題」O という瑣末な場合を除いて．この命題は定義によってあらゆる命題を含意するのである——虚偽からはどんな命題も帰結する（ex falso quodlibet）．
2 『自然の統一』 II. 3.5, IV. 6.4；『人間なるものの庭』 II. 1. 9.
3 この小節は K. Drühl の口頭発表による．

第9章

1 カントは，われわれがそのなかで「総合」によって幾何学的概念を「構成

する」「形式的直観」とみなしている空間を,「単なる多様性」を提示する単なる「直観の形式」とは区別していることに注意してよいであろう.

2　1の注に付言すれば, 心理学的に探究される直観とは, ユークリッド的とか非ユークリッド的とかいうことではなく, 漠然としたものである. ユークリッド幾何学は, われわれの直観 (6.2) の理想化である.

3　旧稿で, 私は日常の言葉使いに結びつけて, これを「単純な選立」(ある正否決定) と名づけている.

4　私はマルティーン・グレゴール＝デリン (Martin Gregor-Dellin) 氏に, ワグナーにはショーペンハウエルの影響, それゆえにまたカントの影響があるかどうかを訊ねたことがある. 彼の許しを得て 1984 年 5 月 26 日付の彼の返信から次の文を引用する.「『私の息子よ, 君にはわかる.』ところで, 直接の先行者あるいは源泉は見当たらない. ……リヒアルト・ワグナーはコジマと「時間」と「空間」の問題についていろいろと話し合った. コジマの日記には, 該当する 2 カ所があるが, しかし私は (相変わらず現在も見つからない主題登録簿が欠けているために) これを引用することができない. ——この 2 カ所では, ワグナーの推測によれば, ある連関が存立しなければならないであろうということ以上には, 何も言っていない. そして次にワグナーは彼のパルジファルの上演に着手しており, その際次のことが起こっている. パルジファルはいまだ若者であるにしても, グルネンマンツによって聖石となり, それとともにある生涯へと導かれて行く——「劇作家」ワグナーは実に場所と時間との統一を突破するこのように「長い展開を」どのように説明できるのであろうか, また必然的な舞台の変化を橋渡しすることができるのであろうか. ここで今や最初の上演の際に巻き上げられている幕が降ろされてしまう——それゆえにパルジファルは前へほとんど進めない. しかし明らかにパルジファルの「展開」, つまり時間的構成成分を具象化すべきところの巨大な間隔は克服されることになる. そこで時間は空間となる. このように——そして私もそう思うのだが, 最高に劇の実際面からして——私はこの個所を自分で説明できる. ところでいつも実際そうなのである. すなわち, ワグナーがまったく作品の理念のなかに生きているならば, 彼は哲学的にも正当なものを射当てているのである」.

　これには, 1860 年 8 月のマチルド・ヴェーゼンドンク宛の手紙の一部が付け加わる.「それゆえ人生の恐るべき悲劇は時間と空間における離隔のなかにのみ見いだされるべきであろう. しかし時間と空間とはわれわれの直観にすぎないのであり, それのみが実在性をもたぬものなのであるか

注　533

ら，完全な千里眼の持ち主には，最高の悲劇的な苦痛でさえも，ただ個人の誤謬からのみ説明されうるに相違ない．まさに私はそれはそうだと思う」．

5 この小節の考察は本質的に，ウア理論の補習にとって基礎となるカステル (Castell) の論文に基づいている．

第10章

1 二義性はカントの純粋理性批判にも現われている．それは客観的所有と主観的所有という言葉である．純粋理性は批判するとともに批判される．
2 これについては，グリーンバーグ (Greenberg) とメシア (Messiah) (1965)，グリーンバーグ (1966) 参照．
3 ヤーコプ (Jacob) (1977)，ハイデンライヒ (Heidenreich) (1981)，キューネムント (Künemund) (1982)．
4 この節については，本質的に Th. ゲルニッツ (Görnitz) との討論に感謝する．
5 私は1972年に論文をヤオッホに読んでくれるように送った．彼はまだそのとき私の論文を知らなかったが，そうこうするうちに，われわれの後の論文（ドリシュナー，カステルとの共著）には，すこぶる関心を示してくれた．彼の講演への「当時あなたは，このテクストを確信していたのですか」という私の質問に，親しそうに笑いながら「いいえ」と言った．
6 1971年に私が彼と知り合いになったとき，お互いにこれに関係した仕事をしていたことを知らなかった．私は彼に，私の意見では，選立の量子論から，特殊相対論を導き出すことが可能であろうと言った．彼は言った，「あなたはこんな話ができる世界でただ1人の人です．もちろんあなたは正しい」．彼は思いがけなかったことだったので，その答えは唐突であった．彼はこのようなことを主張していたもう1人の人なのであった．
7 私は，ゾンマーフェルト (Sommerfeld) の履歴（1984年参照）から，彼のミュンヘンへの招聘について，1907年に数学者のリンデマンが，彼はあの数学的に矛盾に満ちた電子論に関わっているからといって反対したということを知った．
8 この質問については，J. ヨース (H. Joos) の懇切なご教示に感謝する．
9 ボップ (Bopp) (1983) の類似の考察参照．
10 類似の考察はバルート (Barut) (1984) によってなされた．彼はクオークをレプトン間の磁気双極子の影響のもとで，近距離にある3つのレプトン

の3粒子系の主振動状態として表わした.
11 これについてはゲルニッツ (1985). 会話で重要なコメントをいただいたゲルニッツ氏に感謝する.
12 一般相対論と量子論との関係についての, 詳細なエーラース (Ehlers) 氏の話に感謝する.
13 これがわれわれの理論構成とフィンケルシュタインのものとの相違点である (10.5 c). 彼は運動量でなくて, 時空を量子化した. こうして, この2つの理論の出会いは, 計量場の量子論において初めて可能となった (c 節以下).

第11章

1 ハイゼンベルクは『部分と全体』108 ページにおいて, この命題を定式化した. これは私が彼自身から聞いた回想の内容とほとんど同じだった.
2 『部分と全体』110 ページのなかで, ハイゼンベルクは今では消えてしまい, かつ明らかに反対の方向の批判を次のように表現した. すなわち「私はボーアのテーゼが確かに断固として正しいと思ったが, しかし, ボーアには, 未だ解釈にある種の自由さが存するように見えたことが, 私には気に入らなかった. 私は, ボーアのテーゼがすでに, 量子力学の特別の量について確定していた解釈から, 必然的に帰結してくることを確信していた」(山崎和夫訳, 『部分と全体』みすず書房, 6 ページ). しかしながら, そこには, 統計的解釈が, なんら新しいものではなくて, すでに自明的なものであったことが含意されている. こうした解釈を理論から厳密に導出することは, この理論についてボルンが考えていたこととは, まったく別の形態を与えるであろうことが示唆されていた. ハイゼンベルクはこの形態を数カ月後に不確定性関係のなかで発見した.
3 私自身の解釈によれば, プラトンが念頭においていたのは, 本当に数学的な形式であって, 数学的な形式をもった物理的物体ではなかった. 彼 (ハイゼンベルク) は意図的に数学と物理学の対立を止揚しているのである. 意識的物自体はイデアである. 『時間と知識』参照.
4 ボルン (1924, 彼の著書 1925) 参照.
5 これについては, 9.3 a 参照.
6 同時性に関する, アインシュタインの相対性理論と類似の考察については, 6.8 参照.
7 この理解はすでに 1954 年にボップによって明瞭に述べられている. 1964

年の私の考察はポッブの仕事に刺激されたものである.
8 例えば,マイヤー＝アービッヒ (1965),シャイベ (1974,第1章),ハイゼンベルク (1969),ヤンマー (1974),拙論「ニールス・ボーア」(1957 に収録) と (1982),とくにボーア自身の後期の著作参照.
9 これはボーア由来の例ではない.
10 テラーはこの歴史を面白く次のように話した.「ボーアは眠っていた.私が用意できたとき,彼は目を覚まして言った……」.
11 これはふつうのあらゆる経験の前提条件についてのカントの二重性の時間的な認識である.すなわち観照と認識は,この際因果律の純粋認識に属している.
12 とりわけ,アインシュタイン (1949),ボーア (前出),ヤンマー (1974),パイス (1982) 参照.
13 まさにこれは,量子力学とボーア,クラマース,スレーターらの理論との相違である.後者は確率場を粒子の1個または一定の数に転化しないで,測定の後で調整することもなく,それゆえ,光量子およびエネルギー量子の数は,統計的に決定される.
14 ボーア自身,測定は場合によっては「不可逆」であると指摘したことに注意する.
15 「確かさ」.まちがいがないときには,このような思考実験ではいつも使われる.慣用句「Irrtum angeschlossen」についての第2章の脚注,85ページ〔本訳書では訳注5,526ページ〕参照.
16 すべてについて『時間と知識』参照.
17 これについては,『時間と知識』第4章「今についてのアインシュタインとカルナップの対話」.
18 これはポパーにはあてはまらない.彼にとっては時間の実在性は実在論の核である.
19 ボーア自身がイタリックにしている.
20 ϕ 関数は複素数であるから元来 $2N$ 個の異なった値を持っている.
21 『伝奇集』の「八岐の園」(岩波文庫).

[訳注]
1 ハイゼンベルクとワイツゼッカーが問題としてでなく,このような状態に完全に気づいていたということはもっともなことである.しかし科学の歴史では,微かだが決定的な曲がり角が広大な展望を開くことはよくあることだ.かつてアルバート・セント＝ジェルジは生化学者として次のように

言っている．「研究とは皆が見たことのあるものを見ることであり，誰もが考えなかったことを考えることである」と．実際，よく知られている事象の見方がわずかに変わっただけであったとしても，アインシュタインと彼の協力者のなした仕事は，遠大な示唆に富んだ問題を提起したのであり，量子力学の解釈のその後の発展に決定的な影響を与えたのである（451ページ）．

2
1. 実在性の判定条件　ある系にどんな方法であれ乱れを引き起こすことなく，その物理量の値を確実に（すなわち，1の確率で）予言することができるならば，この物理量に対応する物理的実在の要素が存在する．
2. 完全性の判定条件　ある物理的実在のあらゆる要素の対照物がその物理理論のなかにある場合にかぎり，その物理理論は完全である．
   暗々裏に仮定されている論拠は次のものである．
3. 局所性の仮定　測定のときに……，2つの系が最早相互作用をしていないならば，1番目の系に何がなされたとしても，2番目の系には何の変化も起こらない．
4. 妥当性の仮定　量子力学の統計的予言は——少なくともそれが議論にとって適当である範囲において——経験によって確認される．
   われわれはここでは「判定条件」という用語を数学的に厳密な必要かつ十分という意味では使っていない．すなわち著者らは1を実在性にとって十分ではあるが，必要条件としては挙げていない．そうしてまた，2を単に完全性の必要条件として挙げているにすぎない．それゆえアインシュタイン–ポドルスキー–ローゼンの議論は，実在性の判定条件1を基礎として，仮定3と4は量子力学が判定条件2を，すなわち完全性の必要条件を満足していないことを意味し，したがって物理的実在性の不完全な記述を提供しているにすぎないことを説明しているのである（454ページ）．

3 われわれの見地からすれば，アインシュタイン，ポドルスキーとローゼンによって提案された上述の物理的実在性の判定の言葉使いは，どのような方法でも体系を乱すことなしに，という表現の意味に関する曖昧さを含んでいる．もちろん，測定の順序の最後の段階では，問題にしている系の力学的な乱れに問題はない．しかし，この段階においてさえも，この系の将来の振る舞いについての予言の可能な形を決定する条件に及ぼす影響については，原理的な問題が存在するのである．これらの条件は，「物理的実在性」という言葉が，正当に適用される現象の記述には元来固有の要素となるものであるから，著者の言うところの，量子論が不完全であるという

結論を正当化することはできないのである（459ページ）．

第12章

1 本章はすでに5.2a節のように，いくつかの変更をして，論考「物質・エネルギー・情報」(1969)にならう．『自然の統一』3.5，ここではMEIと表記する．
2 論文「可能性と運動．アリストテレスの物理学についての注釈」(1967)，『自然の統一』4.4参照．
3 論文「カントの『経験の最初の類推』と物理学の保存則」(1964)，『自然の統一』4.2参照．
4 ピヒト (1958)，『人間的なるものの庭』2.7「時間の共有認知」参照．
5 5.4の定義によれば，下方の解釈論的次元は多くの潜在的な，上方の次元は多くの実際的な情報を保有している．「下方の」解釈論的次元には，ここでの話法によれば，そのつど「上方の」解釈論的次元にある上位概念が対応している．この術語は，上方の次元は内容がより豊富であるが，論理的な「上位概念」のほうは逆に内容が乏しく，したがってその範囲は一層広いことを示しているのである．
6 『時間と知識』．

第13章

1 これについてはピヒト『永遠の現在の顕現』(1960)．
2 『回想』より引用した．
3 未来が事実であると言うときには，記録とは，それが起こったときに，その事実についての記録があるという意味で言っているのである．
4 G. Süssmannは1960年のわれわれのハンブルクの討論会でこの例を発表した．
5 『新時代の認知』(1983)参照．ボーアとハイゼンベルク『1932年のある思い出』，論文「概念」の第1節，さらに『時間と知識』第2章．
6 動物園に新しく入った男がいた
  彼はウシカモシカの世話係にされた
  ウシカモシカは彼が新しい人だということを知った
  また男はウシカモシカが自分を知っていることを知った
  そしてウシカモシカは男を知っていることを男が知っているということを

知った
7　G. W. F. ヘーゲル『論理の科学』第2章参照．
8　「無限」の概念は，数学的概念，すなわち無限の集合とは異なるものである．むしろ人間の持つ限界性であり，人間の数学的知識を超えたものである．

[訳注]
1　ネボ（Nebo）はバビロニア語のナブー，ヘブル語のナービー（預言者）で「イザヤ書」46：1にベル（Bel）とともに記されている．彼はバビロンの姉妹都市ボルシッパ（Borsippa）の守護神で文字，文芸，科学の神であり，バビロニヤの神々のなかでは最も尊敬された．「ネボ」山は西部地方におけるバビロニア文化と宗教の感化が紀元前17世紀にまでさかのぼることの証である．『聖書大辞典』増補6版（485ページ）．

第14章

1　1973, 48ページ．これについては『人間的なるものの庭』II, 2.1, 189ページを参照．
2　『自然の統一』IV, 4, 428ページ以下の「可能性と運動」を参照．
3　これについては『自然の統一』IV, 6の「パルメニデスと量子論」および『人間的なるものの庭』II, 1の「物理学における主体とは何か」を参照．
4　これについてはEnno Rudolf（1983）を参照．

解　説

1.

　本書は Carl Friedrich von Weizsäcker, *Aufbau der Physik*, Carl Hanser Verlag, München, 1985 の翻訳である．

　著者カール・フリートリッヒ・フォン・ワイツゼッカーは，1912年6月28日，ドイツのキールで生まれた．ワイツゼッカー家は古い来歴を持ち，近世以降，神学者，政治家，科学者などを数多く輩出した家系として知られる．著者の父エルンスト・ハインリヒ・フォン・ワイツゼッカーは第2次世界大戦中の困難な時期に外務事務次官を務め，8歳年下の弟リヒャルト・カール・フォン・ワイツゼッカーは西ドイツ第6代大統領であり，ドイツ統一後も94年まで在任した．

　著者ワイツゼッカーの関心はもともと哲学や天文学のような，何らかの形で「全体」に関係する学問にあったが，10代の中頃，父の当時の任地コペンハーゲンで知己を得た11歳年長のハイゼンベルクの助言で，物理学の道に進んだ．ベルリン，ゲッティンゲン，ライプツィヒの各大学でハイゼンベルクなどに学び，1933年ライプツィヒ大学のフントのもとで博士号を取得する．1934年，ライプツィヒ大学理論物理学研究所の助手となり，1936年，同大学で教授資格を得る．同年，まずベルリンのカイザー・ヴィルヘルム化学研究所でオットー・ハーン所長のもとで代理研究員を務めるが，ほどなくペトルス・デバイを所長としてカイザー・ヴィルヘルム物理学研究所が設立されると，そこの研究員に迎えられた．同時にベルリン大学で私講師も務める．1942年から1945年までシュトラースブルク大学の理論物理学員外教授であった．

　この第2次世界大戦までの時期にワイツゼッカーが物理学であげた業績としては，まず「ワイツゼッカー・ウイリアムズ法」がある（1934年）．これは半古典的な近似式で，多くの種類の電磁的相互作用を分析するのに用いら

れ，標準的なファインマンの規則を用いると実際上不可能になってしまうような計算を行なえるようにする式である．現在，この近似式を電弱理論と整合するように拡張することが試みられている．次の業績は液滴モデルから導かれた半経験的な「ワイツゼッカーの質量公式」である（1935年）．この公式は，原子核や原子の質量や結合エネルギーを原子番号などの関数として表わす質量公式のうち基本的なものとして，現在でもその価値を失っていない．さらにワイツゼッカーはベーテに先立って，恒星のエネルギーの源が水素核の核融合にあること（「p-p チェイン」）を指摘し（1937年），同じくベーテに先立って，より高温の主系列星では炭素，窒素，酸素を触媒にして，4つの水素核が集まってヘリウム核となる反応（「CNO サイクル」）が起きていることを明らかにした（1938年）．

さらに第2次世界大戦中ワイツゼッカーは，ドイツの核エネルギー開発研究にも参画したとされ，そのため，アインシュタインがルーズベルト大統領に宛てた原子爆弾製造を促す一連の手紙には「次官の子息」としてその名が何度か登場する．また，その参画のかどで，ワイツゼッカーは連合軍により1945年4月頃から約8カ月間，ハイゼンベルク，マックス・フォン・ラウエ，オットー・ハーン，ヴァルター・ゲルラッハなど，同じ研究に参加したとされる9名とともに，主として英国ケンブリッジ郊外の別荘ファーム・ホールに抑留された．その別荘で史上初の原子爆弾投下のニュースが伝えられる．それ以後，物理学の研究と並んで，物理学が権力という形態をとることと科学者の社会的責任もまた，ワイツゼッカーの関心事となった．

戦後1946年3月にドイツに戻ると，ワイツゼッカーはゲッティンゲンのマックス・プランク物理学研究所の所長およびゲッティンゲン大学非常勤教授としてハイゼンベルクのもとで研究活動を続けた．それとともに，戦後のアインシュタインと同じく一貫して核兵器製造に反対し，西ドイツの核武装に反対する18名の学者が発表した「ゲッティンゲン宣言」（1957年）では主導的な役割を果たした．この宣言と同じ年の春，招聘に応じてハンブルク大学の哲学の正教授に就任し，主としてプラトンとカントを講じた．同時に，ミュンヘンに移っていたマックス・プランク物理学・天体物理学研究所の所員を兼務し続ける．このハンブルク時代にはドイツ物理学協会のマックス・プランク・メダルなど数々の賞を受賞している．哲学を13年にわたって講じた後，1970年に「科学技術世界の生存条件研究のためのマックス・プラ

ンク研究所」がシュターンベルクに設立されるのに伴い，その所長に就任し，しばらくして哲学者ユルゲン・ハーバマスを同格の所長として迎え入れた．在職中，西ドイツ大統領選への出馬を要請されたが固辞した．同研究所を1980年に定年退職した後も旺盛な著作活動と社会的活動を続け，2002年にマックス・プランク物理学研究所が開いた90歳記念コロキウムにも出席した．ほぼ5年後の2007年4月28日，「ドイツ語圏で最後の博学者」と言われたワイツゼッカーは95年近い生涯を閉じた．自己を語って「哲学的な関心から物理学を修め，物理学についての反省から哲学をやったが，政治への関心はもともと一種の道徳的義務感から来ている」と述べている．

2.

ワイツゼッカーには幅広い分野に及ぶ夥しい著作がある．この訳書に付した原著の「本文中に引用した文献のリスト」に挙げられているのは1985年までの物理学関係の著作だけである．そこで，それまでに刊行されたがそこに挙がっていない著作，挙げられているが翻訳のある著作，およびそれ以降に刊行された著作のうち，主要なものを挙げておこう．

1948—*Die Geschichte der Natur*．[『自然の歴史』西川富雄訳，法律文化社，1968]

1952—*Physik der Gegenwart*．

1957—*Atomenergie und Atomzeitalter*．[『原子力と原子時代』富山小太郎・粟田賢三訳，岩波新書，1958]

1964—*Die Tragweite der Wissenschaft*．[『科学の射程』野田保之・金子晴勇訳，法政大学出版局，1969]

1969—*Der ungesicherte Friede*．[『心の病としての平和不在：核時代の倫理学』遠山義孝訳，南雲堂，1982]

1971—*Die Einheit der Natur*．[『自然の統一』齋藤義一・河合徳治訳，法政大学出版局，1979]

1977—*Der Garten des Menschlichen*．[『人間的なるものの庭』山辺建訳，法政大学出版局，2000]

1981—*Der bedrohte Friede. Politische Aufsätze, 1945–1981*．

1986—*Die Zeit drängt. Eine Weltversammlung der Christen für Gerechtigkeit, Frieden*

  und die Bewahrung der Schöpfung.［『時は迫れり——現代世界への危機へ
  の提言』座小田豊訳，法政大学出版局，1988］
1988—*Bewußtseinswandel*. Carl Hanser.
1990—*Bedingungen der Freiheit*. Carl Hanser.
1991—*Der Mensch in seiner Geschichte*. Carl Hanser.［『人間とは何か』小杉尅
  次・新垣誠正訳，ミネルヴァ書房，2004］
1992—*Zeit und Wissen*. Carl Hanser.［本書で予告されている著作］
1994—*Der bedrohte Friede–heute*. Carl Hanser.
1995—*Die Sterne sind glühende Gaskugeln und Gott ist gegenwärtig. Über Religion
  und Naturwissenschaft*. Herder, Freiburg.
1997—*Wohin gehen wir ?* Carl Hanser.［『われわれはどこへ行くのか』小杉尅次
  訳，ミネルヴァ書房，2004］
1999—*Große Physiker. Von Aristoteles bis Werner Heisenberg*. Carl Hanser.
2002—*Lieber Freund! Lieber Gegner! Briefe aus fünf Jahrzehnten*. Carl Hanser.
2006—*The Structure of Physics*, edited, revised and enlarged by Thomas Görnitz and
  Holger Lyre（Fundamental Theories of Physics, Vol. 155），Springer.

　最後に挙げた文献は，本書が訳出した独語版の出版から 21 年後に刊行された英語版であり，独語版からいくつかの章や節を省き，代わりに編者が執筆した部分（ウア理論に基づく宇宙論と素粒子論のその後の研究を述べた章とワイツゼッカーの物理学の哲学の紹介）を収めている．

3.

　本書の内容，構成，読み方については，第 1 章「序論」にきわめて行き届いた記述があるので，ここで繰り返すには及ばないであろう．以下では，まず本書全体の基本的な特色のいくつかをごく簡単に指摘し，次に中心部分をやや立ち入って述べたい．

　まず，本書は時間と確率についての著者独自の思想をもとに再構成した量子論によって物理学を統一しようとする試みを述べたものである．著者の出発点は，なぜこれまでに行なわれた夥しい数の実験がすべて量子論を満足す

るのかという哲学的な疑問であった．この問いに対して著者は，それは量子論の基礎法則がおよそ経験一般が成立するための必要不可欠な条件を述べているからであると答え，このカント認識論の基本思想を，物理学の統一を試みるにあたって導きの糸とするのである．これが本書の第1の基本的な特色である．

　3部に分かれる本書の第I部は遡行的に量子論の基礎を問い，前後関係によって定義される時間ではなく，過去，現在，未来という様態を持つ時間を物理学に導入しようとする．つまりマクタガートのB系列でなくA系列の時間こそ物理学的時間の基本であるとみなすのである．これが本書の第2の基本的な特色である．その結果，著者は確率言明を未来に関する言明と解釈しようとする．さらに，確率のこの未来的理解が熱力学の第2法則，したがって不可逆性という基本的現象を矛盾なく基礎づけるために必要であると主張する．これは時間，確率，そして熱力学についてのまことにユニークな解釈であって，著者自身が「序論」で，これには「ほとんどすべての物理学者の強い感情的反発がある」と述べているところからもわかるように，多くの支持を得ているとは言い難い．けれども，それは少数意見という理由だけで斥けられるべきではなく，哲学的な精査に値する見解であろう．

　第3の基本的な特色は，本書が物理学の書であるのみならず，上の2点と関連するのであるが，物理学，さらには人間の知識一般についての徹底的な反省を含んでいるという点で，哲学の書でもあるということである．この点が顕著に現われているのは第III部の最後の2章であり，そこでは量子論を超えた物理学，物理学を超えた人間的知識，人間的知識を超えた存在が論じられて，形而上学への志向が表明されている．

　次に，第II部は前進的に，時間と確率に関する上述の基礎によって量子論を再構成し，そこから相対性理論と素粒子論の基礎とを導き出そうと試みる．この第II部の抽象的量子論から始まる3つの章は本書の核心部分であるから，やや詳しく解説しておきたい．

【抽象的量子論】
　量子論はプランクの熱放射理論（1900），アインシュタインによる光電効果の理論（1905）とボーアの水素の原子スペクトルの理論（1915）を嚆矢と

して発展した．これらを数学的に体系化した不確定性関係を用いたハイゼンベルクの理論（1927）によってボーアを始祖とするコペンハーゲン学派の体系が確立した．ボーアが量子論の特徴として掲げた相補性は数学的に明瞭な形でハイゼンベルクの理論のなかで不確定性関係として示されたのであった．さらに数学的に完成された体系はノイマンがヒルベルト空間の理論（1930）としてまとめ，対象の状態をその空間のベクトルとその時間的発展によって表わそうとしたものであり，これが最初に統一された抽象的量子論ということができよう．ノイマンの量子論は古典力学のように質点の概念も3次元の位置空間の存在も前提していないのでハミルトンやラグランジの抽象的古典論よりさらに抽象的である．

本書ではその再構成の3つの道筋を第8章で述べている．第1の道は命題束を経由した構成，第2の道は，確率を経てベクトル空間へ，第3の道は振幅を経てベクトル空間へとなっている．

第1の道はドリーシュナー（1970）が選んだもので，物理学とは決定可能な選立に関して将来の決定結果を確率的に予言する方法を定式化するものであると主張する．選立が決定されるならば，可能な事象の1つが事実となることを意味している．ある確率で事象や命題が出現するが，選立とは事象または命題の集合のことであって，事象とは対象のある時刻における形式的に可能な特性の確立に他ならない．

選立の論理的概念に加えて対象の存在論的概念が導入される．対象は系（System）と同じ意味で使われることが多いが，可能な状態で存在する基本的なものと考えられる．対象の選立は量子論的表現ではオブザーバブルである．対象には最終の命題があって，それは量子論的には純粋状態があるということである．束理論的にはそれは原子，すなわち束の最小の要素である．原子論的命題の存在というドリーシュナーの要請を本書は受け継いでいるが，第4の道で初めてこの要請を別の仕方で基礎づけている．ドリーシュナーは対象に対する選立の要素の数を正数Kを超えないことを要請しているが，本書では可算無限個の選立を許容している．物理的にはコンパクトでない変換群をユニタリ形式で表現しようとすれば，無限次元のヒルベルト空間が不可欠だからである．

対象を複合して作られた全対象の選立は，部分対象の選立のデカルト積である．部分対象間の相互作用と，外部環境との相互作用のために，部分対象

がよく定義されるような選立のデカルト積だけでは，よく定義された全対象の選立を表わすことはできない．よく定義された全対象の選立，あるいはそのヒルベルト空間での状態は近似的に求められるにすぎないのであって，理論物理学の可能性はその近似的性格に根ざしているのである．

量子論の確率概念は，ある対象の2つの状態 a と b に関して，a が必然のとき b が出現する確率が $p(a, b)$ となることが予見されるのである．対象と環境との，すなわち観測者との相互作用がなければ検証されえないにもかかわらず，外部と無関係に，内部的な記述によって定式化されているのも量子論の特徴である．

ドリーシュナーの非決定性の要請は構築の枠組みのなかでは，量子力学において重ね合わせの原理として知られているものと同等の中心的要請である．ある対象について2つの命題 x と y は，$p(x, y)=p(y, x)=0$ のとき，互いに排他的であると言う．これらの2つの命題のいずれとも排他的でない，同じ対象の最後の命題 z がある．これは確率関数についての要求であって，つねにその値が必然でも不可能でもない予測があることの要請である．

第1の道では，このようにして量子論が再構築されるのであるが，同時決定性を犠牲にして，対象についての命題集録が，確率関数に対する自然な要求として，連言，否定，選言と含意が定義される．状態の時間的発展は確率関数が不変に保たれるためには，ユニタリ変換によって記述されなければならない．

第2の道は，有限個の選立から出発して，n 個の選立を経験的な検査の結果，その命題が真であることが示されるような n 個の命題の集合として定義する．これらの選立に対して3つの要請がなされる．①分離可能な選立が存在する．②互いに排他的な対と排他的でない，かつ分離可能でない選立がある．③状態の時間変化にともなって，同じ選立に属する状態の確率が保存される．

①の分離可能とは一方の決定結果に他方の決定が依存しないことである．②は第1の道の非決定性の要請の拡張に相当していて，拡張の要請と名づけられている．③の運動学では，選立に属する状態の確率関係は不変に保たれる．

これから3つの結論が導かれる．①状態空間 $S(n)$ は与えられた n 個の選立に属するすべての同等な状態の集合である．②$S(n)$ のすべての状態は同

等であって $p(x_i, x_j)=d_{ij}$ となるような n 個の状態がつねに存在している．したがって $S(n)$ は n 次元の実ベクトル空間 IR^n によって表現されうる．③状態の時間的変化は対称群の単パラメターの部分群によって記述されこのパラメターが時間である．これから複素ベクトル空間での広義のシュレーディンガー方程式が導かれる

第3の道の「振幅を超えてベクトル空間に至る再構成」は著者自身の1974年の論文であって，25項目に分類して詳しく紹介されている．これについては引用文献を参照しながら第1，第2の道と比較して読んでいただきたい．

【具体的量子論】

第8章では任意の選立，対象と力を取り扱う抽象的量子論の再構成への道程を提示しているが，第9章と第10章では具体的量子論，すなわち実際に可能な対象についての量子論の構築について述べている．

抽象的量子論では説明のために利用されるにすぎなかった「空間」，「粒子」，「相互作用」の概念を実際の対象と事象とに関係づけて定めておかなければならない．空間は抽象的数学的空間と区別して位置空間と呼ばれる3次元空間と，特殊相対性理論ではこれに時間を結びつけた4次元のミンコフスキー空間を取り扱う．また一般相対性理論はリーマン幾何学で記述される．

具体的量子論の再構成に際しては，状態空間の対称性が重要な働きをする．対称性の議論には群論が用いられるが，すべての現実の力学法則は共通の対称群に従う．時間を変換のなかに取り入れて量子論を再構成することによって，その統一的な体系のなかに，前世紀にそれぞれ独立に新しく生まれた量子論と特殊相対性理論が含まれることになったのである．第4の道では変化する選立の量子論から相対論的不変性と質点として記述される粒子の存在が導かれる．

対象に関する可能な事象の出現や消滅は変化する選立によって記述される．その定量的な議論が2項ウア選立を用いて試みられ，一般の選立は2項選立のデカルト積として定義される．従来の物理学や化学では，すべての対象は相対論的原子論に従って原子や素粒子に分解されると考えるが，そもそも最小とは何なのかがわからないのである．著者たちは量子論を選立の概念からヒルベルト空間のテンソル積をつくることによって構築した．選立は離散的

であり，1つの決定を意味する最小の選立は2項選立であって，その決定は1ビットに相当する．量子論の状態空間を構成する2項選立はウア選立と名づけられる．1個のウア選立に対応する下位対象をウア（Ur）と名づける．n個のウアの可能な状態は，ウアのベクトル空間$V^{(2)}$の上の階数nのテンソル空間$T^{(n)}$によって定まる．ウアは従来の量子論における粒子と同じく互いに区別不可能である．最初はウアはボース統計に従うものとしてテンソル空間を対称テンソル空間Tに制限する．ウアは2項選立の下位対象であるから，選立の答えをrと書くとrは1または2の値をもち，状態rのウア数をn_rとすると，階数nの基底テンソルは2つのn_1とn_2，ただし$n=n_1+n_2$によって特徴づけられる．異なる階数のテンソルはよく知られたボース統計の法則によって関係づけられている．このことから偶数のnには整数のスピン状態が，奇数のnには半整数のスピンが対応していることがわかる．2項選立は対称群U(2)をもつ2次元の状態空間を定義する．この選立はそのつど，電子の2つのスピン状態，光量子の2つの偏極状態やフェルミ粒子の状態が占拠されているかいないかの決定などを意味づけることができる．現実の粒子はボースまたはフェルミ粒子に限られるが，ウアにはさらに一般的なグリーンのパラボース統計を適用して，その演算子にはグリーンの交換関係が用いられる．

　ウアの対称群U(2)は部分群としてU(1)とSU(2)を含み，U(1)は状態の時間変化を表わす群であって，SU(2)は3次元空間では回転群として理解される．ハイデンライヒのリー群の研究（1981）を経てアインシュタインの特殊相対性理論が導かれる．従来の相対論的量子論ではローレンツ不変性をたよりに，繰り込み理論によって粒子の自己エネルギーが無限大となる困難を解決しているが，そのような既成の理論を結合するのでなくて，量子論の枠組みのなかに相対性理論を取り入れることが示されるのである．このような構成の道筋を著者は歴史の逆転と呼んでいる．ディラックがその相対論的量子論（1928）から予言し，アンダーソンによって霧箱のなかで1935年に陽電子が発見され，すべての素粒子にはその反粒子が存在することが明らかとなったが，本書でも反ウアの存在が示され，その粒子数n3とn4が求められている．またウアの静止質量は対称テンソルに話を限る場合にはゼロとなるが，第10章（10.5-6）では有限の静止質量を与えるテンソルの表現を見いだしている．もちろんウア自体は現実の対象ではなくて，ある対象につい

て測定される選立の状態空間なのである．一般にウア数は時間とともに変化し増加する．

具体的な問題としては大きい順番に，宇宙，天体，物，粒子，選立が考えられる．選立を状態空間とするもろもろの粒子の基本要素としての準粒子の表現を利用して，広域的ミンコフスキー空間では，ニュートリノの基底状態とその質量を与える．またウア理論からマクスウェルの波動方程式を導き，量子電磁力学の基礎づけを行なっている．

かつては分割不可能と思われていた水素や酸素の原子も，やがて光量子，電子，陽子，中性子に分離され，さらに現在ではレプトン，クオーク，光量子，グルーオンなどがより基本的な素粒子と考えられている．選立の量子論，すなわちウア理論の主張は，最小の粒子があるのではなくて，あるのは最小の選立であり，この理論によって初めて首尾一貫した原子論に到達できるというものである．第10章の6節素粒子では従来の場の量子論における無限大の困難は現われないこと，およびレプトンとクオークは2つの異なった状態にある同じ粒子であることが示される．また粒子の種類は2つの数 p と s で決定される．すべての電子や陽子の静止質量がそれぞれ鋭い一定の値を持っていることも残された問題であるが，これを解く鍵として著者は量子統計力学の凝縮理論を示唆している．

アインシュタインは時空連続体にリーマン幾何学を応用し，質点は外力がない場合には測地線に沿って動き，場の方程式として物質のエネルギー運動量テンソル T_{ik} が方程式

$$G_{ik} = -\varkappa \, T_{ik} \qquad (1)$$

に従い G_{ik} はリーマン曲率で与えられる（本書385ページ，式2）．ウア理論からこの法則を導くことが次の課題となる．相対性理論は局所的理論であり量子論は本質的に非局所的理論であり，本質的に異なるばかりでなく，非線形の方程式の量子化は数学的に困難であって，著者はアインシュタインの固有の考え方をウア理論のなかで繰り返し方程式（1）が第1近似として成立するような理論の構成を考えている．ウア理論からは式（1）の $\varkappa$ の値が全世界のウア数 N によって与えられている．$\varkappa$ の実験値が 10^{-40} であることから評価するとウア数は $N=10^{120}$ となる．

*

　翻訳の分担については，序言，第 1 章―第 6 章，第 7 章の第 6 節と第 7 節，第 14 章を森が担当し，第 7 章の第 1 節―第 5 節，第 8 章―第 13 章を西山が担当した．専門用語については訳者のあいだで訳語の全面的な統一を図った．しかしそれ以外の点での統一は完全でなく，この点はご寛恕を乞うほかない．

　本書の翻訳は，『自然の統一』の翻訳者の齋藤義一先生のお薦めによるものである．先生には西山が担当した上記 7 つの章の訳文を読んでいただき貴重なご意見とご教示を戴いた．この翻訳と出版につき先生から長年にわたって賜ったご指導とご鞭撻に深く感謝の意を表したい．さらに西山は，第 7 章のリードにあるイタリア語の文章の出典（ダンテの『神曲』）については大阪大学言語文化部奥田博之教授（当時）の，また第 13 章のリード「ネボ」の出典（旧訳聖書）については梅花女子大学の中村元保学長のご教示に深く感謝する．最後に，法政大学出版局の平川俊彦氏，松永辰郎氏の忍耐と励ましがなかったならば，この訳書は到底，日の目を見ることはできなかったであろう．心から感謝の意を表したい．

　　　2008 年 6 月

訳　　者

参 考 文 献

略記：QTS: Quantum Theory and the Structures of Time and Space, ed. L. Castell, M. Drieschner, C. F. v. Weizsäcker. 6 Bände：I (1975), II (1977), III (1979), IV (1981), V (1983), VI (in Vorb.), München, Hanser [VI は 1986 年に刊行]

Aristoteles De Interptretatione, Kap. 9; Metaphysik, Buch Γ
Barut, A. O. (1982) Description and interpretation of the internal symmetries of hadrons as an exchange symmetry, Physica *114 A*, 221–228
  (1984) Unification based on electrodynamics, Symposium on Unification, Caput, Sept. 84
Beth, E. W. (1955) Semantic Entailment and Formal Derivability, Medd. Kon. Nederlandse Ak. v. Wetenschappen, Amsterdam
Birkhoff, G. a. J. v. Neumann (1936) The Logic of Quantum Mechanics, Annals of Mathematics *37*, 823–843
Bleuler, K. (1950) Eine neue Methode zur Behandlung der longitudinalen und skalaren Photonen, Helv. Phys. Acta, *23*, 567–586
Bocheński, J. M. (1956) Formale Logik, Freiburg/Br., Alber
Bohm, D. (1951) Quantum Theory, Englewood Cliffs, N. Y., Prentice Hall
  (1952) A Suggested Interpretation of the Quantum Theory in Terms of Hidden Variables, Phys. Rev. *85*, 166–179, 180–193
Bohr, N. (1913) On the Constitution of Atoms and Molecules, Phil. Mag. *26*, 1–25, 476–502, 857–875
  (1913^2) Über das Wasserstoffspektrum, Fys. Tidskr. *12*, 97, (1914)
  (1927) Das Quantenpostulat und die neuere Entwicklung der Atomistik, Como 16. 9. 1927; Naturwiss. *16*, 245 (1928)
  (1932) Licht und Leben, Naturwiss. *21*, 245 (1933)
  (1935) Can quantum-mechanical description of physical reality be considered complete? Phys. Rev. *48*, 696–702
  (1949) Discussion with Einstein on epistemological problems in atomic physics, in Schilpp (1949)
Bohr, N. mit H. A. Kramers und J. C. Slater (1924) Über die Quantentheorie der Strahlung, Z. Phys. *24*, 69–87
Bopp, F. (1954) Z. Naturforschung *9a*, 579
  (1983) Quantenphysikalischer Ursprung der Eichidee, Ann. d. Phys. 7. Folge, *40*, 317–333
Borges, J. L. Der Garten der Pfade, die sich verzweigen. In J. L. Borges, Sämtliche Erzählungen, München, Hanser, 1970
Born, M. (1924) Über Quantenmechanik, Z. Phys. *26*, 379–395
  (1925) Vorlesungen über Atommechanik, Berlin, Springer
  (1926) Quantenmechanik der Stoßvorgänge, Z. Phys. *38*, 803–827
Born, M. u. P. Jordan (1930) Elementare Quantenmechanik, Berlin, Springer
Boerner, H. (1955) Darstellungen von Gruppen, Berlin, Göttingen, Heidelberg, Springer
de Broglie, L. (1924) Thèses, Paris, Masson et Cie
Capra, F. (1975) The Tao of Physics, Berkeley
Castell, L. (1968) Causality and conformal symmetry, Nuclear Physics *B 5*, 601–605

(1975) Quantum theory of simple alternatives, QTS II, 147-162

Courant, R. u. D. Hilbert (1937) Methoden der mathematischen Physik II, Berlin, Springer

Dingler, H. (1964) Aufbau der exakten Fundamentalwissenschaft, München, Eidos

Dirac, P. A. M. (1927) The quantum theory of the emission and absorption of radiation, Proc. Roy. Soc. A, *114*, 243-265

(1933) The Lagrangian in quantum mechanics, Phys. Zeitschrift d. Sowjetunion *3*, 61-72

(1937) The cosmological constants, Nature *139*, 323

(1938) A new basis for cosmology, Proc. Roy. Soc., A *165*, 199-208

Drieschner, M. (1970) Quantum mechanics as a general theory of objective prediction, Dissertation, Hamburg 1967

(1978) Information als Nutzen, Manuskript

(1979) Voraussage–Wahrscheinlichkeit–Objekt, Springer Lecture Notes Nr. 99, Berlin, Heidelberg, New York, Springer

Dürr, H. P. (1977) Heisenberg's unified theory of elementary particles and the structure of time and space, QTS II, 33-45

Ehrenfest, P. u. T. (1906) Über eine Aufgabe aus der Wahrscheinlichkeitsrechnung, die mit der kinetischen Deutung der Entropievermehrung zusammenhängt. Math.-naturwiss. Blätter, *11*, 12

(1912) Begriffliche Grundlagen der statistischen Auffassung in der Mechanik, Enzykl. d. math. Wiss. IV, 2, II

Eigen, M. (1971) Selforganization of matter and the evolution of biological macromolecules, Natwiss. *58*, 465-523

Einstein, A. (1905) Über einen die Erzeugung und Verwandlung des Lichts betreffenden heuristischen Gesichtspunkt, Ann. d. Phys. *17*, 132-148

(1905^2) Elektrodynamik bewegter Körper, Ann. d. Phys. *17*, 891-921

(1917) Quantentheorie der Strahlung, Phys. Zeitschrift *18*, 121-128

(1949) Autobiographisches, in Schilpp (1949), 2-95

Einstein, A. mit B. Podolsky u. N. Rosen (1935) Can quantum-mechanical description of physical reality be considered complete? Phys. Rev. *47*, 777-780

Everett, H. (1957) Relative state formulation of quantum mechanics, Rev. Mod. Phys. *29*, 454-462

(1973) The theory of the universal wave function, in B. de Witt and N. Graham, The Many Worlds interpretation of quantum mechanics, Princeton, The University Press, S. 1-140

Feynman, R. P. (1948) Space-time approach to non-relativistic quantum mechanics, Rev. Mod. Phys. *20*, 367-387

de Finetti, B. (1937) La prévision: ses lois logiques, ses sources subjectives, Ann. de l'Institut H. Poincaré, *7*, 1-68

(1972) Probability, induction and statistics, New York, Wiley

Finkelstein, D. (1968) Space-Time Code, Phys. Rev. *185*, 1261

Franz, H. (1949) Diplomarbeit, Göttingen, MPI f. Physik

Frede, D. (1970) Aristoteles und die »Seeschlacht«, Göttingen, Vandenhoeck & Ruprecht

Gadamer, H. G. (1960) Wahrheit und Methode, Tübingen, Mohr (Siebeck)

Gibbs, H. W. (1902) Elementary principles in statistical mechanics, New Haven, Yale University Press

Glansdorff, P. u. I. Prigogine (1971) Thermodynamic theory of structure, stability and fluctuation, New York, Wiley

Gödel, K. (1949) An example of a new type of cosmological solutions of Einstein's field equation of gravitation, Rev. Mod. Phys. *21*, 447-450

Green, H. S. (1953) A generalized method of field quantization, Phys. Rev. *90*, 270–273

Greenberg, O. W. u. A. M. L. Messiah (1965) High-order limit of para-Bose and para-Fermi fields, Journal of Math. Physics *6*, 500–504

Görnitz, Th. (1985) On the connection of abstract quantum theory and general relativity, in QTS VI

Gupta, S. N. (1950) Theory of longitudinal photons in quantum electrodynamics, Proc. Phys. Soc., *A 63*, 681–691

— (1954) Gravitation and electromagnetism, Phys. Rev. *96*, 1683–85

Haken, H. (1978) Synergetics, Berlin, Heidelberg, New York, Springer

Hawking, S. W. a. G. F. R. Ellis (1973) The large scale structure of space-time, Cambridge, The University Press

Hegel, G. W. F. Die Wissenschaft der Logik, Zweites Kapitel Bb

Heidenreich, W. (1981) Die dynamischen Gruppen SO(3, 2) und SO(4, 2) als Raum-Zeit-Gruppen von Elementarteilchen, Dissertation, TU München

Heisenberg, W. (1925) Über quantentheoretische Umdeutung kinematischer und mechanischer Beziehungen, Z. Phys. *33*, 879–893

— (1927) Über den anschaulichen Inhalt der quantentheoretischen Kinematik und Mechanik, Z. Phys. *43*, 172–198

— (1930) Die physikalischen Prinzipien der Quantentheorie, Leipzig, Hirzel

— (1936) Zur Theorie der »Schauer« in der Höhenstrahlung, Z. Physik *101*, 533

— (1938) Die Grenzen der Anwendbarkeit der bisherigen Quantentheorie, Z. Physik *110*, 251

— (1938[2]) Über die in der Theorie der Elementarteilchen auftretende universelle Länge, Ann. Physique *32*, 20

— (1948) Der Begriff »abgeschlossene Theorie« in der modernen Naturwissenschaft, Dialectica *2*, 331–336

— (1969) Der Teil und das Ganze, München, Piper

Heisenberg, W. u. H. P. Dürr, H. Mitter, S. Schieder u. K. Yamasaki (1959) Z. Naturforschung *14a*, 441

Heisenberg, W. u. W. Pauli (1929) Z. Physik *56*, 1 und *59*, 168

— (1958) Unveröffentlichtes Manuskript

Helmholtz, H. v. (1863) Über Tatsachen, die der Geometrie zugrunde liegen, Nachr. Ges. Wiss. Gött., 1863, 193–221

Hilbert, D. (1915) Die Grundlagen der Physik, Nachr. Ges. Wiss. Gött., 1915, 395; 1917, 201

Hoffmann, B. u. H. Dukas (1972) Albert Einstein, New York, Viking Press

Jacob, P. (1977) Konform invariante Theorie exklusiver Elementarteilchen-Streuungen bei großen Winkeln, Dissertation, MPI Lebensbedingungen Starnberg

Jammer, M. (1974) The philosophy of quantum mechanics, New York, Wiley

Jauch, J. M. (1968) Foundations of quantum mechanics, Reading, Mass., Addison-Wesley

Jordan, P. u. E. Wigner (1928) Über das Paulische Äquivalenzverbot, Z. Phys. *47*, 631–651

Kant, I. (1781) Kritik der reinen Vernunft

— (1784) Was ist Aufklärung?

Kapp, E. (1942) Greek origins of classical logic

Kolmogorow, A. N. (1933) Grundbegriff der Wahrscheinlichkeitsrechnung, in Ergebnisse der Mathematik 1933

Kuhn, Th. S. (1962) The structure of scientific revolutions, Chicago, University of Chicago Press

Künemund, Th. (1982) Dynamische Symmetrien in der Elementarteilchenphysik, Diplomarbeit, TU München

(1985) Die Darstellungen der symplektischen und konformen Superalgebren, Dissertation, TU München

Kunsemüller, H. (1964) Zur Axiomatik der Quantenlogik, Philosophia Naturalis *8*, 363

Landau, L. u. M. Bronstein (1934) Sowj. Phys. *4*, 114

Lenard, P. (1902) Über die lichtelektrische Wirkung, Ann. Phys. *8*, 149–198

Lorenz, Konrad (1942) Die angeborenen Formen möglicher Erfahrung, Z. Tierpsychol. *5*, 235

(1973) Die Rückseite des Spiegels, München, Piper

Lorenz, Kuno (1961) Arithmetik und Logik als Spiele, in Lorenzen und Lorenz (1978)

Lorenzen, P. (1955) Einführung in die operative Logik und Mathematik, Berlin, Heidelberg, New York, Springer

(1959) Ein dialogisches Konstruktivitätskriterium, in Lorenzen und Lorenz (1978)

(1962) Metamathematik, Mannheim, Bibliographisches Institut

Lorenzen, P. u. K. Lorenz (1978) Dialogische Logik, Darmstadt, Wissenschaftliche Buchgesellschaft

Ludwig, G. (1954) Die Grundlagen der Quantenmechanik, Berlin, Heidelberg, New York, Springer

March u. Foradori (1939–40) Ganzzahligkeit in Raum und Zeit, Z. Phys. *114*, 215, 653; *115*, 245, 522

Mehra, J. (1973) The physicist's conception of nature, ed. J. Mehra, Dordrecht, Reidel

(1973^2) Einstein, Hilbert, and the theory of gravitation, in Mehra (1973)

Meyer-Abich, K. M. (1965) Korrespondenz, Individualität und Komplementarität, Wiesbaden, Steiner

Minkowski, H. (1908) Raum und Zeit, in H. A. Lorentz, A. Einstein, H. Minkowski, Das Relativitätsprinzip, Darmstadt, Wissenschaftliche Buchgesellschaft 1958

Mittelstaedt, P. (1978) Quantum logic, Dordrecht, Reidel

(1979) Der Dualismus von Feld und Materie in der Allgemeinen Relativitätstheorie, in Springer Lecture Notes Nr. 100, S. 308–319, Berlin, Heidelberg, New York, Springer

Nagaoka, H. (1904) Phil. Mag. *7*, 445–455

Neumann, J. v. (1932) Mathematische Grundlagen der Quantenmechanik, Heidelberg, Berlin, Springer

Neumann, J. v. u. O. Morgenstern (1943) Theory of Games

Pais, A. (1982) Subtle is the Lord..., Oxford, Oxford University Press

Picht, G. (1958) Die Erfahrung der Geschichte, in Picht (1969)

(1960) Die Epiphanie der ewigen Gegenwart, in Picht (1969)

(1969) Wahrheit, Vernunft, Verantwortung, Stuttgart, Klett

Popper, K. R. (1934) Zur Kritik der Ungenauigkeitsrelationen, Naturwiss. *22*, 807–808

(1973) The rationality of scientific revolutions, in R. Harré (ed.), Problems of Scientific revolution, Oxford, Clarendon 1975

Roman, P. (1977) Statistical thermodynamics of ur-systems, in QTS II, 143–173; ferner QTS II, IV, V

Rudolph, E. (1983) Zur Theologie des Aristoteles

Rutherford, E. (1911) The scattering of α and β particles by matter and the structure of the atom, Phil. Mag. *21*, 669–688

Sartre, J. P. (1943) L'être et le néant, Paris, Gallimard

Savage, L. J. (1954) The foundations of statistics, New York, Wiley

Scheibe, E. (1964) Die kontingenten Aussagen in der Physik, Frankfurt, Athenäum

(1973) The logical analysis of quantum mechanics, Oxford, Pergamon Press

Schilpp, P. A. (1949) ed., Albert Einstein: Philosopher-scientist, The Library of living philosophers VII, Evanston, Ill.

Schmutzer, E. (1983) Prospects for relativistic physics, in Proc. of GR 9, Berlin, Dt. Verlag d. Wissenschaften

Schrödinger, E. (1935) Die gegenwärtige Situation in der Quantenmechanik, Naturwiss. *23*, 807, 824, 844

Segal, I. E. (1976) Theoretical foundations of the chronometric cosmology, Proc. Nat. Acad. Sci. USA *73*, 669-673

(1977) Spinors, cosmology, elementary particles, QTS II, 113-129; ferner in QTS I, III, IV

Sexl, R. U. u. H. K. Urbantke (1983) Gravitation und Kosmologie, Mannheim, Bibliographisches Institut

Shannon, C. E. u. W. Weaver (1949) The mathematical theory of communication, Urbana, Ill.

Snyder, H. S. (1947) Quantized space-time, Phys. Rev. *71*, 38-41

Sommerfeld, A. (1981) Geheimrat Sommerfeld——Theoretischer Physiker, Dokumentation aus seinem Nachlaß, M. Eckert, W. Pricha, H. Schubert, G. Torkav, Dt. Museum München

Strawson, P. F. (1959) Individuals, London, Methuen u. Co., University Paperback Nr. 81, 1964

Stückelberg, E. C. G. (1960) Quantum theory in real Hilbert space, Helv. Phys. Act. *33*, 727-752

Thirring, W. (1961) An alternative approach to the theory of gravitation, Ann. Phys. (N. Y.) *16*, 96-117

Vigier, H. P. (1954) Structure des micro-objets dans l'interpretation causale de la théorie des quantes, Paris, gedruckt 1956

Weizsäcker, C. F. v. (1931) Ortsbestimmung eines Elektrons durch ein Mikroskop, Z. Phys. *70*, 114-130

(1934) Nachwort zur Arbeit von K. Popper (1934), Natwiss. *22*, 808

(1939) Der zweite Hauptsatz und der Unterschied von Vergangenheit und Zukunft, Ann. Physik *36*, 275; abgedruckt in (1971)

(1943) Zum Weltbild der Physik, Leipzig, Hirzel

(1948) Die Geschichte der Natur, Stuttgart, Hirzel

(1949) Eine Bemerkung über die Grundlagen der Mechanik. Ann. Phys. *6*, 67-68

(1955) Komplementarität und Logik I, Natwiss. *42*, 521-529 u. 545-555; abgedruckt in (1971)

(1957) Zum Weltbild der Physik, 7. Auflage. Stuttgart, Hirzel

(1957^2) Bemerkung zum vorstehenden Aufsatz (d. h. zu(1955)), in (1957), S. 329-332

(1958) Komplementarität und Logik II, Z. Naturforschung, *13a*, 245-253

(1958^2) mit *E. Scheibe u. G. Süssmann*, Mehrfache Quantelung, Komplementarität und Logik III, Z. Naturforschung *13a*, 705-721

(1965) Zeit und Wahrscheinlichkeit, Vorlesungsmanuskript, ungedruckt

(1971) Die Einheit der Natur, München, Hanser

(1971^2) Die Quantentheorie. In (1971), II. 5

(1971^3) Notizen über die philosophische Bedeutung der Heisenbergschen Physik, in H. P. Dürr (ed.), Quanten und Felder, Braunschweig, Vieweg

(1972) Evolution und Entropiewachstum, Nova Acta Leopoldina, *206*, 515-530; in E. v. Weizsäcker (ed.), Offene Systeme I, Stuttgart, Klett-Cotta

(1973) Classical and quantum description, in Mehra (1973)

(1973^2) Comment on Dirac's paper, in Mehra (1973)

(1973^3) Probability and quantum mechanics, Brit. Journ. f. the philosophy of science *24*, 321-337

(1974) Geometrie und Physik, in Enz u. Mehra (ed.), Physical reality and mathematical description, Dordrecht, Reidel, S. 48-90

(1974^2) Der Zusammenhang der Quantentheorie elementarer Felder mit der Kosmogonie, in Nova Acta Leopoldina *212*, 61-80

(1975) The philosophy of alternatives, QTS I, 213-230

(1979) Einstein, in (1983)

(1980) Ist die Quantenlogik eine zeitliche Logik?
(1982) Bohr und Heisenberg, in (1983)
(1983) Wahrnehmung der Neuzeit, München, Hanser
(1985) Werner Heisenberg, in L. Gall (ed.), Die großen Deutschen unserer Epoche, Berlin, Propyläen

Weizsäcker, E. u. C. v. (1972) Wiederaufnahme der begrifflichen Frage: Was ist Information? Nova Acta Leopoldina *206*, 535-555

(1974) Erstmaligkeit und Bestätigung als Komponenten der pragmatischen Information, in E. v. Weizsäcker (ed.), Offene Systeme I, Stuttgart, Klett-Cotta, S. 82-113

(1984) Fehlerfreundlichkeit, in K. Kornwachs (ed.), Offenheit, Zeitlichkeit, Komplexität, Frankfurt, New York, Campus

Weizsädcker, E. v. (1985) Contagious knowledge, in Tord Ganelius (ed.), Progress in Science and its Social Condition――Proceedings of the 58th Nobel-Symposium, Stockholm 1983, New York, Pergamon Press

Weyl, H. (1924) Raum-Zeit-Materie

Wigner, E. (1939) Ann. Math. *40*, 149

(1961) Remarks on the mind-body question, in I. J. Good (ed.), The scientist speculates, London, Heinemann

(1983) Realität und Quantenmechanik, in QTS V, 7-18

Wolff, M. (1971) Fallgesetz und Massenbegriff. Zwei wissenschaftshistorische Untersuchungen zur Kosmologie des Johannes Philoponus, Berlin, de Gruyter

Zucker, F. J. (1974) Information, Entropie, Komplementarität und Zeit, in E. v. Weizsäcker (ed.), Offene Systeme I, Stuttgart, Klett-Cotta

*

訳者による追加（本書の 211 ページで著者が言及しているが，上の原著の文献リストに掲載されていない文献）

Einstein, A. (1956) Grundzüge der Relativitätstheorie, Braunschweig: F. Vieweg. (Einstein, A., *The Meaning of Relativity* のドイツ語版)

人名索引

ア 行
アイゲン, M. (Eigen, M.) 137
アインシュタイン, A. (Einstein, A.) iiif., 10, 14, 18, 120ff., 193, 197ff., 202ff., 205ff., 208ff., 211ff., 213ff., 216ff., 219f., 223, 227f., 234, 262, 294, 306, 328, 358, 373f., 379, 383ff., 387ff., 390, 396ff., 401, 404f., 410f., 414, 419, 422, 435, 439f., 442ff., 446ff., 449ff., 452f., 482f., 498, 511, 525, 527, 535ff.
アウグスティヌス, A. (Augustinus, A.) 24
アリスタルコス (Aristarch) 201, 515
アリストテレス (Aristoteles) v, 27, 51, 164, 184, 187, 191, 195, 237, 448, 472, 474, 508, 513ff., 516ff., 519f.
ウアバントケ, H. K. (Urbantke, H. K.) 213
ウィグナー, E. (Wigner, E.) 191, 267, 307, 367, 373, 408, 423, 438, 529
ヴィジエ, H. P. (Vigier, H. P.) 402
ヴェーゼンドンク, M. (Wesendonck, M.) 533
ヴェルデン, B. L. v. d. (Waerden, B. L. v. d.) 405, 529
ヴォルフ, M. (Wolff, M.) 517
エヴェレット, H. (Everett, H.) 402, 446, 455ff., 492f.
エーバート, R. (Ebert, R.) vii
エーラース, J. (Ehlers, J.) 386, 535
エリス, G. F. R. (Ellis, G. F. R.) 124
エーレンフェスト, P. (Ehrenfest, P.) 94f., 98, 101
エーレンフェスト, T. (Ehrenfest, T.) 94f., 98, 101

カ 行
ガイガー, H. (Geiger, H.) 236
ガウス, C. Fr. (Gauβ, C. Fr.) 199f., 212, 384
カステル, L. (Castell, L.) vii, ix, 252, 340, 351, 355f., 365, 534
ガダマー, H.-G. (Gadamer, H.-G.) 480
カップ, E. (Kapp, E.) 32
カプラ, F. (Capra, F.) 522
ガリレイ, G. (Galilei, G.) 184, 187, 202, 205, 213
カルツァ, Th. (Kaluza, Th.) 390
カルナップ, R. (Carnap, R.) 536
カルノー, S. (Carnot, S.) 135
カント, I. (Kant, I.) v, 2, 6, 50, 126, 165, 188, 191, 196, 206, 217, 231, 304, 309, 410, 428, 467, 472f., 509f., 525, 531, 533f., 538
カントール, G. (Cantor, G.) 299, 474
ギブズ, H. W. (Gibbs, H. W.) 94, 101, 198
キュッパース, B. O. (Küppers, B. O.) viii, 527
キューネムント, Th. (Künemund, Th.) viii, 343, 534
キュロス (Kyros) 487f.
キルヒホフ, G. R. (Kirchhoff, G. R.) 218
グプタ, S. N. (Gupta, S. N.) 214, 335, 390, 413
クライン, F. (Klein, F.) 193, 306, 384, 390
クラウジウス, R. (Clausius, R.) 135
クラーク, S. (Clarke, S.) 206, 530
クラマース, H. A. (Kramers, H. A.) 236, 397f., 401, 536
グランスドルフ, P. (Glansdorff, P.) 134ff., 137, 139, 145
クーラント, R. (Courant, R.) 190
グリーン, H. S. (Green, H. S.) 340ff.
グリーンバーグ, O. W. (Greenberg, O. W.) 534
グレゴール゠デリン, M. (Gregor-Dellin, M.) 533
クロイソス (Kroisos) 487f.
グロッセ, R. (Grosse, R.) viii
クーン, Th. S. (Kuhn, Th. S.) 1, 154, 171f., 227, 510f.
クンゼミュラー, H. (Kunsemüller, H.) vii, 251
ゲーテ, J. W. v. (Goethe, J. W. v.) 517
ゲーデル, K. (Gödel, K.) 123
ケプラー, J. (Kepler, J.) 191, 193, 202f.
ゲルニッツ, Th. (Görnitz, Th.) viii, 389, 534f.
コペルニクス, N. (Kopernikus, N.) 201ff., 217

559

コルモゴロフ，A. N.（Kolmogorow, A. N.）75, 77f., 239f., 265
コロンブス，Chr.（Kolumbus, Chr.）318
コーンヴァックス，K.（Kornwachs, K.）viii
コンプトン，A. H.（Compton, A. H.）236

サ 行

サイモン，F.（Simon, F.）236
サヴェッジ，L. J.（Savage, L. J.）147
サッケリ，G. G.（Saccheri, G. G.）199
サーリング，W.（Thirring, W.）335, 390
サルトル，J.-P.（Sartre, J.-P.）496
ジェイムズ，W.（James, W.）162, 496
シーガル，J. E.（Segal, J. E.）352, 357
シャイベ，E.（Scheibe, E.）vii, 53, 250ff., 253, 295, 362, 536
シャノン，C. E.（Shannon, C. E.）126, 129, 131f., 158
シュテュッケルベルク，E. C. G.（Stückelberg, E. C. G.）271
シュムッツァー，E.（Schmutzer, E.）390
シュレーディンガー，E.（Schrödinger, E.）iv, 220, 235, 399f., 402, 408, 416, 437f.
ショーペンハウエル，A.（Schopenhauer, A.）533
ショルツ，H.（Scholz, H.）255
ショーレム，G.（Scholem G.）528
シラー，Fr.（Schiller, Fr.）459
ストローソン，P. F.（Strawson, P. F.）167
スナイダー，H. S.（Snyder, H. S.）253, 390
スピノーザ，B.（Spinoza, B.）449, 482
スペンサー，H.（Spencer, H.）135
ズュースマン，G.（Süssmann, G.）vii, 253, 362, 538
スレーター，J. G.（Slater, J. G.）236, 397f., 401, 536
ゼクスル，R. U.（Sexl, R. U.）213
セント＝ジェルジ，A.（Szent-Györgyi, A.）443, 536
ソクラテス（Sokrates）iv, 524
ゾンマーフェルト，A.（Sommerfeld, A.）iv, 403, 531, 534

タ 行

ダーウィン，Ch.（Darwin, Ch.）126, 130, 135f., 162, 518
タタール＝ミハイ，P.（Tataru-Mihaj, P.）viii
タレス（Thales）107, 485, 487
ツッカー，F. J.（Zucker, F. J.）vii
ディラック，P.（Dirac, P.）iii-iv, 11, 192, 280, 362, 391, 407, 413, 444
ディングラー，H.（Dingler, H.）205, 530
デカルト，R.（Descartes, R.）v, 191, 210, 461
デモクリトス（Demokrit）186
デュカス，H.（Dukas, H.）449
デュル，H. P.（Dürr, H. P.）vii
テラー，E.（Teller, E.）412, 422
デルブリュック，M.（Delbrück, M.）432
ド・ブロイ，L. V.（de Broglie, L. V.）iv, 220, 397, 399f., 402f., 408, 415
ドリーシュナー，M.（Drieschner, M.）vii, 150, 241, 248, 252, 267, 269ff., 298, 526, 534
ドリュール，K.（Drühl, K.）viii, 338, 532
ドルトン，J.（Dalton, J.）195

ナ 行

長岡半太郎（Nagaoka, H.）229
ナポレオン・ボナパルト（Napoleon Bonaparte）25, 38, 204
ニコラウス・クザーヌス（Nikolaus von Kues (Cusanus)）187, 202, 213
ニーチェ，F.（Nietzsche, F.）165
ニュートン，I.（Newton, I.）137, 185ff., 188f., 191, 198, 202ff., 205ff., 208ff., 216, 308, 384, 389, 447, 450, 453, 529f.
ノイマン，J. v.（Neumann, J. v.）10, 147f., 220, 235, 240f., 247, 255, 396, 412f., 421
ノストラダムス（Nostradamus）486f.

ハ 行

パイス，A.（Pais, A.）218, 536
ハイゼンベルク，M.（Heisenberg, M.）528
ハイゼンベルク，W.（Heisenberg, W.）iiiff., 2, 6, 18, 154, 171f., 193, 200, 207, 220f., 227, 234, 236, 244, 253f., 258, 262, 296, 305, 348, 374ff., 377, 379f., 396, 399ff., 403ff., 406ff., 409, 413, 419f., 425, 442ff., 449, 454f., 478ff., 525, 530, 545ff.
ハイデガー，M.（Heidegger, M.）v, 448, 467
ハイデンライヒ，W.（Heidenreich, W.）viii,

321, 343, 346f., 534
ハイン，E.（Heyn, E.）viii
パウリ，W.（Pauli, W.）iv, 347, 377, 402, 405, 412, 442, 444, 522
ハーケン，H.（Haken, H.）viii, 130
バーコフ，G.（Birkhoff, G.）247, 255
パスカル，B.（Pascal, B.）470, 476
ハービヒト，C.（Habicht, C.）219
ハミルトン，W.（Hamilton, W.）191, 213, 233
バルート，A. O.（Barut, A. O.）543
パルメニデス（Parmenides）186, 448f., 482, 519f., 539
ヒーヴィツ，O.（Chievitz, O.）409
ピヒト，G.（Picht, G.）186, 301, 312, 449, 467, 520, 538
ヒューゲル，K.（Hügel, K.）viii
ビュフォン，G. L. L.（Buffon, G. L. L.）191
ヒューム，D.（Hume, D.）2, 82, 309, 509
ヒルベルト，D.（Hilbert, D.）36, 190, 212, 384
ファインマン，R. Ph.（Feynman, R. Ph.）11, 192, 245f., 254, 264, 280, 311
ファラデー，M.（Faraday, M.）199
フィネッティ，B. de（Finetti, B. de）147f.
フィンケルシュタイン，D.（Finkelstein, D.）vii, 366, 390, 452, 535
フォラドーリ（Foradori）253
フェルマー，P. de（Fermat, P. de）191, 526
フェルミ，E.（Fermi, E.）iv, 386, 444
フッサール，E.（Husserl, E.）493f.
仏陀（Buddha）518
プトレマイオス（Ptolemäus）202
ブラウアー，L. E. J.（Brouwer, L. E. J.）29, 51
プラウト，W.（Prout, W.）196
ブラーエ，ティコ（Brahe, Tycho）202
プラトン（Platon）v, 165, 187, 193, 403, 448f., 462, 472, 509, 519f., 535
フランク，J.（Franck, J.）530
プランク，M.（Planck, M.）iv, 218ff., 227ff., 234, 237
フランツ，H.（Franz, H.）193
プリゴジン，I.（Prigogine, I.）134ff., 137, 139, 145
フリードマン，A. A.（Friedmann, A. A.）389
フレーゲ，G.（Frege, G.）v, 176
フレーデ，D.（Frede, D.）27

ブロイラー，K.（Bleuler, K.）413
プロティノス（Plotin）449
ペアノ，G.（Peano, G.）33
ヘーゲル，G. W. F.（Hegel, G. W. F.）165, 500, 531, 538
ペーターセン，A.（Petersen, A.）411
ベッカー，J.（Becker, J.）viii
ベッソ，M. A.（Besso, M. A.）449
ベート，E. W.（Beth, E. W.）29
ベーメ，G.（Böhme, G.）527
ヘラクレイトス（Heraklit）475
ベラルミーノ（Bellarmin）201f.
ヘルツ，G.（Hertz, G.）530
ベルディス，F.（Berdjis, F.）viii
ベルナー，H.（Boerner, H.）337
ヘルムホルツ，H. v.（Helmholtz, H. v.）197, 205, 230, 530
ボーア，N.（Bohr, N.）iiif., vii, 13f., 18, 196, 207, 218ff., 221, 225, 228, 234ff., 240, 245, 296ff., 310, 379, 385, 396ff., 399, 401, 403f., 406ff., 409ff., 412ff., 415, 419ff., 422, 425ff., 431, 435, 438, 443f., 449, 451, 481, 491f., 496, 498, 521, 525, 530f., 535f., 538
ポアンカレ，J. H.（Poincaré, J. H.）118
ホイーラー，J. A.（Wheeler, J. A.）441, 452
ホーキング，S. W.（Hawking, S. W.）124
ボスコヴィッチ，R. J.（Boscovich, R. J.）181
ポップ，F.（Bopp, F.）271, 535f.
ボーテ，W.（Bothe, W.）236
ポドルスキー，B.（Podolsky, B.）iv, 385, 396, 410, 435, 439, 442, 451, 498
ポパー，K. R.（Popper, K. R.）154, 162f., 212, 455, 509, 536
ホフマン，B.（Hoffmann, B.）449
ボヘンスキー，J. M.（Bocheński, J. M.）29, 42
ボーム，D.（Bohm, D.）254, 444, 453
ボヤイ，J.（Bolyai, J.）199, 384
ホラティウス（Horaz）525
ボルツマン，L.（Boltzmann, L.）8, 94, 113ff., 116f., 229f.
ボルヘス，J. L.（Borges, J. L.）456
ボルン，M.（Born, M.）iv, 235, 302, 400ff., 404, 407, 413, 535

マ 行
マイヤー゠アービッヒ, K. M. (Meyer-Abich, K. M.) vii, 236, 397, 536
マクスウェル, J. Cl. (Maxwell, J. Cl.) 199, 362, 447
マゼラン (Magellan) 318
マーチ, A. (March, A.) 253
マッハ, E. (Mach, E.) 192, 202f., 206, 209ff., 387, 404
ミッテルシュテット, P. (Mittelstaedt, P.) 63, 121, 214, 247, 251ff., 255, 530
ミンコフスキー, H. (Minkowski, H.) 120, 207, 209, 527
メシア, A. M. L. (Messiah, A. M. L.) 534
メーラ, J. (Mehra, J.) 212
メレ, A. G. de (Méré, A. G. de) 71
メンデレーエフ, D. I. (Mendelejew, D. I.) 196
モルゲンシュテルン, O. (Morgenstern, O.) 147f.,

ヤ 行
ヤオッホ, J. M. (Jauch, J. M.) 248, 264, 270f., 416, 444, 534
ヤーコプ, P. (Jacob, P.) viii, 534
ヤンマー, M. (Jammer, M.) 396, 399ff., 402, 414, 437, 442f., 446, 453ff., 456, 536
ユークリッド (Euklid) 190
ユング, C. G. (Jung, C. G.) 195
ヨース, H. (Joos, H.) 534
ヨルダン, P. (Jordan, P.) 391, 404, 408, 413, 522

ラ 行
ライプニッツ, G. W. (Leibniz, G. W.) 188, 202ff., 206, 209ff., 386, 390, 515, 530
ライヘンバッハ, H. (Reichenbach, H.) 94
ラカトシュ, I. (Lakatos, I.) 71
ラザフォード, E. (Rutherford, E.) iv, 230
ラッセル, B. (Russell, B.) 204, 239
ラプラス, P. S. de (Laplace, P. S. de) 81f., 126, 217
ランゲ, L. (Lange, L.) 205, 207
ランダウ, L. (Landau, L.) 527
ランベルト, J. H. (Lambert, J. H.) 199
リー, S. (Lie, S.) 193, 384
リーマン, B. (Riemann, B.) 212, 384
リンデマン, F. v. (Lindemann, F. v.) 534
ルートヴィヒ, G. (Ludwig, G.) 420
ルドルフ, E. (Rudolph, E.) 539
ルーベンス, H. (Rubens, H.) 218
ルーマン, N. (Luhmann, N.) 154
レウキッポス (Leukipp) 186
レナート, Ph. (Lenard, Ph.) 219, 230
レーマイヤー, T. (Lehmeier, T.) viii
ローゼン, N. (Rosen, N.) iv, 385, 396, 410, 435, 439, 442, 451, 498
ロバチェフスキー, N. (Lobatschewski, N.) 199f., 384
ローマーン, P. (Roman, P.) vii
ローレンツ, H. A. (Lorentz, H. A.) 527
ローレンツ, クーノ (Lorenz, Kuno) 525
ローレンツ, コンラート (Lorenz, Konrad) 162, 305, 510f.
ローレンツェン, P. (Lorenzen, P.) 29f., 32f., 35, 255, 525

ワ 行
ワイツゼッカー, Chr. v. (Weizsäcker, Chr. v.) vii, 127, 155, 157ff.
ワイツゼッカー, E. v. (Weizsäcker, E. v.) vii, 127, 155, 157ff.
ワイツゼッカー, V. v. (Weizsäcker, V. v.) 498
ワイル, H. (Weyl, H.) 211f., 362
ワグナー, C. (Wagner, C.) 533
ワグナー, R. (Wagner, R.) 533

事項索引

あ行

アインシュタイン宇宙　319
アインシュタイン空間　335, 354
圧力と衝突　185
誤り許容性　158f.
現われ　186, 520
「アリストテレスの海戦」　27, 85
アリストテレスの自然学　421, 461, 513f., 516
意識　5, 8, 18, 128, 210, 432ff., 438f., 461f., 471ff., 480, 493f., 496
位相空間　89, 191f., 213, 235, 259
位相点　178
位置　89, 204, 514
位置空間　10, 13, 15, 212, 235, 303ff., 469
　3次元の——　5, 13, 258, 333
一者　460, 482, 519
EPRの思考実験　492, 498
今　8, 16, 38f., 121, 536
意味論　175
　物理学の——　6, 76, 78, 175, 200, 405
意味論的次元　133, 159, 163, 464
意味論的整合性　199-201, 415, 419, 435, 478
因果性　88, 238, 412, 422, 514
　相対論的——　375
ウア　313ff., 409, 464, 467ff., 475
ウア，ウアの区別不可能性　314, 340
　2項の——　335
　4項の——　315, 335
ウア，反ウア　315, 325
ウア仮説　13, 18, 315, 318, 323, 325, 334f., 409, 422, 436
ウア選立　5, 13, 225, 253, 259, 312-317
ウアの相対性　328-330, 469
ウアフェルミオン　272
ウア理論　260, 317, 344, 374
ウーシア　460
宇宙　114ff., 117f., 120f., 217., 332f.
宇宙空間　16, 500
宇宙論　113, 201, 216-218, 391, 480
美しさ　36, 241, 254

運動　519
　永遠——　520
運動学　254, 275, 404, 502
永遠　520
永続するもの　459f., 462
H定理　98-105
エイズ　9, 164, 460f., 472ff.
エヴェレットの多世界理論　402, 455-457, 492f.
エネルギー　197, 350-354, 463f.
遠隔力　181, 198f., 210
円環行程　5, 8, 16, 127, 161f., 261, 275, 305, 318, 473, 504, 507, 524
演算子，自己随伴　428
延長　515
エントロピー　8, 25, 87-124, 129ff., 132f., 136ff., 143ff., 146, 197, 463
エントロピーゲーム　95-105
エントロピーの増大　4, 8, 136ff., 139
オカルトへの偏愛　488
オブザーバブル　413, 421, 428ff., 431, 464
温度　197

か行

下位対象　12, 272, 313
概念　133, 163, 273, 409ff., 464, 511
　古典的な——　412
概念的思考　270, 500, 503
化学　9, 173, 194-196, 219, 222, 403, 463f., 475, 515
科学，科学革命　1, 227, 503, 510
　通常——　1, 171, 503, 510
科学史　510
科学論　16, 444, 508-512
鏡の背面　162, 261, 521
可逆性　88-92, 232
確証　155-159
拡張　12, 16, 224f., 262, 270, 274, 333
革命　171, 227, 230, 404, 503, 511
確率　2, 4, 7f., 11f., 18, 25, 27, 60f., 71-86, 127f., 131, 198, 225, 265, 293f., 301, 398, 409, 415,

563

512
──の干渉　239
──の経験的規定　80-84
　客観的──　151-153
　主観的──　147-155
　熱力学的──　97
　量子論の──　225, 237-241
確率関数　269, 278
確率振幅　239
確率の計量　12, 263, 280
過去　2, 4, 14, 23ff., 27, 101, 417f., 449f., 477, 482, 484, 490
重ね合わせ　255, 270, 280, 298, 456
仮説　182, 185, 202, 317
過程の個別性　224f., 234-237, 427, 451, 491, 501
可能　53, 60, 179
可能性　61, 230, 457, 461, 489, 538
　過去の──　490-498
　形相的──　516
　未来の──　59
可能性の基礎づけ　308
可能性の増加　312
体　432ff., 471
ガリレイ変換　187
含意　30, 42f., 65-69
　自然法則的──　58f., 251
環境　287
関与　30, 531
関数族　190
慣性　184, 320f.
慣性法則　10, 88-90, 185, 191, 202, 515, 517
観測可能な状態のダーウィン主義　275
観測者　208, 415, 425ff., 428, 431-434, 438
観点　282, 297
カント-ラプラスの星雲説　126, 145
ガンマ（γ）線顕微鏡　406, 442
消え去り　459
記憶　24, 46, 102,
記憶能力　112
幾何学　173, 253
　非ユークリッド──　10, 173f., 199-201
　ユークリッド──　173, 205, 533
　リーマン──　210
幾何学の階層的構築　215

記述，古典的　410, 420
気息　462
基礎づけ　28
　物理学の──　182
　論理学の──　28f.
基礎的な古典物理学の不可能性　18, 218, 222, 227-234, 396
基礎にあるもの　464, 474
期待値　134, 148
軌道　178, 401
キネーシス　461, 513
機能　163
機能的　134
基本定数　371-372
規約　213
規約主義　29, 212
客観性　269
急流　475-
凝縮モデル　140
共変性，一般　211, 213
局所的　453, 502
極値原理　11, 24, 92, 190ff., 517
記録　8, 46, 64, 102, 105-113, 146, 485, 494, 516
議論ゲーム　32
議論の逆転　223, 305
近接作用の原理　185, 210
空　519
空間　2, 9f., 120, 180, 186ff., 189, 200, 203f., 223, 231, 303, 317, 384, 450, 461, 514f., 518
　空虚な──　500
空間性　303, 304-305, 397
空虚　186f., 515
偶然　27, 283
クオーク　377f.
クリフォードの右ねじ　320
系　233, 266
経験　1f., 6f., 18, 23ff., 26, 71-75, 105, 222, 238ff., 262, 275, 405, 409, 450, 509ff., 512f.
経験論　304, 509f.
形而上学　16, 395, 448ff., 482f., 503, 508, 517, 518-524
　身近な──　522
芸術　481, 517
形相　5, 9, 128f., 460ff., 470-476, 514, 520

形態　214, 460, 517
形態集積　128ff., 131, 134, 139, 143, 155
形態の発展　134-146
形態論　6, 193, 517
形態論的　190, 463
啓蒙　505
ゲージ群　14, 377-379
ゲージ不変性　335
結合法則　263, 291, 315
結晶の成長　136f.
決定可能性　7, 62ff., 231, 248
決定性　231, 234
決定論　27, 234, 426
　　可能性の——　310
ゲーデルの宇宙モデル　123
原因　184
限界　500, 503, 515
言語　410f.
健康　164f.
現在　4, 23ff., 27, 121, 449f., 477, 482
　　永遠の——　449, 482, 520
　　包括的な——　498-502, 520
現在性　483
原子　9, 181, 186ff., 195f., 219ff., 229ff., 373, 403f., 475, 515
現実的な仮説　317, 324, 365
現実的な要請　262
原子模型，ボーアの　174, 234
　　ラザフォードの——　219, 230
現象　410ff., 425, 451, 461, 475, 478, 514
現象的所与　39ff., 52
原子論　187, 196, 372, 374
　　ラディカルな——　313
元素　194ff.
原理的に観測可能　405
剛体　205, 530
合目的性　130
効用　8, 146ff.
個々の対象　280
個々の場合　473
心　462
古典物理学　4, 9f., 14f., 43, 228f., 230-234, 395ff., 421f., 425, 435, 448f., 463, 484, 510, 518
　　——の不可能性（不成立）　18, 218, 222, 225, 227-234, 396
言葉の媒体　411
言葉の罠　424
誤謬　57, 485, 526
個別の事象　246
コペンハーゲン学派の黄金律　295, 420, 491, 497
コンピュータ　523
混迷　483

さ　行

再構成　5, 11, 408, 413
紫外発散　229, 233
此岸（こちら側）　459f.
時間　2, 9f., 12, 14, 24f., 119f., 179f., 189, 223ff., 226, 317f., 411, 449f., 459ff., 463, 474f., 480, 508, 516, 520
　　——の均質性　198, 205, 287, 352, 463
時間演算子　499, 501
時間間隔　499, 501
時間尺度　352
時間点　24, 27, 38, 286, 297, 300, 480, 499
時間の向き　25
時間の矢　25, 438
時間の論理学　7
時間パラメター　24, 27, 499
時間様態　4, 7, 10, 18, 450, 483f., 502, 512, 519
時間列　286, 300
時空記述　422
時空連続体　120f., 208ff., 421, 450
思考　515
思考実験　406, 414, 419, 432, 439
自己エネルギー　373
事後性　135, 222, 395f., 507f.
自己認識　434, 523
事実　47, 102, 230, 416, 420, 450, 484, 494f.
事実性　14, 417, 450, 455, 484, 516
　　過去の——　8, 494
　　未来の——　453, 484-490
事実的　484
事象　60, 76, 207, 209, 265, 281f., 294ff., 468, 494ff., 497, 501f.
事象，一般概念としての　282
　　形式的に可能な——　61, 281
　　個別的——　282

時間的―― 282
　　事実的―― 282
　　数量的―― 282
事象のクラス，時間的（tEK）282ff., 296
自然の恒常性　44f., 49f.
自然の前面の相　518
自然の統一　514, 517f.
自然の歴史　216
自然法則　6, 13, 18, 52, 55ff., 175, 190-193, 246, 463, 509, 516
　　形態論的――　6, 190
　　――，極値原理　6, 190
　　――，対称群　6, 190, 193
　　――，微分方程式　6, 190f.
実在　402, 405, 456, 508
実在性　435, 446f., 450f.
実在性概念　446
実在性の仮定　440, 447
実在性の判定条件　447
実際的態度　509ff.
実在の表面　521
実在論　304, 404, 410, 436, 444, 447, 455, 509f.
実証主義　404, 410, 436, 444
実然的命題　481, 504
実体　8, 204, 211, 459-463
質点　9, 177, 180-183, 204, 461
質点力学　174, 407, 463
質問　11, 57, 255f.
実用論的真理概念　164ff.
実用論的真理論　154
質料　187, 460f., 516
質量　178, 204, 463
　　慣性――　183, 210
　　重力――　183, 210
シナジェティクス　130
射影演算子　428
社会的な規範　481
射線表示，一般化された　341
種　461, 466ff.
宗教　481f., 518
集合論　257
修辞的才能　120
収縮，波束の　402f., 406, 416, 456
　　波動の――　491
重力　174, 198, 210, 215, 372, 389, 397

重力定数　388-389
主体（主観）　431, 450, 520
瞬間　297
準粒子　344, 354-361
上昇　519
状態　10f., 406, 416, 464
状態空間　276, 286
情報　8f, 109ff., 125-168, 417, 419, 463ff., 466ff., 469f.
　　意味論的――　129f.
　　現実的――　126, 132
　　実用論的――　129, 131, 155-161
　　潜在的――　126, 132, 134
　　統語論的――　129, 134
情報の流れ　5, 9, 15, 226, 459-476, 478
初回性　155-159
初期条件　178, 180
進化　4, 8, 18, 125-168, 225, 470, 473, 511, 516
進化論的認識論　305
信仰　481f.
心身問題　18, 425, 461
真と偽　27, 164ff., 526
振幅　260, 264, 280
進歩　165
真理　1, 16, 164ff.
神話　421, 481, 515
数学　472, 474, 478, 507ff., 517
数学の権力掌握　412
スピノール場の理論　374-376
住まい　517
省察　522f.,
静止質量　14, 335, 376, 379f., 383
精神　460, 462, 470-476, 519
精神科学　480
生成と消滅の演算子　339
生存競争の勝者　518
生の座　180, 529
正否決定　15f., 56, 163, 455, 533
生物学　125-168
生命　1, 125-168, 462, 514
世界像　395, 449
　　力学的――　461
世界の心的な背景　522
世界霊魂　460
絶対的態度　509f.

善　519
選言　30, 41, 241, 249
先験主義　212, 304, 404, 410, 436, 509f.
先験的（ア・プリオリ）　405, 509f.
選言的な元　257
染色体文　133f., 465
占星術　180
前提挿入律　30, 37
善と悪　165
先導波　402
選立　2, 6, 11f., 255f., 266, 273ff., 284f., 331, 333f., 397, 411, 414f., 512, 517f., 521
　　実際の——　310
　　2項——　15, 259, 315, 317, 333
　　変化する——　308, 311
選立の複合　267
相互作用　13, 184, 291, 305, 314, 333, 335, 345-354, 398, 416, 422f., 430, 494f., 501
　　電磁気的——　369, 372
相対性，動力学的　213
相対性の問題　10, 173, 201-205
相対性理論　2, 113, 120, 174, 515
　　一般——　10, 14, 122, 173, 209-218, 226, 304, 335, 384-391, 450
　　特殊——　5, 10, 13, 121, 173f., 205-209, 226, 303-330, 365, 375, 463
相補性　235, 240, 251f., 407, 409-412, 432, 481, 522
相補性の論理学　247, 252, 256, 260
束　7, 61, 68f., 239f., 247ff., 251, 265f., 271f.
　　原子——　68, 272
　　ブール——　61, 239
　　モデュラー——　271
属性　204
測定　415
測定装置　412, 415f., 420, 422ff., 428ff., 468
測定対象　412, 419, 432
測定理論　412, 416
　　古典的——　419-428
　　量子力学的——　428-431
速度　89, 182, 184, 191, 199, 207ff.
遡言　419, 484
素材　194, 461, 516
素粒子　13, 220f., 335, 372-383, 464
存在　5, 448, 463, 478, 481, 483, 519

存在者　519f.
存在論　28, 51, 162, 496, 507

た　行

対応原理　235f., 245, 397, 407f.
対象　11, 57, 177, 180, 266, 270, 425, 450, 518
対称群　12f., 190, 193, 277, 319, 422, 463, 517
　　加法的——　12, 280, 288
　　シンプレクティック——　278
　　直交——　279
　　ユークリッド的——　205
　　ユニタリ——　259, 336
対称群 U(1)　319; SU(2)　319, 324; U(2)　319; U(n)　306; SU(2, 2)　327; SO(3)　319; SO(3, 1)　323, 328; SO(3, 2)　323, 340; SO(4, 2)　326f., 340; Sp(4, R)　326; GL(R)　336; SU(R, 1)　338
対称性　276, 285, 299, 303, 306, 403
対象の複合　268
対話ゲーム　33, 65, 525
ダーウィンの選択説　135f.
　　——理論　130
単純性　214, 238
遅延選択　439, 441
知覚　521
近道　16, 223, 266, 272
力　9, 178, 180f., 183, 517
知識　402, 406, 410f., 413ff., 419, 440, 472, 477f., 480ff., 483ff., 490, 500, 503ff., 524
　　永遠の——　520
　　階層的——　507
　　無限の——　503., 520
　　有限の——　503f., 520
知識増加　15f., 469, 484, 518
　　量子論の——　454-455, 464, 479, 521
知識の限界　477
抽象化　462
超心理学　522f.
超対称　317, 338, 374
直観主義　474
追悼作業　435, 460
通時的知覚可能性　489, 504
通常言語　6, 47f., 52f., 60
適応　162f., 165
哲学　507

哲学の概念的な階層構造　448
電気力学　218
電光　511
電磁気学　397
テンソル，対称　315, 335
テンソル空間，ウアの　315, 334, 335-354
　　　——，基本演算　335-345
　　　バイナリー——　321
天体　331f.
天体力学　9, 180, 182, 529
天文学　201
同一（性）30, 32f., 43, 45, 47
等価原理　210, 213
同時決定可能性　7, 63f., 230, 248
同時性　62, 121, 207
淘汰　163
等分配則　232f.
動力学　10, 12f., 199, 203, 263, 279, 290f., 307f., 314
特性　11, 248
　　　形式的に可能な——　178
独断論　405
トリエステ理論　493-498

な　行

流れ　12, 281, 289, 296
虹　475
二重スリットの実験　401, 426
日常言語　213, 461
日食　107, 485
認識，概念的　503
　　　非概念的——　503
認識形態性　8, 18
　　　生命の——　162, 473, 507
認識的基礎　41, 249, 271, 274
認識的要請　261
認識論　507
人間　162, 481, 503, 517
熱　194
熱死　137
熱伝導　93-94, 107
熱力学　9, 25, 91-94, 173 f., 197-198, 227f., 422
　　　現象論的——　94
　　　放射の——　218
　　　連続体の——　174, 222, 228

熱力学的平衡　135, 137, 228f., 232f., 237
熱力学の第 2 法則　4, 8, 18, 102-124, 135ff., 138f., 197
脳　425

は　行

場　9, 226, 331, 397f., 409
　　　計量——　211, 386
配位空間　400, 408
排中律　29f., 35, 50, 254ff.
始まり仮説　113-115, 117-124
発散　373f.
波動像　406
波動方程式　364, 399
　　　非線形の——　398
波動力学　235, 399-400, 407
　　　——の統計的解釈　235
場の理論　173, 198, 222
　　　統一——　373, 379
　　　非線形——　414
ハミルトン演算子　11, 428
ハミルトンの原理　11, 192
パラドクス　84, 238f., 416, 419, 434-452
　　　アインシュタイン‐ポドルスキー‐ローゼン（EPR）の——　439-452
　　　ウィグナーの友人の——　438-439
　　　シュレーディンガーの猫の——　437-438
　　　認識論的——　71, 238f.
　　　普遍的理論の——　238
　　　量子論の確率論の——　240
　　　量子論理学の——　240
パラボース演算子　340-344
パラメター　176, 178f., 230ff.
　　　隠れた——　230, 406, 452f.
反証　13, 182, 212
反省　523
反ド・ジッター群　322
反復可能性　7, 63f., 230, 402, 417, 441
火　476
彼岸（向こう側）459f.
非決定性（非決定論）12, 15, 262, 270, 274, 284, 298, 400, 469, 479, 484
微視的状態と巨視的状態　97, 118, 132f., 138, 424
必然　27, 53, 283

否定　30, 41f, 241, 250, 257
微分方程式　24, 175, 190f., 463, 517
飛躍　519, 521
比喩　475
病気　164f.
表現の積　346
ヒルベルト空間　8, 10ff., 220, 235, 241, 247ff., 263, 406f., 412, 423
頻度，絶対的　280
　相対──　4, 7, 71-80, 280
不可逆性　4, 8, 87-124, 125f., 130f., 197f., 216, 411, 422ff., 437, 479f., 484, 491
　測定の──　422, 457, 468, 491
　不可逆過程の離散性　296
不確定性関係　15, 38, 235, 404-406, 535
不可能　27, 283
複数　318
複素共役　323
物質　5, 8, 127f., 188, 203, 223, 397, 461f., 471, 476, 515
物質（化学の）　194ff.
物体　9, 180-183, 184ff., 187ff., 397
物理学の解釈　395-524
物理学の近似的性格　268
物理学の統一　5-16, 171
物理学の可能形態性　2
物理主義　431, 480, 513
不二なるもの　519
普遍性　176
　害のない──　273
文化　481, 519
分離可能性　6, 11, 16, 273, 370, 401, 422, 490, 500, 502, 517
ベイズの手続き　80-84, 134
ベクトル空間　259, 264, 271f., 277, 279f., 335, 341, 343
弁証法　531
変数　176
変分原理　246
ボーア，クラマースとスレーターの仮説　397, 401, 536
ポアンカレ群　13, 334
ホイヘンスの原理　11, 192, 246
方向性　168
放射場　227

法則　2, 23f.
　普遍──　509
法体系の集大成　413
法廷　395f.
保守主義者　227
ボース演算子　339f.
保存則　24, 198
ホックと留め金　403
本質　460

ま 行

マクスウェル方程式　367-369
マッハの原理　211, 214
密度行列　423, 428
未来　2, 4, 6, 14, 23ff., 27, 101, 417, 436, 449f., 467, 477, 482, 509
未来の開放性　8
ミンコフスキー空間　335, 355
　局所的──　14, 335, 358-361
　広域的──　355-358
無限性　202, 231, 288
矛盾律　30, 34f., 257
無知　16, 402, 423, 460
無秩序　126, 129
命題　25ff., 265
　完了──　38, 45-51
　形式的に可能な──　53
　形式的に完了的な──　51f.
　現在に関連する──　51
　現在──　38-45
　最終の──　266f., 272
　時間──　25
　存在的基礎を持つ──　41
　中性的現在形の──　54, 61f.
　認識的基礎を持つ──　41
　未来──　27, 51-60
　無時間──　30, 38, 49, 57
命題集録　62
命題束　12, 60, 247
メタ観測者　432
メタ質問　256, 258
メロディー　501
物　11, 331, 460

事項索引　569

や 行

有限性 11, 267
　宇宙の―― 380-383, 391
　開かれた―― 11, 309, 375
ゆらぎ仮説 113-117
様相 7, 27, 53, 241, 283, 297, 483
　未来―― 7, 12
　――の決定性 286, 299
　量子論の―― 285
欲と苦 518
預言 485-490
予測 14, 24, 84-86, 415

ら 行

理解 410, 465
力学 219, 222, 515
　古典―― 9, 173f., 191, 222, 459
　統計―― 103
力能 154f., 167, 503
離散性 194, 219
理性 504
理想化 177
粒子 13f., 226, 307, 331, 333f., 397f., 407, 414, 467
　質量ゼロの―― 335, 341, 348, 355, 360, 365, 367, 377
　質量のある―― 388
粒子像 406
粒子と波動の二元性 397f., 407f.
量 57, 178f.
量子化, 多重 11, 246, 260, 344-345, 408
　第2―― 11, 241-244, 246, 258, 260, 408
量子電磁力学 14, 335, 361-372
量子力学 220, 403-404
量子力学のファインマンの記述法 280
量子論 1f., 4ff., 7ff., 11ff., 14ff., 18, 25ff., 38, 41, 43, 173f., 218-221, 395-457
　――, コペンハーゲン学派の解釈 399, 402, 407, 424f., 434, 491
　――, ファインマン形式 11, 244-246, 254
　――, 歴史的なこと 218-221, 234
　意識（主体）の―― 18, 431-434, 457
　具体的―― 5, 12f., 15, 226, 303-308, 470, 478f.
　相対論的―― 499

　抽象的―― 5, 10f., 13ff., 226, 261-301, 478
　――の解釈 5, 14, 18, 226, 395-457
　――の再構成 222-226, 261-391
　――の自己批判 481, 490
　――の知識増加 15, 235
　――の統計的解釈 397f., 400-402
　――の不完全性 414
量子論化 223, 246, 407
量子論の再構成 18
　――, 第1の道 12, 226, 264, 265-272
　――, 第2の道 12, 226, 264, 272-279
　――, 第3の道 12, 16, 226, 264, 279-301
　――, 第4の道 11f., 226, 308-317
量子論の彼岸 226, 477-505, 523
量子論理学 11, 26, 31, 240, 247-252, 253, 255f., 258ff.
理論 1f., 171, 194, 511
　完結した―― 1, 6, 171, 200, 220, 227, 254, 262, 395, 477, 510f.
　普遍的―― 512
霊魂 462
歴史性 515
レプトン 362, 377f.
錬金術 194
連言 30, 34, 40f., 249f.
連続性 211, 231
　出来事の―― 45
連続体 9 f, 181, 253
　――の熱力学 174, 222, 228
ローレンツ群 323, 327, 366
ローレンツ不変性 10, 207, 209, 213, 216, 323, 333, 366
論理学 7f., 16, 18, 25ff., 28 f., 161, 164, 175, 247ff., 255, 504, 507f.
論理学, 基礎づけ問題 28f.
　時間命題の―― 4, 23-69, 76, 121, 241
　多値―― 531
　――の対話論理的基礎づけ 29
　――の2値性 166f.
　――の反省的基礎づけ 28f.

わ 行

ワイル方程式 364
惑星系の生成 136f., 216f.

物理学の構築

2008年6月20日　　初版第1刷発行

カール・フリードリヒ・フォン・ワイツゼッカー
西山敏之／森　匡史　訳
発行所　財団法人　法政大学出版局
〒102-0073　東京都千代田区九段北 3-2-7
電話03(5214)5540／振替 00160-6-95814
製版，印刷　三和印刷／誠製本
© 2008 Hosei University Press
Printed in Japan

ISBN 978-4-588-73601-8

著者

カール・フリードリヒ・フォン・ワイツゼッカー
(Carl Friedrich von Weizsäcker)
1912年ドイツのキールに生まれる．父は後に外務次官，弟は元ドイツ大統領リヒャルト・フォン・ワイツゼッカー．ベルリン，ゲッティンゲン，ライプツィヒの各大学でハイゼンベルクなどに物理学を学び，1933年ライプツィヒ大学で博士号を取得．1934年ライプツィヒ大学理論物理学研究所助手，「ワイツゼッカー・ウィリアムズ法」を発表．1935年「ワイツゼッカー・ベーテの質量公式」を発表．1936年ライプツィヒ大学で教授資格を得て，カイザー・ヴィルヘルム研究所研究員，ベルリン大学講師．恒星の核反応に関し，1937年「p-p チェイン」，1938年「CNO サイクル」を提唱．1942-45年シュトラースブルク大学理論物理学教授．1946年マックス・プランク物理学研究所主任研究員，ゲッティンゲン大学物理学教授．1957-69年ハンブルク大学哲学教授．1970-80年「科学技術世界の生存条件研究のためのマックス・プランク研究所」所長．2007年4月28日没．「ドイツ語圏で最後の博学者」と言われた．
主な著書に，*Zum Weltbild der Physik*（1943），*Geschichte der Natur*（1948）（邦訳『自然の歴史』），*Die Tragweite der Wissenschaft*（1964）（邦訳『科学の射程』），*Die Einheit der Natur*（1971）（邦訳『自然の統一』），*Der Garten des Menschlichen*（1977）（邦訳『人間的なるものの庭』），*Aufbau der Physik*（1985）（本書），*Zeit und Wissen*（1992），*Große Physiker. Von Aristoteles bis Werner Heisenberg*（1999）など．

訳者

西山敏之（にしやま　としゆき）
1922年生まれ．大阪大学理学部物理学科卒．大阪大学教授，大阪工業大学教授を経て，現在，大阪大学名誉教授．

森　匡史（もり　まさふみ）
1940年生まれ．京都大学大学院文学研究科博士課程（哲学専攻）単位取得退学．神戸大学教授を経て，現在，神戸大学名誉教授．